工程质量安全手册实施指南丛书

建筑工程实体质量控制与管理操作指南

姜宇峰　张延芝　郭延伟　王景文　主编

中国建筑工业出版社

图书在版编目（CIP）数据

建筑工程实体质量控制与管理操作指南／姜宇峰等
主编．—北京：中国建筑工业出版社，2019.9
（工程质量安全手册实施指南丛书）
ISBN 978-7-112-24044-9

Ⅰ．①建…　Ⅱ．①姜…　Ⅲ．①建筑工程－工程质
量－质量控制－指南　Ⅳ．①TU712-62

中国版本图书馆CIP数据核字（2019）第165866号

2018年9月21日住房城乡建设部发布《工程质量安全手册（试行）》，要求工程建设各方主体必须遵照执行，将工程质量安全要求落实到每个项目、每个员工，落实到工程建设全过程。本书以房屋建筑工程实体质量控制为主线，从材料质量控制、工序质量控制点、质量检查、施工质量资料管理的全新视角，侧重对影响结构安全和主要使用功能的分部、分项工程及关键工序的施工质量控制与管理内容，有利于切实促进、规范施工企业及项目质量行为、提升质量管理水平。

本书包括：材料质量控制基础，地基基础工程、地下防水工程、砌体工程、混凝土结构工程、钢结构工程、屋面工程、建筑地面工程、建筑装饰装修工程、建筑给水排水及采暖工程、通风与空调工程、建筑电气工程、智能建筑工程13项分部（子分部）工程的实体质量控制，房屋建筑工程施工质量资料管理14章内容。

本书可作为建筑工程质量管理人员执行《工程质量安全手册（试行）》及培训考核的指导用书，或作为工具书指导其现场工作。也可供施工技术人员、现场管理人员及相关专业师生学习参考使用。

责任编辑：赵晓菲　朱晓瑜
责任校对：赵听雨

工程质量安全手册实施指南丛书
建筑工程实体质量控制与管理操作指南
姜宇峰　张延芝　郭延伟　王景文　主编
*
中国建筑工业出版社出版、发行（北京海淀三里河路9号）
各地新华书店、建筑书店经销
北京建筑工业印刷厂制版
北京建筑工业印刷厂印刷
*
开本：787×1092毫米　1/16　印张：27½　字数：685千字
2019年11月第一版　　2019年11月第一次印刷
定价：**99.00**元
ISBN 978-7-112-24044-9
　　　（34554）

前 言

　　2017 年 12 月 11 日，住房城乡建设部在《关于开展工程质量管理标准化工作的通知》（建质〔2017〕242 号）提出"以施工现场为中心，以质量行为标准化和工程实体质量控制标准化为重点，建立企业和工程项目自我约束、自我完善、持续改进的质量管理工作机制，严格落实工程参建各方主体质量责任，全面提升工程质量水平"。2018 年 9 月 21 日住房城乡建设部发布《工程质量安全手册（试行）》，要求工程建设各方主体必须遵照执行，将工程质量安全要求落实到每个项目、每个员工，落实到工程建设全过程。

　　为了促进《工程质量安全手册（试行）》的宣贯、实施，本书结合现行相关国家和行业标准的规定及工程实践，以房屋建筑工程实体质量控制为主线，从材料质量控制、工序质量控制点、质量检查、施工质量资料管理的全新视角，侧重对影响结构安全和主要使用功能的分部、分项工程及关键工序的施工质量控制与管理内容，有利于切实促进、规范施工企业及项目质量行为、提升质量管理水平。

　　本书内容贴近施工现场质量控制和管理工作实践，切实反映施工现场质量管理人员的实际需求，避免过多空洞、抽象的程序性理论，充分体现实用性、便捷性。为了表述更形象、更生动，书中引用若干示例图片，但限于多种因素，未能一一注明原创作者，在此向他们致以深深的谢意。尤其要感谢中国建筑工业出版社朱晓瑜老师的鼓励和帮助。本书由姜宇峰、张延芝、郭延伟、王景文主编，常文见、高升、姜学成、齐兆武、王彬、王继红、王景怀、王军霞、王立春、魏凌志、杨天宇、周丽丽、祝海龙、祝教纯参编，一并致谢。

　　限于编者对工程质量相关知识、标准学习、理解深度不够和实践经验的不足，书中难免有疏漏甚或不当之处，诚盼广大读者批评指正或提出宝贵意见（E-mail：1258567683@qq.com）。

2019 年 6 月

目 录

第 4 章

砌体工程实体质量控制

第 5 章

混凝土结构工程实体质量控制

第 6 章

钢结构工程实体质量控制

第7章
屋面工程实体质量控制

第8章
建筑地面工程实体质量控制

第9章
建筑装饰装修工程实体质量控制

第10章
建筑给水排水及采暖工程实体质量控制

第11章
通风与空调工程实体质量控制

第12章

建筑电气工程实体质量控制

第13章

智能建筑工程实体质量控制

第14章

房屋建筑工程施工质量资料管理

第1章 材料质量控制基础

建筑材料、构配件和设备等质量（以下简称材料质量）是工程质量控制和管理的基础，是直接影响工程质量的主要因素，对工程质量尤为重要，加强对材料质量控制是提高工程质量的出发点，是保障工程质量的前提。

1.1 材料质量控制依据

材料质量控制依据如下：

（1）国家、行业、企业和地方标准、规范、规程和规定。

建筑材料的技术标准分为国家标准、行业标准、企业标准和地方标准等，各级标准分别由相应的标准化管理部门批准并颁布。

（2）工程设计文件及施工图纸。

（3）工程施工合同。

（4）施工组织设计、（专项）施工方案。

（5）工程建设监理合同。

（6）产品说明书、产品质量证明书、产品质量试验报告、质检部门的检测报告、有效鉴定证书、试验室复试报告。

1.2 材料质量检验方法和程序

1.2.1 检验的目的

材料质量检验的目的是通过一系列的检测手段，将所取得的材料质量数据与材料质量标准相对照，借以判断材料质量的可靠性，能否使用于工程；同时，还有利于掌握材料质量信息。

1.2.2 检验的方法

材料质量检验的方法有书面检查、外观检查、理化检验和无损检验四种。

（1）书面检查：由监理工程师对施工单位提供的质量保证资料、合格证、试验报告等进行审核。

（2）外观检查：由监理工程师或材料专业监理人员对施工单位提供的样品，从品种、规格、标准、外观尺寸等进行直观检查。

（3）理化检验：借助试验设备、仪器对材料样品的化学成分、机械性能等进行科学的鉴定。

（4）无损检验：在不破坏材料样品的前提下，利用超声波、X 射线、表面探伤等仪器进行检测，如混凝土回弹及桩基低应变检测等。

1.2.3 检验的程序

根据材料质量信息和保证资料的具体情况，其质量检验程序分免检、抽检、全部检验三种。

（1）免检：就是免去质量检验过程，对有足够质量保证的一般资料，实践证明质量长期稳定，且质量保证资料齐全的材料，可予免检。

（2）抽检：就是按随机抽样的方法对材料进行抽样检验。如当监理工程师对承包单位提供的材料或质量保证资料有所怀疑，则对成批生产的构配件应按一定比例进行抽样检验。

（3）全部检验：凡对进口的材料设备和重要工程部位所用的材料，应进行全部检验，以确保材料质量和工程质量。

1.3 常用建筑材料质量控制

1.3.1 一般规定

（1）材料进场时，应检查到场材料的实际情况与所要求的材料在品种、规格、型号、强度等级、生产厂家与商标等方面是否相符，检查产品的生产编号或批号、型号、规格、生产日期与产品质量证明书是否相符，如有任何一项不符，应要求退货或要求供应商补充有关资料。标志不清的材料可要求退货（也可进行抽检）。

（2）进入施工现场的各种原材料、半成品、构配件都必须有相应的质量保证资料如下：

1）生产许可证（使用许可证）和营业执照等。

2）产品合格证、质量证明书或质量试验报告单。合格证等都必须盖有生产单位或供货单位的红章并标明出厂日期、生产批号或产品编号。

1.3.2 施工现场材料质量控制要求

（1）工程上使用的所有原材料、半成品、构配件及设备，都必须事先经监理工程师审批后方可进入施工现场。

（2）施工现场不能存放与本工程无关或不合格的材料。

（3）所有进入现场的原材料与提交的资料在规格、型号、品种、编号必须一致。

（4）不同种类、不同厂家、不同型号、不同批号的材料必须分别堆放，界限清晰，挂牌标识并有专人管理。避免使用时造成混乱，便于追踪工程质量。

（5）应用新材料前必须通过试验和鉴定，代用材料必须通过充分论证，并要符合使用功能和结构构造的要求，经设计同意形成书面文件。

1.3.3 混凝土组成材料的质量控制

1. 水泥

可采用火山灰水泥、粉煤灰水泥、普通硅酸盐水泥或硅酸盐水泥，使用矿渣水泥时应采取防离析措施。水泥强度等级不宜低于 32.5 级，水泥的初凝时间不宜早于 2.5h。水泥性能必须符合现行国家有关标准的规定，水泥的进场验收应符合以下要求：

（1）出厂合格证，内容包括：水泥牌号、厂标、水泥品种、强度等级、出场日期、批号、合格证编号、抗压强度、抗折强度、安定性等试验指标；合格证应加盖厂家质量检查部门印章，转抄（复印）件应说明原件存放处、原件编号、转抄人应加盖转抄单位印章（以红印为准，复印件无效）；合格证的备注栏由施工单位填写单位工程名称及使用部位。

（2）水泥进场取样方法应按现行国家标准《水泥取样方法》GB/T 12573 进行，通常复试内容包括：安定性、凝结时间和胶砂强度三项。

（3）进场水泥有下列情况之一者，应进行复试，复试应由法定检测单位进行并应提出试验报告，合格后使用。

1）水泥出厂日期超出三个月（快硬性水泥超出一个月）。

2）水泥发生异常现象，如受潮结块等。

3）使用进口水泥者。

4）设计有特殊要求者。

2．细骨料（砂）

宜选用质地坚硬、级配良好的中粗砂，其含泥量不应大于 3%。砂的品种、规格、质量符合现行行业标准《普通混凝土用砂、石质量及检验方法标准》JGJ 52 的要求，进场后应取样复试。

用于限制集料活性的场所应有法定检测单位出具的集料活性检测报告。

3．粗骨料（石子）

石子最大粒径不得大于结构截面最小尺寸的 1/4，不得大于钢筋最小净距的 3/4，且不得大于 40mm。其含泥量不得大于 1%，吸水率不应大于 1.5%。进场后应按产地、类别、加工方法和规格等不同情况分批进行检验，其品种、规格、质量应符合国家现行标准《普通混凝土用砂、石质量及检验方法标准》JGJ 52 的要求，进场应取样复试。

用于限制集料活性的场所应有法定检测单位出具的集料活性检测报告，禁止使用高碱活性石子。

4．混凝土用水

宜采用饮用水。当采用其他水源时，其水质应符合国家现行标准《混凝土用水标准》JGJ 63 的规定。

5．混凝土外加剂

外加剂应有产品说明书、出厂检验报告、合格证和性能检测报告，进场后应取样复试，其质量和应用技术应符合现行国家标准《混凝土外加剂》GB 8076 和《混凝土外加剂应用技术规范》GB 50119 的规定。有害物含量和碱含量检测报告应由有相应资质等级的检测部门出具，并应检验外加剂与水泥的适应性，并应检验外加剂与水泥的适应性。

6．掺合料

粉煤灰可采用Ⅰ、Ⅱ级粉煤灰，并应有相关出厂合格证和质量证明书和提供法定检测单位的质量检测报告，经复试合格后方可投入使用，其掺量应通过试验确定。其质量应符合现行国家标准《用于水泥和混凝土中的粉煤灰》GB/T 1596等的规定。

7. 膨胀剂

可掺加微膨胀剂，进厂应有合格证明，进厂后应取样复试，其掺量应通过试验确定。

8. 脱模剂

宜选用质量稳定、无气泡、脱模效果好的油质脱模剂，使用后应能使构件外观颜色一致，表面光滑、气泡少。

1.3.4 钢筋及钢筋网片质量控制

钢筋进场时应检查产品合格证，出厂检验报告和进场复验报告。复验内容包括：拉力试验（屈服、抗拉强度和伸长率）、冷弯试验。具体要求如下：

（1）出厂合格证应由生长厂家质检部门提供或供销部门转抄，内容包括：生产厂家名称、炉罐号（或批号）、钢种、强度、级别、规格、重量及件数、生产日期、出厂批号；力学性能检验数据及结论；化学成分检验数据及结论；并有钢厂质量检验部门印章及标准编号。出厂合格证（或其转抄件、复印件）备注栏内应由施工单位写明单位工程名称及使用部位。

（2）试验报告应有法定检测单位提供，内容包括：委托单位、工程名称、使用部位、钢筋级别、钢种、钢号、外形标志、出厂合格证编号、代表数量、送样日期、原始记录编号、报告编号、试验日期、试验项目及数据、结论。

（3）钢筋进场后应进行外观检查，内容包括：直径、标牌、外形、长度、劈裂、弯曲、裂痕、锈蚀等项目，见表1-1。如发现有异常现象时（包括在加工过程中有脆断、焊接性能不良或力学性能显著不正常时）应拒绝使用。

钢筋外观检查要求 表1-1

钢筋种类	外观要求
热轧钢筋	表面无裂缝、结疤和折叠，如有凸块不得超过螺纹的高度，其他缺陷的高度或深度不得超过所在部位的允许偏差，表面不得沾有油污
热处理钢筋	表面无肉眼可见的裂纹、结疤和折叠，如有凸块不得超过横肋的高度，表面不得沾有油污
冷拉钢筋	表面不得有裂纹和局部缩颈，不得沾有油污

（4）冷轧带肋钢筋网片，工厂化制造的冷轧带肋钢筋网片的品种、级别、规格应符合设计要求，进厂应有产品合格证、出厂质量证明书和试验报告单，进场后应抽取试件做力学性能试验，其质量应符合现行国家标准《冷轧带肋钢筋》GB/T 13788的规定。

钢筋网片必须具有足够的刚度和稳定性，钢筋网焊点应符合设计规定。

1.3.5 石料

石料的强度应达到设计要求，饱和单轴极限抗压强度一般不得低于30MPa。

（1）外观：质细、色均、无裂缝、表面洁净、强韧、密实、耐久、坚固。

（2）片石：大致成型，单个石块中间部分厚度不小于15cm。

（3）块石：大致方正，上下面大致平行，厚度不小于20cm，宽度、长度分别为厚度的1～1.5倍及1.5～3倍，尖边、薄边厚度至少不小于7cm。

（4）粗料石：大致六面体，厚度不小于20cm，宽度、长度分别为厚度的1～1.5倍及2.5～4倍，表面凹陷深度不大于2cm。用作镶面丁石的长度应比相邻镶面顺石宽度大15cm以上，加工镶面粗料时，修凿面每10cm长须有錾路约4～5条，侧面修凿面应与外露面垂直，正面凹陷深度不应超过1.5cm。

（5）石料须先经监理工程师鉴定后，再每1000m³取2组试块，每组不得少于3块，送有资质的单位检测，最后确认是否满足设计要求。

第2章 地基基础工程实体质量控制

2.1 基本规定

2.1.1 主要材料、构配件质量控制

（1）检查进场材料的产品合格证和质量检验证明，材料进场后应进行有见证取样和复试。

（2）土料报验资料应包括土料复试报告，回填土料可采用直接鉴别方法进行外观检查，检查土料粒径；见证取样送检复试项目符合各项规范的要求。

（3）混凝土预制成品桩、成品钢桩、锚杆静压成品桩、硫黄泥半成品、接驳器（地下连续墙）等，应有出厂合格证和复试检验报告。

（4）土工合成材料进场时，应检查产品标签、生产厂家、产品批号、生产日期、有效期限等，并取样送检。

（5）锚杆（土钉），用作锚杆（土钉）的钢筋（HRB 335级或HRB 400级热轧螺纹钢筋）、钢管、角钢、钢丝束、钢绞线必须符合设计要求，并有出厂合格证和现场复试的试验报告。

（6）膨润土或优质黏土基本性能应符合成槽护壁要求。

2.1.2 施工试验项目

建筑地基基础工程中常见的施工试验项目，见表2-1。

建筑地基基础工程中常见的施工试验项目　　　　　　　表2-1

序号	检验试验项目	适用范围	控制标准	备　　注
1	地基强度或承载力	灰土地基、砂和砂石地基、土工合成材料地基、粉煤灰地基、强夯地基、注浆地基、预压地基；水泥土搅拌桩复合地基、高压喷射注浆桩复合地基、砂桩地基、振冲桩复合地基、土和灰土挤密桩复合地基、水泥粉煤灰碎石桩复合地基及夯实水泥土桩复合地基	控制标准达到设计要求	—
2	回填土分层压实度	回填土	按规定方法进行压实度环刀见证取样复试，应符合设计要求	室内填土，每层100～500m² 取样一组，但每层均不少一组，基坑回填每20～50m取样一组，每层均不少一组

序号	检验试验项目	适用范围	控制标准	备　注
3	注浆体强度、承载力	注浆地基	—	检查孔数为总量的2%~5%，不合格率大于或等于20%时应进行二次注浆。检验应在注浆后15d（砂土、黄土）或60d（黏性土）进行
4	密实电流	振冲地基	黏性土50~55A，砂性土或粉土40~50A（以上为功率30kW振冲器）；其他类型振冲器1.5~2.0A_0（A_0为空振电流）	抽查不少于20%
5	桩体强度	水泥土搅拌桩地基	符合设计要求	对承重水泥土搅拌桩应取90d后的试件，对支护水泥土搅拌桩应取28d后的试件
6	桩体承载力检验	地基基础设计等级为甲级或地质条件复杂，成桩质量可靠性低的灌注桩、静力压桩	符合现行行业标准《建筑基桩检测技术规范》JGJ 106，符合设计要求	灌注桩采用静载荷试验的方法进行检验，检验桩数不应少于总数的1%，且不应少于3根，当总桩数少于50根时，不应少于2根；静力压桩按现行行业标准《建筑基桩检测技术规范》JGJ 106进行
7	电焊接头探伤检查	静力压桩、先张法预应力管桩、混凝土预制桩、钢桩	上下节端部错口（外径≥700mm）≤3mm、（外径＜700mm）≤2mm；焊缝咬边深度≤0.5mm；焊缝加强层高度/宽度2mm；焊缝电焊质量外观无气孔、无焊瘤、无裂缝；焊缝探伤检验满足设计要求	抽查10%
8	基坑岩土性能检验	基坑	—	当岩土有问题时可采用钻探取样和原位测试方法检验岩土性质
9	轻型动力触探	持力层明显不均，浅部有软弱下卧层，有浅埋的坑穴、古墓、古井等，直接观察难以发现时；勘察报告或设计文件规定应进行时	—	—
10	锚杆锁定力、浆体强度、墙体强度	锚杆及土钉墙支护	符合设计要求	锚杆锁定力应现场实测；浆体强度、墙体强度应见证取样送检
11	墙体强度	地下连续墙	符合设计要求	每50m³地下墙做1组试件，每幅槽段不得少于1组

序号	检验试验项目	适用范围	控制标准	备 注
12	底板的结构（有无裂缝）及渗漏；混凝土强度	沉井、沉箱	混凝土强度应进行见证取样送检复试，符合设计要求，下沉前必须达到设计强度的70%	底板的结构（有无裂缝）及渗漏应符合《地下防水工程质量验收规范》GB 50208 的规定

2.1.3 地基与基础工程验槽

1. 一般规定

（1）勘察、设计、监理、施工、建设等各方相关技术人员应共同参加验槽。

（2）验槽时，现场应具备岩土工程勘察报告、轻型动力触探记录（可不进行轻型动力触探的情况除外）、地基基础设计文件、地基处理或深基础施工质量检测报告等。

（3）当设计文件对基坑坑底检验有专门要求时，应按设计文件要求进行。

（4）验槽应在基坑或基槽开挖至设计标高后进行，对留置保护土层时其厚度不应超过100mm；槽底应为无扰动的原状土。

（5）遇到下列情况之一时，尚应进行专门的施工勘察。

1）工程地质与水文地质条件复杂，出现详勘阶段难以查清的问题时。

2）开挖基槽发现土质、地层结构与勘察资料不符时。

3）施工中地基土受严重扰动，天然承载力减弱，需进一步查明其性状及工程性质时。

4）开挖后发现需要增加地基处理或改变基础形式，已有勘察资料不能满足需求时。

5）施工中出现新的岩土工程或工程地质问题，已有勘察资料不能充分判别新情况时。

（6）进行过施工勘察时，验槽时要结合详勘和施工勘察成果进行。

（7）验槽完毕填写验槽记录或检验报告，对存在的问题或异常情况提出处理意见。

2. 天然地基验槽

（1）天然地基验槽应检验下列内容：

1）根据勘察、设计文件核对基坑的位置、平面尺寸、坑底标高。

2）根据勘察报告核对基坑底、坑边岩土体和地下水情况。

3）检查空穴、古墓、古井、暗沟、防空掩体及地下埋设物的情况，并应查明其位置、深度和性状。

4）检查基坑底土质的扰动情况以及扰动的范围和程度。

5）检查基坑底土质受到冰冻、干裂、受水冲刷或浸泡等扰动情况，并应查明影响范围和深度。

（2）在进行直接观察时，可用袖珍式贯入仪或其他手段作为验槽辅助。

（3）天然地基验槽前应在基坑或基槽底普遍进行轻型动力触探检验，检验数据作为验槽依据。轻型动力触探应检查下列内容：

1）地基持力层的强度和均匀性。

2）浅埋软弱下卧层或浅埋突出硬层。

3）浅埋的会影响地基承载力或基础稳定性的古井、墓穴和空洞等。

轻型动力触探宜采用机械自动化实施，检验完毕后，触探孔位处应灌砂填实。

（4）采用轻型动力触探进行基槽检验时，检验深度及间距应按表2-2执行。

轻型动力触探检验深度及间距   表2-2

排列方式	基坑或基槽宽度（m）	检验深度（m）	检验间距
中心一排	<0.8	1.2	一般1.0~1.5m，出现明显异常时，需加密至足够掌握异常边界
两排错开	0.8~2.0	1.5	
梅花型	>2.0	2.1	

注：对于设置有抗拔桩或抗拔锚杆的天然地基，轻型动力触探布点间距可根据抗拔桩或抗拔锚杆的布置进行适当调整：在土层分布均匀部位可只在抗拔桩或抗拔锚杆间距中心布点，对土层不太均匀部位以掌握土层不均匀情况为目的，参照上表间距布点。

（5）遇下列情况之一时，可不进行轻型动力触探：

1）承压水头可能高于基坑底面标高，触探可造成冒水涌砂时。

2）基础持力层为砾石层或卵石层，且基底以下砾石层或卵石层厚度大于1m时。

3）基础持力层为均匀、密实砂层，且基底以下厚度大于1.5m时。

3．地基处理工程验槽

（1）设计文件有明确地基处理要求的，在地基处理完成、开挖至基底设计标高后进行验槽。

（2）对于换填地基、强夯地基，应现场检查处理后的地基均匀性、密实度等检测报告和承载力检测资料。

（3）对于增强体复合地基，应现场检查桩位、桩头、桩间土情况和复合地基施工质量检测报告。

（4）对于特殊土地基，应现场检查处理后地基的湿陷性、地震液化、冻土保温、膨胀土隔水、盐渍土改良等方面的处理效果检测资料。

（5）经过地基处理的地基承载力和沉降特性，应以处理后的检测报告为准。

4．桩基工程验槽

（1）设计计算中考虑桩筏基础、低桩承台等桩间土共同作用时，应在开挖清理至设计标高后对桩间土进行检验。

（2）对人工挖孔桩，应在桩孔清理完毕后，对桩端持力层进行检验。对大直径挖孔桩，应逐孔检验孔底的岩土情况。

（3）在试桩或桩基施工过程中，应根据岩土工程勘察报告对出现的异常情况、桩端岩土层的起伏变化及桩周岩土层的分布进行判别。

2.2 土方工程

2.2.1 材料质量控制

进场回填土料必须符合设计要求，如有大的黏土块或杂物必须筛除，并按设计要求进行灰土配比；如设计无要求时应符合以下规定：

（1）碎石类土、砂土和爆破石渣（粒径不大于每层铺土厚度的2/3），可用于表层下的填料。

（2）含水量符合压实要求的黏性土，可作各层填料。

（3）草皮土和有机质含量大于8%的土，不应用于有压实要求的回填区域。

（4）淤泥和淤泥质土，一般不作填料，在软土层区，经处理符合要求的，可填筑次要部位。

（5）碎石类土或爆破石渣，可用于表层以下回填，可采用碾压法或强夯法施工。

2.2.2　土方开挖

1. 定位放线

复核建筑物的定位桩、轴线、方位和几何尺寸。

2. 土方开挖

（1）检查挖土标高、截面尺寸、放坡和排水。地下水位应保持低于开挖面500mm以下。

（2）对于相对较深的基坑，其挖土机械和运土设备的通道布置及挖土顺序，应按土方开挖施工组织设计中制定的工序进行；不能碰撞基坑围护结构，不得损坏防渗帷幕和降水设施。

（3）对于排桩间距较大的基坑，当桩间土为少黏性土、无黏性土时，应采取有效的保护措施。

（4）应注意降水效果，如果地质条件与勘察报告不符，降水效果差，或者防水帷幕施工质量欠佳时，基坑侧壁可能发生渗水，对一般的渗水可采取排水管导水措施；对于漏水严重且影响到基坑边坡稳定的，应停止施工，施工单位应与勘察单位、降水方案设计部门一起研究，尽快拿出可行的止水措施，并报项目监理部审核，批准后方可继续施工。

（5）在基坑开挖过程中，由于降水系统已经形成，要注意检查基坑周边的环境变化，如地面裂缝，围护结构位移变形等；当发现对基坑附近重要建筑物产生影响而出现安全隐患时，应启动应急措施进行防护。

（6）基坑开挖完毕应由施工单位、设计单位、勘察单位、监理单位或建设单位等有关人员共同到现场进行检查、鉴定验槽，核对地质资料，检查地基土与工程地质勘察报告、设计图纸要求是否相符合，有无破坏原状土结构或发生较大的扰动现象。

3. 基坑（槽）验收

由施工单位、设计单位、监理单位或建设单位、质量监督部门等共同进行验槽、用表面检查验槽法，必要时采用钎探检查，检查合格，填写基坑槽验收记录，办理交接手续。

2.2.3　土方堆放与运输

1. 堆放

（1）在坡地开挖时，挖方上侧不宜堆土；对于临时性堆土，应视挖方边坡处的土质情况、边坡坡度和高度，设计确定堆放的安全距离，确保边坡的稳定。在挖方下侧堆土时，应将土堆表面平整，其高程应低于相邻挖方场地设计标高，保持排水畅通，堆土边坡不宜大于1∶1.5；在河岸处堆土时，不得影响河堤稳定安全和排水，不得阻塞污染河道。

（2）临时堆土的坡角至坑边距离应按挖坑深度、边坡坡度和土的类别确定。

（3）场地内临时堆土应经设计单位同意，并应采取相应的技术措施，合理确定堆土平面范围和高度。

2. 运输

（1）严禁超载运输土方，运输过程中应进行覆盖，严格控制车速，不超速、不超重，安全生产。

（2）施工现场运输道路要布置有序，避免运输混杂、交叉，影响安全及进度。

（3）土方运输装卸要有专人指挥倒车。

2.2.4 土方回填

1. 土料含水量

填土土料含水量的大小，直接影响到压实质量，在压实前应先试验，以得到符合密实度要求条件下的最优含水量和最少压实夯实遍数。黏性土料施工含水量与最优含水量之差，可控制在 ±2% 范围内。

土的含水量应控制在最优含水量附近，用于回填储存的土堆，应采取防雨和防晒的措施，避免土中含水量有较大的变化。

2. 基底处理

（1）场地回填应先清除基底上垃圾、草皮、树根，排除坑穴中的积水、淤泥和杂物，并应采取措施防止地表滞水流入填方区，浸泡地基，造成基土塌陷。

（2）当填方基底为松土时，应将基底充分夯实和碾压密实。

（3）当填方位于水田、沟渠、池塘等松散土地段，应排水疏干，或做换填处理。

（4）当填土场地陡于 1/5 时，应将斜坡挖成阶梯形，阶高 0.2～0.3m，阶宽大于 1m，分层填土。

3. 土方回填

（1）土方回填应填筑压实，且压实系数应满足设计要求。当采用分层回填时，应在下层的压实系数经试验合格后，才能进行上层施工。

（2）控制铺土厚度和压实遍数，检查施工所用的压实设备是否符合设计要求，是否与试验时所选用的设备相一致，压实遍数是否符合设计要求。

（3）打夯机的操作应按施工工艺要求进行，防止漏夯，对于边角处打夯机到不了的地方，应减少铺土厚度并采用人工夯实的办法。

（4）检查回填土的密实度是否达到设计要求，最基本的方法是用环刀法进行现场取样试验；如符合设计要求，则进行上层土回填，否则应位找出不合格原因，并提出处理措施，整改合格后方可回填上层土。

（5）碾压机械压实回填时，一般先静压后振动或先轻后重，并控制行驶速度，平碾和振动碾不宜超过 2km/h，羊角碾不宜超过 3km/h。

（6）每次碾压，机具应从两侧向中央进行，主轮应重叠 150mm 以上。

（7）对有排水沟、电缆沟、涵洞、挡土墙等结构的区域进行回填时，可用小型机具或人工分层夯实。填料宜使用砂土、砂砾石、碎石等，不宜用黏土回填。在挡土墙泄水孔附近应按设计做好滤水层和排水盲沟。

（8）施工中应防止出现翻浆或弹簧土现象，特别是雨期施工时，应集中力量分段回填碾压，还应加强临时排水设施，回填面应保持一定的流水坡度，避免积水。对于局部翻浆或弹簧土可以采取换填或翻松晾晒等方法处理。在地下水位较高的区域施工时，应设置盲沟疏干地下水。

2.2.5　质量检查

应符合现行国家标准《建筑地基基础工程施工质量验收标准》GB 50202 的规定。

2.3　地基工程

2.3.1　素土、灰土地基

1. 材料质量控制

（1）土料：素土和灰土的土料宜用黏土、粉质黏土，有机质含量不应大于 5%，土料使用前应过筛，其粒径不得大于 15mm。

严禁采用冻土、膨胀土和盐渍土等活动性较强的土料，严禁采用地表耕植土、淤泥及淤泥质土、杂填土等土料。

（2）熟石灰：应采用生石灰块（块灰的含量不少于 70%），在使用前 3～4d 用清水予以熟化，充分消解成粉末，并过筛。其最大粒径不得大于 5mm，并不得夹有未熟化的生石灰及其他杂质。需要时也可采用水泥替代灰土中的石灰。

采用生石灰粉代替熟石灰时，在使用前按体积比预先与黏土拌合并洒水堆放 8h 后方可铺设。生石灰粉质量应符合国家现行行业标准《建筑生石灰》JC/T 479 的规定。生石灰粉进场时应有生产厂家的产品质量证明书。

（3）施工前应检查素土、灰土土料、石灰或水泥等配合比及灰土的拌合均匀性。

灰土的配合比应符合设计要求，一般为 2∶8 或 3∶7（石灰∶土，体积比）。灰土拌合，应控制好配合比。如土料水分过大或不足时，应晾干或洒水湿润。

2. 工序质量控制点

（1）验槽

铺设灰土前先检验基土土层，要求平整干净，不积水。验槽发现有软弱土层或孔穴时，应挖除并用素土或灰土分层填实。

（2）分层摊铺与夯实

1）灰土每层摊铺厚度可按照不同的施工方法参照表 2-3 选用。每层灰土的夯打遍数，应根据设计要求的干密度由现场夯（压）试验确定。施工含水量宜控制在最优含水量 ±2% 的范围内，最优含水量可通过击实试验确定，也可按当地经验取用。

2）重点检查垫层底面不在同一标高处的垫层施工，检查在基槽底面的搭接方法和施工顺序等方面是否符合设计要求。

灰土最大虚铺厚度

表2-3

序号	夯实机具	质量（t）	最大虚铺厚度（mm）	备 注
1	石夯、木夯	0.04～0.08	200～250	人力送夯，落距400～500mm，每夯搭接半夯
2	轻型夯实机械	—	200～250	蛙式或柴油打夯机
3	压路机	机重6～10	200～300	双轮

　　3）灰土分段施工时，不得在墙角、柱基及承重窗间墙下接缝。上下两层灰土的接缝距离不得小于500mm。接缝处灰土应夯实。当灰土地基标高不同时，应做成阶梯形，每阶宽不小于500mm。

　　4）灰土应随铺填随夯压密实，铺填完的灰土不得隔日夯压；夯实后的灰土，3d内不得受水浸泡，在地下水位以下的基坑（槽）内施工时，应采取降、排水措施。

　　5）施工质量检查应分层进行，应在下一层质量检验合格后方可铺填上层土。

　　（3）找平验收

　　灰土最上一层完成后，应拉线或用靠尺检查标高和平整度，超高处用铁锹铲平，低洼处应及时补打灰土。

　　3.质量检查

　　应符合现行国家标准《建筑地基基础工程施工质量验收标准》GB 50202的规定。

2.3.2　砂和砂石地基

　　1.材料质量控制

　　（1）原材料宜用中砂、粗砂、砾砂、碎石（卵石）、石屑。采用细砂时应掺入碎石或卵石，掺量按设计规定。

　　（2）砂石应级配良好，不含植物残体、垃圾等杂质，有机物含量不应大于5%。

　　（3）当使用粉细砂或石粉时，掺量应符合设计要求。

　　（4）砂石的最大粒径不宜大于50mm，含泥量不应大于5%。

　　（5）当砂石采用天然级配时，级配应良好且卵石最大粒径不得大于100mm。

　　（6）施工前应检查砂、石等原材料质量和配合比及砂、石拌合的均匀性。

　　2.工序质量控制点

　　（1）基土清理

　　砂石地基铺设前，应将基底表面浮土、淤泥及淤泥质土、杂物清除干净，槽侧壁按设计要求留出坡度。

　　当基底表面标高不同时，不同标高的交接处应挖成阶梯形，阶梯的宽高比宜为2∶1，每阶的高度不宜大于500mm，并应按先深后浅的顺序施工。

　　（2）分层摊铺与夯实

　　1）施工前应通过现场试验性施工确定分层厚度、施工方法、振捣遍数、振捣器功率等技术参数。砂和砂石地基每层铺筑厚度及施工含水量可参考表2-4所列数值。

序号	压实方法	每层铺筑厚度（mm）	施工含水量（%）	施工说明	备注
1	平振法	200～250	15～20	用平板式振捣器往复振捣	不宜使用干细砂或含泥量较大的砂所铺筑的砂地基
2	插振法	振捣器插入深度	饱和	（1）用插入式振捣器。 （2）插入点间距可根据机械振幅大小决定。 （3）不应插至下卧黏性土层。 （4）插入振捣完毕后，所留的孔洞应用砂填实	不宜使用细砂或含泥量较大的砂所铺筑的地基
3	水撼法	250	饱和	（1）注水高度应超过每次铺筑面层。 （2）用钢叉摇撼捣实插入点间距为100mm。 （3）钢叉分四齿，齿的间距80mm，长300mm，木柄长90mm	
4	夯实法	150～200	8～12	（1）用木夯或机械夯。 （2）木夯重40kg，落距400～500mm。 （3）一夯压半夯全面夯实	
5	碾压法	250～350	8～12	6～12t压路机往复碾压	适用于大面积施工的砂和砂石地基

2）砂石地基铺设时，严禁扰动下卧层及侧壁的软弱土层，并防止被践踏或受浸泡。

3）砂石地基应分层铺设，分层夯（压）实，分层做密实度试验。每层密实度试验合格（符合设计要求）后再铺筑下一层砂或砂石。

4）分段施工时应采用斜坡搭接，每层搭接位置应错开0.5～1.0m，搭接处应振压密实。

5）基底存在软弱土层时应在与土面接触处先铺一层150～300mm厚的细砂层或铺一层土工织物。

6）当地下水位较高或在饱和土层上铺设砂石垫层时，宜采取人工降低地下水位措施，使地下水位降低至基坑底500mm以下。

7）其他施工质量控制要求，参见本书2.3.1节中相关内容。

3．质量检查

应符合现行国家标准《建筑地基基础工程施工质量验收标准》GB 50202的规定。

2.3.3　土工合成材料地基

1．材料质量控制

（1）土工合成材料：土工合成材料应具有出厂合格证。土工合成材料进场时，应检查产品标签、生产厂家、产品批号、生产日期、有效期限等，并取样送检，其性能指标应满足设计要求。

施工前应检查土工合成材料的单位面积质量、厚度、比重、强度、延伸率等。土工合成材料以 100m² 为一批，每批应抽查 5%。

土工合成材料的品种与性能，应根据工程特性和地基土质条件，按照国家现行标准《土工合成材料应用技术规范》GB/T 50290 的要求，通过设计计算并进行现场试验后确定。土工合成材料应采用抗拉强度较高、耐久性好、抗腐蚀的土工带、土工格栅、土工格室、土工垫或土工织物等土工合成材料。

（2）填料：填料宜用碎石、角砾、砾砂、粗砂、中砂等材料，且不宜含氯化钙、碳酸钠、硫化物等化学物质。当工程要求垫层具有排水功能时，垫层材料应具有良好的透水性。

2. 工序质量控制点

（1）基层处理

铺放土工合成材料的基层应平整，局部高差不大于 50mm。铺设土工合成材料前应清除树根、草根及硬物，避免损伤破坏土工合成材料；表面凹凸不平的可铺一层砂找平。

对于不宜直接铺放土工合成材料的基层应先设置砂垫层，砂垫层厚度不宜小于 300mm，宜采用中粗砂，含泥量不大于 5%。

（2）土工合成材料铺放

1）先应检查材料有无损伤破坏。土工合成材料须按其主要受力方向铺放。铺放时松紧应适度，防止绷拉过紧或有皱折，且紧贴下基层。要及时加以压固，以免被风吹起。

2）土工合成材料铺放时，两端须有富余量。富余量每端不少于 1000mm，且应按设计要求加以固定。

3）相邻土工合成材料的连接，对土工格栅可采用密贴排放或重叠搭接，用聚合材料绳、棒或特种连接件连接。对土工织物及土工膜可采用搭接或缝接。

4）当加筋垫层采用多层土工材料时，上下层土工材料的接缝应交替错开，错开距离不小于 500mm。

5）土工织物、土工膜的连接可采用搭接法、缝合法、胶结法。连接处强度不得低于设计要求的强度。土工合成材料如用缝接法或胶接法连接，应保证主要受力方向的连接强度不低于所采用材料的抗拉强度。

（3）回填料铺设夯（压）实

1）回填材料种类、层间高度、碾压密实度等都应由设计确定。当采用黏性土时，填料应能满足设计要求的压实度并不含有对土工合成材料有腐蚀作用的成分，含水量应控制在最佳含水量的 ±2% 之内。

2）在地基土层表面铺设土工合成材料时，保证地基土层顶面平整，防止土工合成材料被刺穿、顶破。

3）回填土应分层进行，每层填土的厚度应随填土的深度及所选压实机械性能确定。一般为 100～300mm，但布上第一层填土厚度不应少于 150mm。

4）填土顺序一般地基采用从中心向外侧对称进行，平面上呈凸字形（突口朝前进方向）。

5）土工合成材料上第一层填土，填土机械设备只能沿垂直于土工合成材料的铺放方向运行。

6）土工合成材料铺设时，一次铺设不宜过长。土工合成材料铺好后应随即铺设上面的砂石材料或土料，避免长时间曝晒和暴露。

3. 质量检查

应符合现行国家标准《建筑地基基础工程施工质量验收标准》GB 50202 的规定。

2.3.4 粉煤灰地基

1. 材料质量控制

粉煤灰填筑材料应选用Ⅲ级以上粉煤灰，颗粒粒径宜为 0.001～2.0mm，严禁混入生活垃圾及其他有机杂质，并应符合建筑材料有关放射性安全标准的要求。粉煤灰含水量应控制在最优含水量的 ±4% 范围内。

用于发电的燃煤常伴生有微量放射性同位素，因而粉煤灰亦有时有弱放射性。作为建筑物垫层的粉煤灰应按照现行国家标准《建筑材料放射性核素限量》GB 6566 的有关规定作为安全使用的标准。

粉煤灰含碱性物质，回填后碱性成分在地下水中溶出，使地下水具弱碱性，因此应考虑其对地下水的影响并应对粉煤灰垫层中的金属构件、管网采取一定的防护措施。粉煤灰材料可用电厂排放的硅铝型低钙粉煤灰。

2. 工序质量控制点

（1）粉煤灰地基不得采用水沉法施工，在地下水位以下施工时，应采取降排水措施，不得在饱和或浸水状态下施工。基底为软土时，宜先铺填 200mm 左右厚的粗砂或高炉干渣。

（2）施工时应分层摊铺，逐层夯实，铺设厚度宜为 200～300mm，用压路机时铺设厚度宜为 300～400mm，四周宜设置具有防冲刷功能的隔离措施。

（3）施工含水量宜控制在最优含水量 ±4% 的范围内，底层粉煤灰宜选用较粗的灰，含水量宜稍低于最优含水量。

（4）小面积基坑、基槽的垫层可用人工分层摊铺，用平板振动器或蛙式打夯机进行振（夯）实；大面积垫层应采用推土机摊铺、预压后用压路机碾压。

（5）粉煤灰宜当天即铺即压完成，施工最低气温不宜低于 0℃。

（6）每层铺完检测合格后，应及时铺筑上层，并严禁车辆在其上行驶，铺筑完成应及时浇筑混凝土垫层或上覆 300～500mm 土进行封层。

（7）其他施工质量控制要求，参见本书 2.3.1 节中相关内容。

3. 质量检查

应符合现行国家标准《建筑地基基础工程施工质量验收标准》GB 50202 的规定。

2.3.5 强夯地基

1. 材料质量控制

采用的中（粗）砂或砂砾石、碎石和土料的粒径、杂志、含水量等应符合设计要求。相关质量控制要求，参见本书 1.3 节中相关内容。

2. 工序质量控制点

（1）对地基进行强夯之前，应选择与被处理地基地层相同的地段进行强夯试验，通过试验对设计给出的设计参数进行验证，同时修改施工工艺和制定施工操作参数。试夯区在不同工程地质单元不应少于 1 处，试夯区不应小于 20m×20m。

（2）周边存在对振动敏感或有特殊要求的建（构）筑物和地下管线时，不宜采用强夯法。

（3）施工前应检查夯锤质量、尺寸，落距控制手段，排水设施及被夯地基的土质。

（4）在每一遍夯击前，应对夯点放线进行复核，夯完后检查夯坑位置，发现偏差或漏夯应及时纠正。

（5）施工中应检查夯锤落距、夯锤定位、锤重、夯击遍数及顺序、夯点定位、满夯后场地平整度、夯击范围（超出基础宽度）、间歇时间、夯击击数和最后两击发的平均夯沉量。对强夯置换尚应检查置换深度。

（6）检查施工过程中的各项测试数据和施工记录，不符合设计要求时应补夯或采取其他有效措施。强夯置换施工中可采用超重型或重型圆锥动力触探检查置换墩着底情况。

（7）重锤夯实地基的施工质量检验应分层进行，应分层取样检验土的干密度和含水量，每 50～100m² 面积内应有一个检测点。

（8）对强夯置换应检查置换墩底部深度，对降水联合低能级强夯应动态监测地下水位变化。

（9）重锤夯实的质量验收，除符合试夯最后下沉量的规定要求外，同时还要求基坑（槽）表面的总下沉量不小于试夯总下沉量的 90% 为合格。如不合格应进行补夯，直至合格为止。

3．质量检查

应符合现行国家标准《建筑地基基础工程施工质量验收标准》GB 50202 的规定。

2.3.6　注浆加固地基

1．材料质量控制

采用的水泥、砂、水、外加剂的质量控制要求，参见本书 1.3 节中相关内容。

2．工序质量控制点

（1）注浆施工前应进行室内浆液配比试验和现场注浆试验。

（2）按设计要求检查灌浆孔的布置、灌浆顺序和灌浆压力。注浆施工应记录注浆压力和浆液流量，有条件的应采用自动压力流量记录仪。

（3）注浆孔的孔径宜为 70～110mm，孔位偏差不应大于 50mm，钻孔垂直度偏差应小于 1/100。注浆孔的钻杆角度与设计角度之间的倾角偏差不应大于 2°。

（4）注浆管上拔时宜使用拔管机，并控制注浆芯管每次上拔高度。

（5）注浆过程中可采取调整浆液配合比、间歇式注浆、调整浆液的凝结时间、上口封闭等措施防止地面冒浆。

（6）灌浆施工到一定时间后，可在最早灌浆的部位钻孔取样，检查灌浆效果，如不符合设计要求，应及时通报设计、监理等部门，会商处理措施。

（7）施工过程中产生的废水泥浆应采取有效的处理措施，避免污染环境或影响下道工序施工。

（8）注浆施工中应做好原材料检验、注浆体强度、注浆孔位孔深、注浆施工顺序、注浆压力、注浆流量等项目的记录与质量控制。

3. 质量检查

应符合现行国家标准《建筑地基基础工程施工质量验收标准》GB 50202 的规定。

2.3.7 预压地基

1. 材料质量控制

垫层材料宜用中、粗砂，含泥量应小于 5%；砂井的砂料宜用中砂或粗砂，含泥量应小于 3%。砂要进行颗粒分析和渗透试验，特性指标应符合设计要求。

进场的塑料排水带（管）和密封隔膜，应有产品出厂合格证和质量检验证明。

2. 工序质量控制点

施工前应在现场进行预压试验，并根据试验情况确定施工参数。

（1）水平排水砂垫层

垫层材料的干密度应大于 $1.5g/cm^3$。在预压区内宜设置与砂垫层相连的排水盲沟或排水管。

（2）竖向排水体施工

1）砂井的实际灌砂量不得小于计算值的 95%。

2）砂袋或塑料排水带埋入砂垫层中的长度不应少于 500mm，平面井距偏差不应大于井径，垂直度偏差宜小于 1.5%，拔管后带上砂袋或塑料排水带的长度不应大于 500mm，回带根数不应大于总根数的 5%。

3）塑料排水带接长时，应采用滤膜内芯板平搭接的连接方式，搭接长度应大于 200mm。

（3）堆载预压法

施工时应根据设计要求分级逐渐加载。在加载过程中应每天进行竖向变形量、水平位移及孔隙水压力等项目的监测，且应根据监测资料控制加载速率。

（4）真空预压法

1）应根据场地大小、形状及施工能力进行分块分区，每个加固区应用整块密封薄膜覆盖。

2）真空预压的抽气设备宜采用射流真空泵，空抽时应达到 95kPa 以上的真空吸力，其数量应根据加固面积和土层性能等确定。

3）真空管路的连接点应密封，在真空管路中应设置止回阀和闸阀，滤水管应设在排水砂垫层中，其上覆盖厚度 100～200mm 的砂层。

4）密封膜热合粘结时宜用双热合缝的平搭接，搭接宽度应大于 15mm，应铺设两层以上，覆盖膜周边采用挖沟折铺、平铺用黏土压边、围埝沟内覆水以及膜上全面覆水等方法进行密封。

5）当处理区有充足水源补给的透水层或有明显露头的透气层时，应采用封闭式截水墙形成防水帷幕等方法以隔断透水层或透气层。

6）施工现场应连续供电，当连续 5d 实测沉降速率小于或等于 2mm/d，或满足设计要求时，可停止抽真空。

（5）真空堆载联合预压法

施工时，应先进行抽真空，真空压力达到设计要求并稳定后进行分级堆载，并根据位移和孔隙水压力的变化控制堆载速率。

3. 质量检查

应符合现行国家标准《建筑地基基础工程施工质量验收标准》GB 50202 的规定。

2.3.8 砂石桩复合地基

1. 材料质量控制

（1）水泥进场应有出厂合格证和复试报告，应符合设计要求，宜选用强度不低于42.5MPa 的普通硅酸盐水泥，要求新鲜无结块。

（2）碎石、石屑的粒径、松散密度、杂质含量应符合设计要求。

（3）粉煤灰采用筛余百分比不大于 45% 的 III 级或 III 以上等级细度方孔筛。

（4）褥垫层材料用中砂、粗砂、碎石或级配砂石等，最大粒径不宜大于 30mm。用灰土作褥垫层时，其土料和石灰的质量控制参见本书 2.3.2 节中相关内容。

（5）长螺旋钻孔灌注成桩所用混合料坍落度及振动沉管灌注成桩所用混合料坍落度应符合设计规定。

2. 工序质量控制点

（1）施工前应进行成桩工艺和成桩挤密试验，工艺性试桩的数量不应少于 2 根。

（2）振动沉管成桩法施工应根据沉管和挤密情况，控制填砂量、提升高度和速度、挤压次数和时间、电机的工作电流等。振动沉管法施工宜采用单打法或反插法。锤击法挤密应根据锤击的能量，控制分段的填砂量和成桩的长度，锤击沉管成桩法施工可采用单管法或双管法。

（3）施工时桩位水平偏差不应大于套管外径的 0.3 倍。套管垂直度偏差不应大于1/100。

（4）施工前应检查砂、砂石料的含泥量及有机质含量、样桩的位置等。

（5）施工中检查每根砂桩、砂石桩的桩位、灌砂、砂石量、标高、垂直度等。

（6）施工期间及施工结束后应检查砂石桩的施工记录，沉管法施工尚应检查套管往复挤压振动次数与时间、套管升降幅度和速度、每次填砂石量等项目施工记录。

3. 质量检查

应符合现行国家标准《建筑地基基础工程施工质量验收标准》GB 50202 的规定。

2.3.9 高压喷射注浆复合地基

1. 材料质量控制

（1）高压喷射注浆材料用普通硅酸盐水泥，水泥、外加剂等原材料的检验项目及技术指标应符合设计要求和国家现行有关标准的规定，具体质量控制要求，参见本书 1.3 节中相关内容。

水泥使用前需做质量鉴定，使用的水泥都应过筛，制备好的浆液不得离析，拌制浆液的筒数、外加剂的用量等应有专人记录。

所用外加剂及掺合料的数量应通过试验确定。搅拌水泥浆所用水应符合现行行业标准

《混凝土用水标准》JGJ 63 的规定。

（2）检查制浆系统及浆液配合比、检查返到地面的废浆液必须按施工组织设计、（专项）施工方案要求进行处理。

（3）施工前应检查水泥、外掺剂等的质量、桩位，压力表、流量表的精度和灵敏度，高压喷射设备的性能等。

2．工序质量控制点

（1）现场试验，施工前选择与设计场地相似的地段进行高压喷射注浆试验，通过试验验证设计参数，确定适宜的喷射压力、喷射流量、旋（摆）转速度、提升速度、水泥浆稠度等施工参数。

（2）施工前应复核高压喷射注浆的孔位。

（3）施工中应检查施工参数（压力、水泥浆量、提升速度、旋转速度等）及施工程序。

（4）高压液流管道输送距离不宜大于 50m。分段提升喷射搭接长度不得小于 100mm。

（5）按设计要求，对高压喷射注浆范围、注浆孔的位置、施工顺序进行检查，检查制浆系统及浆液配合比、检查返到地面的废浆液必须按施工组织设计要求进行处理。

（6）单孔注浆体应在其初凝前连续完成施工，不得中断。由于特殊原因中断后，应采用复喷技术进行接头处理。

（7）水泥浆必须随拌随用，当水泥浆放置时间超过初凝时间后，不得再用于喷射施工。

水泥浆液应经过筛网过滤，避免喷嘴堵塞；高压喷射注浆体强度不得低于设计要求；高压喷射注浆体形态及其大小必须与设计要求相符；高压喷射注浆的其他技术指标（如防渗时的渗透系数）必须满足设计要求。

（8）为确保施工质量，在高压喷射注浆施工一段时间后，应对先期施工过的桩体进行检查，主要检查内容应包括：固结体的整体性和均匀性，固结体的有效直径，固结体的垂直度，固结体的强度。可采用开挖检查和用轻型钻机取样。

（9）桩顶往往因固结体析水收缩，使固结体在桩顶产生凹穴，应采取措施进行处理。

（10）施工过程中出现异常情况时，应立即停止施工，由监理或建设单位组织勘察、设计、施工等有关单位共同分析，解决问题，消除质量隐患，并应形成文件资料后方可继续施工。

3．质量检查

应符合现行国家标准《建筑地基基础工程施工质量验收标准》GB 50202 的规定。

2.3.10 水泥土搅拌桩复合地基

1．材料质量控制

水泥、外加剂等原材料的检验项目及技术指标应符合设计要求和国家现行有关标准的规定，具体质量控制要求，参见本书 1.3 节中相关内容。

2．工序质量控制点

（1）水泥土搅拌桩用于处理泥炭土、有机质土、pH 值小于 4 的酸性土、塑性指数大于

25 的黏土，或在腐蚀性环境中以及无工程经验的地区使用时，必须通过现场和室内试验确定其适用性。

（2）施工前应进行工艺性试桩，数量不应少于 2 根。通过试桩对设计参数进行验证，并制定施工工艺参数：提钻速度，控制成桩垂直度和桩长的测试方法，搅拌机初次下沉速度，并确定灰浆泵输浆量，灰浆经输浆管路到达搅拌机喷浆口的时间参数，要查验试桩报告及相关的材料证明资料。

（3）按设计要求检查浆液配合比和外加剂的掺量。

（4）在施工过程中，要检查水泥用量，孔位、孔深、桩的垂直度、桩径、桩长是否符合设计要求，检查搅拌头转速和提升速度，复搅次数，复搅深度。

（5）检查搅拌机械提升速度和浆液输送速度同步进行的保证措施。

（6）要保证桩头的施工质量，应检查其现场的保证措施。

（7）水泥土搅拌施工时，应随时检查施工中的各项记录，如发现地质条件发生变化，或有遗漏，或水泥土搅拌桩（水泥土搅拌点）施工质量不符合规定要求，应进行补桩或采取其他有效的补救措施。

3. 质量检查

应符合现行国家标准《建筑地基基础工程施工质量验收标准》GB 50202 的规定。

2.3.11　土和灰土挤密桩复合地基

1. 材料质量控制

（1）土和灰土挤密桩的土填料宜采用就地或就近基槽中挖出的粉质黏土。所用石灰应为Ⅲ级以上新鲜块灰，石灰使用前应消解并筛分，其粒径不应大于 5mm。

（2）素土地基土料可采用黏土或粉质黏土，有机质含量不应大于 5%，并应过筛，不应含有冻土或膨胀土，严禁采用地表耕植土、淤泥及淤泥质土、杂填土等土料。

（3）灰土地基的土料可采用黏土或粉质黏土，有机质含量不应大于 5%，并应过筛，其颗粒不得大于 15mm，石灰宜采用新鲜的消石灰，其颗粒不得大于 5mm，且不应含有未熟化的生石灰块粒，灰土的体积配合比宜为 2∶8 或 3∶7，灰土应搅拌均匀。

2. 工序质量控制点

（1）桩孔夯填时填料的含水量宜控制在最优含水量 ±3% 的范围内，夯实后的干密度不应低于其最大干密度与设计要求压实系数的乘积。填料的最优含水量及最大干密度可通过击实试验确定。

（2）在成孔过程中检查成孔顺序是否符合设计要求。

（3）在向孔内填土前，应检查孔底夯实质量，并检查孔位、孔径、孔深、孔的垂直度是否符合设计或相应规范的要求。

（4）在施工过程中要检查回填土的密实度和含水量的指标是否符合设计要求。

（5）施工过程中，应按设计要求控制土、灰土的质量，并检查控制灰土比和每次填筑高度的手段及效果。

（6）按设计要求，检查桩间土的挤密系数，检查桩顶的施工质量。

（7）桩孔经检验合格后，应按设计要求向孔内分层填入筛好的素土、灰土或其他填料，并应分层夯实至设计标高。

3. 质量检查

应符合现行国家标准《建筑地基基础工程施工质量验收标准》GB 50202 的规定。

2.3.12　水泥粉煤灰碎石桩复合地基（CFG）

1. 材料质量控制

（1）水泥粉煤灰碎石桩桩身混合料采用商品混凝土混合料时，应对入场混合料的配合比和坍落度等进行检查。当采用现场搅拌混合料时，应对入场的水泥、粉煤灰、砂及碎石等原材料进行检验。水泥、外加剂等原材料的检验项目及技术指标应符合设计要求和国家现行有关标准的规定，具体质量控制要求，参见本书 1.3 节中相关内容。

（2）用振动沉管灌注成桩和长螺旋钻孔灌注成桩施工时，可选用电厂收集的粗灰；采用长螺旋钻孔、管内泵压混合料灌注成桩时，宜选用细度（0.045mm 方孔筛筛余百分比）不大于 45% 的Ⅲ级或Ⅲ级以上等级的粉煤灰。

（3）长螺旋钻孔、管内泵压混合料成桩施工时每方混合料粉煤灰掺量宜为 70～90kg。

2. 工序质量控制点

（1）成孔时宜先慢后快，并应及时检查、纠正钻杆偏差，成桩过程应连续进行。

（2）长螺旋钻孔、管内泵压混合料成桩施工时，当钻至设计深度后，应掌握提拔钻杆时间，混合料泵送量应与拔管速度相配合，压灌应一次连续灌注完成，压灌成桩时，钻具底端出料口不得高于钻孔内桩料的液面。

（3）在施工过程中，如发现混合料状态发生变化（离析或黏稠）应对自动给水系统进行检查，并对称量系统进行重新标定，并检查材料的配合比是否符合设计要求。

（4）检查泵送混合料量和拔管速度的配合是否符合设计要求。沉管灌注成桩施工拔管速度应按匀速控制，并控制在 1.2～1.5m/min，遇淤泥或淤泥质土层，拔管速度应适当放慢，沉管拔出地面确认成桩桩顶标高后，用粒状材料或湿黏性土封顶。

（5）在施工过程中，经常检查钻孔垂直度、孔位、孔深和孔径是否符合设计要求。

（6）振动沉管灌注成桩后桩顶浮浆厚度不宜大于 200mm。

（7）拔管应在钻杆芯管充满混合料后开始，严禁先拔管后泵料。

（8）桩顶标高宜高于设计桩顶标高 0.5m 以上。

（9）桩的垂直度偏差不应大于 1/100。满堂布桩基础的桩位偏差不应大于桩径的 0.4 倍，条形基础的桩位偏差不应大于桩径的 0.25 倍，单排布桩的桩位偏差不应大于 60mm。

（10）成桩过程应抽样做混合料试块，每台机械一天应做一组（3 块）试块（边长为 150mm 的立方体），标准养护，测定其立方体抗压强度。

3. 质量检查

应符合现行国家标准《建筑地基基础工程施工质量验收标准》GB 50202 的规定。

2.3.13　夯实水泥土桩复合地基

1. 材料质量控制

土料中的有机质含量不得大于 5%，不得含有垃圾杂质、冻土或膨胀土等，使用时应过筛。

2. 工序质量控制点

（1）夯实水泥土桩施工前应进行工艺性试桩，试桩数量不应少于2根。

（2）检查回填料用的水泥品种和土料的种类是否符合设计要求。混合料的含水量宜控制在最优含水量±2%的范围内。土料与水泥应拌合均匀，混合料搅拌时间不宜少于2min，混合料坍落度宜为30～50mm。

（3）在施工过程中，抽查桩位偏差，验证桩径、桩距、桩长及桩的垂直度是否符合设计要求。

（4）成孔后，应查验孔底夯实质量，检查混合料回填高度是否符合工艺要求。

（5）施工应隔排隔桩跳打。向孔内填料前孔底应夯实，宜采用二夯一填的连续成桩工艺。每根桩的成桩过程应连续进行。桩顶夯填高度应大于设计桩顶标高200～300mm，垫层施工时应将多余桩体凿除，桩顶面应水平。垫层铺设时应压（夯）密实，夯填度不应大于0.9。

（6）沉管法拔管速度宜控制为1.2～1.5m/min，每提升1.5～2.0m留振20s。桩管拔出地面后应用粒状材料或黏土封顶。

（7）按工艺要求检查夯锤提升高度和夯实遍数。

（8）按设计要求检查孔内填料的压实系数。

（9）检查桩头的施工质量，保证桩顶夯实高度应大于设计值200～300mm。

3. 质量检查

应符合现行国家标准《建筑地基基础工程施工质量验收标准》GB 50202的规定。

2.4　基础工程

2.4.1　无筋扩展基础

1. 材料质量控制

（1）砌筑砂浆的强度应符合设计要求，砂浆的稠度宜为70～100mm。

（2）砖、商品混凝土进场时，应检查其质量合格证明；对有复检要求的原材料应送检，检验结果应满足设计及相应标准要求。

（3）基础内预埋件应经过防腐处理。

2. 工序质量控制点

（1）砖砌体基础施工

1）砖及砂浆的强度应符合设计要求，砂浆的稠度宜为70～100mm，砖的规格应一致，砖应提前浇水湿润。

2）砌筑应上下错缝，内外搭砌，竖缝错开不应小于1/4砖长，砖基础水平缝的砂浆饱满度不应低于80%，内外墙基础应同时砌筑，对不能同时砌筑而又必须留置的临时间断处，应砌筑成斜槎，斜槎的水平投影长度不应小于高度的2/3。

3）深浅不一致的基础，应从低处开始砌筑，并应由高处向低处搭砌，当设计无要求时，搭接长度不应小于基础底的高差，搭接长度范围内下层基础应扩大砌筑，砌体的转角处和交接处应同时砌筑，不能同时砌筑时应留槎、接槎。

4）宽度大于300mm的洞口，上方应设置过梁。

（2）毛石砌体基础施工

1）毛石的强度、规格尺寸、表面处理和毛石基础的宽度、阶宽、阶高等应符合设计要求。

2）粗料毛石砌筑灰缝不宜大于20mm，各层均应铺灰坐浆砌筑，砌好后的内外侧石缝应用砂浆勾缝。

3）基础的第一皮及转角处、交接处和洞口处，应采用较大的平毛石，并采取大面朝下的方式坐浆砌筑，转角、阴阳角等部位应选用方正平整的毛石互相拉结砌筑，最上面一皮毛石应选用较大的毛石砌筑。

4）毛石基础应结合牢靠，砌筑应内外搭砌，上下错缝，拉结石、丁砌石交错设置，不应在转角或纵横墙交接处留设接槎，接槎应采用阶梯式，不应留设直槎或斜槎。

（3）混凝土基础施工

1）混凝土基础台阶应支模浇筑，模板支撑应牢固可靠，模板接缝不应漏浆。

2）台阶式基础宜一次浇筑完成，每层宜先浇边角，后浇中间，坡度较陡的锥形基础可采取支模浇筑的方法。

3）不同底标高的基础应开挖成阶梯状，混凝土应由低到高浇筑。

4）混凝土浇筑和振捣应满足均匀性和密实性的要求，浇筑完成后应采取养护措施。

3. 质量检查

应符合现行国家标准《建筑地基基础工程施工质量验收标准》GB 50202的规定。

2.4.2 钢筋混凝土扩展基础

1. 材料质量控制

（1）钢筋进场时应有出厂质量证明资料，进行外观质量检查，并按规定进行取样复检，合格后方可使用。

（2）商品混凝土进场时应有出厂合格证。

（3）模板、木方、钢管（或支撑件）等应满足施工方案要求。

（4）其他质量控制要求，参见本书1.3节中相关内容。

2. 工序质量控制点

（1）柱下钢筋混凝土独立基础施工

1）混凝土宜按台阶分层连续浇筑完成，对于阶梯形基础，每一台阶作为一个浇捣层，每浇筑完一台阶宜稍停0.5～1.0h，待其初步沉实后，再浇筑上层，基础上有插筋埋件时，应固定其位置。

2）杯形基础的支模宜采用封底式杯口模板，施工时应将杯口模板压紧，在杯底应预留观测孔或振捣孔，混凝土浇筑应对称均匀下料，杯底混凝土振捣应密实。

3）锥形基础模板应随混凝土浇捣分段支设并固定牢靠，基础边角处的混凝土应捣实密实。

（2）钢筋混凝土条形基础施工

1）绑扎钢筋时，底部钢筋应绑扎牢固；采用 HPB300 钢筋时，端部弯钩应朝上，柱的锚固钢筋下端应用 90° 弯钩与基础钢筋绑扎牢固，按轴线位置校核后上端应固定牢靠。

2）混凝土宜分段分层连续浇筑，每层厚度宜为 300～500mm，各段各层间应互相衔接，混凝土浇捣应密实。

（3）养护

基础混凝土浇筑完后，外露表面应在 12h 内覆盖并保湿养护。

3. 质量检查

应符合现行国家标准《建筑地基基础工程施工质量验收标准》GB 50202 的规定。

2.4.3 筏形与箱形基础

1. 材料质量控制

参见本书 2.4.2 节中相关内容。

2. 工序质量控制点

（1）浇筑要求

1）基础混凝土可采用一次连续浇筑，也可留设施工缝分块连续浇筑，施工缝宜留设在结构受力较小且便于施工的位置。

2）采用分块浇筑的基础混凝土，应根据现场场地条件、基坑开挖流程、基坑施工监测数据等合理确定浇筑的先后顺序。

3）在浇筑基础混凝土前，应清除模板和钢筋上的杂物，表面干燥的垫层、木模板应浇水湿润。

（2）基础混凝土浇筑

1）混凝土应连续浇筑，且应均匀、密实。

2）混凝土浇筑的布料点宜接近浇筑位置，应采取减缓混凝土下料冲击的措施。

3）混凝土自高处倾落的自由高度应根据混凝土的粗骨料粒径确定，粗骨料粒径大于 25mm 时自高不应大于 3m，粗骨料粒径不大于 25mm 时自高不应大于 6m。

（3）基础大体积混凝土浇筑

1）混凝土宜采用低水化热水泥，合理选择外掺料、外加剂，优化混凝土配合比。

2）混凝土宜采用斜面分层浇筑方法，混凝土应连续浇筑，分层厚度不应大于 500mm，层间间隔时间不应大于混凝土的初凝时间。

（4）基础后浇带和施工缝的施工

1）地下室柱、墙、反梁的水平施工缝应留设在基础顶面。

2）基础垂直施工缝应留设在平行于平板式基础短边的任何位置且不应留设在柱角范围，梁板式基础垂直施工缝应留设在次梁跨度中间的 1/3 范围内。

3）后浇带和施工缝处的钢筋应贯通，侧模应固定牢靠。

4）箱形基础的后浇带两侧应限制施工荷载，梁、板应有临时支撑措施。

5）后浇带混凝土强度等级宜比两侧混凝土提高一级，施工缝处后浇混凝土应待先浇混凝土强度达到 1.2MPa 后方可进行。

3．质量检查

应符合现行国家标准《建筑地基基础工程施工质量验收标准》GB 50202 的规定。

2.4.4　钢筋混凝土预制桩

1．材料质量控制

预制桩进场时应符合设计要求并有合格证，桩的强度应达到设计强度的 100%；要进行桩的外形和桩身材料的质量检验资料的检查，包括检查桩的质量、规格、尺寸，预埋件位置、桩靴、桩帽是不是牢固以及打桩中使用的标记是否齐全。

硫黄胶泥、角钢、电焊条应有出厂合格证，对有复检要求的原材料应送检，检验结果应满足设计及相应国家现行标准要求。

2．工序质量控制点

（1）一般规定

1）混凝土预制桩应进行桩位、桩长、桩径、桩身质量和单桩承载力的检验。

2）施工前应严格对桩位进行检验。

3）预制桩在施工现场运输、吊装过程中，严禁采用拖拉取桩方法。

4）接桩时，接头宜高出地面 0.5～1.0m，不宜在桩端进入硬土层时停顿或接桩。单根桩沉桩宜连续进行。

5）顶制桩（混凝土预制桩、钢桩）施工过程中应进行下列检验：

① 打入（静压）深度、停锤标准、静压终止压力值及桩身（架）垂直度检查。

② 接桩质量、接桩间歇时间及桩顶完整状况。

③ 每米进尺锤击数、最后 1.0m 进尺锤击数、总锤击数，最后三阵贯入度及桩尖标高等。

（2）动力沉桩

1）一般要求

① 复核桩位，检查打桩顺序。

② 检查沉桩用的桩机平台地基是否坚实安全。

③ 检查机械垂直度设备的标定结果，确保施工设备的垂直度。

④ 检查插桩的施工工艺是否符合施工组织设计中要求。

⑤ 在施工过程的检查中，如发现已打好的桩上浮或周边建筑物发生异常情况必须要求施工单位停止施工，并做好记录，要研究切实可行的措施，并报监理工程师批准后方可继续施工。

⑥ 检查打桩机械的垂直度、桩位和桩顶标高的控制措施、桩头的保护以及机械行走顺序和地面变形等，发现问题应及时采取相应措施，确保施工质量。

2）锤击沉桩

① 地表以下有厚度为 10m 以上的流塑性淤泥土层时，第一节桩下沉后宜设置防滑箍进行接桩作业。

② 桩锤、桩帽及送桩器应和桩身在同一中心线上，桩插入时的垂直度偏差不得大于 1/200。

③ 沉桩顺序应按先深后浅、先大后小、先长后短、先密后疏的次序进行。

④ 密集桩群应控制沉桩速率，宜自中间向两个方向或四周对称施打，一侧毗邻建（构）筑物或设施时，应由该侧向远离该侧的方向施打。

3）暂停打桩

当遇到贯入度剧变，桩身突然发生倾斜、位移或有严重回弹、桩顶或桩身出现严重裂缝、破碎等情况时，应暂停打桩，并分析原因，采取相应措施。

4）锤击桩终止沉桩的控制标准

① 终止沉桩应以桩端标高控制为主，贯入度控制为辅，当桩端达到坚硬、硬塑的黏性土，中密以上粉土、砂土、碎石类土及风化岩时，可以贯入度控制为主，桩端标高控制为辅。

② 贯入度已达到设计要求而桩端标高未达到时，应继续锤击 3 阵，按每阵 10 击的贯入度不大于设计规定的数值予以确认，必要时施工控制贯入度应通过试验与设计协商确定。

（3）静力沉桩

1）一般要求

① 复核桩位，检查沉桩顺序。

② 检查沉桩机械平台所处的地面必须平整坚实安全。

③ 检查静压沉桩仪的工作状态，查验维修记录和标定结果。

2）静力压桩

① 第一节桩下压时垂直度偏差不应大于 0.5%。

② 宜将每根桩一次性连续压到底，且最后一节有效桩长不宜小于 5m。

③ 抱压力不应大于桩身允许侧向压力的 1.1 倍。

④ 对于大面积桩群，应控制日压桩量。

3）静压送桩

① 测量桩的垂直度并检查桩头质量，合格后方可送桩，压桩、送桩作业应连续进行。

② 送桩应采用专制钢质送桩器，不得将工程桩用作送桩器。

③ 当场地上多数桩的有效桩长小于或等于 15m 或桩端持力层为风化软质岩，需要复压时，送桩深度不宜超过 1.5m。当桩的垂直度偏差小于 1%，且桩的有效桩长大于 15m 时，静压桩送桩深度不宜超过 8m。

④ 送桩的最大压桩力不宜超过桩身允许抱压压桩力的 1.1 倍。

4）引孔压桩

① 引孔宜采用螺旋钻干作业法，引孔的垂直度偏差不宜大于 0.5%。

② 引孔作业和压桩作业应连续进行，间隔时间不宜大于 12h，在软土地基中不宜大于 3h。

③ 引孔中有积水时，宜采用开口型桩尖。

5）静压桩终压

① 静压桩应以标高为主，压力为辅。

② 静压桩终压标准可结合现场试验结果确定。

③ 终压连续复压次数应根据桩长及地质条件等因素确定，对于入土深度大于或等于 8m

的桩，复压次数可为 2~3 次，对于入土深度小于 8m 的桩，复压次数可为 3~5 次。

④ 稳压压桩力不应小于终压力，稳定压桩的时间宜为 5~10s。

3. 质量检查

应符合现行国家标准《建筑地基基础工程施工质量验收标准》GB 50202 的规定。

2.4.5 泥浆护壁成孔灌注桩

1. 材料质量控制

钢筋、混凝土等原材料进场时应有质量证明书、进行外观检查并按规定进行取样检测，合格后方可使用，具体要求参见本书 1.3 节中相关内容。

混凝土坍落度宜为 160~220mm，坍落度损失应控制在水下灌注的允许范围内。混凝土浇筑应制作试件。

2. 工序质量控制点

（1）成孔的控制深度

摩擦型桩：摩擦桩应以设计桩长控制成孔深度；端承摩擦桩必须保证设计桩长及桩端进入持力层深度。当采用锤击沉管法成孔时，桩管入土深度控制应以标高为主，以贯入度控制为辅。

端承型桩：当采用钻（冲）、挖掘成孔时，必须保证桩端进入持力层的设计深度；当采用锤击沉管法成孔时，桩管入土深度控制以贯入度为主，以控制标高为辅。

（2）钢筋笼制作与安装

1）钢筋笼制作

① 钢筋笼宜分段制作，分段长度应根据钢筋笼整体刚度、钢筋长度以及起重设备的有效高度等因素确定。钢筋笼接头宜采用焊接或机械式接头，接头应相互错开。

② 钢筋笼应采用环形胎模制作，钢筋笼主筋净距应符合设计要求。

③ 钢筋笼的材质、尺寸应符合设计要求，钢筋笼制作允许偏差应符合设计或标准的规定。

④ 钢筋笼主筋混凝土保护层允许偏差应为 ±20mm，钢筋笼上应设置保护层垫块，每节钢筋笼不应少于 2 组，每组不应少于 3 块，且应均匀分布于同一截面上。

2）钢筋笼安装

① 钢筋笼安装入孔时，应保持垂直，对准孔位轻放，避免碰撞孔壁。

② 下节钢筋笼宜露出操作平台 1m。

③ 上下节钢筋笼主筋连接时，应保证主筋部位对正，且保持上下节钢筋笼垂直，焊接时应对称进行。

④ 钢筋笼全部安装入孔后应固定于孔口，安装标高应符合设计要求，允许偏差应为 ±100mm。

（3）泥浆护壁

1）泥浆制备应选用高塑性黏土或膨润土。泥浆应根据施工机械、工艺及穿越土层情况进行配合比设计。

2）施工期间护筒内的泥浆面应高出地下水位 1.0m 以上，在受水位涨落影响时，泥浆面应高出最高水位 1.5m 以上。

3）在清孔过程中，应不断置换泥浆，直至灌注水下混凝土。

4）灌注混凝土前，孔底 500mm 以内的泥浆相对密度应小于 1.25；含砂率不得大于 8%；黏度不得大于 28s。

（4）埋设护筒

① 成孔时宜在孔位埋设护筒，护筒应采用钢板制作，应有足够刚度及强度；上部应设置溢流孔，下端外侧应采用黏土填实，护筒高度应满足孔内泥浆面高度要求，护筒埋设应进入稳定土层。

② 护筒上应标出桩位，护筒中心与孔位中心偏差不应大于 50mm。

③ 护筒内径应比钻头外径大 100mm，冲击成孔和旋挖成孔的护筒内径应比钻头外径大 200mm，垂直度偏差不宜大于 1/100。

（5）正、反循环成孔钻进

1）成孔直径不应小于设计桩径，钻头宜设置保径装置。

2）在软土层中钻进，应根据泥浆补给及排渣情况控制钻进速度。

3）钻机转速应根据钻头形式、土层情况、扭矩及钻头切削具磨损情况进行调整，硬质合金钻头的转速宜为 40～80r/min，钢粒钻头的转速宜为 50～120r/min，牙轮钻头的转速宜为 60～180r/min。

（6）冲击成孔质量控制

1）在成孔前以及过程中应定期检查钢丝绳、卡扣及转向装置，冲击时应控制钢丝绳放松量。

2）开孔时，应低锤密击，当表土为淤泥、细砂等软弱土层时，可加黏土块夹小片石反复冲击造壁，孔内泥浆面应保持稳定。

3）进入基岩后，应采用大冲程、低频率冲击，当发现成孔偏移时，应回填片石至偏孔上方 300～500mm 处，然后重新冲孔。

4）成孔过程中应及时排除废渣，排渣可采用泥浆循环或淘渣筒，淘渣筒直径宜为孔径的 50%～70%，每钻进 0.5～1.0m 应淘渣一次，淘渣后应及时补充孔内泥浆。

5）应采取有效的技术措施防止扰动孔壁、塌孔、扩孔、卡钻和掉钻及泥浆流失等事故。

6）每钻进 4～5m 应验孔一次，在更换钻头前或容易缩孔处，均应验孔。

7）进入基岩后，非桩端持力层每钻进 300～500mm 和桩端持力层每钻进 100～300m 时，应清孔取样一次，并应做记录。

8）钢筋笼吊装完毕后，应安置导管或气泵管二次清孔，并应进行孔位、孔径、垂直度、孔深、沉渣厚度等检验，合格后应立即灌注混凝土。

（7）灌注水下混凝土

1）开始灌注混凝土时，导管底部至孔底的距离宜为 300～500mm。

2）应有足够的混凝土储备量，导管一次埋入混凝土灌注面以下不应少于 0.8m。

3）导管埋入混凝土深度宜为 2～6m。严禁将导管提出混凝土灌注面，并应控制提拔导管速度，应有专人测量导管埋深及管内外混凝土灌注面的高差，填写水下混凝土灌注记录。

4）灌注水下混凝土必须连续施工，每根桩的灌注时间应按初盘混凝土的初凝时间控制，对灌注过程中的故障应记录备案。

5）应控制最后一次灌注量，超灌高度宜为 0.8～1.0m，凿除泛浆后必须保证暴露的桩顶混凝土强度达到设计等级。

3. 质量检查

应符合现行国家标准《建筑地基基础工程施工质量验收标准》GB 50202 的规定。

2.4.6　干作业成孔灌注桩

1. 材料质量控制

钢筋、混凝土等原材料进场时应有质量证明书、进行外观检查并按规定进行取样检测，合格后方可使用，具体要求参见本书 1.3 节中相关内容。

2. 工序质量控制点

（1）开挖前，桩位外应设置定位基准桩，安装护筒或护壁模板应用桩中心点校正其位置。

（2）人工挖孔桩的桩净距小于 2.5m 时，应采用间隔开挖和间隔灌注，且相邻排桩最小施工净距不应小于 5.0m。

（3）挖孔应从上而下进行，挖土次序宜先中间后周边。扩底部分应先挖桩身圆柱体，再按扩底尺寸从上而下进行。

（4）采用螺旋钻孔机钻孔施工应符合下列规定：

1）钻孔前应纵横调平钻机，安装护筒，采用短螺旋钻孔机钻进，每次钻进深度应与螺旋长度相同。

2）钻进过程中应及时清除孔口积土和地面散落土。

3）砂土层中钻进遇到地下水时，钻深不应大于初见水位。

4）钻孔完毕，应用盖板封闭孔口，不应在盖板上行车。

（5）采用混凝土护壁时，第一节护壁应符合下列规定：

1）孔圈中心线与设计轴线的偏差不应大于 20mm。

2）井圈顶面应高于场地地面 150～200mm。

3）壁厚应较下面井壁增厚 100～150mm。

（6）混凝土护壁立切面宜为倒梯形，平均厚度不应小于 100mm，每节高度应根据岩土层条件确定，且不宜大于 1000mm。混凝土强度等级不应低于 C20，并应振捣密实。护壁应根据岩土条件进行配筋，配置的构造钢筋直径不应小于 8mm，竖向筋应上下搭接或拉接。

（7）挖至设计标高终孔后，应清除护壁上的泥土和孔底残渣、积水，验收合格后，应立即封底和灌注桩身混凝土。

3. 质量检查

应符合现行国家标准《建筑地基基础工程施工质量验收标准》GB 50202 的规定。

2.4.7　长螺旋钻孔压灌桩

1. 材料质量控制

钢筋、混凝土等原材料进场时应有质量证明书、进行外观检查并按规定进行取样检测，合格后方可使用，具体要求参见本书 1.3 节中相关内容。

2. 工序质量控制点

（1）长螺旋钻孔压灌桩应进行试钻孔，数量不应少于 2 根。

（2）钻机定位后，应进行复检，钻头与桩位偏差不应大于 20mm，开孔时下钻速度应缓慢，钻进过程中，不宜反转或提升钻杆。

（3）螺旋钻杆与出土装置导向轮间隙不得大于钻杆外径的 4%，出土装置的出土斗离地面高度不应小于 1.2m。

（4）钻进至设计深度后，应先泵入混凝土并停顿 10～20s，提钻速度应根据土层情况确定，且应与混凝土泵送量相匹配。

（5）桩身混凝土的压灌应连续进行，钻机移位时，混凝土泵料斗内的混凝土应连续搅拌，斗内混凝土面应高于料斗底面以上不少于 400mm。

（6）压灌桩的充盈系数宜为 1.0～1.2，桩顶混凝土超灌高度不宜小于 0.3m。

（7）成桩后应及时清除钻杆及泵（软）管内残留的混凝土。

（8）钢筋笼宜整节安放，采用分段安放时接头可采用焊接或机械连接。

（9）混凝土压灌结束后，应立即将钢筋笼插至设计深度。钢筋笼的插设应采用专用插筋器。

3. 质量检查

应符合现行国家标准《建筑地基基础工程施工质量验收标准》GB 50202 的规定。

2.4.8 沉管灌注桩

1. 材料质量控制

钢筋、混凝土等原材料进场时应有质量证明书、进行外观检查并按规定进行取样检测，合格后方可使用，具体要求参见本书 1.3 节中相关内容。

桩身混凝土的设计强度等级，应通过试验确定混凝土配合比。混凝土坍落度应符合设计要求，一般宜为 180～220mm。

2. 工序质量控制点

（1）一般要求

1）沉管灌注桩的混凝土充盈系数不应小于 1.0。

2）沉管灌注桩全长复打桩施工时，第一次灌注混凝土应达到自然地面，然后一边拔管一边清除粘在管壁上和散落在地面上的混凝土或残土。复打施工应在第一次灌注的混凝土初凝之前完成，初打与复打的桩轴线应重合。

3）沉管灌注桩桩身配有钢筋时，混凝土的坍落度宜为 80～100mm。素混凝土桩宜为70～80mm。

（2）锤击沉管灌注桩的施工

1）桩管、混凝土预制桩尖或钢桩尖的加工质量和埋设位置应符合设计要求，桩管与桩尖的接触面应平整且具有良好的密封性。

2）锤击开始前，应使桩管与桩锤、桩架在同一垂线上。

3）桩管沉到设计标高并停止振动后应立即浇筑混凝土，灌注混凝土之前，应检查桩管内有无吞桩尖或进土、水及杂物。

4）桩身配钢筋笼时，第一次混凝土应先灌至笼底标高，然后放置钢筋笼，再灌混凝土至桩顶标高。

5）拔管速度要均匀，一般土层宜为1.0m/min，软弱土层和较硬土层交界处宜为0.3～0.8m/min，淤泥质软土不宜大于0.8m/min。

6）拔管高度应与混凝土灌入量相匹配，最后一次拔管应高于设计标高，在拔管过程中应检测混凝土面的下降量。

（3）振动、振动冲击沉管灌注桩单打法的施工

1）施工中应按设计要求控制最后30s的电流、电压值。

2）沉管到位后，应立即灌注混凝土，桩管内灌满混凝土后，应先振动再拔管，拔管时，应边拔边振，每拔出0.5～1.0m停拔，振动5～10s，直至全部拔出。

3）拔管速度宜为1.2～1.5m/min，在软弱土层中，拔管速度宜为0.6～0.8m/min。

（4）振动、振动冲击沉管灌注桩反插法的施工

1）拔管时，先振动再拔管，每次拔管高度为0.5～1.0m，反插深度为0.3～0.5m，直至全部拔出。

2）拔管过程中，应分段添加混凝土，保持管内混凝土面不低于地表面或高于地下水位1.0～1.5m，拔管速度应小于0.5m/min。

3）距桩尖处1.5m范围内，宜多次反插以扩大桩端部断面。

4）穿过淤泥夹层时，应减慢拔管速度，并减少拔管高度和反插深度，流动性淤泥土层、坚硬土层中不宜使用反插法。

3. 质量检查

应符合现行国家标准《建筑地基基础工程施工质量验收标准》GB 50202的规定。

2.4.9　钢桩

1. **材料质量控制**

（1）制作钢桩的材料应符合设计要求，并有出厂合格证明和试验报告；钢桩的焊接接头应采用等强度连接。

（2）焊接使用的焊条、焊丝和焊剂应符合设计和现行有关规范的规定。

（3）用于地下水有侵蚀性的地区或腐蚀性土层的钢桩，应按设计要求做防腐处理。

2. **工序质量控制点**

（1）钢桩制作

1）现场制作钢桩应有平整的场地及挡风防雨设施。

2）钢桩的分段长度应与沉桩工艺及沉桩设备相适应，同时应考虑制作条件、运输和装卸能力，长度不宜大于15m。

3）用于地下水有侵蚀性的地区或腐蚀性土层的钢桩，应按设计要求做防腐处理。

4）钢管桩制作外形尺寸允许偏差、H型桩及其他异型钢桩制作外形允许偏差应符合设计要求或规范的规定。

5）样桩放样，按构件布置图，逐根摆放钢桩到桩位，并逐根进行复核（打1根复核1

根），并做好记录。

（2）钢桩施工

1）检查桩位放线成果和桩尖就位情况，核查桩顶标高，控制手段和监控措施的落实情况。

2）桩起吊时做最后一次检查，断面尺寸误差超过规范的允许偏差时不能使用。

3）钢管桩对接接口允许偏差应符合设计要求或标准的规定。

4）钢桩的每个接头焊接完毕，应冷却1min后方可锤击，每个接头除应进行外观检查外，尚应按接头总数的5%做超声波检查，同一工程中，探伤检查不应少于3个接头。

5）钢桩施工过程中的桩位允许偏差应为50mm。直桩垂直度偏差应小于1/100，斜桩倾斜度的偏差应为倾斜角正切值的15%。

3. 质量检查

应符合现行国家标准《建筑地基基础工程施工质量验收标准》GB 50202的规定。

2.4.10 沉井与沉箱

1. 材料质量控制

1）钢筋进场时应有出厂质量证明资料，进行外观质量检查，并按规定进行取样复检，合格后方可使用。

2）商品混凝土进场时应有出厂合格证。

3）模板、木方、钢管（或支撑件）等应满足施工方案要求。

4）其他质量控制要求，参见本书1.3节中相关内容。

2. 工序质量控制点

（1）制作

沉井（箱）制作前，应制作砂垫层和混凝土垫层，砂垫层厚度和混凝土垫层厚度应根据计算确定，沉井（箱）下沉前应分区对称凿除混凝土垫层。

沉井（箱）分节制作时，应进行接高稳定性验算。分节水平缝宜做成凸形，并应清理干净，混凝土浇筑前施工缝应充分湿润。

（2）下沉

1）沉井（箱）下沉时的第一节混凝土强度应达到设计强度的100%，其他各节混凝土强度应达到设计强度的70%。

2）大于两次下沉的沉井，应有沉井接高稳定性的措施，并应对稳定性进行计算复核。

3）沉井（箱）挖土下沉应均匀、对称进行，应根据现场施工情况采取止沉或助沉措施，控制沉井（箱）平稳下沉。

4）沉井（箱）下沉应及时测量及时纠偏，每8h应至少测量2次。

5）沉井下沉时，应随时纠偏。在软土层中，下沉邻近设计标高时，应放慢下沉速度。

6）不排水下沉时，井的内水位不得低于井外水位。

7）触变泥浆隔离层的厚度宜为150～200mm，其物理力学指标宜根据沉井下沉时所通过的不同土层选用。

8）沉箱下沉条件：所有设备已经安装、调试完成，相应配套设备已配备完全；所有通过底板管路均已连接或密封；临时支撑系统已安装完毕，且井壁混凝土已达到强度；基坑外围填土已结束；工作室内建筑垃圾已清理干净。

9）沉箱下沉过程中的工作室气压应根据现场实测水头压力的大小调节。沉箱在穿越砂土等渗透性较高的土层时，应维持气压平衡地下水位的压力，且现场应有备用供气设备。

（3）井壁接续

1）在开挖好的基坑（槽）内，应做好排水工作，在清除浮土后，方可进行砂垫层的铺填工作。设置的集水井的深度，可较砂垫层的底面深 300～500mm。

2）沉井（箱）的一次制作高度宜控制在 6～8m，刃脚的斜面不应使用模板。

3）同一连接区段内竖向受力钢筋搭接接头面积百分率和钢筋的保护层厚度应符合设计要求。

4）水平施工缝应留置在底板凹槽、凸榫或沟、洞底面以下 200～300mm。

5）凿除混凝土垫板时，应先内后外，分区域对称按顺序凿除，凿断线应与刃脚底边平齐，凿断的板应立即清除，空穴处应立即用砂或砂夹碎石回填。混凝土的定位支点处应最后凿除，不得漏凿。

（4）封底

1）沉井（箱）下沉至设计标高时应连续进行 8h 沉降观测，当下沉量小于 10mm 时方可进行封底混凝土浇筑。

2）沉井穿越的土层透水性低、井底涌水量小且无流砂现象时，可进行干封底。沉井于封底前须排出井内积水，超挖部分应回填砂石，刃脚上的污泥应清洗干净，新老混凝土的接缝处应凿毛。

3）沉井采用干封底应在井内设置集水井，并应不间断排水。软弱土中宜采用对称分格取土和封底。集水井封闭应在底板混凝土达到设计强度及满足抗浮要求后进行。

4）当采用水下封底时，导管的平面布置应在各浇筑范围的中心，当浇筑面积较大时，应采用多根导管同时浇筑，各根导管的有效扩散半径，应确保混凝土能互相搭接并能达到井底所有范围。

5）沉箱封底混凝土应采用自密实混凝土，应保证混凝土浇筑的连续性，封底结束后应压注水泥浆，填充封底混凝土与工作室顶板之间的空隙。

3. 质量检查

应符合现行国家标准《建筑地基基础工程施工质量验收标准》GB 50202 的规定。

2.5 基坑支护

2.5.1 灌注桩排桩

1. 材料质量控制

参见本书 2.4.5～2.4.8 节中相关内容。

2. 工序质量控制点

（1）灌注桩在施工前应进行试成孔，试成孔数量应根据工程规模及施工场地地质情况确定，且不宜少于2根。

（2）混凝土灌注桩设有预埋件时，应根据预埋件用途和受力特点的要求，控制其安装位置及方向。

（3）钢筋笼制作应按设计要求进行，分段制作的钢筋笼，其接头宜用焊接，主筋净间距必须大于混凝土骨料最大粒径的3倍以上；主筋的底端不宜设弯钩，施工工艺要求设弯钩时必须符合设计要求；钢筋笼内径应比导管接头处外径大100mm以上。

（4）钢筋笼吊放时，应按设计要求的方向垂直下放，就位后立即固定；伸入冠梁中的钢筋要保护好，不得弯折。

（5）非均匀配筋的钢筋笼吊放安装时，严禁旋转或倒置，钢筋笼扭转角度应小于5°。

（6）检查桩体混凝土浇筑的方法和质量是否符合施工组织设计及相应规范要求。

（7）桩位偏差，轴线及垂直轴线方向均不宜大于50mm；孔深偏差应为300mm，孔底沉渣不应大于200mm；桩身垂直度偏差不应大于1/150，桩径允许偏差应为30mm。

（8）采用低应变动测法检测桩身完整性，检测桩数不宜少于总桩数的20%，且不得少于5根。当根据低应变动测法判定的桩身完整性为Ⅲ类或Ⅳ类时，应采用钻芯法进行验证，并应扩大低应变动测法检测的数量。

3. 质量检查

应符合现行国家标准《建筑地基基础工程施工质量验收标准》GB 50202的规定。

2.5.2 板桩围护墙

1. 材料质量控制

（1）混凝土板桩中用作吊环的钢筋应使用HPB300级，严禁使用冷加工的钢筋。

当地基土中地下水对混凝土有侵蚀性时，应按设计要求或有关规范规定，采用抗腐蚀的水泥和骨料，或掺加抗腐蚀外加剂。

（2）钢板桩规格、材质及排列方式应符合设计及施工工艺要求；焊接使用的焊条、焊丝进场时，应检查其质量合格证明；对有复检要求的应送检，检验结果应满足设计要求或相关标准的规定。

钢板桩应进行材质检验和外观检验，对焊接钢板桩，尚需进行焊接部位的检验。

2. 工序质量控制点

（1）一般要求

1）混凝土板桩转角处应设置转角桩，钢板桩在转角处应设置异形板桩。初始桩和转角桩应较其他桩加长2~3m。初始桩和转角桩的桩尖应制成对称形。

2）板桩围护墙基坑邻近建（构）筑物及地下管线时，应采用静力压桩法施工，并应采用导孔法或根据环境状况控制压桩施工速率。

（2）混凝土板桩

混凝土板桩构件的拆模应在强度达到设计强度30%后进行，吊运应达到设计强度的70%，沉桩应达到设计强度的100%。

混凝土板桩沉桩施工中，凹凸榫应楔紧。

（3）钢板桩

1）钢板桩的规格、材质及排列方式应符合设计或施工工艺要求，钢板桩堆放场地应平整坚实，组合钢板桩堆高不宜大于 3 层。

2）钢板桩打入前应进行验收，桩体不应弯曲，锁口不应有缺损和变形，钢板桩锁口应通过套锁检查后再施工。

3）桩身接头在同一标高处不应大于 50%，接头焊缝质量不应低于 II 级焊缝要求。

4）钢板桩施工时，应采用减少沉桩时的挤土与振动影响的工艺与方法，并应采用注浆等措施控制钢板桩拔出时由于土体流失造成的邻近设施下沉。

5）板桩回收应在地下结构与板桩墙之间回填施工完成后进行。钢板桩在拔除前应先用振动锤夹紧并振动，拔除后的桩孔应及时注浆填充。

6）钢板桩均为工厂成品，新桩可按出厂标准检验，重复使用的钢板桩应符合现行国家标准《建筑地基基础工程施工质量验收标准》GB 50202 及相关规范的规定。

3. 质量检查

应符合现行国家标准《建筑地基基础工程施工质量验收标准》GB 50202 的规定。

2.5.3 咬合桩围护墙

1. 材料质量控制

钢筋、混凝土材料质量控制要求，参见本书 1.3 节及 2.4.2 节中相关内容。

混凝土浇筑前应检查混凝土运料单，核对混凝土配合比，确认混凝土强度等级，检查混凝土运输时间，测定混凝土坍落度，必要时还应测定混凝土扩展度，在确认无误后再进行混凝土浇筑。

2. 工序质量控制点

（1）导墙

咬合桩施工前，应沿咬合桩两侧设置导墙，导墙上的定位孔直径应大于套管或钻头直径 30～50mm，导墙厚度宜为 200～500mm。

导墙结构应建于坚实的地基上，并能承受施工机械设备等附加荷载。导墙混凝土强度达到设计要求后，重型机械设备才能在导墙附近作业或停留。

（2）成孔

1）采用全套管钻孔时，应保持套管底口超前于取土面且深度不小于 2.5m。

2）硬切割成孔时，成孔施工应不间断地一次完成，不得无故停钻。成孔完毕后的工序应连续施工，成孔完毕至浇筑混凝土的间隔时间不宜大于 24h。

3）咬合式排桩入岩，岩层成孔施工可改换冲击锤从套管内钻至桩底设计高程，岩层成孔后应直接浇筑混凝土。

（3）钢筋笼制作与安放

1）钢筋笼制作前应将钢筋校直，清除钢筋表面污垢、锈蚀，钢筋下料时应准确控制下料长度。钢筋笼的外形尺寸应符合设计要求。

2）钢筋笼在起吊、运输和安装中应防止变形。钢筋笼应每隔 2m 按设计要求设置一道加强筋。

3）钢筋笼安放时应保证桩顶的设计标高，允许误差控制在 ±100mm 以内。

4）矩形钢筋笼下放时应有保护措施，以防止安装偏差造成后续切割咬合损伤钢筋。

5）孔口对接钢筋笼完毕后应补足焊接部位的箍筋，进行中间验收，钢筋笼验收合格后方可继续下笼进行下一节钢筋笼安装。

6）钢筋笼吊放安装时，采用不对称配筋时应严格按设定的方式放置。

7）防止钢筋笼上浮的措施：

①混凝土配制宜选用5～20mm粒径碎石，并可调整配比确保其和易性。

②钢筋笼底部宜设置配重。

③钢筋笼可设置导正定位器。

④采用导管法浇筑时不宜使用法兰式接头的导管，导管埋深不宜大于6m。

⑤钢筋笼全部安装入孔后应检查安装位置，确认符合要求后，将钢筋笼吊筋进行固定。

（4）安放导管、灌注混凝土

1）单桩混凝土灌注应连续进行，混凝土灌注的充盈系数不得小于1；当孔内无水时应采用干孔灌注混凝土施工，宜采用高抛混凝土施工，桩顶4m范围内宜采用插入式振捣器振实。

2）全套管法施工时，应保证套管的垂直度，钻至设计标高后，应先灌入2～3m³混凝土，再将套管搓动（或回转）提升200～300mm。边灌注混凝土边拔套管，混凝土应高出套管底端不小于2.5m。地下水位较高的砂土层中，应采取水下混凝土浇筑工艺。

3）水下混凝土灌注，参见本书2.4.5节中相关内容。

4）采用软切割工艺的桩，Ⅰ序桩终凝前应完成Ⅱ序桩的施工，Ⅰ序桩应采用超缓凝混凝土，缓凝时间不应小于60h；干孔灌注时，坍落度不宜大于140mm，水下灌注时，坍落度宜为140～180mm；混凝土3d强度不宜大于3MPa。软切割的Ⅱ序桩及硬切割的Ⅰ序、Ⅱ序桩应采用普通商品混凝土。

3. 质量检查

应符合现行国家标准《建筑地基基础工程施工质量验收标准》GB 50202的规定。

2.5.4　型钢水泥土搅拌墙

1. 材料质量控制

水泥、外加剂等材料质量控制要求，参见本书1.3节中相关内容。

焊接H型钢焊缝质量应符合设计要求和标准的规定。

2. 工序质量控制点

（1）型钢水泥土搅拌墙宜采用三轴搅拌桩机施工，施工前应通过成桩试验确定搅拌下沉和提升速度、水泥浆液水灰比等工艺参数及成桩工艺，成桩试验不宜少于2根。

（2）水泥土搅拌桩成桩施工，参见本书2.3.10节中相关内容。

（3）三轴水泥土搅拌墙可采用跳打方式、单侧挤压方式、先行钻孔套打方式的施工顺序。硬质土层中成桩困难时，宜采用预先松动土层的先行钻孔套打方式施工。桩与桩的搭接时间间隔不宜大于24h。

（4）搅拌机头在正常情况下为上下各1次对土体进行喷浆搅拌，对含砂量大的土层，宜在搅拌桩底部2～3m范围内上下重复喷浆搅拌1次。

（5）拟拔出回收的型钢，插入前应先在干燥条件下除锈，再在其表面涂刷减摩材料。完成涂刷后的型钢，搬运过程中应防止碰撞和强力擦挤。减摩材料脱落、开裂时应及时修补。

（6）环境保护要求高的基坑应采用三轴搅拌桩，并应通过监测结果调整施工参数。邻近保护对象时，搅拌下沉速度宜控制为 0.5～0.8m/min，提升速度宜小于 1.0m/min。喷浆压力不宜大于 0.8MPa。

（7）型钢宜在水泥土搅拌墙施工结束后 30min 内插入，相邻型钢焊接接头位置应相互错开，竖向错开距离不宜小于 1m。

（8）需回收型钢的工程，型钢拔出后留下的空隙应及时注浆填充，并应编制含有浆液配比、注浆工艺、拔除顺序等内容的专项方案。

（9）采用型钢水泥土搅拌墙作为基坑支护结构时，基坑开挖前应检验水泥土搅拌桩的桩身强度，强度指标应符合设计要求。水泥土搅拌桩的桩身强度宜采用浆液试块强度试验的方法确定，也可以采用钻取桩芯强度试验的方法确定。

（10）型钢水泥土搅拌墙成墙期监控、成墙验收中除桩体强度检验项目外，基坑开挖期质量检查尚应符合现行行业标准《型钢水泥土搅拌墙技术规程》JGJ/T 199 的规定。

3. 质量检查

应符合现行国家标准《建筑地基基础工程施工质量验收标准》GB 50202 的规定。

2.5.5 土钉墙

1. 材料质量控制

（1）用作土钉的钢筋（HRB400 级热轧螺纹钢筋）、钢管、角钢应符合设计要求，并有出厂合格证和现场复试的试验报告。

（2）用于喷射混凝土面层内的钢筋网片及连接结构的钢材应符合设计要求，并有出厂合格证和现场复试的试验报告，具体质量控制要求，参见本书 1.3 节中相关内容。

（3）水泥宜选用强度不低于 42.5MPa 的普通硅酸盐水泥，并有出厂合格证；砂用粒径小于 2mm 的中细砂；所用的外加剂应有出厂合格证。

（4）其他质量控制要求，参见本书 1.3 节中相关内容。

2. 工序质量控制点

（1）成孔

1）人工成孔时，检查孔径、孔深，另外对硬土层的长土孔，对其长度也应控制；人工成孔过程中碰到孔中有水或软弱土层、砂层等不良地层时，易造成堵孔，应严格检查。

2）成孔过程中遇到障碍需调整孔位时，不应降低原有支护设计的安全度。

3）土钉杆（钢筋）安放前，应对土钉杆的长度、钢筋规格、托架形式和间距进行检查，确保其符合设计要求。

4）土钉筋体保护层厚度不应小于 25mm。

（2）土钉注浆

土钉注浆施工过程中，注浆管应深入孔口。检查是否发生塌孔，检查孔中是否注满浆，以免留下严重的质量隐患。

（3）钢筋网的铺设

1）钢筋网宜在喷射一层混凝土后铺设，钢筋与坡面的间隙不宜小于 20mm。

2）采用双层钢筋网时，第二层钢筋网应在第一层钢筋网被混凝土覆盖后铺设。

3）钢筋网宜焊接或绑扎，钢筋网格允许误差应为 ±10mm，钢筋网搭接长度不应小于 300mm，焊接长度不应小于钢筋直径的 10 倍。

4）网片与加强联系钢筋交接部位应绑扎或焊接。

5）面层钢筋网片的绑扎连接和钢筋网片的规格、间距、相邻网片的连接，网片与土钉杆的连接均应符合设计要求

（4）喷射混凝土施工

1）成孔注浆后，应将坡面按设计要求的坡度清理平整。

2）喷射混凝土骨料的最大粒径不应大于 15mm。

3）喷射混凝土作业是分段进行，同一段是自下而上，一次喷射厚度不宜小于 40mm，并且喷射混凝土作业时，喷射设备应与受喷射面垂直，距离宜为 0.8～1.0m。

4）在面层混凝土施工过程中，土层不能有渗水或流水现象，应检查土体表面是否有渗水或流水现象，必要时应采取有效措施。

5）在喷射面板混凝土前对钢筋网片的绑扎连接、网片与土钉杆的连接、钢筋网片的位置限定、面板混凝土的厚度控制标志进行隐蔽工程检查。

（5）挖土

土钉和面层施工完之后，应待土钉和面层混凝土达到设计要求的强度时，方可开挖下层土。

注意观察施工期土层的稳定性，由于土钉和面层混凝土正在施工，在施工层还没有起到护坡的作用，从边坡稳定角度来说，很可能存在不稳定的滑裂面，特别是当在施层是软弱土层时更应注意。

3. 质量检查

应符合现行国家标准《建筑地基基础工程施工质量验收标准》GB 50202 的规定。

2.5.6 地下连续墙

1. 材料质量控制

钢筋、混凝土材料质量控制要求，参见本书 1.3 节和 2.4.2 节中相关内容。

膨润土或优质黏土的其基本性能应符合设计或成槽护壁要求。

2. 工序质量控制点

导墙宜采用混凝土结构，且混凝土强度等级不宜低于 C20。导墙的强度和稳定性应满足成槽设备和顶拔接头管施工的要求。

（1）导墙施工

1）成槽施工前，应沿地下连续墙两侧设置导墙，导墙底面不宜设置在新近填土上，且埋深不宜小于 1.5m。

2）导墙应采用现浇混凝土结构，混凝土强度等级不应低于 C20，厚度不应小于 200mm。

3）导墙顶面应高于地面 100mm，高于地下水位 0.5m 以上，导墙底部应进入原状土

200mm 以上，且导墙高度不应小于 1.2m。

4）导墙外侧应用黏性土填实，导墙内侧墙面应垂直，其净距应比地下连续墙设计厚度加宽 40mm。

5）导墙混凝土应对称浇筑，达到设计强度的 70% 后方可拆模，拆模后的导墙应加设对撑。

6）遇暗浜、杂填土等不良地质时，宜进行土体加固或采用深导墙。

（2）泥浆制备

成槽前，应根据地质条件进行护壁泥浆材料的试配及室内性能试验，泥浆配比应按试验确定。

泥浆拌制后应贮放 24h，待泥浆材料充分水化后方可使用。成槽时，泥浆的供应及处理设备应满足泥浆使用量的要求，泥浆的性能应符合相关技术指标的要求。

（3）成槽施工

1）在施工前应就成槽、钢筋笼吊放、混凝土浇筑等工序进行试验，详细掌握施工地层土质情况，修正制定施工操作参数。

2）成槽设备架立应安稳垂直，测槽垂直程度的设备标定应合格、有效；在成槽过程中，要检查槽位、槽宽、槽深以及槽端墙的稳定性。

3）单元槽段宜采用间隔一个或多个槽段的跳幅施工顺序。每个单元槽段，挖槽分段不宜超过 3 个，单元槽段长度宜为 4～6m。

4）槽内泥浆面不应低于导墙面 0.3m，同时槽内泥浆面应高于地下水位 0.5m 以上。

5）单元槽段成槽过程中抽检泥浆指标不应少于 2 处，且每处不应少于 3 次。

（4）刷壁与清基

1）成槽后，应及时清刷相邻段混凝土的端面，刷壁宜到底部，刷壁次数不得少于 10 次，且刷壁器上无泥。

2）刷壁完成后应进行清基和泥浆置换，宜采用泵吸法清基。

3）清基后应对槽段泥浆进行检测，每幅槽段检测 2 处，取样点距离槽底 0.5～1.0m。

4）成槽后检查槽孔的垂直度是否符合设计要求，槽内的沉渣厚度是否符合规范要求；在浇筑混凝土前，应检查每个槽段接头处的清洗质量，应不留任何泥沙和污物。

（5）槽段接头施工

1）接头管（箱）及连接件应具有足够的强度和刚度。

2）安放槽段接头时，应紧贴槽段垂直缓慢沉放至槽底。遇到阻碍时，槽段接头应在清除障碍后入槽。

3）十字钢板接头与工字钢接头在施工中应配置接头管（箱），下端应插入槽底，上端宜高出地下连续墙泛浆高度，同时应制定有效的防混凝土绕流措施。

4）钢筋混凝土预制接头应达到设计强度的 100% 后方可运输及吊放，吊装的吊点位置及数量应根据计算确定。

（6）钢筋笼制作与吊装

1）槽段钢筋笼应进行整体吊放安全验算，并设置纵横向桁架、剪刀撑等加强钢筋笼整体刚度的措施。

2）钢筋笼制作时，纵向受力钢筋的接头不宜设置在受力较大处。同一连接区段内，纵向受力钢筋的连接方式和连接接头面积百分率应符合现行国家标准《混凝土结构设计规范》GB 50010 对板类构件的规定。

3）分节制作钢筋笼同胎制作应试拼装，应采用焊接或机械连接。

4）钢筋笼制作时应预留导管位置，并应上下贯通。

5）钢筋笼应设保护层垫板，纵向间距为 3～5m，横向宜设置 2～3 块。

6）单元槽段的钢筋笼宜整体装配和沉放。需要分段装配时，宜采用焊接或机械连接，钢筋接头的位置宜选在受力较小处，并应符合现行国家标准《混凝土结构设计规范》GB 50010 对钢筋连接的有关规定。

7）钢筋笼应根据吊装的要求，设置纵横向起吊桁架；桁架主筋宜采用 HRB400 级钢筋，钢筋直径不宜小于 20mm，且应满足吊装和沉放过程中钢筋笼的整体性及钢筋笼骨架不产生塑性变形的要求。钢筋连接点出现位移、松动或开焊时，钢筋笼不得入槽，应重新制作或修整完好。

8）钢筋笼应在清基后及时吊放。

9）异形槽段钢筋笼起吊前应对转角处进行加强处理，并应随入槽过程逐渐割除。

（7）水下混凝土浇筑

1）地下连续墙应采用导管法浇筑混凝土。导管拼接时，其接缝应密闭。混凝土浇筑时，导管内应预先设置隔水栓。

2）钢筋笼吊放就位后应及时灌注混凝土，间隔不宜大于 4h。

3）槽段长度不大于 6m 时，混凝土宜采用两根导管同时浇筑；槽段长度大于 6m 时，混凝土宜采用三根导管同时浇筑。每根导管分担的浇筑面积应基本均等。钢筋笼就位后应及时浇筑混凝土。

4）水下混凝土初凝时间应满足浇筑要求，现场混凝土坍落度宜为 200mm±20mm，混凝土强度等级应比设计强度提高一级进行配制。

5）槽内混凝土面上升速度不宜小于 3m/h，同时不宜大于 5m/h，导管埋入混凝土深度应为 2～4m，相邻两导管内混凝土高差应小于 0.5m。

6）混凝土浇筑面宜高出设计标高 300～500mm。

（8）墙底注浆

1）混凝土达到设计强度后方可进行墙底注浆。

2）注浆管应采用钢管，单幅槽段注浆管数量不应少于 2 根，槽段长度大于 6m 宜增设注浆管，注浆管下端应伸至槽底 200～500mm，槽底持力层为碎石、基岩时，注浆管下端宜做成 T 形并与槽底齐平。

3）注浆器应采用单向阀，应能承受大于 2MPa 的静水压力。

4）注浆量应符合设计要求，注浆压力控制在 2MPa 以内或以上覆土不抬起为度。

5）注浆管应在混凝土初凝后终凝前用高压水劈通压浆管路。

6）注浆总量达到设计要求或注浆量达到 80% 以上，压力达到 2MPa 时可终止注浆。

3. 质量检查

应符合现行国家标准《建筑地基基础工程施工质量验收标准》GB 50202 的规定。

2.5.7 重力式水泥土墙

1. 材料质量控制

水泥、砂、水、外加剂等材料质量控制要求，参见本书 1.3 节和 2.4.2 节中相关内容。

2. 工序质量控制点

（1）墙体施工时遇有明浜、洼地，应抽水和清淤，并应回填素土压实，不应回填杂填土，遇有暗浜时应增加水泥掺量。

（2）墙体应采用连续搭接的施工方法，应控制桩位偏差和桩身垂直度，应有足够的搭接长度并形成连续的墙体。施工工序质量控制。参见本书 2.3.10 节中相关内容。

（3）墙体顶部应设置钢筋混凝土压顶板，压顶板与水泥土加固体间应设置连接钢筋。

（4）钢管、钢筋或毛竹插入时应采取可靠的定位措施，并应在成桩后 16h 内施工完毕。

（5）墙体应按成桩施工期、基坑开挖前和基坑开挖期三个阶段进行质量检测。

3. 质量检查

应符合现行国家标准《建筑地基基础工程施工质量验收标准》GB 50202 的规定。

2.5.8 内支撑

1. 材料质量控制

钢筋、混凝土材料质量控制要求，参见本书 2.4.2 节中相关内容。

钢支撑、钢立柱及其连接件应有出厂合格证和现场复试的试验报告，其钢材品种、规格、性能应符合设计要求。

2. 工序质量控制点

（1）混凝土支撑施工

1）腰梁施工前应去除腰梁处围护墙体表面浮泥和突出墙面的混凝土，冠梁施工前应清除围护墙体顶部泛浆。

2）支撑底模应具有一定的强度、刚度和稳定性，宜用模板隔离，采用土底模挖土时应清除吸附在支撑底部的砂浆块体。

3）冠梁、腰梁与支撑宜整体浇筑，超长支撑杆件宜分段浇筑养护。

4）顶层支承端应与冠梁或腰梁连接牢固。

5）混凝土支撑应达到设计要求的强度后方可进行支撑下土方开挖。

（2）钢支撑的施工

1）支撑端头应设置封头端板，端板与支撑杆件应满焊。

2）支撑与冠梁、腰梁的连接应牢固，钢腰梁与围护墙体之间的空隙应填充密实，采用无腰梁的钢支撑系统时，钢支撑与围护墙体的连接应满足受力要求。

3）支撑安装完毕后，应及时检查各节点的连接状况，经确认符合要求后方可施加预应力，预应力应均匀、对称、分级施加。

4）预应力施加过程中应检查支撑连接节点，预应力施加完毕后应在额定压力稳定后予以锁定。

5）主撑端部的八字撑可在主撑预应力施加完毕后安装。

6）钢支撑使用过程应定期进行预应力监测，预应力损失对基坑变形有影响时应对预应力损失进行补偿。

（3）立柱施工

1）立柱的制作、运输、堆放应控制平直度。

2）立柱的定位和垂直度宜采用专门措施进行控制，对格构柱、H型钢柱，尚应同时控制转向偏差。

3）采用钢立柱时，立柱周围的空隙应用碎石回填密实，并宜辅以注浆措施。

4）立柱桩采用钻孔灌注桩时，宜先安装立柱，再浇筑桩身混凝土，混凝土的浇筑面宜高于设计桩顶500mm。其他质量控制要求，参见本书2.5.1节中相关内容。

5）基坑开挖前，立柱周边的桩孔应均匀回填密实。

（4）支撑拆除

1）支撑拆除应在形成可靠换撑并达到设计要求后进行。

2）钢筋混凝土支撑的拆除，应根据支撑结构特点、永久结构施工顺序、现场平面布置等确定拆除顺序。

3）支撑结构爆破拆除前，应对永久结构及周边环境采取隔离防护措施。采用爆破拆除钢筋混凝土支撑，爆破孔宜在钢筋混凝土支撑施工时预留，爆破前应先切断支撑与围檩或主体结构连接的部位。

3. 质量检查

应符合现行国家标准《建筑地基基础工程施工质量验收标准》GB 50202 的规定。

2.5.9 锚杆

1. 材料质量控制

（1）用作锚杆的钢筋（HRB400级热轧螺纹钢筋）、钢管、角钢应符合设计要求，并有出厂合格证和现场复试的试验报告。

（2）用于喷射混凝土面层内的钢筋网片及连接结构的钢材应符合设计要求，并有出厂合格证和现场复试的试验报告。

（3）灌浆材料性能应符合下列规定：

1）水泥宜使用普通硅酸盐水泥，需要时可采用抗硫酸盐水泥。

2）砂的含泥量按重量计不得大于3%，砂石中云母、有机物、硫化物和硫酸盐等有害物质的含量按重量计不得大于1%。

3）水中不应含有影响水泥正常凝结和硬化的有害物质，不得使用污水。

4）外加剂的品种和掺量应由试验确定。

5）浆体配制的灰砂比宜为 0.80～1.50，水灰比宜为 0.38～0.50。

6）浆体材料28d 的无侧限抗压强度，不应低于 25MPa。

（4）套管材料和波纹管应具有足够的强度，保证其在加工和安装过程中不损坏，具有抗水性和化学稳定性，与水泥浆、水泥砂浆或防腐油脂接触无不良反应，并有出厂合格证和现场复试的试验报告。

（5）防腐材料应在锚杆设计使用年限内，保持其防腐性能和耐久性；在规定的工作温度内或张拉过程中不得开裂、变脆或成为流体；应具有化学稳定性和防水性，不得与相邻材料发生不良反应；不得对锚杆自由段的变形产生限制和不良影响；有出厂合格证和现场复试的试验报告。

（6）导向帽、隔离架应由钢、塑料或其他对杆体无害的材料组成，不得使用木质隔离架。

2. 工序质量控制点

（1）土层开挖与成孔

1）检查现场降水系统是否能确保正常工作，施工设备如挖掘机、钻机、压浆泵、搅拌机等应能正常运转。

2）一般情况下，应遵循分段开挖、分段支护的原则。不宜按一次性开挖后再进行支护。

3）检查成孔机具、注浆泵、空压机、混凝土喷射机、搅拌机的工作状况，有条件应进行试成孔，以检验成孔机具和工艺是否适应地质特点及环境，以保证进钻和抽出过程中不引起坍孔。

4）施工中应对锚杆或土钉位置，钻孔直径、深度及角度，锚杆或土钉插入长度，注浆配比、压力及注浆量，喷锚墙面厚度及强度、锚杆或土钉应力等进行检查。

5）每段支护体施工完后，应检查坡顶或坡面位移，坡顶沉降及周围环境变化。如有异常情况应采取措施，恢复正常后方可继续施工。

6）对于湿法成孔，必须控制好泥浆浓度。在注浆前应采取措施，将泥浆稀释或置换出来。成孔过程中，要检查孔位、孔的倾角、孔径及孔深。

（2）锚杆的灌浆

1）灌浆前应清孔，排放孔内积水。

2）注浆管宜与锚杆同时放入孔内；向水平孔或下倾孔内注浆时，注浆管出浆口应插入距孔底 100～300mm 处，浆液自下而上连续灌注；向上倾斜的钻孔内注浆时，应在孔口设置密封装置。

3）孔口溢出浆液或排气管停止排气并满足注浆要求时，可停止注浆。

4）根据工程条件和设计要求确定灌浆方法和压力，确保钻孔灌浆饱满和浆体密实。

5）浆体强度检验用试块的数量每 30 根锚杆不应少于一组，每组试块不应少于 6 个。

（3）预应力锚杆锚头承压板及其安装

1）承压板应安装平整、牢固，承压面应与锚孔轴线垂直。

2）承压板底部的混凝土应填充密实，并满足局部抗压强度要求。

（4）预应力锚杆的张拉与锁定

1）锚杆张拉宜在锚固体强度大于 20MPa 并达到设计强度的 80% 后进行。

2）锚杆张拉顺序应避免相近锚杆相互影响。

3）锚杆张拉控制应力不宜超过 0.65 倍钢筋或钢绞线的强度标准值。

4）锚杆进行正式张拉之前，应取 0.10～0.20 倍锚杆轴向拉力值，对锚杆预张拉 1～2 次，使其各部位的接触紧密和杆体完全平直。

5）宜进行锚杆设计预应力值 1.05～1.10 倍的超张拉，预应力保留值应满足设计要求；对地层及被锚固结构位移控制要求较高的工程，预应力锚杆的锁定值宜为锚杆轴向拉力特征值；对容许地层及被锚固结构产生一定变形的工程，预应力锚杆的锁定值宜为锚杆设计预应力值的 0.75～0.90 倍。

6）施工完成后应进行锚杆试验。

3. 质量检查

应符合现行国家标准《建筑地基基础工程施工质量验收标准》GB 50202 的规定。

2.6　地下水控制

2.6.1　材料质量控制

水泥、砂、石子进场时应有出厂质量证明资料，进行外观质量检查，并按规定进行取样复检，合格后方可使用，具体质量控制要求，参见本书 1.3 节中相关内容。

用于井点降水的黄砂和小砾石砂滤层，应洁净，其黄砂含泥量应小于 2%，小砾石含泥量应小于 1%。

2.6.2　降水排水

1. 集水明排

为防止排水沟和集水井在使用过程中出现渗透现象，施工中可在底部浇筑素混凝土垫层，在沟两侧采用水泥砂浆护壁。土方施工过程中，应注意定期清理排水沟中的淤泥，以防止排水沟堵塞。另外还要定期观测排水沟是否出现裂缝，及时进行修补，避免渗漏。

2. 基坑截水

基坑工程隔水措施可采用水泥土搅拌桩、高压喷射注浆、地下连续墙、咬合桩、小齿口钢板桩等。有可靠工程经验时，可采用地层冻结技术（冻结法）阻隔地下水。当地质条件、环境条件复杂或基坑工程等级较高时，可采用多种隔水措施联合使用的方式，增强隔水可靠性，如搅拌桩结合旋喷桩、地下连续墙结合旋喷桩、咬合桩结合旋喷桩等。

隔水帷幕在设计深度范围内应保证连续性，在平面范围内宜封闭，确保隔水可靠性。其插入深度应根据坑内潜水降水要求、地基土抗渗流（或抗管涌）稳定性要求确定。隔水帷幕的自身强度应满足设计要求，抗渗性能应满足自防渗要求。

基坑预降水期间可根据坑内、外水位观测结果判断止水帷幕的可靠性；当基坑隔水帷幕出现渗水时，可设置导水管、导水沟等构成明排系统，并应及时封堵。水、土流失严重时，应立即回填基坑后再采取补救措施。

3. 井点降水

（1）一般要求

1）基槽放线、井位放线的检查和复核。

2）检查孔深和洗井结果是否达到设计及相应规范要求。

3）检查井管、滤网、滤料的质量是否符合设计和相应规范要求。

4）检查单井抽水和群井抽水试运行的结果是否达到设计要求，基坑中心或最深处的地下水是否降到设计水位。

5）检查抽、排水管路系统运行情况是否符合设计要求。

6）降水系统施工完后，应试运转，如发现井管失效，应采取措施使其恢复正常，如无可能恢复则应报废，另行设置新的井管。

7）降水系统运转过程中应随时检查观测孔中的水位。

8）基坑内明排水应设置排水沟及集水井，排水沟纵坡宜控制在 1‰～2‰。

（2）轻型井点降水

1）检查集水总管、滤管和水泵的位置及标高是否正确。

2）检查井点系统各部件是否均安装严密，防止漏气。

3）检查隔膜泵底是否平整稳固，出水的接管应平接，不得上弯，皮碗应安装准确、对称，使工作时受力平衡。

4）降水过程中，应定时观测水流量、真空度和水位观测井内的水位。

（3）喷射井点降水

1）井点管组装前，应检验喷嘴混合室、支座环和滤网等，井点管应在地面进行水泵的水试验和真空度测定，其测定真空度符合设计要求，设计无要求时不宜小于 93.3kPa。

每根喷射井点管埋设完毕，必须及时进行单井试抽，排出的浑浊水不得回入循环管路系统，试抽时间要持续到水由浑浊变清为止。

喷射井点系统安装完毕，亦需进行试抽，不应有漏气或翻砂冒水现象。工作水应保持清洁，在降水过程中应视水质浑浊程度及时更换。

2）检查并控制进水总管和滤管位置和标高符合设计要求。

3）高压水泵的出水管应装有压力表和调压回水管路，控制水压力。

4）工作水应保持清洁，全面试抽 2d 后，应用清水更换，防止水质浑浊。

5）在降水过程中，应定时观测工作水压力、地下水流量、井点的真空度和水位观测井的水位。

6）观测孔孔口标高应在抽水前测量一次，以后则定期观测，以计算实际降深。

（4）管井井点降水

1）管井井点成孔直径应比井管直径大 200mm。

2）井管与孔壁间应用 5～15mm 的砾石填充作过滤层，地面下 500mm 内应用黏土填充密实。

3）井管管井直径应大于 200mm，吸水管底部应安装逆止阀。

4）应定时观测水位和流量。

（5）深井井点降水

1）深井井管直径一般为 300mm，其内径一般宜大于水泵进水口外径 50mm。

2）深井井点成孔直径应比深井管直径大 300mm 上。

3）检查深井孔口是否设置护套。

4）孔位附近不得大量抽水。

5）检查是否设置泥浆坑，防止泥浆水漫流。

6）在孔位应取土，复核含水层的范围和土的颗粒组成。

7）检查各管段及抽水设备的连接，必须紧密、牢固，严禁漏水。

8）检查排水管的连接、埋深、坡度、排水口，均应符合施工组织设计、（专项）施工方案的规定。

9）排水过程中，应定时观测水位下降情况和排水流量。

（6）电渗井点降水

1）用金属材料制成的阳极应考虑电蚀量。

2）阴阳板的数量应相等，阳极数量可多于阴极板数量，阳极的深度应较阴极深约500mm，露出地面200～400mm为宜。

3）检查阳极埋设是否垂直，严禁与阴极相碰，阳极表面可涂绝缘沥青或涂料。

4）工作电流不宜大于60V，土中通电时的电流密度宜为0.5～1.0A/m²。

5）降水期间隙通电时间，一般为工作通电24h后，应停电2～3h，再通电作业。

6）降水过程中，应定时观测电压、电流密度、耗电量和地下水位。

2.6.3 回灌

（1）对于坑内减压降水，坑外回灌井深度不宜超过承压含水层中基坑截水帷幕的深度，以影响坑内减压降水效果。

（2）对于坑外减压降水，回灌井与减压井的间距宜通过计算确定，回灌砂井或回灌砂沟与降水井点的距离一般不宜小于6m，以防降水井点仅抽吸回灌井点的水，而使基坑内水位无法下降。

（3）回灌砂沟应设在透水性较好的土层内。在回灌保护范围内，应设置水位观测井，根据水位动态变化调节回灌水量。

（4）回灌井施工结束至开始回灌，应至少有2～3周的时间间隔，以保证井管周围止水封闭层充分密实，防止或避免回灌水沿井管周围向上反渗、地面泥浆水喷溢。井管外侧止水封闭层顶至地面之间，宜用素混凝土充填密实。

（5）为保证回灌畅通，回灌井过滤器部位宜扩大孔径或采用双层过滤结构。回灌过程中为防止回灌井堵塞，每天应进行至少1～2次回扬，至出水由浑浊变清后，恢复回灌。

（6）回灌水必须是洁净的自来水或利用同一含水层中的地下水，并应经常检查回灌设施，防止堵塞。

2.6.4 质量检查

应符合现行国家标准《建筑地基基础工程施工质量验收标准》GB 50202的规定。

2.7 边坡工程

2.7.1 材料质量控制

1. 喷锚支护

用作锚杆的钢筋（HRB400级热轧螺纹钢筋）、钢管、角钢及用于喷射混凝土面层内的钢筋网片及连接结构的钢材应符合设计要求，并有出厂合格证和现场复试的试验报告。

水泥宜选用强度不低于42.5MPa的普通硅酸盐水泥，并有出厂合格证；砂用粒径小于

2mm 的中细砂；所用的外加剂应有出厂合格证。

　　2．重力式挡土墙

　　砂浆、混凝土、石料等材料质量控制要求，参见本书 1.3 节中相关内容。

　　块石、条石、砂浆、混凝土的强度等级应符合设计要求。一般块石、条石不应低于 MU30，砂浆强度等级不应低于 M5.0，混凝土强度等级不应低于 C15。

2.7.2　喷锚支护

　　（1）锚杆安装前，应进行除锈并清除孔内浮渣、灰层。锚杆应严格按照设计要求设置锚杆定位支架，避免锚杆直接与土接触。锚杆施工其他质量控制要求，参见本书 2.5.10 节中相关内容。

　　（2）锚杆（索）施工时，不应损伤原支挡结构、构件和邻近建筑物基础。

　　（3）喷锚支护施工的坡体泄水孔及截水、排水沟的设置应采取防渗措施。

　　（4）锚杆张拉与锁定作业均应有详细、完整的记录。

　　（5）锚杆张拉和锁定验收合格后，应对永久锚的锚头进行密封和防护处理。

　　（6）根据设计要求的钢筋型号、间距铺设钢筋网片，钢筋网片应固结在锚杆端头上。钢筋应安装顺直，紧贴第一层喷混凝土表面，钢筋网成型后，每根钢筋都应绑扎。

　　钢筋网的铺设应在第一层喷射混凝土和锚杆施工后进行。钢筋网应随喷射混凝土面的起伏进行铺设。

　　（7）钢筋网表面保护层厚度不小于 2cm，不允许将锚杆、钢筋头外露。

　　喷射混凝土施工应设置具有砂石反滤层的泄水管，泄水管直径不宜小于 100mm，间距不宜大于 3.0m。

　　（8）岩质边坡采用喷锚支护后，对局部不稳定块体尚应采取加强支护的措施。

　　（9）施工结束后应进行锚杆验收试验。

　　（10）喷锚施工后应对混凝土进行养护以保证坡面混凝土不开裂，养护结束后应对喷锚支护进行验收。

2.7.3　重力式挡土墙

　　1．一般规定

　　（1）挡墙应按设计要求分段施工，墙面应平顺整齐。

　　（2）挡墙排水孔孔径尺寸、排水坡度应符合设计要求，并应排水通畅，排水孔处墙后应设置反滤层。挡墙兼有防汛功能时，排水孔设置应有防止墙外水体倒灌的措施。

　　（3）挡墙垫层应分层施工，每层振捣密实后方可进行下一道工序施工。

　　2．浆砌石材挡墙

　　（1）浆砌石材挡墙的砂浆应按照配合比使用机械拌制，运输及临时堆放过程中应减少水分散失，保持良好的和易性与粘结力。

　　（2）浆砌石材挡墙应采用坐浆法施工，应符合现行国家标准《砌体结构工程施工质量验收规范》GB 50203 的规定。

　　（3）块石、条石挡墙所用石材的上下面应尽可能平整，块石厚度不应小于 200mm。砌筑前石材应洒水润湿，且不应留有积水。

（4）挡墙应分层错缝砌筑，墙体砌筑时不应有垂直通缝；且外露面应用 M7.5 砂浆勾缝。砂浆灰缝应饱满，严禁干砌。

（5）基底和墙趾台阶转折处不应有垂直通缝。

（6）相邻工作段间砌筑高差应小于 1.2m。

（7）墙体砌筑到顶后，砌体顶面应及时用砂浆抹平。

3. 混凝土挡墙

（1）混凝土挡墙施工，应符合现行国家标准《混凝土结构工程施工规范》GB 50666 的规定。

（2）混凝土挡墙基础应按挡土墙分段，整段进行一次性浇灌。

（3）混凝土挡墙基础施工时，应预留墙身竖向钢筋，基础混凝土强度达到 2.5MPa 后安装墙身钢筋。

（4）墙身混凝土一次浇筑高度不宜大于 4m。

（5）混凝土挡墙与基础的结合面应进行施工缝处理，浇灌墙身混凝土前，应在结合面上刷一层 20～30mm 厚与混凝土配合比相同的水泥砂浆。

（6）混凝土浇灌完成后，应及时洒水养护，养护时间不应少于 7d。

4. 回填土

（1）回填施工时，混凝土挡墙强度应达到设计强度的 70%，浆砌石材挡墙墙体的砂浆强度应达到设计强度的 75%。

（2）应清除回填土中的杂物，回填土的选料及密实度应满足设计要求。

（3）回填时应先在墙前填土，然后在墙后填土。

（4）挡墙墙后地面的横坡坡度大于 1∶6 时，应进行处理后再填土。

（5）回填土应分层夯实，并应做好排水。

（6）扶壁式挡墙回填土宜对称施工，并应控制填土产生的不利影响。

2.7.4 质量检查

应符合现行国家标准《建筑地基基础工程施工质量验收标准》GB 50202 的规定。

第3章　地下防水工程实体质量控制

3.1　基本规定

3.1.1　防水材料质量控制

1. 防水材料的产品性能检测报告

防水材料必须经具备相应资质的检测单位进行抽样检验，并出具产品性能检测报告。

产品性能检测报告，是建筑材料是否适用于建设工程或正常在建设市场流通的合法通行证，也是工程质量预控制且符合工程设计要求的主要途径之一。对产品性能检测报告的准确判别十分重要，万一误判会给建设工程质量埋下隐患或造成工程事故。对于产品性能检测报告，应注意以下几点：

（1）防水材料必须送至经过省级以上建设行政主管部门资质认可和质量技术监督部门计量认证的检测单位进行检测。

（2）检查人员必须按防水材料标准中组批与抽样的规定随机取样。

（3）检查项目应符合防水材料标准和工程设计的要求。

（4）检测方法应符合现行防水材料标准的规定，检测结论明确。

（5）检测报告应有主检、审核、批准人签章，盖有"检测单位公章"和"检测专用章"。复制报告未重新加盖"检测单位公章"和"检测专用章"无效。

（6）防水材料企业提供的产品出厂检验报告是对产品生产期间的质量控制，产品型式检验的有效期宜为一年。

2. 防水材料的进场验收

（1）对材料的外观、品种、规格、包装、尺寸和数量等进行检查验收，并经监理单位（建设单位）代表检查确认，形成相应验收记录。

（2）对材料的质量证明文件进行检查，并经监理单位或建设单位代表检查确认，纳入工程技术档案。

专业监理工程师应对承包单位报送的拟建进场工程材料／构配件／设备报审表及其质量证明资料进行审核，并对进场的实物按照委托监理合同约定或有关工程质量管理文件规定的比例，采用平行检验或见证取样方式进行抽检。对未经监理人员验收或验收不合格的工程材料、构配件、设备，监理人员应拒绝签认，并应签发监理工程师通知单，书面通知承包单位限期将不合格的工程材料、构配件、设备撤出现场。

（3）材料进场后应按表3-1的规定抽样检验，检验应执行见证取样送检制度，并出具材料进场检验报告。

进场检验是指从材料生产企业提供的合格产品中对外观质量和主要物理性能检验，绝不是对不合格产品的复验，故改称为抽样检验。

序号	材料名称	抽样数量	外观质量检验	物理性能检验
1	高聚物改性沥青类防水卷材	大于1000卷抽5卷，每500～1000卷抽4卷，100～499卷抽3卷，100卷以下抽2卷，进行规格尺寸和外观质量检验。在外观质量检验合格的卷材中，任取一卷做物理性能检验	断裂、折皱、孔洞、剥离、边缘不整齐、胎体露白、未浸透。撒布材料粒度、颜色，每卷卷材的接头	可溶物含量、拉力、延伸率、低温柔度、热老化后低温柔度、不透水性
2	合成高分子类防水卷材	大于1000卷抽5卷，每500～1000卷抽4卷，100～499卷抽3卷，100卷以下抽2卷，进行规格尺寸和外观质量检验。在外观质量检验合格的卷材中，任取一卷做物理性能检验	折痕、杂质、胶块、凹痕，每卷卷材的接头	断裂拉伸强度、断裂伸长率、低温弯折性、不透水性、撕裂强度
3	有机防水涂料	每5t为一批，不足5t按一批抽样	均匀黏稠体，无凝胶，无结块	潮湿基面粘结强度、涂膜抗渗性、浸水168h后拉伸强度、浸水168h后断裂伸长率、耐水性
4	无机防水涂料	每10t为一批，不足10t按一批抽样	液体组分：无杂质、凝胶的均匀乳液。固体组分：无杂质、结块的粉末	抗折强度、粘结强度、抗渗性
5	膨润土防水材料	每100卷为一批，不足100卷按一批抽样；100卷以下抽5卷，进行尺寸偏差和外观质量检验。在外观质量检验合格的卷材中，任取一卷做物理性能检验	表面平整、厚度均匀，无破洞、破边，无残留断针，针刺均匀	单位面积质量、膨润土膨胀指数、渗透系数、滤失量
6	混凝土建筑接缝用密封胶	每2t为一批，不足2t按一批抽样	细腻、均匀膏状物或黏稠液体，无气泡、结皮和凝胶现象	流动性、挤出性、定伸粘结性
7	橡胶止水带	每月同标记的止水带产量为一批抽样	尺寸公差；开裂、缺胶、海绵状、中心孔偏心、凹痕、气泡、杂质、明疤	拉伸强度、扯断伸长率、撕裂强度
8	腻子型遇水膨胀止水条	每5000m为一批，不足5000m按一批抽样	尺寸公差；柔软、弹性均质，色泽均匀，无明显凹凸	硬度、7d膨胀率、最终膨胀率、耐水性
9	遇水膨胀止水胶	每5t为一批，不足5t按一批抽样	细腻、黏稠、均匀膏状物，无气泡、结皮和凝胶	表干时间、拉伸强度、体积膨胀倍率
10	弹性橡胶密封垫材料	每月同标记的弹性橡胶密封垫材料产量为一批抽样	尺寸公差；开裂、缺胶、凹痕、气泡、杂质、明疤	硬度、伸长率、拉伸强度、压缩永久变形

序号	材料名称	抽样数量	外观质量检验	物理性能检验
11	遇水膨胀橡胶密封垫胶料	每月同标记的遇水膨胀橡胶产量为一批抽样	尺寸公差；开裂，缺胶，凹痕，气泡，杂质，明疤	硬度、拉伸强度、扯断伸长率、体积膨胀倍率、低温弯折
12	聚合物水泥防水砂浆	每10t为一批，不足10t按一批抽样	干粉类：均匀，无结块。乳胶类：液料经搅拌后均匀无沉淀，粉料均匀、无结块	7d粘结强度、7d抗渗性、耐水性

（4）材料的物理性能检验项目全部指标达到标准规定时，即为合格；若有一项指标不符合标准规定，应在受检产品中重新取样进行该项指标复验，复验结果符合标准规定，则判定该批材料为合格。

材料的主要物理性能检验项目全部指标达到标准时，即为合格；若有一项指标不符合标准规定时，应在受检产品中重新取样进行该项指标复验，复验结果符合标准规定，则判定该批材料合格。需要说明两点：一是检验中若有两项或两项以上指标达不到标准规定时，则判该批产品为不合格；二是检验中若有一项指标达不到标准规定时，允许在受检产品中重新取样进行该项指标复验。

3. 有害物质限量

地下工程使用的防水材料及其配套材料中有害物质限量，应符合现行行业标准《建筑防水涂料中有害物质限量》JC 1066的规定，不得对周围环境造成污染。

3.1.2 观感质量

地下防水工程的观感质量，应包括以下内容。

（1）防水混凝土应密实，表面应平整，不得有露筋、蜂窝等缺陷；裂缝宽度不得大于0.2mm，并不得贯通。

（2）水泥砂浆防水层应密实、平整，粘结牢固，不得有空鼓、裂纹、起砂、麻面等缺陷。

（3）卷材防水层接缝应粘贴牢固，封闭严密，防水层不得有损伤、空鼓、折皱等缺陷。

（4）涂料防水层应与基层粘结牢固，不得有脱皮、流淌、鼓泡、露胎、折皱等缺陷。

（5）塑料防水板防水层应铺设牢固、平整，搭接焊缝严密，不得有下垂、绷紧破损现象。

（6）金属板防水层焊缝不得有裂纹、未熔合、夹渣、焊瘤、咬边、烧穿、弧坑、针状气孔等缺陷。

（7）施工缝、变形缝、后浇带、穿墙管、埋设件、预留通道接头、桩头、孔口、坑、池等防水构造应符合设计要求。

（8）锚喷支护、地下连续墙、盾构隧道、沉井、逆筑结构等防水构造应符合设计要求。

（9）排水系统不淤积、不堵塞，确保排水畅通。

（10）结构裂缝的注浆效果应符合设计要求。

3.2 主体结构防水

3.2.1 材料质量控制

主体结构防水常用材料质量控制要点，见表3-2。

主体结构防水常用材料质量控制要点 表3-2

项目	质量控制要点
防水混凝土	防水混凝土采用预拌混凝土，入泵坍落度宜控制在120～160mm，混凝土在浇筑地点的坍落度，每工作班至少检查两次。泵送混凝土在交货地点的入泵坍落度，每工作班至少检查两次。 防水混凝土抗渗性能，应采用标准条件下养护混凝土抗渗试件的试验结果评定，试件应在浇筑地点制作。 模板质量控制要求，参见本书5.2节中相关要求。 预埋件、止水螺栓、预制钢筋间隔件等进场时，应检查其质量合格证明；对有复检要求的原材料应送检，检验结果应满足设计及相应国家现行标准要求
水泥砂浆	预拌水泥砂浆进场时应进行外观检验，湿拌砂浆应外观均匀，无离析、泌水现象。散装干混砂浆应外观均匀，无结块、受潮现象。袋装干混砂浆应包装完整，无受潮现象。 聚合物水泥防水砂浆质量控制要求，参见本书3.1.1节中相关内容
卷材防水层	改性沥青类防水卷材、合成高分子类防水卷材及配套的胶粘材料的质量控制要求，参见本书3.1.1节中相关内容
涂料防水层	所选用的涂料质量控制要求，参见本书3.1.1节中相关内容
塑料板防水层	塑料防水板进场时，应检查其质量合格证明；幅宽宜为2～4m，厚度不得小于1.2mm；其耐刺穿性、耐久性、耐水性、耐腐蚀性、耐菌性应符合设计要求。 无纺布或聚乙烯泡沫塑料等缓冲层材料场时，应检查其质量合格证明，其品种、规格、性能应符合设计要求
金属板防水层	金属材料和保护材料应符合设计、要求。金属材料及焊条（剂）的规格、外观质量和主要物理性能，应符合国家现行标准的规定；金属板的拼接焊缝应进行外观检查和无损检验
膨润土防水材料防水层	防水毯和防水板及其配套材料，应有质量合格证明，其品种、规格及材料性能应符合国家相关技术标准及设计要求。 膨润土防水毯的织布层和非织布层之间应联结紧密、牢固，膨润土颗粒应分布均匀。 膨润土防水板的膨润土颗粒应分布均匀、粘贴牢固

3.2.2 防水混凝土

1. 一般规定

（1）防水混凝土可通过调整配合比，或掺加外加剂、掺合料等措施配制而成，其抗渗等级不得小于 P6。

（2）防水混凝土的施工配合比应通过试验确定，试配混凝土的抗渗等级应比设计要求提高 0.2MPa。

（3）防水混凝土应满足抗渗等级要求，并应根据地下工程所处的环境和工作条件，满足抗压、抗冻和抗侵蚀性等耐久性要求。

（4）防水混凝土结构，结构厚度不应小于250mm，裂缝宽度不得大于0.2mm，并不得贯通。

（5）钢筋保护层厚度应根据结构的耐久性和工程环境选用，迎水面钢筋保护层厚度不应小于50mm。

（6）防水混凝土配料应按配合比准确称量。

（7）防水混凝土采用预拌混凝土时，入泵坍落度宜控制在120～160mm，坍落度每小时损失不应大于20mm，坍落度总损失值不应大于40mm。

（8）防水混凝土应分层连续浇筑，分层厚度不得大于500mm。

（9）用于防水混凝土的模板应拼缝严密、支撑牢固。

（10）防水混凝土拌合物应采用机械搅拌，搅拌时间不宜小于2min。掺外加剂时，搅拌时间应根据外加剂的技术要求确定。

（11）防水混凝土拌合物在运输后如出现离析，必须进行二次搅拌。当坍落度损失后不能满足施工要求时，应加入原水胶比的水泥浆或掺加同品种的减水剂进行搅拌，严禁直接加水。

（12）防水混凝土应采用机械振捣，避免漏振、欠振和超振。

2. 施工缝

（1）防水混凝土应连续浇筑，宜少留施工缝。当留设施工缝时，墙体水平施工缝不应留在剪力最大处或底板与侧墙的交接处，应留在高出底板表面不小于300mm的墙体上。拱（板）墙结合的水平施工缝，宜留在拱（板）墙接缝线以下150～300mm处。墙体有预留孔洞时，施工缝距孔洞边缘不应小于300mm。

（2）垂直施工缝应避开地下水和裂隙水较多的地段，并宜与变形缝相结合。

（3）水平施工缝浇筑混凝土前，应将其表面浮浆和杂物清除，然后铺设净浆或涂刷混凝土界面处理剂、水泥基渗透结晶型防水涂料等材料，再铺30～50mm厚的1∶1水泥砂浆，并应及时浇筑混凝土。

（4）垂直施工缝浇筑混凝土前，应将其表面清理干净，再涂刷混凝土界面处理剂或水泥基渗透结晶型防水涂料，并应及时浇筑混凝土。

（5）遇水膨胀止水条（胶）应与接缝表面密贴。

（6）选用的遇水膨胀止水条（胶）应具有缓胀性能，7d的净膨胀率不宜大于最终膨胀率的60%，最终膨胀率宜大于220%。

（7）采用中埋式止水带或预埋式注浆管时，应定位准确、固定牢靠。

3. 大体积防水混凝土施工

（1）在设计许可的情况下，掺粉煤灰混凝土设计强度等级的龄期宜为60d或90d。

（2）宜选用水化热低和凝结时间长的水泥。

（3）宜掺入减水剂、缓凝剂等外加剂和粉煤灰、磨细矿渣粉等掺合料。

（4）炎热季节施工时，应采取降低原材料温度、减少混凝土运输时吸收外界热量等降温措施，入模温度不应大于30℃。

（5）混凝土内部预埋管道，宜进行水冷散热。

（6）应采取保温保湿养护。混凝土中心温度与表面温度的差值不应大于25℃，表面温度与大气温度的差值不应大于20℃，温降梯度不得大于3℃/d，养护时间不应少于14d。

4．细部处理

防水混凝土结构内部设置的各种钢筋或绑扎钢丝，不得接触模板。

用于固定模板的螺栓必须穿过混凝土结构时，可采用工具式螺栓或螺栓加堵头，螺栓上应加焊方形止水环。拆模后应将留下的凹槽用密封材料封堵密实，并应用聚合物水泥砂浆抹平。

5．防水混凝土试件留置

（1）防水混凝土抗压强度试件，应在混凝土浇筑地点随机取样后制作。

（2）同一工程、同一配合比的混凝土，取样频率与试件留置组数应符合现行国家标准《混凝土结构工程施工质量验收规范》GB 50204的有关规定。

（3）防水混凝土抗渗性能应采用标准条件下养护混凝土抗渗试件的试验结果评定，试件应在混凝土浇筑地点随机取样后制作。

（4）连续浇筑混凝土每500m³应留置一组6个抗渗试件，且每项工程不得少于两组；采用预拌混凝土的抗渗试件，留置组数应视结构的规模和要求而定。

3.2.3　水泥砂浆防水层

1．一般规定

（1）防水砂浆应包括聚合物水泥防水砂浆、掺外加剂或掺合料的防水砂浆，宜采用多层抹压法施工。水泥砂浆防水层适用于地下工程主体结构的迎水面或背水面。不适用于受持续振动或环境温度高于80℃的地下工程。

（2）水泥砂浆防水层应在基础垫层、初期支护、围护结构及内衬结构验收合格后施工。

（3）聚合物水泥防水砂浆厚度单层施工宜为6～8mm，双层施工宜为10～12mm；掺外加剂或掺合料的水泥防水砂浆厚度宜为18～20mm。

2．水泥砂浆防水层的基层

（1）基层表面应平整、坚实、清洁，并应充分湿润、无明水。

（2）基层表面的孔洞、缝隙，应采用与防水层相同的水泥砂浆堵塞并抹平。

（3）施工前应将埋设件、穿墙管预留凹槽内嵌填密封材料后，再进行水泥砂浆防水层施工。

3．水泥砂浆防水层施工

（1）水泥砂浆的配制，应按所掺材料的技术要求准确计量。

（2）分层铺抹或喷涂，铺抹时应压实、抹平，最后一层表面应提浆压光。

（3）防水层各层应紧密粘合，每层宜连续施工；必须留设施工缝时，应采用阶梯坡形槎，但与阴阳角处的距离不得小于200mm。

（4）水泥砂浆终凝后应及时进行养护，养护温度不宜低于5℃，并应保持砂浆表面湿润，养护时间不得少于14d；聚合物水泥防水砂浆未达到硬化状态时，不得浇水养护或直接受雨水冲刷，硬化后应采用干湿交替的养护方法。潮湿环境中，可在自然条件下养护。

3.2.4 卷材防水层

1. 基层处理

（1）卷材防水层适用于受侵蚀性介质作用或受振动作用的地下工程；卷材防水层应铺设在主体结构的迎水面。

（2）卷材防水层用于建筑物地下室时，应铺设在结构底板垫层至墙体防水设防高度的结构基面上；用于单建式的地下工程时，应从结构底板垫层铺设至顶板基面，并应在外围形成封闭的防水层。

（3）铺贴防水卷材前，基面应干净、干燥，并应涂刷基层处理剂；当基面潮湿时，应涂刷湿固化型胶粘剂或潮湿界面隔离剂。

（4）基层阴阳角应做成圆弧或45°坡角，其尺寸应根据卷材品种确定。

（5）卷材防水层的基面应坚实、平整、清洁。

2. 防水卷材铺贴要求

（1）应铺设卷材加强层，在转角处、变形缝、施工缝，穿墙管等部位应铺贴卷材加强层，加强层宽度宜为300～500mm。

（2）不同品种防水卷材的搭接宽度，应符合表3-3的要求。

防水卷材搭接宽度   表3-3

卷材品种	搭接宽度（mm）
弹性体改性沥青防水卷材	100
改性沥青聚乙烯胎防水卷材	100
自粘聚合物改性沥青防水卷材	80
三元乙丙橡胶防水卷材	100/60（胶粘剂/胶粘带）
聚氯乙烯防水卷材	60/80（胶粘剂/胶粘带）
	100（胶粘剂）
聚乙烯丙纶复合防水卷材	100（胶粘料）
高分子自粘胶膜防水卷材	70/80（胶粘剂/胶粘带）

（3）结构底板垫层混凝土部位的卷材可采用空铺法或点粘法施工，其粘结位置、点粘面积应按设计要求确定；侧墙采用外防外贴法的卷材及顶板部位的卷材应采用满粘法施工。

（4）卷材与基面、卷材与卷材间的粘结应紧密、牢固；铺贴完成的卷材应平整顺直，搭接尺寸应准确，不得产生扭曲和皱折。

（5）卷材搭接处和接头部位应粘贴牢固，接缝口应封严或采用材性相容的密封材料封缝。

（6）铺贴立面卷材防水层时，应采取防止卷材下滑的措施。

（7）铺贴双层卷材时，上下两层和相邻两幅卷材的接缝应错开1/3～1/2幅宽，且两层卷材不得相互垂直铺贴。

3．铺贴自粘聚合物改性沥青防水卷材

（1）基层表面应平整、干净、干燥，无尖锐突起物或孔隙。

（2）排除卷材下面的空气，应辊压粘贴牢固，卷材表面不得有扭曲、皱折和起泡现象。

（3）立面卷材铺贴完成后，应将卷材端头固定或嵌入墙体顶部的凹槽内，并应用密封材料封严。

（4）低温施工时，宜对卷材和基面适当加热，然后铺贴卷材。

4．铺贴三元乙丙橡胶防水卷材（冷粘法）

（1）基底胶粘剂应涂刷均匀，不应露底、堆积。

（2）胶粘剂涂刷与卷材铺贴的间隔时间应根据胶粘剂的性能控制。

（3）铺贴卷材时，应辊压粘贴牢固。

（4）搭接部位的黏合面应清理干净，并应采用接缝专用胶粘剂或胶粘带粘结。

5．聚氯乙烯防水卷材接缝

（1）铺贴聚氯乙烯防水卷材，接缝采用焊接法施工。

（2）卷材的搭接缝可采用单焊缝或双焊缝。单焊缝搭接宽度应为60mm，有效焊接宽度不应小于30mm；双焊缝搭接宽度应为80mm，中间应留设10～20mm的空腔，有效焊接宽度不宜小于10mm。

（3）焊接缝的结合面应清理干净，焊接应严密。

（4）应先焊长边搭接缝，后焊短边搭接缝。

6．铺贴聚乙烯丙纶复合防水卷材

（1）应采用配套的聚合物水泥防水粘结材料。

（2）卷材与基层粘贴应采用满粘法，粘结面积不应小于90%，刮涂粘结料应均匀，不应露底、堆积。

（3）固化后的粘结料厚度不应小于1.3mm。

（4）施工完的防水层应及时做保护层。

7．高分子自粘胶膜防水卷材预铺反粘法

（1）卷材宜单层铺设。

（2）在潮湿基面铺设时，基面应平整、坚固，无明显积水。

（3）卷材长边应采用自粘边搭接，短边应采用胶粘带搭接，卷材端部搭接区应相互错开。

（4）立面施工时，在自粘边位置距离卷材边缘10～20mm内，应每隔400～600mm进行机械固定，并应保证固定位置被卷材完全覆盖。

（5）浇筑结构混凝土时不得损伤防水层。

8．外防外贴法铺贴卷材防水层

（1）应先铺平面，后铺立面，交接处应交叉搭接。

（2）临时性保护墙宜采用石灰砂浆砌筑，内表面宜做找平层。

（3）从底面折向立面的卷材与永久性保护墙的接触部位，应采用空铺法施工；卷材与临时性保护墙或围护结构模板的接触部位，应将卷材临时贴附在该墙上或模板上，并应将顶端临时固定。

（4）当不设保护墙时，从底面折向立面的卷材接槎部位应采取可靠的保护措施。

（5）混凝土结构完成，铺贴立面卷材时，应先将接槎部位的各层卷材揭开，并应将其表面清理干净，如卷材有局部损伤，应及时进行修补；卷材接槎的搭接长度，高聚物改性沥青类卷材应为150mm，合成高分子类卷材应为100mm；当使用两层卷材时，卷材应错槎接缝，上层卷材应盖过下层卷材。

9．外防内贴法铺贴卷材防水层

（1）混凝土结构的保护墙内表面应抹厚度为20mm的1∶3水泥砂浆找平层，然后铺贴卷材。

（2）卷材宜先铺立面，后铺平面；铺贴立面时，应先铺转角，后铺大面。

10．保护层

（1）卷材防水层完工并经验收合格后应及时做保护层。

（2）顶板的细石混凝土保护层与防水层之间宜设置隔离层。细石混凝土保护层厚度：机械回填时不宜小于70mm，人工回填时不宜小于50mm。

（3）底板的细石混凝土保护层厚度不应小于50mm。

（4）侧墙宜采用软质保护材料或铺抹20mm厚1∶2.5水泥砂浆。

3.2.5　涂料防水层

1．基层处理

（1）涂料防水层适用于受侵蚀性介质作用或受振动作用的地下工程；有机防水涂料宜用于主体结构的迎水面，无机防水涂料宜用于主体结构的迎水面或背水面。

（2）有机防水涂料应采用反应型、水乳型、聚合物水泥等涂料；无机防水涂料应采用掺外加剂、掺合料的水泥基防水涂料或水泥基渗透结晶型防水涂料。

（3）有机防水涂料基面应干燥。当基面较潮湿时，应涂刷湿固化型胶粘剂或潮湿界面隔离剂；无机防水涂料施工前，基面应充分润湿，但不得有明水。

（4）无机防水涂料基层表面应干净、平整，无浮浆和明显积水。

（5）有机防水涂料基层表面应基本干燥，不应有气孔、凹凸不平、蜂窝、麻面等缺陷。涂料施工前，基层阴阳角应做成圆弧形。

2．涂料防水层的施工

（1）多组分涂料应按配合比准确计量，搅拌均匀，并应根据有效时间确定每次配制的用量。

（2）涂料应分层涂刷或喷涂，涂层应均匀，涂刷应待前遍涂层干燥成膜后进行。每遍涂刷时应交替改变涂层的涂刷方向，同层涂膜的先后搭压宽度宜为30～50mm。

（3）涂料防水层的甩槎处接槎宽度不应小于100mm，接涂前应将其甩槎表面处理干净。

（4）采用有机防水涂料时，基层阴阳角处应做成圆弧；在转角处、变形缝、施工缝、穿墙管等部位应增加胎体增强材料和增涂防水涂料，宽度不应小于500mm。

（5）胎体增强材料的搭接宽度不应小于100mm。上下两层和相邻两幅胎体的接缝应错开 1/3 幅宽，且上下两层胎体不得相互垂直铺贴。铺贴时，应使胎体层充分浸透防水涂料，不得有露槎及褶皱。

3. 保护层

（1）有机防水涂料施工完后，应及时做保护层。

（2）底板、顶板应采用 20mm 厚 1:2.5 水泥砂浆层和 40～50mm 厚的细石混凝土保护层，防水层与保护层之间宜设置隔离层。

（3）侧墙背水面保护层应采用 20mm 厚 1:2.5 水泥砂浆。

（4）侧墙迎水面保护层宜选用软质保护材料或 20mm 厚 1:2.5 水泥砂浆。

3.2.6 塑料防水板防水层

1. 一般规定

（1）塑料防水板防水层适用于经常承受水压、侵蚀性介质或有振动作用的地下工程；塑料防水板宜铺设在复合式衬砌的初期支护与二次衬砌之间。

（2）塑料防水板防水层应牢固地固定在基面上，固定点的间距应根据基面平整情况确定，拱部宜为 0.5～0.8m、边墙宜为 1.0～1.5m、底部宜为 1.5～2.0m。局部凹凸较大时，应在凹处加密固定点。

（3）塑料防水板防水层的基面应平整、无尖锐突出物；基面平整度 D/L 不应大于 1/6。

注：D 为初期支护基面相邻两凸面间凹进去的深度，L 为初期支护基面相邻两凸面间的距离。

2. 塑料防水板的铺设

（1）铺设塑料防水板前应先铺缓冲层，缓冲层应用暗钉圈固定在基面上；缓冲层搭接宽度不应小于 50mm；铺设塑料防水板时，应边铺边用压焊机将塑料防水板与暗钉圈焊接。

（2）两幅塑料防水板的搭接宽度不应小于 100mm，下部塑料防水板应压住上部塑料防水板。接缝焊接时，塑料防水板的搭接层数不得超过 3 层。

（3）塑料防水板的搭接缝应采用双焊缝，每条焊缝的有效宽度不应小于 10mm。

（4）塑料防水板铺设时宜设置分区预埋注浆系统。

（5）分段设置塑料防水板防水层时，两端应采取封闭措施。

（6）塑料防水板铺设时应少留或不留接头，当留设接头时，应对接头进行保护。再次焊接时应将接头处的塑料防水板擦拭干净。

（7）铺设塑料防水板时，不应绷得太紧，宜根据基面的平整度留有充分的余地。

（8）防水板的铺设应超前混凝土施工，超前距离宜为 5～20m，并应设临时挡板防止机械损伤和电火花灼伤防水板。

3. 二次衬砌混凝土施工

绑扎、焊接钢筋时，应采取防刺穿、灼伤防水板的措施。混凝土出料口和振捣棒不得直接接触塑料防水板。

3.2.7 金属板防水层

（1）金属板防水层适用于抗渗性能要求较高的地下工程，金属板应铺设在主体结构迎水面。

（2）金属板的拼接应采用焊接，拼接焊缝应严密。竖向金属板的垂直接缝，应相互错开。

（3）金属板的拼接及金属板与工程结构的锚固件连接应采用焊接。金属板的拼接焊缝应进行外观检查和无损检验。

（4）主体结构内侧设置金属防水层时，金属板应与结构内的钢筋焊牢，也可在金属防水层上焊接一定数量的锚固件。

（5）主体结构外侧设置金属防水层时，金属板应焊在混凝土结构的预埋件上。金属板经焊缝检查合格后，应将其与结构间的空隙用水泥砂浆灌实。

（6）金属板表面有锈蚀、麻点或划痕等缺陷时，其深度不得大于该板材厚度的负偏差值。

（7）金属板防水层应用临时支撑加固。金属板防水层底板上应预留浇捣孔，并应保证混凝土浇筑密实，待底板混凝土浇筑完后应补焊严密。

（8）金属板防水层应采取防锈措施。

3.2.8 膨润土防水材料防水层

（1）膨润土防水材料防水层适用于 pH 为 4～10 的地下环境中；膨润土防水材料防水层应用于复合式衬砌的初期支护与二次衬砌之间以及明挖法地下工程主体结构的迎水面，防水层两侧应具有一定的夹持力。

（2）膨润土防水材料中的膨润土颗粒应采用钠基膨润土，不应采用钙基膨润土。

（3）膨润土防水材料防水层基面应坚实、清洁，不得有明水，基面平整度 D/L 不应大于 1/6；基层阴阳角应做成圆弧或坡角。

（4）膨润土防水毯的织布面和膨润土防水板的膨润土面，均应与结构外表面密贴。

（5）膨润土防水材料应采用水泥钉和垫片固定；立面和斜面上的固定间距宜为 400～500mm，平面上应在搭接缝处固定。

（6）膨润土防水材料的搭接宽度应大于 100mm，搭接部位的固定间距宜为 200～300mm，固定点与搭接边缘的距离宜为 25～30mm，搭接处应涂抹膨润土密封膏。平面搭接缝处可干撒膨润土颗粒，其用量宜为 0.3～0.5kg/m。

（7）膨润土防水材料的收口部位应采用金属压条和水泥钉固定，并用膨润土密封膏覆盖。

（8）转角处和变形缝、施工缝、后浇带等部位均应设置宽度不小于 500mm 加强层，加强层应设置在防水层与结构外表面之间。穿墙管件部位宜采用膨润土橡胶止水条、膨润土密封膏进行加强处理。

（9）膨润土防水材料分段铺设时，应采取临时遮挡防护措施。

3.2.9 质量检查

应符合现行国家标准现行国家标准《地下防水工程质量验收规范》GB 50208 的相关规定。

3.3 细部构造防水

3.3.1 材料质量控制

细部构造防水常用材料质量控制要点，见表3-4。

细部构造防水常用材料质量控制要点 表3-4

项目	质量控制要点
施工缝	防水砂浆、防水卷材、防水涂料的质量控制要求，参见本书3.1.1节中相关内容。 橡胶止水带、接缝用密封胶、遇水膨胀止水条、预埋注浆管的质量控制要求，参见本书3.1.1节中相关内容
变形缝	橡胶止水带、密封材料、防水涂料、止水条、止水带等材料质量控制要求，参见本书3.1.1节中相关内容
后浇带	补偿收缩混凝土原材料的质量，参见本书5.1节中相关内容。 止水带、防水涂料、止水条、止水带等材料质量控制要求，参见本书3.1.1节中相关内容
埋设件	止水条材料质量控制要求，参见本书3.1.1节中相关内容
桩头和孔口	防水卷材、防水涂料等材料质量控制要求，参见本书3.1.1节中相关内容
坑、池	防水卷材、防水涂料等材料质量控制要求，参见本书3.1.1节中相关内容

3.3.2 施工缝

1. 留设施工缝

（1）防水混凝土应连续浇筑，宜少留施工缝。

（2）墙体水平施工缝不应留在剪力最大处或底板与侧墙的交接处，应留在高出底板表面不小于300mm的墙体上。拱（板）墙结合的水平施工缝，宜留在拱（板）墙接缝线以下150～300mm处。墙体有预留孔洞时，施工缝距孔洞边缘不应小于300mm。

（3）垂直施工缝应避开地下水和裂隙水较多的地段，并宜与变形缝相结合。

2. 施工缝的施工

（1）水平施工缝浇筑混凝土前，应将其表面浮浆和杂物清除，然后铺设净浆或涂刷混凝土界面处理剂、水泥基渗透结晶型防水涂料等材料，再铺30～50mm厚的1∶1水泥砂浆，并应及时浇筑混凝土。

（2）垂直施工缝浇筑混凝土前，应将其表面清理干净，再涂刷混凝土界面处理剂或水泥基渗透结晶型防水涂料，并应及时浇筑混凝土。

（3）遇水膨胀止水条（胶）应与接缝表面密贴。

（4）选用的遇水膨胀止水条（胶）应具有缓胀性能，7d的净膨胀率不宜大于最终膨胀率的60%，最终膨胀率宜大于220%。

（5）采用中埋式止水带或预埋式注浆管时，应定位准确、固定牢靠。

3.3.3 变形缝

1. 一般规定

（1）变形缝处混凝土结构的厚度不应小于 300mm。

（2）用于沉降的变形缝最大允许沉降差值不应大于 30mm。

（3）变形缝的宽度宜为 20～30mm。

2. 中埋式止水带施工

（1）止水带埋设位置应准确，其中间空心圆环应与变形缝的中心线重合。

（2）止水带应固定，顶板、底板内止水带应成盆状安设。

（3）中埋式止水带先施工一侧混凝土时，其端模应支撑牢固，并应严防漏浆。

（4）止水带的接缝宜为一处，应设在边墙较高位置上，不得设在结构转角处，接头宜采用热压焊接。

（5）中埋式止水带在转弯处应做成圆弧形，（钢边）橡胶止水带的转角半径不应小于 200mm，转角半径应随止水带的宽度增大而相应加大。

（6）变形缝与施工缝均用外贴式止水带（中埋式）时，其相交部位宜采用十字配件。变形缝用外贴式止水带的转角部位宜采用直角配件。

3. 内侧的可卸式止水带

安设于结构内侧的可卸式止水带施工时所需配件应一次配齐。

转角处应做成 45°折角，并应增加紧固件的数量。

4. 密封材料嵌填施工

（1）缝内两侧基面应平整、干净、干燥，并应刷涂与密封材料相容的基层处理剂。

（2）嵌缝底部应设置背衬材料。

（3）嵌填应密实、连续、饱满，并应粘结牢固。

5. 变形缝防水层施工

在缝表面粘贴卷材或涂刷涂料前，应在缝上设置隔离层。卷材防水层、涂料防水层的施工质量控制要求，参见本书 3.2.4 节和 3.2.5 节中相关内容。

3.3.4 后浇带

（1）后浇带宜用于不允许留设变形缝的工程部位。

（2）后浇带应在其两侧混凝土龄期达到 42d 后再施工；高层建筑的后浇带施工应按规定时间进行。

（3）后浇带应采用补偿收缩混凝土浇筑，其抗渗和抗压强度等级不应低于两侧混凝土。

（4）后浇带应设在受力和变形较小的部位，其间距和位置应按结构设计要求确定，宽度宜为 700～1000mm。

（5）后浇带两侧可做成平直缝或阶梯缝。

（6）后浇带混凝土施工前，后浇带部位和外贴式止水带应防止落入杂物和损伤外贴止水带。

（7）后浇带两侧的接缝处理，参见本书 3.3.2 节中相关内容。

（8）采用膨胀剂拌制补偿收缩混凝土时，应按配合比准确计量。

（9）后浇带混凝土应一次浇筑，不得留设施工缝；混凝土浇筑后应及时养护，养护时间不得少于28d。

（10）后浇带需超前止水时，后浇带部位的混凝土应局部加厚，并应增设外贴式或中埋式止水带。

3.3.5 穿墙管

（1）穿墙管（盒）应在浇筑混凝土前预埋。

（2）穿墙管与内墙角、凹凸部位的距离应大于250mm。

（3）金属止水环应与主管或套管满焊密实，采用套管式穿墙防水构造时，翼环与套管应满焊密实，并应在施工前将套管内表面清理干净。

（4）相邻穿墙管间的间距应大于300mm。

（5）采用遇水膨胀止水圈的穿墙管，管径宜小于50mm，止水圈应采用胶粘剂满粘固定于管上，并应涂缓胀剂或采用缓胀型遇水膨胀止水圈。

（6）穿墙管线较多时，宜相对集中，并应采用穿墙盒方法。穿墙盒的封口钢板应与墙上的预埋角钢焊严，并应从钢板上的预留浇筑孔注入柔性密封材料或细石混凝土。

（7）当工程有防护要求时，穿墙管除应采取防水措施外，尚应采取满足防护要求的措施。

（8）穿墙管伸出外墙的部位，应采取防止回填时将管体损坏的措施。

3.3.6 埋设件

（1）结构上的埋设件应采用预埋或预留孔（槽）等。

（2）埋设件端部或预留孔（槽）底部的混凝土厚度不得小于250mm。当厚度小于250mm时，应采取局部加厚或其他防水措施。

（3）预留孔（槽）内的防水层，宜与孔（槽）外的结构防水层保持连续。

3.3.7 预留通道接头

（1）预留通道接头处的最大沉降差值不得大于30mm。

（2）中埋式止水带、遇水膨胀橡胶条（胶）、预埋注浆管、密封材料、可卸式止水带的施工质量控制，参见本书3.3.3节中相关内容。

（3）预留通道先施工部位的混凝土、中埋式止水带和防水相关的预埋件等应及时保护，并应确保端部表面混凝土和中埋式止水带清洁，埋设件不得锈蚀。

（4）当先浇混凝土中未预埋可卸式止水带的预埋螺栓时，可选用金属或尼龙的膨胀螺栓固定可卸式止水带。采用金属膨胀螺栓时，可选用不锈钢材料或用金属涂膜、环氧涂料等涂层进行防锈处理。

3.3.8 桩头和孔口

1. 桩头

（1）应按设计要求将桩顶剔凿至混凝土密实处，并应清洗干净。

（2）破桩后如发现渗漏水，应及时采取堵漏措施。

（3）涂刷水泥基渗透结晶型防水涂料时，应连续、均匀，不得少涂或漏涂，并应及时进行养护。

（4）采用其他防水材料时，基面应符合施工要求。

（5）应对遇水膨胀止水条（胶）进行保护。

2. 孔口

（1）地下工程通向地面的各种孔口应采取防地面水倒灌的措施。人员出入口高出地面的高度宜为500mm，汽车出入口设置明沟排水时，其高度宜为150mm并应采取防雨措施。

（2）窗井的底部在最高地下水位以上时，窗井的底板和墙应做防水处理，并宜与主体结构断开。

（3）窗井或窗井的一部分在最高地下水位以下时，窗井应与主体结构连成整体，其防水层也应连成整体，并应在窗井内设置集水井。

（4）无论地下水位高低，窗台下部的墙体和底板应做防水层。

（5）窗井内的底板，应低于窗下缘300mm。窗井墙高出地面不得小于500mm。窗井外地面应做散水，散水与墙面间应采用密封材料嵌填。

（6）通风口应与窗井同样处理，竖井窗下缘离室外地面高度不得小于500mm。

3.3.9 坑、池

坑、池、储水库宜采用防水混凝土整体浇筑，内部应设防水层。受振动作用时应设柔性防水层。

底板以下的坑、池，其局部底板应相应降低，并应使防水层保持连续。

3.3.10 质量检查

应符合现行国家标准现行国家标准《地下防水工程质量验收规范》GB 50208 的相关规定。

3.4 特殊施工法结构防水

3.4.1 材料质量控制

特殊施工法结构防水常用材料质量控制要点，见表3-5。

特殊施工法结构防水常用材料质量控制要点 表3-5

项目	质量控制要点
锚喷支护	锚杆宜采用HRB335或HRB400钢筋制作，直径、长度符合设计要求。 喷射混凝土所用水泥、砂、石子、外加剂等原材料品种、规格、性能应符合设计要求，进场时，应检查其质量合格证明；对有复检要求的原材料应送检，检验结果应满足设计及相应国家现行标准要求。 钢筋网规格、型号、品种以及各项技术性能应符合设计要求，应有出厂合格证，进场时均应按规定取样复验，其结果均应符合国家现行相关技术标准的规定

项目	质量控制要点
地下连续墙	泥浆的土料、掺合物品种以及各项技术性能应符合设计要求。 钢筋的品种、强度级别符合设计要求，应有出厂合格证，进场时均应按规定取样复验，其结果均应符合国家现行相关技术标准的规定。 防水混凝土材料质量控制，参见本书 3.2 节中相关内容
沉井	沉井结构的混凝土强度等级应符合设计规定，一般干式沉井主体结构的混凝土强度不应低于 C25，湿式沉井主体结构的混凝土强度不应低于 C20。 有抗渗、抗冻性要求的沉井，其混凝土的抗渗等级、抗冻等级应符合设计规定，原材料应有出厂合格证，进场时均应按规定取样复验，其结果均应符合国家现行相关技术标准的规定
逆筑结构	防水混凝土材料质量控制，参见本书 3.2 节中相关内容

3.4.2 锚喷支护

1. 锚喷支护用作工程内衬墙

（1）宜用于防水等级为三级的工程。

（2）喷射混凝土宜掺入速凝剂、膨胀剂或复合型外加剂、钢纤维与合成纤维等材料，其品种及掺量应通过试验确定。

（3）喷射混凝土的厚度应大于 80mm，对地下工程变截面及轴线转折点的阳角部位，应增加 50mm 以上厚度的喷射混凝土。

（4）喷射混凝土设置预埋件时，应采取防水处理。

（5）喷射混凝土终凝 2h 后，应喷水养护，养护时间不得少于 14d。

2. 锚喷支护作为复合式衬砌

（1）宜用于防水等级为一、二级工程的初期支护。

（2）锚喷支护的施工应符合本节"1. 锚喷支护用作工程内衬墙"中（2）～（5）的规定。

3. 养护

喷射混凝土终凝 2h 后应采取喷水养护，养护时间不得少于 14d；当气温低于 5℃时，不得喷水养护。

3.4.3 地下连续墙

（1）地下连续墙适用于地下工程的主体结构、支护结构以及复合式衬砌的初期支护。

（2）地下连续墙应采用防水混凝土。胶凝材料用量不应小于 400kg/m³，水胶比不得大于 0.55，坍落度不得小于 180mm。

（3）地下连续墙施工时，混凝土应按每一个单元槽段留置一组抗压试件，每 5 个槽段留置一组抗渗试件。

（4）叠合式侧墙的地下连续墙与内衬结构连接处，应凿毛并清洗干净，必要时应做特殊防水处理。

（5）地下连续墙应根据工程要求和施工条件划分单元槽段，宜减少槽段数量。墙体幅间接缝应避开拐角部位。

（6）地下连续墙如有裂缝、孔洞、露筋等缺陷，应采用聚合物水泥砂浆修补；地下连续墙槽段接缝如有渗漏，应采用引排或注浆封堵。

3.4.4 沉井

1. 一般规定

（1）沉井适用于下沉施工的地下建筑物或构筑物。沉井主体应采用防水混凝土浇筑。

（2）沉井施工缝的施工质量控制，参见本书 3.3.2 节中的相关内容。

（3）固定模板的螺栓穿过混凝土井壁时，螺栓部位的防水处理采用工具式螺栓或螺栓加堵头，螺栓上应加焊方形止水环。

2. 沉井干封底施工

（1）沉井基底土面应全部挖至设计标高，待其下沉稳定后再将井内积水排干。

（2）清除浮土杂物，底板与井壁连接部位应凿毛、清洗干净或涂刷混凝土界面处理剂，及时浇筑防水混凝土封底。

（3）在软土中封底时，宜分格逐段对称进行。

（4）封底混凝土施工过程中，应从底板上的集水井中不间断地抽水。

（5）封底混凝土达到设计强度后，方可停止抽水；集水井的封堵应采用微膨胀混凝土填充捣实，并用法兰、焊接钢板等方法封平。

3. 沉井水下封底施工

（1）井底应将浮泥清除干净，并铺碎石垫层。

（2）底板与井壁连接部位应冲刷干净。

（3）封底宜采用水下不分散混凝土，其坍落度宜为 180～220mm。

（4）封底混凝土应在沉井全部底面积上连续均匀浇筑。

（5）封底混凝土达到设计强度后，方可从井内抽水，并应检查封底质量。

4. 井壁及底板防水

当沉井与位于不透水层内的地下工程连接时，应先封住井壁外侧含水层的渗水通道。

防水混凝土底板应连续浇筑，不得留设施工缝，底板与井壁接缝处的防水施工质量控制，参见本书 3.3.2 节中相关内容。

3.4.5 逆筑结构

1. 一般规定

（1）逆筑结构适用于地下连续墙为主体结构或地下连续墙与内衬构成复合式衬砌进行逆筑法施工的地下工程。

（2）内衬墙垂直施工缝应与地下连续墙的槽段接缝相互错开 2.0～3.0m。

（3）底板混凝土应连续浇筑，不宜留设施工缝；底板与桩头接缝部位的防水处理，参见本书 3.3.8 节中"1. 桩头"的相关内容。

（4）底板混凝土达到设计强度后方可停止降水，并应将降水井封堵密实。

2. 地下连续墙为主体结构逆筑法施工

（1）地下连续墙墙面应凿毛、清洗干净，并宜做水泥砂浆防水层。

（2）地下连续墙与顶板、中楼板、底板接缝部位应凿毛处理，施工缝的施工质量控制，参见本书 3.3.2 节中相关内容。

（3）钢筋接驳器处宜涂刷水泥基渗透结晶型防水涂料。

3．地下连续墙与内衬构成复合式衬砌逆筑法施工

（1）顶板及中楼板下部 500mm 内衬墙应同时浇筑，内衬墙下部应做成斜坡形；斜坡形下部应预留 300～500mm 空间，并应待下部先浇混凝土施工 14d 后再行浇筑。

（2）浇筑混凝土前，内衬墙的接缝面应凿毛、清洗干净，并应设置遇水膨胀止水条或止水胶和预埋注浆管。

（3）内衬墙的后浇筑混凝土应采用补偿收缩混凝土，浇筑口宜高于斜坡顶端 200mm 以上。

（4）施工缝的施工质量控制，参见本书 3.3.2 节中相关内容。

3.4.6　质量检查

应符合现行国家标准现行国家标准《地下防水工程质量验收规范》GB 50208 的相关规定。

3.5　地下工程排水

3.5.1　材料质量控制

地下工程排水常用材料质量控制要点，见表 3-6。

地下工程排水常用材料质量控制要点　　　　　　　　表 3-6

项目	质量控制要点
渗水层材料	渗水层卵石、小石子、粗砂应洁净、无杂质，其粒径、含泥量应符合设计要求
排水管及管件	铸铁管、钢筋混凝土管、硬质 PVC 管或混凝土管等排水管及管件的品种、规格应符合设计要求；进场时，应有质量合格证明，对有复检要求的原材料应送检，检验结果应满足设计及相应国家现行标准要求。 铸铁管内外表面应光洁、平整，不允许有裂缝、蜂窝及其他妨碍使用的缺陷；端口边缘应平整，不应有崩口。管的端口平面应与管的对称轴垂直。 混凝土管内、外表面应平整，管子应无粘皮、麻面、蜂窝、塌落、空鼓，局部凹坑深度不应大于 5mm；钢筋混凝土管外表面不允许有裂缝，内表面裂缝宽度不得超过 0.05mm，合缝处不应漏浆。 硬质 PVC 管内外壁应光滑，不允许有气泡、裂口和明显的痕迹、凹陷、色泽不均及分解变色线。管材两端面应切割平整并与轴线垂直
塑料排水板	塑料排水板应边缘整齐，无裂纹、缺口、机械损伤等可见缺陷；应有质量合格证明，其厚度、凹凸高度、宽度、长度应不小于生产商明示值
钢丝网	钢丝网网面平整、网孔均匀、色泽应基本一致，镀锌层应均匀，在运输中避免冲击、挤压、雨淋、受潮及化学品的腐蚀
射钉	射钉金属件表面应镀锌，镀层不应起泡、掉皮、脱落和有大的麻点、黑点、露钢或变色等缺陷。射钉不应有裂纹或大的飞边、缺口、钝尖、压痕、毛刺、拉丝、损伤、凹痕等缺陷

3.5.2 渗排水、盲沟排水

1. 渗排水

（1）渗排水适用于无自流排水条件、防水要求较高且有抗浮要求的地下工程。盲沟排水适用于地基为弱透水性土层、地下水量不大或排水面积较小，地下水位在结构底板以下或在丰水期地下水位高于结构底板的地下工程。

（2）集水管应放置在过滤层中间。

（3）渗排水层用砂、石应洁净，含泥量不应大于2.0%。

（4）粗砂过滤层总厚度宜为300mm，如较厚时应分层铺填；过滤层与基坑土层接触处，应采用厚度为100～150mm、粒径为5～10mm的石子铺填。

（5）集水管应设置在粗砂过滤层下部，坡度不宜小于1%，且不得有倒坡现象。集水管之间的距离宜为5～10m，并与集水井相通。

（6）工程底板与渗排水层之间应做隔浆层，建筑周围的渗排水层顶面应做散水坡。

2. 盲沟排水

（1）纵向盲沟铺设前，应将基坑底铲平，并应按设计要求铺设碎砖（石）混凝土层。

（2）盲沟成型尺寸和坡度应符合设计要求。

（3）盲沟的类型及盲沟与基础的距离应符合设计要求。

（4）盲沟用砂、石应洁净，含泥量不应大于2.0%。

（5）盲沟在转弯处和高低处应设置检查井，出水口处应设置滤水算子。

（6）盲管应采用塑料（无纺布）带、水泥钉等固定在基层上，固定点拱部间距宜为300～500mm，边墙宜为1000～1200mm，在不平处应增加固定点。

（7）环向盲管宜整条铺设，需要有接头时，宜采用与盲管相配套的标准接头及标准三通连接。

3.5.3 塑料排水板排水

（1）塑料排水板适用于无自流排水条件且防水要求较高的地下工程，以及地下工程种植顶板排水。

（2）塑料排水板应选用抗压强度大且耐久性好的凸凹型排水板。

（3）铺设塑料排水板应采用搭接法施工，长短边搭接宽度均不应小于100mm。塑料排水板的接缝处宜采用配套胶粘剂粘结或热熔焊接。

（4）地下工程种植顶板种植土若低于周边土体，塑料排水板排水层必须结合排水沟或盲沟分区设置，并保证排水畅通。

（5）塑料排水板应与土工布复合使用。土工布宜采用200～400g/m² 的聚酯无纺布。土工布应铺设在塑料排水板的凸面上，相邻土工布搭接宽度不应小于200mm，搭接部位应采用黏合或缝合。

3.5.4 质量检查

应符合现行国家标准现行国家标准《地下防水工程质量验收规范》GB 50208的相关规定。

第4章　砌体工程实体质量控制

4.1　基本规定

4.1.1　砌筑顺序的规定

（1）基底标高不同时，应从低处砌起，并应由高处向低处搭砌。当设计无要求时，搭接长度（L）不应小于基础底的高差（H），搭接长度范围内下层基础应扩大砌筑。

（2）砌体的转角处和交接处应同时砌筑，当不能同时砌筑时应按规定留槎、接槎。

砌体的转角处和交接处同时砌筑可以保证墙体的整体性，从而提高砌体结构的抗震性能。从震害调查看到，不少砌体结构建筑，由于砌体的转角处和交接处未同时砌筑，接槎不良导致外墙甩出和砌体倒塌，因此必须重视砌体的转角处和交接处的砌筑。

4.1.2　材料质量控制

（1）对工程中所使用的原材料、成品及半成品应进行进场验收，检查其合格证书、产品检验报告等，并应符合设计及国家现行有关标准要求。对涉及结构安全、使用功能的原材料、成品及半成品应按有关规定进行见证取样、送样复验；其中水泥的强度和安定性应按其批号分别进行见证取样、复验。

（2）砌体结构工程所用的材料应有产品合格证书、产品性能型式检验报告，质量应符合国家现行有关标准的要求。块体、水泥、钢筋、外加剂尚应有材料主要性能的进场复验报告，并应符合设计要求。严禁使用国家明令淘汰的材料。

采用商品砌筑砂浆。监理人员应对砌筑砂浆按原材料进场进行验收，预拌砂浆进场应具备搅拌厂家砂浆出厂合格证、砂浆试块报告、砂浆使用的原材料厂家出具的水泥、砂、外加剂等合格证明及搅拌厂家复试报告、配合比报告等质量证明文件。

砌筑砂浆应有试配申请单和试验室试配后签发的配比通知单。用于承重墙体的砌筑砂浆试块实行见证取样和送检制度。

（3）砌体工程常用材料质量控制，见表4-1。

砌体工程常用材料质量控制　　　　　　　　　　　　　　　　　表4-1

序号	材料名称	质量控制要点	备　　注
1	水泥	（1）水泥进场时应对其品种、等级、包装或散装仓号、出厂日期等进行检查，并应对其强度、安定性进行复验，其质量必须符合现行国家标准《通用硅酸盐水泥》GB 175 的有关规定。 （2）当在使用中对水泥质量有怀疑或水泥出厂超过三个月（快硬硅酸盐水泥超过一个月）时，应复查试验，并按复验结果使用。 （3）不同品种的水泥，不得混合使用	抽检数量：按同一生产厂家、同品种、同等级、同批号连续进场的水泥，袋装水泥不超过200t 为一批，散装水泥不超过500t 为一批，每批抽样不少于一次。 检验方法：检查产品合格证、出厂检验报告和进场复验报告

序号	材料名称	质量控制要点	备注
2	砂浆用砂	砂浆用砂宜采用过筛中砂，并应满足下列要求： （1）不应混有草根、树叶、树枝、塑料、煤块、炉渣等杂物。 （2）砂中含泥量、泥块含量、石粉含量、云母、轻物质、有机物、硫化物、硫酸盐及氯盐含量（配筋砌体砌筑用砂）等符合现行行业标准《普通混凝土用砂、石质量及检验方法标准》JGJ 52 的有关规定。 （3）人工砂、山砂及特细砂，应经试配能满足砌筑砂浆技术条件要求	砂进场时应按不同品种、规格分别堆放，不得混杂
3	砌筑用砖、砌块、石材	（1）砌体结构工程使用的砖，应符合设计要求及国家现行标准《烧结普通砖》GB/T 5101、《烧结多孔砖和多孔砌块》GB 13544、《蒸压灰砂砖》GB 11945、《蒸压粉煤灰砖》JC/T 239、《蒸压粉煤灰多孔砖》GB 26541、《烧结空心砖和空心砌块》GB/T 13545、《混凝土实心砖》GB/T 21144 的规定。砌体结构工程用砖不得采用非蒸压粉煤灰砖及未掺加水泥的各类非蒸压砖。 （2）用于清水墙、柱表面的砖，应边角整齐、色泽均匀。 （3）砌体结构工程使用的小砌块，应符合设计要求及现行国家标准《普通混凝土小型砌块》GB/T 8239、《轻集料混凝土小型空心砌块》GB/T 15229、《蒸压加气混凝土砌块》GB 11968 的规定。 （4）加气混凝土砌块在运输、装卸及堆放过程中应防止雨淋。 （5）采用薄层砂浆砌筑法施工的砌体结构块体材料，其外观几何尺寸允许偏差为 ±1mm。 （6）砌体结构工程使用的石材，应符合设计要求及现行国家标准《建筑材料放射性核素限量》GB 6566 的规定。 （7）石砌体所用的石材应质地坚实，无风化剥落和裂纹，且石材表面应无水锈和杂物。 （8）清水墙、柱的石材外露面，不应存在断裂、缺角等缺陷，并应色泽均匀	（1）块体材料应有产品的出厂质量证明，即合格证书和产品性能检验报告，当施工单位提供的合格证书和检验报告是复印件时，复印件应加盖复印单位的红章，并注明原件存放单位，复印人应签字。 （2）用于承重结构的块体材料进场后应进行强度等级的抽样复试，并按有关规定进行有见证取样和送检，检查实验室出具的检验报告。复试不合格的产品不准使用，并注明去向。 （3）砖的品种、强度等级应符合设计要求，并应规格一致。进场时，现场应对其外观质量和尺寸进行检查，同时检查其合格证或送实验室进行检验。 （4）砖检验内容：包括外观质量、尺寸偏差和强度检验，蒸压灰砂砖还应进行颜色检验
4	钢筋	（1）砌体结构工程使用的钢筋，应符合设计要求及国家现行标准《钢筋混凝土用钢 第1部分：热轧光圆钢筋》GB 1499.1、《钢筋混凝土用钢 第2部分：热轧带肋钢筋》GB 1499.2 及《冷拔低碳钢丝应用技术规程》JGJ 19 的规定。 （2）钢筋在运输、堆放和使用中，不得锈蚀和损伤；应避免被泥、油或其他对钢筋有不利影响的物质所污染。 （3）钢筋应按不同生产厂家、牌号及规格分批验收，分别存放，且应设牌标识	进场时，应对其规格、级别或品种进行检查，同时检查其出厂合格证，并按批量取样送试验室进行复验

序号	材料名称	质量控制要点	备注
5	石灰、石灰膏和粉煤灰	（1）拌制水泥混合砂浆的粉煤灰、建筑生石灰、建筑生石灰粉及石灰膏应符合下列规定： 1）粉煤灰、建筑生石灰、建筑生石灰粉的品质指标应符合现行行业标准《建筑生石灰》JC/T 479 的有关规定。 2）建筑生石灰、建筑生石灰粉熟化为石灰膏，其熟化时间分别不得少于 7d 和 2d；沉淀池中储存的石灰膏，应防止干燥、冻结和污染，严禁采用脱水硬化的石灰膏；建筑生石灰粉、消石灰粉不得替代石灰膏配制水泥石灰砂浆。 （2）砌体结构工程中使用的生石灰及磨细生石灰粉应符合现行行业标准《建筑生石灰》JC/T 479 的有关规定。 （3）建筑生石灰、建筑生石灰粉制作石灰膏应符合下列规定： 1）建筑生石灰熟化成石灰膏时，应采用孔径不大于 3mm×3mm 的网过滤，熟化时间不得少于 7d；建筑生石灰粉的熟化时间不得少于 2d。 2）沉淀池中贮存的石灰膏，应防止干燥、冻结和污染，严禁使用脱水硬化的石灰膏。 3）生石灰粉、消石灰粉不得直接用于砂浆中。 （4）在砌筑砂浆中掺入粉煤灰时，宜采用干排灰	建筑生石灰及建筑生石灰粉保管时应分类、分等级存放在干燥的仓库内，且不宜长期储存。 严禁使用脱水硬化的石灰膏。 采用其他品种矿物掺合料时，应有可靠的技术依据，并应在使用前进行试验验证
6	水	砌体结构工程中使用的砂浆拌合用水及混凝土拌合、养护用水，应符合现行行业标准《混凝土用水标准》JGJ 63 的规定	
7	砂浆外加剂	在砂浆中掺入的砌筑砂浆增塑剂、早强剂、缓凝剂、防冻剂、防水剂等砂浆外加剂，其品种和用量应经有资质的检测单位检验和试配确定。所有外加剂的技术性能应符合国家现行有关标准《砌筑砂浆增塑剂》JG/T 164、《混凝土外加剂》GB 8076、《砂浆、混凝土防水剂》JC 474 的质量要求	有机塑化剂应有砌体强度的型式检验报告
8	胶粘剂	种植锚固筋的胶粘剂，应采用专门配制的改性环氧树脂胶粘剂、改性乙烯基酯类胶粘剂或改性氨基甲酸酯胶粘剂，其基本性能应符合现行国家标准《工程结构加固材料安全性鉴定技术规范》GB 50728 的规定。种植锚固件的胶粘剂，其填料应在工厂制胶时添加，不得在施工现场掺入	
9	保温（隔热）材料	夹心复合墙所用的保温（隔热）材料应符合国家现行标准《墙体材料应用统一技术规范》GB 50574和《装饰多孔砖夹心复合墙技术规程》JGJ/T 274 规定的技术性能指标和防火性能要求	

4.2　砌筑砂浆

4.2.1　材料质量控制

砂浆材料质量控制要求，参见本书 4.1.2 节中相关内容。

4.2.2　预拌砂浆

（1）现场拌制砂浆应根据设计要求和砌筑材料的性能，对工程中所用砌筑砂浆进行配合比设计，当原材料的品种、规格、批次或组成材料有变更时，其配合比应重新确定。

（2）配制砌筑砂浆时，各组分材料应采用质量计量。在配合比计量过程中，水泥及各种外加剂配料的允许偏差为 ±2%；砂、粉煤灰、石灰膏配料的允许偏差为 ±5%。砂计量时，应扣除其含水量对配料的影响。

（3）现场拌制砌筑砂浆时，应采用机械搅拌，搅拌时间自投料完起算，应符合下列规定：

1）水泥砂浆和水泥混合砂浆不应少于 120s。

2）水泥粉煤灰砂浆和掺用外加剂的砂浆不应少于 180s。

3）掺液体增塑剂的砂浆，应先将水泥、砂干拌混合均匀后，将混有增塑剂的拌合水倒入干混砂浆中继续搅拌；掺固体增塑剂的砂浆，应先将水泥、砂和增塑剂干拌混合均匀后，将拌合水倒入其中继续搅拌。从加水开始，搅拌时间不应少于 210s。

4）预拌砂浆及加气混凝土砌块专用砂浆的搅拌时间应符合有关技术标准或产品说明书的要求。

（4）改善砌筑砂浆性能时，宜掺入砌筑砂浆增塑剂。

（5）现场搅拌的砂浆应随拌随用，拌制的砂浆应在 3h 内使用完毕；当施工期间最高气温超过 30℃时，应在 2h 内使用完毕。对掺用缓凝剂的砂浆，其使用时间可根据其缓凝时间的试验结果确定。

（6）砌体结构工程使用的湿拌砂浆，除直接使用外必须储存在不吸水的专用容器内，并根据气候条件采取遮阳、保温、防雨雪等措施，砂浆在储存过程中严禁随意加水。

（7）已经开始初凝的砂浆不应再重新拌合使用。

4.2.3　现场拌制砂浆

（1）现场拌制砂浆时，各组分材料应采用质量计量。砌筑砂浆拌制后在使用中不得随意掺入其他胶粘剂、骨料、混合物。

（2）不同品种和强度等级的产品应分别运输、储存和标识，不得混杂。

（3）湿拌砂浆应采用专用搅拌车运输，湿拌砂浆运至施工现场后应进行稠度检验。除直接使用外，应储存在不吸水的专用容器内，并应根据不同季节采取遮阳、保温和防雨雪措施。

（4）湿拌砂浆在储存、使用过程中不应加水。当存放过程中出现少量泌水时，应拌合均匀后使用。

（5）干混砂浆及其他专用砂浆在运输和储存过程中，不得淋水、受潮、靠近火源或高温。袋装砂浆应防止硬物划破包装袋。

（6）干混砂浆及其他专用砂浆储存期不应超过 3 个月；超过 3 个月的干混砂浆在使用前应重新检验，合格后使用。

（7）湿拌砂浆、干混砂浆及其他专用砂浆的使用时间应按厂方提供的说明书确定。

（8）已经开始初凝的砂浆不应再重新拌合使用。

4.2.4　砂浆试块制作及养护

（1）砂浆试块应在现场取样制作。砂浆立方体试块制作及养护应符合现行行业标准《建筑砂浆基本性能试验方法标准》JGJ/T 70 的规定。

（2）砂浆强度应以标准养护 28d 龄期的试块抗压强度为准。

（3）砌筑砂浆的验收批，同一类型、强度等级的砂浆试块不应少于 3 组；对于建筑结构的安全等级为一级或设计工作年限为 50 年及以上的房屋，同一验收批砂浆试块的数量不得少于 3 组。

（4）砂浆试块制作应符合下列规定：

1）制作试块的稠度应与实际使用的稠度一致。

2）湿拌砂浆应在卸料过程中的中间部位随机取样。

3）现场拌制的砂浆，制作每组试块时应在同一搅拌盘内取样。同一搅拌盘内砂浆不得制作一组以上的砂浆试块。

4.2.5　质量检查

应符合现行国家标准《砌体结构工程施工质量验收规范》GB 50203 的规定。

4.3　砖砌体

4.3.1　材料质量控制

（1）砖、水泥、钢筋、预拌砂浆、专用砌筑砂浆、外加剂、拉结筋等原材料进场时，应检查其质量合格证明；对有复检要求的原材料应送检，检验结果应满足设计及相应国家现行标准要求，参见本书 4.1.2 节中相关内容。

（2）砖应检查其品种、规格、尺寸、外观质量及强度等级，符合设计及产品标准要求后方可使用。

（3）预埋件应做好防腐处理。

（4）材料堆放的场地必须夯实、硬化，并做好排水措施。产品应按品种、强度等级、质量等级分别整齐堆放，不得混杂，并应符合当地文明施工的要求。

4.3.2 工序质量控制点

1. 一般规定

（1）砌筑烧结普通砖、烧结多孔砖、蒸压灰砂砖、蒸压粉煤灰砖砌体时，砖应提前1～2d适度湿润，严禁采用干砖或处于吸水饱和状态的砖砌筑，块体湿润程度宜符合下列规定：

1）烧结类块体的相对含水率60%～70%。

2）混凝土多孔砖及混凝土实心砖不需浇水湿润，但在气候干燥炎热的情况下，宜在砌筑前对其喷水湿润。其他非烧结类块体的相对含水率40%～50%。

（2）砖砌体的下列部位不得使用破损砖：

1）砖柱、砖垛、砖拱、砖碹、砖过梁、梁的支承处、砖挑层及宽度小于1m的窗间墙部位。

2）起拉结作用的丁砖。

3）清水砖墙的顺砖。

（3）砖砌体在下列部位应使用丁砌层砌筑，且应使用整砖：

1）每层承重墙的最上一皮砖。

2）楼板、梁、柱及屋架的支承处。

3）砖砌体的台阶水平面上。

4）挑出层。

（4）水池、水箱和有冻胀环境的地面以下工程部位不得使用多孔砖。

（5）采用铺浆法砌筑砌体，铺浆长度不得超过750mm；当施工期间气温超过30℃时，铺浆长度不得超过500mm。

（6）240mm厚承重墙的每层墙的最上一皮砖，砖砌体的阶台水平面上及挑出层的外皮砖，应整砖丁砌。

（7）砖砌体的灰缝应横平竖直，厚薄均匀。水平灰缝厚度和竖向灰缝宽度宜为10mm，但不应小于8mm，且不应大于12mm。

2. 转角处和交接处砌筑

（1）砖砌体的转角处和交接处应同时砌筑。在抗震设防烈度8度及以上地区，对不能同时砌筑的临时间断处应砌成斜槎。其中，普通砖砌体的斜槎水平投影长度不应小于高度（h）的2/3（图4-1）。多孔砖砌体的斜槎长高比不应小于1/2。斜槎高度不得超过一步脚手架高度。

（2）砖砌体的转角处和交接处对非抗震设防及在抗震设防烈度为6度、7度地区的临时间断处，当不能留斜槎时，除转角处外可留直槎，但应做成凸槎。留直槎处应加设拉结钢筋（图4-2），其拉结筋应符合下列规定：

1）每120mm墙厚应设置1φ6拉结钢筋；当墙厚为120mm时，应设置2φ6拉结钢筋。

2）间距沿墙高不应超过500mm，且竖向间距偏差不应超过100mm。

3）埋入长度从留槎处算起每边均不应小于500mm；对抗震设防烈度6度、7度的地区，不应小于1000mm。

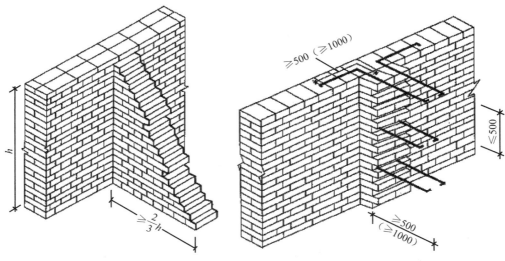

图 4-1 砖砌体斜槎砌筑示意图　　　图 4-2 砖砌体直槎和拉结筋示意图

4）末端应设 90°弯钩。

3．马牙槎

与构造柱相邻部位砌体应砌成马牙槎，马牙槎应先退后进，每个马牙槎沿高度方向的尺寸不宜超过 300mm，凹凸尺寸宜为 60mm。砌筑时，砌体与构造柱间应沿墙高每 500mm 设拉结钢筋，钢筋数量及伸入墙内长度应满足设计要求。

4．过梁砌筑

弧拱式及平拱式过梁的灰缝应砌成楔形缝，拱底灰缝宽度不宜小于 5mm，拱顶灰缝宽度不应大于 15mm，拱体的纵向及横向灰缝应填实砂浆；平拱式过梁拱脚下面应伸入墙内不小于 20mm；砖砌平拱过梁底应有 1% 的起拱。

砖过梁底部的模板及其支架拆除时，灰缝砂浆强度不应低于设计强度的 75%。

5．砖柱和带壁柱墙砌筑

（1）砖柱不得采用包心砌法。

（2）带壁柱墙的壁柱应与墙身同时咬槎砌筑。

（3）异形柱、垛用砖，应根据排砖方案事先加工。

6．夹心复合墙的砌筑

（1）墙体砌筑时，应采取措施防止空腔内掉落砂浆和杂物。

（2）拉结件设置应符合设计要求，拉结件在叶墙上的搁置长度不应小于叶墙厚度的 2/3，并不应小于 60mm。

（3）保温材料品种及性能应符合设计要求。保温材料的浇筑压力不应对砌体强度、变形及外观质量产生不良影响。

7．砌筑水池、化粪池、窨井和检查井

（1）当设计无要求时，应采用普通砖和水泥砂浆砌筑，并砌筑严实。

（2）砌体应同时砌筑；当同时砌筑有困难时，接槎应砌成斜槎。

（3）各种管道及附件，应在砌筑时按设计要求埋设。

4.3.3　质量检查

砖砌体工程施工过程中，应对拉结钢筋及复合夹心墙拉结件进行隐蔽前的检查。砖砌体施工质量应符合现行国家标准《砌体结构工程施工质量验收规范》GB 50203 的规定。

4.4　混凝土小型空心砌块砌体

4.4.1　材料质量控制

（1）小砌块、水泥、钢筋、预拌砂浆、专用砌筑砂浆、外加剂、拉结筋等原材料进场时，应检查其质量合格证书；对有复检要求的原材料应及时送检，检验结果应满足设计及国家现行相关标准要求，参见本书 4.1.2 节中相关内容。

（2）预埋件应做好防腐处理。

（3）运到现场的小砌块，应分规格、种类、等级堆放，堆垛上应设标志，堆放现场必须平整并做好排水。小砌块堆放时，注意堆放高度不宜超过 1.6m，堆垛之间应保持适当的通道。

4.4.2　工序质量控制点

1. 一般规定

（1）小砌块表面的污物应在砌筑时清理干净，灌孔部位的小砌块，应清除掉底部孔洞周围的混凝土毛边。承重墙体使用的小砌块应完整，无破损、无裂缝。

（2）小砌块应将生产时的底面朝上反砌于墙上。

（3）小砌块墙内不得混砌黏土砖或其他墙体材料。当需局部嵌砌时，应采用强度等级不低于 C20 的适宜尺寸的配套预制混凝土砌块。

（4）砌筑普通混凝土小型空心砌块砌体，不需对小砌块浇水湿润，如遇天气干燥炎热，宜在砌筑前对其喷水湿润；对轻骨料混凝土小砌块，应提前浇水湿润，块体的相对含水率宜为 40%～50%。雨天及小砌块表面有浮水时，不得施工。

（5）墙体转角处和纵横交接处应同时砌筑。临时间断处应砌成斜槎，斜槎水平投影长度不应小于斜槎高度。临时施工洞口可预留直槎，但在补砌洞口时，应在直槎上下搭砌的小砌块孔洞内用强度等级不低于 Cb20 或 C20 的混凝土灌实（图 4-3）。

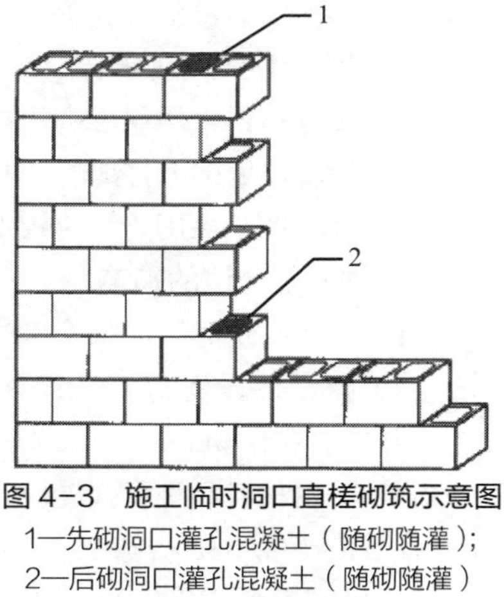

图 4-3　施工临时洞口直槎砌筑示意图
1—先砌洞口灌孔混凝土（随砌随灌）；
2—后砌洞口灌孔混凝土（随砌随灌）

（6）小砌块砌体的水平灰缝厚度和竖向灰缝宽度宜为 10mm，但不应小于 8mm，也不应大于 12mm，且灰缝应横平竖直。

（7）每步架墙（柱）砌筑完后，应随即刮平墙体灰缝。

（8）砌入墙内的构造钢筋网片和拉结筋应放置在水平灰缝的砂浆层中，不得有露筋现象。钢筋网片应采用点焊工艺制作，且纵横筋相交处不得重叠点焊，应控制在同一平面内。

（9）底层室内地面以下或防潮层以下的砌体，应采用强度等级不低于C20（或Cb20）的混凝土灌实小砌块的孔洞。

2．对孔错缝搭砌

（1）小砌块砌体应对孔错缝搭砌。

（2）单排孔小砌块的搭接长度应为块体长度的1/2，多排孔小砌块的搭接长度不宜小于砌块长度的1/3。

（3）当个别部位不能满足搭砌要求时，应在此部位的水平灰缝中设 $\phi 4$ 钢筋网片，并且网片两端与该位置的竖缝距离不得小于400mm，或采用配块。

（4）墙体竖向通缝不得超过2皮小砌块，独立柱不得有竖向通缝。

3．芯柱部位砌筑

（1）砌筑芯柱部位的墙体，应采用不封底的通孔小砌块。

（2）每根芯柱的柱脚部位应采用带清扫口的U形、E形、C形或其他异形小砌块砌留操作孔。砌筑芯柱部位的砌块时，应随砌随刮去孔洞内壁凸出的砂浆，直至一个楼层高度，并应及时清除芯柱孔洞内掉落的砂浆及其他杂物。

4．浇筑芯柱混凝土

（1）应清除孔洞内的杂物，并应用水冲洗，湿润孔壁。

（2）当用模板封闭操作孔时，应有防止混凝土漏浆的措施。

（3）砌筑砂浆强度大于1.0MPa后，方可浇筑芯柱混凝土，每层应连续浇筑。

（4）浇筑芯柱混凝土前，应先浇50mm厚与芯柱混凝土配比相同的去石水泥砂浆，再浇筑混凝土；每浇筑500mm左右高度，应捣实一次，或边浇筑边插入式振捣器捣实。

（5）应预先计算每个芯柱的混凝土用量，按计量浇筑混凝土。

（6）芯柱与圈梁交接处，可在圈梁下50mm处留置施工缝。

4.4.3　质量检查

应符合现行国家标准《砌体结构工程施工质量验收规范》GB 50203的规定。

4.5　石砌体

4.5.1　材料质量控制

（1）拉结筋及砌筑砂浆使用的原材料进场时，应检查其质量合格证书；对有复检要求的原材料应及时送检，检验结果应满足设计及国家现行相关标准要求，参见本书4.1.2节中相关内容。

（2）料石进场时应检查其品种、规格、颜色以及强度等级的检验报告，并应符合设计要求，石材材质应质地坚实，无风化剥落和裂缝。

（3）现场二次加工的料石，其各种砌筑用料石的宽度、厚度均不宜小于200mm，长度不宜大于厚度的4倍。

（4）预埋件应做好防腐处理。

4.5.2 工序质量控制点

1. 毛石砌体砌筑

（1）毛石砌体所用毛石应无风化剥落和裂纹，无细长扁薄和尖锥，毛石应呈块状，其中部厚度不宜小于150mm。

（2）毛石砌体宜分皮卧砌，错缝搭砌，搭接长度不得小于80mm，内外搭砌时，不得采用外面侧立石块中间填心的砌筑方法，中间不得有铲口石、斧刃石和过桥石（图4-4）；砌筑时，不应出现通缝、干缝、空缝和孔洞。

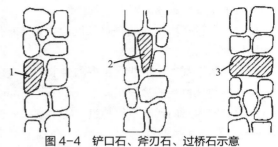

图4-4　铲口石、斧刃石、过桥石示意
1—铲口石；2—斧刃石；3—过桥石

（3）砌筑毛石基础的第一皮石块应坐浆，并将大面向下；砌筑料石基础的第一皮石块应用丁砌层坐浆砌筑。阶梯形毛石基础的上级阶梯的石块应至少压砌下级阶梯的1/2，相邻阶梯的毛石应相互错缝搭砌。

（4）毛石砌体的第一皮及转角处、交接处和洞口处，应用较大的平毛石砌筑。每个楼层（包括基础）砌体的最上一皮，宜选用较大的毛石砌筑。

（5）毛石砌筑时，对石块间存在较大的缝隙，应先向缝内填灌砂浆并捣实，然后再用小石块嵌填，不得先填小石块后填灌砂浆，石块间不得出现无砂浆相互接触的现象。

（6）毛石、料石和实心砖的组合墙中，毛石、料石砌体与砖砌体应同时砌筑，并应每隔4～6皮砖用2～3皮丁砖与毛石砌体拉结砌合，毛石与实心砖的咬合尺寸应大于120mm，两种砌体间的空隙应采用砂浆填满。

2. 料石砌体

（1）各种砌筑用料石的宽度、厚度均不宜小于200mm，长度不宜大于厚度的4倍。

（2）料石砌体的水平灰缝应平直，竖向灰缝应宽窄一致，其中细料石砌体灰缝不宜大于5mm，粗料石和毛料石砌体灰缝不宜大于20mm。

（3）料石墙砌筑方法可采用丁顺叠砌、二顺一丁、丁顺组砌、全顺叠砌。

（4）料石墙的第一皮及每个楼层的最上一皮应丁砌。

3. 挡土墙

（1）砌筑毛石挡土墙应按分层高度砌筑，每砌3～4皮为一个分层高度，每个分层高度应将顶层石块砌平。两个分层高度间分层处的错缝不得小于80mm。

（2）料石挡土墙，当中间部分用毛石砌筑时，丁砌料石伸入毛石部分的长度不应小于200mm。

（3）挡土墙的泄水孔当设计无规定时，泄水孔应均匀设置，在每米高度上间隔2m左右设置一个泄水孔。泄水孔与土体间铺设长宽各为300mm、厚200mm的卵石或碎石作疏水层。

（4）挡土墙内侧回填土必须分层夯填，分层松土厚度宜为300mm。墙顶土面应有适当坡度，使流水流向挡土墙外侧面。

4.5.3 质量检查

应符合现行国家标准《砌体结构工程施工质量验收规范》GB 50203 的规定。

4.6 配筋砌体

4.6.1 材料质量控制

配筋砖砌体构件、组合砌体构件和配筋砌块砌体剪力墙构件的混凝土、砂浆的强度等级及钢筋的牌号、规格、数量应符合设计要求。

其他材料质量控制要求,参见本书 4.3 节和 4.4 节中相关内容。

4.6.2 工序质量控制点

1. 配筋设置

(1)配筋砌体中钢筋的防腐应符合设计要求。

(2)设置在砌体水平灰缝内的钢筋,应沿灰缝厚度居中放置。灰缝厚度应大于钢筋直径 6mm 以上;当设置钢筋网片时,应大于网片厚度 4mm 以上,但灰缝最大厚度不宜大于15mm。砌体外露面砂浆保护层的厚度不应小于 15mm。

(3)伸入砌体内的拉结钢筋,从接缝处算起,不应小于 500mm。对多孔砖墙和砌块墙不应小于 700mm。

(4)网状配筋砌体的钢筋网,不得用分离放置的单根钢筋代替。

2. 配筋砖砌体施工

(1)钢筋砖过梁内的钢筋应均匀、对称放置,过梁底面应铺 1:2.5 水泥砂浆层,其厚度不宜小于 30mm,钢筋应埋入砂浆层中,两端伸入支座砌体内的长度不应小于 240mm,并应有 90° 弯钩埋入墙的竖缝内。钢筋砖过梁的第一皮砖应丁砌。

(2)网状配筋砌体的钢筋网,宜采用焊接网片。

(3)由砌体和钢筋混凝土或配筋砂浆面层构成的组合砌体构件,其连接受力钢筋的拉结筋应在两端做成弯钩,并在砌筑砌体时正确埋入。

(4)组合砌体构件的面层施工,应在砌体外围分段支设模板,每段支模高度宜在500mm 以内,浇水润湿模板及砖砌体表面,分层浇筑混凝土或砂浆,并振捣密实;钢筋砂浆面层施工,可采用分层抹浆的方法,面层厚度应符合设计要求。

(5)墙体与构造柱的连接处应砌成马牙槎。

(6)构造柱混凝土可分段浇筑,每段高度不宜大于 2m。浇筑构造柱混凝土时,应采用小型插入式振动棒边浇筑边振捣的方法。

(7)钢筋混凝土构造柱的竖向受力钢筋应在基础梁和楼层圈梁中锚固,锚固长度应符合设计要求。

3. 配筋砌块砌体施工

(1)芯柱的纵向钢筋应通过清扫口与基础圈梁、楼层圈梁、连系梁伸出的竖向钢筋绑扎搭接或焊接连接，搭接或焊接长度应符合设计要求。当钢筋直径大于 22mm 时，宜采用机械连接。

（2）芯柱竖向钢筋应居中设置，顶端固定后再浇筑芯柱混凝土。

（3）配筋砌块砌体剪力墙的水平钢筋，在凹槽砌块的混凝土带中的锚固、搭接长度应符合设计要求。

（4）配筋砌块砌体剪力墙两平行钢筋间的净距不应小于 50mm。水平钢筋搭接时应上下搭接，并应加设短筋固定（图 4-5）。水平钢筋两端宜锚入端部灌孔混凝土中。

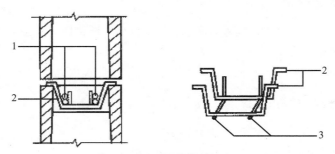

图 4-5　水平钢筋搭接示意图
1—水平搭接钢筋；2—搭接部位固定支架的兜筋；3—固定支架加设的短筋

（5）浇筑芯柱混凝土时，其连续浇筑高度不应大于 1.8m。

（6）当剪力墙墙端设置钢筋混凝土柱作为边缘构件时，应按先砌砌块墙体、后浇筑混凝土柱的施工顺序，墙体中的水平钢筋应在柱中锚固，并应满足钢筋的锚固长度要求。

4.6.3　质量检查

应符合现行国家标准《砌体结构工程施工质量验收规范》GB 50203 的规定。混凝土构造柱拆模后，应对构造柱外观缺陷进行检查。检查的方法应符合现行国家标准《混凝土结构工程施工质量验收规范》GB 50204 的规定。

4.7　填充墙砌体

4.7.1　材料质量控制

砖、小砌块、水泥、钢筋、预拌砂浆、专用砌筑砂浆、复合夹心墙的保温材料、外加剂等原材料进场时，应检查其质量合格证明；对有复检要求的原材料应送检，检验结果应满足设计及相应国家现行标准要求，参见本书 4.1.2 节中相关内容。

其他材料质量控制要求，参见本书 4.3 节中"砖砌体工程"和 4.4 节中"混凝土小型空心砌块砌体工程"的相关内容。

4.7.2　工序质量控制点

1. 烧结空心砖砌体

（1）烧结空心砖墙应侧立砌筑，孔洞应呈水平方向。空心砖墙底部宜砌筑 3 皮普通砖，且门窗洞口两侧一砖范围内应采用烧结普通砖砌筑。

（2）砌筑空心砖墙的水平灰缝厚度和竖向灰缝宽度宜为10mm，且不应小于8mm，也不应大于12mm。竖缝应采用刮浆法，先抹砂浆后再砌筑。

（3）砌筑时，墙体的第一皮空心砖应进行试摆。排砖时，不够半砖处应采用普通砖或配砖补砌，半砖以上的非整砖宜采用无齿锯加工制作。

（4）烧结空心砖砌体组砌时，应上下错缝，交接处应咬槎搭砌，掉角严重的空心砖不宜使用。转角及交接处应同时砌筑，不得留直槎，留斜槎时，斜槎高度不宜大于1.2m。

（5）外墙采用空心砖砌筑时，应采取防雨水渗漏的措施。

2. 蒸压加气混凝土砌块砌体

（1）填充墙砌筑时应上下错缝，搭接长度不宜小于砌块长度的1/3，且不应小于150mm。当不能满足时，在水平灰缝中应设置 $2\phi6$ 钢筋或 $\phi4$ 钢筋网片加强，加强筋从砌块搭接的错缝部位起，每侧搭接长度不宜小700mm。

（2）蒸压加气混凝土砌块采用薄层砂浆砌筑法砌筑时，砌筑砂浆应采用专用粘结砂浆，砌块不得用水浇湿，其灰缝厚度宜为2～4mm。

砌块与拉结筋的连接，应预先在相应位置的砌块上表面开设凹槽；砌筑时，钢筋应居中放置在凹槽砂浆内。

砌块砌筑过程中，当在水平面和垂直面上有超过2mm的错边量时，应采用钢齿磨板和磨砂板磨平，方可进行下道工序施工。

（3）采用非专用粘结砂浆砌筑时，水平灰缝厚度和竖向灰缝宽度不应超过15mm。

3. 轻骨料混凝土小型空心砌块砌体

（1）轻骨料混凝土小型空心砌块砌体的砌筑质量控制，参见本书4.4节中的相关内容。

（2）当小砌块墙体孔洞中需填充隔热或隔声材料时，应砌一皮填充一皮，且应填满，不得捣实。

（3）轻骨料混凝土小型空心砌块填充墙砌体，在纵横墙交接处及转角处应同时砌筑；当不能同时砌筑时，应留成斜槎，斜槎水平投影长度不应小于高度的2/3。

（4）当砌筑带保温夹心层的小砌块墙体时，应将保温夹心层一侧靠置室外，并应对孔错缝。左右相邻小砌块中的保温夹心层应互相衔接，上下皮保温夹心层间的水平灰缝处宜采用保温砂浆砌筑。

4.7.3　质量检查

应符合现行国家标准《砌体结构工程施工质量验收规范》GB 50203 的规定。

第5章 混凝土结构工程实体质量控制

5.1 基本规定

5.1.1 结构实体检验

（1）对涉及混凝土结构安全的有代表性的部位应进行结构实体检验。结构实体检验应包括混凝土强度、钢筋保护层厚度、结构位置与尺寸偏差以及合同约定的项目；必要时可检验其他项目。

结构实体检验应由监理单位组织施工单位实施，并见证实施过程。施工单位应制定结构实体检验专项方案，并经监理单位审核批准后实施。除结构位置与尺寸偏差外的结构实体检验项目，应由具有相应资质的检测机构完成。

根据国家标准《建筑工程施工质量验收统一标准》GB 50300—2013 的规定，在混凝土结构子分部工程验收前应进行结构实体检验。结构实体检验的范围仅限于涉及结构安全的重要部位，结构实体检验采用由各方参与的见证抽样形式，以保证检验结果的公正性。

对结构实体进行检验，并不是在子分部工程验收前的重新检验，而是在相应分项工程验收合格的基础上，对重要项目进行的验证性检验，其目的是为了强化混凝土结构的施工质量验收，真实地反映结构混凝土强度、受力钢筋位置、结构位置与尺寸等质量指标，确保结构安全。当工程合同有约定时，可根据合同确定其他检验项目和相应的检验方法、检验数量、合格条件，但其要求不得低于现行国家标准《混凝土结构工程施工质量验收规范》GB 50204 的规定。

结构性能检验应由监理工程师组织并见证，混凝土强度、钢筋保护层厚度应由具有相应资质的检测机构完成，结构位置与尺寸偏差可由专业检测机构完成，也可由监理单位组织施工单位完成。为保证结构实体检验的可行性、代表性，施工单位应编制结构性能检验专项方案，并经监理单位审核批准后实施。结构实体混凝土同条件养护试件强度检验的方案应在施工前编制，其他检验方案应在检验前编制。

装配式混凝土结构的结构位置与尺寸偏差检验同现浇混凝土结构，混凝土强度、钢筋保护层厚度检验可按下列规定执行：

1）连接预制构件的后浇混凝土结构同现浇混凝土结构。

2）进场时不进行结构性能检验的预制构件部位同现浇混凝土结构。

3）进场时按批次进行结构性能检验的预制构件部分可不进行。

（2）结构实体混凝土强度应按不同强度等级分别检验，检验方法宜采用同条件养护试件方法；当未取得同条件养护试件强度或同条件养护试件强度不符合要求时，可采用回弹－取芯法进行检验。

结构实体混凝土同条件养护试件强度检验应符合《混凝土结构工程施工质量验收规范》GB 50204—2015 附录C的规定，结构实体混凝土回弹－取芯法强度检验应符合附录D的规定。

混凝土强度检验时的等效养护龄期可取日平均温度逐日累计达到 600℃·d 时所对应的龄期，且不应小于 14d。日平均温度为 0℃ 及以下的龄期不计入。

冬期施工时，等效养护龄期计算时温度可取结构构件实际养护温度，也可根据结构构件的实际养护条件，按照同条件养护试件强度与在标准养护条件下 28d 龄期试件强度相等的原则由监理、施工等各方共同确定。

《混凝土结构工程施工质量验收规范》GB 50204—2015 提出了回弹 – 取芯法。该法仅适用于 GB 50204—2015 规定的混凝土结构子分部工程验收中的混凝土强度实体检验，不可扩大范围使用。

结构实体混凝土强度检验应按不同强度等级分别检验，应优先选用同条件养护试件方法检验结构实体混凝土强度。当未取得同条件养护试件强度或同条件养护试件强度检验不符合要求时，可采用回弹 – 取芯的方法进行检验。根据《混凝土结构工程施工质量验收规范》GB 50204—2015 附录 C、附录 D 的有关规定，混凝土强度实体检验的范围主要为柱、梁、墙、楼板。

当结构实体混凝土强度检验不合格时，应委托具有资质的检测机构按国家现行有关标准的规定进行检测。当选用同条件养护试件方法时，如按《混凝土结构工程施工质量验收规范》GB 50204—2015 附录 C 规定判为不合格时，可按 GB 50204—2015 附录 D 的回弹 – 取芯法再次对不合格强度等级的混凝土进行检验，如满足要求可判为合格，如再不合格仍可委托具有资质的检测机构按国家现行有关标准的规定进行检测。

（3）钢筋保护层厚度检验应符合以下规定。

1）结构实体钢筋保护层厚度检验构件的选取应均匀分布，并应符合下列规定：

① 对非悬挑梁板类构件，应各抽取构件数量的 2% 且不少于 5 个构件进行检验。

② 对悬挑梁，应抽取构件数量的 5% 且不少于 10 个构件进行检验；当悬挑梁数量少于 10 个时，应全数检验。

③ 对悬挑板，应抽取构件数量的 10% 且不少于 20 个构件进行检验；当悬挑板数量少于 20 个时，应全数检验。

2）对选定的梁类构件，应对全部纵向受力钢筋的保护层厚度进行检验；对选定的板类构件，应抽取不少于 6 根纵向受力钢筋的保护层厚度进行检验。对每根钢筋，应选择有代表性的不同部位量测 3 点取平均值。

3）钢筋保护层厚度的检验，可采用非破损或局部破损的方法，也可采用非破损方法并用局部破损方法进行校准。当采用非破损方法检验时，所使用的检测仪器应经过计量检验，检测操作应符合相应规程的规定。

钢筋保护层厚度检验的检测误差不应大于 1mm。

4）钢筋保护层厚度检验时，纵向受力钢筋保护层厚度的允许偏差应符合表 5-1 的规定。

结构实体纵向受力钢筋保护层厚度的允许偏差　　　　　　　　　　　　表 5-1

构 件 类 型	允许偏差（mm）
梁	＋10，－7
板	＋8，－5

5）梁类、板类构件纵向受力钢筋的保护层厚度应分别进行验收，并应符合下列规定：

① 当全部钢筋保护层厚度检验的合格率为 90% 及以上时，可判为合格。

② 当全部钢筋保护层厚度检验的合格率小于 90% 但不小于 80% 时，可再抽取相同数量的构件进行检验；当按两次抽样总和计算的合格率为 90% 及以上时，仍可判为合格。

③ 每次抽样检验结果中不合格点的最大偏差均不应大于下述（4）中 4）规定允许偏差的 1.5 倍。

（4）结构位置与尺寸偏差检验应符合以下规定。

1）结构实体位置与尺寸偏差检验构件的选取应均匀分布，并应符合下列规定：

① 梁、柱应抽取构件数量的 1%，且不应少于 3 个构件。

② 墙、板应按有代表性的自然间抽取 1%，且不应少于 3 间。

③ 层高应按有代表性的自然间抽查 1%，且不应少于 3 间。

2）对选定的构件，检验项目及检验方法应符合表 5-2 的规定，允许偏差及检验方法应符合《混凝土结构工程施工质量验收规范》GB 50204—2015 的规定，精确至 1mm。

结构实体位置与尺寸偏差检验项目及检验方法   表 5-2

项 目	检 验 方 法
柱截面尺寸	选取柱的一边量测柱中部、下部及其他部位，取 3 点平均值
柱垂直度	沿两个方向分别量测，取较大值
墙厚	墙身中部量测 3 点，取平均值，测点间距不应小于 1m
梁高	量测一侧边跨中及两个距离支座 0.1m 处，取 3 点平均值；量测值可取腹板高度加上此处楼板的实测厚度
板厚	悬挑板取距离支座 0.1m 处，沿宽度方向取包括中心位置在内的随机 3 点取平均值；其他楼板，在同一对角线上量测中间及距离两端各 0.1m 处，取 3 点平均值
层高	与板厚测点相同，量测板顶至上层楼板板底净高，层高量测值为净高与板厚之和，取 3 点平均值

3）墙厚、板厚、层高的检验可采用非破损或局部破损的方法，也可采用非破损方法并用局部破损方法进行校准。当采用非破损方法检验时，所使用的检测仪器应经过计量检验，检测操作应符合国家现行相关标准的规定。

4）结构实体位置与尺寸偏差项目应分别进行验收，并应符合下列规定：

① 当检验项目的合格率为 80% 及以上时，可判为合格。

② 当检验项目的合格率小于 80% 但不小于 70% 时，可再抽取相同数量的构件进行检验；当按两次抽样总和计算的合格率为 80% 及以上时，仍可判为合格。

（5）结构实体检验中，当混凝土强度或钢筋保护层厚度检验结果不满足要求时，应委托具有资质的检测机构按国家现行有关标准的规定进行检测。

尽管实体验收阶段，结构实体混凝土强度、钢筋保护层厚度等均是第三方检测机构完成的，为在确保质量前提下尽量减轻验收管理工作量，施工质量验收阶段有关检测的抽样数量规定的相对较少。因此规定，当出现不合格的情况时，委托第三方按国家现行相关标准规定进行检测，其检测面将较大且更具有代表性。检测的结果将作为进一步验收的依据。

5.1.2 主要材料、构配件进场

（1）混凝土结构工程施工使用的材料、产品和设备，应符合国家现行有关标准、设计文件和施工方案的规定。

（2）材料进场后，应按种类、规格、批次分开储存与堆放，并应标识明晰。储存与堆放条件不应影响材料品质。

（3）混凝土结构工程采用的材料、构配件、器具及半成品应按进场批次进行检验。应对其规格、型号、外观和质量证明文件进行检查，属于同一工程项目且同期施工的多个单位工程，对同一厂家生产的同批材料、构配件、器具及半成品，可统一划分检验批进行验收。

（4）获得认证的产品或来源稳定且连续三批均一次检验合格的产品，进场验收时检验批的容量可按现行国家标准《混凝土结构工程施工质量验收规范》GB 50204—2015 的有关规定扩大一倍，且检验批容量仅可扩大一倍。扩大检验批后的检验中，出现不合格情况时，应按扩大前的检验批容量重新验收，且该产品不得再次扩大检验批容量。

5.2 模板工程

5.2.1 材料质量控制

1. 模板及支架用材料

模板及支架用材料的技术指标应符合国家现行有关标准的规定。进场时，应抽样检验模板和支架材料的外观、规格和尺寸。

正常情况下的主要检验为核查质量证明文件，并对实物的外观、规格、尺寸进行观察和必要的尺盘检查。当实物的质量差异较大时，宜在检查前进行必要的分类筛选。

尺寸检查包括模板的厚度、平整度、刚度等，支架杆件的直径、壁厚、外观等，连接件的规格、尺寸、重量、外观等，实施时可根据检验对象进行补充或调整。

模板进场检查应包括以下内容：

（1）模板表面应平整；胶合板模板的胶合层不应脱胶、翘角；支架杆件应平直，应无严重变形和锈蚀；连接件应无严重变形和锈蚀，并不应有裂纹。

（2）模板的规格和尺寸，支架杆件的直径和壁厚，连接件的质量，应符合设计要求。

（3）施工现场组装的模板，其组成部分的外观和尺寸，应符合设计要求。

（4）必要时，应对模板、支架杆件和连接件的力学性能进行抽样检查。

（5）应在进场时和周转使用前，全数检查外观质量。

2. 隔离剂

隔离剂的品种和涂刷方法应符合施工方案的要求。隔离剂不得影响结构性能及装饰施工；不得沾污钢筋、预应力筋、预埋件和混凝土接槎处；不得对环境造成污染。

隔离剂的品种、性能和涂刷方法应在施工方案中加以规定。选择隔离剂时，应避免使用可能会对混凝土结构受力性能和耐久性造成不利影响（如对混凝土中钢筋具有腐蚀性）的隔

离剂，或影响混凝土表面后期装修（如使用废机油等）的隔离剂。

5.2.2 模板制作与安装

1. 模板制作

（1）模板应按图加工、制作。通用性强的模板宜制作成定型模板。

（2）模板面板背楞的截面高度宜统一。模板制作与安装时，面板拼缝应严密。有防水要求的墙体，其模板对拉螺栓中部应设止水片，止水片应与对拉螺栓环焊。

（3）与通用钢管支架匹配的专用支架，应按图加工、制作。搁置于支架顶端可调托座上的主梁，可采用木方、木工字梁或截面对称的型钢制作。

2. 支架搭设（扣件式钢管）

（1）模板支架搭设所采用的钢管、扣件规格，应符合设计要求；立杆纵距、立杆横距、支架步距以及构造要求，应符合专项施工方案的要求。

（2）立杆纵距、立杆横距不应大于1.5m，支架步距不应大于2.0m；立杆纵向和横向宜设置扫地杆，纵向扫地杆距立杆底部不宜大于200mm，横向扫地杆宜设置在纵向扫地杆的下方；立杆底部宜设置底座或垫板。

（3）立杆接长除顶层步距可采用搭接外，其余各层步距接头应采用对接扣件连接，两个相邻立杆的接头不应设置在同一步距内。

（4）立杆步距的上下两端应设置双向水平杆，水平杆与立杆的交错点应采用扣件连接，双向水平杆与立杆的连接扣件之间的距离不应大于150mm。

（5）当支架高度较大或荷载较大时，主立杆钢管直径不宜小于48mm，并应设水平加强杆。

（6）支架周边应连续设置竖向剪刀撑。支架长度或宽度大于6m时，应设置中部纵向或横向的竖向剪刀撑，剪刀撑的间距和单幅剪刀撑的宽度均不宜大于8m，剪刀撑与水平杆的夹角宜为45°～60°；支架高度大于3倍步距时，支架顶部宜设置一道水平剪刀撑，剪刀撑应延伸至周边。

（7）立杆、水平杆、剪刀撑的搭接长度，不应小于0.8m，且不应少于2个扣件连接，扣件盖板边缘至杆端不应小于100mm。

（8）扣件螺栓的拧紧力矩不应小于40N·m，且不应大于65N·m。

（9）支架立杆搭设的垂直偏差不宜大于1/200。

3. 高大模板支架（扣件式钢管）

（1）宜在支架立杆顶端插入可调托座，可调托座螺杆外径不应小于36mm，螺杆插入钢管的长度不应小于150mm，螺杆伸出钢管的长度不应大于300mm，可调托座伸出顶层水平杆的悬臂长度不应大于500mm。

（2）立杆纵距、横距不应大于1.2m，支架步距不应大于1.8m。

（3）立杆顶层步距内采用搭接时，搭接长度不应小于1m，且不应少于3个扣件连接。

（4）立杆纵向和横向应设置扫地杆，纵向扫地杆距立杆底部不宜大于200mm。

（5）宜设置中部纵向或横向的竖向剪刀撑，剪刀撑的间距不宜大于5m；沿支架高度方向搭设的水平剪刀撑的间距不宜大于6m。

（6）立杆的搭设垂直偏差不宜大于 1/200，且不宜大于 100mm。

（7）应根据周边结构的情况，采取有效的连接措施加强支架整体稳固性。

（8）其他施工质量控制要求，参见本节"2.支架搭设（扣件式钢管）"中相关内容。

4．支架搭设（碗扣式、盘扣式或盘销式钢管架）

（1）碗扣架、盘扣架或盘销架的水平杆与立柱的扣接应牢靠，不应滑脱。

（2）立杆上的上、下层水平杆间距不应大于 1.8m。

（3）插入立杆顶端可调托座伸出顶层水平杆的悬臂长度不应大于 650mm，螺杆插入钢管的长度不应小于 150mm，其直径应满足与钢管内径间隙不大于 6mm 的要求。架体最顶层的水平杆步距应比标准步距缩小一个节点间距。

（4）立柱间应设置专用斜杆或扣件钢管斜杆加强模板支架。

5．模板安装

（1）支架竖杆和竖向模板安装在土层上时，土层应坚实、平整，其承载力或密实度应符合施工方案的要求；应有防水、排水措施；对冻胀性土，应有预防冻融措施；支架竖杆下应有底座或垫板。

（2）安装模板时，应进行测量放线，并应采取保证模板位置准确的定位措施。对竖向构件的模板及支架，应根据混凝土一次浇筑高度和浇筑速度，采取竖向模板抗侧移、抗浮和抗倾覆措施。对水平构件的模板及支架，应结合不同的支架和模板面板形式，采取支架间、模板间及模板与支架间的有效拉结措施。对可能承受较大风荷载的模板，应采取防风措施。

（3）对跨度不小于 4m 的梁、板，其模板施工起拱高度宜为梁、板跨度的 1/1000～3/1000。起拱不得减少构件的截面高度。

（4）支架的竖向斜撑和水平斜撑应与支架同步搭设，支架应与成型的混凝土结构拉结。钢管支架的竖向斜撑和水平斜撑的搭设，应符合国家现行有关钢管脚手架标准的规定。

（5）对现浇多层、高层混凝土结构，上、下楼层模板支架的立杆宜对准。模板及支架杆件等应分散堆放。

（6）模板安装应保证混凝土结构构件各部分形状、尺寸和相对位置准确，并应防止漏浆。

（7）模板安装应与钢筋安装配合进行，梁柱节点的模板宜在钢筋安装后安装。

（8）模板与混凝土接触面应清理干净并涂刷隔离剂，隔离剂不得影响结构性能及装饰施工；不得沾污钢筋、预应力筋、预埋件和混凝土接槎处；不得对环境造成污染。

（9）后浇带的模板及支架应独立设置。

（10）固定在模板上的预埋件和预留孔洞不得遗漏，且应安装牢固。有抗渗要求的混凝土结构中的预埋件，应按设计及施工方案的要求采取防渗措施。预埋件和预留孔洞的位置应满足设计和施工方案的要求。

5.2.3 模板拆除与维护

（1）混凝土结构浇筑后，达到一定强度方可拆模。模板拆卸时间应按照结构特点和混凝土所达到的强度来确定。拆模要掌握好时机，应保证混凝土达到必要的强度，同时又要及时，以便于模板周转和加快施工进度。

（2）模板拆除时，可采取先支的后拆、后支的先拆，先拆非承重模板、后拆承重模板的顺序，并应从上而下进行拆除。

（3）侧模拆除时，混凝土强度应能保证其表面及棱角不因拆模而受损坏，预埋件或外露钢筋插铁不因拆模碰损或松动。冬期施工时，应视其施工方法和混凝土强度增长情况及测温情况决定拆模时间。

（4）底模及其支架的拆除，结构混凝土强度应符合设计要求。当设计无要求时，同条件养护试件的混凝土强度应符合表 5-3 的规定。

拆模时混凝土强度要求　　　　　　　　　　　　　　　　表 5-3

构件类型	构件跨度（m）	达到设计的混凝土立方体抗压强度标准值的百分率（%）
板	≤ 2	≥ 50
	> 2，≤ 8	≥ 75
	> 8	≥ 100
梁、拱、壳	≤ 8	≥ 75
	> 8	≥ 100
悬臂结构	—	≥ 100

（5）位于楼层间连续支模层的底层支架的拆除时间，应根据各支架层已浇筑混凝土强度的增长情况以及顶部支模层的施工荷载在连续支模层及楼层间的荷载传递计算确定。模板支架拆除后，应对其结构上部施工荷载及堆放料具进行严格控制，或经验算在结构底部增设临时支撑。悬挑结构按施工方案加临时支撑。

（6）采用快拆支架体系且立柱间距不大于 2m 时，板底模板可在混凝土强度达到设计强度等级值的 50% 时，保留支架体系并拆除模板板块；梁底模板应在混凝土强度达到设计强度等级值的 75% 时，保留支架体系并拆除模板板块。

（7）后张预应力混凝土结构的侧模宜在施加预应力前拆除，底模及支架的拆除应按施工技术方案执行，并不应在预应力建立前拆除。

（8）大体积混凝土的拆模时间除应满足混凝土强度要求外，还应使混凝土内外温差降低到 25℃ 以下时方可拆模。否则应采取有效措施防止产生温度裂缝。

（9）拆下的模板及支架杆件不得抛掷，应分散堆放在指定地点，并应及时清运。

（10）模板拆除后应将其表面清理干净，对变形和损伤部位应进行修复。

5.2.4　质量检查

应符合现行国家标准《混凝土结构工程施工质量验收规范》GB 50204 和《混凝土结构工程施工规范》GB 50666 的相关规定。

5.3　钢筋工程

5.3.1　材料质量控制

（1）钢筋进场时，应按国家现行标准的规定抽取试件做屈服强度、抗拉强度、伸长率、弯曲性能和重量偏差检验，检验结果应符合相应标准的规定。

钢筋进场时，应检查产品合格证和出厂检验报告，并按有关标准的规定进行抽样检验。质量证明文件包括产品合格证、出厂检验报告，有时产品合格证、出厂检验报告可以合并；当用户有特别要求时，还应列出某些专门检验数据。进场抽样检验的结果是钢筋材料能否在工程中应用的判断依据。对于钢筋伸长率，牌号带"E"的钢筋必须检验最大力下总伸长率。

若有关标准中对进场检验做了具体规定，应遵照执行；若有关标准中只有对产品出厂检验的规定，则在进场检验时，批量应按下列情况确定：

1）对同一厂家、同一牌号、同一规格的钢筋，当一次进场的数量大于该产品的出厂检验批量时，应划分为若干个出厂检验批，并按出厂检验的抽样方案执行。

2）对同一厂家、同一牌号、同一规格的钢筋，当一次进场的数量小于或等于该产品的出厂检验批量时，应作为一个检验批，并按出厂检验的抽样方案执行。

3）对不同时间进场的同批钢筋，当确有可靠依据时，可按一次进场的钢筋处理。

（2）成型钢筋（包括箍筋、纵筋、焊接网、钢筋笼等）进场时，应抽取试件做屈服强度、抗拉强度、伸长率和重量偏差检验，检验结果应符合国家现行相关标准的规定。

注：对由热轧钢筋制成的成型钢筋，当有施工单位或监理单位的代表驻厂监督生产过程，并提供原材钢筋力学性能第三方检验报告时，可仅进行重量偏差检验。此时成型钢筋进场的质量证明文件主要为产品合格证、产品标准要求的出厂检验报告和成型钢筋所用原材钢筋的第三方检验报告。

对由热轧钢筋组成的成型钢筋不满足上述条件时，以及有冷加工钢筋组成的成型钢筋，进场时应做屈服强度、抗拉强度、伸长率和重量偏差检验。此时成型钢筋的质量证明文件主要为产品合格证、产品标准要求的出厂检验报告。

（3）对按一、二、三级抗震等级设计的框架和斜撑构件（含梯段）中的纵向受力普通钢筋应采用 HRB335E、HRB400E、HRB500E、HRBF335E、HRBF400E 或 HRBF500E 钢筋，其强度和最大力下总伸长率的实测值应符合下列规定：

1）抗拉强度实测值与屈服强度实测值的比值不应小于 1.25。

2）屈服强度实测值与屈服强度标准值的比值不应大于 1.30。

3）最大力下总伸长率不应小于 9%。

注：框架包括各类混凝土结构中的框架梁、框架柱、框支梁、框支柱及板柱-抗震墙的柱等，斜撑构件包括伸臂桁架的斜撑、楼梯的梯段等。剪力墙及其边缘构件、筒体、楼板、基础不属于上文规定的范围。

（4）钢筋应平直、无损伤，表面不得有裂纹、油污、颗粒状或片状老锈。

（5）成型钢筋的外观质量和尺寸偏差应符合国家现行相关标准的规定。

注：尺寸主要包括成型钢筋形状尺寸。对于钢筋焊接网和焊接骨架，外观质量尚应包括开焊点、漏焊点数量，焊网钢筋间距等项目。

（6）钢筋机械连接套筒、钢筋锚固板以及预埋件等的外观质量应符合国家现行相关标准的规定。

注：钢筋机械连接用套筒的外观质量应符合现行行业标准《钢筋机械连接技术规程》JGJ 107、《钢筋机械连接用套筒》JG/T 163 的有关规定。钢筋锚固板质量应符合现行行业标准《钢筋锚固板应用技术规程》JGJ 256 的规定。

（7）钢筋、成型钢筋进场检验，当满足下列条件之一时，其检验批容量可扩大一倍：

1）获得认证的钢筋、成型钢筋。

2）同一厂家、同一牌号、同一规格的钢筋，连续三批均一次检验合格。

3）同一厂家、同一类型、同一钢筋来源的成型钢筋，连续三批均一次检验合格。

5.3.2 钢筋现场加工

1. 一般规定

（1）钢筋加工前应将表面清理干净。表面有颗粒状、片状老锈或有损伤的钢筋不得使用。

（2）钢筋宜采用机械设备进行调直，也可采用冷拉方法调直。当采用机械设备调直时，调直设备不应具有延伸功能。当采用冷拉方法调直时，HPB300光圆钢筋的冷拉率不宜大于4%；HRB335、HRB400、HRB500、HRBF335、HRBF400、HRBF500及RRB400带肋钢筋的冷拉率，不宜大于1%。钢筋调直过程中不应损伤带肋钢筋的横肋。调直后的钢筋应平直，不应有局部弯折。

（3）当钢筋采用机械锚固措施时，钢筋锚固端的加工应符合国家现行相关标准的规定。采用钢筋锚固板时，应符合现行行业标准《钢筋锚固板应用技术规程》JGJ 256的有关规定。

2. 钢筋弯折

纵向受力钢筋的弯折后平直段长度应符合设计要求及现行国家标准《混凝土结构设计规范》GB 50010的有关规定。光圆钢筋末端做180°弯钩时，弯钩的弯折后平直段长度不应小于钢筋直径的3倍。钢筋弯折的弯弧内直径应符合下列规定：

（1）光圆钢筋，不应小于钢筋直径的2.5倍。

（2）335MPa级、400MPa级带肋钢筋，不应小于钢筋直径的4倍。

（3）500MPa级带肋钢筋，当直径为28mm以下时不应小于钢筋直径的6倍，当直径为28mm及以上时不应小于钢筋直径的7倍。

（4）位于框架结构顶层端节点处的梁上部纵向钢筋和柱外侧纵向钢筋，在节点角部弯折处，当钢筋直径为28mm以下时不宜小于钢筋直径的12倍，当钢筋直径为28mm及以上时不宜小于钢筋直径的16倍。

（5）箍筋弯折处尚不应小于纵向受力钢筋直径；箍筋弯折处纵向受力钢筋为搭接钢筋或并筋时，应按钢筋实际排布情况确定箍筋弯弧内直径。

3. 箍筋、拉筋的末端弯钩

（1）箍筋、拉筋的末端应按设计要求做弯钩。

（2）对一般结构构件，箍筋弯钩的弯折角度不应小于90°，弯折后平直段长度不应小于箍筋直径的5倍；对有抗震设防要求或设计有专门要求的结构构件，箍筋弯钩的弯折角度不应小于135°，弯折后平直段长度不应小于箍筋直径的10倍和75mm两者之中的较大值。

（3）圆形箍筋的搭接长度不应小于其受拉锚固长度，且两末端均应做不小于135°的弯钩，弯折后平直段长度对一般结构构件不应小于箍筋直径的5倍，对有抗震设防要求的结构构件不应小于箍筋直径的 10 倍和 75mm 的较大值。

（4）拉筋用作梁、柱复合箍筋中单肢箍筋或梁腰筋间拉结筋时，两端弯钩的弯折角度均不应小于 135°，弯折后平直段长度应符合本条第 1 款对箍筋的有关规定；拉筋用作剪力墙、楼板等构件中拉结筋时，两端弯钩可采用一端 135°、另一端 90°，弯折后平直段长度不应小于拉筋直径的 5 倍。

4.焊接封闭箍筋

焊接封闭箍筋宜采用闪光对焊，也可采用气压焊或单面搭接焊，并宜采用专用设备进行焊接。焊接封闭箍筋下料长度和端头加工应按焊接工艺确定。

焊接封闭箍筋的焊点设置，应符合下列规定：

（1）每个箍筋的焊点数量应为 1 个，焊点宜位于多边形箍筋中的某边中部，且距箍筋弯折处的位置不宜小于 100mm。

（2）矩形柱箍筋焊点宜设在柱短边，等边多边形柱箍筋焊点可设在任一边；不等边多边形柱箍筋焊点应位于不同边上。

（3）梁箍筋焊点应设置在顶边或底边。

5.3.3 钢筋连接与安装

1.一般规定

（1）钢筋接头宜设置在受力较小处；有抗震设防要求的结构中，梁端、柱端箍筋加密区范围内不宜设置钢筋接头，且不应进行钢筋搭接。同一纵向受力钢筋不宜设置两个或两个以上接头。接头末端至钢筋弯起点的距离，不应小于钢筋直径的 10 倍。

（2）构件交接处的钢筋位置应符合设计要求。当设计无具体要求时，应保证主要受力构件和构件中主要受力方向的钢筋位置。框架节点处梁纵向受力钢筋宜放在柱纵向钢筋内侧；当主次梁底部标高相同时，次梁下部钢筋应放在主梁下部钢筋之上；剪力墙中水平分布钢筋宜放在外侧，并宜在墙端弯折锚固。

（3）钢筋安装应采用定位件固定钢筋的位置，并宜采用专用定位件。定位件应具有足够的承载力、刚度、稳定性和耐久性。定位件的数量、间距和固定方式，应能保证钢筋的位置偏差符合国家现行有关标准的规定。混凝土框架梁、柱保护层内，不宜采用金属定位件。

（4）钢筋安装过程中，因施工操作需要而对钢筋进行焊接时，应符合现行行业标准《钢筋焊接及验收规程》JGJ 18 的有关规定。

（5）采用复合箍筋时，箍筋外围应封闭。梁类构件复合箍筋内部，宜选用封闭箍筋，奇数肢也可采用单肢箍筋；柱类构件复合箍筋内部可部分采用单肢箍筋。

（6）钢筋安装应采取防止钢筋受模板、模具内表面的隔离剂污染的措施。

2.钢筋机械连接施工

（1）加工钢筋接头的操作人员应经专业培训合格后上岗，钢筋接头的加工应经工艺检验合格后方可进行。

（2）机械连接接头的混凝土保护层厚度宜符合现行国家标准《混凝土结构设计规范》GB 50010 中受力钢筋的混凝土保护层最小厚度规定，且不得小于 15mm。接头之间的横向净间距不宜小于 25mm。

（3）螺纹接头安装后应使用专用扭力扳手校核拧紧扭力矩。挤压接头压痕直径的波动范围应控制在允许波动范围内，并使用专用量规进行检验。

（4）机械连接接头的适用范围、工艺要求、套筒材料及质量要求等应符合现行行业标准《钢筋机械连接技术规程》JGJ 107 的有关规定。

3. 钢筋焊接施工

（1）从事钢筋焊接施工的焊工应持有钢筋焊工考试合格证，并应按照合格证规定的范围上岗操作。

（2）在钢筋工程焊接施工前，参与该项工程施焊的焊工应进行现场条件下的焊接工艺试验，经试验合格后，方可进行焊接。焊接过程中，如果钢筋牌号、直径发生变更，应再次进行焊接工艺试验。工艺试验使用的材料、设备、辅料及作业条件均应与实际施工一致。

（3）细晶粒热轧钢筋及直径大于28mm的普通热轧钢筋，其焊接参数应经试验确定；余热处理钢筋不宜焊接。

（4）电渣压力焊只应使用于柱、墙等构件中竖向受力钢筋的连接。

（5）钢筋焊接接头的适用范围、工艺要求、焊条及焊剂选择、焊接操作及质量要求等应符合现行行业标准《钢筋焊接及验收规程》JGJ 18 的有关规定。

4. 纵向受力钢筋接头的设置（机械连接接头或焊接接头）

（1）同一构件内的接头宜分批错开。

（2）接头连接区段的长度为35d，且不应小于500mm，凡接头中点位于该连接区段长度内的接头均应属于同一连接区段；其中，d 为相互连接两根钢筋中较小直径。

（3）同一连接区段内，纵向受力钢筋接头面积百分率为该区段内有接头的纵向受力钢筋截面面积与全部纵向受力钢筋截面面积的比值；纵向受力钢筋的接头面积百分率应符合下列规定：

1）受拉接头，不宜大于 50%；受压接头，可不受限制。

2）板、墙、柱中受拉机械连接接头，可根据实际情况放宽；装配式混凝土结构构件连接处受拉接头，可根据实际情况放宽。

3）直接承受动力荷载的结构构件中，不宜采用焊接；当采用机械连接时，不应超过50%。

5. 纵向受力钢筋接头的设置（绑扎搭接接头）

（1）同一构件内的接头宜分批错开。各接头的横向净间距 s 不应小于钢筋直径，且不应小于25mm。

（2）接头连接区段的长度为1.3 倍搭接长度，凡接头中点位于该连接区段长度内的接头均应属于同一连接区段；搭接长度可取相互连接两根钢筋中较小直径计算。纵向受力钢筋的最小搭接长度应符合现行国家标准《混凝土结构工程施工规范》GB 50666 的规定。

（3）同一连接区段内，纵向受力钢筋接头面积百分率为该区段内有接头的纵向受力钢筋截面面积与全部纵向受力钢筋截面面积的比值（图 5-1）；纵向受压钢筋的接头面积百分率可不受限值；纵向受拉钢筋的接头面积百分率应符合下列规定：

1）梁类、板类及墙类构件，不宜超过 25%；基础筏板，不宜超过 50%。

2）柱类构件，不宜超过 50%。

3）当工程中确有必要增大接头面积百分率时，对梁类构件，不应大于 50%；对其他构件，可根据实际情况适当放宽。

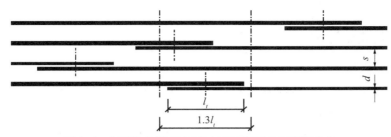

图 5-1　钢筋绑扎搭接接头连接区段及接头面积百分率

注：图中所示搭接接头同一连接区段内的搭接钢筋为两根，当各钢筋直径相同时，接头百分率为 50%。

6. 配置箍筋（梁、柱类构件）

（1）在梁、柱类构件的纵向受力钢筋搭接长度范围内应按设计要求配置箍筋。

（2）箍筋直径不应小于搭接钢筋较大直径的 25%。

（3）受拉搭接区段的箍筋间距不应大于搭接钢筋较小直径的 5 倍，且不应大于 100mm。

（4）受压搭接区段的箍筋间距不应大于搭接钢筋较小直径的 10 倍，且不应大于 200mm。

（5）当柱中纵向受力钢筋直径大于 25mm 时，应在搭接接头两个端面外 100mm 范围内各设置两个箍筋，其间距宜为 50mm。

7. 钢筋绑扎

（1）钢筋的绑扎搭接接头应在接头中心和两端用铁丝扎牢。

（2）墙、柱、梁钢筋骨架中各竖向面钢筋网交叉点应全数绑扎；板上部钢筋网的交叉点应全数绑扎，底部钢筋网除边缘部分外可间隔交错绑扎。

（3）梁、柱的箍筋弯钩及焊接封闭箍筋的焊点应沿纵向受力钢筋方向错开设置。

（4）构造柱纵向钢筋宜与承重结构同步绑扎。

（5）梁及柱中箍筋、墙中水平分布钢筋、板中钢筋距构件边缘的起始距离宜为 50mm。

5.3.4　质量检查

应符合现行国家标准《混凝土结构工程施工质量验收规范》GB 50204、《混凝土结构工程施工规范》GB 50666 的相关规定，并应符合现行行业标准《钢筋机械连接技术规程》JGJ 107、《钢筋焊接及验收规程》JGJ 18 的有关规定。

浇筑混凝土之前，应进行钢筋隐蔽工程验收。隐蔽工程验收应包括下列主要内容：

（1）纵向受力钢筋的牌号、规格、数量、位置。

（2）钢筋的连接方式、接头位置、接头质量、接头面积百分率、搭接长度、锚固方式及锚固长度。

（3）箍筋、横向钢筋的牌号、规格、数量、间距、位置，箍筋弯钩的弯折角度及平直段长度。

（4）预埋件的规格、数量和位置。

5.4 预应力工程

5.4.1 材料质量控制

1. 进场检验要求

（1）预应力筋进场时，应按国家现行标准的规定抽取试件做抗拉强度、伸长率检验，其检验结果应符合相应标准的规定。

常用的预应力筋有钢丝、钢绞线、精轧螺纹钢筋等。由于各厂家提供的预应力筋产品合格证内容与格式不尽相同，为统一及明确有关内容，要求厂家除了提供产品合格证外，还应提供反映预应力筋主要性能的出厂检验报告，两者也可合并提供。抽样检验可仅做预应力筋抗拉强度与伸长率试验。目前常用的预应力筋的相应产品标准有：《预应力混凝土用钢绞线》GB/T 5224、《预应力混凝土用钢丝》GB/T 5223、《预应力混凝土用螺纹钢筋》GB/T 20065 和《无粘结预应力钢绞线》JG/T 161 等。

（2）无粘结预应力钢绞线进场时，应进行防腐润滑脂量和护套厚度的检验，检验结果应符合现行行业标准《无粘结预应力钢绞线》JG/T 161 的规定。

无粘结预应力筋进场后经观察检查其涂包外观质量较好，且有厂家提供的涂包质量检验报告时，可不进行油脂用量和护套厚度的抽样检验。

（3）预应力筋用锚具应和锚垫板、局部加强钢筋配套使用，锚具、夹具和连接器进场时，应按现行行业标准《预应力筋用锚具、夹具和连接器应用技术规程》JGJ 85 的相关规定对其性能进行检验，检验结果应符合该标准的规定。

锚具、夹具和连接器用量不足检验批规定数量的 50%，且供货方提供有效的试验报告时，可不做静载锚固性能试验。

锚固区传力性能、材质、机加工尺寸及热处理硬度等可按出厂时的质量证明文件进行核对。对锚具用量较少的工程，可由产品供应商提供本批次产品的检验报告，作为进场验收的依据。

（4）处于三 a、三 b 类环境条件下的无粘结预应力筋用锚具系统，应检验其防水性能，检验结果应符合现行行业标准《无粘结预应力混凝土结构技术规程》JGJ 92 的规定。

（5）孔道灌浆用水泥应采用硅酸盐水泥或普通硅酸盐水泥，水泥、外加剂的质量要求，参见本书 5.5 节中相关内容；成品灌浆材料的质量应符合现行国家标准《水泥基灌浆材料应用技术规范》GB/T 50448 的规定。

孔道灌浆一般采用素水泥浆，水泥和外加剂中均不应含有对预应力筋有害的化学成分。

（6）预应力筋、锚具、夹具、连接器、成孔管道的进场检验，当满足下列条件之一时，其检验批容量可扩大一倍：

1）获得认证的产品。

2）同一厂家、同一品种、同一规格的产品，连续三批均一次检验合格。

（7）预应力筋张拉机具及压力表应定期维护。张拉设备和压力表应配套标定和使用，标定期限不应超过半年。

2. 外观检查

（1）预应力筋进场时，应进行外观检查：

有粘结预应力筋的表面不应有裂纹、小刺、机械损伤、氧化铁皮和油污等，展开后应平顺，不应有弯折。

无粘结预应力钢绞线护套应光滑，无裂缝、无明显褶皱；轻微破损处应外包防水塑料胶带修补，严重破损者不得使用。

（2）预应力筋用锚具、夹具和连接器进场时，应进行外观检查，其表面应无污物、锈蚀、机械损伤和裂纹。

（3）预应力成孔管道进场时，应进行管道外观质量检查：

金属管道外观应清洁，内外表面应无锈蚀、油污、附着物、孔洞；金属波纹管不应有不规则褶皱，咬口应无开裂、脱扣；钢管焊缝应连续。

塑料波纹管的外观应光滑、色泽均匀，内外壁不应有气泡、裂口、硬块、油污、附着物、孔洞及影响使用的划伤。

5.4.2 制作与安装

1. 预应力筋制作

（1）预应力筋的下料长度应经计算确定，并应采用砂轮锯或切断机等机械方法切断。预应力筋制作或安装时，不应用作接地线，并应避免焊渣或接地电火花的损伤。

（2）无粘结预应力筋在现场搬运和铺设过程中，不应损伤其塑料护套。当出现轻微破损时，应及时采用防水胶带封闭；严重破损的不得使用。

（3）钢绞线挤压锚具应采用配套的挤压机制作，挤压操作的油压最大值应符合使用说明书的规定。采用的摩擦衬套应沿挤压套筒全长均匀分布；挤压完成后，预应力筋外端露出挤压套筒不应少于1mm。

（4）钢丝镦头及下料长度偏差应符合下列规定：

1）镦头的头型直径不宜小于钢丝直径的1.5倍，高度不宜小于钢丝直径。

2）镦头不应出现横向裂纹。

3）当钢丝束两端均采用镦头锚具时，同一束中各根钢丝长度的极差不应大于钢丝长度的1/5000，且不应大于5mm。当成组张拉长度不大于10m的钢丝时，同组钢丝长度的极差不得大于2mm。

2. 预应力筋安装

（1）一般规定

1）成孔管道的连接应密封，并应符合相关规定。

2）预应力筋或成孔管道应按设计规定的形状和位置安装。

3）预应力筋或成孔管道应平顺，并与定位钢筋绑扎牢固。定位钢筋直径不宜小于10mm，间距不宜大于1.2m，板中无粘结预应力筋的定位间距可适当放宽，扁形管道、塑料波纹管或预应力筋曲线曲率较大处的定位间距，宜适当缩小。

4）凡施工时需要预先起拱的构件，预应力筋或成孔管道宜随构件同时起拱。

5）预应力筋或成孔管道控制点竖向位置允许偏差应符合设计和规范的规定。

6）预应力筋等安装完成后，应做好成品保护工作。

7）当采用减摩材料降低孔道摩擦阻力时，减摩材料不应对预应力筋、成孔管道及混凝土产生不利影响；灌浆前应将减摩材料清除干净。

（2）预应力筋和预应力孔道的间距和保护层厚度

1）先张法预应力筋之间的净间距，不宜小于预应力筋公称直径或等效直径的2.5倍和混凝土粗骨料最大粒径的1.25倍，且对预应力钢丝、三股钢绞线和七股钢绞线，分别不应小于15mm、20mm和25mm。当混凝土振捣密实性有可靠保证时，净间距可放宽至粗骨料最大粒径的1.0倍。

2）对后张法预制构件，孔道之间的水平净间距不宜小于50mm，且不宜小于粗骨料最大粒径的1.25倍；孔道至构件边缘的净间距不宜小于30mm，且不宜小于孔道外径的50%。

3）在现浇混凝土梁中，曲线孔道在竖直方向的净间距不应小于孔道外径，水平方向的净间距不宜小于孔道外径的1.5倍，且不应小于粗骨料最大粒径的1.25倍；从孔道外壁至构件边缘的净间距，梁底不宜小于50mm，梁侧不宜小于40mm；裂缝控制等级为三级的梁，从孔道外壁至构件边缘的净间距，梁底不宜小于60mm，梁侧不宜小于50mm。

4）预留孔道的内径宜比预应力束外径及需穿过孔道的连接器外径大6~15mm，且孔道的截面积宜为穿入预应力束截面积的3~4倍。

5）当有可靠经验并能保证混凝土浇筑质量时，预应力孔道可水平并列贴紧布置，但每一并列束中的孔道数量不应超过2个。

6）板中单根无粘结预应力筋的水平间距不宜大于板厚的6倍，且不宜大于1m；带状束的无粘结预应力筋根数不宜多于5根，束间距不宜大于板厚的12倍，且不宜大于2.4m。

7）梁中集束布置的无粘结预应力筋，束的水平净间距不宜小于50mm，束至构件边缘的净间距不宜小于40mm。

（3）预应力孔道设置排气孔、泌水孔及灌浆孔

1）预应力孔道应根据工程特点设置排气孔、泌水孔及灌浆孔，排气孔可兼作泌水孔或灌浆孔。

2）当曲线孔道波峰和波谷的高差大于300mm时，应在孔道波峰设置排气孔，排气孔间距不宜大于30m。

3）当排气孔兼作泌水孔时，其外接管伸出构件顶面高度不宜小于300mm。

（4）锚垫板、局部加强钢筋和连接器

1）锚垫板、局部加强钢筋和连接器应按设计要求的位置和方向安装牢固。

2）锚垫板的承压面应与预应力筋或孔道曲线末端的切线垂直。预应力筋曲线起始点与张拉锚固点之间的直线段最小长度应符合设计和规范的规定。

3）采用连接器接长预应力筋时，应全面检查连接器的所有零件，并应按产品技术手册要求操作。

4）内埋式固定端锚垫板不应重叠，锚具与锚垫板应贴紧。

（5）后张法有粘结预应力筋安装

对采用蒸汽养护的预制构件，预应力筋应在蒸汽养护结束后穿入孔道。

预应力筋穿入孔道后至孔道灌浆的时间间隔不宜过长，当环境相对湿度大于60%或处

于近海环境时，不宜超过 14d；当环境相对湿度不大于 60% 时，不宜超过 28d；否则，宜对预应力筋采取防锈措施。

5.4.3 张拉和放张

1. 张拉设备及压力表

预应力筋张拉设备及压力表应定期维护和标定。张拉设备和压力表应配套、标定和使用，标定期限不应超过半年。当使用过程中出现反常现象或张拉设备检修后，应重新标定。

注：1. 压力表的量程应大于张拉工作压力读值，压力表的精确度等级不应低于 1.6 级。

2. 标定张拉设备用的试验机或测力计的测力示值不确定度，不应大于 1.0%。

3. 张拉设备标定时，千斤顶活塞的运行方向应与实际张拉工作状态一致。

2. 混凝土强度

施加预应力时，混凝土强度应符合设计要求，且同条件养护的混凝土立方体抗压强度，应符合下列规定：

（1）不应低于设计混凝土强度等级值的 75%。

（2）采用消除应力钢丝或钢绞线作为预应力筋的先张法构件，尚不应低于 30MPa。

（3）不应低于锚具供应商提供的产品技术手册要求的混凝土最低强度要求。

（4）后张法预应力梁和板，现浇结构混凝土的龄期分别不宜小于 7d 和 5d。

注：为防止混凝土早期裂缝而施加预应力时，可不受本条的限制，但应满足局部受压承载力的要求。

3. 预应力筋张拉

（1）采用应力控制方法张拉时，应校核最大张拉力下预应力筋伸长值。实测伸长值与计算伸长值的偏差应控制在 ±6% 之内，否则应查明原因并采取措施后再张拉。必要时，宜进行现场孔道摩擦系数测定，并可根据实测结果调整张拉控制力。

（2）预应力筋的张拉顺序应符合设计要求，并应符合下列规定：

1）应根据结构受力特点、施工方便及操作安全等因素确定张拉顺序。

2）预应力筋宜按均匀、对称的原则张拉。

3）现浇预应力混凝土楼盖，宜先张拉楼板、次梁的预应力筋，后张拉主梁的预应力筋。

4）对预制屋架等平卧叠浇构件，应从上而下逐榀张拉。

（3）后张预应力筋应根据设计和专项施工方案的要求采用一端或两端张拉。采用两端张拉时，宜两端同时张拉，也可一端先张拉锚固，另一端补张拉。当设计无具体要求时，应符合下列规定：

1）有粘结预应力筋长度不大于 20m 时，可一端张拉；大于 20m 时，宜两端张拉；预应力筋为直线形时，一端张拉的长度可延长至 35m。

2）无粘结预应力筋长度不大于 40m 时，可一端张拉；大于 40m 时，宜两端张拉。

（4）后张有粘结预应力筋应整束张拉。对直线形或平行编排的有粘结预应力钢绞线束，当能确保各根钢绞线不受叠压影响时，也可逐根张拉。

（5）预应力筋张拉时，应从零拉力加载至初拉力后，量测伸长值初读数，再以均匀速率加载至张拉控制力。塑料波纹管内的预应力筋，张拉力达到张拉控制力后宜持荷 2～5min。

（6）预应力筋张拉中应避免预应力筋断裂或滑脱。当发生断裂或滑脱时，应符合下列规定：

1）对后张法预应力结构构件，断裂或滑脱的数量严禁超过同一截面预应力筋总根数的3%，且每束钢丝或每根钢绞线不得超过一丝；对多跨双向连续板，其同一截面应按每跨计算。

2）对先张法预应力构件，在浇筑混凝土前发生断裂或滑脱的预应力筋必须更换。

（7）锚固阶段张拉端预应力筋的内缩量应符合设计要求。

（8）后张法预应力筋张拉锚固后，如遇特殊情况需卸锚时，应采用专门的设备和工具。

（9）预应力筋张拉或放张时，应采取有效的安全防护措施，预应力筋两端正前方不得站人或穿越。

（10）预应力筋张拉时，应对张拉力、压力表读数、张拉伸长值、锚固回缩值及异常情况处理等做详细记录。

4. 预应力筋的放张顺序

（1）宜采取缓慢放张工艺进行逐根或整体放张。

（2）对轴心受压构件，所有预应力筋宜同时放张。

（3）对受弯或偏心受压的构件，应先同时放张预压应力较小区域的预应力筋，再同时放张预压应力较大区域的预应力筋。

（4）当不能按上述（1）～（3）的规定放张时，应分阶段、对称、相互交错放张。

（5）放张后，预应力筋的切断顺序，宜从张拉端开始依次切向另一端。

5.4.4 灌浆及封锚

1. 隐蔽工程验收

浇筑混凝土之前，应进行预应力隐蔽工程验收。隐蔽工程验收应包括下列主要内容：

（1）预应力筋的品种、规格、级别、数量和位置。

（2）成孔管道的规格、数量、位置、形状、连接以及灌浆孔、排气兼泌水孔。

（3）局部加强钢筋的牌号、规格、数量和位置。

（4）预应力筋锚具和连接器及锚垫板的品种、规格、数量和位置。

2. 灌浆

（1）后张法有粘结预应力筋张拉完毕并经检查合格后，应尽早进行孔道灌浆，孔道内水泥浆应饱满、密实。

（2）灌浆用水泥浆3h自由泌水率宜为0，且不应大于1%，泌水应在24h内全部被水泥浆吸收；水泥浆中氯离子含量不应超过水泥重量的0.06%。

当采用普通灌浆工艺时，24h自由膨胀率不应大于6%；当采用真空灌浆工艺时，24h自由膨胀率不应大于3%。

（3）灌浆施工时，宜先灌注下层孔道，后灌注上层孔道；灌浆应连续进行，直至排气管排除的浆体稠度与注浆孔处相同且无气泡后，再顺浆体流动方向依次封闭排气孔；全部出浆口封闭后，宜继续加压0.5～0.7MPa，并应稳压1～2min后封闭灌浆口。

当泌水较大时，宜进行二次灌浆和对泌水孔进行重力补浆；因故中途停止灌浆时，应用压力水将未灌注完孔道内已注入的水泥浆冲洗干净。

（4）真空辅助灌浆时，孔道抽真空负压宜稳定保持为 0.08～0.10MPa。

3. 封锚

锚具的封闭保护措施应符合设计要求。当设计无要求时，外露锚具和预应力筋的混凝土保护层厚度不应小于：一类环境时 20mm，二 a、二 b 类环境时 50mm，三 a、三 b 类环境时 80mm。

后张法预应力筋锚固后，锚具外预应力筋的外露长度不应小于其直径的 1.5 倍，且不应小于 30mm。宜采用机械方法切割。

5.4.5 质量检查

应符合现行国家标准《混凝土结构工程施工质量验收规范》GB 50204 和《混凝土结构工程施工规范》GB 50666 的相关规定。

5.5 混凝土制备与运输

5.5.1 材料质量控制

1. 检验要求

（1）水泥进场时，应根据产品合格证检查其品种、代号、强度等级等，并有序存放，以免造成混料错批。强度、安定性和凝结时间是水泥的重要性能指标，进场时应抽样检验，其质量应符合现行国家标准《通用硅酸盐水泥》GB 175 等的要求。质量证明文件包括产品合格证、有效的型式检验报告、出厂检验报告。

（2）混凝土外加剂进场时，应对其品种、性能、出厂日期等进行检查，并应对外加剂的相关性能指标进行检验，检验结果应符合现行国家标准《混凝土外加剂》GB 8076 和《混凝土外加剂应用技术规范》GB 50119 等的规定。

（3）混凝土用矿物掺合料的种类主要有粉煤灰、粒化高炉矿渣粉、石灰石粉、硅灰、沸石粉、磷渣粉、钢铁渣粉和复合矿物掺合料等，混凝土用矿物掺合料进场时，应对其品种、技术指标、出厂日期等进行检查，矿物掺合料的掺量通过试验确定，并符合《普通混凝土配合比设计规程》JGJ 55 的规定。

（4）混凝土原材料中的粗骨料、细骨料质量应符合现行行业标准《普通混凝土用砂、石质量及检验方法标准》JGJ 52 的规定，使用经过净化处理的海砂应符合现行行业标准《海砂混凝土应用技术规范》JGJ 206 的规定，再生混凝土骨料应符合现行国家标准《混凝土用再生粗骨料》GB/T 25177 和《混凝土和砂浆用再生细骨料》GB/T 25176 的规定。

（5）混凝土拌制及养护用水应符合现行行业标准《混凝土用水标准》JGJ 63 的规定。采用饮用水时，可不检验；采用中水、搅拌站清洗水、施工现场循环水等其他水源时，应对其成分进行检验。

（6）水泥、外加剂进场检验，当满足下列情况之一时，其检验批容量可扩大一倍：

1）获得认证的产品。

2）同一厂家、同一品种、同一规格的产品，连续三次进场检验均一次检验合格。

2. 存放要求

（1）原材料进场后，应按种类、批次分开储存与堆放，应标识明晰。

（2）散装水泥、矿物掺合料等粉体材料，应采用散装罐分开储存；袋装水泥、矿物掺合料、外加剂等，应按品种、批次分开码垛堆放，并应采取防雨、防潮措施，高温季节应有防晒措施。

（3）骨料应按品种、规格分别堆放，不得混入杂物，并应保持洁净和颗粒级配均匀。骨料堆放场地的地面应做硬化处理，并应采取排水、防尘和防雨等措施。

（4）液体外加剂应放置于阴凉干燥处，应防止日晒、污染、浸水，使用前应搅拌均匀；有离析、变色等现象时，应经检验合格后再使用。

5.5.2 混凝土配合比

（1）混凝土配合比应满足混凝土施工性能要求，强度以及其他力学性能和耐久性能应符合设计要求。

（2）对首次使用、使用间隔时间超过三个月的配合比应进行开盘鉴定，开盘鉴定应符合下列规定：

1）生产使用的原材料应与配合比设计一致。

2）混凝土拌合物性能应满足施工要求。

3）混凝土强度评定应符合设计要求。

4）混凝土耐久性能应符合设计要求。

（3）混凝土最大水胶比和最小胶凝材料用量，应符合现行行业标准《普通混凝土配合比设计规程》JGJ 55 的有关规定。

（4）当设计文件对混凝土提出耐久性指标时，应进行相关耐久性试验验证。

（5）施工配合比应经技术负责人批准。在使用过程中，应根据反馈的混凝土动态质量信息对混凝土配合比及时进行调整。

（6）遇有下列情况时，应重新进行配合比设计：

1）当混凝土性能指标有变化或有其他特殊要求时。

2）当原材料品质发生显著改变时。

3）同一配合比的混凝土生产间断 3 个月以上时。

5.5.3 混凝土搅拌和运输

1. 混凝土搅拌的质量控制

在拌制工序中，拌制的混凝土拌合物的均匀性应按要求进行检查。要检查混凝土均匀性时，应在搅拌机卸料过程中，从卸料流出的 1/4～3/4 之间部位采取试样。检测结果应符合下列规定：

（1）混凝土中砂浆密度，两次测值的相对误差不应大于 0.8%。

（2）单位体积混凝土中粗骨料含量，两次测值的相对误差不应大于 5%。

（3）混凝土搅拌的最短时间应符合相应规定。

（4）混凝土拌合物稠度，应在搅拌地点和浇筑地点分别取样检测，每工作班不少于抽检2次。

（5）根据需要，如果应检查混凝土拌合物其他质量指标时，检测结果也应符合现行国家标准《混凝土质量控制标准》GB 50164 的要求。

2. 混凝土水平运输的质量控制

（1）预拌混凝土应采用符合规定的运输车运送。运输车在运送时应能保持混凝土拌合物的均匀性，不应产生分层离析现象。

（2）采用混凝土搅拌运输车运输混凝土时，应符合下列规定：

1）接料前，搅拌运输车应排净罐内积水。

2）在运输途中及等候卸料时，应保持搅拌运输车罐体正常转速，不得停转。

3）卸料前，搅拌运输车罐体宜快速旋转搅拌 20s 以上后再卸料。

（3）混凝土的运送时间系指从混凝土由搅拌机卸入运输车开始至该运输车开始卸料为止。运送时间应满足合同规定，当合同未作规定时，采用搅拌运输车运送的混凝土，宜在1.5h 内卸料；采用翻斗车运送的混凝土，宜在 1.0h 内卸料；当最高气温低于 25℃时，运送时间可延长 0.5h。如需延长运送时间，则应采取相应的技术措施，并应通过试验验证。混凝土的运送频率，应能保证混凝土施工的连续性。

（4）运输车在运送过程中应采取措施，避免遗撒。

5.5.4 质量检查

应符合现行国家标准《混凝土结构工程施工质量验收规范》GB 50204 和《混凝土结构工程施工规范》GB 50666 的相关规定。

5.6 现浇结构工程

5.6.1 材料质量控制

参见本书 5.5 节中相关内容。

5.6.2 混凝土输送、浇筑、振捣和养护

1. 混凝土输送

（1）混凝土运输、输送、浇筑过程中严禁加水，混凝土运输、输送、浇筑过程中散落的混凝土严禁用于混凝土结构构件的浇筑。

（2）输送混凝土的管道、容器、溜槽不应吸水、漏浆，并应保证输送通畅。输送混凝土时，应根据工程所处环境条件采取保温、隔热、防雨等措施。

（3）混凝土泵送的质量控制

1）混凝土运送至浇筑地点，如混凝土拌合物出现离析或分层现象，应对混凝土拌合物进行二次搅拌。

2）混凝土运至浇筑地点时，应检测其稠度，所测稠度值应符合设计和施工要求，其允许偏差值应符合有关标准的规定。

3）混凝土拌合物运至浇筑地点时的入模温度，最高不宜超过35℃，最低不宜低于5℃。

2. 混凝土浇筑

（1）浇筑混凝土前，应清除模板内或垫层上的杂物。表面干燥的地基、垫层、模板上应洒水湿润；现场环境温度高于35℃时，宜对金属模板进行洒水降温；洒水后不得留有积水。

（2）混凝土浇筑应保证混凝土的均匀性和密实性。混凝土宜一次连续浇筑。当不能一次连续浇筑时，可留设施工缝或后浇带分块浇筑。

（3）混凝土浇筑过程应分层进行，分层浇筑应符合设计或规范规定的分层振捣厚度要求，上层混凝土应在下层混凝土初凝之前浇筑完毕。

（4）混凝土运输、输送入模的过程应保证混凝土连续浇筑，从运输到输送入模的延续时间不宜超过表5-4的规定，且不应超过表5-5的规定。掺早强型减水剂、早强剂的混凝土，以及有特殊要求的混凝土，应根据设计及施工要求，通过试验确定允许时间。

运输到输送入模的延续时间限值（min）   表5-4

条　件	气　温	
	≤25℃	>25℃
不掺外加剂	90	60
掺外加剂	150	120

混凝土运输、输送、浇筑及间歇的全部时间限值（min）   表5-5

条　件	气　温	
	≤25℃	>25℃
不掺外加剂	180	150
掺外加剂	240	210

（5）混凝土浇筑的布料点宜接近浇筑位置，应采取减少混凝土下料冲击的措施，并应符合下列规定：

1）宜先浇筑竖向结构构件，后浇筑水平结构构件。

2）浇筑区域结构平面有高差时，宜先浇筑低区部分再浇筑高区部分。

（6）柱、墙模板内的混凝土浇筑倾落高度应满足表5-6的规定。当不能满足规定时，应加设串筒、溜管、溜槽等装置。

柱、墙模板内混凝土浇筑倾落高度限值（m）   表5-6

条　件	浇筑倾落高度限值
粗骨料粒径大于25mm	≤3
粗骨料粒径小于等于25mm	≤6

注：当有可靠措施能保证混凝土不产生离析时，混凝土倾落高度可不受本表限制。

（7）混凝土浇筑后，在混凝土初凝前和终凝前宜分别对混凝土裸露表面进行抹面处理。

（8）结构面标高差异较大处，应采取防止混凝土反涌的措施，并且宜按"先低后高"的顺序浇筑混凝土。

（9）浇筑混凝土时应分段分层连续进行，浇筑层高度应根据混凝土供应能力、一次浇筑方量、混凝土初凝时间、结构特点、钢筋疏密综合考虑决定，一般为使用插入式振捣器时，振捣器作用部分长度的 1.25 倍。

（10）浇筑混凝土应连续进行，如必须间歇，其间歇时间应尽量缩短，并应在前层混凝土初凝之前，将次层混凝土浇筑完毕。间歇的最长时间应按所用水泥品种、气温及混凝土凝结条件确定，一般超过 2h 应按施工缝处理（当混凝土凝结时间小于 2h 时，则应当执行混凝土的初凝时间）。

（11）混凝土应布料均衡，应对模板及支架进行观察和维护，发生异常情况应及时进行处理。混凝土浇筑和振捣应采取防止模板、钢筋、钢构件、预埋件及其定位件移位的措施。

（12）在地基上浇筑混凝土前，对地基应事先按设计标高和轴线进行校正，并应清除淤泥和杂物。同时，注意排除开挖出来的水和开挖地点的流动水，以防冲刷新浇筑的混凝土。

（13）多层框架按分层分段施工，水平方向以结构平面的伸缩缝分段，垂直方向按结构层次分层。在每层中先浇筑柱，再浇筑梁、板。洞口浇筑混凝土时，应使洞口两侧混凝土高度大体一致。

构造柱混凝土应分层浇筑，内外墙交接处的构造柱和墙同时浇筑，振捣要密实。

3. 混凝土振捣

（1）混凝土振捣应能使模板内各个部位混凝土密实、均匀，不应漏振、欠振、过振。

（2）混凝土振捣宜采用机械振捣。当施工无特殊振捣要求时，可采用振捣棒进行捣实，插入间距不应大于振捣棒振动作用半径的一倍，连续多层浇筑时，振捣棒应插入下层拌合物约 50mm 进行振捣；当浇筑厚度不大于 200mm 的表面积较大的平面结构或构件时，宜采用表面振动成型；当采用干硬性混凝土拌合物浇筑成型混凝土制品时，宜采用振动台或表面加压振动成型。

（3）混凝土分层振捣的最大厚度，应符合以下规定：

附着振动器：根据设置方式，通过试验确定。

振动棒：振动棒作用部分长度的 1.25 倍。

表面振动器：200mm。

（4）振捣时间宜按拌合物稠度和振捣部位等不同情况，控制在 10～30s 内，当混凝土拌合物表面出现泛浆，基本无气泡逸出，可视为捣实。

（5）特殊部位的混凝土应采取下列加强振捣措施：

1）宽度大于 0.3m 的预留洞底部区域，应在洞口两侧进行振捣，并应适当延长振捣时间；宽度大于 0.8m 的洞口底部，应采取特殊的技术措施。

2）后浇带及施工缝边角处应加密振捣点，并应适当延长振捣时间。

3）钢筋密集区域或型钢与钢筋结合区域，应选择小型振动棒辅助振捣、加密振捣点，并应适当延长振捣时间。

4）基础大体积混凝土浇筑流淌形成的坡脚，不得漏振。

（6）混凝土拌合物从搅拌机卸出后到浇筑完毕的延续时间不宜超过表5-7的规定。

混凝土拌合物从搅拌机卸出后到浇筑完毕的延续时间（min）　　　表5-7

混凝土生产地点	气　温	
	≤ 25℃	> 25℃
预拌混凝土搅拌站	150	120
施工现场	120	90
混凝土制品厂	90	60

（7）在混凝土浇筑同时，应制作供结构或构件出池、拆模、吊装、张拉、放张和强度合格评定用的同条件养护试件，并应按设计要求制作抗冻、抗渗或其他性能试验用的试件。

（8）多层框架按分层分段施工，洞口浇筑混凝土振捣时，振捣棒应距洞边30cm以上，从两侧同时振捣，以防止洞口变形，大洞口下部模板应开口并补充振捣。

构造柱混凝土振捣要密实。采用插入式振捣器捣实普通混凝土的移动间距不宜大于作用半径的1.5倍，振捣器距离模板不应大于振捣器作用半径的1/2，不碰撞各种预埋件。

（9）在混凝土浇筑及静置过程中，应在混凝土终凝前对浇筑面进行抹面处理。

（10）混凝土构件成型后，在强度达到1.2MPa以前，不得在构件上面踩踏行走。

4．混凝土养护

（1）混凝土的养护时间应符合下列规定：

1）采用硅酸盐水泥、普通硅酸盐水泥或矿渣硅酸盐水泥配制的混凝土不应少于7d；采用其他品种水泥时，养护时间应根据水泥性能确定。

2）采用缓凝型外加剂、大掺量矿物掺合料配制的混凝土不应少于14d。

3）抗渗混凝土、强度等级C60及以上的混凝土不应少于14d。

4）后浇带混凝土的养护时间不应少于14d。

5）地下室底层墙、柱和上部结构首层墙、柱宜适当增加养护时间。

6）基础大体积混凝土养护时间应根据施工方案确定。

（2）基础大体积混凝土裸露表面应采用覆盖养护方式。当混凝土表面以内40～80mm位置的温度与环境温度的差值小于25℃时，可结束覆盖养护。覆盖养护结束但尚未到达养护时间要求时，可采用洒水养护方式直至养护结束。

（3）柱、墙混凝土养护方法应符合下列规定：

1）地下室底层和上部结构首层柱、墙混凝土带模养护时间不宜少于3d；带模养护结束后可采用洒水养护方式继续养护，必要时也可采用覆盖养护或喷涂养护剂养护方式继续养护。

2）其他部位柱、墙混凝土可采用洒水养护；必要时，也可采用覆盖养护或喷涂养护剂养护。

（4）混凝土强度达到1.2MPa前，不得在其上踩踏、堆放荷载、安装模板及支架。

（5）同条件养护试件的养护条件应与实体结构部位养护条件相同，并应采取措施妥善保管。

（6）施工现场应具备混凝土标准试块制作条件，并应设置标准试块养护室或养护箱。标准试块养护应符合国家现行有关标准的规定。

5.6.3 混凝土施工缝与后浇带施工

1. 施工缝和后浇带的留设要求

施工缝和后浇带的留设位置应在混凝土浇筑前确定。施工缝和后浇带宜留设在结构受剪力较小且便于施工的位置。受力复杂的结构构件或有防水抗渗要求的结构构件，施工缝留设位置应经设计单位确认。

2. 水平施工缝的留设位置

（1）柱、墙施工缝可留设在基础、楼层结构顶面，柱施工缝与结构上表面的距离宜为0~100mm，墙施工缝与结构上表面的距离宜为0~300mm。

（2）柱、墙施工缝也可留设在楼层结构底面，施工缝与结构下表面的距离宜为0~50mm；当板下有梁托时，可留设在梁托下0~20mm。

（3）高度较大的柱、墙、梁以及厚度较大的基础，可根据施工需要在其中部留设水平施工缝；当因施工缝留设改变受力状态而需要调整构件配筋时，应经设计单位确认。

（4）特殊结构部位留设水平施工缝应经设计单位确认。

3. 竖向施工缝和后浇带的留设位置

（1）有主次梁的楼板施工缝应留设在次梁跨度中间1/3范围内。

（2）单向板施工缝应留设在与跨度方向平行的任何位置。

（3）楼梯梯段施工缝宜设置在梯段板跨度端部1/3范围内。

（4）墙的施工缝宜设置在门洞口过梁跨中1/3范围内，也可留设在纵横墙交接处。

（5）后浇带留设位置应符合设计要求。

（6）特殊结构部位留设竖向施工缝应经设计单位确认。

4. 设备基础施工缝留设位置

（1）水平施工缝应低于地脚螺栓底端，与地脚螺栓底端的距离应大于150mm；当地脚螺栓直径小于30mm时，水平施工缝可留设在深度不小于地脚螺栓埋入混凝土部分总长度的3/4处。

（2）竖向施工缝与地脚螺栓中心线的距离不应小于250mm，且不应小于螺栓直径的5倍。

5. 设备基础施工缝留设位置（承受动力作用）

（1）标高不同的两个水平施工缝，其高低结合处应留设成台阶形，台阶的高宽比不应大于1.0。

（2）竖向施工缝或台阶形施工缝的断面处应加插钢筋，插筋数量和规格应由设计确定。

（3）施工缝的留设应经设计单位确认。

6. 施工缝、后浇带浇筑

（1）施工缝、后浇带留设界面，应垂直于结构构件和纵向受力钢筋。结构构件厚度或高度较大时，施工缝或后浇带界面宜采用专用材料封挡。

（2）混凝土浇筑过程中，因特殊原因需临时设置施工缝时，施工缝留设应规整，并宜垂直于构件表面，必要时可采取增加插筋、事后修凿等技术措施。

（3）施工缝和后浇带应采取钢筋防锈或阻锈等保护措施。

5.6.4 大体积混凝土裂缝控制

1. 混凝土温度控制

（1）混凝土入模温度不宜大于 30℃，混凝土浇筑体最大温升值不宜大于 50℃。

（2）在覆盖养护或带模养护阶段，混凝土浇筑体表面以内 40～100mm 位置处的温度与混凝土浇筑体表面温度差值不应大于 25℃；结束覆盖养护或拆模后，混凝土浇筑体表面以内 40～100mm 位置处的温度与环境温度差值不应大于 25℃。

（3）混凝土浇筑体内部相邻两侧温点的温度差值不应大于 25℃。

（4）混凝土降温速率不宜大于 2.0℃/d；当有可靠经验时，降温速率要求可适当放宽。

2. 大体积混凝土测温

（1）宜根据每个测温点被混凝土初次覆盖时的温度确定各测点部位混凝土的入模温度。

（2）浇筑体周边表面以内测温点、浇筑体表面测温点、环境测温点的测温，应与混凝土浇筑、养护过程同步进行。

（3）应按测温频率要求及时提供测温报告，测温报告应包含各测温点的温度数据、温差数据、代表点位的温度变化曲线、温度变化趋势分析等内容。

（4）混凝土浇筑体表面以内 40～100mm 位置的温度与环境温度的差值小于 20℃时，可停止测温。

3. 基础大体积混凝土结构浇筑

（1）用多台输送泵接输送泵管浇筑时，输送泵管布料点间距不宜大于 10m，并宜由远而近浇筑。

（2）用汽车布料杆输送浇筑时，应根据布料杆工作半径确定布料点数量，各布料点浇筑速度应保持均衡。

（3）宜先浇筑深坑部分再浇筑大面积基础部分。

（4）基础大体积混凝土浇筑最常采用的方法为斜面分层；如果对混凝土流淌距离有特殊要求的工程，混凝土可采用全面分层或分块分层的浇筑方法。在保证各层混凝土连续浇筑的条件下，层与层之间的间歇时间应尽可能缩短，以满足整个混凝土浇筑过程连续。

（5）混凝土分层浇筑应采用自然流淌形成斜坡，并应沿高度均匀上升，分层厚度不宜大于 500mm。

（6）混凝土浇筑后，在混凝土初凝前和终凝前宜分别对混凝土裸露表面进行抹面处理，抹面次数宜适当增加。

（7）混凝土拌合物自由下落的高度超过 2m 时，应采用串筒、溜槽或振动管下落工艺，以保证混凝土拌合物不发生离析。

（8）基础大体积混凝土结构浇筑应有排除积水或混凝土泌水的有效技术措施。可以在混凝土垫层施工时预先在横向做出 2cm 的坡度，在结构四周侧模的底部开设排水孔，使泌水及时从孔中自然流出。

当混凝土大坡面的坡脚接近顶端时，应改变混凝土的浇筑方向，即从顶端往回浇筑，与原斜坡相交成一个集水坑，另外有意识地加强两侧模板外的混凝土浇筑强度，这样集水坑逐步在中间缩小成小水潭，然后用泵及时将泌水排除。采用这种方法适用于排除最后阶段的所有泌水。

5.6.5　混凝土缺陷修整

1. 一般规定

混凝土结构缺陷可分为尺寸偏差缺陷和外观缺陷。尺寸偏差缺陷和外观缺陷，可分为一般缺陷和严重缺陷。混凝土结构尺寸偏差超出规范规定，但尺寸偏差对结构性能和使用功能未构成影响时，应属于一般缺陷；而尺寸偏差对结构性能和使用功能构成影响时，应属于严重缺陷。

施工过程中发现混凝土结构缺陷时，应认真分析缺陷产生的原因。对严重缺陷施工单位应制定专项修整方案，方案应经论证审批后再实施，不得擅自处理。

2. 混凝土结构外观一般缺陷修整

（1）露筋、蜂窝、孔洞、夹渣、疏松、外表缺陷，应凿除胶结不牢固部分的混凝土，应清理表面，洒水湿润后应用 1∶2～1∶2.5 水泥砂浆抹平。

（2）应封闭裂缝。

（3）连接部位缺陷、外形缺陷可与面层装饰施工一并处理。

3. 混凝土结构外观严重缺陷修整

（1）露筋、蜂窝、孔洞、夹渣、疏松、外表缺陷，应凿除胶结不牢固部分的混凝土至密实部位，清理表面，支设模板，洒水湿润，涂抹混凝土界面剂，应采用比原混凝土强度等级高一级的细石混凝土浇筑密实，养护时间不应少于 7d。

（2）开裂缺陷修整应符合下列规定：

1）民用建筑的地下室、卫生间、屋面等接触水介质的构件，均应注浆封闭处理。民用建筑不接触水介质的构件，可采用注浆封闭、聚合物砂浆粉刷或其他表面封闭材料进行封闭。

2）无腐蚀介质工业建筑的地下室、屋面、卫生间等接触水介质的构件，以及有腐蚀介质的所有构件，均应注浆封闭处理。无腐蚀介质工业建筑不接触水介质的构件，可采用注浆封闭、聚合物砂浆粉刷或其他表面封闭材料进行封闭。

（3）清水混凝土的外形和外表严重缺陷，宜在水泥砂浆或细石混凝土修补后用磨光机械磨平。

4. 混凝土结构尺寸偏差修整

混凝土结构尺寸偏差一般缺陷，可结合装饰工程进行修整。

混凝土结构尺寸偏差严重缺陷，应会同设计单位共同制定专项修整方案，结构修整后应重新检查验收。

5.6.6　质量检查

应符合现行国家标准《混凝土结构工程施工质量验收规范》GB 50204 和《混凝土结构工程施工规范》GB 50666 的相关规定。

5.7 装配式混凝土工程

5.7.1 材料质量控制

（1）混凝土原料、钢筋、预应力筋以及预应力筋锚具、夹具和连接器的质量控制要求，参见本书 5.1～5.5 节中相关内容。

（2）预制构件采用的材料、配件及半成品应按进厂批次进行检验。同一厂家生产的同批次材料、配件及半成品，同一企业同期生产的预制构件用于多个单位工程时，可统一划分检验批进行验收。

（3）钢纤维和有机合成纤维应符合设计要求，进厂按批抽取试样进行纤维抗拉强度、初始模量、断裂伸长率、耐碱性能、分散性相对误差和混凝土抗压强度比试验，增韧纤维还应进行韧性指数和抗冲击次数比试验，检验结果应符合设计要求。

（4）脱模剂应按使用品种，进行匀质性和施工性能试验，检验结果应符合设计要求。

（5）保温材料应满足设计文件、建筑节能和预制构件生产工艺要求，进厂按批抽取试样进行导热系数、密度、压缩强度、吸水率和燃烧性能试验，检验结果应符合设计要求。

（6）颜料使用前，应试验验证是否对混凝土凝结时间和强度产生影响；颜料进厂后，应按厂家、品种和颜色分开存放，不得混放。

（7）受力型预埋件进厂进行材料性能、抗拉拔性能、焊接性能和防腐蚀涂层厚度等试验，检验结果应符合设计要求；有丝扣的预埋件应查验丝扣质量。

（8）内外叶墙体拉结件进厂按批抽取试样进行材料性能、力学性能检验；检验结果应符合设计要求。

（9）钢筋浆锚连接用镀锌金属波纹管应全数检查外观质量，其外观应清洁，内外表面应无锈蚀、油污、附着物、孔洞，不应有不规则褶皱，咬口应无开裂、脱扣；应进行径向刚度和抗渗漏性能检验，检查数量应按进场的批次和产品的抽样检验方案确定。

（10）灌浆套筒应进行接头工艺检验，检验结果应符合设计要求。

5.7.2 预制构件制作、运输

1. 预制构件制作

参见本书 5.4 节中相关内容。

2. 预制构件检验

（1）预制构件生产时应采取措施避免出现外观质量缺陷。外观质量缺陷根据其影响结构性能、安装和使用功能的严重程度，可按表 5-8 规定划分为严重缺陷和一般缺陷。

构件外观质量缺陷分类　　　　　　　　　　　　　　表 5-8

名称	现象	严重缺陷	一般缺陷
露筋	构件内钢筋未被混凝土包裹而外露	纵向受力钢筋有露筋	其他钢筋有少量露筋

名称	现象	严重缺陷	一般缺陷
蜂窝	混凝土表面缺少水泥砂浆而形成石子外露	构件主要受力部位有蜂窝	其他部位有少量蜂窝
孔洞	混凝土中孔穴深度和长度均超过保护层厚度	构件主要受力部位有孔洞	其他部位有少量孔洞
夹渣	混凝土中夹有杂物且深度超过保护层厚度	构件主要受力部位有夹渣	其他部位有少量夹渣
疏松	混凝土中局部不密实	构件主要受力部位有疏松	其他部位有少量疏松
裂缝	缝隙从混凝土表面延伸至混凝土内部	构件主要受力部位有影响结构性能或使用功能的裂缝	其他部位有少量不影响结构性能或使用功能的裂缝
连接部位缺陷	构件连接处混凝土缺陷及连接钢筋、连接件松动，插筋严重锈蚀、弯曲，灌浆套筒堵塞、偏位，灌浆孔洞堵塞、偏位、破损等缺陷	连接部位有影响结构传力性能的缺陷	连接部位有基本不影响结构传力性能的缺陷
外形缺陷	缺棱掉角、棱角不直、翘曲不平、飞出凸肋等，装饰面砖粘结不牢、表面不平、砖缝不顺直等	清水或具有装饰的混凝土构件内有影响使用功能或装饰效果的外形缺陷	其他混凝土构件有不影响使用功能的外形缺陷
外表缺陷	构件表面麻面、掉皮、起砂、沾污等	具有重要装饰效果的清水混凝土构件有外表缺陷	其他混凝土构件有不影响使用功能的外表缺陷

（2）预制构件出模后应及时对其外观质量进行全数目测检查。预制构件外观质量不应有缺陷，对已经出现的严重缺陷应制订技术处理方案进行处理并重新检验，对出现的一般缺陷应进行修整并达到合格。

（3）预制构件不应有影响结构性能、安装和使用功能的尺寸偏差。对超过尺寸允许偏差且影响结构性能和安装、使用功能的部位应经原设计单位认可，制订技术处理方案进行处理，并重新检查验收。

3. 预制构件的吊运

（1）应根据预制构件的形状、尺寸、重量和作业半径等要求选择吊具和起重设备，所采用的吊具和起重设备及其操作，应符合国家现行有关标准及产品应用技术手册的规定。

（2）吊点数量、位置应经计算确定，应保证吊具连接可靠，应采取保证起重设备的主钩位置、吊具及构件重心在竖直方向上重合的措施。

（3）吊索水平夹角不宜小于60°，不应小于45°。

（4）应采用慢起、稳升、缓放的操作方式，吊运过程应保持稳定，不得偏斜、摇摆和扭转，严禁吊装构件长时间悬停在空中。

（5）吊装大型构件、薄壁构件或形状复杂的构件时，应使用分配梁或分配桁架类吊具，并应采取避免构件变形和损伤的临时加固措施。

4. 预制构件存放

（1）存放场地应平整、坚实，并应有排水措施。

（2）存放库区宜实行分区管理和信息化台账管理。

（3）应按照产品品种、规格型号、检验状态分类存放，产品标识应明确、耐久，预埋吊件应朝上，标识应向外。

（4）应合理设置垫块支点位置，确保预制构件存放稳定，支点宜与起吊点位置一致。

（5）与清水混凝土面接触的垫块应采取防污染措施。

（6）预制构件多层叠放时，每层构件间的垫块应上下对齐；预制楼板、叠合板、阳台板和空调板等构件宜平放，叠放层数不宜超过6层；长期存放时，应采取措施控制预应力构件起拱值和叠合板翘曲变形。

（7）预制柱、梁等细长构件宜平放且用两条垫木支撑。

（8）预制内外墙板、挂板宜采用专用支架直立存放，支架应有足够的强度和刚度，薄弱构件、构件薄弱部位和门窗洞口应采取防止变形开裂的临时加固措施。

5. 预制构件运输防护

（1）预制构件在运输过程中应做好安全和成品防护。

（2）应根据预制构件种类采取可靠的固定措施。

（3）对于超高、超宽、形状特殊的大型预制构件的运输和存放，应制定专门的质量安全保证措施。

（4）运输时宜采取如下防护措施：

1）设置柔性垫片避免预制构件边角部位或链索接触处的混凝土损伤。

2）用塑料薄膜包裹垫块避免预制构件外观污染。

3）墙板门窗框、装饰表面和棱角采用塑料贴膜或其他措施防护。

4）竖向薄壁构件设置临时防护支架。

5）装箱运输时，箱内四周采用木材或柔性垫片填实，支撑牢固。

（5）应根据构件特点采用不同的运输方式，托架、靠放架、插放架应进行专门设计，进行强度、稳定性和刚度验算：

1）外墙板宜采用立式运输，外饰面层应朝外，梁、板、楼梯、阳台宜采用水平运输。

2）采用靠放架立式运输时，构件与地面倾斜角度宜大于80°，构件应对称靠放，每侧不大于2层，构件层间上部采用木垫块隔离。

3）采用插放架直立运输时，应采取防止构件倾倒措施，构件之间应设置隔离垫块。

4）水平运输时，预制梁、柱构件叠放不宜超过3层，板类构件叠放不宜超过6层。

5.7.3 预制构件安装

1. 一般规定

（1）安装施工前，应复核构件装配位置、节点连接构造及临时支撑方案等。并应按吊装流程核对构件编号，清点数量。吊装流程可按同一类型的构件，以顺时针或逆时针方向依次进行。构件吊装的有条理性，对楼层安全围挡和作业安全有利。

（2）安装施工前，应检查复核吊装设备及吊具处于安全操作状态。并应核实现场环境、天气、道路状况等满足吊装施工要求。

（3）装配式结构施工前，宜选择有代表性的单元进行预制构件试安装，并应根据试安装结果及时调整完善施工方案和施工工艺。

2. 预制构件吊装

（1）应根据当天的作业内容进行班前技术安全交底。

（2）预制构件应按照吊装顺序预先编号，吊装时严格按编号顺序起吊。

（3）预制构件在吊装过程中，宜设置缆风绳控制构件转动。

（4）其他要求参见本书 5.7.2 节中相关内容。

3. 就位校核与调整

（1）预制构件吊装就位后，应及时校准并采取临时固定措施。

（2）预制墙板、预制柱等竖向构件安装后，应对安装位置、安装标高、垂直度进行校核与调整。

（3）叠合构件、预制梁等水平构件安装后应对安装位置、安装标高进行校核与调整。

（4）水平构件安装后，应对相邻预制构件平整度、高低差、拼缝尺寸进行校核与调整。

（5）装饰类构件应对装饰面的完整性进行校核与调整。

（6）临时固定措施、临时支撑系统应具有足够的强度、刚度和整体稳固性，应按现行国家标准《混凝土结构工程施工规范》GB 50666 的有关规定进行验算。

（7）预制构件与吊具的分离应在校准定位及临时支撑安装完成后进行。

4. 竖向预制构件临时支撑

（1）预制构件的临时支撑不宜少于 2 道。

（2）对预制柱、墙板构件的上部斜支撑，其支撑点距离板底的距离不宜小于构件高度的 2/3，且不应小于构件高度的 1/2；斜支撑应与构件可靠连接。

（3）构件安装就位后，可通过临时支撑对构件的位置和垂直度进行微调。

5. 水平预制构件临时支撑

（1）首层支撑架体的地基应平整、坚实，宜采取硬化措施。

（2）临时支撑的间距及其与墙、柱、梁边的净距应经设计计算确定，竖向连续支撑层数不宜少于 2 层且上下层支撑宜对准。

（3）叠合板预制底板下部支架宜选用定型独立钢支柱，竖向支撑间距应经计算确定。

6. 预制柱安装

（1）宜按照角柱、边柱、中柱顺序进行安装，与现浇部分连接的柱宜先行吊装。

（2）预制柱的就位以轴线和外轮廓线为控制线，对于边柱和角柱，应以外轮廓线控制为准。

（3）就位前应设置柱底调平装置，控制柱安装标高。

（4）预制柱安装就位后应在两个方向设置可调节临时固定措施，并应进行垂直度、扭转调整。

（5）采用灌浆套筒连接的预制柱调整就位后，柱脚连接部位宜采用模板封堵。

7. 预制剪力墙板安装

（1）与现浇部分连接的墙板宜先行吊装，其他宜按照外墙先行吊装的原则进行吊装。

（2）就位前，应在墙板底部设置调平装置。

（3）采用灌浆套筒连接、浆锚搭接连接的夹芯保温外墙板应在保温材料部位采用弹性密封材料进行封堵。

（4）采用灌浆套筒连接、浆锚搭接连接的墙板需要分仓灌浆时，应采用坐浆料进行分仓；多层剪力墙采用坐浆时应均匀铺设坐浆料；坐浆料强度应满足设计要求。

（5）墙板以轴线和轮廓线为控制线，外墙应以轴线和外轮廓线双控制。

（6）安装就位后应设置可调斜撑临时固定，测量预制墙板的水平位置、垂直度、高度等，通过墙底垫片、临时斜支撑进行调整。

（7）预制墙板调整就位后，墙底部连接部位宜采用模板封堵。

（8）叠合墙板安装就位后进行叠合墙板拼缝处附加钢筋安装，附加钢筋应与现浇段钢筋网交叉点全部绑扎牢固。

8. 预制梁或叠合梁安装

（1）安装顺序宜遵循先主梁后次梁、先低后高的原则。

（2）安装前，应测量并修正临时支撑标高，确保与梁底标高一致，并在柱上弹出梁边控制线；安装后根据控制线进行精密调整。

（3）安装前，应复核柱钢筋与梁钢筋位置、尺寸，对梁钢筋与柱钢筋位置有冲突的，应按经设计单位确认的技术方案调整。

（4）安装时梁伸入支座的长度与搁置长度应符合设计要求。

（5）安装就位后应对水平度、安装位置、标高进行检查。

（6）叠合梁的临时支撑，应在后浇混凝土强度达到设计要求后方可拆除。

9. 叠合板预制底板安装

（1）预制底板吊装完后应对板底接缝高差进行校核；当叠合板板底接缝高差不满足设计要求时，应将构件重新起吊，通过可调托座进行调节。

（2）预制底板的接缝宽度应满足设计要求。

（3）临时支撑应在后浇混凝土强度达到设计要求后方可拆除。

10. 预制楼梯安装

（1）安装前，应检查楼梯构件平面定位及标高，并宜设置调平装置。

（2）预制楼梯吊运时宜慢起、快升、缓放。

（3）预制楼梯就位前，应清理预制楼梯安装部位基层。

（4）将预制楼梯的预留孔洞和上下平台梁上的预埋定位钢筋对正，对预制楼梯安装进行初步定位。

（5）就位后，应及时调整并固定。

11. 预制阳台板、空调板安装

（1）安装前，应检查支座顶面标高及支撑面的平整度。

（2）采用可调临时支撑搭设，并在钢支撑上方铺设水平龙骨，根据预制阳台的标高位置线，调节钢支撑顶端高度，以满足预制阳台施工要求。

（3）预制阳台吊运宜采用慢起、快升、缓放的操作方式。

（4）根据弹设在楼层上的标高控制线，采用激光扫平仪通过调节可调钢支撑对预制阳台标高校正。

（5）在预制阳台安装就位后，将预制阳台水平预留钢筋锚入现浇梁内，并将预制阳台水平预留钢筋与现浇梁钢筋绑扎，支设现浇梁模板并浇筑混凝土。

（6）预制阳台安装就位后，将预制阳台纵向的预留钢筋锚入相邻现浇剪力墙、柱内，支设剪力墙、柱模板，浇筑混凝土。

预制阳台混凝土浇筑时，为保证预制阳台及支撑受力均匀，混凝土从中间向两边浇筑，连续施工，一次完成，同时使用平板振动器，以确保预制阳台混凝土振捣密实。

（7）临时支撑应在后浇混凝土强度达到设计要求后方可拆除。

5.7.4 预制构件连接

1. 构件与现浇结构的连接

（1）预制构件与现浇混凝土部分连接应按设计图纸与节点施工。预制构件与现浇混凝土接触面，构件表面宜采用拉毛或表面露石处理，也可采用凿毛的处理方法。

（2）预制构件外墙模施工时，应先将外墙模安装到位，再进行内衬现浇混凝土剪力墙的钢筋绑扎。预制阳台板与现浇梁、板连接时，应先将预制阳台板安装到位，再进行现浇梁、板的钢筋绑扎。

（3）预制构件插筋影响现浇混凝土结构部分钢筋绑扎时，应采用在预制构件上预留接驳器，待现浇混凝土结构钢筋绑扎完成后，再将锚筋旋入接驳器，完成锚筋与预制构件之间的连接。

（4）预制楼梯与现浇梁板采用预埋件焊接连接时，应先施工梁板，后放置、焊接楼梯；当采用锚固钢筋连接时，应先放置楼梯，后施工梁板。

2. 钢筋套筒灌浆连接与钢筋浆锚搭接连接

（1）连接前的检查

1）现浇混凝土中伸出的钢筋应采用专用模具进行定位，并应采用可靠的固定措施控制连接钢筋的中心位置及外露长度满足设计要求。

2）构件安装前应检查预制构件上套筒、预留孔的规格、位置、数量和深度；当套筒、预留孔内有杂物时，应清理干净。

3）应检查被连接钢筋的规格、数量、位置和长度。当连接钢筋倾斜时，应进行校直；连接钢筋偏离套筒或孔洞中心线不宜超过 3mm。连接钢筋中心位置存在严重偏差影响预制构件安装时，应会同设计单位制订专项处理方案，严禁随意切割、强行调整定位钢筋。

（2）灌浆作业

1）灌浆施工时，环境温度应符合灌浆料产品使用说明书要求；环境温度低于 5℃时不宜施工，低于 0℃时不得施工；当环境温度高于 30℃时，应采取降低灌浆料拌合物温度的措施。

2）钢筋水平连接时，灌浆套筒应各自独立灌浆。

3）竖向构件宜采用连通腔灌浆，并应合理划分连通灌浆区域；每个区域除预留灌浆孔、出浆孔与排气孔外，应形成密闭空腔，不应漏浆；连通灌浆区域内任意两个灌浆套筒间距离不宜超过 1.5m。

4）竖向预制构件不采用连通腔灌浆方式时，构件就位前应设置坐浆层。

5）对竖向钢筋套筒灌浆连接，灌浆作业应采用压浆法从灌浆套筒下灌浆孔注入。当灌浆料拌合物从构件其他灌浆孔、出浆孔流出后应及时封堵。

6）竖向钢筋套筒灌浆连接采用连通腔灌浆时，宜采用一点灌浆的方式；当一点灌浆遇到问题而需要改变灌浆点时，各灌浆套筒已封堵灌浆孔、出浆孔应重新打开，待灌浆料拌合物再次流出后进行封堵。

7）对水平钢筋套筒灌浆连接，灌浆作业应采用压浆法从灌浆套筒灌浆孔注入。当灌浆套筒灌浆孔、出浆孔的连接管或连接头处的灌浆料拌合物均高于灌浆套筒外表面最高点时应停止灌浆，并及时封堵灌浆孔、出浆孔。

8）灌浆料宜在加水后 30min 内用完。

9）散落的灌浆料拌合物不得二次使用；剩余的拌合物不得再次添加灌浆料、水后混合使用。

3. 预应力连接

（1）预应力筋采用砂轮锯或切断机等机械方法切断，预应力筋制作或安装时，不应用作接地线，并应避免焊渣或接地电火花的损伤。

预应力筋的下料长度计算时应考虑下列因素：结构的孔道长度、曲率、锚夹具厚度、千斤顶长度、镦头的预留量、张拉伸长值、台座长度等。

（2）采用钢质梭形通孔器大小各一只，用先小后大的方法试通，并使用变形钢筋或清孔器清理孔道。

（3）钢丝束应整束穿；钢绞线宜优先采用整束穿，也可用单根穿。穿束工作可由人工、卷扬机和穿束机进行。

（4）使用千斤顶或电动油泵对预应力筋进行张拉。张拉区应设明显标志，禁止非工作人员进入。作业人员只能在张拉端两侧工作，张拉千斤顶后面应设立防护装置。两端对称张拉时，应在统一指挥下进行，确保构件均衡受力。油泵开动过程中，不得离开岗位。

（5）预应力筋张拉后，孔道应尽快灌浆。用连接器连接的多跨连续预应力筋的孔道灌浆，应张拉完一跨随即灌浆一跨，不应在各跨全部张拉后一次连续灌浆。灌浆前应对锚具夹片空隙和其他可能漏浆处采用水泥浆或结构胶封堵。灌浆顺序应先下后上。灌浆应缓慢、均匀地进行，不得中断，并应排气通顺；不掺外加剂的水泥浆，可采用二次灌浆法。封闭顺序沿灌注方向依次封闭。

4. 预制构件螺栓连接

（1）高强度螺栓连接安装时，连接处应采用临时螺栓或冲钉固定，在每个节点上应穿入的临时螺栓和冲钉数量，由安装时可能承担的荷载计算确定，并应符合下列规定：

1）不得少于安装总数的 1/3。

2）不得少于 2 个临时螺栓。

3）冲钉穿入数量不宜多于临时螺栓的 30%。

4）组装时先用冲钉对准孔位，在适当位置插入临时螺栓，用扳手拧紧。

5）不准用高强度螺栓兼作临时螺栓，以防螺纹损伤引起扭矩系数的变化。

（2）高强度螺栓的安装应在结构构件中心位置调整后进行，其穿入方向应以施工方便为准，并力求一致。高强度螺栓连接副组装时，扭剪型高强度螺栓的垫圈安在螺母一侧，垫圈孔有倒角的一侧应和螺母接触，不得装反。

（3）安装时高强度螺栓应自由穿入孔内，不得强行敲打。如不能自由穿入时，不得用气割扩孔，应用铰刀修整。

（4）螺栓穿入方向宜一致，穿入高强度螺栓用扳手紧固后，再卸下临时螺栓，以高强度螺栓替换。不得在雨天安装高强度螺栓，且摩擦面应处于干燥状态。

（5）高强度螺栓在初拧、复拧和终拧时，为使螺栓群中所有螺栓均匀受力，连接处的螺栓应按一定顺序施拧。

为了防止高强度螺栓受外部环境的影响，使扭矩系数发生变化，一般高强度螺栓的初拧、复拧、终拧应在同一天完成。

当气温低于−10℃和雨、雪天气时，在露天作业的高强度螺栓应停止作业。当气温低于0℃时，应先做紧固轴力试验，不合格者当日应停止作业。

5. 节点及构件后浇筑混凝土连接

（1）装配式结构连接节点及叠合构件浇筑混凝土前，应进行隐蔽工程验收。隐蔽工程验收应包括下列主要内容：

1）混凝土粗糙面的质量，键槽的尺寸、数量、位置。

2）钢筋的牌号、规格、数量、位置、间距，箍筋弯钩的弯折角度及平直段长度。

3）钢筋的连接方式、接头位置、接头数量、接头面积百分率、搭接长度、锚固方式及锚固长度。

4）预埋件、预留管线的规格、数量、位置。

（2）预制构件与现浇混凝土部分连接应按设计图纸与节点施工。预制构件与现浇混凝土接触面，构件表面应做凿毛处理。

（3）预制构件锚固钢筋应按现行规范、规程执行，当有专项设计图纸时，应满足设计要求。

（4）采用预埋件与螺栓形式连接时，预埋件和螺栓必须符合设计要求。

（5）浇筑用混凝土、砂浆、水泥浆的强度及收缩性能应满足设计要求，骨料最大尺寸不应小于浇筑处最小尺寸的1/4。设计无规定时，混凝土、砂浆的强度等级值不应低于构件混凝土强度等级值，并宜采取快硬措施。

（6）装配节点处混凝土、砂浆浇筑应振捣密实，并采取保温保湿养护措施。混凝土浇筑时，应采取留置必要数量的同条件试块或其他混凝土实体强度检测措施，以核对混凝土的强度已达到后续施工的条件。临时固定措施，可以在不影响结构安全性前提下分阶段拆除，对拆除方法、时间及顺序，应事先进行验算并制订方案。

（7）预制阳台与现浇梁、板连接时，预制阳台预留锚固钢筋必须符合设计要求并满足规范规定的长度。

（8）预制楼梯与现浇梁板的连接，当采用预埋件焊接连接时，先施工梁板后焊接、放置楼梯，焊接满足设计要求。当采用锚固钢筋连接时，锚固钢筋必须符合设计要求。

（9）预制构件在现浇混凝土叠合构件中应符合下列规定：

1）在主要承受静力荷载的梁中，预制构件的叠合面应有凹凸差不小于 6mm 的粗糙面，并不得疏松和有浮浆。

2）当浇筑叠合板时，预制板的表面应有凹凸不小于 4mm 的粗糙面。

（10）装配式结构的连接节点应逐个进行隐蔽工程检查，并填写记录。

5.7.5 质量检查

应符合现行国家标准《混凝土结构工程施工质量验收规范》GB 50204、《混凝土结构工程施工规范》GB 50666 和《装配式混凝土建筑技术标准》GB/T 51231 及现行行业标准《装配式混凝土结构技术规程》JGJ 1、《预制预应力混凝土装配整体式框架结构技术规程》JGJ 224 等的相关规定。

第6章　钢结构工程实体质量控制

6.1　基本规定

6.1.1　原材料及成品进场验收和抽样复验

钢构件原材料及成品进场验收和抽样复验，见表 6-1。

钢构件原材料及成品进场验收和抽样复验　　　　　　　　表 6-1

项目		质量控制要点	检查数量	检查方法
钢材	主控项目	钢材、钢铸件的品种、规格、性能等应符合现行国家产品标准和设计要求。进口钢材产品的质量应符合设计和合同规定标准的要求	全数检查	检查质量合格证明文件、中文标志及检验报告等
		对属于下列情况之一的钢材，应进行抽样复验，其复验结果应符合现行国家产品标准和设计要求。 （1）国外进口钢材。 （2）钢材混批。 （3）板厚等于或大于 40mm，且设计有 z 向性能要求的厚板。 （4）建筑结构安全等级为一级，大跨度钢结构中主要受力构件所采用的钢材。 （5）设计有复验要求的钢材。 （6）对质量有疑义的钢材	全数检查	检查复验报告
	一般项目	钢板厚度及允许偏差应符合其产品标准的要求	每一品种、规格的钢板抽查 5 处	用游标卡尺量测
		型钢的规格尺寸及允许偏差符合其产品标准的要求	每一品种、规格的型钢抽查 5 处	用钢尺和游标卡尺量测
		钢材的表面外观质量除应符合国家现行有关标准的规定外，尚应符合下列规定： （1）当钢材的表面有锈蚀、麻点或划痕等缺陷时，其深度不得大于该钢材厚度负允许偏差值的 1/2。 （2）钢材表面的锈蚀等级应符合现行国家标准《涂覆涂料前钢材表面处理表面清洁度的目视评定　第 1 部分：未涂覆过的钢材表面和全面清除原有涂层后的钢材表面的锈蚀等级和处理等级》GB/T 8923.1—2011 规定的 C 级及 C 级以上。 （3）钢材端边或断口处不应有分层、夹渣等缺陷	全数检查	观察检查

项目		质量控制要点	检查数量	检查方法
焊接材料	主控项目	焊接材料的品种、规格、性能等应符合现行国家产品标准和设计要求	全数检查	检查焊接材料的质量合格证明文件、中文标志及检验报告等
		重要钢结构采用的焊接材料应进行抽样复验，复验结果应符合现行国家产品标准和设计要求	全数检查	检查复验报告
	一般项目	焊钉及焊接瓷环的规格、尺寸及偏差应符合现行国家标准《电弧螺柱焊用圆柱头焊钉》GB/T 10433 中的规定	按量抽查1%，且不应少于10套	用钢尺和游标卡尺量测
		焊条外观不应有药皮脱落、焊芯生锈等缺陷；焊剂不应受潮结块	按量抽查1%，且不应少于10包	观察检查
连接用紧固标准件	主控项目	钢结构连接用高强度大六角头螺栓连接副、扭剪型高强度螺栓连接副、钢网架用高强度螺栓、普通螺栓、铆钉、自攻钉、拉铆钉、射钉、锚栓（机械型和化学试剂型）、地脚锚栓等紧固标准件及螺母、垫圈等标准配件.其品种、规格、性能等应符合现行国家产品标准和设计要求。高强度大六角头螺栓连接副和扭剪型高强度螺栓连接副出厂时应分别随箱带有扭矩系数和紧固轴力（预拉力）的检验报告	全数检查	检查产品的质量合格证明文件、中文标志及检验报告等
		高强度大六角头螺栓连接副应按《钢结构工程施工质量验收规范》GB 50205—2001 附录 B 的规定检验其扭矩系数，其检验结果应符合附录 B 的规定	每批应抽取8套连接副	检查复验报告
		扭剪型高强度螺栓连接副应按《钢结构工程施工质量验收规范》GB 50205—2001 附录 B 的规定检验预拉力，其检验结果应符合附录 B 的规定	每批应抽取8套连接副	检查复验报告
	一般项目	高强度螺栓连接副，应按包装箱配套供货，包装箱上应标明批号、规格、数量及生产日期。螺栓、螺母、垫圈外观表面应涂油保护，不应出现生锈和沾染脏物，螺纹不应损伤	按包装箱数抽查5%，且不应少于3箱	观察检查
		对建筑结构安全等级为一级，跨度40m及以上的螺栓球节点钢网架结构，其连接高强度螺栓应进行表面硬度试验，对8.8级的高强度螺栓其硬度应为HRC21~29；10.9级高强度螺栓其硬度应为HRC32~36，且不得有裂纹或损伤	按规格抽查8只	硬度计、10倍放大镜或磁粉探伤
焊接球	主控项目	焊接球及制造焊接球所采用的原材料，其品种、规格、性能等应符合现行国家产品标准和设计要求	全数检查	检查产品的质量合格证明文件、中文标志及检验报告等
		焊接球焊缝应进行无损检验，其质量应符合设计要求，当设计无要求时应符合《钢结构工程施工质量验收规范》GB 50205 中规定的二级质量标准	每一规格按数量抽查5%，且不应少于3个	超声波探伤或检查检验报告

项目		质量控制要点	检查数量	检查方法
焊接球	一般项目	焊接球直径、圆度、壁厚减薄量等尺寸及允许偏差应符合《钢结构工程施工质量验收规范》GB 50205 的规定	每一规格按数量抽查 5%，且不应少于 3 个	用卡尺和测厚仪检查
		焊接球表面应无明显波纹及局部凹凸不平不大于 1.5mm	每一规格按数量抽查 5%，且不应少于 3 个	用弧形套模、卡尺和观察检查
螺栓球	主控项目	螺栓球及制造螺栓球节点所采用的原材料，其品种、规格、性能等应符合现行国家产品标准和设计要求	全数检查	检查产品的质量合格证明文件、中文标志及检验报告等
		螺栓球不得有过烧、裂纹及褶皱	每种规格抽查 5%，且不应少于 5 只	用 10 倍放大镜观察和表面探伤
	一般项目	螺栓球螺纹尺寸应符合现行国家标准《普通螺纹 基本尺寸》GB /T 196 中粗牙螺纹的规定，螺纹公差必须符合现行国家标准《普通螺纹 公差》GB/T 197 中 6H 级精度的规定	每种规格抽查 5%，且不应少于 5 只	用标准螺纹规
		螺栓球直径、圆度、相邻两螺栓孔中心线夹角等尺寸及允许偏差应符合《钢结构工程施工质量验收规范》GB 50205 的规定	每一规格按数量抽查 5%，且不应少于 3 个	用卡尺和分度头仪检查
封板、锥头和套筒	主控项目	封板、锥头和套筒及制造封板、锥头和套筒所采用的原材料，其品种、规格、性能等应符合现行国家产品标准和设计要求	全数检查	检查产品的质量合格证明文件、中文标志及检验报告等
		封板、锥头、套筒外观不得有裂纹、过烧及氧化皮	每种抽查 5%，且不应少于 10 只	用放大镜观察检查和表面探伤
金属压型板	主控项目	金属压型板及制造金属压型板所采用的原材料，其品种、规格、性能等应符合现行国家产品标准和设计要求	全数检查	检查产品的质量合格证明文件、中文标志及检验报告等
		压型金属泛水板、包角板和零配件的品种、规格以及防水密封材料的性能应符合现行国家产品标准和设计要求	全数检查	检查产品的质量合格证明文件、中文标志及检验报告等
	一般项目	压型金属板的规格尺寸及允许偏差、表面质量、涂层质量等应符合设计要求和《钢结构工程施工质量验收规范》GB 50205 的规定	每种规格抽查 5%，且不应少于 3 件	观察和用 10 倍放大镜检查及尺量

项目		质量控制要点	检查数量	检查方法
涂装材料	主控项目	钢结构防腐涂料、稀释剂和固化剂等材料的品种、规格、性能等应符合现行国家产品标准和设计要求	全数检查	检查产品的质量合格证明文件、中文标志及检验报告等
		钢结构防火涂料的品种和技术性能应符合设计要求，并应经过具有资质的检测机构检测符合国家现行有关标准的规定	全数检查	检查产品的质量合格证明文件、中文标志及检验报告等
	一般项目	防腐涂料和防火涂料的型号、名称、颜色及有效期应与其质量证明文件相符。开启后，不应存在结皮、结块、凝胶等现象	按桶数抽查5%，且不应少于3桶	观察检查
其他材料	主控项目	钢结构用橡胶垫的品种、规格、性能等应符合现行国家产品标准和设计要求	全数检查	检查产品的质量合格证明文件、中文标志及检验报告等
		钢结构工程所涉及的其他特殊材料，其品种、规格、性能等应符合现行国家产品标准和设计要求		

6.1.2　钢结构工程有关安全及功能的检验和见证检测项目

钢结构工程有关安全及功能的检验和见证检测项目，见表6-2，检验应在其分项工程验收合格后进行。

钢结构工程有关安全及功能的检验和见证检测项目　　　　表6-2

项次	项目	抽检数量及检验方法	合格质量标准
见证取样送样试验项目	钢材及焊接材料复验	全数检查，检查复验报告	符合设计要求和国家现行有关产品标准的规定
	高强度螺栓预拉力、扭矩系数复验	预拉力、扭矩系数复验用的螺栓应在施工现场待安装的螺栓批中随机抽取，每批应抽取8套连接副进行复验。检验方法：检查复验报告	
	摩擦面抗滑移系数复验	制造厂和安装单位应分别以钢结构制造批为单位进行抗滑移系数试验。制造批可按分部（子分部）工程划分规定的工程量每2000t为一批，不足2000t的可视为一批。选用两种及两种以上表面处理工艺时，每种处理工艺应单独检验。每批三组试件。检验方法：检查摩擦面抗滑移系数试验报告和复验报告	
	网架节点承载力试验	检查数量：每项试验做3个试件。检验方法：在万能试验机上进行检验，检查试验报告	

项次	项目	抽检数量及检验方法	合格质量标准
焊缝质量	内部缺陷	检查数量：一、二级焊缝按焊缝处数随机抽检3%，且不应少于3处。检验方法：检验采用超声波或射线探伤，观察检查或使用放大镜、焊缝量规和钢尺检查，当存在疑义时，采用渗透或磁粉探伤检查	设计要求全焊透的一、二级焊缝应采用超声波探伤进行内部缺陷的检验，超声波探伤不能对缺陷做出判断时，应采用射线探伤，其内部缺陷分级及探伤方法应符合现行国家标准。 焊缝表面不得有裂纹、焊瘤等缺陷。一级、二级焊缝不得有表面气孔、夹渣、弧坑裂纹、电弧擦伤等缺陷。且一级焊缝不得有咬边、未焊满、根部收缩等缺陷。 二级、三级焊缝外观质量标准应符合现行国家标准《钢结构工程施工质量验收规范》GB 50205 的规定。三级对接焊缝应按二级焊缝标准进行外观质量检验。 焊缝尺寸允许偏差应符合现行国家标准《钢结构工程施工质量验收规范》GB 50205 的规定
	外观缺陷		
	焊缝尺寸		
高强度螺栓施工质量	终拧扭矩	检查数量：按节点数抽查10%，且不应少于10个；每个被抽查节点按螺栓数抽查10%，且不应少于2个。检验方法：《钢结构工程施工质量验收规范》见 GB 50205 附录 B	高强度大六角头螺栓连接副终拧完成1h后，48h内应进行终拧扭矩检查，检查结果应符合现行国家标准《钢结构工程施工质量验收规范》GB 50205 的规定
	梅花头检查	检查数量：按节点数抽查10%，但不应少于10个节点，被抽查节点中梅花头未拧掉的扭剪型高强度螺栓连接副全数进行终拧扭矩检查。检验方法：观察检查及《钢结构工程施工质量验收规范》GB 50205 附录 B	扭剪型高强度螺栓连接副终拧后，除因构造原因无法使用专用扳手终拧掉梅花头者外，未在终拧过程中拧掉梅花头的螺栓不应大于该节点螺栓数的5%。对所有梅花头未拧掉的扭剪型高强度螺栓连接副应采用扭矩法或转角法进行终拧并做标记，且按上条的规定进行终拧扭矩检查
	网架螺栓球节点	检查数量：按节点数抽查5%，且不应少于10个。检验方法：普通扳手及尺量检查	螺栓球节点网架总拼完成后，高强度螺栓与球节点应紧固连接，高强度螺栓拧入螺栓球内的螺纹长度不应小于 $1.0d$（d 为螺栓直径），连接处不应出现有间隙、松动等未拧紧情况
柱脚及网架支座	锚栓紧固	按柱脚及网架支座数随机抽检10%，且不应少于3处，采用观察和尺量等方法进行检验	符合设计要求和现行国家标准《钢结构工程施工质量验收规范》GB 50205 的规定
	垫板、垫块		
	二次灌浆		

项次	项目	抽检数量及检验方法	合格质量标准
主要构件变形	钢屋（托）架、桁架、钢梁、吊车梁等垂直度和侧向弯曲	检查数量：随机抽检3%，且不应少于3个。 检验方法：用吊线、拉线、经纬仪和钢尺现场实测	钢屋（托）架、桁架、梁及受压杆件的垂直度和侧向弯曲矢高的允许偏差应符合规范的规定。 钢主梁、次梁及受压杆件的垂直度和侧向弯曲矢高的允许偏差应符合现行国家标准《钢结构工程施工质量验收规范》GB 50205的规定
	钢柱垂直度	检查数量：随机抽检3%，且不应少于3个。 检验方法：用全站仪或激光经纬仪和钢尺实测。	柱子安装的允许偏差应符合现行国家标准《钢结构工程施工质量验收规范》GB 50205的规定
	网架结构挠度	检查数量：跨度24m及以下钢网架结构测量下弦中央一点；跨度24m以上钢网架结构测量下弦中央一点及各向下弦跨度的四等分点。 检验方法：用钢尺和水准仪实测	钢网架结构总拼完成后及屋面工程完成后应分别测量其挠度值，且所测的挠度值不应超过相应设计值的1.15倍
主体结构尺寸	整体垂直度	检查数量：对主要立面全部检查。对每个所检查的立面，除两列角柱外，尚应至少选取一列中间柱。 检验方法：对于整体垂直度。可采用激光经纬仪、全站仪测量，也可根据各节柱的垂直度允许偏差累计（代数和）计算。对于整体平面弯曲，可按产生的允许偏差累计（代数和）计算	单层钢结构主体结构的整体垂直度和整体平面弯曲的允许偏差应符合现行国家标准《钢结构工程施工质量验收规范》GB 50205的规定
	整体平面弯曲		多层及高层钢结构主体结构的整体垂直度和整体平面弯曲的允许偏差应符合现行国家标准《钢结构工程施工质量验收规范》GB 50205的规定

6.1.3 钢结构工程观感质量检查项目

钢结构工程有关观感质量检验项目抽检，见表6-3。

钢结构工程观感质量检查项目抽检　　　　　　　　表6-3

项次	项目	抽检数量	合格质量标准
1	普通涂层表面	随机抽查3个轴线结构构件	构件表面不应误涂、漏涂，涂层不应脱皮和返锈等。涂层应均匀，无明显皱皮、流坠、针眼和气泡等
2	防火涂层表面	随机抽查3个轴线结构构件	（1）薄涂型防火涂料涂层表面裂纹宽度不应大于0.5mm；厚涂型防火涂料涂层表面裂纹宽度不应大于1mm。 （2）防火涂料涂装基层不应有油污、灰尘和泥砂等污垢。 （3）防火涂料不应有误涂、漏涂，涂层应闭合无脱层、空鼓、明显凹陷、粉化松散和浮浆等外观缺陷，乳突已剔除
3	压型金属板表面	随机抽查3个轴线间压型金属板表面	压型金属板安装应平整、顺直，板面不应有施工残留物和污物。檐口和墙面下端应呈直线，不应有未经处理的错钻孔洞
4	钢平台、钢梯、钢栏杆	随机抽查10%	连接牢固，无明显外观缺陷

6.2 钢结构焊接

6.2.1 材料质量控制

参见本书 6.1 节中相关内容。

6.2.2 焊接工艺

1. 定位焊

（1）定位焊焊缝的厚度不应小于 3mm，不宜超过设计焊缝厚度的 2/3；长度不宜小于 40mm 和接头中较薄部件厚度的 4 倍；间距宜为 300～600mm。

（2）定位焊缝与正式焊缝应具有相同的焊接工艺和焊接质量要求。

（3）多道定位焊焊缝的端部应为阶梯状。

（4）采用钢衬垫板的焊接接头，定位焊宜在接头坡口内进行。

（5）定位焊焊接时预热温度宜高于正式施焊预热温度 20～50℃。

2. 引弧板、引出板和衬垫板

（1）当引弧板、引出板和衬垫板为钢材时，应选用屈服强度不大于被焊钢材标称强度的钢材，且焊接性应相近。

（2）焊接接头的端部应设置焊缝引弧板、引出板。焊条电弧焊和气体保护电弧焊焊缝引出长度应大于 25mm，埋弧焊缝引出长度应大于 80mm。焊接完成并完全冷却后，可采用火焰切割、碳弧气刨或机械等方法除去引弧板、引出板，并应修磨平整，严禁用锤击落。

（3）钢衬垫板应与接头母材密贴连接，其间隙不应大于 1.5mm，并应与焊缝充分熔合。手工电弧焊和气体保护电弧焊时，钢衬垫板厚度不应小于 4mm；埋弧焊接时，钢衬垫板厚度不应小于 6mm；电渣焊时，钢衬垫板厚度不应小于 25mm。

3. 预热和道间温度控制

预热和道间温度控制宜采用电加热、火焰加热和红外线加热等加热方法，并应采用专用的测温仪器测量。预热的加热区域应在焊接坡口两侧，宽度应为焊件施焊处板厚的 1.5 倍以上，且不应小于 100mm。温度测量点，当为非封闭空间构件时，宜在焊件受热面的背面离焊接坡口两侧不小于 75mm 处；当为封闭空间构件时，宜在正面离焊接坡口两侧不小于 100mm 处。

焊接接头的预热温度和道间温度，应符合现行国家标准《钢结构焊接规范》GB 50661 的有关规定；当工艺选用的预热温度低于现行国家标准《钢结构焊接规范》GB 50661 的有关规定时，应通过工艺评定试验确定。

4. 焊接变形控制

（1）在进行构件或组合构件的装配和部件间连接时，以及将部件焊接到构件上时，采用的工艺和顺序应使最终构件的变形与收缩最小。

（2）根据构件上焊缝的布置，可按下列要求采用合理的焊接顺序控制变形：

1）对接接头、T 形接头和十字接头，在工件放置条件允许或易于翻身的情况下，宜双面对称焊接；有对称截面的构件，宜对称于构件中和轴焊接；有对称连接杆件的节点，宜对称于节点轴线同时对称焊接。

2）非对称双面坡口焊缝，宜首先焊深坡口侧，然后焊满浅坡口侧，最后完成深坡口侧焊缝，特厚板宜增加轮流对称焊接的循环次数。

3）对长焊缝宜采用分段退焊法或与多人对称焊接法同时运用。

4）宜采用跳焊法，避免工件局部热量集中。

（3）构件装配焊接时，应先焊预计有较大收缩量的接头，后焊预计收缩量较小的接头，接头应在尽可能小的拘束状态下焊接。对于预计有较大收缩或角变形的接头，可通过计算预估焊接收缩和角变形量的数值，在正式焊接前采用预留焊接收缩裕量或预置反变形方法控制收缩和变形。

（4）对于组合构件的每一组件，应在该组件焊接到其他组件以前完成拼接；多组件构成的复合构件应采取分部组装焊接，分别矫正变形后再进行总装焊接的方法降低构件的变形。

（5）对于焊缝分布相对于构件的中和轴明显不对称的异形截面的构件，在满足设计计等要求的情况下，可采用增加或减少填充焊缝面积的方法或采用补偿加热的方法使构件的受热平衡，以降低构件的变形。

6.2.3　焊接接头

1. 全熔透和部分熔透焊接

（1）T形接头、十字接头、角接接头等要求全熔透的对接和角接组合焊缝，其加强角焊缝的焊脚尺寸不应小于 $t/4$［图 6-1（a）～（c）］，设计有疲劳验算要求的吊车梁或类似构件的腹板与上翼缘连接焊缝的焊脚尺寸应为 $t/2$，且不应大于 10mm［图 6-1（d）］。焊脚尺寸的允许偏差为 0～4mm。

（2）全熔透坡口焊缝对接接头的焊缝余高，应符合表 6-4 的规定。

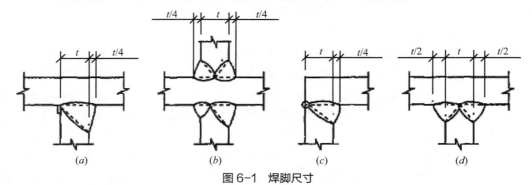

图 6-1　焊脚尺寸

对接接头的焊缝余高（mm）　　　　　　　　　　　　表 6-4

设计要求焊缝等级	焊缝宽度	焊缝余高
一、二级焊缝	＜ 20	0～3
	≥ 20	0～4
三级焊缝	＜ 20	0～3.5
	≥ 20	0～5

（3）全熔透双面坡口焊缝可采用不等厚的坡口深度，较浅坡口深度不应小于接头厚度的 1/4。

（4）部分熔透焊接应保证设计文件要求的有效焊缝厚度。T 形接头和角接接头中部分熔透坡口焊缝与角焊缝构成的组合焊缝，其加强角焊缝的焊脚尺寸应为接头中最薄板厚的 1/4，且不应超过 10mm。

2. 角焊缝接头

（1）由角焊缝连接的部件应密贴，根部间隙不宜超过 2mm；当接头的根部间隙超过 2mm 时，角焊缝的焊脚尺寸应根据根部间隙值增加，但最大不应超过 5mm。

（2）当角焊缝的端部在构件上时，转角处宜连续包角焊，起弧和熄弧点距焊缝端部宜大于 10mm；当角焊缝端部不设置引弧和引出板的连续焊缝，起熄弧点距焊缝端部宜大于 10mm，弧坑应填满。

（3）间断角焊缝每焊段的最小长度不应小于 40mm，焊段之间的最大间距不应超过较薄焊件厚度的 24 倍，且不应大于 300mm。

3. 塞焊与槽焊

塞焊和槽焊可采用手工电弧焊、气体保护电弧焊及自保护电弧焊等焊接方法。平焊时，应分层熔敷焊接，每层熔渣应冷却凝固并清除后再重新焊接；立焊和仰焊时，每道焊缝焊完后，应待熔渣冷却并清除后再施焊后续焊道。

塞焊和槽焊的两块钢板接触面的装配间隙不得超过 1.5mm。塞焊和槽焊焊接时，严禁使用填充板材。

4. 电渣焊

（1）电渣焊应采用专用的焊接设备，可采用熔化嘴和非熔化嘴方式进行焊接。电渣焊采用的衬垫可使用钢衬垫和水冷铜衬垫。

（2）箱形构件内隔板与面板 T 形接头的电渣焊焊接，宜采取对称的方式进行焊接。

（3）电渣焊衬垫板与母材的定位焊宜采用连续焊。

5. 栓钉焊

（1）栓钉应采用专用焊接设备进行施焊。首次栓钉焊接时，应进行焊接工艺评定试验，并应确定焊接工艺参数。

（2）每班焊接作业前，应至少试焊 3 个栓钉，并应检查合格后再正式施焊。

（3）当受条件限制而不能采用专用设备焊接时，栓钉可采用焊条电弧焊和气体保护电弧焊焊接，并应按相应的工艺参数施焊，其焊缝尺寸应通过计算确定。

6.2.4 焊接缺陷返修

（1）焊缝金属或母材的缺欠超过相应的质量验收标准的规定时，可采用砂轮打磨、碳弧气刨、铲凿或机械等方法彻底清除。采用焊接修复前，应清洁修复区域的表面。

（2）焊缝焊瘤、凸起或余高过大，应采用砂轮或碳弧气刨清除过量的焊缝金属。

（3）焊缝凹陷、弧坑、咬边或焊缝尺寸不足等缺陷应进行补焊。

（4）焊缝未熔合、焊缝气孔或夹渣等，在完全清除缺陷后应进行补焊。

（5）焊缝或母材上裂纹应采用磁粉、渗透或其他无损检测方法确定裂纹的范围及深度，应用砂轮打磨或碳弧气刨清除裂纹及其两端各 50mm 长的完好焊缝或母材，并应用渗透或磁粉探伤方法确定裂纹完全清除后，再重新进行补焊。

对于拘束度较大的焊接接头上裂纹的返修，碳弧气刨清除裂纹前，宜在裂纹两端钻止裂孔后再清除裂纹缺陷。焊接裂纹的返修，应通知焊接工程师对裂纹产生的原因进行调查和分析，应制定专门的返修工艺方案后按工艺要求进行。

（6）焊缝缺陷返修的预热温度应高于相同条件下正常焊接的预热温度 30～50℃，并应采用低氢焊接方法和焊接材料进行焊接。

（7）焊缝返修部位应连续焊成，中断焊接时应采取后热、保温措施。

（8）焊缝同一部位的缺陷返修次数不宜超过两次。当超过两次时，返修前应先对焊接工艺进行工艺评定，并应评定合格后再进行后续的返修焊接。返修后的焊接接头区域应增加磁粉或着色检查。

6.2.5　焊接质量检验

焊接质量检验是钢结构质量保证体系中的关键环节，包括焊接前的检验、焊接中的检验和焊接后的检验，焊接质量检查内容见表 6-5。

焊接质量检查内容　　　　　　　　　　　　表 6-5

项　目	检　验　内　容
焊前检验	（1）按设计文件和相关标准的要求对工程中所用钢材、焊接材料的规格、型号（牌号）、材质、外观及质量证明文件进行确认。 （2）焊工合格证及认可范围确认。 （3）焊接工艺技术文件及操作规程审查。 （4）坡口形式、尺寸及表面质量检查。 （5）组对后构件的形状、位置、错边量、角变形、间隙等检查。 （6）焊接环境、焊接设备等条件确认。 （7）定位焊缝的尺寸及质量认可。 （8）焊接材料的烘干、保存及领用情况检查。 （9）引弧板、引出板和衬垫板的装配质量检查
焊中检验	（1）实际采用的焊接电流、焊接电压、焊接速度、预热温度、层间温度及后热温度和时间等焊接工艺参数与焊接工艺文件的符合性检查。 （2）多层多道焊焊道缺欠的处理情况确认。 （3）采用双面焊清根的焊缝，应在清根后进行外观检查及规定的无损检测。 （4）多层多道焊中焊层、焊道的布置及焊接顺序等检查
焊后检验	（1）焊缝的外观质量与外形尺寸检查。 （2）焊缝的无损检测。 （3）焊接工艺规程记录及检验报告审查

注：表中检验内容为应检验的至少内容，还应根据设计和工程实际予以适当补充。

6.2.6　质量检查

应符合现行国家标准《钢结构工程施工质量验收规范》GB 50205 的规定。

6.3 钢结构紧固件连接

6.3.1 材料质量控制

参见本书 6.1 节中相关内容。

6.3.2 摩擦面处理

（1）高强度螺栓摩擦面对因板厚公差、制造偏差或安装偏差等产生的接触面间隙，应按表 6-6 的规定进行处理。

接触面间隙处理　　　　　　　　　　　　　　　　　　表6-6

项目	示　意　图	处　理　方　法
1		⊿＜1.0mm 时不予处理
2	磨斜面	⊿＝1.0～3.0mm 时将厚板一侧磨成 1∶10 缓坡，使间隙小于 1.0mm
3		⊿＞3.0mm 时加垫板，垫板厚度不小于 3mm，最多不超过 3 层，垫板材质和摩擦面处理方法应与构件相同

（2）高强度螺栓连接处的摩擦面可根据设计抗滑移系数的要求选择处理工艺，抗滑移系数应符合设计要求。采用手工砂轮打磨时，打磨方向应与受力方向垂直，且打磨范围不应小于螺栓孔径的 4 倍。

（3）经表面处理后的高强度螺栓连接摩擦面，连接摩擦面应保持干燥、清洁，不应有飞边、毛刺、焊接飞溅物、焊疤、氧化铁皮、污垢等；经处理后的摩擦面应采取保护措施，不得在摩擦面上做标记。

（4）摩擦面采用生锈处理方法时，安装前应以细钢丝刷垂直于构件受力方向除去摩擦面上的浮锈。

6.3.3 普通紧固件连接

（1）普通螺栓可采用普通扳手紧固，螺栓紧固应使被连接件接触面、螺栓头和螺母与构件表面密贴。普通螺栓紧固应从中间开始，对称向两边进行，大型接头宜复拧。

（2）普通螺栓作为永久性连接螺栓时，紧固连接应符合下列规定：

1）螺栓头和螺母侧应分别放置平垫圈，螺栓头侧放置的垫圈不应多于 2 个，螺母侧放置的垫圈不应多于 1 个。

2）承受动力荷载或重要部位的螺栓连接，设计有防松动要求时，应采取有防松动装置的螺母或弹簧垫圈，弹簧垫圈应放置在螺母侧。

3）对工字钢、槽钢等有斜面的螺栓连接，宜采用斜垫圈。

4）同一个连接接头螺栓数量不应少于 2 个。

5）螺栓紧固后外露丝扣不应少于 2 扣，紧固质量检验可采用锤敲检验。

（3）连接薄钢板采用的拉铆钉、自攻钉、射钉等，其规格尺寸应与被连接钢板相匹配，其间距、边距等应符合设计文件的要求。钢拉铆钉和自攻螺钉的钉头部分应靠在较薄的板件一侧。自攻螺钉、钢拉铆钉、射钉等与连接钢板应紧固密贴，外观应排列整齐。

（4）射钉施工时，穿透深度不应小于 10.0mm。

6.3.4　高强度螺栓连接

1．一般规定

（1）高强度螺栓连接副应按批配套进场，并附有出厂质量保证书。高强度螺栓连接副应在同批内配套使用。

（2）高强度螺栓连接副在运输、保管过程中，应轻装、轻卸，防止损伤螺纹。

（3）高强度螺栓连接副应按包装箱上注明的批号、规格分类保管；室内存放，堆放应有防止生锈、潮湿及沾染脏物等措施。高强度螺栓连接副在安装使用前严禁随意开箱。

（4）高强度螺栓连接副的保管时间不应超过 6 个月。当保管时间超过 6 个月后使用时，必须按要求重新进行扭矩系数或紧固轴力试验，检验合格后方可使用。

（5）高强度螺栓连接处的钢板表面处理方法及除锈等级应符合设计要求。连接处钢板表面应平整，无焊接飞溅、无毛刺、无油污。经处理后的摩擦型高强度螺栓连接的摩擦面抗滑移系数应符合设计要求。

（6）经处理后的高强度螺栓连接处摩擦面应采取保护措施，防止沾染脏物和油污。严禁在高强度螺栓连接处摩擦面上做标记。

2．临时螺栓和冲钉

（1）高强度螺栓连接安装时，在每个节点上应穿入的临时螺栓和冲钉数量，由安装时可能承担的荷载计算确定。

（2）不得少于节点螺栓总数的 1/3。

（3）不得少于 2 个临时螺栓。

（4）冲钉穿入数量不宜多于临时螺栓数量的 30%。

3．高强度螺栓穿入

（1）在安装过程中，不得使用螺纹损伤及沾染脏物的高强度螺栓连接副，不得用高强度螺栓兼作临时螺栓。

（2）高强度螺栓的安装应在结构构件中心位置调整后进行，其穿入方向应以施工方便为准，并力求一致。高强度螺栓连接副组装时，螺母带圆台面的一侧应朝向垫圈有倒角的一侧。对于大六角头高强度螺栓连接副组装时，螺栓头下垫圈有倒角的一侧应朝向螺栓头。

（3）安装高强度螺栓时，严禁强行穿入。当不能自由穿入时，该孔应用铰刀进行修整，修整后孔的最大直径不应大于 1.2 倍螺栓直径，且修孔数量不应超过该节点螺栓数量的 25%。修孔前应将四周螺栓全部拧紧，使板迭密贴后再进行铰孔，严禁气割扩孔。

4. 螺栓拧紧要求

（1）大六角头高强度螺栓施工所用的扭矩扳手，班前必须校正，其扭矩相对误差应为±5%，合格后方准使用。校正用的扭矩扳手，其扭矩相对误差应为 ±3%。大六角头高强度螺栓拧紧时，应只在螺母上施加扭矩。

（2）高强度大六角头螺栓连接副的拧紧应分为初拧、终拧。对于大型节点应分为初拧、复拧、终拧。初拧扭矩和复拧扭矩为终拧扭矩的 50% 左右。初拧或复拧后的高强度螺栓应用颜色在螺母上标记，按规定的终拧扭矩值进行终拧。终拧后的高强度螺栓应用另一种颜色在螺母上标记。高强度大六角头螺栓连接副的初拧、复拧、终拧，宜在一天内完成。

（3）扭剪型高强度螺栓连接副的拧紧应分为初拧、终拧。对于大型节点应分为初拧、复拧、终拧。初拧或复拧后的高强度螺栓应用颜色在螺母上标记，用专用扳手进行终拧，直至拧掉螺栓尾部梅花头。对于个别不能用专用扳手进行终拧的扭剪型高强度螺栓，应按进行终拧（扭矩系数可取 0.13）。扭剪型高强度螺栓连接副的初拧、复拧、终拧，宜在一天内完成。

5. 螺栓拧紧顺序

高强度螺栓在初拧、复拧和终拧时，连接处的螺栓应按一定顺序拧紧，确定施拧顺序的原则为由螺栓群中央顺序向外拧紧和从接头刚度大的部位向约束小的方向拧紧。

6. 螺栓保护

对于露天使用或接触腐蚀性气体的钢结构，在高强度螺栓拧紧检查验收合格后，连接处板缝应及时用腻子封闭。

经检查合格后的高强度螺栓连接处，防腐、防火应按设计要求涂装。

6.3.5 质量检查

应符合现行国家标准《钢结构工程施工质量验收规范》GB 50205、《钢结构工程施工规范》GB 50755 的相关规定。

6.4 钢零件及部件加工

6.4.1 材料质量控制

参见本书 6.1 节中相关内容。

6.4.2 工序质量控制点

1. 放样和号料

（1）放样和号料应根据施工详图及工艺文件进行，并应按要求预留余量。

（2）放样、样板（样杆）、号料的允许偏差应符合现行国家标准《钢结构工程施工规范》GB 50755 的规定。

（3）主要零件应根据构件的受力特点和加工状况，按工艺规定的方向进行号料。

（4）号料后，零件和部件应按施工详图与工艺要求进行标识。

2. 切割

（1）钢材切割可采用气割、机械切割、等离子切割等方法，选用的切割方法应满足工艺文件的要求。切割后的飞边、毛刺应清理干净。

（2）钢材切割面应无裂纹、夹渣、分层等缺陷和大于1mm的缺棱。

（3）气割、机械剪切的允许偏差应符合现行国家标准《钢结构工程施工规范》GB 50755的规定。

（4）机械剪切的零件厚度不宜大于12.0mm，剪切面应平整。碳素结构钢在环境温度低于－20℃、低合金结构钢在环境温度低于－15℃时，不得进行剪切、冲孔。

（5）钢网架（桁架）用钢管杆件宜用管子车床或数控相贯线切割机下料，下料时应预放加工余量和焊接收缩量，焊接收缩量可由工艺试验确定。钢管杆件加工的允许偏差应符合现行国家标准《钢结构工程施工规范》GB 50755的规定。

3. 矫正和成型

（1）碳素结构钢在环境温度低于－16℃、低合金结构钢在环境温度低于－12℃时，不应进行冷矫正和冷弯曲。碳素结构钢和低合金结构钢在加热矫正时，加热温度应为700～800℃，最高温度严禁超过900℃，最低温度不得低于600℃。

（2）当零件采用热加工成型时，可根据材料的含碳量，选择不同的加热温度。加热温度应控制在900～1000℃，也可控制在1100～1300℃；碳素结构钢和低合金结构钢在温度分别下降到700℃和800℃前，应结束加工；低合金结构钢应自然冷却。

（3）热加工成型温度应均匀，同一构件不应反复进行热加工；温度冷却到200～400℃时，严禁捶打、弯曲和成型。

（4）矫正后的钢材表面，不应有明显的凹痕或损伤，划痕深度不得大于0.5mm且不应超过钢材厚度允许负偏差的1/2。

（5）型钢冷矫正和冷弯曲的最小曲率半径和最大弯曲矢高，应符合现行国家标准《钢结构工程施工规范》GB 50755的规定。

（6）钢材矫正、钢管弯曲成型的允许偏差应符合现行国家标准《钢结构工程施工规范》GB 50755的规定。

4. 边缘加工

（1）气割或机械剪切的零件，需要进行边缘加工时，其刨削量不应小于2.0mm。

（2）边缘加工的允许偏差应符合现行国家标准《钢结构工程施工规范》GB 50755的规定。

（3）焊缝坡口可采用气割、铲削、刨边机加工等方法，焊缝坡口的允许偏差应符合现行国家标准《钢结构工程施工规范》GB 50755的规定。

（4）零部件采用铣床进行铣削加工边缘时，加工后的允许偏差应符合现行国家标准《钢结构工程施工规范》GB 50755的规定。

5. 制孔

（1）利用钻床进行多层板钻孔时，应采取有效的防止窜动措施。

（2）机械或气割制孔后，应清除孔周边的毛刺、切屑等杂物；孔壁应圆滑，应无裂纹和大于1.0mm的缺棱。

6. 螺栓球和焊接球加工

（1）螺栓球宜热锻成型，加热温度宜为 1150～1250℃，终锻温度不得低于 800℃，成型后螺栓球不应有裂纹、褶皱和过烧。

（2）焊接空心球宜采用钢板热压成半圆球，加热温度宜为 1000～1100℃，并应经机械加工坡口后焊成圆球。焊接后的成品球表面应光滑、平整，不应有局部凸起或褶皱。

（3）螺栓球加工、焊接空心球加工的允许偏差应符合现行国家标准《钢结构工程施工规范》GB 50755 的规定。

6.4.3 质量检查

应符合现行国家标准《钢结构工程施工质量验收规范》GB 50205、《钢结构工程施工规范》GB 50755 的相关规定。

6.5 钢构件组装与拼装

6.5.1 材料质量控制

参见本书 6.1 节中相关内容。

6.5.2 构件组装

（1）组装焊接处的连接接触面及沿边缘 30～50mm 范围内的铁锈、毛刺、污垢等，应在组装前清除干净。

（2）板材、型材的拼接应在构件组装前进行；构件的组装应在部件组装、焊接、校正，并经检验合格后进行。

（3）箱形构件的侧板拼接长度不应小于 600mm，相邻两侧板拼接缝的间距不宜小于200mm；侧板在宽度方向不宜拼接，当宽度超过 2400mm 确需拼接时，最小拼接宽度不宜小于板宽的 1/4。

（4）设计无特殊要求时，用于次要构件的热轧型钢可采用直口全熔透焊接拼接，其拼接长度不应小于 600mm。

（5）钢管接长时，相邻管节或管段的纵向焊缝应错开，错开的最小距离（沿弧长方向）不应小于钢管壁厚的 5 倍，且不应小于 200mm。

（6）构件组装间隙应符合设计和工艺文件要求，当设计和工艺文件无规定时，组装间隙不宜大于 2.0mm。

（7）焊接构件组装时应预设焊接收缩量，并应对各部件进行合理的焊接收缩量分配。重要或复杂构件宜通过工艺性试验确定焊接收缩量。

（8）设计要求起拱的构件，应在组装时按规定的起拱值进行起拱，起拱允许偏差为起拱值的 0～10%，且不应大于 10mm。设计未要求但施工工艺要求起拱的构件，起拱允许偏差不应大于起拱值的 ±10%，且不应大于 ±10mm。

（9）桁架结构组装时，杆件轴线交点偏移不应大于 3mm。

（10）吊车梁和吊车桁架组装、焊接完成后不应允许下挠。吊车梁的下翼缘和重要受力构件的受拉面不得焊接工装夹具、临时定位板、临时连接板等。

（11）拆除临时工装夹具、临时定位板、临时连接板等，严禁用锤击落，应在距离构件表面 3~5mm 处采用气割切除，对残留的焊疤应打磨平整，且不得损伤母材。

（12）构件端部铣平后顶紧接触面应有 75% 以上的面积密贴，应用 0.3mm 的塞尺检查，其塞入面积应小于 25%，边缘最大间隙不应大于 0.8mm。

（13）构件的隐蔽部位应在焊接和涂装检查合格后封闭；完全封闭的构件内表面可不涂装。

（14）构件端部加工应在构件组装、焊接完成并经检验合格后进行。

（15）构件外形矫正可采用冷矫正和热矫正。当设计有要求时，矫正方法和矫正温度应符合设计文件要求；当设计文件无要求时，矫正方法和矫正温度参见本书 6.4 节中"3. 矫正和成型"的相关内容。

（16）构件应在组装完成并经检验合格后再进行焊接。

6.5.3　钢结构预拼装

（1）预拼装前，单个构件应检查合格；当同一类型构件较多时，可选择一定数量的代表性构件进行预拼装。

（2）构件可采用整体预拼装或累积连续预拼装。当采用累积连续预拼装时，两相邻单元连接的构件应分别参与两个单元的预拼装。

（3）构件应在自由状态下进行预拼装。

（4）构件预拼装应按设计图的控制尺寸定位，对有预起拱、焊接收缩等的预拼装构件，应按预起拱值或收缩量的大小对尺寸定位进行调整。

（5）采用螺栓连接的节点连接件，必要时可在预拼装定位后进行钻孔。

（6）当多层板叠采用高强度螺栓或普通螺栓连接时，宜先使用不少于螺栓孔总数 10% 的冲钉定位，再采用临时螺栓紧固。

临时螺栓在一组孔内不得少于螺栓孔数量的 20%，且不应少于 2 个；预拼装时应使板层密贴。螺栓孔应采用试孔器进行检查，并应符合下列规定：

1）当采用比孔公称直径小 1.0mm 的试孔器检查时，每组孔的通过率不应小于 85%。

2）当采用比螺栓公称直径大 0.3mm 的试孔器检查时，通过率应为 100%。

（7）预拼装检查合格后，宜在构件上标注中心线、控制基准线等标记，必要时可设置定位器。

6.5.4　构件端部加工

（1）构件端部加工应在构件组装、焊接完成并经检验合格后进行。构件的端面铣平加工可用端铣床加工。

（2）构件的端部铣平加工应根据工艺要求预先确定端部铣削量，铣削量不宜小于 5mm。

（3）构件的端部铣平加工应按设计文件及现行国家标准《钢结构工程施工质量验收规范》GB 50205 的有关规定，控制铣平面的平面度和垂直度。

6.5.5 构件矫正

构件外形矫正宜采取先总体后局部、先主要后次要、先下部后上部的顺序。

构件外形矫正可采用冷矫正和热矫正。当设计有要求时，矫正方法和矫正温度应符合设计文件要求。

6.5.6 实体预拼装

（1）预拼装场地应平整、坚实；预拼装所用的临时支承架、支承凳或平台应经测量准确定位，并应符合工艺文件要求。重型构件预拼装所用的临时支承结构应进行结构安全验算。

（2）预拼装单元可根据场地条件、起重设备等，等选择合适的几何形态进行预拼装。

（3）构件应在自由状态下进行预拼装。

（4）构件预拼装应按设计图的控制尺寸定位，对有预起拱、焊接收缩等的预拼装构件，应按预起拱值或收缩量的大小对尺寸定位进行调整。

（5）采用螺栓连接的节点连接件，必要时可在预拼装定位后进行钻孔。

（6）当多层板叠采用高强度螺栓或普通螺栓连接时，宜先使用不少于螺栓孔总数 10% 的冲钉定位，再采用临时螺栓紧固。临时螺栓在一组孔内不得少于螺栓孔数量的 20%，且不应少于 2 个；预拼装时应使板层密贴。

（7）螺栓孔应采用试孔器进行检查，当采用比孔公称直径小 1.0mm 的试孔器检查时，每组孔的通过率不应小于 85%；当采用比螺栓公称直径大 0.3mm 的试孔器检查时，通过率应为 100%。

（8）预拼装检查合格后，宜在构件上标注中心线、控制基准线等标记，必要时可设置定位器。

6.5.7 质量检查

应符合现行国家标准《钢结构工程施工质量验收规范》GB 50205、《钢结构工程施工规范》GB 50755 的相关规定。

6.6 钢结构安装

6.6.1 材料质量控制

参见本书 6.1 节中相关内容。

6.6.2 构件成品现场检验

钢结构成品的现场检验项目主要包括构件的外形尺寸、连接的相关位置、变形量、外观质量及制作资料的验收和交接等，同时也包括各部位的细节及必要时的工厂预拼装结果。

成品检查工作应在材料质量保证书、工艺措施、各道工序的自检、专检记录等前期工作完备无误的情况下进行。

1. 钢柱的检验

（1）实腹式钢柱检验

1）对于有吊车梁的钢柱，悬臂部分及相关的支承肋承受交变动荷载，一般为 K 形坡口焊缝，并且应保证全熔透。另外，由于板材尺寸不能满足需要而进行拼装时，拼装焊缝必须全熔透，保证与母材等强度。一般情况下，除外观质量的检查外，上述两类焊缝要进行超声波探伤内部质量检查，成品现场检验时应予重点注意。

2）柱端、悬臂等有连接的部位，要注意检查相关尺寸，特别是高强度螺栓连接时，更要加强控制。另外，柱底板的平直度、钢柱的侧弯等要注意检查控制。

3）当设计图要求柱身与底板要刨平顶紧的，需按现行国家标准的要求对接触面进行磨光顶紧检查，以确保力的有效传递。

4）钢柱柱脚不采用地脚螺栓，而直接插入基础预留孔，再进行二次灌浆固定的，要注意检查插入混凝土部分不得涂漆。

5）箱形柱一般都设置内部加劲肋，为确保钢柱尺寸并起到加强作用，内肋板需经加工刨平、组装焊接几道工序。由于柱身封闭后无法检查，应注意加强工序检查，内肋板加工刨平、装配贴紧情况，以及焊接方法和质量均符合设计要求。

（2）空腹式钢柱检验

空腹钢柱（格构件）的检查要点基本同于实腹式钢柱。

由于空腹钢柱截面复杂，要经多次加工、小组装，再总装到位。因此，空腹柱在制作中各部位尺寸的配合十分重要，在其质量控制检查中要侧重于单体构件的工序检查。检验方法用钢尺、拉线、吊线等方法。

2. 吊车梁的检验

（1）吊车梁的焊缝因受冲击和疲劳影响，其上翼缘板与腹板的连接焊缝要求全熔透，一般视板厚大小开成 V 形或 K 形坡口。焊后要对焊缝进行超声波探伤检查，探伤比例应按设计文件的规定执行。如若设计的要求为抽检，检查时应重点检查两端的焊缝，其长度不应小于梁高，梁中间应再抽检300mm以上的长度。抽检若发现超标缺陷，应对该焊缝进行全部检查。

由于板料尺寸所限，吊车梁钢板需要拼装时，翼缘板与腹板的拼缝要错开 200mm 以上，并且拼缝要错开加劲肋 200mm 以上。拼接缝要求与母材等强度，全熔透焊接，并进行超声波探伤的检查。

（2）吊车梁外形尺寸控制，原则上长度负公差。上下翼缘板边缘要整齐、光洁，切忌有凹坑，上翼缘板的边缘状态是检查重点，要特别注意。无论吊车梁是否要求起拱，焊后都不允许下挠。

要注意控制吊车上翼缘板与轨道接触面的平面度不得大于 1.0mm。

3. 钢屋架的检验

（1）在钢屋架的检查中，要注意检查节点处各型钢重心线交点的重合状况。重心线的偏移会造成局部弯矩，影响钢屋架的正常工作状态。造成钢结构工程的隐患。产生重心线偏移的原因，可能是组装胎具变形或装配时杆件未靠紧胎模所致。

如发生重心线偏移超出规定的允许偏差（3mm）时，应及时提供数据，请设计人员进行验算。如不能使用，应拆除更换。

（2）钢屋架上的连接焊缝较多，但每段焊缝的长度又不长，极易出现各种焊接缺陷。因此，要加强对钢屋架焊缝的检查工作，特别是对受力较大的杆件焊缝，要做重点检查控制，其焊缝尺寸和质量标准必须满足设计要求和现行国家标准的规定。

（3）为保证安装工作的顺利进行，检查中要严格控制连接部位孔的加工，孔位尺寸要在允许的公差范围之内，对于超过允许偏差的孔要及时做出相应的技术处理。

（4）设计要求起拱的，必须满足设计规定，检查中要控制起拱尺寸及其允许偏差，特别是吊车桁架，即使未要求起拱处理，组焊后的桁架也严禁下挠。

（5）由两支角钢背靠背组焊的杆件，其夹缝部位在组装前应按要求除锈、涂漆，检查中对这些部位应予注意。

4．平台、栏杆、扶梯的检验

（1）平台、栏杆、扶梯虽是配套产品，但其制作质量也直接影响人的安全，要确保其牢固性。

（2）由于焊缝不长、分布零散，在检查中要重点防止出现漏焊现象。检查中要注意构件间连接的牢固性，如爬梯用的圆钢要穿过扁钢，再焊牢固。采用间断焊的部位，其转角和端部一定要有焊缝，不得有开口现象。构件不得有尖角外露，栏杆上的焊接接头及转角处要磨光。

（3）栏杆和扶梯一般都分开制作，平台根据需要可以整件出厂，也可以分段出厂，各构件间相互关联的安装孔距，在制作中要作为重点检查项目进行控制。

5．焊接球节点检验

（1）用漏模热轧的半圆球，其壁厚会发生不均匀，靠半圆球的上口偏厚，上模的底部与侧边的过渡区偏薄。网架的球节点规定壁厚最薄处的允许减薄量为13%且不得大于1.5mm。球的厚度可用超声波测厚仪测量。

（2）球体不允许有"长瘤"现象，"荷叶边"应在切边时切去。半圆球切口应用车床切削或半自动气割切割，在切口的同时做出坡口。

（3）成品球直径经常有偏小现象，这是由于上模磨损或考虑冷却收缩率不够等所致。如负偏差过大，会造成网架总拼尺寸偏小。

（4）焊接球节点是由两个热轧后经机床加工的两个半圆球相对焊成的。如果两个半圆球互相对接的接缝处是圆滑过渡的（即在同一圆弧上），则不产生对口错边量；如两个半圆球对得不准或大小不一，则在接缝处将产生错边量。不论球大小，错边量一律不得大于1mm。

6．螺栓球节点检验

螺栓球节点现场检验时，其各螺孔的螺纹尺寸、螺孔角度、螺孔端面距球心尺寸等，应符合现行国家标准的要求。

螺孔角度的量测可采用测量芯棒、高度尺、分度尺等配合进行。

6.6.3 单层钢结构安装

1．安装要求

（1）安装前，应按构件明细表核对进场的构件，查验产品合格证；工厂预拼装过的构件在现场组装时，应根据预拼装记录进行。

（2）构件吊装前应清除表面上的油污、冰雪、泥沙和灰尘等杂物，并应做好轴线和标高标记。

（3）钢结构安装应根据结构特点按照合理顺序进行，并应形成稳固的空间刚度单元，必要时应增加临时支承结构或临时措施。

（4）钢结构吊装宜在构件上设置专门的吊装耳板或吊装孔。设计文件无特殊要求时，吊装耳板和吊装孔可保留在构件上，需去除耳板时，可采用气割或碳弧气刨方式在离母材3～5mm位置切除，严禁采用锤击方式去除。

（5）单跨结构宜从跨端一侧向另一侧、中间向两端或两端向中间的顺序进行吊装。多跨结构，宜先吊主跨、后吊副跨；当有多台起重设备共同作业时，也可多跨同时吊装。

（6）单层钢结构在安装过程中，应及时安装临时柱间支撑或稳定缆绳，应在形成空间结构稳定体系后再扩展安装。单层钢结构安装过程中形成的临时空间结构稳定体系应能承受结构自重、风荷载、雪荷载、施工荷载及吊装过程中冲击荷载的作用。

（7）钢结构安装校正时应分析温度、日照和焊接变形等因素对结构变形的影响。施工单位和监理单位宜在相同的天气条件和时间段进行测量验收。

2. 基础、支承面和预埋件

（1）基础交接

钢结构安装前应对建筑物的定位轴线、基础轴线和标高、地脚螺栓位置等进行检查，并应办理交接验收。

当基础工程分批进行交接时，每次交接验收不应少于一个安装单元的柱基基础，基础混凝土强度应达到设计要求；基础周围回填夯实应完毕；基础的轴线标志和标高基准点应准确、齐全。

（2）基础顶面作钢柱支承面

基础顶面直接作为柱的支承面、基础顶面预埋钢板（或支座）作为柱的支承面时，其支承面、地脚螺栓（锚栓）的允许偏差应符合现行国家标准《钢结构工程施工质量验收规范》GB 50205的规定。

（3）钢垫板作钢柱脚支承

1）钢垫板面积应根据混凝土抗压强度、柱脚底板承受的荷载和地脚螺栓（锚栓）的紧固拉力计算确定。

2）垫板应设置在靠近地脚螺栓（锚栓）的柱脚底板加劲板或柱肢下，每根地脚螺栓（锚栓）侧应设1～2组垫板，每组垫板不得多于5块。

3）垫板与基础面和柱底面的接触应平整、紧密；当采用成对斜垫板时，其叠合长度不应小于垫板长度的2/3。

4）柱底二次浇灌混凝土前垫板间应焊接固定。

（4）锚栓及预埋件安装

1）宜采取锚栓定位支架、定位板等辅助固定措施。

2）锚栓和预埋件安装到位后，应可靠固定；当锚栓埋设精度较高时，可采用预留孔洞、二次埋设等工艺。

3）锚栓应采取防止损坏、锈蚀和污染的保护措施。

4）钢柱地脚螺栓紧固后，外露部分应采取防止螺母松动和锈蚀的措施。

5）当锚栓需要施加预应力时，可采用后张拉方法，张拉力应符合设计文件的要求，并应在张拉完成后进行灌浆处理。

3．钢柱安装

（1）柱脚安装时，锚栓宜使用导入器或护套。

（2）首节钢柱安装后应及时进行垂直度、标高和轴线位置校正，钢柱的垂直度可采用经纬仪或线坠测量；校正合格后钢柱应可靠固定，并应进行柱底二次灌浆，灌浆前应清除柱底板与基础面间杂物。

（3）首节以上的钢柱定位轴线应从地面控制轴线直接引上，不得从下层柱的轴线引上；钢柱校正垂直度时，应确定钢梁接头焊接的收缩量，并应预留焊缝收缩变形值。

（4）倾斜钢柱可采用三维坐标测量法进行测校，也可采用柱顶投影点结合标高进行测校，校正合格后宜采用刚性支撑固定。

4．钢梁安装

（1）钢梁宜采用两点起吊；当单根钢梁长度大于 21m，采用两点吊装不能满足构件强度和变形要求时，宜设置 3～4 个吊装点吊装或采用平衡梁吊装，吊点位置应通过计算确定。

（2）钢梁可采用一机一吊或一机串吊的方式吊装，就位后应立即临时固定连接。

（3）钢梁面的标高及两端高差可采用水准仪与标尺进行测量，校正完成后应进行永久性连接。

5．支撑安装

（1）交叉支撑宜按从下到上的顺序组合吊装。

（2）无特殊规定时，支撑构件的校正宜在相邻结构校正固定后进行。

（3）屈曲约束支撑应按设计文件和产品说明书的要求进行安装。

6．桁架（屋架）安装

（1）桁架（屋架）安装应在钢柱校正合格后进行。

（2）钢桁架（屋架）可采用整榀或分段安装。

（3）钢桁架（屋架）应在起板和吊装过程中防止产生变形。

（4）单榀钢桁架（屋架）安装时应采用缆绳或刚性支撑增加侧向临时约束。

7．关节轴承节点安装

（1）关节轴承节点应采用专门的工装进行吊装和安装。

（2）轴承总成不宜解体安装，就位后应采取临时固定措施。

（3）连接销轴与孔装配时应密贴接触，宜采用锥形孔、轴，应采用专用工具顶紧安装。

（4）安装完毕后应做好成品保护。

6.6.4　多层及高层钢结构安装

1．校正要求

（1）多层及高层钢结构安装校正应依据基准柱进行。

（2）基准柱应能够控制建筑物的平面尺寸并便于其他柱的校正，宜选择角柱为基准柱。

（3）钢柱校正宜采用合适的测量仪器和校正工具。

（4）基准柱应校正完毕后，再对其他柱进行校正。

2. 楼层标高控制

（1）多层及高层钢结构安装时，楼层标高可采用相对标高或设计标高进行控制。

（2）当采用设计标高控制时，应以每节柱为单位进行柱标高调整，并应使每节柱的标高符合设计的要求。

（3）建筑物总高度的允许偏差和同一层内各节柱的柱顶高度差，应符合现行国家标准《钢结构工程施工质量验收规范》GB 50205 的有关规定。

3. 构件安装

多层及高层钢结构构件安装质量控制，参见本书 6.6.3 节中相关内容。

同一流水作业段、同一安装高度的一节柱，当各柱的全部构件安装、校正、连接完毕并验收合格后，应再从地面引放上一节柱的定位轴线。

6.6.5 质量检查

应符合现行国家标准《钢结构工程施工质量验收规范》GB 50205、《钢结构工程施工规范》GB 50755 的相关规定。

6.7 压型金属板

6.7.1 材料质量控制

1. 压型金属板

（1）压型金属板质量控制要点，参见本书 6.1 节中相关内容。

（2）压型金属板进场后进行检查应应检查产品的质量证明书、中文标志及检验报告；压型金属板所采用的原材料、泛水板和零配件的品种、规格、性能应符合现行国家产品标准的相关规定和设计要求。

（3）压型金属板的规格尺寸、允许偏差、表面质量、涂层质量及检验方法应符合设计要求。压型钢板质量检查项目与方法应符合表 6-7 的规定。压型铝合金板质量检查项目与方法应符合表 6-8 的规定。

压型钢板质量检查项目与方法   表6-7

序号	检查项目与要求	检查数量	检验方法
1	所用镀层板、彩涂层的原板、镀层、涂层的性能和材质应符合相应材料标准	同牌号、同板型、同规格、同镀层重量及涂层厚度、涂料种类和颜色相同的镀层板或涂层板为一批，每批重量不超过 30t	对镀层板或涂层板产品的全部质量报告书（化学成分、力学性能、厚度偏差、镀层重量、涂层厚度等）进行检查
2	压型钢板成型部位的基板不应有裂纹	按计件数抽查 5%，且不应少于10 件	观察并用 10 倍放大镜检查
3	压型钢板成型后，涂层、镀层不应有肉眼可见的裂纹、剥落和擦痕等缺陷		观察检查

序号	检查项目与要求	检查数量	检验方法
4	压型钢板成型后，应板面平直，无明显翘曲；表面清洁，无油污、明显划痕、磕伤等。切口平直，切面整齐，半边无明显翘角、凹凸与波浪形，并不应有皱褶	按计件数抽查 5%，且不应少于 10 件	观察检查
5	压型钢板尺寸允许偏差应符合要求		断面尺寸应用精度不低于 0.02mm 的量具进行测量，其他尺寸可用直尺、米尺、卷尺等能保证精度的量具进行测量

压型铝合金板质量检查项目与方法

表 6-8

序号	检查项目与要求	检查数量	检验方法
1	化学成分应符合现行国家标准《变形铝及铝合金化学成分》GB/T 3190 的规定	按现行国家标准《变形铝及铝合金化学成分分析取样方法》GB/T 17432 的规定执行	符合系列现行国家标准《铝及铝合金化学分析方法》GB/T 20975 的相关规定，符合现行国家标准《铝及铝合金光电直读发射光谱分析方法》GB/T 7999 的相关规定
2	力学性能符合现行国家标准《一般工业用铝及铝合金板、带材 第 2 部分：力学性能》GB/T 3880.2 的规定	坯料每批 2%，但不少于 2 张。每张取 1 个试样。其他要求应符合现行国家标准《变形铝、镁及其合金加工制品拉伸试验用试样及方法》GB/T 16865 的规定	室温拉伸试验方法应符合现行国家标准《金属材料拉伸试验 第 1 部分：室温试验方法》GB/T 228.1 的有关规定
3	压型铝合金板边部整齐，不允许有裂边；表面应清洁，不允许有裂纹、腐蚀、起皮及穿通气孔等影响使用的缺陷	逐张检验	目视检验
4	尺寸偏差符合尺寸允许偏差要求	每批 5%，但不少于 3 张	断面尺寸应用精度不低于 0.02mm 的量具进行测量，其他尺寸可用直尺、米尺、卷尺等能保证精度的量具进行测量

2. 固定支架及紧固件

（1）固定支架宜选用与压型金属板同材质材料制成的。

（2）压型金属板配套使用的钢质连接件和固定支架表面应进行镀层处理，镀层种类、镀层重量应使固定支架使用年限不低于压型金属板。

（3）当围护系统有保温隔热要求时，压型金属板系统的金属类固定支架应配置绝热垫片。

（4）当选用结构用紧固件、连接用紧固件时，紧固件各项性能指标应符合设计要求。

（5）紧固件材质宜与被连接件材质相同，当材质不同时，应采取绝缘隔离措施。

（6）碳钢材质的紧固件，表面应采用镀层。

（7）当紧固件头部外露且使用环境腐蚀性等级在C4级及以上时，应采用不锈钢材质或具有更好耐腐蚀性材质的紧固件。

3. 压型金属板贮存

（1）压型金属板原材料与成品宜在干燥、通风的仓库内贮存，贮存应远离热源，不得与化学药品或有污染的物品接触。

（2）贮存场地应坚实、平整、不易积水。

（3）散装堆放高度不应使压型金属板变形，底部应采用衬有橡胶类柔性衬垫的架空枕木铺垫，枕木间距不宜大于3m。

（4）当压型金属板在工地短期露天贮存时，应采用衬有橡胶类柔性衬垫的架空枕木堆放，架空枕木要保持约5%的倾斜度。应堆放在不妨碍交通，不被高空重物撞击的安全地带，并应采取防雨措施。

（5）压型金属板应按材质、板型规格分别叠置堆放。当工地堆放时，板型规格的堆放顺序应与施工安装顺序相配合。

（6）不得在压型金属板上堆放重物。不得在压型铝合金板上堆放铁件。

6.7.2 压型金属板安装

1. 一般规定

（1）压型金属板施工人员应戴安全帽，穿防护鞋；高空作业应系安全带，穿防滑鞋；屋面周边和预留孔洞部位应设置安全护栏和安全网，或其他防止坠落的防护措施；雨天、雪天和五级风以上时严禁施工。

（2）压型金属板应采用专用吊具装卸和转运，严禁直接采用钢丝绳绑扎吊装。

（3）运输至屋面上并就位的压型金属板和泛水板应当天完成连接固定。未就位的材料，应用非金属绳具与屋面结构绑扎固定。当有剩余时，应固定在钢梁上或转移到地面堆场。

（4）安装时，现场剪裁的压型金属板应切割整齐、干净。

（5）在进行压型金属板或固定支架安装前，在支承结构上应先标出基准线和安装控制点。

（6）压型金属板的固定支架施工完成后，应严格检查压型金属板固定支架安装要求及允许偏差，验收合格后方可进行压型金属板安装。

（7）压型金属板安装应平整、顺直，板面不得有施工残留物和污物。

2. 防坠落设施

防坠落设施应按设计要求进行布置和安装。防坠落系统、各组件及与压型金属板系统或结构的连接应安全、可靠，防坠落设施应具有安全性能检测报告。

3. 压型金属板的铺设和固定

（1）压型金属板应从屋面或墙面安装基准线开始铺设，并应分区安装。

（2）屋面、墙面压型金属板宜逆主导风向铺设；当铺设屋面压型金属板时，宜在压型金属板上设置临时人行走道板及物料通道。

（3）压型金属板与主体结构（钢梁）的锚固支承长度应符合设计要求，且不应小于50mm；端部锚固可采用点焊、贴角焊或射钉连接，设置位置应符合设计要求。

（4）支承压型金属板的钢梁表面应保持清洁，压型金属板与钢梁顶面的间隙应控制在1mm以内。

（5）设计文件要求在施工阶段设置临时支承时，应在混凝土浇筑前设置临时支承，待浇筑的混凝土强度达到规定强度后方可拆除。混凝土浇筑时，应避免在压型金属板上集中堆载。

4．细部处理

（1）安装边模封口板时，应与压型金属板波距对齐。

（2）压型金属板需预留设备孔洞时，应在混凝土浇筑完毕后使用等离子切割或空心钻开孔，不得采用火焰切割。

（3）压型金属板的泛水板等连接节点应按设计要求施工，安装前应先放线，然后安装和固定。固定应牢固、可靠，密封材料应敷设完好。

（4）屋面压型金属板应伸入天沟内或伸出檐口外，出挑长度应通过计算确定且不小于120mm。

（5）压型金属板系统檐口应有相应封堵构件或封堵措施。

（6）屋脊节点应有相应封堵构件或封堵措施。

（7）屋面泛水板立边有效高度应不小于250mm，并应有可靠连接。

（8）泛水板与屋面板、墙面板及其他设施的连接应固定牢固、密封防水，并应采取措施适应屋面板、墙面板的伸缩变形。

（9）在压型金属板屋面与突出屋面设施相交处，连接构造应设置泛水板，泛水板应有向上折弯部分，泛水板立边高度不得小于250mm。

（10）严寒和寒冷地区的屋面檐口部位应采取防冰雪融坠的安全措施。

5．成品保护

（1）应保护压型金属板免受坠物冲击，不得在屋面上任意行走或堆放物件。

（2）当使用电焊时，应采取防止损坏压型金属板的措施。

（3）当在已安装好的屋面板上施工时，应在作业面、行走通道等部位铺设木板等临时跳板。

（4）当在搬运和安装屋面板时，施工人员不得在已安装完的节点部位和泛水板上行走，且不得踏踩采光板。

（5）安装完成的压型金属板表面应保持清洁，不应堆放重物和留有杂物。

6.7.3　质量检查

应符合现行国家标准《钢结构工程施工质量验收规范》GB 50205、《钢结构工程施工规范》GB 50755 的相关规定。

6.8　钢结构防护涂装

6.8.1　材料质量控制

参见本书 6.1 节中相关内容。

6.8.2 钢结构防腐涂装

钢结构防腐涂装施工宜在构件组装和预拼装工程检验批的施工质量验收合格后进行。涂装完毕后，宜在构件上标注构件编号；大型构件应标明重量、重心位置和定位标记。

1. 表面处理

（1）钢结构在除锈处理前应进行表面净化处理。当采用溶剂做清洗剂时，应采取通风、防火、呼吸保护和防止皮肤直接接触溶剂等防护措施。

（2）构件采用涂料防腐涂装前，表面除锈等级可按设计文件及现行国家标准《涂覆涂料前钢材表面处理表面清洁度的目视评定 第1部分：未涂覆过的钢材表面和全面清除原有涂层后的钢材表面的锈蚀等级和处理等级》GB/T 8923.1 的有关规定，采用机械除锈和手工除锈方法进行处理。

（3）喷嘴与被喷射钢结构表面的距离宜为100～300mm；喷射方向与被喷射钢结构表面法线之间的夹角宜为15°～30°。当喷嘴孔口磨损直径增大25%时，宜更换喷嘴。

（4）喷射清理所用的磨料应清洁、干燥。磨料的种类和粒度应根据钢结构表面的原始锈蚀程度、设计或涂装规格书所要求的喷射工艺、清洁度和表面粗糙度进行选择。壁厚大于等于4mm的钢构件，可选用粒度为0.5～1.5mm的磨料；壁厚小于4mm的钢构件，应选用粒度小于0.5mm的磨料。

（5）涂层缺陷的局部修补和无法进行喷射清理时可采用手动和动力工具除锈。

（6）表面清理后，应采用吸尘器或干燥、洁净的压缩空气清除浮尘和碎屑，清理后的表面不得用手触摸。

（7）经处理的钢材表面不应有焊渣、焊疤、灰尘、油污、水和毛刺等；对于镀锌构件，酸洗除锈后，钢材表面应露出金属色泽，并应无污渍、锈迹和残留酸液。

2. 油漆防腐涂层

（1）钢结构涂装时的环境温度和相对湿度，除应符合涂料产品说明书的要求外，还应符合下列规定：

1）当产品说明书对涂装环境温度和相对湿度未作规定时，环境温度宜为5～38℃，相对湿度不应大于85%，钢材表面温度应高于露点温度3℃，且钢材表面温度不应超过40℃。

2）被施工物体表面不得有凝露。

3）遇雨、雾、雪、强风天气时应停止露天涂装，应避免在强烈阳光照射下施工。

4）涂装后4h内应采取保护措施，避免淋雨和沙尘侵袭。

5）风力超过5级时，室外不宜喷涂作业。

（2）涂装前应对钢结构表面进行外观检查，表面除锈等级和表面粗糙度应满足设计要求。

（3）防腐蚀涂料和稀释剂在运输、储存、施工及养护过程中，不得与酸、碱等化学介质接触。严禁明火，并应采取防尘、防暴晒措施。

（4）需在工地拼装焊接的钢结构，其焊缝两侧应先涂刷不影响焊接性能的车间底漆，焊接完毕后应对焊缝热影响区进行二次表面清理，并应按设计要求进行重新涂装。

（5）每次涂装应在前一层涂膜实干后进行。

（6）涂料调制应搅拌均匀，应随拌随用，不得随意添加稀释剂。

（7）不同涂层间的施工应有适当的重涂间隔时间，最大及最小重涂间隔时间应符合涂料产品说明书的规定，应超过最小重涂间隔再施工，超过最大重涂间隔时应按涂料说明书的指导进行施工。

（8）表面除锈处理与涂装的间隔时间宜在 4h 之内，在车间内作业或湿度较低的晴天不应超过 12h。

（9）工地焊接部位的焊缝两侧宜留出暂不涂装的区域，焊缝及焊缝两侧也可涂装不影响焊接质量的防腐涂料。

（10）表面涂有工厂底漆的构件，因焊接、火焰校正、曝晒和擦伤等造成重新锈蚀或附有白锌盐时，应经表面处理后再按原涂装规定进行补漆。运输、安装过程的涂层碰损、焊接烧伤等，应根据原涂装规定进行补涂。

3. 金属热喷涂

（1）采用金属热喷涂的钢结构表面应进行喷射或抛射处理。

（2）采用金属热喷涂的钢结构构件应与未喷涂的钢构件做到电气绝缘。

（3）表面处理与热喷涂施工之间的间隔时间，晴天不得超过 12h，雨天、有雾的气候条件下不得超过 2h。

（4）工作环境的大气温度低于 5℃、钢结构表面温度低于露点 3℃和空气相对湿度大于 85% 时，不得进行金属热喷涂施工操作。

（5）热喷涂金属丝应光洁、无锈、无油、无折痕，金属丝直径宜为 2.0mm 或 3.0mm。

（6）金属热喷涂所用的压缩空气应干燥、洁净，同一层内各喷涂带之间应有 1/3 的重叠宽度。喷涂时应留出一定的角度。

（7）金属热喷涂层的封闭剂或首道封闭涂料施工宜在喷涂层尚有余温时进行，并宜采用刷涂方式施工。

（8）钢构件的现场焊缝两侧应预留 100～150mm 宽度涂刷车间底漆临时保护。待工地拼装焊接后，对预留部分应按相同的技术要求重新进行表面清理和喷涂施工。

4. 涂装安全

（1）涂装作业安全、卫生应符合现行国家标准《涂装作业安全规程 涂漆工艺安全及其通风净化》GB 6514、《金属和其他无机覆盖层热喷涂操作安全》GB 11375、《涂装作业安全规程安全管理通则》GB 7691 和《涂装作业安全规程 涂漆前处理工艺安全及其通风净化》GB 7692 的有关规定。

（2）涂装作业场所空气中有害物质不得超过最高允许浓度。

（3）施工现场应远离火源，不得堆放易燃、易爆和有毒物品。

（4）涂料仓库及施工现场应有消防水源、灭火器和消防器具，并应定期检查。消防道路应畅通。

（5）密闭空间涂装作业应使用防爆灯具，安装防爆报警装置；作业完成后油漆在空气中的挥发物消散前，严禁电焊修补作业。

（6）施工人员应正确穿戴工作服、口罩、防护镜等劳动保护用品。

（7）所有电气设备应绝缘良好，临时电线应选用胶皮线，工作结束后应切断电源。

（8）工作平台的搭建应符合有关安全规定。高空作业人员应具备高空作业资格。

6.8.3　钢结构防火涂装

钢结构防火涂料涂装施工应在钢结构安装工程和防腐涂装工程检验批施工质量验收合格后进行。当设计文件规定构件可不进行防腐涂装时，安装验收合格后可直接进行防火涂料涂装施工。

1. 基层处理

基层表面应无油污、灰尘和泥沙等污垢，且防锈层应完整，底漆无漏刷。

构件连接处的缝隙应采用防火涂料或其他防火材料填平。

2. 防火涂料调配

双组分薄涂型防火涂料应按说明书在现场进行调配；单组分防火涂料也应充分搅拌；厚涂型防火涂料配料时，应按照涂料供应商规定的配合比配料或加稀释剂，并使稠度适宜，边配边用。

一次调配的防火涂料应在规定的时间内用完。喷涂后，不应发生流淌和下坠。

3. 厚涂型防火涂料涂装

（1）厚涂型防火涂料，属于下列情况之一时，宜在涂层内设置与构件相连的钢丝网或其他相应的措施：

1）承受冲击、振动荷载的钢梁。

2）涂层厚度大于或等于 40mm 的钢梁和桁架。

3）涂料粘结强度小于或等于 0.05MPa 的构件。

4）钢板墙和腹板高度超过 1.5m 的钢梁。

（2）防火涂料涂装施工应分层施工，应在上层涂层干燥或固化后，再进行下道涂层施工。

（3）厚涂型防火涂料有下列情况之一时，应重新喷涂或补涂：

1）涂层干燥固化不良，粘结不牢或粉化、脱落。

2）钢结构接头和转角处的涂层有明显凹陷。

3）涂层厚度小于设计规定厚度的 85%。

4）涂层厚度未达到设计规定厚度，且涂层连续长度超过 1m。

4. 薄涂型防火涂料涂装

薄涂型防火涂料的底涂层或主涂层宜采用重力式喷枪喷涂。面层应在底层涂装干燥后开始涂装。

局部修补和小面积施工时宜用手工抹涂。面层涂装应颜色均匀、一致，接槎应平整。

5. 涂装安全

参见本书 6.8.2 节中相关内容。

6.8.4　质量检查

应符合现行国家标准《钢结构工程施工质量验收规范》GB 50205、《钢结构工程施工规范》GB 50755 的相关规定。

第7章 屋面工程实体质量控制

7.1 基本规定

7.1.1 观感质量检查

（1）卷材铺贴方向应正确，搭接缝应粘结或焊接牢固，搭接宽度应符合设计要求，表面应平整，不得有扭曲、皱折和翘边等缺陷。

（2）涂膜防水层粘结应牢固，表面应平整，涂刷应均匀，不得有流淌、起泡和露胎体等缺陷。

（3）嵌填的密封材料应与接缝两侧粘结牢固，表面应平滑，缝边应顺直，不得有气泡、开裂和剥离等缺陷。

（4）檐口、檐沟、天沟、女儿墙、山墙、水落口、变形缝和伸出屋面管道等防水构造，应符合设计要求。

（5）烧结瓦、混凝土瓦铺装应平整、牢固，应行列整齐，搭接应紧密，檐口应顺直；脊瓦应搭盖正确，间距应均匀，封固应严密；正脊和斜脊应顺直，应无起伏现象；泛水应顺直整齐，结合应严密。

（6）沥青瓦铺装应搭接正确，瓦片外露部分不得超过切口长度，钉帽不得外露；沥青瓦应与基层钉粘牢固，瓦面应平整，檐口应顺直；泛水应顺直整齐，结合应严密。

（7）金属板铺装应平整、顺滑；连接应正确，接缝应严密；屋脊、檐口、泛水直线段应顺直，曲线段应顺畅。

（8）玻璃采光顶铺装应平整、顺直，外露金属框或压条应横平竖直，压条应安装牢固；玻璃密封胶缝应横平竖直、深浅一致，宽窄应均匀，应光滑顺直。

（9）上人屋面或其他使用功能屋面，其保护及铺面应符合设计要求。

7.1.2 防水、保温材料质量控制

（1）屋面工程所用的防水、保温材料应有产品合格证书和性能检测报告，材料的品种、规格、性能等必须符合国家现行产品标准和设计要求。产品质量应由经过省级以上建设行政主管部门对其资质认可和质量技术监督部门对其计量认证的质量检测单位进行检测。

材料进入现场后，监理单位、施工单位应按规定进行抽样检验，检验应执行见证取样送检制度，并提出检验报告。抽样检验不合格的材料不得用于工程。

（2）屋面工程使用的材料应符合国家现行有关标准对材料有害物质限量的规定，不得对周围环境造成污染。

（3）防水、保温材料进场时，应根据设计要求对材料的质量证明文件进行检查，并应经监理工程师（或建设单位代表）确认，纳入工程技术档案。

质量证明文件通常也称技术资料，主要包括出厂合格证、中文说明书及相关性能检测报告等；进口材料应按规定进行出入境商品检验。这些质量证明文件应纳入工程技术档案。

（4）防水、保温材料进场时，应对材料的品种、规格、包装、外观和尺寸等进行检查验收，并应经监理工程师或建设单位代表确认，形成相应验收记录。

进场验收应形成相应的记录。材料的可视质量，可以通过目视和简单尺量、称量、敲击等方法进行检查。

（5）防水、保温材料进场检验项目及材料标准应符合表7-1和表7-2的规定。材料进场检验应执行见证取样送检制度，并应提出进场检验报告。进场检验报告的全部项目指标均达到技术标准规定应为合格；不合格材料不得在工程中使用。

屋面防水材料进场检验项目 表7-1

序号	防水材料名称	现场抽样数量	外观质量检验	物理性能检验
1	高聚物改性沥青防水卷材	大于1000卷抽5卷，每500～1000卷抽4卷，100～499卷抽3卷，100卷以下抽2卷，进行规格尺寸和外观质量检验。在外观质量检验合格的卷材中，任取一卷做物理性能检验	表面平整，边缘整齐，无孔洞、缺边、裂口、胎基未浸透，矿物粒料粒度，每卷卷材的接头	可溶物含量、拉力、最大拉力时延伸率、耐热度、低温柔度、不透水性
2	合成高分子防水卷材		表面平整，边缘整齐，无气泡、裂纹、粘结疤痕，每卷卷材的接头	断裂拉伸强度、扯断伸长率、低温弯折性、不透水性
3	高聚物改性沥青防水涂料		水乳型：无色差、凝胶、结块、明显沥青丝；溶剂型：黑色黏稠状，细腻、均匀胶状液体	固体含量、耐热性、低温柔性、不透水性、断裂伸长率或抗裂性
4	合成高分子防水涂料	每10t为一批，不足10t按一批抽样	反应固化型：均匀黏稠状、无凝胶、结块；挥发固化型：经搅拌后无结块，呈均匀状态	固体含量、拉伸强度、断裂伸长率、低温柔性、不透水性
5	聚合物水泥防水涂料		液体组分：无杂质、无凝胶的均匀乳液。固体组分：无杂质、无结块的粉末	固体含量、拉伸强度、断裂伸长率、低温柔性、不透水性
6	胎体增强材料	每3000m²为一批，不足3000m²的按一批抽样	表面平整，边缘整齐，无折痕、无孔洞、无污迹	拉力、延伸率
7	沥青基防水卷材用基层处理剂	每5t产品为一批，不足5t的按一批抽样	均匀液体，无结块、无凝胶	固体含量、耐热性、低温柔性、剥离强度
8	高分子胶粘剂		均匀液体，无杂质、无分散颗粒或凝胶	剥离强度、浸水168h后的剥离强度保持率
9	改性沥青胶粘剂		均匀液体，无结块、无凝胶	剥离强度

序号	防水材料名称	现场抽样数量	外观质量检验	物理性能检验
10	合成橡胶胶粘带	每1000m为一批,不足的按一批抽样	表面平整,无固块、杂物、孔洞、外伤及色差	剥离强度、浸水168h后的剥离强度保持率
11	改性石油沥青密封材料	每1t产品为一批,不足1t的按一批抽样	黑色均匀膏状,无结块和未浸透的填料	耐热性、低温柔性、拉伸粘结性、施工度
12	合成高分子密封材料		均匀膏状物或黏稠液体,无结皮、凝胶或不易分散的固体团状	拉伸模量、断裂伸长率、定伸粘结性
13	烧结瓦、混凝土瓦	同一批至少抽一次	边缘整齐,表面光滑,不得有分层、裂纹、露砂	抗渗性、抗冻性、吸水率
14	玻纤胎沥青瓦		边缘整齐,切槽清晰,厚薄均匀,表面无孔洞、硌伤、裂纹、皱折及起泡	可溶物含量、拉力、耐热度、柔度、不透水性、叠层剥离强度
15	彩色涂层钢板及钢带	同牌号、同规格、同镀层重量、同涂层厚度、同涂料种类和颜色为一批	钢板表面不应有气泡、缩孔、漏涂等缺陷	屈服强度、抗拉强度、断后伸长率、镀层重量、涂层厚度

屋面保温材料进场检验项目

表7-2

序号	材料名称	组批及抽样	外观质量检验	物理性能检验
1	模塑聚苯乙烯泡沫塑料	同规格按100m³为一批,不足100m³的按一批计。在每批产品中随机抽取20块进行规格尺寸和外观质量检验。从规格尺寸和外观质量检验合格的产品中,随机取样进行物理性能检验	色泽均匀,阻燃型应掺有颜色的颗粒;表面平整,无明显收缩变形和膨胀变形;熔结良好;无明显油渍和杂质	表观密度、压缩强度、导热系数、燃烧性能
2	挤塑聚苯乙烯泡沫塑料	同类型、同规格按50m³为一批,不足50m³的按一批计。在每批产品中随机抽取10块进行规格尺寸和外观质量检验。从规格尺寸和外观质量检验合格的产品中,随机取样进行物理性能检验	表面平整,无夹杂物,颜色均匀;无明显起泡、裂口、变形	压缩强度、导热系数、燃烧性能
3	硬质聚氨酯泡沫塑料	同原料、同配方、同工艺条件按50m³为一批,不足50m³的按一批计。在每批产品中随机抽取10块进行规格尺寸和外观质量检验。从规格尺寸和外观质量检验合格的产品中,随机取样进行物理性能检验	表面平整,无严重质量凹凸不平	表观密度、压缩强度、导热系数、燃烧性能

序号	材料名称	组批及抽样	外观质量检验	物理性能检验
4	泡沫玻璃制品	同品种、同规格按 250 件为一批，不足 250 件的按一批计。 在每批产品中随机抽取 6 个包装箱，每箱各抽 1 块进行规格尺寸和外观质量检验。从规格尺寸和外观质量检验合格的产品中，随机取样进行物理性能检验	垂直度、最大弯曲度、缺棱、缺角、孔洞、裂纹	表观密度、抗压强度、导热系数、燃烧性能
5	膨胀珍珠岩制品（憎水型）	同品种、同规格按 2000 块为一批，不足 2000 块的按一批计。 在每批产品中随机抽取 10 块进行规格尺寸和外观质量检验从规格尺寸和外观质量检验合格的产品中，随机取样进行物理性能检验	弯曲度、缺棱、掉角、裂纹	表观密度、抗压强度、导热系数、燃烧性能
6	加气混凝土砌块	同品种、同规格、同等级按 200m³ 为一批，不足 200m³ 的按一批计。 在每批产品中随机抽取 50 块进行规格尺寸和外观质量检验。从规格尺寸和外观质量检验合格的产品中，随机取样进行物理性能检验	缺棱掉角；裂纹、爆裂、粘膜和损坏深度；表面疏松、层裂；表面油污	干密度、抗压强度、导热系数、燃烧性能
7	泡沫混凝土砌块		缺棱掉角；平面弯曲；裂纹、粘膜和损坏深度，表面酥松、层裂；表面油污	干密度、抗压强度、导热系数、燃烧性能
8	玻璃棉、岩棉、矿渣棉制品	同原料、同工艺、同品种、同规格按 1000m² 为一批，不足 1000m² 的按一批计。 在每批产品中随机抽取 6 个包装箱或卷进行规格尺寸和外观质量检验。从规格尺寸和外观质量检验合格的产品中，抽取 1 个包装箱或卷进行物理性能检验	表面平整，伤痕、污迹、破损，覆层与基材粘贴	导热系数、燃烧性能
9	金属面绝热夹芯板	同原料、同生产工艺、同厚度按 150 块为一批，不足 150 块的按一批计。 在每批产品中随机抽取 5 块进行规格尺寸和外观质量检验，从规格尺寸和外观质量检验合格的产品中，随机抽取 3 块进行物理性能检验	表面平整，无明显凹凸、翘曲、变形；切口平直、切面整齐，无毛刺；芯板切面整齐，无剥落	剥离性能、抗弯承载力、防火性能

7.2　基层与保护工程

7.2.1　材料质量控制

基层与保护工程常用材料质量控制要点，见表 7-3。

基层与保护工程常用材料质量控制要点　　　　　　　　　　　表 7-3

项目	质量控制要点
找坡层和找平层	（1）水泥砂浆宜采用预拌砂浆，预拌砂浆进场时应进行外观检验，湿拌砂浆应外观均匀，无离析、泌水现象。散装干混砂浆应外观均匀，无结块、受潮现象。袋装干混砂浆应包装完整，无受潮现象。 （2）细石混凝土应为预拌混凝土，混凝土强度等级不低于 C20。浇筑前应检查混凝土运料单，核对混凝土配合比，确认混凝土强度等级，检查混凝土运输时间，测定混凝土坍落度，必要时还应测定混凝土扩展度，在确认无误后再进行混凝土浇筑。 （3）钢丝网宜采用冷拔低碳钢丝。每个检验批冷拔低碳钢丝的表面质量应全数目测检查。钢丝表面不得有裂纹、毛刺及影响力学性能的锈蚀、机械损伤。对表面质量不合格的冷拔低碳钢丝，经处理并检验合格后方可用于工程。钢丝网的焊点应均匀饱满，无断点、麻面现象
隔汽层	隔汽层选用卷材或涂料的材料控制要求，参见本书 7.4 节中防水卷材与涂膜防水相关内容
隔离层	（1）塑料膜可分为 PVA 涂布高阻隔薄膜、双向拉伸聚丙烯薄膜（BOPP）、低密度聚乙烯薄膜（LDPE）、聚酯薄膜（PET）、尼龙薄膜（PA）和流延聚丙烯薄膜（CPP）等。应提供合格证和出厂检验报告，表面不允许有划伤、烫伤、穿孔、异味、粘连、异物、分层、脏污。 （2）土工布分为有纺土工布和无纺长丝土工布。提供合格证和出厂检验报告。 （3）低强度等级商品砂浆进场时，应提供质量证明文件，包括产品出厂合格证、原材料性能检验报告、配合比、产品性能检验报告、储存期等。 （4）塑料膜、土工布、卷材贮运时，应防止日晒、雨淋、重压；保管时，应保证室内干燥、通风，保管环境应远离火源、热源
保护层	（1）水泥砂浆、细石混凝土、钢丝的材料要求见本表格"找坡层和找平层"相关内容。 （2）浅色涂料、铝箔材料进场需有相应的合格证书和质量证明书。浅色涂料具有良好的粘结性和不透水性，产品化学性质稳定，能长期经受日光照射和气候条件变化的影响，具有良好的耐紫外线、耐老化性和耐久性。 （3）块体材料表面应洁净、色泽一致、应无裂纹、掉角和缺棱等缺陷，材料进场有相应的合格证书和质量证明书

7.2.2　找坡层和找平层

1. 装配式钢筋混凝土板的板缝嵌填

（1）嵌填混凝土时板缝内应清理干净，并应保持湿润。

（2）当板缝宽度大于 40mm 或上窄下宽时，板缝内应按设计要求配置钢筋。

（3）嵌填细石混凝土的强度等级不应低于 C20，嵌填深度宜低于板面 10～20mm，且应振捣密实和浇水养护。

（4）板端缝应按设计要求增加防裂的构造措施。

2. 基层施工

（1）应清理结构层、保温层上面的松散杂物，凸出基层表面的硬物应剔平扫净。

（2）抹找坡层前，宜对基层洒水湿润。

（3）突出屋面的管道、支架等根部，应用细石混凝土堵实和固定。

（4）对不易与找平层结合的基层应做界面处理。

3. 找坡层和找平层施工

（1）找坡层宜采用轻骨料混凝土；找坡材料应分层铺设和适当压实，表面应平整。

（2）找坡应按屋面排水方向和设计坡度要求进行，找坡层最薄处厚度不宜小于20mm。

（3）找平层宜采用水泥砂浆或细石混凝土；找平层的抹平工序应在初凝前完成，压光工序应在终凝前完成，终凝后应进行养护。

（4）找平层的坡度必须准确，符合设计要求，不能倒泛水。保温层施工时须保证找坡泛水，抹找平层前应检查保温层坡度泛水是否符合要求，铺抹找平层应掌握坡向及厚度。

（5）找平层分格缝纵横间距不宜大于6m，分格缝的宽度宜为5～20mm。

（6）卷材防水层的基层与突出屋面结构的交接处，以及基层的转角处，找平层均应做成圆弧形，且应整齐平顺。

（7）水落口周围的坡度应准确，水落口杯与基层接触处应留宽20mm、深20mm凹槽，嵌填密封材料。

7.2.3 隔汽层

（1）隔汽层的基层应平整、干净、干燥。

（2）隔汽层应设置在结构层与保温层之间；隔汽层应选用气密性、水密性好的材料。

（3）在屋面与墙的连接处，隔汽层应沿墙面向上连续铺设，高出保温层上表面不得小于150mm。

（4）隔汽层采用卷材时宜空铺，卷材搭接缝应满粘，其搭接宽度不应小于80mm；隔汽层采用涂料时，应涂刷均匀。

（5）穿过隔汽层的管线周围应封严，转角处应无折损；隔汽层凡有缺陷或破损的部位，均应进行返修。

7.2.4 隔离层

（1）块体材料、水泥砂浆或细石混凝土保护层与卷材、涂膜防水层之间，应设置隔离层。

（2）隔离层铺设不得有破损和漏铺现象。

（3）隔离层可采用干铺塑料膜、土工布、卷材或铺抹低强度等级砂浆。

（4）干铺塑料膜、土工布、卷材时，其搭接宽度不应小于50mm，铺设应平整，不得有皱折。

（5）低强度等级砂浆铺设时，其表面应平整、压实，不得有起壳和起砂等现象。

7.2.5 保护层

（1）块体材料、水泥砂浆、细石混凝土保护层表面的坡度应符合设计要求，不得有积水现象。

（2）防水层上的保护层施工，应待卷材铺贴完成或涂料固化成膜，并经检验合格后进行。

（3）用块体材料做保护层时，宜设置分格缝，分格缝纵横间距不应大于10m，分格缝宽度宜为20mm。块体表面应洁净、色泽一致，应无裂纹、掉角和缺楞等缺陷。

（4）用水泥砂浆做保护层时，表面应抹平压光，并应设表面分格缝，分格面积宜为1m²。

（5）用细石混凝土做保护层时，混凝土应振捣密实，表面应抹平压光，分格缝纵横间距不应大于6m。分格缝的宽度宜为10～20mm。

（6）水泥砂浆及细石混凝土表面应抹平压光，不得有裂纹、脱皮、麻面、起砂等缺陷。

（7）块体材料、水泥砂浆或细石混凝土保护层与女儿墙和山墙之间，应预留宽度为30mm的缝隙，缝内宜填塞聚苯乙烯泡沫塑料，并应用密封材料嵌填密实。

7.2.6 质量检查

应符合现行国家标准《屋面工程质量验收规范》GB 50207的规定。

7.3 保温与隔热工程

7.3.1 材料质量控制

保温与隔热工程常用材料质量控制要点，见表7-4。

保温与隔热工程常用材料质量控制要点　　　　表7-4

项目		质量控制要点
保温层	一般规定	（1）保温材料的导热系数、表观密度或干密度、抗压强度或压缩强度、燃烧性能，必须符合设计要求。 （2）屋面保温材料防火要求符合设计要求，宜采用燃烧性能为A级的保温材料，不宜采用B_2级保温材料，严禁采用B_3级保温材料。 （3）保温材料应有出厂合格证，出厂检验报告，现场验收合格后方可进入施工现场。材料进场后，应进行抽样复检，提供试验报告，不合格材料禁止在工程中使用
	板状保温材料	板状保温材料根据设计要求选用厚度、规格应一致，外观整齐；密度、导热系数、强度等指标应符合设计要求
	纤维保温材料	纤维保温材料的质量，应符合设计要求；纤维材料的产品质量应符合现行国家标准《建筑绝热用玻璃棉制品》GB/T 17795、《建筑用岩棉绝热制品》GB/T 19686的要求。 金属龙骨和固定件应经防锈处理

项目		质量控制要点
保温层	硬泡聚氨酯	（1）硬泡聚氨酯保温工程所采用的材料应有产品合格证书和性能检测报告，材料的品种、规格、性能等应符合设计要求。 （2）材料进场后，应按规定抽样复验，提出试验报告，严禁在工程中使用不合格的材料。 （3）硬泡聚氨酯的原材料应密封包装，在贮运过程中严禁烟火，注意通风、干燥，防止暴晒、雨淋，不得接近热源和解除强氧化、腐蚀性化学品。原材料及配套材料进场后，应加标志分类存放。
	泡沫混凝土	（1）泡沫混凝土原材料进场时，应按规定批次验收其型式检验报告、出厂检验报告或合格证等质量证明文件，对外加剂产品尚应具有使用说明书。原材料进场后，应进行进场检验；在泡沫混凝土生产过程中，宜对泡沫混凝土原材料进行随机抽样检验。 （2）发泡剂应具有出厂合格证，环保指标符合国家现行相关标准要求。发泡剂储存应避开阳光直晒，使用后剩余溶液应密封保存。 （3）水泥宜采用抗压强度不低于32.5级的硅酸盐水泥、普通硅酸盐水泥和复合硅酸盐水泥，并应符合现行国家标准《通用硅酸盐水泥》GB 175的规定，有出厂合格证和复验报告。对水泥质量有怀疑或水泥出厂日期超过三个月时应在使用前复验，按复验结果使用。 （4）水宜选用饮用水，施工用水水质要求，应符合国家现行行业标准《混凝土用水标准》JGJ 63的规定
隔热面层	种植隔热层	（1）种植介质一般采用野外可耕作的土壤为基土，再掺以松散物混合而成。种植介质（含掺加物）的质量和配比符合设计要求。 （2）过滤层材料宜采用土工布（又称土工合成材料），土工布进场时，应检查产品标签、生产厂家、产品批号、生产日期、有效期限等，并取样送检，其性能指标应满足设计要求。 （3）排水层材料的种类按设计要求选用。其中塑料或橡胶排水板按设计要求和产品说明书的要求进行验收和使用；混凝土架空板按设计要求和混凝土预制构件的质量要求进行控制；陶粒或卵石等松散材料，应按设计要求控制其颗粒粒径，避免颗粒大小级配不利排水
隔热面层	架空隔热层	（1）砌块的质量标准、抽样方法和检验项目应符合设计及规范要求。 （2）预拌砂浆宜采用强度不低于M10级的预拌砂浆，要求无结块，有出厂合格证和复验报告。超过三个月时应在使用前复验，按复验结果使用。砂浆的质量标准、抽样方法和检验项目符合规范和设计要求。保管要注意防潮、防水；散装砂浆用专用罐存放。 （3）架空板用混凝土板的强度等级不应低于C20，板厚及配筋应符合设计要求。应检查产品合格证、出厂检验报告
	蓄水隔热层	（1）采用卷材防水可选用：高聚物改性沥青卷材、聚氯乙烯卷材、三元乙丙橡胶卷材等，并有出厂合格证，符合产品技术质量要求的产品。 （2）蓄水屋面中含水的多孔轻质材料保水性应符合设计要求

7.3.2 保温屋面

1. 板状材料保温层

（1）基层应平整、干燥、干净。

（2）干铺的保温材料施工环境温度可在负温度下施工；用水泥砂浆粘贴的板状保温材料施工环境温度不宜低于5℃。

（3）板状材料保温层采用干铺法施工时，板状保温材料应紧靠在基层表面上，应铺平垫稳；分层铺设的板块上下层接缝应相互错开，板间缝隙应采用同类材料的碎屑嵌填密实。

（4）板状材料保温层采用粘贴法施工时，胶粘剂应与保温材料的材性相容，并应贴严、粘牢；板状材料保温层的平面接缝应挤紧拼严，不得在板块侧面涂抹胶粘剂，超过2mm的缝隙应采用相同材料板条或片填塞严实。

（5）板状保温材料采用机械固定法施工时，应选择专用螺钉和垫片；固定件与结构层之间应连接牢固。

2. 纤维材料保温层

（1）基层应平整、干燥、干净。

（2）纤维保温材料应紧靠在基层表面上，平面接缝应挤紧拼严，上下层接缝应相互错开。

（3）屋面坡度较大时，宜采用金属或塑料专用固定件将纤维保温材料与基层固定。

（4）纤维材料填充后，不得上人踩踏。

（5）装配式骨架纤维保温材料施工时，应先在基层上铺设保温龙骨或金属龙骨，龙骨之间应填充纤维保温材料，再在龙骨上铺钉水泥纤维板。金属龙骨和固定件应经防锈处理，金属龙骨与基层之间应采取隔热断桥措施。

3. 喷涂硬泡聚氨酯保温层

（1）基层应平整、干燥、干净。

（2）保温层施工前应对喷涂设备进行调试，并应制备试样进行硬泡聚氨酯的性能检测。

（3）喷涂硬泡聚氨酯施工环境温度宜为15～35℃，空气相对湿度宜小于85%，风速不宜大于三级。

（4）喷涂硬泡聚氨酯的配比应准确计量，发泡厚度应均匀一致。

（5）喷涂时喷嘴与施工基面的间距应由试验确定。

（6）喷涂作业时，应采取防止污染的遮挡措施。

（7）一个作业面应分遍喷涂完成，每遍厚度不宜大于15mm；当日的作业面应当日连续地喷涂施工完毕。

（8）硬泡聚氨酯喷涂后20min内严禁上人；喷涂硬泡聚氨酯保温层完成后，应及时做保护层。

4. 现浇泡沫混凝土保温层

（1）在浇筑泡沫混凝土前，应将基层上的杂物和油污清理干净；基层应浇水湿润，但不得有积水。

（2）保温层施工前应对设备进行调试，并应制备试样进行泡沫混凝土的性能检测。

（3）泡沫混凝土的配合比应准确计量，制备好的泡沫加入水泥料浆中应搅拌均匀。

（4）泡沫混凝土应按设计的厚度设定浇筑面标高线，找坡时宜采取挡板辅助措施。

（5）泡沫混凝土的浇筑出料口离基层的高度不宜超过1m，泵送时应采取低压泵送。

（6）浇筑过程中，应随时检查泡沫混凝土的湿密度。

（7）泡沫混凝土应分层浇筑，一次浇筑厚度不宜超过200mm，终凝后应进行保湿养护，养护时间不得少于 7d。

7.3.3 隔热屋面

1. 种植隔热层

（1）种植隔热层与防水层之间宜设细石混凝土保护层。

（2）种植隔热层的屋面坡度大于 20% 时，其排水层、种植土层应采取防滑措施。

（3）陶粒的粒径不应小于 25mm，大粒径应在下，小粒径应在上。

（4）凹凸型排水板宜采用搭接法施工，搭接宽度应根据产品的规格具体确定；网状交织排水板宜采用对接法施工；采用陶粒作排水层时，铺设应平整，厚度应均匀。

（5）排水层上应铺设过滤层土工布。

（6）挡墙或挡板的下部应设泄水孔，孔周围应放置疏水粗细骨料。

（7）过滤层土工布应沿种植土周边向上铺设至种植土高度，并应与挡墙或挡板粘牢；土工布铺设应平整、无皱折，其搭接宽度不应小于 100mm，接缝宜采用黏合或缝合。

（8）种植土的厚度及自重应符合设计要求。种植土表面应低于挡墙高度 100mm。

2. 架空隔热层

（1）架空隔热层的高度应按屋面宽度或坡度大小确定。设计无要求时，架空隔热层的高度宜为 180～300mm。

（2）当屋面宽度大于 10m 时，应在屋面中部设置通风屋脊，通风口处应设置通风算子。

（3）架空隔热制品支座底面的卷材、涂膜防水层，应采取加强措施。

（4）铺设架空隔热制品时，应随时清扫屋面防水层上的落灰、杂物等，操作时不得损伤已完工的防水层。

（5）架空板的铺设应平整、稳固；缝隙宜采用水泥砂浆或混合砂浆嵌填，并应按设计要求留变形缝。

（6）架空隔热板距女儿墙不小于 250mm，以保证屋面胀缩变形的同时，防止堵塞和便于清理。

（7）架空隔热制品的质量，非上人屋面的砌块强度等级不应低于 MU7.5，上人屋面的砌块强度等级不应低于 MU10。混凝土板的强度等级不应低于 C20，板厚及配筋应符合设计要求。

3. 蓄水隔热层

（1）蓄水隔热层与屋面防水层之间应设隔离层。

（2）蓄水池的所有孔洞应预留，不得后凿；所设置的给水管、排水管和溢水管等，均应在蓄水池混凝土施工前安装完毕。

（3）蓄水屋面的分格缝不能过多，一般要放宽间距，分格间距不宜大于 10m。分格缝嵌填密封材料后，上面应做砂浆保护层埋置保护。每个蓄水区内的混凝土应一次浇完，不得留设施工缝。

（4）防水混凝土应用机械振捣密实，表面应抹平和压光，初凝后应覆盖养护，终凝后浇水养护不得少于 14d；蓄水后不得断水。

（5）蓄水池的溢水口标高、数量、尺寸应符合设计要求；过水孔应设在分仓墙底部，排水管应与水落管连通。

7.3.4 质量检查

应符合现行国家标准《屋面工程质量验收规范》GB 50207 的规定。

7.4 防水与密封工程

7.4.1 材料质量控制

防水与密封工程常用材料质量控制要点，见表 7-5。

防水与密封工程常用材料质量控制要点   表 7-5

项目	质量控制要点
卷材防水层	（1）屋面工程所用防水材料应符合有关环境保护的规定，不得使用国家明令禁止及淘汰的材料。 （2）APP、SBS、PEE、CCB 等改性沥青卷材，其规格质量及技术性能应符合设计要求，并应有出厂合格证。基层处理剂及二甲苯、甲苯、汽油等稀释剂应有出厂合格证。 （3）三元乙丙、氯化聚乙烯－橡胶共混、氯化聚氯乙烯卷材等合成高分子卷材，其规格质量及技术性能应符合设计要求，并有出厂合格证。合成高分子卷材用胶粘剂规格、质量及技术性能应符合设计要求，并有出厂合格证。 （4）耐根穿刺防水材料及其配套材料的质量应符合设计要求，检查出厂合格证、质量检验报告、耐根穿刺检验报告和进场检验报告
涂膜防水	防水材料、密封材料、胎体增强材料均应有出厂合格证、质保书，符合该产品技术质量要求
复合防水层	参见卷材防水层、涂膜防水层中相关内容
接缝密封防水	（1）改性石油沥青密封材料、合成高分子密封材料，必须有出厂合格证，复验报告符合产品性能和质量要求。 （2）基层处理剂宜采用密封材料生产厂家配套提供的或推荐的产品，如果采取自配或其他生产厂家时，应做粘结试验。 （3）硅酮耐候密封胶使用前，应进行粘结材料的相容性和粘结性试验，确认合格后才能使用

7.4.2 卷材防水层

1. 一般规定

（1）防水层施工前，基层应坚实、平整、干净、干燥。

（2）防水层完工并经验收合格后，应及时做好成品保护。

（3）防水卷材及其配套材料的质量，应符合设计要求。

（4）卷材的搭接缝应粘结或焊接牢固，密封应严密，不得扭曲、皱折和翘边。

（5）屋面坡度大于 25% 时，卷材应采取满粘和钉压固定措施。

（6）卷材防水层的收头应与基层粘结，钉压应牢固，密封应严密。

（7）卷材防水层在檐口、檐沟、天沟、水落口、泛水、变形缝和伸出屋面管道的防水构造，应符合设计要求。

（8）屋面排汽构造的排汽道应纵横贯通，不得堵塞；排汽管应安装牢固，位置应正确，封闭应严密。

2. 基层处理剂配制与施工

基层处理剂应配比准确，并应搅拌均匀；喷涂或涂刷基层处理剂应均匀一致，待其干燥后应及时进行卷材、涂膜防水层和接缝密封防水施工。

（1）基层处理剂应与卷材相容。

（2）基层处理剂应配比准确，并应搅拌均匀。

（3）喷、涂基层处理剂前，应先对屋面细部进行涂刷。

（4）基层处理剂可选用喷涂或涂刷施工工艺，喷、涂应均匀一致，干燥后应及时进行卷材施工。

3. 卷材防水层铺贴顺序和方向

（1）卷材防水层施工时，应先进行细部构造处理，然后由屋面最低标高向上铺贴。

（2）檐沟、天沟卷材施工时，宜顺檐沟、天沟方向铺贴，搭接缝应顺流水方向。

（3）卷材宜平行屋脊铺贴，上下层卷材不得相互垂直铺贴。

4. 卷材搭接缝

（1）平行屋脊的卷材搭接缝应顺流水方向，卷材搭接宽度应符合表 7-6 的规定。

（2）相邻两幅卷材短边搭接缝应错开，且不得小于 500mm。

（3）上下层卷材长边搭接缝应错开，且不得小于幅宽的 1/3。

（4）叠层铺贴的各层卷材，在天沟与屋面的交接处，应采用叉接法搭接，搭接缝应错开；搭接缝宜留在屋面与天沟侧面，不宜留在沟底。

卷材搭接宽度（mm） 表 7-6

卷 材 类 别		搭 接 宽 度
合成高分子防水卷材	胶粘剂	80
	胶粘带	50
	单缝焊	60，有效焊接宽度不小于 25
	双缝焊	80，有效焊接宽度 10×2＋空腔宽
高聚物改性沥青防水卷材	胶粘剂	100
	自粘	80

5. 冷粘法铺贴卷材

（1）胶粘剂涂刷应均匀，不应露底，不应堆积。

（2）应控制胶粘剂涂刷与卷材铺贴的间隔时间。

（3）卷材下面的空气应排尽，并应辊压粘牢。

（4）卷材铺贴应平整顺直，搭接尺寸应准确，不得扭曲、皱折。

（5）接缝口应用密封材料封严，宽度不应小于 10mm。

6. 热粘法铺贴卷材

（1）熔化热熔型改性沥青胶结料时，宜采用专用导热油炉加热，加热温度不应高于

200℃，使用温度不宜低于 180℃。

（2）粘贴卷材的热熔型改性沥青胶结料厚度宜为 1.0～1.5mm。

（3）采用热熔型改性沥青胶结料粘贴卷材时，应随刮随铺，并应展平压实。

7. 热熔法铺贴卷材

（1）火焰加热器加热卷材应均匀，不得加热不足或烧穿卷材。

（2）卷材表面热熔后应立即滚铺，卷材下面的空气应排尽，并应辊压粘贴牢固。

（3）卷材接缝部位应溢出热熔的改性沥青胶，溢出的改性沥青胶宽度宜为 8mm。

（4）铺贴的卷材应平整顺直，搭接尺寸应准确，不得扭曲、皱折。

（5）厚度小于 3mm 的高聚物改性沥青防水卷材，严禁采用热熔法施工。

8. 自粘法铺贴卷材

（1）铺贴卷材时，应将自粘胶底面的隔离纸全部撕净。

（2）卷材下面的空气应排尽，并应辊压粘贴牢固。

（3）铺贴的卷材应平整顺直，搭接尺寸应准确，不得扭曲、皱折。

（4）接缝口应用密封材料封严，宽度不应小于 10mm。

（5）低温施工时，接缝部位宜采用热风加热，并应随即粘贴牢固。

9. 焊接法铺贴卷材

（1）焊接前卷材应铺设平整、顺直，搭接尺寸应准确，不得扭曲、皱折。

（2）卷材焊接缝的结合面应干净、干燥，不得有水滴、油污及附着物。

（3）焊接时应先焊长边搭接缝，后焊短边搭接缝。

（4）控制加热温度和时间，焊接缝不得有漏焊、跳焊、焊焦或焊接不牢现象。

（5）焊接时不得损害非焊接部位的卷材。

10. 机械固定法铺贴卷材

（1）卷材应采用专用固定件进行机械固定。

（2）固定件应设置在卷材搭接缝内，外露固定件应用卷材封严。

（3）固定件应垂直钉入结构层有效固定，固定件数量和位置应符合设计要求。

（4）卷材搭接缝应粘结或焊接牢固，密封应严密。

（5）卷材周边 800mm 范围内应满粘。

7.4.3 涂膜防水层

1. 基层要求

涂膜防水层的基层应坚实、平整、干净，应无孔隙、起砂和裂缝。基层的干燥程度应根据所选用的防水涂料特性确定；当采用溶剂型、热熔型和反应固化型防水涂料时，基层应干燥。

2. 基层处理剂配制与施工

参见本书 7.4.2 节中相关内容。

3. 涂膜施工

（1）多组分防水涂料应按配合比准确计量，搅拌应均匀，并应根据有效时间确定每次配制的数量。

（2）防水涂料应多遍涂布，并应待前一遍涂布的涂料干燥成膜后，再涂布后一遍涂料，且前后两遍涂料的涂布方向应相互垂直，涂膜总厚度应符合设计要求。

（3）涂膜施工应先做好细部处理，再进行大面积涂布。

（4）屋面转角及立面的涂膜应薄涂多遍，不得流淌和堆积。

（5）涂膜防水层与基层应粘结牢固，表面应平整，涂布应均匀，不得有流淌、皱折、起泡和露胎体等缺陷。

（6）涂膜防水层在檐口、檐沟、天沟、水落口、泛水、变形缝和伸出屋面管道的防水构造，应符合设计要求。

（7）涂膜防水层完成后，进行表观质量的检查，并做好淋水、蓄水检验，合格后再进行保护层的施工。

4. 铺设胎体增强材料

（1）涂膜间夹铺胎体增强材料时，宜边涂布边铺胎体；胎体应铺贴平整，应排除气泡，并应与涂料粘结牢固。

（2）在胎体上涂布涂料时，应使涂料浸透胎体，并应覆盖完全，不得有胎体外露现象。最上面的涂膜厚度不应小于1.0mm。

（3）胎体增强材料长边搭接宽度不应小于50mm，短边搭接宽度不应小于70mm。

（4）上下层胎体增强材料的长边搭接缝应错开，且不得小于幅宽的1/3。

（5）上下层胎体增强材料不得相互垂直铺设。

5. 防水涂料和胎体增强材料的贮运、保管

（1）防水涂料包装容器应密封，容器表面应标明涂料名称、生产厂家、执行标准号、生产日期和产品有效期，并应分类存放。

（2）反应型和水乳型涂料贮运和保管环境温度不宜低于5℃。

（3）溶剂型涂料贮运和保管环境温度不宜低于0℃，并不得日晒、碰撞和渗漏；保管环境应干燥、通风，并应远离火源、热源。

（4）胎体增强材料贮运、保管环境应干燥、通风，并应远离火源、热源。

7.4.4 复合防水层

（1）基层的质量应满足底层防水层的要求。

（2）不同胎体和性能的卷材复合使用时，或夹铺不同胎体增强材料的涂膜复合使用时，高性能的应作为面层。

（3）不同防水材料复合使用时，耐老化、耐穿刺的防水材料应设置在最上面。

（4）卷材与涂料复合使用时，涂膜防水层宜设置在卷材防水层的下面。

（5）防水涂料作为防水卷材粘结材料使用时，应按复合防水层进行整体验收；否则，应分别按涂膜防水层和卷材防水层验收。

（6）挥发固化型防水涂料不得作为防水卷材粘结材料使用；水乳型或合成高分子类防水涂料不得与热熔型防水卷材复合使用；水乳型或水泥基类防水涂料应待涂膜实干后，方可铺贴卷材。

（7）复合防水层施工质量控制，参见本书7.4.2节和7.4.3节中相关内容。

7.4.5 接缝密封防水

1. 密封防水部位的基层要求

（1）基层应牢固，表面应平整、密实，不得有裂缝、蜂窝、麻面、起皮和起砂现象。

（2）基层应清洁、干燥，并应无油污、无灰尘。

（3）嵌入的背衬材料与接缝壁间不得留有空隙。

（4）密封防水部位的基层宜涂刷基层处理剂，涂刷应均匀，不得漏涂。

2. 接缝密封

（1）密封材料及其配套材料的质量，应符合设计要求。

（2）多组分密封材料应按配合比准确计量，拌合应均匀，并应根据有效时间确定每次配制的数量。

（3）密封材料嵌填应密实、连续、饱满，应与基层粘结牢固；表面应平滑，缝边应顺直，不得有气泡、孔洞、开裂、剥离等现象。

（4）密封材料嵌填完成后，在固化前应避免灰尘、破损及污染，且不得踩踏。

7.4.6 质量检查

应符合现行国家标准《屋面工程质量验收规范》GB 50207 的规定。

7.5 瓦面与板面工程

7.5.1 材料质量控制

瓦面与板面工程常用材料质量控制要点，见表7-7。

瓦面与板面工程常用材料质量控制要点　　　　表7-7

项目	质量控制要点
烧结瓦、混凝土瓦	（1）平瓦、脊瓦的种类按设计要求选用，应有出厂合格证、质量检验报告。平瓦和脊瓦应边缘整齐，表面光洁，不得有分层、裂纹和露砂等缺陷；平瓦的瓦爪与瓦槽的尺寸应吻合。 （2）波形瓦及其脊瓦应有出厂合格证，质量报告，并应边缘整齐，表面光洁，不得有起层、断裂和掉角等缺陷。 （3）木质基层、顺水条、挂瓦条，均应做防腐、防火和防蛀处理。 （4）金属顺水条、挂瓦条，均应做防锈蚀处理。 （5）其他材料均应符合设计要求，应有出厂质量证明文件，并按要求进场抽样复检合格
沥青瓦	（1）沥青瓦应有产品合格证书和质量检测报告，材料的品种、规格、性能等应符合国家现行标准和设计要求。 （2）沥青瓦外观边缘整齐，切槽清晰，厚薄均匀，表面无孔洞、楞伤、裂纹、折皱及起泡等缺陷。 （3）进场的沥青瓦应检验可溶物含量、拉力、耐热度、柔度、不透水性、叠层剥离强度等项目
金属板	（1）金属板材的规格、性能及涂层厚度应符合设计要求，并有出厂合格证。板材应边缘整齐，表面光滑，色泽均匀，外形规则，不得有扭翘、脱膜和锈蚀等缺陷。 （2）金属板屋面的构件及配件应有产品合格证和性能检测报告，其材料的品种、规格、性能等应符合设计要求和产品标准的规定

项目	质量控制要点
玻璃采光顶	（1）材料应有产品合格证书和性能检测报告，材料的品种、规格、性能等应符合国家现行标准和设计要求。 （2）所有采光顶玻璃应进行磨边倒角处理。 （3）钢材应按设计要求做防腐处理，铝合金型材表面处理应符合设计要求。 （4）采光顶使用的成品钢索应有化学成分报告和产品质量保证书。 （5）硅酮结构密封胶生产商应提供其结构胶的变位承受能力数据和质量保证书。使用前，应经国家认可的检测机构进行与其相接触的有机材料的相容性和被粘结材料剥离粘结性试验，并应对邵氏硬度、标准状态拉伸粘结性能进行复验。 （6）玻璃接缝密封胶进场验收时，应检查产品级别和模量级别是否符合设计要求，使用前应进行剥离粘结性试验
其他构件	（1）木质望板、檩条、顺水条、挂瓦条等构件，均应做防腐、防蛀和防火处理。 （2）金属顺水条、挂瓦条以及金属板、固定件，均应做防锈处理

7.5.2 烧结瓦、混凝土瓦铺装

1. 瓦材检查

进场的烧结瓦、混凝土瓦应检验抗渗性、抗冻性和吸水率等项目。

平瓦和脊瓦应边缘整齐，表面光洁，不得有分层、裂纹和露砂等缺陷；平瓦的瓦爪与瓦槽的尺寸应配合。

2. 基层、顺水条、挂瓦条的铺设

（1）基层应平整、干净、干燥，持钉层厚度应符合设计要求。

（2）顺水条应垂直正脊方向铺钉在基层上，顺水条表面应平整，其间距不宜大于500mm。

（3）挂瓦条的间距应根据瓦片尺寸和屋面坡长经计算确定。

（4）挂瓦条应铺钉平整、牢固，上棱应成一直线。

3. 挂瓦作业

（1）瓦片应均匀分散堆放在两坡屋面基层上，严禁集中堆放。挂瓦应从两坡的檐口同时对称进行。瓦后爪应与挂瓦条挂牢，并应与邻边、下面两瓦落槽密合。

（2）檐口瓦、斜天沟瓦应用镀锌铁丝拴牢在挂瓦条上，每片瓦均应与挂瓦条固定牢固。

（3）整坡瓦面应平整，行列应横平竖直，不得有翘角和张口现象。

（4）正脊和斜脊应铺平挂直，脊瓦搭盖应顺主导风向和流水方向。

4. 瓦面铺装尺寸控制

（1）瓦屋面檐口挑出墙面的长度不宜小于300mm。

（2）脊瓦在两坡面瓦上的搭盖宽度，每边不应小于40mm。

（3）脊瓦下端距坡面瓦的高度不宜大于80mm。

（4）瓦头伸入檐沟、天沟内的长度宜为50～70mm。

（5）金属檐沟、天沟伸入瓦内的宽度不应小于150mm。

（6）瓦头挑出檐口的长度宜为50～70mm。

（7）突出屋面结构的侧面瓦伸入泛水的宽度不应小于50mm。

7.5.3 沥青瓦铺装

1. 瓦材检查

（1）进场的沥青瓦应检验可溶物含量、拉力、耐热度、柔度、不透水性、叠层剥离强度等项目。

（2）沥青瓦应边缘整齐，切槽应清晰，厚薄应均匀，表面应无孔洞、楞伤、裂纹、皱折和起泡等缺陷。

2. 铺装要求

（1）檐口部位宜先铺设金属滴水板或双层檐口瓦，并应将其固定在基层上，再铺设防水垫层和起始瓦片。

（2）沥青瓦应自檐口向上铺设，起始层瓦应由瓦片经切除垂片部分后制得，且起始层瓦沿檐口平行铺设并伸出檐口 10mm，并应用沥青基胶粘材料与基层粘结。

第一层瓦应与起始层瓦叠合，但瓦切口应向下指向檐口；第二层瓦应压在第一层瓦上且露出瓦切口，但不得超过切口长度。相邻两层沥青瓦的拼缝及切口应均匀错开。

（3）铺设脊瓦时，宜将沥青瓦沿切口剪开分成三块作为脊瓦，并应用 2 个固定钉固定，同时应用沥青基胶粘材料密封；脊瓦搭盖应顺主导风向。

（4）沥青瓦屋面与立墙或伸出屋面的烟囱、管道的交接处应做泛水，在其周边与立面250mm 的范围内应铺设附加层，然后在其表面用沥青基胶结材料满粘一层沥青瓦片。

（5）铺设沥青瓦屋面的天沟应顺直，瓦片应粘结牢固，搭接缝应密封严密，排水应通畅。

3. 沥青瓦的固定

（1）沥青瓦铺设时，每张瓦片不得少于 4 个固定钉，在大风地区或屋面坡度大于 100%时，每张瓦片不得少于 6 个固定钉。

（2）固定钉应垂直钉入沥青瓦压盖面，钉帽应与瓦片表面齐平。

（3）固定钉钉入持钉层深度应符合设计要求。

（4）屋面边缘部位沥青瓦之间以及起始瓦与基层之间，均应采用沥青基胶粘材料满粘。

4. 沥青瓦铺装尺寸控制

（1）脊瓦在两坡面瓦上的搭盖宽度，每边不应小于 150mm。

（2）脊瓦与脊瓦的压盖面不应小于脊瓦面积的 1/2。

（3）沥青瓦挑出檐口的长度宜为 10～20mm。

（4）金属泛水板与沥青瓦的搭盖宽度不应小于 100mm。

（5）金属泛水板与突出屋面墙体的搭接高度不应小于 250mm。

（6）金属滴水板伸入沥青瓦下的宽度不应小于 80mm。

7.5.4 金属板铺装

1. 瓦材检查

（1）进场的彩色涂层钢板及钢带应检验屈服强度、抗拉强度、断后伸长率、镀层重量、涂层厚度等项目。进场的金属面绝热夹芯板应检验剥离性能、抗弯承载力、防火性能等项目。

（2）金属板屋面的构件及配件应有产品合格证和性能检测报告，其材料的品种、规格、性能等应符合设计要求和产品标准的规定。

（3）金属板材应边缘整齐，表面应光滑，色泽应均匀，外形应规则，不得有翘曲、脱膜和锈蚀等缺陷。

（4）金属板屋面的构件及配件应有产品合格证和性能检测报告，其材料的品种、规格、性能等应符合设计要求和产品标准的规定。

2. 铺装要求

（1）金属板的横向搭接方向宜顺主导风向；当在多维曲面上雨水可能翻越金属板板肋横流时，金属板的纵向搭接应顺流水方向。

（2）金属板铺设过程中应对金属板采取临时固定措施，当天就位的金属板材应及时连接固定。

（3）金属板安装应平整、顺滑，板面不应有施工残留物；檐口线、屋脊线应顺直，不得有起伏不平现象。

（4）金属板固定支架或支座位置应准确，安装应牢固。

（5）金属板屋面完工后，应避免屋面受物体冲击，并不宜对金属面板进行焊接、开孔等作业，严禁任意上人或堆放物件。

（6）金属板应边缘整齐、表面光滑，色泽均匀、外形规则，不得有扭翘、脱膜和锈蚀等缺陷。

3. 金属板屋面铺装尺寸控制

（1）金属板檐口挑出墙面的长度不应小于 200mm。

（2）金属板伸入檐沟、天沟内的长度不应小于 100mm。

（3）金属泛水板与突出屋面墙体的搭接高度不应小于 250mm。

（4）金属泛水板、变形缝盖板与金属板的搭接宽度不应小于 200mm。

（5）金属屋脊盖板在两坡面金属板上的搭盖宽度不应小于 250mm。

7.5.5 玻璃采光顶铺装

1. 一般规定

（1）玻璃采光顶的预埋件应位置准确，安装应牢固。

（2）玻璃采光顶的支承构件、玻璃组件及附件，其材料的品种、规格、色泽和性能应符合设计要求和技术标准的规定。

（3）采光顶玻璃表面应平整、洁净，颜色应均匀一致。

（4）玻璃采光顶与周边墙体之间的连接，应符合设计要求。

2. 框支承玻璃采光顶的安装施工

（1）应根据采光顶分格测量，确定采光顶各分格点的空间定位。

（2）支承结构应按顺序安装，采光顶框架组件安装就位、调整后应及时紧固；不同金属材料的接触面应采用隔离材料。

（3）采光顶的周边封堵收口、屋脊处压边收口、支座处封口处理，均应铺设平整且可靠固定。

（4）采光顶天沟、排水槽、通气槽及雨水排出口等细部构造应符合设计要求。

（5）装饰压板应顺流水方向设置，表面应平整，接缝应符合设计要求。

3．点支承玻璃采光顶的安装施工

（1）应根据采光顶分格测量，确定采光顶各分格点的空间定位。

（2）钢桁架及网架结构安装就位、调整后应及时紧固；钢索杆结构的拉索、拉杆预应力施加应符合设计要求。

（3）采光顶应采用不锈钢驳接组件装配，爪件安装前应精确定出其安装位置。

（4）玻璃宜采用机械吸盘安装，并应采取必要的安全措施。

（5）玻璃接缝应采用硅酮耐候密封胶。

（6）中空玻璃钻孔周边应采取多道密封措施。

4．明框玻璃组件组装

（1）玻璃与构件槽口的配合应符合设计要求和技术标准的规定。

（2）玻璃四周密封胶条的材质、型号应符合设计要求，镶嵌应平整、密实，胶条的长度宜大于边框内槽口长度 1.5%～2.0%，胶条在转角处应斜面断开，并应用胶粘剂粘结牢固。

（3）组件中的导气孔及排水孔设置应符合设计要求，组装时应保持孔道通畅。

（4）明框玻璃组件应拼装严密，框缝密封应采用硅酮耐候密封胶。

5．隐框及半隐框玻璃组件组装

（1）玻璃及框料粘结表面的尘埃、油渍和其他污物，应分别使用带溶剂的擦布和干擦布清除干净，并应在清洁 1h 内嵌填密封胶。

（2）所用的结构粘结材料应采用硅酮结构密封胶，其性能应符合现行国家标准《建筑用硅酮结构密封胶》GB 16776 的有关规定；硅酮结构密封胶应在有效期内使用。

（3）硅酮结构密封胶应嵌填饱满，并应在温度 15～30℃、相对湿度 50% 以上、洁净的室内进行，不得在现场嵌填。

（4）硅酮结构密封胶的粘结宽度和厚度应符合设计要求，胶缝表面应平整光滑，不得出现气泡。

（5）硅酮结构密封胶固化期间，组件不得长期处于单独受力状态。

6．玻璃接缝密封胶施工

（1）玻璃接缝密封应采用硅酮耐候密封胶，其性能应符合现行行业标准《幕墙玻璃接缝用密封胶》JC/T 882 的有关规定，密封胶的级别和模量应符合设计要求。

（2）密封胶的嵌填应密实、连续、饱满，胶缝应平整光滑、缝边顺直。

（3）玻璃间的接缝宽度和密封胶的嵌填深度应符合设计要求。

（4）不宜在夜晚、雨天嵌填密封胶，嵌填温度应符合产品说明书规定，嵌填密封胶的基面应清洁、干燥。

7.5.6　质量检查

应符合现行国家标准《屋面工程质量验收规范》GB 50207 的规定。

7.6 细部构造

7.6.1 材料质量控制

细部构造常用材料质量控制要点，见表7-8。

细部构造常用材料质量控制要点　　　　　　　表7-8

项目	质量控制要点
一般要求	细部构造所使用卷材、涂料和密封材料的质量应符合设计要求，两种材料之间应具有相容性
檐口	（1）保温层、防水与密封、烧结瓦、沥青瓦、金属板等材料控制要求，参见本章7.1～7.5节中相关内容。 （2）泄水用PVC管材，内外壁应光滑平整，壁厚均匀、无气泡、划痕等影响性能的表面缺陷，色泽一致，管材端口应平整。 （3）水泥钉外观光洁，无明显伤痕或毛刺，不应锈蚀
檐沟、天沟	找坡层、找平层、保温层、防水与密封、烧结瓦、混凝土瓦、沥青瓦等材料控制要求，参见本章7.1～7.5节中相关内容
女儿墙和山墙	找坡层、找平层、隔汽层、隔离层、保温层、防水与密封等材料控制要求，参见本章7.1～7.5节中相关内容
水落口	找平层、防水与密封等材料控制要求，参见本章7.1～7.5节中相关内容
变形缝	（1）找平层、防水与密封等材料控制要求，参见本章7.1～7.5节中相关内容。 （2）混凝土盖板：盖板尺寸符合规范要求，混凝土应密实，不得出现影响结构性能和使用功能的裂缝、露筋、严重蜂窝和缝隙夹渣。 （3）金属盖板：外观表面平整、光洁，表面不得有明显擦痕，端面应切平整。 （4）不燃保温材料：表面平整，无夹杂物，颜色均匀；无明显起泡、裂口、变形，厚度符合规范要求；燃烧性能满足设计要求
伸出屋面管道	（1）找平层、防水与密封等材料控制要求，参见本章7.1～7.5节中相关内容。 （2）金属管材：表面无裂纹，缩孔、夹渣、折叠、重皮和不超过壁厚负偏差的锈蚀或凹陷等缺陷；PVC管材：内外壁应光滑平整，壁厚均匀、无气泡、划痕等影响性能的表面缺陷，色泽一致，管材端口应平整。 （3）金属箍应表面光洁，无毛刺、无飞边、无明显划痕、无气泡点、锈斑黑点和脱漆掉皮
屋面出入口	（1）找平层、保温层、防水与密封等材料控制要求，参见本章7.1～7.5节中相关内容。 （2）上人孔盖宜定做加工成品，规格型号符合设计要求
反梁过水孔	（1）防水与密封材料控制要求，参见本章7.4节中相关内容。 （2）PVC预埋管道内外壁应光滑平整，壁厚均匀、无气泡、划痕等影响性能的表面缺陷，色泽一致，管材端口应平整
设施基座	（1）找平层材料控制要求，参见本章7.2节中相关内容。 （2）防水与密封材料控制要求，参见本章7.4节中相关内容
屋脊	找平层、保护层、防水与密封、烧结瓦、混凝土瓦、沥青瓦、金属板材等材料控制要求，参见本章7.1～7.5节中相关内容
屋顶窗	（1）找平层、防水与密封、烧结瓦、混凝土瓦、沥青瓦、金属板材等材料控制要求，参见本章7.1～7.5节中相关内容。 （2）屋顶窗、金属排水板、窗框固定铁脚等应由屋顶窗的生产厂家配套供应，材质、规格、性能符合设计要求，屋顶窗应有出厂质量证明文件，进场抽样复检及"三性"试验合格，方可使用

7.6.2 檐口、檐沟和天沟

1. 檐口

（1）檐口的防水构造应符合设计要求。

（2）檐口的排水坡度应符合设计要求，檐口部位不得有渗漏和积水现象。

（3）卷材防水屋面檐口800mm范围内的卷材应满粘，卷材收头应采用金属压条钉压，并应用密封材料封严。檐口下端应做鹰嘴和滴水槽。

（4）卷材收头应在找平层的凹槽内用金属压条钉压固定，并应用密封材料封严。

（5）涂膜防水屋面檐口的涂膜收头，应用防水涂料多遍涂刷。檐口下端应做鹰嘴和滴水槽。

（6）烧结瓦、混凝土瓦屋面的瓦头挑出檐口的长度宜为50～70mm。

（7）沥青瓦屋面的瓦头挑出檐口的长度宜为10～20mm；金属滴水板应固定在基层上，伸入沥青瓦下宽度不应小于80mm，向下延伸长度不应小于60mm。

（8）金属板屋面檐口挑出墙面的长度不应小于200mm，屋面板与墙板交接处应设置金属封檐板和压条。

2. 檐沟和天沟

（1）檐沟、天沟的防水构造、排水坡度、附加层铺设应符合设计要求。

（2）檐沟和天沟的防水层下应增设附加层，附加层伸入屋面的宽度不应小于250mm。

（3）檐沟防水层和附加层应由沟底翻上至外侧顶部，卷材收头应用金属压条钉压，并应用密封材料封严，涂膜收头应用防水涂料多遍涂刷。

（4）檐沟外侧下端应做鹰嘴或滴水槽；檐沟外侧高于屋面结构板时，应设置溢水口。

3. 烧结瓦、混凝土瓦屋面檐沟和天沟

（1）檐沟和天沟防水层下应增设附加层，附加层伸入屋面的宽度不应小于500mm。

（2）檐沟和天沟防水层伸入瓦内的宽度不应小于150mm，并应与屋面防水层或防水垫层顺流水方向搭接。

（3）檐沟防水层和附加层应由沟底翻上至外侧顶部，卷材收头应用金属压条钉压，并应用密封材料封严；涂膜收头应用防水涂料多遍涂刷。

（4）烧结瓦、混凝土瓦伸入檐沟、天沟内的长度，宜为50～70mm。

4. 沥青瓦屋面檐沟和天沟

（1）檐沟防水层下应增设附加层，附加层伸入屋面的宽度不应小于500mm。

（2）檐沟防水层伸入瓦内的宽度不应小于150mm，并应与屋面防水层或防水垫层顺流水方向搭接。

（3）檐沟防水层和附加层应由沟底翻上至外侧顶部，卷材收头应用金属压条钉压．并应用密封材料封严；涂膜收头应用防水涂料多遍涂刷。

（4）沥青瓦伸入檐沟内的长度宜为10～20mm。

（5）天沟采用搭接式或编织式铺设时，沥青瓦下应增设不小于1000mm宽的附加层（图7-1）。

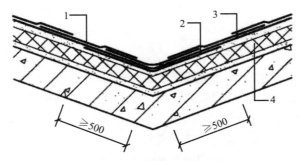

图 7-1 沥青瓦屋面天沟

1—沥青瓦；2—附加层；3—防水层或防水垫层；4—保温层

（6）天沟采用敞开式铺设时，在防水层或防水垫层上应铺设厚度不小于 0.45mm 的防锈金属板材，沥青瓦与金属板材应顺流水方向搭接，搭接缝应用沥青基胶结材料粘结，搭接宽度不应小于 100mm。

7.6.3 女儿墙和山墙

（1）女儿墙和山墙的防水构造应符合设计要求。

（2）女儿墙和山墙的现浇混凝土或预制混凝土压顶向内排水坡度不应小于 5%，压顶内侧下端应做成鹰嘴或滴水槽，压顶必须设分格缝并嵌填密封材料。采用金属制品压顶，需要注意金属扣板纵向缝的密封。

（3）卷材防水层铺贴至女儿墙和山墙时，卷材立面部位应满粘防止下滑。砌体低女儿墙和山墙的卷材防水层可直接铺贴至压顶下，卷材收头用金属压条钉压固定，并用密封材料封严。砌体高女儿墙和山墙可在距屋面不小于 250mm 的部位留设凹槽，将卷材防水层收头压入凹槽内，用金属压条钉压固定并用密封材料封严，凹槽上部的墙体应做防水处理。混凝土女儿墙和山墙难以设置凹槽，可将卷材防水层直接用金属压条钉压在墙体上，卷材收头用密封材料封严，再做金属盖板保护。

（4）女儿墙和山墙的涂膜应直接涂刷至压顶下，涂膜收头应用防水涂料多遍涂刷。

（5）女儿墙和山墙的泛水高度及附加层铺设应符合设计要求。女儿墙和山墙泛水处的附加层在平面和立面的宽度均不应小于 250mm。

（6）烧结瓦、混凝土瓦屋面山墙泛水应采用聚合物水泥砂浆抹成，侧面瓦伸入泛水的宽度不应小于 50mm。

（7）金属板屋面山墙泛水应铺钉厚度不小于 0.45mm 的金属泛水板，并应顺流水方向搭接；金属泛水板与墙体的搭接高度不应小于 250mm，与压型金属板的搭盖宽度宜为 1～2波，并应在波峰处采用拉铆钉连接。

（8）女儿墙和山墙的根部不得有渗漏和积水现象。

7.6.4 水落口、变形缝

1. 水落口

（1）水落口的防水构造应符合设计要求。

（2）水落口杯的安设高度应充分考虑水落口部位增加的附加层和排水坡度加大的尺寸，屋面上每个水落口应单独计算出标高后进行埋设，保证水落口杯上口设置在屋面排水沟的最低处，避免水落口周围积水；水落口处不得有渗漏和积水现象。

（3）水落口的数量和位置应符合设计要求；水落口杯应用细石混凝土与基层固定牢固。

（4）水落口的金属配件均应做防锈处理。

（5）水落口周围直径 500mm 范围内坡度不应小于 5%，并按设计要求做附加增强处理。

（6）檐沟、天沟的防水层和附加层伸入水落口内不应小于 50mm，并粘结牢固，避免水落口处发生渗漏。

2．变形缝

（1）变形缝的防水构造应符合设计要求，变形缝泛水处的防水层下应按设计要求增设防水附加层；防水层应铺贴或涂刷至泛水墙的顶部；变形缝内应填塞保温材料，其上铺设卷材封盖和金属盖板。

（2）变形缝处不得有渗漏和积水现象。

（3）变形缝与屋面交接处、泛水高度和防水层收头应符合设计要求，防止雨水从泛水墙渗入室内。变形缝的泛水高度及附加层铺设应符合设计要求，附加层在平面和立面的宽度不应小于 250mm。

（4）屋面防水层应铺贴或涂刷至泛水墙的顶部，封盖卷材的中间应尽量向缝内下垂，然后将卷材与防水层粘牢，以保证防水层的连续性。

（5）等高变形缝顶部宜加扣混凝土或金属盖板。混凝土盖板的接缝应用密封材料封严；金属盖板应铺钉牢固，搭接缝应顺流水方向，搭接宽度一般不小于 50mm，并应做好防锈处理。

（6）高低跨变形缝在高跨墙面上的防水卷材收头处应用金属压条钉压固定，并用密封材料封严，金属盖板也应固定牢固并密封严密。

7.6.5 伸出屋面管道、屋面出入口

1．伸出屋面管道

（1）伸出屋面管道的防水构造应符合设计要求。伸出屋面管道通常采用金属或 PVC 管材，由于温差变化引起的材料收缩会使管壁四周产生裂纹，所以在管壁四周应设附加层做防水增强处理。卷材防水层收头处应用管箍或镀锌铁丝扎紧后用密封材料封严。

（2）伸出屋面管道与混凝土线膨胀系数不同，环境变化易使管道四周产生裂缝，应设置附加层增加设防可靠性。防水层的泛水高度和附加层铺设应符合设计要求，防止雨水从防水层收头处流入室内。附加层在平面和立面的宽度均不应小于 250mm。

（3）管道四周 100mm 范围内，找平层应抹出高度不小于 30mm 的排水坡，以保证伸出屋面管道四周雨水能顺利排出，不产生积水现象。

（4）烟囱与烧结瓦、混凝土瓦屋面的交接处，应在迎水面中部抹出分水线，并应高出两侧各 30mm。

（5）卷材防水层收头应用金属箍固定，并应用密封材料封严；涂膜防水层收头应用防水涂料多遍涂刷。

（6）伸出屋面管道根部不得有渗漏和积水现象。

2．屋面出入口

（1）屋面出入口的防水构造应符合设计要求，尤其要注意，附加层及防水层收头处理。

（2）屋面垂直出入口防水层收头应压在压顶圈下，附加层铺设应符合设计要求。附加层在平面和立面的宽度均不应小于250mm。

（3）屋面水平出入口防水层收头应压在混凝土踏步下，附加层铺设和护墙应符合设计要求。附加层在平面上的宽度不应小于250mm。

（4）屋面出入口应有足够的泛水高度，以保证屋面的雨水不会流入室内或变形缝中。泛水高度应符合设计要求，设计无要求时，不得小于250mm。

（5）屋面出入口处不得有渗漏和积水现象。

7.6.6　反梁过水孔、设施基座

1．反梁过水孔

（1）反梁过水孔的防水构造应符合设计要求。

（2）检查反梁过水孔是否过小或标高不准，以及过水孔防水处理是否不当，以免造成过水孔及其周围渗漏或积水。

（3）反梁过水孔的孔底标高、孔洞尺寸或预埋管管径，均应符合设计要求。反梁过水孔孔底标高应按排水坡度留置，每个过水孔的孔底标高应在结构施工图中标明，否则找坡后孔底标高低于或高于沟底标高，均会造成长期积水现象。

反梁过水孔的孔洞高 × 宽不应小于150mm×250mm，预埋管内径不宜小于75mm，以免孔道堵塞。

（4）反梁过水孔的孔洞四周应涂刷防水涂料，涂膜防水层应尽量伸入孔洞内；预埋管道两端周围与混凝土接触处应留凹槽，并应用密封材料封严。

2．设施基座

（1）设施基座的防水构造应符合设计要求，施工时应严格按照设计要求进行防水设防，并设置足够的排水坡度避免积水。

（2）设施基座与结构层相连时，防水层应包裹设施基座的上部，并应在地脚螺栓周围做密封处理，以确保预埋螺栓周围的防水效果。

（3）设施基座直接放置在防水层上时，设施基座下部应增设附加层；如设施底部对防水层具有较大的破坏作用，如具有比较尖锐的突出物时，设施下应浇筑厚度不小于50mm的细石混凝土保护层。

（4）需经常维护的设施基座周围和屋面出入口至设施之间的人行道，应铺设块体材料或细石混凝土保护层。

（5）设施基座处不得有渗漏和积水现象。

7.6.7　屋脊、屋顶窗

1．屋脊

（1）烧结瓦、混凝土瓦的脊瓦与坡面瓦之间的缝隙，一般采用聚合物水泥砂浆填实抹

平。脊瓦下端距坡面瓦的高度不宜超过 80mm，脊瓦在两坡面瓦上的搭盖宽度每边不应小于 40mm。沥青瓦屋面的脊瓦在两坡面瓦上的搭盖宽度每边不应小于 150mm。正脊脊瓦外露搭接边宜顺常年风向一侧；每张屋脊瓦片的两侧各采用 1 个固定钉固定，固定钉距离侧边 25mm；外露的固定钉钉帽应用沥青胶涂盖。

（2）平脊和斜脊铺设应顺直，应无起伏现象；脊瓦应搭盖正确，间距应均匀，封固应严密。

（3）烧结瓦、混凝土瓦屋面的屋脊处（左右两侧）应增设宽度不小于 250mm 的卷材附加层。脊瓦下端距坡面瓦的高度不宜大于 80mm，脊瓦在两坡面瓦上的搭盖宽度，每边不应小于 40mm；脊瓦与坡瓦面之间的缝隙应采用聚合物水泥砂浆填实抹平。

（4）沥青瓦屋面的屋脊处应增设宽度不小于 250mm 的卷材附加层。脊瓦在两坡面瓦上的搭盖宽度，每边不应小于 150mm。

（5）金属板屋面的屋脊盖板在两坡面金属板上的搭盖宽度每边不应小于 250mm，屋面板端头应设置挡水板和堵头板。

（6）屋脊处不得有渗漏现象。

2. 屋顶窗

（1）屋顶窗的防水构造应符合设计要求。一般屋顶窗的防水设计为两道防水设防，即金属排水板采用涂有防氧化涂层的铝合金板，排水板与屋面瓦有效紧密搭接，第二道防水设防采用厚度为 3mm 的 SBS 防水卷材热熔施工；屋顶窗的排水设计应充分发挥排水板的作用，同时注意瓦与屋顶窗排水板的距离。

（2）屋顶窗的安装可先于屋面瓦进行，亦可后于屋面瓦进行。当窗的安装先于屋面瓦进行时，应注意窗的成品保护；当窗的安装后于屋面瓦进行时，窗周围上下左右各 500mm 范围内应暂不铺瓦，待窗安装完成后再进行补铺。特别是在屋顶窗与瓦屋面的交接处，窗口防水卷材应与屋面瓦下所设的防水层或防水垫层搭接紧密。屋面防水层完成后，应对屋顶窗及其周围进行雨后观察或淋水试验。

（3）屋顶窗用金属排水板及窗框固定铁脚，均应与屋面基层连接牢固，保证屋顶窗安全使用。烧结瓦、混凝土瓦屋面屋顶窗，金属排水板应固定在顺水条上的支撑木条上，固定钉处应用密封胶涂盖。

（4）屋顶窗用窗口防水卷材，应沿窗的四周铺贴在屋面基层上，并与屋面瓦上所设的防水层或防水垫层搭接紧密。防水卷材应铺贴平整、粘结牢固。

7.6.8 质量检查

应符合现行国家标准《屋面工程质量验收规范》GB 50207 的规定。

第8章 建筑地面工程实体质量控制

8.1 基本规定

8.1.1 材料或产品进场

（1）建筑地面工程采用的材料或产品应符合设计要求和现行有关标准的规定。无现行标准的，应具有省级住房和城乡建设行政主管部门的技术认可文件。

材料或产品进场时应有质量合格证明文件，应对型号、规格、外观等进行验收，对重要材料或产品应抽样进行复验。

质量合格证明文件是指随同进场材料或产品一同提供的、有效的中文质量状况证明文件。通常包括型式检验报告、出厂检验报告、出厂合格证等。进口产品还应包括出入境商品检验合格证明。

（2）建筑地面工程采用的大理石、花岗石、料石等天然石材以及砖、预制板块、地毯、人造板材、胶粘剂、涂料、水泥、砂、石、外加剂等材料或产品应符合国家现行有关室内环境污染控制和放射性、有害物质限量的规定。材料进场时应具有检测报告。

8.1.2 隐蔽工程项目

建筑地面工程隐蔽工程内容，见表8-1。

建筑地面工程隐蔽工程内容   表8-1

序号	隐蔽工程项目	内 容
1	建筑地面下的沟槽、暗管、保温、隔热、隔声等	对各项目进行隐蔽验收合格后，方可允许进行地面工程施工
2	基层质量	（1）垫层铺设前应对基土层进行隐蔽验收。 （2）找平层铺设前应对垫层表面处理（或其下一层）进行隐蔽验收。 （3）隔离层施工前应对其找平层进行隐蔽验收。 （4）填充层施工前应对其下一层（找平层或隔离层）进行隐蔽验收。 （5）铺设面层前应对其基层质量进行隐蔽验收
3	立管、套管和地漏与楼板节点之间的密封处理	对各项目进行隐蔽验收，并检查排水坡度是否符合设计要求
4	变形缝的清理、填塞	进行隐蔽验收，并检查变形缝是否与结构相应缝的位置一致，且应贯通建筑地面的各构造层。 沉降缝和防震缝的宽度是否符合设计要求，缝内清理干净是否符合设计要求

8.2 基层铺设

8.2.1 材料质量控制

基层材料进场时，应检查材料的出厂合格证、材料检验报告、使用说明书；基层铺设常用材料质量控制要点，见表8-2。

基层铺设常用材料质量控制要点 表8-2

项目	质量控制要点
基土	（1）砂石：宜选用碎石、卵石、角砾、圆砾、砾砂、粗砂、中砂或石屑，并应级配良好，不含植物残体、垃圾等杂质。当使用粉细砂或石粉时，应掺入不少于总重量30%的碎石或卵石。砂石的最大粒径不宜大于50mm。对湿陷性黄土或膨胀土地基，不得选用砂石等透水性材料。 （2）粉质黏土：土料中有机质含量不得超过5%，且不得含有冻土或膨胀土。当含有碎石时，其最大粒径不宜大于50mm。用于湿陷性黄土或膨胀土地基的粉质黏土垫层，土料中不得夹有砖、瓦或石块等。 （3）熟化石灰：熟化石灰应采用生石灰块（块灰的含量不少于70%），在使用前3~4d用清水予以熟化，充分消解后成粉末状，并加以过筛。其最大粒径不应大于5mm，并不应夹有未熟化的生石灰块。 （4）水泥：强度等级不低于42.5级，要求无结块，有出厂合格证和复试报告。 （5）粉煤灰：选用的粉煤灰应满足相关标准对腐蚀性和放射性的要求。粉煤灰垫层上宜覆土0.3~0.5m。粉煤灰垫层中采用掺加剂时，应通过试验确定其性能及适用条件。粉煤灰垫层中的金属构件、管网应采取防腐措施。大量填筑粉煤灰时，应经场地地下水和土壤环境的不良影响评价合格后，方可使用 （6）矿渣：选用分级矿渣、温合矿渣及原状矿渣等高炉重矿渣。矿渣的松散重度不应小于11kN/m³，有机质及含泥总量不得超过5%。垫层设计、施工前应对所选用的矿渣进行试验，确认性能稳定并满足腐蚀性和放射性安全的要求。对易受酸、碱影响的基础或地下管网不得采用矿渣垫层。大量填筑矿渣时，应经场地地下水和土壤环境的不良影响评价合格后，方可使用。 （7）其他工业废渣：在有充分依据或成功经验时，可采用质地坚硬、性能稳定、透水性强、无腐蚀性和无放射性危害的其他工业废渣材料，但应经过现场试验证明其经济技术效果良好且施工措施完善后方可使用
灰土垫层	（1）土料：宜采用就地挖出的黏性土料，但不应含有有机杂物，地表面耕植土不宜采用。土料使用前应过筛，其粒径不应大于15mm。冬期施工不应采用冻土或夹有冻土块的土料。 （2）熟化石灰：熟化石灰应采用生石灰块（块灰的含量不少于70%），在使用前3~4d用清水予以熟化，充分消解后成粉末状，并加以过筛。其最大粒径不应大于5mm，并不应夹有未熟化的生石灰块。 （3）采用磨细生石灰代替熟化石灰时，在使用前按体积比预先与黏土拌合洒水堆放8h后方可铺设。 （4）采用粉煤灰或电石渣代替熟石灰时，其粒径不应大于5mm，其拌合料配合比应经试验确定
砂垫层和砂石垫层	（1）砂宜选用质地坚硬的中砂或中粗砂和砾砂。在缺少中砂、粗砂和砾砂的地区，也可采用细砂，但宜同时掺入一定数量的碎石或卵石，其掺量不应大于50%，或按设计要求。

项目	质量控制要点
砂垫层和砂石垫层	（2）砂应选用天然级配材料；颗粒级配应良好；铺设时不应有粗细颗粒分离现象。 （3）不应含有草根等有机杂质，冬期施工不应含有冻土块。 （4）石子宜选用级配良好的材料，石子的最大粒径不应大于垫层厚度的2/3，并不宜大于50mm
碎石垫层和碎砖垫层	（1）碎石应强度均匀、未经风化，碎石粒径宜为5~40mm，且不大于垫层厚度的2/3。 （2）碎砖用废砖断砖加工而成，不应夹有风化、酥松碎块、瓦片和有机杂质，颗粒粒径宜为20~60mm。 （3）砂石或碎砖铺设时不应有粗细颗粒分离现象
三合土垫层	（1）水泥：强度等级不低于42.5级，要求无结块，有出厂合格证和复试报告。 （2）石灰：应为熟化石灰（也可采用磨细生石灰），熟化石灰参见本表格"灰土垫层"中熟化石灰的质量要求。 （3）砂：应为中、粗砂，参见本表格"砂垫层"中砂的质量要求。 （4）黏土：参见本表格"灰土垫层"中黏土的质量要求。
炉渣垫层	（1）水泥：强度等级不低于42.5级，要求无结块，有出厂合格证和复试报告。 （2）炉渣：炉渣内不应含有有机杂质和未燃尽的煤块，粒径不应大于40mm，粒径在5mm及其以下的颗粒，不应超过总体积的40%。炉渣使用前应浇水闷透；水泥石灰炉渣垫层的炉渣，使用前应用石灰浆或用熟化石灰浇水拌合闷透；闷透的时间均不应少于5d。浇水应考虑现场水资源的重复利用，产生的废水应经沉淀后有组织排放。 （3）熟化石灰：熟化石灰的质量要求参见"灰土垫层"，采用加工磨细生石灰粉时，加水溶化后方可使用
混凝土垫层、陶粒混凝土垫层	（1）商品混凝土强度等级符合设计要求。 （2）陶粒混凝土密度符合设计要求。 （3）混凝土原材料经搅拌站经复试合格。 （4）有配合比单、出厂合格证和复试报告
找平层	（1）水泥砂浆宜采用预拌砂浆，预拌砂浆进场时应进行外观检验，湿拌砂浆应外观均匀，无离析、泌水现象。散装干混砂浆应外观均匀，无结块、受潮现象。袋装干混砂浆应包装完整，无受潮现象。 （2）细石混凝土应为预拌混凝土，混凝土强度等级符合设计要求。混凝土原材料经搅拌站经复试合格。有配合比单、出厂合格证和复试报告。 （3）钢丝网宜采用冷拔低碳钢丝。每个检验批冷拔低碳钢丝的表面质量应全数目测检查。钢丝表面不得有裂纹、毛刺及影响力学性能的锈蚀、机械损伤。对表面质量不合格的冷拔低碳钢丝，经处理并检验合格后方可用于工程。钢丝网的焊点应均匀饱满，无断点、麻面现象
隔离层	（1）水泥砂浆：宜采用预拌砂浆，预拌砂浆进场时应进行外观检验，湿拌砂浆应外观均匀，无离析、泌水现象。散装干混砂浆应外观均匀，无结块、受潮现象。袋装干混砂浆应包装完整，无受潮现象。 （2）商品混凝土：强度等级符合设计要求。混凝土原材料经搅拌站经复试合格。有配合比单、出厂合格证和复试报告。 （3）防水卷材：应根据设计要求选用。卷材胶粘剂的质量应符合下列要求：改性沥青胶粘剂的粘结剥离强度不应小于8N/10mm，合成高分子胶粘剂的粘结剥离强度不应小于15N/10mm，浸水168h后的保持率不应小于70%。双面胶粘带剥离状态下粘结性不应小于10N/25mm，浸水168h后的保持率不应小于70%。

项目	质量控制要点
隔离层	（4）防水类涂料：要求具有良好的耐水性、耐久性、耐腐蚀性及耐菌性；无毒、难燃、低污染。无机防水涂料应具有良好的湿干粘结性、耐磨性和抗刺穿性；有机防水涂料应具有较好的延伸性及较大适应基层变形能力。宜优先选用环保型材料。进场的防水涂料应进行抽样复验，不合格产品不应使用
填充层	（1）水泥强度等级不低于 42.5 级，应有出厂合格证及试验报告。 （2）松散材料：炉渣，粒径一般为 6~10mm，不得含有石块、土块、重矿渣和未燃尽的煤块，堆积密度为 500~800kg/m³，导热系数为 0.16~0.25W/（m·K）。膨胀珍珠岩粒径宜大于 0.15mm，粒径小于 0.15mm 的含量不应大于 8%，导热系数应小于 0.07W/（m·K）。膨胀蛭石导热系数 0.14W/（m·K），粒径宜为 3~15mm。 （3）板块状保温材料：产品有出厂合格证，根据设计要求选用，厚度、规格一致，均匀整齐，密度、导热系数、强度应符合设计要求。 （4）泡沫混凝土块：表观密度不大于 500kg/m³，抗压强度不低于 0.4MPa。 （5）加气混凝土块：表观密度不大于 500kg/m³，抗压强度不低于 0.2MPa。 （6）聚苯板：表观密度不大于 45kg/m³，抗压强度不低于 0.18MPa，导热系数 0.043W/（m·K）
绝热层	（1）发泡水泥绝热层的水泥强度等级不应低于 42.5MPa，应有出厂合格证及实验报告。 （2）发泡剂不应含有硬化物、腐蚀金属的化合物及挥发性有机化合物等，游离甲醛含量应符合现行国家标准。 （3）聚苯乙烯泡沫塑料板材，其质量应符合设计要求

8.2.2 基土

（1）地面应铺设在均匀密实的基土上。土层结构被扰动的基土应进行换填，并予以压实。压实系数应符合设计要求。

（2）检查土的质量，有无杂质，粒径是否符合要求，土的含水率是否在检测范围内。

（3）填土应分层摊铺、分层压（夯）实、分层检验其密实度。每层铺土厚度依土质、密实度要求按照试验确定的参数进行，压实遍数依试验确定，一般不少于 3 遍。要注意打夯应一夯压半夯，夯夯相接，行行相连，纵横交叉，每层夯实验收之后再回填上层土。

（4）填土时应为最优含水量。重要工程或大面积的地面填土前，应取土样，按击实试验确定最优含水量与相应的最大干密度。

（5）基坑回填应在相对两侧或四周同时进行，基础墙两侧标高不可相差太多，以免把墙挤歪；较长的管沟墙，应采用内部加支撑的措施，然后再在外侧回填土方。

（6）回填房心及管沟时，为防止管道中心线位移或损坏管道，应用人工先在管子两侧填土夯实；并应由管道两侧同时进行，直至管顶 0.5m 以上时，在不损坏管道的情况下，方可采用蛙式打夯机夯实。在抹带接口处，防腐绝缘层或电缆周围，应回填细粒料。

8.2.3 垫层

1. 灰土垫层

（1）灰土垫层应采用熟化石灰与黏土（或粉质黏土、粉土）的拌合料铺设，其厚度不应小于 100mm。

（2）检查土的质量，有无杂质，粒径是否符合要求，土的含水量是否在控制的范围内；检查石灰的质量，确保粒径和熟化程度符合要求。

（3）灰土垫层应铺设在不受地下水浸泡的基土上。施工后应有防止水浸泡的措施。

（4）灰土施工时应适当控制含水量，应依据试验结果严格控制。如土料水分过大或过干，应提前采取晾晒或洒水等措施。

（5）灰土垫层应分层夯实，经湿润养护、晾干后方可进行下一道工序施工。

（6）回填土每层的夯压遍数，根据压实试验确定。作业时，应严格按照试验所确定的参数进行。打夯应一夯压半夯，夯夯相接，行行相连，纵横交叉。

（7）灰土分段施工时，不得在墙角、窗间墙等下接槎，上下两层接槎的距离不得小于500mm。

2. 砂垫层和砂石垫层

（1）检查砂石料的质量，有无杂质，粒径是否符合要求，含水量是否在控制的范围内，级配是否符合要求。

（2）砂垫层厚度不应小于 60mm，砂石垫层厚度不应小于 100mm。

（3）每层的夯压遍数，根据压实试验确定。作业时，应严格按照试验所确定的参数进行。打夯应不少于 3 遍，应一夯压半夯，夯夯相接，行行相连，纵横交叉。采用压路机往复碾压应不少于 4 遍，轮距搭接不小于 50cm，边缘和转角应用人工或蛙式打夯机补夯密实。

（4）砂垫层和砂石垫层分段施工时，接槎处应做成斜坡，每层接槎处的水平距离应错开 0.5～1.0m，并充分压（夯）实。

（5）施工时应分层找平，夯压密实，并应设置检查点，用 200cm³ 的环刀取样，测定干砂的质量密度。下层合格后，方可进行上层施工。用贯入法测定质量时，用贯入仪、钢筋或钢叉等进行试验，贯入值小于规定值为合格。砂垫层和砂石垫层的干密度（或贯入度）应符合设计要求。

（6）垫层全部完成后，应进行表面拉线找平，凡超过标准高程的地方，及时依线铲平；凡低于标准高程的地方，应补砂石夯实。

3. 碎石垫层和碎砖垫层

（1）检查砖、石料的质量，有无杂质，粒径是否符合要求。

（2）碎石垫层和碎砖垫层厚度不应小于 100mm。

（3）垫层应分层压（夯）实，达到表面坚实、平整。

（4）每层的夯压遍数，根据压实试验确定。作业时，应严格按照试验所确定的参数进行。打夯应不少于 3 遍，应一夯压半夯，夯夯相接，行行相连，纵横交叉。采用压路机往复碾压应不少于 4 遍，轮距搭接不小于 50cm，边缘和转角应用人工或蛙式打夯机补夯密实。

（5）垫层分段施工时接槎处应做成斜坡，每层接槎处的水平距离应错开 0.5～1.0m，并应充分压实。

（6）施工时应分层找平，夯压密实，检查下层贯入值合格后，方可进行上层施工。

（7）垫层全部完成后，应进行表面拉线找平，凡超过标准高程的地方，及时依线铲平；凡低于标准高程的地方，应补砖、石夯实。

4. 三合土垫层

（1）检查石灰的质量，确保粒径和熟化程度符合要求；检查碎砖的质量，其粒径不得大于 60mm。

（2）灰、砂、砖的配合比应用体积比，应按照试验确定的参数或设计要求控制配合比。

（3）三合土垫层应采用石灰、砂（可掺入少量黏土）与碎砖的拌合料铺设，其厚度不应小于 100mm。

（4）三合土填土应分层摊铺，其每层铺土厚度由试验确定，每层夯实遍数也应由压实试验确定。检查打夯时应一夯压半夯，夯夯相接，行行相连，纵横交叉。分段施工时，注意对斜坡接槎要夯压密实，上下两层接槎的水平距离不得小于 500mm。

（5）三合土每层夯实后，检查压实度（密实度）；达到要求后，再进行上一层的铺土。

（6）垫层全部完成后，应进行表面拉线找平，凡超过标准高程的地方，及时依线铲平；凡低于标准高程的地方，应补土夯实。

5. 炉渣垫层

（1）炉渣垫层应采用炉渣或水泥与炉渣或水泥、石灰与炉渣的拌合料铺设，其厚度不应小于 80mm。

（2）炉渣或水泥炉渣垫层的炉渣，使用前应浇水闷透；水泥石灰炉渣垫层的炉渣，使用前应用石灰浆或用熟化石灰浇水拌合闷透；闷透时间均不得少于 5d。

（3）在垫层铺设前，其下一层应湿润；铺设时应分层压实，表面不得有泌水现象。铺设后应养护，待其凝结后方可进行下一道工序施工。

（4）检查四周墙、柱上弹出的垫层上平标高控制线，找平墩间距双向不应大于 2m，有坡度要求的房间检查坡度墩是否符合要求。

（5）检查水泥炉渣或水泥石灰炉渣的配合比，严格控制加水量，以试验所给的加水量为准，且铺设时表面不应出现泌水现象。

（6）炉渣垫层施工过程中不宜留施工缝。当必须留缝时，应留直槎，并保证间隙处密实，接槎时应先刷水泥浆，再铺炉渣拌合料。

（7）垫层全部完成后，应进行表面拉线找平，凡超过标准高程的地方，及时依线铲平；凡低于标准高程的地方，应补土夯实。

6. 混凝土垫层

（1）检查基层上的浮浆、落地灰、浮土是否清理干净。

（2）垫层铺设前，当为水泥类基层时，其下一层表面应湿润。

（3）室内地面的混凝土垫层，应设置纵向缩缝和横向缩缝；纵向缩缝、横向缩缝的间距均不得大于 6m。

（4）检查四周墙、柱上弹出垫层的上水平标高控制线，按线拉水平线所抹灰饼与垫层完成层同高，有坡度要求的房间，所抹出的坡度墩是否满足泛水坡度要求。

（5）根据厚度不同采用不同的振捣器振捣密实，按规定留置试块。

（6）检查施工完成后 12h 覆盖和洒水养护，养护期不得少于 7d。

7. 陶粒混凝土垫层

（1）检查水泥、砂和陶粒的质量应符合要求。

（2）陶粒过筛和水闷。

（3）检查基层处理情况，结构层上面的松散杂物等是否清理干净，洒水湿润。

（4）检查四周墙、柱上弹出垫层的上水平标高控制线，按线拉水平线所抹灰饼与垫层完成层同高，有坡度要求的房间，所抹出的坡度墩是否满足泛水坡度要求。

（5）室内地面的陶粒混凝土垫层，应设置纵向缩缝和横向缩缝；纵向缩缝、横向缩缝的间距均不得大于 6m。

（6）工业厂房、礼堂、门厅等大面积陶粒混凝土垫层应分区段浇筑。分区段应结合变形缝位置、不同类型的建筑地面连接处和设备基础的位置进行划分，并应与设置的纵向、横向缩缝的间距相一致。

8.2.4　找平层

（1）找平层宜采用水泥砂浆或水泥混凝土铺设。当找平层厚度小于 30mm 时，宜用水泥砂浆做找平层；当找平层厚度不小于 30mm 时，宜用细石混凝土做找平层。

（2）检查基层处理情况，结构层上面的松散杂物，凸出基层的硬块是否清理干净，洒水湿润。

（3）检查根据＋500mm 标高水平线，作灰饼、冲筋是否符合要求，有地漏的房间坡度是否符合要求。

（4）找平层铺设前，当其下一层有松散填充料时，应予铺平振实。

（5）有防水要求的建筑地面工程，铺设前必须对立管、套管和地漏与楼板节点之间进行密封处理，并应进行隐蔽验收；有坡度要求的部位，其排水坡度应符合设计要求。

（6）大面积抹灰找平层应检查平整度；检查铺设找平层设置的纵向缩缝和横向缩缝距离是否符合规范要求。

（7）在预制钢筋混凝土板上铺设找平层时，其板端应按设计要求做防裂的构造措施。

（8）检查水泥砂浆或水泥混凝土找平层进行养护情况。按规定找平层抹平、压实后，常温时在 24h 浇水养护，养护时间一般不少于 7d。

8.2.5　隔离层

（1）隔离层的铺设层数（或道数）、上翻高度应符合设计要求。有种植要求的地面隔离层的防根穿刺等应符合现行行业标准《种植屋面工程技术规程》JGJ 155 的有关规定。

（2）在水泥类找平层上铺设卷材类、涂料类防水、防油渗隔离层时，其表面应坚固、洁净、干燥。铺设前，应涂刷基层处理剂。基层处理剂应采用与卷材性能相容的配套材料或采用与涂料性能相容的同类涂料的底子油。

（3）当采用掺有防渗外加剂的水泥类隔离层时，其配合比、强度等级、外加剂的复合掺量等应符合设计要求。

（4）铺设隔离层时，在管道穿过楼板面四周，防水、防油渗材料应向上铺涂，并超过套管的上口；在靠近柱、墙处，应高出面层 200～300mm 或按设计要求的高度铺涂。阴阳角和管道穿过楼板面的根部应增加铺涂附加防水、防油渗隔离层。

（5）两次涂膜间隔时间，下一道涂膜应待前一道固化后再施工，对平面的涂刷方向应与先一道刮涂方向垂直。每道刮涂厚度应基本相同，最终要达到设计厚度。

（6）检查第三遍涂膜实干后的闭水试验，按规范要求，无渗漏为合格。

8.2.6　填充层

（1）基层应清理干净，无浮浆、落地灰、浮土并经验收合格。当为水泥类时，尚应洁净、干燥，并不得有空鼓、裂缝和起砂等缺陷。

（2）填充材料应验收合格。松散材料、炉渣不得含有石块、土块、重炉渣和未燃尽的煤块；膨胀珍珠岩及膨胀蛭石粒径、导热系数符合设计要求；板块状保温材料产品应有出厂合格证，外形整齐，厚度规格应一致，密度、导热系数、强度应符合设计要求。

（3）采用松散材料铺设填充层时，应分层铺平拍实；采用板、块状材料铺设填充层时，应分层错缝铺贴。

（4）有隔声要求的楼面，隔声垫在柱、墙面的上翻高度应超出楼面 20mm，且应收口于踢脚线内。地面上有竖向管道时，隔声垫应包裹管道四周，高度同卷向柱、墙面的高度。隔声垫保护膜之间应错缝搭接，搭接长度应大于 100mm，并用胶带等封闭。

（5）隔声垫上部应设置保护层，其构造做法应符合设计要求。当设计无要求时，混凝土保护层厚度不应小于 30mm，内配间距不大于 200mm×200mm 的 $\phi6$ 钢筋网片。

8.2.7　绝热层

（1）建筑物室内接触基土的首层地面应增设水泥混凝土垫层后方可铺设绝热层，垫层的厚度及强度等级应符合设计要求。首层地面及楼层楼板铺设绝热层前，表面平整度宜控制在 3mm 以内。

（2）有防水、防潮要求的地面，宜在防水、防潮隔离层施工完毕并验收合格后再铺设绝热层。

（3）穿越地面进入非采暖保温区域的金属管道应采取隔断热桥的措施。

（4）绝热层与地面面层之间应设有水泥混凝土结合层，构造做法及强度等级应符合设计要求。设计无要求时，水泥混凝土结合层的厚度不应小于 30mm，层内应设置间距不大于 200mm×200mm 的 $\phi6$ 钢筋网片。

（5）绝热层与内外墙、柱及过门等垂直部件交接处应敷设不间断的伸缩缝，伸缩缝宽度不小于 20mm，伸缩缝宜采用聚苯乙烯或高发泡聚乙烯泡沫塑料；当地面面积超过 30m² 或边长超过 6m 时，应设置伸缩缝，伸缩缝宽度不小于 8mm，伸缩缝宜采用高发泡聚乙烯泡沫塑料或满填弹性膨胀膏。

（6）有地下室的建筑，地上、地下交界部位楼板的绝热层应采用外保温做法，绝热层表面应设有外保护层。外保护层应安全、耐候，表面应平整、无裂纹。

（7）建筑物勒脚处绝热层的铺设应符合设计要求。

（8）绝热层的材料不应采用松散型材料或抹灰浆料。

8.2.8　质量检查

基层施工质量检查应符合现行国家标准《建筑地面工程施工质量验收规范》GB 50209

的规定；绝热层施工质量检查尚应符合现行国家标准《建筑节能工程施工质量验收规范》
GB 50411 的有关规定。

8.3 整体面层铺设

8.3.1 材料质量控制

整体面层常用材料质量控制要点，见表 8-3。

整体面层常用材料质量控制要点   表 8-3

项目	质量控制要点
水泥混凝土面层	（1）面层混凝土：强度等级按设计要求，并不应低于 C20。 （2）水泥：强度等级不低于 42.5 级，要求无结块，有出厂合格证和复试报告。 （3）砂：砂为中粗砂，其含泥量不应大于 3%。 （4）石子：采用碎石或卵石，其最大粒径不应大于面层厚度的 2/3；细石混凝土面层采用的石子的粒径不应大于 16mm。石子含泥量不应大于 2%。 （5）外加剂：外加剂的品种和掺量应经试验确定。有出厂合格证，并经复试性能符合产品标准和施工要求。 （6）水：采用符合饮用标准的水
水泥砂浆面层	（1）水泥：强度等级不低于 42.5 级，要求无结块，有出厂合格证和复试报告。 （2）砂：防水水泥砂浆采用的砂其含泥量不应大于 1%。 （3）石屑：粒径宜为 1～5mm，其含粉量（含泥量）不应大于 3%。当含粉（泥）量超过要求时，应采取淘洗、过筛等办法处理。防水水泥砂浆采用的石屑其含泥量不应大于 1%。 （4）外加剂：防水水泥砂浆中掺入的外加剂的技术性能应符合国家现行有关标准的规定，外加剂的品种和掺量应经试验确定。 （5）水泥砂浆：体积比（强度等级）应符合设计要求，且体积比应为 1：2，强度等级不应小于 M15。 （6）水：采用符合饮用标准的水
水磨石面层	（1）水泥：白色或浅色的水磨石面层应采用白水泥；深色的水磨石面层宜采用硅酸盐水泥、普通硅酸盐水泥或矿渣硅酸盐水泥；同颜色的面层应使用同一批水泥。强度等级不低于 42.5 级，要求无结块，有出厂合格证和复试报告。 （2）砂：砂为中粗砂，其含泥量不应大于 3%。 （3）石粒：应洁净无杂物，其粒径除特殊要求外宜为 6～16mm。石粒在运输、装卸和堆放过程中，应防止混入杂质，并应按产地、种类和规格分别堆放，使用前应用水冲洗干净、晾干待用。 （4）水泥砂浆：强度等级应符合设计要求且不应小于 M10，稠度宜为 30～35mm。 （5）颜料：宜采用耐光、耐碱的矿物颜料，不应使用酸性颜料。同一彩色面层应使用同厂、同批的颜料，以避免造成颜色深浅不一；其掺入量宜为水泥重量的 3%～6% 或由试验确定。 （6）分格条：宜采用铜条、铝合金条、玻璃条等平直、坚挺材料
硬化耐磨面层	（1）水泥：强度等级不低于 42.5 级，要求无结块，有出厂合格证和复试报告。 （2）石英砂：应采用中粗砂，含泥量不应大于 2%。 （3）石子：宜采用花岗石或石英石碎石，粒径为 6～16mm，最大不应大于 20mm；含泥量不应大于 1%。 （4）水采用符合饮用标准的水。 （5）硬化剂、减水剂：应有生产厂家产品合格证，并应取样复试，其产品的主要技术性能应符合产品质量标准。 （6）耐磨料：金属渣、屑、纤维不应有其他杂质，使用前应去油除锈、冲洗干净并干燥

项目	质量控制要点
防油渗面层	（1）防油渗混凝土：强度等级和抗渗性能应符合设计要求，且强度等级不应小于C30。 （2）防油渗混凝土组成材料要求 1）水泥：采用普通硅酸盐水泥，要求有出厂合格证及复试报告。 2）砂：中砂，应洁净无杂物，含泥量不大于3%。其细度模量应控制在2.3~2.6。 3）石子：采用花岗石或石英石碎石，粒径为5~16mm，最大不应大于20mm；含泥量不应大于1%。 4）水：采用符合饮用标准的水。 5）外加剂：符合设计要求。
防油渗面层	（3）防油渗涂料：品种应按设计的要求选用，应具有耐油、耐磨、耐火和粘结性能，粘结强度不应小于0.3MPa。 （4）防油渗涂料、外加剂、防油渗剂等的保管要求按一般危险化学品搬运、运输和贮存，防止阳光直射。 （5）防油渗胶泥应符合产品质量标准，并按使用说明书配制
不发火（防爆）面层	（1）水泥：应采用硅酸盐水泥、普通硅酸盐水泥，强度等级不低于42.5级，要求无结块，有出厂合格证和复试报告。 （2）砂：选用质地坚硬、表面粗糙并有颗粒级配的砂，其粒径宜为0.15~5mm，含泥量不应大于3%，有机物含量不应大于0.5%。 （3）石料（水磨石面层时采用石粒），采用大理石、白云石或其他石料加工而成，与金属或石料撞击时不发生火花，必须合格。 （4）嵌条：采用不发生火花的材料配制，配制时应随时检查，不应混入金属或其他易发生火花的杂质。 （5）砂、石均应按下列试验方法检验不发火性，合格后方可使用
自流平面层	自流平材料，根据设计要求选用，必须有出厂合格证和复试报告。 固化剂、颜料及填料、分散剂、消泡剂、流平剂等根据设计要求选用
涂料面层	薄涂型环氧面漆、水性环氧地坪涂料、聚氨酯涂料等根据设计要求选用，必须有出厂合格证和复试报告
地面辐射供暖的整体面层	参见本表格中"水泥混凝土面层"和"水泥砂浆面层"相关内容

8.3.2 水泥混凝土面层

1. 一般规定

（1）铺设整体面层时，水泥类基层的抗压强度不得小于1.2MPa；表面应粗糙、洁净、湿润并不得有积水。铺设前宜凿毛或涂刷界面剂。硬化耐磨面层、自流平面层的基层处理应符合设计及产品的要求。

（2）大面积水泥类面层应设置分格缝。铺设整体面层时，地面变形缝的位置应符合以下的规定。

1）建筑地面的沉降缝、伸缩缝和防震缝，应与相应的结构缝的位置一致，且应贯通建筑地面的各构造层。

2）沉降缝和防震缝的宽度应符合设计要求，缝内清理干净，以柔性密封材料填嵌后用板封盖，并应与面层齐平。

（3）水泥类面层分格时，分格缝应与水泥混凝土垫层的缩缝相应对齐。

（4）室内水泥类面层与走道邻接的门口处应设置分格缝；大开间楼层的水泥类面层在结构易变形的位置应设置分格缝。

（5）当采用掺有水泥拌合料做踢脚线时，不得用石灰混合砂浆打底。

（6）厕浴间和有防水要求的建筑地面的结构层标高，应结合房间内外标高差、坡度流向等进行确定，面层铺设后不应出现倒泛水。

（7）整体面层施工后，养护时间不应少于7d；抗压强度应达到5MPa后方准上人行走；抗压强度应达到设计要求后，方可正常使用。

（8）水泥类整体面层的抹平工作应在水泥初凝前完成，压光工作应在水泥终凝前完成。

2. 水泥混凝土面层施工

（1）水泥混凝土面层厚度应符合设计要求。

（2）水泥混凝土面层铺设不得留施工缝。当施工间隙超过允许时间规定时，应对接槎处进行处理。

（3）当水泥混凝土面层铺设在水泥类的基层上时，其基层的抗压强度不得小于1.2MPa；基层表面应粗糙、洁净、湿润并不得有积水。铺设前宜涂刷界面处理剂，随涂刷随铺混凝土。

（4）当采用掺有水泥拌合料做踢脚线时，不得用石灰砂浆打底。

（5）面层施工后，养护时间不得少于7d；抗压强度应达到5MPa后，方准上人行走；抗压强度达到设计要求后，方可正常使用。

8.3.3 水泥砂浆面层

（1）水泥砂浆面层的厚度应符合设计要求，且不应小于20mm。

（2）当水泥砂浆垫层铺设在水泥类的基层上时，其基层的抗压强度不得小于1.2MPa；基层表面应粗糙、洁净、湿润并不得有积水。铺设前宜涂刷界面处理剂。

（3）当水泥砂浆地面基层为预制板时，宜在面层内设置防裂钢筋网，宜采用直径$\phi 3 \sim \phi 5$、间距为150～200mm的钢筋网。

（4）水泥砂浆面层下埋设管线等出现局部厚度减薄时，应按设计要求做防止面层开裂的处理。当结构层上局部埋设并排管线且宽度大于等于400mm时，应在管线上方局部位置设置防裂钢筋网片，其宽度距管边不小于150mm；当底层水泥砂浆地面内埋设管线，可采用局部加厚混凝土垫层的做法；当预制板块板缝中埋设管线时，应加大板缝宽度并在其上部设置防裂钢筋网片或做局部现浇板带。

（5）水泥砂浆面层的坡度应符合设计要求，一般为1%～3%，不得有倒泛水和积水现象。

（6）当采用掺有水泥拌合料做踢脚线时，不得用石灰砂浆打底。

（7）其他施工质量控制要求，参见本书8.3.2节中相关内容。

（8）面层施工后，养护时间不得少于7d；抗压强度应达到5MPa后，方准上人行走；抗压强度达到设计要求后，方可正常使用。

8.3.4 水磨石面层

（1）水磨石面层应采用水泥与石粒拌合料铺设，有防静电要求时，拌合料内应按设计要求掺入导电材料。面层厚度除有特殊要求外，宜为 12～18mm，且宜按石粒粒径确定。水磨石面层的颜色和图案应符合设计要求。

（2）白色或浅色的水磨石面层应采用白水泥；深色的水磨石面层宜采用硅酸盐水泥、普通硅酸盐水泥或矿渣硅酸盐水泥；同颜色的面层应使用同一批水泥。同一彩色面层应使用同厂、同批的颜料；其掺入量宜为水泥重量的 3%～6% 或由试验确定。

（3）水磨石面层的结合层采用水泥砂浆时，强度等级应符合设计要求且不应小于 M10，稠度宜为 30～35mm。

（4）防静电水磨石面层中采用导电金属分格条时，分格条应经绝缘处理，且十字交叉处不得碰接。

（5）普通水磨石面层磨光遍数不应少于 3 遍。高级水磨石面层的厚度和磨光遍数应由设计确定。

（6）水磨石面层磨光后，在涂草酸和上蜡前，其表面不得污染。

（7）防静电水磨石面层应在表面经清净、干燥后，在表面均匀涂抹一层防静电剂和地板蜡，并应做抛光处理。

（8）其他施工质量控制要求，参见本书 8.3.2 节中相关内容。

8.3.5　硬化耐磨面层

（1）硬化耐磨面层应采用金属渣、屑、纤维或石英砂、金刚砂等，并应与水泥类胶凝材料拌合铺设或在水泥类基层上撒布铺设。

（2）硬化耐磨面层采用拌合料铺设时，拌合料的配合比应通过试验确定；采用撒布铺设时，耐磨材料的撒布量应符合设计要求，且应在水泥类基层初凝前完成撒布。

（3）硬化耐磨面层采用拌合料铺设时，宜先铺设一层强度等级不小于 M15、厚度不小于 20mm 的水泥砂浆，或水灰比宜为 0.4 的素水泥浆结合层。

（4）硬化耐磨面层采用拌合料铺设时，铺设厚度和拌合料强度应符合设计要求。当设计无要求时，水泥钢（铁）屑面层铺设厚度不应小于 30mm，抗压强度不应小于 40MPa；水泥石英砂浆面层铺设厚度不应小于 20mm，抗压强度不应小于 30MPa；钢纤维混凝土面层铺设厚度不应小于 40mm，抗压强度不应小于 40MPa。

（5）硬化耐磨面层采用撒布铺设时，耐磨材料应撒布均匀，厚度应符合设计要求；混凝土基层或砂浆基层的厚度及强度应符合设计要求。当设计无要求时，混凝土基层的厚度不应小于 50mm，强度等级不应小于 C25；砂浆基层的厚度不应小于 20mm，强度等级不应小于 M15。

（6）硬化耐磨面层分格缝的间距及缝深、缝宽、填缝材料应符合设计要求。

（7）硬化耐磨面层铺设后应在湿润条件下静置养护，养护期限应符合材料的技术要求。

（8）硬化耐磨面层应在强度达到设计强度后方可投入使用。

（9）其他施工质量控制要求，参见本书 8.3.2 节中相关内容。

8.3.6　防油渗面层

（1）防油渗面层应采用防油渗混凝土铺设或采用防油渗涂料涂刷。

（2）防油渗隔离层及防油渗面层与墙、柱连接处的构造应符合设计要求。

（3）防油渗混凝土面层厚度应符合设计要求，防油渗混凝土的配合比应按设计要求的强度等级和抗渗性能通过试验确定。

（4）防油渗混凝土面层应按厂房柱网分区段浇筑，区段划分及分区段缝应符合设计要求。

（5）防油渗混凝土面层内不得敷设管线。露出面层的电线管、接线盒、预埋套管和地脚螺栓等的处理，以及与墙、柱、变形缝、孔洞等连接处泛水均应采取防油渗措施并应符合设计要求。

（6）防油渗面层采用防油渗涂料时，材料应按设计要求选用，涂层厚度宜为5～7mm。

（7）其他施工质量控制要求，参见本书8.3.2节中相关内容。

8.3.7　不发火（防爆）面层

（1）不发火（防爆）面层应采用水泥类拌合料及其他不发火材料铺设，其材料和厚度应符合设计要求。

（2）不发火（防爆）混凝土的配合比应按设计要求的强度等级和性能通过试验确定。

（3）不发火（防爆）各类面层的铺设应符合相应面层的规定。

（4）当不发火（防爆）面层铺设在水泥类的基层上时，其基层的抗压强度不得小于1.2MPa；基层表面应粗糙、洁净、湿润并不得有积水。铺设前宜涂刷界面处理剂。

（5）不发火（防爆）面层采用的材料和硬化后的试件，应做不发火性试验。

（6）面层施工后，养护时间不得少于7d；抗压强度应达到5MPa后，方准上人行走；抗压强度达到设计要求后，方可正常使用。

（7）面层的抹平工作应在水泥初凝前完成，压光工作应在水泥终凝前完成。

（8）其他施工质量控制要求，参见本书8.3.2节中相关内容。

8.3.8　自流平面层

1．基层处理

（1）自流平面层的基层应平整、洁净，基层的含水率应与面层材料的技术要求相一致。并符合以下规定：

（2）基层表面不得有起砂、空鼓、起壳、脱皮、疏松、麻面、油脂、灰尘、裂纹等缺陷。

（3）当基层存在裂缝时，宜先采用机械切割的方式将裂缝切成20mm深、20mm宽的V形槽，然后采用无溶剂环氧树脂或无溶剂聚氨酯材料加强、灌注、找平、密封。

（4）当混凝土基层的抗压强度小于20MPa或水泥砂浆基层的抗压强度小于15MPa时，应采取补强处理或重新施工。

（5）当基层的空鼓面积小于或等于$1m^2$时，可采用灌浆法处理；当基层的空鼓面积大于$1m^2$时，应剔除，并重新施工。

（6）楼地面与墙面交接部位、穿楼（地）面的套管等细部构造处，应进行防护处理后再进行地面施工。

2．水泥基或石膏基自流平砂浆地面施工

（1）现场应封闭，严禁交叉作业。

（2）基层检查应包括基层平整度、强度、含水率、裂缝、空鼓等项目。

（3）应在处理好的基层上涂刷自流平界面剂，不得漏涂和局部积液。

（4）制备浆料可采用人工法或机械法，并应充分搅拌至均匀无结块为止。

（5）摊铺浆料时应按施工方案要求，采用人工或机械方式将自流平浆料倾倒于施工面，使其自行流展找平，也可用专用锯齿刮板辅助浆料均匀展开。

（6）浆料摊平后，宜采用自流平消泡滚筒放气。

（7）自流平面层与墙、柱等连接处的构造做法应符合设计要求，铺设时应分层施工。

（8）施工完成后的自流平地面，应在施工环境条件下养护24h以上方可使用。

（9）施工完成后的自流平地面应做好成品保护。

3. 环氧树脂或聚氨酯自流平地面施工

（1）现场应封闭，严禁交叉作业。

（2）基层检查应包括基层平整度、强度、含水率、裂缝、空鼓等项目。

（3）底层涂料应按比例称量配制，混合搅拌均匀后方可使用，并应在产品说明书规定的时间内使用。涂装应均匀、无漏涂和堆涂。

（4）中涂材料应按产品说明书提供的比例称量配置，并应在混合搅拌均匀后进行批刮。

（5）中涂固化后，宜用打磨机对中涂层进行打磨，局部凹陷处可采用树脂砂浆进行找平修补。

（6）面涂材料应按规定比例混合搅拌均匀后再用镘刀刮涂，必要时，宜使用消泡滚筒进行消泡处理。

（7）施工完成的自流平地面，应进行养护，且固化后方可使用。

（8）施工完成的自流平地面，应做好成品保护。

4. 水泥基自流平砂浆施工

参见本节"2.水泥基或石膏基自流平砂浆地面施工"中相关内容。

5. 环氧树脂或聚氨酯薄涂面层施工

（1）水泥基自流平砂浆施工完成后，应至少养护24h，再对局部凹陷处进行修补、打磨平整、除去浮灰，方可进行下道工序。

（2）底层涂料应按比例称量配制，混合搅拌均匀后方可使用，并应在产品说明书规定的时间内使用。涂装应均匀、无漏涂和堆涂。

（3）薄涂层应在底涂层干燥后进行。应将配制好的环氧树脂或聚氨酯薄涂材料搅拌均匀后涂刷2～3遍。

（4）施工完成的自流平地面，应养护固化后方可使用。

（5）施工完成的自流平地面，应做好成品保护。

8.3.9 涂料面层

1. 基层处理

（1）地面基层要求平整、清洁、干燥（表面含水率不大于6%），基层不应有起壳和较大的眼孔、裂缝、凹凸不平和起砂现象。

（2）基层起壳、起砂应重新返工，洞孔和明显凹陷处应填补平整。

2. 施工底漆

（1）严格按照规定的材料配比混合，搅拌均匀，并熟化 30min。在基层上先用较稀的清漆涂刷一道底漆，要求涂刷均匀、饱满，不应有漏刷处。

（2）底漆的修补和打磨：如有明显的凹陷处应批刮补平，在局部不平整处，应打磨修正。

（3）满刮腻子：做完底漆的修补和打磨后，待底漆表干不沾手时，进行满刮腻子，要求批刮均匀平整。

3. 涂刷地面漆

地面漆涂刷的道数可根据设计要求或使用要求确定，一般涂刷 2～3 道，地面漆中不宜加稀释剂，否则会影响其厚度和漆膜干燥性能。可采用批刮或刷涂方法施工。

地面漆的修补和打磨：如有局部不平处，应打磨修平，明显的凹陷处应批刮修补。

4. 施工面层

可采用刷涂或高压无空气喷涂方法施工。如地坪有防滑要求，可在面漆施工之后，立即在地坪表面均匀洒上耐磨增强粉料，干燥后，即成防滑涂层。

5. 养护

当室内温度在 20℃以上时，可每隔 24h 涂刷一道；室内温度在 5℃以下时不宜施工，否则，需采取人工加温措施来提高施工环境温度。面层施工结束后，在 25℃气温下固化养护 7d 以上，方能承受重负荷。

8.3.10 地面辐射供暖的整体面层

（1）低温辐射供暖地面的整体面层宜采用水泥混凝土、水泥砂浆等，并铺设在填充层上。整体面层铺设时，不得钉、凿、切割填充层，并不得扰动、损坏发热管线。

（2）与土壤相邻的地面，必须设绝热层，且绝热层下部必须设置防潮层。直接与室外空气相邻的楼板，必须设绝热层。

（3）地面构造由楼板或与土壤相邻的地面、绝热层、加热管、填充层、找平层和面层组成。当工程允许地面按双向散热进行设计时，各楼层间的楼板上部可不设绝热层。

（4）地面辐射供暖的整体面层铺设时不得扰动填充层，不得向填充层内楔入任何物件。面层铺设，参见本书 8.3.2 节和 8.3.3 节中相关内容。

（5）绝热层的铺设应平整，绝热层相互间接合应严密。直接与土壤接触或有潮湿气体侵入的地面，在铺放绝热层之前应先铺一层防潮层。

（6）当面层采用带龙骨的架空木地板时，加热管应敷设在木地板与龙骨之间的绝热层上，可不设置豆石混凝土填充层；绝热层与地板间净空不宜小于 30mm。

（7）低温热水系统加热管的安装由专业安装单位安装并调试验收合格后移交下一道工序施工。

（8）填充层的材料宜采用 C15 豆石混凝土，豆石粒径宜为 5～12mm。加热管的填充层厚度不宜小于 50mm。

（9）面层的伸缩缝应与填充层的伸缩缝对应。伸缩缝填充材料宜采用高发泡聚乙烯泡沫塑料。

（10）系统初始加热前，混凝土填充层的养护期不应少于 21d。施工中，应对地面采取保护措施，不得在地面上加以重载、高温烘烤、直接放置高温物体和高温加热设备。

（11）在填充层养护期满以后，敷设加热管的地面，应设置明显标志，加以妥善保护，防止房屋装修或安装其他管道时损伤加热管。

（12）地面辐射供暖工程施工地过程中，严禁踩踏加热管。

8.3.11　质量检查

施工质量应符合现行国家标准《建筑地面工程施工质量验收规范》GB 50209 的规定。

8.4　板块地面铺设

8.4.1　材料质量控制

板块面层常用材料质量控制要点，见表 8-4。

板块面层常用材料质量控制要点　　　　　　　　　　表 8-4

项目	质量控制要点
砖面层	（1）水泥：采用硅酸盐水泥、普通硅酸盐水泥或矿渣硅酸盐水泥，强度等级不应低于 32.5 级。应有出厂合格证及试验报告。严禁使用受潮结块水泥。 （2）砂：砂采用洁净无有机杂质的中砂或粗砂，含泥量不大于 3%。 （3）颜料：颜料用于擦缝，同一面层应使用同厂、同批的颜料，以避免造成颜色深浅不一。 （4）胶粘剂：产品应有出厂合格证和技术质量指标检验报告，超过保质期（生产日期起三个月）的产品，应取样检验，合格后方可使用，并符合现行国家标准《民用建筑工程室内环境污染控制规范》GB 50325 的规定。 （5）陶瓷锦砖：陶瓷锦砖花色、品种、规格按图纸设计要求并符合有关标准规定，必须有盖有检验标志的产品合格证和产品使用说明书。 （6）陶瓷地砖、水泥花砖、无釉陶瓷地砖（又名缸砖）：花色、品种、规格按图纸设计要求并符合有关标准规定，应有出厂合格证和技术质量性能指标的试验报告
大理石和花岗石面层	（1）天然大理石、花岗石板块的花色、品种、规格应符合设计要求。板材有裂缝、掉角、翘曲和表面有缺陷时应予剔除，品种不同的板材不应混杂使用。 （2）水泥：应采用硅酸盐水泥，强度等级不低于 42.5，应有出厂合格证和试验报告。严禁使用受潮结块水泥。 （3）砂：宜采用中砂或粗砂，必须过筛，颗粒要均匀，不应含有杂物，粒径不大于 5mm。 （4）矿物颜料：颜料用于擦缝，同一面层应使用同厂、同批的颜料，以避免造成颜色深浅不一；其掺入量宜为水泥重量的 3%~6% 或由试验确定。 （5）胶粘剂：应有出厂合格证和使用说明书，有害物质限量符合现行国家标准《民用建筑工程室内环境污染控制规范》GB 50325 的规定
预制板块面层	（1）水磨石板块：水磨石预制板块规格、颜色、质量符合设计要求和有关标准的规定，并有出厂合格证；要求色泽鲜明，颜色一致。凡有裂纹、掉角、翘曲和表面上有缺陷的板块应予剔除，强度和品种不同的板块不应混杂使用。 （2）混凝土板块：混凝土强度等级不低于 C20。其余质量要求同水磨石板块质量控制要求。 （3）水泥：宜采用硅酸盐水泥、普通硅酸盐水泥或矿渣硅酸盐水泥，其强度等级应在 32.5 级以上；不同品种、不同强度等级的水泥严禁混用。 （4）砂：应选用中砂或粗砂，含泥量不得大于 3%。 （5）填缝材料：水泥混凝土板块面层填缝应采用水泥浆（或砂浆）；彩色混凝土板块、水磨石块、人造石应用同色水泥浆（或砂浆）填缝

项目	质量控制要点
料石面层	（1）条石和块石面层所用的石材的规格、技术等级和厚度应符合设计要求，条石的强度等级应大于 Mu60，块石的强度等级应大于 Mu30。条石的质量应均匀，形状为矩形六面体，厚度为 80～120mm；块石形状为直棱柱体，顶面粗琢平整，底面面积不宜小于顶面面积的 60%，厚度为 100～150mm。 （2）石材进入施工现场时，应有放射性限量合格的检测报告。 （3）水泥：强度等级不低于 42.5 MPa，要求无结块，有出厂合格证和复试报告。 （4）砂：砂为中粗砂，其含泥量不应大于 3%。 （5）沥青胶结料：宜用石油沥青与纤维、粉状或纤维和粉状混合的填充料配制
塑料板面层	（1）塑料板、塑料卷材：品种、规格、色泽、花纹应符合设计要求，面层应平整、光洁、无裂纹、色泽均匀、厚薄一致、边缘平直、密实无孔，无皱纹。 （2）塑料焊条：焊条成分和性能应与被焊的板相同，质量应符合有关技术标准的规定，并有出厂合格证。表面应平整光洁，无孔眼、节瘤、皱纹，颜色均匀一致。 （3）胶粘剂：应按基层材料和面层材料使用的相容性要求，通过试验确定；产品应有出厂合格证和使用说明书。超过保质期（生产日期起 3 个月）的产品，应取样检验合格后方可使用；超过保质期的产品，不应使用。胶粘剂进入施工现场时，应有以下有害物质限量合格的检测报告：
塑料板面层	1）溶剂型胶粘剂中的挥发性有机化合物（VOC）、苯、甲苯＋二甲苯。 2）水性胶粘剂中的挥发性有机化合物（VOC）和游离甲醛。 （4）胶粘剂、溶剂、稀释剂为易燃品，必须密封盖严，现场应存放在阴凉处，不应受阳光暴晒，并应远离火源，存放地有足够的消防用具
活动地板面层	活动地板表面要平整、坚实；耐磨、耐污染、耐老化、防潮、阻燃和导静电等性能符合设计要求。 活动地板面层承载力不应小于 7.5MPa，A 级板的系统电阻应为 $1.0 \times 10^5 \sim 1.0 \times 10^8 \Omega$，B 级板的系统电阻应为 $1.0 \times 10^5 \sim 1.0 \times 10^{10} \Omega$。 活动地板应有出厂合格证及设计要求性能的检测报告
金属板面	（1）金属面层材料的花色、品种、规格应符合设计要求。其技术等级、光泽度、外观等质量要求应符合设计要求。 （2）板材有划痕、翘曲和表面有缺陷时应予剔除，品种不同的板材不应混杂使用。 （3）金属板面层及其配件宜使用不锈蚀或经过防锈处理的金属制品。 （4）用于通道（走道）和公共建筑的金属板面层，应按设计要求进行防腐、防滑处理
地毯面层	地毯、衬垫的品种、规格、颜色、主要性能和技术指标必须符合设计要求，应有出厂合格证明文件。 倒刺钉板条、金属压条的品种、规格、颜色应符合设计要求。 胶粘剂中有害物质释放限量应符合现行国家标准《民用建筑工程室内环境污染控制规范》GB 50325 的规定。产品应有出厂合格证和技术质量指标检验报告。超过保质期（生产日期起 3 个月）的产品，应取样检验，合格后方可使用；超过保质期的产品不应使用
地面辐射供暖的板块面层	参见本表格中"砖面层""大理石面层和花岗岩面层""预制板块面层""料石面层"相关内容

8.4.2 砖面层

1. 一般规定

（1）板块面层的结合层和板块面层填缝的胶结材料，应符合国家现行有关产品标准和设计要求。

（2）板块的铺砌应符合设计要求，当设计无要求时，宜避免出现板块小于1/4边长的边角料。施工前应根据板块大小，结合房间尺寸进行排砖设计。非整砖应对称布置，且排在不明显处。

（3）铺设板块面层时，其水泥类基层的抗压强度不得低于1.2MPa。在铺设前应刷一道水泥浆，其水灰比宜为0.4～0.5并随铺随刷。

（4）厕浴间及设有地漏（含清扫口）的建筑板块地面面层，地漏（清扫口）的位置除应符合设计要求外，块料铺贴时，地漏处应放样套割铺贴，使铺贴好的块料地面高于地漏约2mm，与地漏结合处严密牢固，不得有渗漏。

（5）大面积板块面层的伸、缩缝及分格缝应符合设计要求。

（6）板块类踢脚线施工时，不得采用混合砂浆打底。

2. 砖面层施工

（1）砖面层可采用陶瓷锦砖、缸砖、陶瓷地砖和水泥花砖，应在结合层上铺设。

（2）在水泥砂浆结合层上铺贴缸砖、陶瓷地砖和水泥花砖面层时，在铺贴前，应对砖的规格尺寸、外观质量、色泽等进行预选；需要时，浸水湿润晾干待用。勾缝和压缝应采用同品种、同强度等级、同颜色的水泥，并做养护和保护。

（3）在水泥砂浆结合层上铺贴陶瓷锦砖面层时，砖底面应洁净，陶瓷锦砖之间、与结合层之间以及在墙角、镶边和靠柱、墙处应紧密贴合。在靠柱、墙处不得采用砂浆填补。

（4）在胶结料结合层上铺贴缸砖面层时，缸砖应干净，铺贴应在胶结料凝结前完成。

（5）有防腐蚀要求的砖面层采用耐酸瓷砖、浸渍沥青砖、缸砖等和有防火要求的砖，其材质、铺设及施工质量验收应符合设计要求和现行国家标准《建筑防腐蚀工程施工规范》GB 50212和《建筑设计防火规范》GB 50016的规定。

（6）大面积铺设陶瓷地砖、缸砖地面时，室内最高温度大于30℃、最低温度小于5℃时，板块紧贴镶贴的面积宜控制在1.5m×1.5m。板块留缝镶贴的勾缝材料宜采用弹性勾缝料，勾缝后应压缝，缝隙深应不大于板块厚度的1/3。

8.4.3 大理石和花岗石面层

（1）大理石、花岗石面层采用天然大理石、花岗石（或碎拼大理石、碎拼花岗石）板材，应在结合层上铺设。

（2）大理石、花岗石面层的结合层厚度一般宜为20～30mm。

（3）板材有裂缝、掉角、翘曲和表面有缺陷时应予剔除，品种不同的板材不得混杂使用；在铺设前，应根据石材的颜色、花纹、图案、纹理等按设计要求，试拼编号。

（4）铺设大理石、花岗石面层前，板材应浸湿、晾干；结合层与板材应分段同时铺设。

（5）其他施工质量控制要求，参见本书8.4.2节中相关内容。

8.4.4 预制板块面层

（1）预制板块面层采用水泥混凝土板块、水磨石板块、人造石板块，应在结合层上铺设。

（2）水泥混凝土板块面层的缝隙中，应采用水泥浆（或砂浆）填缝；彩色混凝土板块、水磨石板块、人造石板块应用同色水泥浆（或砂浆）擦缝。

（3）强度和品种不同的预制板块不宜混杂使用。

（4）板块间的缝隙宽度应符合设计要求。当设计无要求时，混凝土板块面层缝宽不宜大于6mm，水磨石板块、人造石板块间的缝宽不应大于2mm。预制板块面层铺完24h后，应用水泥砂浆灌缝至2/3高度，再用同色水泥浆擦（勾）缝。

（5）其他施工质量控制要求，参见本书8.4.2节中相关内容。

8.4.5　料石面层

（1）料石面层采用天然条石和块石，应在结合层上铺设。

（2）条石和块石面层所用的石材的规格、技术等级和厚度应符合设计要求。条石的质量应均匀，形状为矩形六面体，厚度为80～120mm；块石形状为直棱柱体，顶面粗琢平整，底面面积不宜小于顶面面积的60%，厚度为100～150mm。

（3）不导电的料石面层应采用辉绿岩石加工制成。填缝材料亦采用辉绿岩石加工的砂嵌实。耐高温的料石面层的石料，应按设计要求选用。

（4）条石面层的结合层宜采用水泥砂浆，其厚度应符合设计要求；块石面层的结合层宜采用砂垫层，其厚度不应小于60mm；基土层应为均匀密实的基土或夯实的基土。

（5）条石面层应组砌合理，无十字缝，铺砌方向和坡度应符合设计要求；块石面层石料缝隙应相互错开，通缝不超过两块石料。

（6）其他施工质量控制要求，参见本书8.4.2节中相关内容。

8.4.6　塑料板面层

（1）塑料板面层应采用塑料板块材、塑料板焊接、塑料卷材以胶粘剂在水泥类基层上采用满粘或点粘法铺设。

（2）水泥类基层表面应平整、坚硬、干燥、密实、洁净、无油脂及其他杂质，不应有麻面、起砂、裂缝等缺陷。

（3）胶粘剂应按基层材料和面层材料使用的相容性要求，通过试验确定，其质量应符合国家现行有关标准的规定。

（4）焊条成分和性能应与被焊的板相同，其质量应符合有关技术标准的规定，并应有出厂合格证。

（5）铺贴塑料板面层时，室内相对湿度不宜大于70%，温度宜在10～32℃之间。

（6）塑料板面层施工完成后的静置时间应符合产品的技术要求。

（7）防静电塑料板配套的胶粘剂、焊条等应具有防静电性能。

（8）塑料板面层施工完成后养护时间应不少于7d。

（9）其他施工质量控制要求，参见本书8.4.2节中相关内容。

8.4.7　活动地板面层

（1）活动地板面层宜用于有防尘和防静电要求的专业用房的建筑地面。应采用特制的平压刨花板为基材，表面可饰以装饰板，底层应用镀锌板经粘结胶合形成活动地板块，配以横梁、橡胶垫条和可供调节高度的金属支架组装成架空板，应在水泥类面层（或基层）上铺设。

（2）活动地板所有的支座柱和横梁应构成框架一体，并与基层连接牢固；支架抄平后高度应符合设计要求。

（3）活动地板面层的金属支架应支承在现浇水泥混凝土基层（或面层）上，基层表面应平整、光洁、不起灰。

（4）当房间的防静电要求较高，需要接地时，应将活动地板面层的金属支架、金属横梁连通跨接，并与接地体相连，接地方法应符合设计要求。

（5）活动板块与横梁接触搁置处应达到四角平整、严密。

（6）当活动地板不符合模数时，其不足部分可在现场根据实际尺寸将板块切割后镶补，并应配装相应的可调支撑和横梁。切割边不经处理不得镶补安装，并不得有局部膨胀变形情况。

（7）活动地板在门口处或预留洞口处应符合设置构造要求，四周侧边应用耐磨硬质板材封闭或用镀锌钢板包裹，胶条封边应符合耐磨要求。

（8）活动地板与柱、墙面接缝处的处理应符合设计要求，设计无要求时应做木踢脚线；通风口处，应选用异形活动地板铺贴。

（9）用于电子信息系统机房的活动地板面层，其施工质量检查尚应符合现行国家标准《数据中心基础设施施工及验收规范》GB 50462 的有关规定。

8.4.8　金属板面层

（1）金属板面层采用镀锌板、镀锡板、复合钢板、彩色涂层钢板、铸铁板、不锈钢板、铜板及其他合成金属板铺设。

（2）金属板面层及其配件宜使用不锈蚀或经过防锈处理的金属制品。

（3）用于通道（走道）和公共建筑的金属板面层，应按设计要求进行防腐、防滑处理。

（4）金属板面层的接地做法应符合设计要求。

（5）具有磁吸性的金属板面层不得用于有磁场所。

（6）其他施工质量控制要求，参见本书 8.4.2 节中相关内容。

8.4.9　地毯面层

1. 一般规定

（1）地毯材料的品种、规格、图案、颜色和性能应符合设计要求。毯铺贴位置、拼花图案应符合设计要求。

（2）地毯面层应采用地毯块材或卷材，以空铺法或实铺法铺设。

（3）铺设地毯的地面面层（或基层）应坚实、平整、洁净、干燥，无凹坑、麻面、起砂、裂缝，并不得有油污、钉头及其他凸出物。

（4）地毯表面应干净，不应起鼓、起皱、翘边、卷边、露线，无毛边和损伤。拼缝处对花对线拼接应密实平整、不显拼缝；绒面毛顺光一致，异型房间花纹应顺直端正、裁割合理。

（5）固定式地毯和底衬周边与倒刺板连接牢固，倒刺板不得外露。

（6）粘贴式地毯胶粘剂与基层应粘贴牢固，块与块之间应挤紧服帖。地毯表面不得有胶迹。

（7）地毯衬垫应满铺平整，地毯拼缝处不得露底衬。

2. 空铺地毯面层

（1）块材地毯宜先拼成整块，然后按设计要求铺设。

（2）块材地毯的铺设，块与块之间应挤紧服帖。

（3）卷材地毯宜先长向缝合，然后按设计要求铺没。

（4）地毯面层的周边应压入踢脚线下。

（5）地毯面层与不同类型的建筑地面面层的连接处，其收口做法应符合设计要求。

3. 实铺地毯面层

（1）实铺地毯面层采用的金属卡条（倒刺板）、金属压条、专用双面胶带、胶粘剂等应符合设计要求。

（2）铺设时，地毯的表面层宜张拉适度，四周应采用卡条固定；门口处宜用金属压条或双面胶带等固定。

（3）地毯周边应塞入卡条和踢脚线下。

（4）地毯面层采用胶粘剂或双面胶带粘结时，应与基层粘贴牢固。

4. 楼梯地毯面层铺设

（1）楼梯地毯面层铺设时，梯段顶级（头）地毯应固定于平台上，其宽度应不小于标准楼梯、台阶踏步尺寸。

（2）楼梯地毯铺设每梯段顶级地毯固定牢固，每踏级阴角处应用卡条固定。

（3）梯段末级（头）地毯与水平段地毯的连接处应顺畅、牢固。

8.4.10 地面辐射供暖的板块面层

（1）低温辐射供暖地面的板块面层采用具有热稳定性的陶瓷锦砖、陶瓷地砖、水泥花砖等砖面层或大理石、花岗石、水磨石、人造石等板块面层，并应在填充层上铺设。

（2）地面辐射供暖的板块面层采用胶结材料粘贴铺设时，填充层的含水率应符合胶结材料的技术要求。

（3）低温辐射供暖地面的板块面层应设置伸缩缝，缝的留置与构造做法应符合设计要求和相关现行国家行业标准的规定。填充层和面层的伸缩缝的位置宜上下对齐。

（4）地面辐射供暖的板块面层铺设时不得扰动（例如钉、凿、切割等）填充层，不得向填充层内楔入任何物件。不得扰动、损坏发热管线。

（5）面层铺设，参见本书 8.4.2～8.4.4 节和 8.4.6 节中的相关内容。

8.4.11 质量检查

应符合现行国家标准《建筑地面工程施工质量验收规范》GB 50209 的规定。

8.5 木、竹面层铺设

8.5.1 材料质量控制

木、竹面层常用材料质量控制要点，见表8-5。

木、竹面层常用材料质量控制要点 表8-5

项目	质量控制要点
一般要求	（1）实木地板、实木集成地板、竹地板、实木复合地板、浸渍纸层压木质地板、软木类地板面层采用的材料进入施工现场时，应有以下有害物质限量合格的检测报告： 1）地板中的游离甲醛（释放量或含量）。 2）溶剂型胶粘剂中的挥发性有机化合物（VOC）、苯、甲苯+二甲苯。 3）水性胶粘剂中的挥发性有机化合物（VOC）和游离甲醛。 （2）木、竹地板面层下的木搁栅、垫木、毛地板等采用木材的树种、选材标准和铺设时木材含水率以及防腐、防蛀处理等，均应符合现行国家标准《木结构工程施工质量验收规范》GB 50206 的有关规定。 （3）所选用的材料，进场时应对其断面尺寸、含水率等主要技术指标进行抽检，抽检数量应符合产品标准的规定。 （4）用于固定和加固用的金属零部件应采用不锈蚀或经过防锈处理的金属件
实木地板、实木集成地板、竹地板面层	（1）垫层地板、面层地板及踢脚线的厚度、木搁栅的截面尺寸应符合设计要求，且根据地区自然条件，含水率最小为8%，最大为该地区平衡含水率。 （2）木搁栅、垫木、垫层地板、剪刀撑：必须做防腐、防蛀、防火处理。用材规格、树种和防腐防蛀处理均应符合设计要求，经干燥后方可使用，不应有扭曲变形。 （3）条材、块材实木地板：厚度和几何尺寸应符合设计要求，无节疤、劈裂、腐朽、弯曲。实木地板面层条材和块材应具有商品检验合格证。 （4）拼花实木地板：厚度、几何尺寸、纹理、色泽应符合设计要求。原材料应采用同批树种、花纹及颜色一致，经烘干脱脂处理。 （5）实木、实木复合踢脚线：背面应开槽并涂防腐剂，花纹和颜色宜和面层地板一致。 （6）胶粘剂：应按设计要求选用。 （7）防潮衬垫：材料和厚度应符合设计要求
实木复合地板面层	（1）实木复合地板：花纹及颜色力求一致，企口拼缝的企口尺寸应符合设计要求，厚度、长度一致。 （2）实木复合地板面层的条材和块材：应采用具有商品检验合格证的产品。 （3）其他材料：参见本表格"实木地板、实木集成地板、竹地板面层"中相关内容
浸渍纸层压木质地板面层	（1）浸渍纸层压木质地板面层的材料以及面层下的板或衬垫等材质应符合设计要求，并采用具有商品检验合格证的产品。 （2）其他材料：参见本表格中"实木地板、实木集成地板、竹地板面层"中相关内容
软木类地板面层	（1）软木地板面层的材料应符合设计要求，且表面光滑、无鼓凸颗粒、边长顺直，并采用具有商品检验合格证的产品。 （2）其他要求：参见本表格中"实木地板、实木集成地板、竹地板面层"中相关内容
地面辐射供暖的木板面层	木板面层采用的材料或产品应具有耐热性、热稳定性、防水、防潮、防霉变等特点。 其他要求，参见本表中"实木复合地板面层""实木集成地板面层""浸渍纸层压木质地板面层"中相关内容

8.5.2 实木地板、实木集成地板、竹地板面层

1. 一般规定

（1）木地板材料的品种、规格、图案颜色和性能应符合设计要求。木地板铺贴位置、图案排布应符合设计要求。与厕浴间、厨房等潮湿场所相邻的木、竹面层连接处应做防水（防潮）处理。

（2）木、竹面层应避免与水长期接触，不宜用于长期或经常潮湿处，以防止木基层腐蚀和面层产生翘曲、开裂或变形等。在无地下室的建筑底层地面铺设木、竹面层时，地面基层（含墙体）应采取防潮措施。

（3）木、竹面层铺设在水泥类基层上，基层表面应坚硬、平整、洁净、干燥、不起砂。表面含水率不大于9%。

（4）建筑地面工程的木、竹面层搁栅下架空结构层（或构造层）的质量检查，应符合相应现行国家标准规定。

（5）木、竹面层的通风构造层（包括室内通风沟、室外通风窗），均应符合设计要求。

（6）龙骨间、龙骨与墙体间、毛地板间、毛地板与墙体间均应留有伸缩缝。

2. 实木地板、实木集成地板、竹地板面层施工

（1）实木地板、实木集成地板、竹地板面层应采用条材或块材或拼花，以空铺或实铺方式在基层上铺设。

（2）实木地板、实木集成地板、竹地板面层可采用双层面层和单层面层铺设，其厚度应符合设计要求；其选材应符合国家现行有关标准的规定。

（3）铺设实木地板、实木集成地板、竹地板面层时，其木搁栅的截面尺寸、间距和稳固方法等均应符合设计要求。木搁栅固定时，不得损坏基层和预埋管线。木搁栅应垫实钉牢，与柱、墙之间留出20mm的缝隙，表面应平直，其间距不宜大于300mm。

（4）当面层下铺设垫层地板时，垫层地板的髓心应向上，板间缝隙不应大于3mm，与柱、墙之间应留8～12mm的空隙，表面应刨平。

（5）实木地板、实木集成地板、竹地板面层铺设时，相邻板材接头位置应错开不小于300mm的距离；与柱、墙之间应留8～12mm的空隙。

（6）木地板的板面铺设的方向应正确，条形木地板宜顺光方向铺设。

（7）地板面层接缝应严密、平直、光滑、均匀，接头位置应错开，表面洁净。拼花地板面层板面排列及镶边宽度应符合设计要求，周边应一致。

（8）木地板表面应洁净、平整光滑，无刨痕、无沾污、毛刺、戗槎等现象。

（9）采用实木制作的踢脚线，背面应抽槽并做防腐处理。踢脚线表面应光滑，高度及凸墙厚度应一致；地板与踢脚板交接应紧密，缝隙顺直。

（10）地板与墙面或地面突出物周围套割吻合，边缘应整齐。

3. 防腐、防蛀、防火处理

（1）防腐剂应具有毒杀木腐菌和害虫的功能，并不致危及人畜和污染环境。

（2）木质辅材的防腐、防蛀处理，可采用常温浸渍法、喷洒法、涂刷法等非加压处理方法。

喷洒法和涂刷法只适用于已经处理的木材因钻孔、开槽、切断而使未吸收保护剂的木材暴露的情况。

（3）采用水溶性防护剂处理后的木材，均应重新干燥到指定的含水率。

（4）木质辅材在进行防腐处理前应加工至最后的截面尺寸。若有新的切口和孔眼，应采用原来处理用的防腐剂涂刷。

（5）地板铺装工程中所采用的木地板及其他木质材料，严禁采用沥青类防腐、防潮处理剂。

8.5.3　实木复合地板面层

（1）实木复合地板面层采用的材料、铺设方式、铺设方法、厚度以及垫层地板铺设等，均应符合表 8-5"实木地板、实木集成地板、竹地板面层"中（1）～（4）的规定。

（2）实木复合地板面层应采用空铺法或粘贴法（满粘或点粘）铺设。采用粘贴法铺设时，粘贴材料应按设计要求选用，并应具有耐老化、防水、防菌、无毒等性能。

（3）毛地板铺设时，木材髓心应向上，其板间缝隙不应大于 3mm，与墙之间应留 8～12mm 的空隙，表面应刨平。毛地板如选用人造木板应有性能检测报告，且应对甲醛含量复验。

（4）实木复合地板面层下衬垫的材料和厚度应符合设计要求。

（5）实木复合地板面层铺设时，相邻板材接头位置应错开不小于 300mm 的距离；与柱、墙之间应留不小于 10mm 的空隙。当面层采用无龙骨的空铺法铺设时，应在面层与柱、墙之间的空隙内加设金属弹簧卡或木楔子，其间距宜为 200～300mm。

（6）大面积铺设实木复合地板面层时，应分段铺设，分段缝的处理应符合设计要求。

（7）其他施工质量控制要求，参见本书 8.5.2 节中相关内容。

8.5.4　浸渍纸层压木质地板面层

（1）浸渍纸层压木质地板面层应采用条材或块材，以空铺或粘贴方式在基层上铺设。

（2）浸渍纸层压木质地板面层可采用有垫层地板和无垫层地板的方式铺设。有垫层地板时，垫层地板的材料和厚度应符合设计要求。

（3）浸渍纸层压木质地板面层铺设时，相邻板材接头位置应错开不小于 300mm 的距离；衬垫层、垫层地板及面层与柱、墙之间均应留出不小于 10mm 的空隙。

（4）浸渍纸层压木质地板面层采用无龙骨的空铺法铺设时，宜在面层与基层之间设置衬垫层，衬垫层的材料和厚度应符合设计要求；并应在面层与柱、墙之间的空隙内加设金属弹簧卡或木楔子，其间距宜为 200～300mm。

（5）其他施工质量控制要求，参见本书 8.5.2 节中相关内容。

8.5.5　软木类地板面层

（1）软木类地板面层应采用软木地板或软木复合地板的条材或块材，在水泥类基层或垫层地板上铺设。软木地板面层应采用粘贴方式铺设，软木复合地板面层应采用空铺方式铺设。

（2）软木类地板面层的厚度应符合设计要求。

（3）软木类地板面层的垫层地板在铺设时，与柱、墙之间应留不大于20mm的空隙，表面应刨平。

（4）软木类地板面层铺设时，相邻板材接头位置应错开不小于1/3板长且不小于200mm的距离；面层与柱、墙之间应留出8～12mm的空隙；软木复合地板面层铺设时，应在面层与柱、墙之间的空隙内加设金属弹簧卡或木楔子，其间距宜为200～300mm。

（5）其他施工质量控制要求，参见本书8.5.2节中相关内容。

8.5.6 地面辐射供暖的木板面层

（1）地面辐射供暖的木板面层宜采用实木复合地板、浸渍纸层压木质地板等，应在填充层上铺设。

（2）木、竹地板用于有采暖要求的地面应符合采暖工程的相关要求：地板尺寸稳定性高、高温下不开裂、不变形，不惧潮湿环境、甲醛释放量不超标、传热性能好、不惧高温。

（3）地面辐射供暖的木板面层可采用空铺法或胶粘法（满粘或点粘）铺设。当面层设置垫层地板时，垫层地板的材料和厚度应符合设计要求。带龙骨的架空木、竹地板可不设填充层，绝热层与地板间的净空高度不宜小于30mm。

（4）与填充层接触的龙骨、垫层地板、面层地板等应采用胶粘法铺设。铺设时填充层的含水率应符合胶粘剂的技术要求。

（5）低温辐射供暖地面的木、竹面层与周边墙面间应留置不小于10mm的缝隙。当面层采用空铺法施工时，应在面层与墙面之间的缝隙内设金属弹簧卡或木楔子，其间距宜为200～300mm。

（6）地面辐射供暖的木板面层铺设时不得扰动（例如：钉、凿、切割等）填充层，不得向填充层内楔入任何物件。不得扰动、损坏发热管线。

（7）当地板面积超过30m²或长度超过6m时，分段缝的间距不宜大于6m，分段缝的宽度不宜小于5mm。当地板面积较大时，分段缝的间距可适当增大，但不宜大于10m。

（8）面层铺设，参见本书8.5.2节、8.5.4节中相关内容。

8.5.7 质量检查

应符合现行国家标准《建筑地面工程施工质量验收规范》GB 50209的规定。

8.6 楼（地）面防水工程

8.6.1 材料质量控制

（1）防水材料应有产品合格证和出厂检验报告，材料的品种、规格、性能等应符合国家现行标准和设计要求。对进场的防水材料应进行抽样复验，并提出试验报告，不合格的材料不得在工程中使用。

（2）防水材料应具有良好的耐水性、耐久性和可操作性，产品应无毒、难燃、环保，并符合施工和使用的安全要求。

（3）防水材料包装应具有明显的标志，标志内容应包括产品名称、厂名地址、批号、保质期和执行标准。

8.6.2 基层处理

（1）基层应符合设计的要求，并应通过验收。基层表面应坚实平整，无浮浆，无起砂、裂缝现象。

（2）与基层相连接的各类管道、地漏、预埋件、设备支座等应安装牢固。

（3）管根、地漏与基层的交接部位，应预留宽 10mm，深 10mm 的环形凹槽，槽内应嵌填密封材料。

（4）基层的阴、阳角部位宜做成圆弧形，以有效保证阴、阳角部位的涂布涂料或卷材铺设的防水质量。

（5）基层表面不得有积水，基层的含水率应满足施工要求。聚合物水泥防水涂料、聚合物水泥防水浆料和防水砂浆等水泥基材料可以在潮湿基层上施工，但不得有明水；聚氨酯防水涂料、自粘聚合物改性沥青防水卷材等对基层含水率有一定的要求，为确保施工质量，基层含水率应符合相应防水材料的要求。

8.6.3 防水涂料施工

1. 一般规定

（1）防水涂料施工时，应采用与涂料配套的基层处理剂。基层处理剂涂刷应均匀、不流淌、不堆积。

（2）防水涂料在大面积施工前，应先在阴阳角、管根、地漏、排水口、设备基础根等部位施作附加层，并应夹铺胎体增强材料，附加层的宽度和厚度应符合设计要求。

（3）防水涂膜最后一遍施工时，可在涂层表面撒砂。以增加涂膜表面的粗糙度，使防水层（主要是聚氨酯防水涂料）与铺贴饰面层用的胶粘剂之间保持良好的粘结。

2. 防水涂料施工

（1）双组分涂料应按配比要求在现场配制，并应使用机械搅拌均匀，不得有颗粒悬浮物。

（2）防水涂料应薄涂、多遍施工，前后两遍的涂刷方向应相互垂直，涂层厚度应均匀，不得有漏刷或堆积现象。

（3）应在前一遍涂层实干后，再涂刷下一遍涂料。

（4）施工时宜先涂刷立面，后涂刷平面。

（5）夹铺胎体增强材料时，应使防水涂料充分浸透胎体层，不得有折皱、翘边现象。

8.6.4 防水卷材施工

1. 一般规定

（1）防水卷材与基层应满粘施工，防水卷材搭接缝应采用与基材相容的密封材料封严。

（2）聚乙烯丙纶复合防水卷材施工时，基层应湿润，但不得有明水。

（3）自粘聚合物改性沥青防水卷材在低温施工时，搭接部位宜采用热风加热。

2. 涂刷基层处理剂

（1）基层潮湿时，应涂刷湿固化胶粘剂或潮湿界面隔离剂。

（2）基层处理剂不得在施工现场配制或添加溶剂稀释；室内空间不大、通风条件有限，以免溶剂挥发给室内环境及人身健康带来不良影响。

（3）基层处理剂应涂刷均匀，无露底、堆积。

（4）基层处理剂干燥后应立即进行下道工序的施工。

3. 防水卷材的施工

（1）防水卷材应在阴阳角、管根、地漏等部位先铺设附加层，附加层材料可采用与防水层同品种的卷材或与卷材相容的涂料。

（2）卷材与基层应满粘施工，表面应平整、顺直，不得有空鼓、起泡、皱折。

（3）防水卷材应与基层粘结牢固，搭接缝处应粘结牢固。

8.6.5 防水砂浆施工

（1）施工前应洒水润湿基层，但不得有明水，并宜做界面处理。

（2）防水砂浆应用机械搅拌均匀，并应随拌随用。

（3）防水砂浆宜连续施工。当需留施工缝时，应采用坡形接槎，相邻两层接槎应错开100mm以上，距转角不得小于200mm。

（4）水泥砂浆防水层终凝后，应及时进行保湿养护，养护温度不宜低于5℃。

（5）聚合物防水砂浆，应按产品的使用要求进行养护。

8.6.6 密封施工

（1）基层应干净、干燥，可根据需要涂刷基层处理剂。

（2）密封施工宜在卷材、涂料防水层施工之前、刚性防水层施工之后完成。

（3）双组分密封材料应配比准确，混合均匀。

（4）密封材料施工宜采用胶枪挤注施工，也可用腻子刀等嵌填压实。

挤注施工时，枪嘴对准基面、与基面成45°角，移动枪嘴应均匀，挤出的密封胶始终处于由枪嘴推动状态，保证挤出的密封胶对缝内有挤压力，密实填充接缝；腻子刀施工时，腻子刀应多次将密封胶压入凹槽中。

（5）密封材料应根据预留凹槽的尺寸、形状和材料的性能采用一次或多次嵌填。

（6）密封材料嵌填完成后，在硬化前应避免灰尘、破损及污染等。

8.6.7 质量检查

（1）找平层表面应平整、坚固，不得有疏松、起砂、起皮现象，基层排水坡度、含水率应符合设计要求。

（2）墙（立）面防水设防高度应符合设计要求。

（3）卷材铺贴方法和搭接顺序应符合设计要求，搭接宽度正确，接缝严密，不得有皱折、鼓泡和翘边等现象。

（4）涂膜防水层涂层应无裂纹、皱折、流淌、鼓泡和露胎体现象。平均厚度不应小于设计厚度，最薄处不应小于设计厚度的 80%。

（5）砂浆防水层表面应平整、牢固、不起砂、不起皮、不开裂，防水层平均厚度不应小于设计厚度，最薄处不应小于设计厚度的 80%。

（6）密封材料嵌填严密，粘结牢固，表面平整，不得有开裂、鼓泡现象。

（7）地面和水池、泳池的蓄水试验应达到 24h 以上，墙面间歇淋水应达到 30min 以上进行检验不渗漏。

第9章 建筑装饰装修工程实体质量控制

9.1 基本规定

9.1.1 材料基本要求

（1）建筑装饰装修工程所用材料的品种、规格和质量应符合设计要求和国家现行标准的规定。不得使用国家明令淘汰的材料，宜采用绿色环保的材料。

（2）建筑装饰装修工程所用材料的燃烧性能应符合现行国家标准《建筑内部装修设计防火规范》GB 50222 和《建筑设计防火规范》GB 50016 的规定。

（3）进入施工现场的装修材料应完好，并应核查其燃烧性能或耐火极限、防火性能型式检验报告、合格证书等技术文件是否符合防火设计要求。

（4）装修材料进入施工现场后，应在监理单位或建设单位监督下，由施工单位有关人员现场取样，并应由具备相应资质的检验单位进行见证取样检验。

（5）建筑装饰装修工程所用材料应符合国家有关建筑装饰装修材料有害物质限量标准的规定。

（6）建筑装饰装修工程采用的材料、构配件应按进场批次进行检验。属于同一工程项目且同期施工的多个单位工程，对同一厂家生产的同批材料、构配件、器具及半成品，可统一划分检验批对品种、规格、外观和尺寸等进行验收，包装应完好，并应有产品合格证书、中文说明书及性能检验报告，进口产品应按规定进行商品检验。

（7）进场后需要进行复验的材料种类及项目参见以下各节中相关内容，同一厂家生产的同一品种、同一类型的进场材料应至少抽取一组样品进行复验，当合同另有更高要求时应按合同执行。

抽样样本应随机抽取，满足分布均匀、具有代表性的要求，获得认证的产品或来源稳定且连续三批均一次检验合格的产品，进场验收时检验批的容量可扩大一倍，且仅可扩大一次。扩大检验批后的检验中，出现不合格情况时，应按扩大前的检验批容量重新验收，且该产品不得再次扩大检验批容量。

（8）当国家规定或合同约定应对材料进行见证检验时，或对材料质量发生争议时，应进行见证检验。

（9）建筑装饰装修工程所使用的材料在运输、储存和施工过程中，应采取有效措施防止损坏、变质和污染环境。

（10）建筑装饰装修工程所使用的材料应按设计要求进行防火、防腐和防虫处理。

（11）对装饰织物进行阻燃处理时，应使其被阻燃剂浸透，阻燃剂的干含量应符合产品说明书的要求。

9.1.2 施工基本要求

（1）施工单位应编制施工组织设计并经过审查批准。施工单位应按有关的施工工艺标准或经审定的施工技术方案施工，并应对施工全过程实行质量控制。

（2）承担建筑装饰装修工程施工的人员上岗前应进行培训。

（3）建筑装饰装修工程施工中，不得违反设计文件擅自改动建筑主体、承重结构或主要使用功能。

（4）未经设计确认和有关部门批准，不得擅自拆改主体结构和水、暖、电、燃气、通信等配套设施。

（5）施工单位应采取有效措施控制施工现场的各种粉尘、废气、废弃物、噪声、振动等对周围环境造成的污染和危害。

（6）施工单位应建立有关施工安全、劳动保护、防火和防毒等管理制度，并应配备必要的设备、器具和标识。

（7）建筑装饰装修工程应在基体或基层的质量验收合格后施工。对既有建筑进行装饰装修前，应对基层进行处理。

（8）建筑装饰装修工程施工前应有主要材料的样板或做样板间（件），并应经有关各方确认。

（9）墙面采用保温隔热材料的建筑装饰装修工程，所用保温隔热材料的类型、品种、规格及施工工艺应符合设计要求。

（10）管道、设备安装及调试应在建筑装饰装修工程施工前完成；当必须同步进行时，应在饰面层施工前完成。装饰装修工程不得影响管道、设备等的使用和维修。涉及燃气管道和电气工程的建筑装饰装修工程施工应符合有关安全管理的规定。

（11）室内外装饰装修工程施工的环境条件应满足施工工艺的要求。

（12）建筑装饰装修工程施工过程中应做好半成品、成品的保护，防止污染和损坏。

（13）建筑装饰装修工程验收前应将施工现场清理干净。

9.2　抹灰工程

9.2.1　材料质量控制

（1）抹灰用的水泥宜为硅酸盐水泥、普通硅酸盐水泥，其强度等级不应小于32.5。不同品种不同强度等级的水泥不得混合使用。水泥应有产品合格证书。

（2）抹灰用砂宜选用中砂，砂使用前应过筛，不得含有杂物。

（3）抹灰用石灰膏的熟化期不应少于15d。罩面用磨细石灰粉的熟化期不应少于3d。

（4）预拌砂浆进场时，供方应按规定批次向需方提供质量证明文件。质量证明文件应包括产品型式检验报告和出厂检验报告等。

（5）预拌砂浆进场时应进行外观检验，并应符合下列规定：

1）湿拌砂浆应外观均匀，无离析、泌水现象。

2）散装干混砂浆应外观均匀，无结块、受潮现象。

3）袋装干混砂浆应包装完整，无受潮现象。

（6）抹灰工程应对下列材料及其性能指标进行复验：

1）砂浆的拉伸粘结强度。

2）聚合物砂浆的保水率。

9.2.2 基层处理

（1）对于烧结砖砌体的基层，应清除表面杂物、残留灰浆、舌头灰、尘土等，并应在抹灰前一天浇水润湿，水应渗入墙面内 10~20mm。抹灰时，墙面不得有明水。

（2）对于蒸压灰砂砖、蒸压粉煤灰砖、轻骨料混凝土、轻骨料混凝土空心砌块的基层，应清除表面杂物、残留灰浆、舌头灰、尘土等，并可在抹灰前浇水润湿墙面。

（3）对于混凝土基层，应先将基层表面的尘土、污垢、油渍等清除干净，再采用下列方法之一进行处理：

1）可将混凝土基层凿成麻面；抹灰前一天，应浇水润湿，抹灰时，基层表面不得有明水。

2）可在混凝土基层表面涂抹界面砂浆，界面砂浆应先加水搅拌均匀，无生粉团后再进行满批刮，并应覆盖全部基层表面，厚度不宜大于2mm。在界面砂浆表面稍收浆后再进行抹灰。

（4）对于加气混凝土砌块基层，应先将基层清扫干净，再采用下列方法之一进行处理：

1）可浇水润湿，水应渗入墙面内 10~20mm，且墙面不得有明水。

2）可涂抹界面砂浆，界面砂浆应先加水搅拌均匀，无生粉团后再进行满批刮，并应覆盖全部基层墙体，厚度不宜大于2mm。在界面砂浆表面稍收浆后再进行抹灰。

（5）对于混凝土小型空心砌块砌体和混凝土多孔砖砌体的基层，应将基层表面的尘土、污垢、油渍等清扫干净，并不得浇水润湿。

（6）采用聚合物水泥抹灰砂浆时，基层应清理干净，可不浇水润湿。

（7）采用石膏抹灰砂浆时，基层可不进行界面增强处理，应浇水润湿。

9.2.3 一般抹灰

1．一般规定

（1）外墙抹灰工程施工前应先安装钢木门窗框、护栏等，应将墙上的施工孔洞堵塞密实，并对基层进行处理。

（2）室内墙面、柱面和门洞口的阳角做法应符合设计要求。设计无要求时，应采用不低于 M20 水泥砂浆做护角，其高度不应低于 2m，每侧宽度不应小于 50mm。

（3）当要求抹灰层具有防水、防潮功能时，应采用防水砂浆。

（4）各种砂浆抹灰层，在凝结前应防止快干、水冲、撞击、振动和受冻，在凝结后应采取措施防止沾污和损坏。水泥砂浆抹灰层应在湿润条件下养护。

（5）外墙和顶棚的抹灰层与基层之间及各抹灰层之间应粘结牢固。

（6）冲筋根数应根据房间的宽度和高度确定。当墙面高度小于 3.5m 时，宜做立筋，两筋间距不宜大于 1.5m；墙面高度大于 3.5m 时，宜做横筋，两筋间距不宜大于 2m。

（7）不同材料基体交接处表面的抹灰，应采取防止开裂的加强措施，当采用加强网时，加强网与各基体的搭接宽度不应小于100mm。

（8）抹灰工程质量关键是保证粘结牢固，无开裂、空鼓和脱落，施工过程应注意以下内容：

1）抹灰基体表面应彻底清理干净，对于表面光滑的基体应进行毛化处理。

2）抹灰前应将基体充分浇水均匀润透，防止基体浇水不透造成抹灰砂浆中的水分很快被基体吸收，造成质量问题。

3）严格各层抹灰厚度。一般抹灰工程施工是分层进行的，以利于抹灰牢固、抹面平整和保证质量。

2. 内墙细部抹灰

（1）墙、柱间的阳角应在墙、柱抹灰前，用M20以上的水泥砂浆做护角。自地面开始，护角高度不宜小于1.8m，每侧宽度宜为50mm。

（2）窗台抹灰时，应先将窗台基层清理干净，并应将松动的砖或砌块重新补砌好，再将砖或砌块灰缝划深10mm，并浇水润湿，然后用C15细石混凝土铺实，且厚度应大于25mm。24h后，应先采用界面砂浆抹一遍，厚度应为2mm，然后再抹M20水泥砂浆面层。

（3）抹灰前应对预留孔洞和配电箱、槽、盒的位置、安装进行检查，箱、槽、盒外口应与抹灰面齐平或略低于抹灰面。应先抹底灰，抹平后，应把洞、箱、槽、盒周边杂物清除干净，用水将周边润湿，并用砂浆把洞口、箱、槽、盒周边压抹平整、光滑。再分层抹灰，抹灰后，应把洞、箱、槽、盒周边杂物清除干净，再用砂浆抹压平整、光滑。

（4）水泥踢脚（墙裙）、梁、柱等应用M20以上的水泥砂浆分层抹灰。当抹灰层需具有防水、防潮功能时，应采用防水砂浆。

3. 外墙细部抹灰

（1）在抹檐口、窗台、窗眉、阳台、雨篷、压顶和突出墙面的腰线以及装饰凸线时，应有流水坡度，下面应做滴水线（槽）不得出现倒坡。

（2）窗洞口的抹灰层应深入窗框周边的缝隙内，并应堵塞密实。

（3）做滴水线（槽）时，应先抹立面，再抹顶面，后抹底面，并应保证其流水坡度方向正确。

（4）阳台、窗台、压顶等部位应用M20以上水泥砂浆分层抹灰。

4. 混凝土顶棚抹灰

（1）混凝土顶棚抹灰前，应先将楼板表面附着的杂物清除干净，并应将基面的油污或脱模剂清除干净，凹凸处应用聚合物水泥抹灰砂浆修补平整或剔平。

（2）抹灰前，应在四周墙上弹出水平线作为控制线，先抹顶棚四周，再圈边找平。

（3）预制混凝土顶棚抹灰厚度不宜大于10mm；现浇混凝土顶棚抹灰厚度不宜大于5mm。

（4）混凝土顶棚找平、抹灰，抹灰砂浆应与基体粘结牢固，表面平顺。

9.2.4 保温层薄抹灰

1. 放线、挂线

（1）在阴角、阳角、阳台栏板和门窗洞口等部位挂垂直线或水平线等控制线。

（2）根据基层平整度误差情况，对超差部分进行处理。

2. 保温板涂界面剂

如保温板需要进行界面处理时，应在保温板上涂刷界面剂。

3. 配抹面胶浆

（1）按照比例配置，机械搅拌并搅拌均匀。

（2）一次的配置量宜在 60min 内用完，超过可操作时间后不得再用。

4. 抹底层抹面胶浆

（1）宜在保温板粘结完毕 24h，且经检查验收合格后进行，如采用乳液型界面剂，应在表干后、实干前进行。

（2）均匀涂抹于板面，厚度为 2～3mm。

5. 铺贴玻纤网

（1）抹底层抹面胶浆的同时，应将翻包玻纤网压入抹面胶浆中。

（2）玻纤网应从中央向四周铺贴，遇有搭接时，搭接宽度不得小于 100mm。

（3）在隔离带位置应加铺增强玻纤网，隔离带位于窗口顶部时，粘贴前应做翻包处理。

（4）阳角宜采用角网增强处理。

6. 抹面层抹面胶浆

（1）在底层抹面胶浆凝结前应用抹面胶浆罩面，厚度 1～2mm。

（2）抹面胶浆表面应平整，玻纤网不得外露。

（3）抹面胶浆总厚度应控制在 3～5mm。

（4）抹面胶浆施工间歇位置宜在伸缩缝、挑台等自然断开处。

9.2.5 装饰抹灰

1. 水刷石抹灰

（1）分格要符合设计要求，粘条时要顺序粘在分格线的同一侧。

（2）喷刷水刷石面层时，要正确掌握喷水时间和喷头角度。

（3）石渣使用前应冲洗干净。

（4）注意防止水刷石墙面出现石子不均匀或脱落，表面混浊不清晰。

（5）注意防止水刷石与散水、腰线等接触部位出现烂根。

（6）水刷石留槎在分格条缝或水落管后边或独立装饰部分的边缘。不得留在分格块中间部位。注意防止水刷石墙面留槎混乱，影响整体效果。

2. 外墙斩假石抹灰

（1）各抹灰层之间及抹灰层与基体之间必须粘结牢固，无脱层、空鼓和裂缝现象。

（2）斩假石所使用材料的品种、质量、颜色、图案必须符合设计和规范要求。

（3）基层要认真清理干净，表面光滑的基层应做毛化处理。抹灰前应浇水均匀湿润。

（4）分格弹线应符合设计要求，分格条凹槽深度和宽度应一致，槽底勾缝应平顺光滑，棱角应通顺、整齐，横竖缝交接应平整顺直。

（5）底层灰与基层及每层与每层之间抹灰不宜跟得太紧，各层抹完灰后要洒水养护，待达到一定强度（七八成干）时再抹上面一层灰。

（6）当面层抹灰厚度超过4cm时应增加钢筋网片，钢筋网片宜用ϕ6钢筋，间距20cm。

（7）表面要求平整，花纹清晰、整齐、颜色均匀，无缺棱掉角、脱皮、起砂现象。

（8）两种不同材料的基层，抹灰前应加钢丝网，以增加基体的整体性。

3．干粘石抹灰

（1）抹灰前基层表面应刷一道胶凝性素水泥浆，分层抹灰，每层厚度控制在5～7mm为宜。

（2）防止干粘石面层不平，表面出现坑洼，颜色不一致。防止粘石面层出现石渣不均匀和部分露灰层，防止干粘石面出现棱角不通顺和黑边现象，造成表面花感。

（3）分格条要充分浸水泡透，抹面层灰时应先抹中间，再抹分格条四周，并及时甩粘石渣，确保分格条侧面灰层未干时甩粘石渣，使其饱满、均匀、粘结牢固、分格清晰美观。

（4）抹面层灰时应先抹中间，再抹分格条四周，并及时甩粘石渣，确保分格条侧面灰层未干时甩粘石渣，使其饱满、均匀、粘结牢固、分格清晰美观。

（5）各层间抹灰不宜跟得太紧，底层灰七八成干时再抹上一层，注意抹面层灰前应将底层均匀润湿。

4．假面砖抹灰

（1）抹灰砂浆超过2h或结硬砂浆严禁使用。

（2）分层抹灰不宜抹得过厚或跟得太紧，防止出现空鼓和表层裂缝。

（3）分格线应横平竖直，划沟间距、深浅一致，墙面干净整齐，质感逼真。

（4）墙面、柱面分格应于墙面砖规格一致，假面砖模数必须符合层高及墙面宽窄要求。

（5）施工时关键是应按面砖尺寸分格划线，随后再划沟。

（6）假面砖颜色应符合设计要求，施工前先做样板，经确定按样板大面积施工。

（7）施工放线时应准确控制上、中、下所弹的水平通线，以确保水平接线平直，无错槎现象。

（8）用于冻结法砌筑的墙，室外抹灰应待其完全解冻后施工；不得采用热水冲刷冻结的墙面或用热水消除墙面的冻霜。

（9）假面砖不宜在严冬季节施工，当需要安排施工时，宜采用暖棚法施工。

9.2.6　清水砌体勾缝

（1）门窗口四周塞灰施工时要认真将灰缝塞满压实。

（2）横竖缝接槎操作时认真将缝槎接好，并反复勾压，勾完后要认真将缝清理干净，然后认真检查，发现问题及时处理。

（3）横竖缝交接处应平顺、深浅一致、无丢缝，水平缝、立缝应横平竖直。

（4）勾缝前应拉通线检查砖缝顺直情况，窄缝、瞎缝应按线进行开缝处理。

（5）施工时划缝是关键，要认真将缝划致深浅一致。

（6）勾缝前要认真检查，施工前要将窄缝、瞎缝进行开缝处理，不得遗漏。

（7）每段墙缝勾好后应及时清扫墙面，以免时间过长灰浆过硬，难以清除造成污染。

（8）一段作业面完成后，要认真检查有无漏勾，尤其注意门窗旁侧面，发现漏勾及时补勾。

9.2.7 质量检查

应符合现行国家标准《建筑装饰装修工程质量验收标准》GB 50210 的规定。抹灰工程应抹灰总厚度不小于 35mm 时的加强措施、不同材料基体交接处的加强措施两个项目进行隐蔽工程验收。

9.3 外墙防水工程

9.3.1 材料质量控制

（1）外墙防水材料应有产品合格证和出厂检验报告，材料的品种、规格、性能等应符合国家现行有关标准和设计要求；进场的防水材料应抽样复验；不合格的材料不得在工程中使用。

（2）外墙防水材料现场抽样数量和复验项目应符合表 9-1 的规定。

外墙防水材料现场抽样数量和复验项目 表 9-1

序号	材料名称	现场抽样数量	复验项目	
			外观质量	主要性能
1	普通防水砂浆	每 10m³ 为一批，不足 10m³ 按一批抽样	均匀，无凝结团状	稠度、终凝时间、拉伸粘结强度、收缩率
2	聚合物水泥防水砂浆	每 10t 为一批，不足 10t 按一批抽样	包装完好无损，标明产品名称、规格、生产日期、生产厂家、产品有效期	抗渗压力、粘结强度、抗压强度、抗折强度、收缩率
3	防水涂料	每 5t 为一批，不足 5t 按一批抽样	包装完好无损，标明产品名称、规格、生产日期、生产厂家、产品有效期	聚合物水泥防水涂料：固体含量、拉伸强度、断裂伸长率、低温柔性、粘结强度、不透水性。 聚合物乳液防水涂料：拉伸强度、断裂伸长率、低温柔性、不透水性、固体含量、干燥时间。 聚氨酯防水涂料：拉伸强度、断裂伸长率、低温弯折性、不透水性、固体含量、表干时间、实干时间
4	防水透气膜	每 3000m² 为一批，不足 3000m² 按一批抽样	包装完好无损，标明产品名称、规格、生产日期、生产厂家、产品有效期	水蒸气透过量、不透水性、最大拉力、断裂伸长率、撕裂性能、热老化率、水蒸气透过量保持率
5	密封材料	每 1t 为一批，不足 1t 按一批抽样	均匀膏状物，无结皮、凝胶或不易分散的固体团状	硅酮密封胶：垂直度、表干时间、挤出性、弹性恢复率、拉伸模量、定伸粘结性。 聚氨酯建筑密封胶：流动性、表干时间、挤出性、适用期、弹性恢复率、拉伸模量、定伸粘结性。 聚硫建筑密封胶：流动性、表干时间、拉伸模量、适用期、弹性恢复率、定伸粘结性。 丙烯酸酯建筑密封胶：下垂度、表干时间、挤出性、弹性恢复率、定伸粘结性、低温柔性

序号	材料名称	现场抽样数量	复验项目	
			外观质量	主要性能
6	耐碱玻璃纤维网布	每 3000m² 为一批，不足 3000m² 按一批抽样	均匀，无团状，平整，无褶皱	单位面积质量、耐碱断裂强力、耐碱断裂强力保留率、断裂伸长率
7	热镀锌电焊网	每 3000m² 为一批，不足 3000m² 按一批抽样	网面平整，网孔均匀，色泽基本均匀	丝径、网孔大小、焊点抗拉力、镀锌层质量

（3）防水材料必须经具备相应资质的检测单位进行抽样检验，并出具产品性能检测报告。

（4）对材料的外观、品种、规格、包装、尺寸和数量等进行检查验收，并经监理单位或建设单位代表检查确认，形成相应验收记录。

（5）对材料的质量证明文件进行检查，并经监理单位或建设单位代表检查确认，纳入工程技术档案。

（6）材料进场后应抽样检验，检验应执行见证取样送检制度，并出具材料进场检验报告。

（7）材料的物理性能检验项目全部指标达到标准规定时，即为合格；若有一项指标不符合标准规定，应在受检产品中重新取样进行该项指标复验，复验结果符合标准规定，则判定该批材料为合格。

9.3.2 工序质量控制点

1. 一般规定

（1）外墙防水层的基层找平层应平整、坚实、牢固、干净，不得酥松、起砂、起皮。

（2）每道工序完成后，应经检查合格后再进行下道工序的施工。

（3）外墙门框、窗框、伸出外墙管道、设备或预埋件等应在建筑外墙防水施工前安装完毕。

（4）块材的勾缝应连续、平直、密实，无裂缝、空鼓。

（5）外墙结构表面的油污、浮浆应清除，孔洞、缝隙应堵塞抹平；不同结构材料交接处的增强处理材料应固定牢固。

（6）外墙防水层施工前，宜先做好节点处理，再进行大面积施工。

（7）外墙防水工程完工后，应采取保护措施，不得损坏防水层。

（8）外墙防水工程严禁在雨天、雪天和五级风及其以上时施工；施工的环境气温宜为 5～35℃。施工时应采取安全防护措施。

2. 找平层施工

（1）外墙结构表面宜进行找平处理。

（2）外墙基层表面应清理干净后再进行界面处理。

（3）界面处理材料的品种和配比应符合设计要求，拌合应均匀一致，无粉团、沉淀等缺陷，涂层应均匀、不露底，并应待表面收水后再进行找平层施工。

（4）找平层砂浆的厚度超过 100mm 时，应分层压实、抹平。

3. 防水砂浆配制

（1）配合比应按照设计要求，通过试验确定。

（2）配制乳液类聚合物水泥防水砂浆前，乳液应先搅拌均匀，再按规定比例加入拌合料中搅拌均匀。

（3）干粉类聚合物水泥防水砂浆应按规定比例加水搅拌均匀。

（4）粉状防水剂配制普通防水砂浆时，应先将规定比例的水泥、砂和粉状防水剂干拌均匀，再加水搅拌均匀。

（5）液态防水剂配制普通防水砂浆时，应先将规定比例的水泥和砂干拌均匀，再加入用水稀释的液态防水剂搅拌均匀。

（6）配制好的防水砂浆宜在 1h 内用完；施工中不得加水。

4. 防水砂浆施工

（1）界面处理材料涂刷厚度应均匀、覆盖完全，收水后应及时进行砂浆防水层施工。

（2）砂浆防水层表面应密实、平整，不得有裂纹、起砂、麻面等缺陷。

（3）防水砂浆厚度大于 10mm 时，应分层施工，第二层应待前一层指触不粘时进行，各层应粘结牢固。

（4）每层宜连续施工，留茬时，应采用阶梯坡形茬，接茬部位离阴阳角不得小于 200mm；上下层接茬应错开 300mm 以上，接茬应依层次顺序操作、层层搭接紧密。

（5）喷涂施工时，喷枪的喷嘴应垂直于基面，合理调整压力、喷嘴与基面距离。

（6）涂抹时应压实、抹平；遇气泡时应挑破，保证铺抹密实。

（7）抹平、压实应在初凝前完成。

（8）窗台、窗楣和凸出墙面的腰线等部位上表面的排水坡度应准确，外口下沿的滴水线应连续、顺直。

（9）砂浆防水层分格缝的留设位置和尺寸应符合设计要求，嵌填密封材料前，应将分格缝清理干净，密封材料应嵌填密实。

（10）砂浆防水层转角宜抹成圆弧形，圆弧半径不应小于 5mm，转角抹压应顺直。

（11）门框、窗框、伸出外墙管道、预埋件等与防水层交接处应留 8～10mm 宽的凹槽，并应进行密封处理。

（12）砂浆防水层的平均厚度应符合设计要求，最小厚度不得小于设计值的 80%。

（13）雨后或持续淋水 30min 后观察检查。砂浆防水层不得有渗漏现象。

（14）砂浆防水层与基层之间及防水层各层之间应结合牢固，不得有空鼓。

（15）砂浆防水层在门窗洞口、伸出外墙管道、预埋件、分格缝及收头等部位的节点做法，应符合设计要求。

5. 涂膜防水层

（1）防水层所用防水涂料及配套材料应符合设计要求。

（2）施工前应对节点部位进行密封或增强处理。

（3）基层的干燥程度应根据涂料的品种和性能确定；防水涂料涂布前，宜涂刷基层处理剂。

（4）双组分涂料配制前，应将液体组分搅拌均匀，配料应按照规定要求进行，不得任意改变配合比；应采用机械搅拌，配制好的涂料应色泽均匀，无粉团、沉淀。

（5）每遍涂布应交替改变涂层的涂布方向，同一涂层涂布时，先后接茬宽度宜为30～50mm。

（6）涂膜防水层的甩茬部位不得污损，接茬宽度不应小于100mm。

（7）胎体增强材料应铺贴平整，不得有褶皱和胎体外露，胎体层充分浸透防水涂料；胎体的搭接宽度不应小于50mm。胎体的底层和面层涂膜厚度均不应小于0.5mm。

（8）雨后或持续淋水30min后观察检查。涂膜防水层不得有渗漏现象。

（9）涂膜防水层在门窗洞口、伸出外墙管道、预埋件及收头等部位的节点做法，应符合设计要求。

（10）涂膜防水层的平均厚度应符合设计要求，最小厚度不应小于设计值的80%。采用针测法或割取20mm×20mm实样，用卡尺测量。

（11）涂膜防水层应与基层粘结牢固，表面平整，涂刷均匀，不得有流淌、皱褶、鼓泡、露胎体和翘边等缺陷。

6. 防水透气膜防水层

（1）防水透气膜及其配套材料应符合设计要求。

（2）基层表面应干净、牢固，不得有尖锐凸起物。

（3）铺设宜从外墙底部一侧开始，沿建筑立面自下而上横向铺设，并应顺流水方向搭接。

（4）防水透气膜横向搭接宽度不得小于100mm，纵向搭接宽度不得小于150mm，相邻两幅膜的纵向搭接缝应相互错开，间距不应小于500mm，搭接缝应采用密封胶粘带覆盖密封。

（5）防水透气膜应随铺随固定，固定部位应预先粘贴小块密封胶粘带，用带塑料垫片的塑料锚栓将防水透气膜固定在基层上，固定点每平方米不得少于3处。

（6）铺设在窗洞或其他洞口处的防水透气膜，应以"I"字形裁开，并应用密封胶粘带固定在洞口内侧；与门、窗框连接处应使用配套密封胶粘带满粘密封，四角用密封材料封严。

（7）穿透防水透气膜的连接件周围应用密封胶粘带封严。

（8）雨后或持续淋水30min后观察检查，防水透气膜防水层不得有渗漏现象。

（9）防水透气膜在门窗洞口、伸出外墙管道、预埋件及收头等部位的节点做法，应符合设计要求。

（10）防水透气膜的铺贴应顺直，与基层应固定牢固，膜表面不得有皱褶、伤痕、破裂等缺陷。

（11）防水透气膜的铺贴方向应正确，纵向搭接缝应错开，搭接宽度的负偏差不应大于10mm。

（12）防水透气膜的搭接缝应粘结牢固，密封严密；收头应与基层粘结并固定牢固，缝口应封严，不得有翘边现象。

9.3.3 质量检查

相关质量检查应符合现行国家标准《建筑装饰装修工程质量验收标准》GB 50210 的规定。外墙防水工程应对下列隐蔽工程项目进行验收：

（1）外墙不同结构材料交接处的增强处理措施的节点。

（2）防水层在变形缝、门窗洞口、穿外墙管道、预埋件及收头等部位的节点。

（3）防水层的搭接宽度及附加层。

9.4 门窗工程

9.4.1 材料质量控制

1. 门窗质量

（1）门窗工程应对下列材料及其性能指标进行复验：

1）人造木板门的甲醛释放量。

2）建筑外窗的气密性能、水密性能和抗风压性能。

（2）门窗的外观、外形尺寸、装配质量、力学性能应符合国家现行标准的有关规定，塑料门窗中的竖框、中横框或拼樘料等主要受力杆件中的增强型钢，应在产品说明中注明规格、尺寸。门窗表面不应有影响外观质量的缺陷。

（3）木门窗的品种、类型、规格、尺寸、开启方向、安装位置、连接方式及性能应符合设计要求及国家现行标准的有关规定。木门窗采用的木材，其含水率应符合国家现行标准的有关规定。

在木门窗的结合处和安装五金配件处，均不得有木节或已填补的木节。

（4）金属门窗的品种、类型、规格、尺寸、性能、开启方向、安装位置、连接方式及门窗的型材壁厚应符合设计要求及国家现行标准的有关规定。金属门窗的防雷、防腐处理及填嵌、密封处理应符合设计要求。

（5）塑料门窗的品种、类型、规格、尺寸、性能、开启方向、安装位置、连接方式和填嵌密封处理应符合设计要求及国家现行标准的有关规定，内衬增强型钢的壁厚及设置应符合现行国家标准《建筑用塑料门》GB/T 28886 和《建筑用塑料窗》GB/T 28887 的规定。

（6）塑料门窗组合窗及连窗门的拼樘应采用与其内腔紧密吻合的增强型钢作为内衬，型钢两端比拼樘料长出 10～15mm。外窗的拼樘料截面积尺寸及型钢形状、壁厚，应能使组合窗承受本地区的瞬间风压值。

（7）特种门的品种、类型、规格、尺寸、开启方向、安装位置和防腐处理应符合设计要求及国家现行标准的有关规定。

（8）玻璃的层数、品种、规格、尺寸、色彩、图案和涂膜朝向应符合设计要求。

2. 门窗检验

（1）门窗产品的进场检验应由建设单位或其委托的监理单位组织门窗生产单位和门窗安

装单位等实施。

（2）门窗产品进场时，建设单位或其委托的监理单位应对门窗产品生产单位提供的产品合格证书、检验报告和型式检验报告进行核查，对于提供建筑门窗节能性能标识证书的，应对其进行核查。

（3）门窗产品的进场检验应包括门窗与型材、玻璃、密封材料、五金件及其他配件、门窗产品物理性能和有害物质含量等。

3．其他材料

（1）金属门窗选用的零附件及固定件，除不锈钢外均应经防腐蚀处理。

（2）五金配件：合页、执手、锁扣、插销等应满足设计要求，并提供产品合格证。

（3）密封材料：密封胶与各种接触材料的相容性应进行见证取样检测。未使用的密封材料产品，应对照设计要求和检验报告检查其品种、规格，也可进行见证取样检测其性能指标。

已用于门窗产品的密封材料，应检查其品种、类型、外观、宽度和厚度等。密封胶应观察检查表面光滑、饱满、平整、密实、缝隙、裂缝状况等。

（4）填缝材料：应满足设计要求，并提供产品合格证。

（5）锚固件、胶粘剂、木材防腐剂、防虫剂等应满足设计要求，并提供产品合格证。

9.4.2　木门窗安装

（1）门窗安装前，应对门窗洞口尺寸及相邻洞口的位置偏差进行检验。同一类型和规格外门窗洞口垂直、水平方向的位置应对齐。

（2）立框时掌握好抹灰层厚度，确保有贴脸的门窗框安装后与抹灰面平齐。

（3）安装门窗框时，必须先测量洞口尺寸，计算并调整缝隙宽度，避免门窗框与门窗洞之间的缝隙过大或过小。

（4）木门窗与砖石砌体、混凝土或抹灰层接触处应进行防腐处理，埋入砌体或混凝土中的木砖应进行防腐处理。

（5）建筑外门窗安装必须牢固。在砌体上安装门窗严禁采用射钉固定。

（6）木门窗的安装必须牢固，木门窗框固定点的数量、位置及固定方法应符合设计要求。

（7）后塞门窗框时需注意水平线要直，多层建筑的门窗在墙中的位置，应在一直线上。安装时，横竖均拉通线。当门窗框的一面需镶贴脸板，则门窗框应凸出墙面，凸出的厚度等于抹灰层的厚度。

（8）内开门窗，靠内墙面立框。外开门窗在墙厚的中间或靠外墙面立框。当框靠墙面抹灰层时，内（外）开门窗框应凸出内（外）墙面，其凸出尺寸略大于抹灰层或装饰层的厚度。

（9）木门窗与墙体间缝隙的填嵌材料应符合设计要求，填嵌应饱满。寒冷地区外门窗（或门窗框）与砌体间的空隙应填充保温材料。

（10）木门窗批水、盖口条、压缝条、密封条的安装应顺直，与门窗结合应牢固、严密。

（11）框与墙体的缝隙，按照设计要求材料嵌缝。宜采用罐装聚氨酯填缝剂挤注填缝。

9.4.3 金属门窗安装

1. 钢门窗

（1）金属门窗安装应采用预留洞口的方法施工，不得采用边安装边砌口或先安装后砌口的方法施工。

（2）当金属窗或塑料窗为组合窗时，其拼樘料的尺寸、规格、壁厚应符合设计要求。

（3）检查钢筋混凝土过梁上连接固定钢门窗的预埋铁件预埋、位置是否正确，对于预埋和位置不准的部位，按钢门窗安装要求补装齐全。

（4）检查埋置钢门窗铁脚的预留孔洞是否正确，门窗洞口的高、宽尺寸是否合适。未留或留的不准的孔洞应校正后剔凿好，并将其清理干净。

（5）安装前检查金属门窗外观质量，对变形、脱焊、翘曲的钢门窗扇进行校正和修理；对劈棱窜角、翘曲不平、偏差超标、表面损伤、变形及松动、外观色差较大的铝合金门窗经处理或更换、验收合格后方可安装。

（6）对组合钢门窗，应先做试拼样板，经有关部门鉴定合格后，再大量组装。

（7）钢门窗框和副框的安装必须牢固，预埋件的数量、位置、埋设方式与框的连接方式必须符合设计要求，并进行预埋件和锚固件安装的隐蔽工程验收。

（8）门窗扇必须安装牢固，并应开关灵活、关闭严密，无倒翘；推拉门窗扇必须有防脱落措施。

（9）门窗配件的型号、规格、数量应符合设计要求，安装应牢固，位置应正确，功能应满足使用要求。

（10）安装完毕的钢门窗严禁安放脚手架或悬吊重物。

（11）安装完毕的门窗洞口不能再用做施工运料通道。如必须使用时，应采取可靠的防护措施。

2. 铝合金门窗

（1）检查门窗洞口尺寸及标高是否符合设计要求。有预埋件的门窗口还应检查预埋件的数量、位置及埋设方法是否符合设计要求。

（2）检查铝合金门窗，如有劈棱窜角、翘曲不平、偏差超标、表面损伤、变形及松动、外观色差较大者，应与有关人员协商解决，经处理，验收合格后才能安装。

（3）铝合金门窗安装固定后，应先进行隐蔽工程验收，合格后及时按设计要求处理门窗框与墙体之间的缝隙。如果设计未要求时，可采用弹性保温材料或玻璃棉毡条分层填塞缝隙，外表面留 5～8mm 深槽口填嵌嵌缝油膏或密封胶。

（4）门窗框四周外表面的防腐处理设计有要求时，按设计要求处理。如果设计没有要求时，可涂刷防腐涂料或粘贴塑料薄膜进行保护，以免水泥砂浆直接与铝合金门窗表面接触，产生电化学反应，腐蚀铝合金门窗。

（5）安装铝合金门窗时，如果采用连接铁件固定，则连接铁件，固定件等安装用金属零件最好用不锈钢件。否则必须进行防腐处理，以免产生电化学反应，腐蚀铝合金门窗。

（6）根据划好的门窗定位线，安装铝合金门窗框，并及时调整好门窗框的水平、垂直及对角线长度等符合质量标准，然后用木楔临时固定。

（7）铝合金门窗装入洞口临时固定后，应检查四周边框和中间框架是否用规定的保护胶纸和塑料薄膜封贴包扎好，再进行门窗框与墙体之间缝隙的填嵌和洞口墙体表面装饰施工，以防止水泥砂浆、灰水、喷涂材料等污染损坏铝合金门窗表面。在室内外湿作业未完成前，不能破坏门窗表面的保护材料。

（8）推拉门窗扇必须牢固，必须安装防脱落装置。

（9）严禁在安装好的铝合金门窗上安放脚手架，悬挂重物。经常出入的门洞口，应及时保护好门框，严禁施工人员踩踏铝合金门窗，严禁施工人员碰擦铝合金门窗。

3. 铝塑复合门窗

（1）门窗构件可视面应表面平整，不应有明显的色差、凹凸不平、严重的划伤、擦伤、碰伤等缺陷，不应有铝屑、毛刺、油污或其他污迹。连接处不应有外溢的胶粘剂。

（2）门窗框、门窗扇对角线之差不应大于 3.0mm。

（3）门窗框、门窗扇相邻构件装配间隙不应大于 0.5mm；相邻两构件的同一平面高低差不应大于 0.6mm。

（4）平开门窗、平开下悬门窗关闭时，门窗框、扇四周的配合间隙为 3.5～5mm，允许偏差 ±1.0mm。

（5）平开门窗、平开下悬门窗关闭时，窗扇与窗框搭接量允许偏差 ±1.0mm，门扇与门框搭接量允许偏差 ±2.0mm。搭接量的实测值不应小于 3mm。

（6）主要受力杆件的塑料型材腔体中应放置增强型钢，用于固定每根增强型钢的紧固件不得少于三个，其间距不应大于 300mm，距型材端头内角距离不应大于 100mm。固定后的增强型钢不得松动。

（7）门、窗应有排水措施。框梃、框组角、扇组角连接处的四周缝隙应有密封措施。

（8）密封条装配后应均匀、牢固，接口严密，无脱槽、收缩、虚压等现象。

（9）压条装配后应牢固。压条角部对接处的间隙不应大于 1mm。

4. 塑钢门窗

（1）塑钢门窗的品种、类型、规格、尺寸、开启方向、安装位置、连接方式及填嵌密封处理应符合设计要求。

（2）塑钢门窗框、副框和扇的安装必须牢固。固定片或膨胀螺栓的数量与位置应正确，连接方式应符合设计要求。固定点应距窗角、中横框、中竖框 150～200mm，固定点间距应不大于 600mm。

（3）塑钢门窗拼樘料内衬增强型钢的规格、壁厚必须符合设计要求，其老化性能应达到 S 类的技术指标要求。型钢应与型材内腔紧密吻合，其两端必须与洞口固定牢固。窗框必须与拼樘连接紧密，固定点间距应不大于 600mm。

（4）塑钢门窗扇应开关灵活、关闭严密，无倒翘；推拉门窗扇必须有防脱落措施。

（5）塑钢门窗配件的型号、规格、数量应符合设计要求，安装应牢固，位置应正确，功能应满足使用要求。

（6）塑钢门窗框与墙体间缝隙应采用闭孔弹性材料填嵌饱满，表面应采用密封胶密封。密封胶应粘结牢固，表面应光滑、顺直，无裂纹。

（7）塑钢门窗表面应洁净、平整、光滑，大面无划痕、碰伤。

（8）塑钢门窗扇的密封条不得脱槽；旋转窗间隙应基本均匀。

（9）玻璃密封条与玻璃及玻璃槽口的连缝应平整，不得卷边、脱槽。

（10）排水孔应畅通，位置和数量应符合设计要求。

5．彩板门窗

（1）金属门窗的品种、类型、规格、尺寸、性能、开启方向、安装位置、连接方式及铝合金门窗的型材壁厚应符合设计要求。金属门窗的防腐处理及填嵌、密封处理应符合设计要求。

（2）金属门窗框和副框的安装必须牢固。预埋件的数量、位置、埋设方式、与框的连接方式必须符合设计要求。

（3）金属门窗扇必须安装牢固，并应开关灵活、关闭严密，无倒翘；推拉门窗扇必须有防脱落措施。

（4）金属门窗配件的型号、规格、数量应符合设计要求，安装应牢固，位置应正确，功能应满足使用要求。

（5）彩板门窗表面应洁净、平整、光滑、色泽一致，无锈蚀。大面应无划痕、碰伤。漆膜或保护层应连续。

（6）彩板门窗框与墙体之间的缝隙应填嵌饱满，并采用密封胶密封。密封胶表面应光滑、顺直，无裂纹。

（7）彩板门窗窗扇的橡胶密封条或毛毡密封条应安装完好，不得脱槽。

（8）有排水孔的彩板门窗，排水孔应畅通，位置和数量应符合设计要求。

9.4.4　塑料门窗安装

（1）金属门窗和塑料门窗安装应采用预留洞口的方法施工，不得采用边安装边砌口或先安装后砌口的方法施工。

（2）塑料门窗应采用固定片法安装。对于旧窗改造或构造尺寸较小的窗型，可采用直接固定法进行安装，窗下框应采用固定片法安装。

（3）根据设计要求，可在门、窗框安装前预先安装附框。附框或门窗与墙体固定时，应先固定上框，后固定边框。固定片形状应预先弯曲至贴近洞口固定面，不得直接锤打固定片使其弯曲。

附框安装后应用水泥砂浆将洞口抹至与附框内表面平齐。附框与门、窗框间应预留伸缩缝，门、窗框与附框的连接应采用直接固定法，但不得直接在窗框排水槽内进行钻孔。

（4）塑料门窗安装时，必须按施工操作工艺进行。施工前一定要划线定位，使塑料门窗上下顺直，左右标高一致。

（5）安装时要使塑料门窗垂直方正，对有劈棱窜角、掉角、翘曲不平的门窗扇必须及时调整。

（6）门窗框扇上若粘有水泥砂浆，应在其硬化前用湿布擦干净，不得用硬质材料铲刮窗框扇表面。

（7）塑料门窗材质较脆，安装时严禁直接锤击钉钉，必须先钻孔，再用自攻螺钉拧入。

（8）窗框与洞口之间的伸缩缝内应采用聚氨酯发泡胶填充，发泡胶填充应均匀、密实。

（9）门、窗洞口内外侧与门、窗框之间缝隙的处理应在聚氨酯发泡胶固化后进行，对于普通门窗工程，可在其洞口内外侧与窗框之间均应采用普通水泥砂浆填实抹平。

（10）推拉门窗扇必须有防脱落装置。

（11）安装滑撑时，紧固螺钉必须使用不锈钢材质，并应与框扇增强型钢或内衬局部加强钢板可靠连接。螺钉与框扇连接处应进行防水密封处理。

（12）安装门锁与执手等五金配件时，应将螺钉固定在内衬增强型钢或内衬局部加强钢板上。五金件应齐全，位置应正确，安装应牢固，使用应灵活，达到各自的使用功能。

9.4.5 特种门安装

1. 全玻门

（1）门框横梁上的固定玻璃的限位槽应宽窄一致，纵向顺直。一般限位槽宽度大于玻璃厚度 2～4mm，槽深 10～20mm，以便安装玻璃板时顺利插入，在玻璃两边注入密封胶，把固定玻璃安装牢固。

（2）在木底托上钉固定玻璃板的木条板时，应在距玻璃 4mm 的地方，以便饰面板能包住木板条的内侧，便于注入密封胶，确保外观大方，内在牢固。

（3）活动门扇没有门扇框，门扇的开闭是由地弹簧和门框上的定位销实现的，地弹簧和定位销是与门扇的上下横档铰接的。因此地弹簧与定位销和门扇横档一定要铰接好，并确保地弹簧转轴与定位销中心线在同一条垂线上，以便于玻璃门扇开关自如。

（4）玻璃门倒角或裁割玻璃应在加工厂内进行。

2. 自动门

（1）准确测量室内、外地坪标高。按设计图纸规定尺寸复核土建施工预埋件等的位置。

（2）墙壁、钢支架必须平整，两边高度须用水准仪测定，保持水平，轨道安装螺栓应锁紧，间距不得超过 400mm。

（3）先安装固定门体，再安装活动门体，两门体高度应一致，两门体重叠时的间隙为 7～10mm。

（4）安装止摆器，将门推至与固定门对齐再上好皮带与止动板。

（5）安装电动部件前先将导轨清理干净，再将马达、微电脑控制器、尾轮、变压器分别装在轨道固定槽内并调整到适当位置，拧紧固定螺栓。

（6）门禁配线安装：按设计要求配线。

（7）将门禁电气通过配线连接到自动门微型电脑控制器上。

（8）检查所有线路是否连接正确，所有部件是位置是否正确，轨道是否清理干净。

（9）接通电源，调整门禁电气和自动门微型电脑控制器，使其达到最佳工作状态。封上自动门主机机盖，再做一次总体测试。

3. 旋转门

（1）根据图纸结合旋转门的实际尺寸，以建筑轴线为准，找出门中心位置，并在中心位置弹好十字控制线。

（2）安装支架时，应根据门的左右、前后位置尺寸，将支架与顶板的预埋件固定，并使其水平。

（3）装轴定位时，先安装转轴，固定底座，底座下面必须垫实，防止因下沉影响门扇转动。然后临时点焊上轴承座，并使转轴垂直于地面。底座与上部轴承中心必须在同一垂直线上。检查符合要求后，先将上部轴承座焊牢，再用混凝土固定底座。

（4）安装门顶与转壁时，先安装上圆门顶，再安装转壁，转壁做临时固定，以便调整其与门扇的间隙。

（5）安装门扇时，四扇门扇应保持夹角90°，三扇门扇应保持夹角120°，且上下要留出一定宽度的间隙。安装门扇时，按组装说明顺序组装，并吊直找正。组装时，所有可调整部件的螺钉均拧紧至80%，其他螺钉紧固牢固，以便调试。门扇安装后利用调整螺钉适当调整转壁与门扇之间的间隙，并用尼龙毛条密封。

（6）门体全部组装完毕后，进行手动旋转，调整各部件，使门体达到旋转平稳、力度均匀、缝隙一致、无卡阻、无噪声后，将所有螺钉逐个紧固。紧固完后再进行试转至满足要求。

（7）安装控制系统时，按照组装图要求的位置、尺寸，将控制器安装到主控制箱内，把动作感应器安装在旋转门进、出口的门框上槛或吊顶内，在门入口的立框上安装防挤压感应器，在门扇的顶部安装红外线防碰撞感应器。各控制器件安装就位后，固定牢固。

（8）控制系统安装完成，检查各个接线，准确无误后，进行通电试运行，并按产品说明进行调试。

9.4.6　门窗玻璃安装

（1）钢门窗在安装玻璃前，要求认真检查是否有扭曲变形等情况，应修整和挑选后，再进行玻璃安装。

（2）玻璃安装前，应按照设计要求的尺寸及结合实测尺寸，预先集中裁制，并按不同规格和安装顺序码放在安全地方待用。

（3）安装玻璃时，使玻璃在框口内准确就位，玻璃安装在凹槽内，内外侧间隙应相等，间隙宽度一般在2～5mm。

（4）玻璃应平整，安装牢固，不得有松动现象，内外表面均应洁净，玻璃的层数、品种及规格应符合设计要求。

（5）单片镀膜玻璃的镀膜层及磨砂玻璃的磨砂层应朝向室内；镀膜中空玻璃的镀膜层应朝向中空气体层。

（6）安装好的玻璃不得直接接触型材，应在玻璃四边垫上不同作用的垫块，中空玻璃的垫块宽度应与中空玻璃的厚度相匹配。

（7）竖框（扇）上的垫块，应用胶固定。

（8）当安装玻璃密封条时，密封条应比压条略长，密封条与玻璃及玻璃槽口的接触应平整，不得卷边、脱槽，密封条断口接缝应粘结。

（9）玻璃装入框、扇后，应用玻璃压条将其固定，玻璃压条必须与玻璃全部贴紧，压条与型材的接缝处应无明显缝隙，压条角部对接缝隙应小于1mm，不得在一边使用2根（含2根）以上压条，且压条应在室内侧。

9.4.7 质量检查

应符合现行国家标准《建筑装饰装修工程质量验收标准》GB 50210 的规定。门窗工程应对下列隐蔽工程项目进行验收：

（1）预埋件和锚固件。

（2）隐蔽部位的防腐和填嵌处理。

（3）高层金属窗防雷连接节点。

9.5 吊顶工程

9.5.1 材料质量控制

（1）吊顶工程所用材料的品种、规格和颜色应符合设计要求。饰面板、金属龙骨应有产品合格证书。木吊杆、木龙骨的含水率应符合国家现行标准的有关规定。

（2）饰面板表面应平整、边缘应整齐、颜色应一致。穿孔板的孔距应排列整齐；胶合板、木质纤维板、大芯板不应脱胶、变色。

（3）防火涂料应有产品合格证书及使用说明书。

（4）材料进场应有产品合格证书、说明书及相关性能的检测报告，并应对进场材料的品种、规格、外观、尺寸、包装等进行验收。

（5）所用材料应符合国家有关建筑装饰装修材料有害物质限量标准的规定。

（6）吊顶工程应对人造木板的甲醛释放量进行复验。

（7）吊顶材料及制品的燃烧性能等级不应低于 B_1 级。柔性有机堵料和防火密封胶的燃烧性能不低于现行国家标准规范的规定；泡沫封堵材料的燃烧性能应满足平均燃烧时间不大于 30s，平均燃烧高度不大于 250mm。

（8）吊顶内填充材料岩棉、矿渣棉，树脂分布均匀，表面平整，不得有妨碍使用的伤痕、污迹、破损；若存在外覆层，外覆层与基材的粘结应平整牢固。

（9）吊顶工程中的预埋件、钢筋吊杆和型钢吊杆应进行防锈处理。

9.5.2 整体面层吊顶

1. 一般规定

（1）安装龙骨前，应按设计要求对房间净高、洞口标高和吊顶内管道、设备及其支架的标高进行交接检验。

（2）吊顶工程的木龙骨（含木吊杆）和木面板应进行防火处理，并应符合有关设计防火标准的规定。

（3）吊顶工程中的埋件、钢筋吊杆和型钢吊杆应进行防腐处理。

（4）安装面板前应完成吊顶内管道和设备的调试及验收。

（5）吊杆距主龙骨端部距离不得大于 300mm。当吊杆长度大于 1500mm 时，应设置反支撑。当吊杆与设备相遇时，应调整并增设吊杆或采用型钢支架。

（6）重型设备和有振动荷载的设备严禁安装在吊顶工程的龙骨上。

（7）吊顶埋件与吊杆的连接、吊杆与龙骨的连接、龙骨与面板的连接应安全可靠。

（8）吊杆上部为网架、钢屋架或吊杆长度大于2500mm时，应设有钢结构转换层。

（9）大面积或狭长形吊顶面层的伸缩缝及分格缝应符合设计要求。

（10）安装饰面板前应完成吊顶内管道和设备的调试及验收。

2. 吊顶定位

吊顶高度定位时应以室内标高基准线为准。根据施工图纸，在房间四周围护结构上标出吊顶标高线，确定吊顶高度位置。龙骨基准线高低误差应为0～2mm。弹线应清晰，位置准确。

3. 龙骨安装

（1）边龙骨应安装在房间四周围护结构上，下边缘应与标准线平齐，选用膨胀螺栓等固定，间距不宜大于500mm，端头不宜大于50mm。

（2）吊顶工程应根据施工图纸，在室内顶部结构下确定主龙骨吊点间距及位置。主龙骨端头吊点距主龙骨边端不应大于300mm，端排吊点距侧墙间距不应大于200mm。吊点横、纵方向均应在直线上，当不能避开灯具、设备及管道时，应调整吊点位置或增加吊点或采用钢结构转换层。

（3）主龙骨与吊件应连接紧固。主龙骨加长时，应采用接长件接长。主龙骨安装完毕后，应调节吊件高度，调平主龙骨。

（4）主龙骨中间部分应按设计要求适当起拱，一般房间面积不大于50m² 时，起拱高度应为房间短向跨度的1‰～3‰；房间面积大于50m² 时，起拱高度应为房间短向跨度的3‰～5‰。

（5）面积大于300m² 以上的吊顶工程，宜每隔12m 在主龙骨上部垂直方向增加一道横卧主龙骨连接固定。采用焊接方式固定时，焊接点处应做防腐处理。

（6）次龙骨应紧贴主龙骨，垂直方向安装。当采用专用挂件连接时，每个连接点的挂件应双向互扣成对或相邻的挂件采用相向安装。次龙骨加长时，应采用连接件接长。次龙骨垂直相接应用挂插件连接。次龙骨的安装方向应与石膏板长向相垂直。

（7）次龙骨间距应准确、均衡，按石膏板模数确定，应保证石膏板两端固定于次龙骨上。石膏板长边接缝处应增加横撑龙骨，横撑龙骨应用挂插件与通长次龙骨固定。

穿孔石膏板的次龙骨和横撑龙骨间距应根据孔型的模数确定。安装次龙骨及横撑龙骨时应检查设备开洞、检修孔及人孔的位置。

（8）次龙骨、横撑龙骨安装完毕后应保证底面与次龙骨下皮标准线齐平。

（9）石膏板上开洞口的四边，应有次龙骨或横撑龙骨作为附加龙骨。

（10）全面校正吊杆和龙骨的间距、位置、垂直度及水平度，符合设计要求后应将所有吊挂件、连接件拧紧夹牢。

4. 吊杆及吊件的安装

（1）吊杆长度应根据吊顶设计高度确定。应根据不同的吊顶系统构造类型，确定吊装形式，选择吊杆类型。吊杆应通直并满足承载要求。吊杆接长时，应搭接焊牢，焊缝饱满。搭接长度：单面焊为10d，双面焊为5d。全牙吊杆接长时，可采用焊接也可以采用专用连接件连接。

（2）吊杆与室内顶部结构的连接应牢固、安全；吊杆应与结构中的预埋件焊接或与后置紧固件连接。

（3）吊顶工程应根据主龙骨规格型号选择配套吊件；吊件与吊杆应安装牢固，并按吊顶高度调整位置，吊件应相邻对向安装。

5．面板安装

（1）面板安装前，应进行吊顶内隐蔽工程验收，并应在所有项目验收合格且建筑外围护封闭完成后方可进行面板安装施工。

例如：灯盘和灯槽、空调出风口、消防烟雾报警器和喷淋头等。这些设备与顶面的关系要协调处理得当，总的要求是不破坏吊顶结构，不破坏顶面的完整性，与吊顶面衔接平整，交接处应严密。

此外，自动喷淋头、烟感器必须安装在吊顶平面上。自动喷淋头须通过吊顶平面与自动喷淋系统的水管相接，故在拉吊顶标高线时应检查消防设备安装情况，以免在安装中出现水管伸出吊顶面、水管预留过短使得自动喷淋头不能在吊顶面与水管连接或是喷淋头边上有遮挡物等情况。

（2）面板类型的选择应按照设计施工图要求进行。面板安装时，正面朝外，面板长边与次龙骨垂直方向铺设。穿孔石膏板背面应有背覆材料，需要施工现场贴覆时，应在穿孔板背面施胶，不得在背覆材料上施胶。

（3）面板的安装固定应先从板的中间开始，然后向板的两端和周边延伸，不应多点同时施工。相邻的板材应错缝安装。穿孔石膏板的固定应从房间的中心开始，固定穿孔板时应先从板的一角开始，向板的两端和周边延伸，不应多点同时施工。穿孔板的孔洞应对齐，无规则孔洞除外。

（4）面板应在自由状态下用自攻枪及高强自攻螺钉与次龙骨、横撑龙骨固定。

（5）自攻螺钉间距和自攻螺钉与板边距离应符合下列规定：纸面石膏板四周自攻螺钉间距不应大于200mm；板中沿次龙骨或横撑龙骨方向自攻螺钉间距不应大于300mm；螺钉距板面纸包封的板边宜为10～15mm；螺钉距板面切割的板边应为15～20mm。穿孔石膏板、石膏板、硅酸钙板、水泥纤维板自攻钉钉距和自攻钉到板边距离应按设计要求。

（6）自攻螺钉应一次性钉入轻钢龙骨并应与板面垂直，螺钉帽宜沉入板面0.5～1.0mm，但不应使纸面石膏板的纸面破损暴露石膏。弯曲、变形的螺钉应剔除，并在相隔50mm的部位另行安装自攻螺钉。固定穿孔石膏板的自攻钉不得打在穿孔的孔洞上。

（7）面板的安装不应采用用电钻等工具先打孔后安装螺钉的施工方法。当选用穿孔纸面石膏板作为面板，可先打孔作为定位，但打孔直径不应大于安装螺钉直径的一半。

（8）当设计要求吊顶内添加岩棉或玻璃棉时，应边固定面板，边添加。按照要求码放，与板贴实，不应架空，材料之间的接口应严密；吸声材料应保证干燥。

（9）设备洞口应根据施工图要求开设。开孔应用开孔器。

6．面板装饰

（1）自攻螺钉帽沉入板面后应进行防锈处理并用石膏腻子刮平。

（2）板与板接缝处应刮嵌缝材料、贴接缝带、刮腻子后砂纸打平，应用与不同饰面材料配套的界面处理剂对板面进行基层处理。拌制石膏腻子，应用清洁水和清洁容器。纸面石膏板应进行嵌缝施工。

（3）饰面施工应按设计要求及不同装饰材料的施工工艺进行。

（4）吊顶跌级阳角处，应先做金属护角或采用其他加固措施后进行饰面装饰。

（5）穿孔石膏板应对接缝处和钉帽处进行处理，处理方式应符合设计要求。不得板面满批腻子。穿孔石膏板饰面应采用辊涂、刷涂或无气喷涂。

7. 双层纸面石膏板的施工

（1）基层纸面石膏板的板缝宜采用嵌缝材料找平，自攻螺钉的间距应符合设计要求。

（2）面层纸面石膏板的板缝应与基层板的板缝错开，且石膏板的长短边应各错开不小于一根龙骨的间距。

（3）面层纸面石膏板短边方向的加长自攻螺钉应一次性钉入轻钢龙骨，间距宜为200mm，且自攻螺钉的位置应与上层板上自攻螺钉的位置错开。板缝应做嵌缝处理。

（4）两层石膏板间宜满刷白乳胶粘贴。

8. 纸面石膏板的嵌缝处理

（1）纸面石膏板的嵌缝应选用配套的与石膏板相互粘贴的嵌缝材料。

（2）相邻两块纸面石膏板的端头接缝坡口应自然靠紧。在接缝两边涂抹嵌缝膏作基层，将嵌缝膏抹平。

（3）纸面石膏板的嵌缝应刮平粘贴接缝带，再用嵌缝膏覆盖，并应与石膏板面齐平。第一层嵌缝膏涂抹宽度宜为100mm。

（4）第一层嵌缝膏凝固并彻底干燥后，应在表面涂抹第二层嵌缝膏。第二层嵌缝膏宜比第一层两边各宽50mm，宽度不宜小于200mm。

（5）第二层嵌缝膏凝固并彻底干燥后，应在表面涂抹第三层嵌缝膏。第三层嵌缝膏宜比第二层嵌缝膏各宽50mm，宽度不宜小于300mm。待彻底干燥后磨平。

（6）不是楔形板边的纸面石膏板拼接时，板头应切坡形口，嵌缝腻子面层宽度不宜小于200mm。

（7）复合矿棉板的接缝与石膏板基底材料的接缝不应重叠。

（8）穿孔石膏板的接缝不应将孔洞遮盖住，相邻板缝孔洞距离小于接缝带宽度时宜采用无接缝带接缝技术，接缝宽度不应影响装饰效果和吸声的需要。

9. 吊顶的伸缩缝施工

（1）吊顶的伸缩缝应符合设计要求。当设计未明确且吊顶面积大于100m² 或长度方向大于15m时，宜设置伸缩缝。

（2）吊顶伸缩缝的两侧应设置通长次龙骨。

（3）伸缩缝的上部应采用超细玻璃棉等不燃材料将龙骨间的间隙填满。

9.5.3 矿棉板类板块面层吊顶工程

1. 一般规定

参见本书 9.5.2 节中相关内容。

2. 吊顶定位

吊顶高度定位时应以室内标高基准线为准。根据施工图纸，在房间四周围护结构上标出吊顶标高线，明龙骨以 T 形龙骨等底为标高线，作为后续吊顶龙骨调平的基准线。基准线高低误差应为 0～2mm。弹线应清晰，位置准确。

3. 龙骨安装

（1）边龙骨的安装，参见本书 9.5.2 节中相关内容。

（2）吊顶工程应根据施工图纸，在室内顶部结构下确定主龙骨吊点间距及位置。当选用 U 形或 C 形龙骨作为主龙骨时，端吊点距主龙骨顶端不应大于 300mm，端排吊点距侧墙间距不应大于 150mm。当选用 T 形龙骨作为主龙骨时，端吊点距主龙骨顶端不应大于 150mm，端排吊点距侧墙间距不应大于一块面板宽度。吊点横纵应在直线上，当不能避开灯具、设备及管道时，应调整吊点位置或增加吊点或采用钢结构转换层。

（3）主龙骨与吊件应连接紧固。当选用的主龙骨加长时，应采用接长件连接。主龙骨安装完毕后，调节吊件高度，调平主龙骨。当选用钢丝吊杆时，应在钢丝吊杆绷紧后调平主龙骨。

（4）主龙骨中间部分应适当起拱，起拱高度应符合设计要求。

（5）当选用 U 形或 C 形主龙骨时，次龙骨应紧贴主龙骨，垂直方向安装，采用挂件连接并应错位安装，T 形横撑龙骨垂直于 T 形次龙骨方向安装。当选用 T 形主龙骨时，次龙骨与主龙骨同标高，垂直方向安装，次龙骨之间应平行，相交龙骨应呈直角。

（6）龙骨间距应准确、均衡，T 形龙骨按矿棉板等面板模数确定，保证面板四边放置于 T 形龙骨或 L 形龙骨上。

（7）吊杆和龙骨的间距位置及水平度应全面校正，符合设计要求后将所有吊挂件、连接件拧紧夹牢。

4. 吊杆及吊件的安装

（1）吊杆长度应根据吊顶设计高度确定。根据不同的吊顶系统构造类型，确定吊装形式，选择吊杆类型。吊杆应通直并满足承载要求。吊杆接长时，应搭接焊牢，焊缝饱满。搭接长度：单面焊为 10d，双面焊为 5d（d 为吊杆直径）。

全牙吊杆接长时，可以焊接，也可以采用专用连接件连接。钢丝吊杆与顶板预埋件或后置紧固件应采用直接缠绕方式，钢丝穿过埋件吊孔在 75mm 高度内应绕其自身紧密缠绕三整圈以上。钢丝吊杆中间不应断接。

（2）吊杆与室内顶部结构的连接应牢固、安全。吊杆应与结构中的预埋件焊接或与后置紧固件连接。

（3）吊顶工程应根据主龙骨规格型号选择配套吊件。吊件与吊杆应安装牢固，按吊顶高度调整位置，吊件应相邻对向安装。当选用钢丝吊杆时，钢丝下端与 T 形主龙骨的连接应采用直接缠绕方式。钢丝穿过 T 形主龙骨的吊孔后 75mm 的高度内应绕其自身紧密缠绕三整圈以上。钢丝吊杆遇障碍物而无法垂直安装时，可在 1:6 的斜度范围内调整，或采用对称斜拉法。

5. 面板的安装

（1）面板安装前，应进行吊顶内隐蔽工程验收，所有项目验收合格后才能进行面板的安装施工。

（2）面板的安装应按规格、颜色、花饰、图案等进行分类选配、预先排板，保证花饰、图案的整体性。

（3）面板应置放于 T 形龙骨上并应防止污物污染板面。面板需要切割时应用专用工具切割。

（4）吸声板上不宜放置其他材料。面板与龙骨嵌装时，应防止相互挤压过紧引起变形或脱挂。

（5）设备洞口应根据设计要求开孔。开孔应用开孔器。开洞处背面宜加硬质背衬。

6. 纸面石膏板上平贴矿物棉板

（1）石膏板上放线位置应符合选用的矿物棉板的规格尺寸。

（2）矿物棉板的背面和企口处的涂胶应均匀、饱满。

（3）固定矿物棉板时应按划线位置用气钉枪钉实、贴平，板缝应顺直。

（4）矿物棉板在安装时应保持矿棉板背面所示箭头方向一致。

9.5.4 全开启板块面层吊顶系统的吊顶工程

1. 一般规定
参见本书 9.5.2 节中相关内容。

2. 吊顶定位
吊顶高度定位应以室内标高基准线为准。根据施工图纸，在房间四周围护结构上标出吊顶标高线，即以 T 形龙骨底标高线，作为后续吊顶龙骨调平的基准线。基准线高低误差为 0～2mm。弹线应清晰，位置准确。

3. 龙骨安装
（1）边龙骨应安装在房间四周围护结构上，下边缘与标高基准线平齐，按墙体材料不同选用自攻钉或膨胀螺栓等固定，间距不宜小于 500mm，端头不宜小于 50mm。

（2）吊顶工程应根据设计施工图纸，在室内顶部结构下确定主龙骨吊点间距及位置。当选用 U 形或 C 形龙骨作为主龙骨时，端吊点距主龙骨顶端不应大于 300mm，端排吊点距侧墙间距不应大于 200mm。吊点横、纵应在直线上，避开灯具、设备及管道，否则应调整或增加吊点，或采用型钢转换层。

（3）主龙骨与吊件应连接紧固。当选用的主龙骨加长时，应采用接长件连接。主龙骨安装完毕后，调节吊件高度，调平主龙骨。当选用钢丝吊杆时，应在钢丝吊杆绷紧后调平主龙骨。

（4）主龙骨中间部分应适当起拱，起拱高度应符合设计要求。

（5）安装次龙骨、H 形龙骨时，次龙骨、H 形龙骨应紧贴主龙骨安装。龙骨间距依据板材宽度调整间距，H 形龙骨中心间距应为板材宽度。龙骨之间的连接宜采用连接件连接，有些部位可采用抽芯铆钉连接。全面校正 H 形龙骨的位置及平整度，连接件应错位安装。当板材宽度大于 600mm 时应增加 L 形加强插片进行加固板材，以防止出现下挠变形。为便于矿棉类装饰吸声板开启，当板材长度大于 600mm 时，应选用 70mm 高 H 形龙骨。

4. 吊杆及吊件的安装
（1）吊杆长度应根据吊顶设计高度确定。根据不同的吊顶系统构造类型，确定吊装形式，选择吊杆类型。吊杆应通直并满足承载要求。吊杆接长时，应搭接焊牢，焊缝饱满。搭接长度：单面焊为 10*d*，双面焊为 5*d*。全牙吊杆接长时，可采用焊接，也可以采用专用连接件连接。

（2）吊杆与室内顶部结构的连接应牢固、安全。吊杆应与结构中的预埋件焊接或与后置紧固件连接。

（3）吊顶工程应根据主龙骨规格型号选择配套吊件。吊件与吊杆应安装牢固，按吊顶高度调整位置，吊件应相邻对向安装。

5．面板的安装

（1）矿物棉板应按板材开槽位置安装在专用 H 形龙骨上。

（2）矿物棉板上的灯具、烟感器、喷淋头、风口箅子等设备位置应合理、美观，与饰面的交接应吻合、严密。

9.5.5　金属面板类及格栅吊顶工程

1．一般规定

参见本书 9.5.2 节中相关内容。

2．吊顶定位、边龙骨、吊杆及吊件安装

吊顶定位、边龙骨安装、吊点间距及位置控制、吊杆及吊件安装，参见本书 9.5.2 节中相关内容。

3．单层龙骨及挂件、接长件安装

（1）吊顶工程应根据设计图纸，放样确定龙骨位置，龙骨与龙骨间距不宜大于 1200mm。龙骨至板端不应大于 150mm。

（2）主龙骨与吊件应连接紧固，当选用的龙骨加长时，应采用龙骨连接件接长。主龙骨安装完毕后，调直龙骨，保证每排龙骨顺直且每排龙骨之间平行。龙骨为卡齿龙骨时，每排龙骨的对应卡齿应在一条直线上。

（3）龙骨标高应通过调节吊件调整，并应调平龙骨。

4．双层龙骨及挂件、接长件安装

（1）吊顶工程应根据设计图纸，放样确定上层龙骨位置，龙骨与龙骨间距不应大于 1200mm。边部上层龙骨与平行的墙面间距不应大于 300mm。

（2）上层龙骨与吊件应连接紧固，当选用的龙骨加长时，应采用龙骨接长件连接。

（3）上层龙骨标高应通过调节吊件调整调平。

（4）金属板类吊顶工程应根据金属板规格，确定下层龙骨的安装间距，安装下层龙骨并调平。当吊顶为上人吊顶，上层龙骨为 U 形龙骨、下层龙骨为卡齿龙骨或挂钩龙骨时，上层龙骨应通过轻钢龙骨吊件、吊杆或增加垂直扣件与下层龙骨相连；当吊顶上、下层龙骨均为 A 字卡式龙骨时，上、下层龙骨间应采用十字连接扣件连接。

5．面板安装

（1）面板安装前，应进行吊顶内隐蔽工程验收，所有项目验收合格后才能进行面板安装施工。

（2）面板与龙骨嵌装时，应防止相互挤压过紧而引起变形或脱挂。

（3）采用挂钩法安装面板时应留有板材安装缝，缝隙宽度应符合设计要求。

（4）当面板安装边为互相咬接的企口或彼此钩搭连接时，应按顺序从一侧开始安装。

（5）外挂耳式面板的龙骨应设置于板缝处，面板通过自攻螺钉从板缝处将挂耳与龙骨固定完成面板的安装。面板的龙骨应调平，板缝应根据需要选择密封胶嵌缝。

（6）条形格栅面板应在地面上安装加长连接件，面板宜从一侧开始安装。应按保护膜上所示安装方向安装。方格格栅吊顶没有专用的主、次龙骨，安装时应先将方格组条在地上组成方格组块，然后通过专用扣挂件与吊件连接组装后吊装。

（7）当面板需留设的各种孔洞时，应用专用机具开孔，灯具、风口等设备应与面板同步安装。

（8）安装人员施工时应戴手套，避免污染板面。

（9）面板安装完成后应撕掉保护膜，清理表面，应注意成品保护。

9.5.6 质量检查

应符合现行国家标准《建筑装饰装修工程质量验收标准》GB 50210 的规定。吊顶工程应对下列隐蔽工程项目进行验收：

（1）吊顶内管道、设备的安装及水管试压、风管严密性检验。

（2）木龙骨防火、防腐处理。

（3）埋件。

（4）吊杆安装。

（5）龙骨安装。

（6）填充材料的设置。

（7）反支撑及钢结构转换层。

9.6 轻质隔墙工程

9.6.1 材料质量控制

1. 板材

（1）隔墙板材的品种、规格、颜色和性能应符合设计要求。有隔声、隔热、阻燃和防潮等特殊要求的工程，板材应有相应性能等级的检验报告。

（2）实心板：板面表面平整，无露筋、掉角，侧面无大面积损伤、端部掉头等。

（3）石膏空心条板、玻璃纤维增强水泥轻质多孔隔墙条板、灰渣混凝土空心隔墙板板面平整，尺寸符合标准要求，无外露纤维、贯通裂缝、飞边毛刺等。

（4）夹芯板板面平整，无翘曲、变形；无明显划痕、磕碰；切口平直，切面整齐，无毛刺；色泽均匀，无污染。

（5）人造木板：板材厚薄均匀，表面平整、光洁，并不得有边棱翘起、脱层等缺陷。纤维板需做等湿处理。应对其甲醛释放量进行复验，其甲醛含量应符合有关国家和行业标准要求。

（6）水泥纤维板：板正面应平整、光滑、边缘整齐，不应有裂缝、孔洞等缺陷，尺寸允许偏差及物理力学性能符合标准要求。

2. 龙骨

轻钢龙骨的配置应符合设计要求。龙骨外观应表面平整，棱角挺直，过渡角及切边不允许有裂口和毛刺，表面不得有严重的污染、腐蚀和机械损伤。

3. 平板玻璃、玻璃空心砖

（1）平板玻璃：玻璃厚度、边长应符合设计要求，表面无划痕、气泡、斑点等，并不得有裂缝、缺角、爆边等缺陷。

（2）玻璃空心砖：透光而不透明，具有良好的隔音效果；棱角整齐、规格相同、对角线基本一致、表面无裂痕和磕碰。

4. 其他材料

（1）连接件、转接件：产品进场应提供合格证。产品外观应平整，不得有裂纹、毛刺、凹坑、变形等缺陷。当采用碳素钢时，表面应做热浸镀锌处理。

（2）活动隔墙隔扇：表面色泽一致、平整光滑、洁净、线条应顺直、清晰。

9.6.2 板材隔墙

1. 一般规定

（1）墙位放线应按设计要求，沿地、墙、顶弹出隔墙的中心线和宽度线，宽度线应与隔墙厚度一致。弹线应清晰，位置应准确。

（2）当轻质隔墙下端用木踢脚覆盖时，饰面板应与地面留有20～30mm缝隙；当用大理石、瓷砖、水磨石等做踢脚板时，饰面板下端应与踢脚板上口齐平，接缝应严密。

（3）轻质隔墙与顶棚和其他墙体的交接处应采取防开裂措施。

（4）接触砖、石、混凝土的龙骨和埋置的木楔应做防腐处理。

（5）胶粘剂应按饰面板的品种选用。现场配置胶粘剂，其配合比应由试验决定。

2. 轻钢龙骨安装

（1）应按弹线位置固定沿地、沿顶龙骨及边框龙骨，龙骨的边线应与弹线重合。龙骨的端部应安装牢固，龙骨与基体的固定点间距应不大于1m。

（2）安装竖向龙骨应垂直，龙骨间距应符合设计要求。潮湿房间和钢板网抹灰墙，龙骨间距不宜大于400mm。

（3）安装支撑龙骨时，应先将支撑卡安装在竖向龙骨的开口方向，卡距宜为400～600mm，距龙骨两端的距离宜为20～25mm。

（4）安装贯通系列龙骨时，低于3m的隔墙安装一道，3～5m隔墙安装两道。

（5）饰面板横向接缝处不在沿地、沿顶龙骨上时，应加横撑龙骨固定。

（6）门窗或特殊接点处安装附加龙骨应符合设计要求。

3. 木龙骨安装

（1）木龙骨的横截面积及纵、横向间距应符合设计要求。

（2）骨架横、竖龙骨宜采用开半榫、加胶、加钉连接。

（3）安装饰面板前应对龙骨进行防火处理。

4. 纸面石膏板安装

（1）石膏板宜竖向铺设，长边接缝应安装在竖龙骨上。

（2）龙骨两侧的石膏板及龙骨一侧的双层板的接缝应错开，不得在同一根龙骨上接缝。

（3）轻钢龙骨应用自攻螺钉固定，木龙骨应用木螺钉固定。沿石膏板周边钉间距不得大于 200mm，板中钉间距不得大于 300mm，螺钉与板边距离应为 10～15mm。

（4）安装石膏板时应从板的中部向板的四边固定。钉头略埋入板内，但不得损坏纸面。钉眼应进行防锈处理。

（5）石膏板的接缝应按设计要求进行板缝处理。石膏板与周围墙或柱应留有 3mm 的槽口，以便进行防开裂处理。

5. 胶合板安装

（1）胶合板安装前应对板背面进行防火处理。

（2）轻钢龙骨应采用自攻螺钉固定。木龙骨采用圆钉固定时，钉距宜为 80～150mm，钉帽应砸扁；采用钉枪固定时，钉距宜为 80～100mm。

（3）阳角处宜做护角。

（4）胶合板用木压条固定时，固定点间距不应大于 200mm。

6. 门、窗框板安装

（1）门、窗框板安装时，应按排板图标出的门窗洞口位置，先对门窗框板定位，再从门窗洞口向两侧安装隔墙。门、窗框板安装应牢固，与条板或主体结构连接应采用专用粘结材料粘结，并应采取加网防裂措施，连接部位应密实、无裂缝。

（2）当预制门、窗框板中预埋有木砖或钢连接件时，可与木制、钢制或塑钢门、窗框连接固定；当门、窗框板在施工现场切割制作时，应使用金属膨胀螺钉与门、窗框现场固定。

（3）当门、窗框有特殊要求时，可采用钢板加固等措施，并应与门、窗框板的预埋件连接牢固。

（4）安装门头横板时，应在门角的接缝处采取加网防裂措施。门窗框与洞口周边的连接缝应采用聚合物砂浆或弹性密封材料填实，并应采取加网补强等防裂措施。

（5）门窗框的安装应在条板隔墙安装完成 7d 后进行。

7. 接缝及墙面处理

（1）条板的接缝处理应在门窗框、管线安装完毕 7d 后进行。接缝处理前，应检查所有的板缝，清理接缝部位，补满破损孔隙，清洁墙面。

（2）板材隔墙接缝处应采用粘结砂浆填实，表层应采用与隔墙板材相适应的材料抹面并刮平压光，颜色应与板面相近。板材的企口接缝处应先用粘结材料打底，再用粘贴盖缝材料。

（3）对于有防潮、防渗漏要求的板材隔墙，投入使用前应采用防水胶结料嵌缝，并应按设计要求进行墙面防水处理。

9.6.3 骨架隔墙

（1）骨架安装参见本书 9.6.2 节中相关内容。

（2）骨架隔墙在安装饰面板前应检查骨架的牢固程度、墙内设备管线及填充材料的安装是否符合设计要求，如有不符合处应采取措施。

（3）上下槛与主体结构连接牢固，上下槛不允许断开，保证隔断的整体性。严禁隔断墙上连接件采用射钉固定在砖墙上。应采用预埋件或膨胀螺栓进行连接。上下槛必须与主体结构连接牢固。

（4）罩面板应经严格选材，表面应平整光洁。安装罩面板前应严格检查搁栅的垂直度和平整度。

（5）面板安装参见本书 9.6.2 节中相关内容。

9.6.4 玻璃隔墙

1．骨架安装

骨架安装参见本书 9.6.2 节中相关内容。

2．玻璃砖墙的安装

（1）玻璃砖墙宜以 1.5m 高为一个施工段，待下部施工段胶结材料达到设计强度后再进行上部施工。

（2）当玻璃砖墙面积过大时应增加支撑。玻璃砖墙的骨架应与结构连接牢固。

（3）玻璃砖应排列均匀整齐，表面平整，嵌缝的油灰或密封膏应饱满密实。

3．平板玻璃隔墙的安装

（1）墙位放线应清晰，位置应准确。隔墙基层应平整、牢固。

（2）骨架边框的安装应符合设计和产品组合的要求。

（3）压条应与边框紧贴，不得弯棱、凸鼓。

（4）安装玻璃前应对骨架、边框的牢固程度进行检查，如有不牢应进行加固。

9.6.5 质量检查

应符合现行国家标准《建筑装饰装修工程质量验收标准》GB 50210 的规定。轻质隔墙工程应对下列隐蔽工程项目进行验收：

（1）骨架隔墙中设备管线的安装及水管试压。

（2）木龙骨防火和防腐处理。

（3）预埋件或拉结筋。

（4）龙骨安装。

（5）填充材料的设置。

9.7 饰面板工程

9.7.1 材料质量控制

1．材料复验

饰面材料应采用符合现行国家规定的环保材料，材料表面应平整、边缘整齐、棱角不得缺损，并附有效的产品合格证、出厂证和产品检测报告。材料进场时应按品种、型号、规格、数量、颜色、批号、等级等要求进行验收。饰面板工程应对下列材料及其性能指标进行复验：

（1）室内用花岗石板的放射性、室内用人造木板的甲醛释放量。

（2）水泥基粘结料的粘结强度。

（3）外墙陶瓷板的吸水率。

（4）严寒和寒冷地区外墙陶瓷板的抗冻性。

2. 板材

（1）石板的品种、规格、颜色和性能应符合设计要求及国家现行标准的有关规定。

石材饰面板中的天然大理石、花岗石饰面板的表面不得有开裂、暗痕、风化等缺陷，应采用表面平整光滑、厚薄均匀、不缺角、不爆边、无明显色差的材料，应根据使用场合做必要的石材放射性测试。

人造石材饰面板亦应采用表面光洁平整，加工尺寸准确、色泽一致、无裂痕、无明显爆边的材料。在采购、运输、加工、安装的过程中应避免挤压、强力冲击、碰撞，对加工好的石材边缘有条件的应采用包装运输，短途运驳的应有相应的防震垫保护以免崩裂和产生隐伤。

（2）陶瓷板的品种、规格、颜色和性能应符合设计要求及国家现行标准的有关规定。

陶瓷类饰面材料除特殊要求的以外，其表面应光洁、平整、色泽一致、正反面均无暗痕裂缝，尺寸误差率、吸水率、强度等必须符合设计要求，必要时应做相关检验。

（3）木板的品种、规格、颜色和性能应符合设计要求及国家现行标准的有关规定。木龙骨、木饰面板的燃烧性能等级应符合设计要求。

木质饰面板应采用无缺角、翘曲、开裂、污垢、色差、霉变，厚薄均匀的环保品种；表面图案、花纹、色泽和纹理应符合设计要求；含水率应符合国家有关规范的要求。

（4）金属板的品种、规格、颜色和性能应符合设计要求及国家现行标准的有关规定。外观应整洁，平整光滑，无裂纹、划痕、边缘整齐、厚薄色泽一致、金属涂层均匀、不得有漏涂，装饰表面不得有明显压痕，印痕和凹凸等缺陷。

3. 龙骨

（1）钢龙骨规格、形状应符合设计要求，并应进行壁厚、膜厚、外观质量的检查及物理性能检验。钢龙骨的表面不得有裂纹、气泡、结疤、泛锈、夹渣和褶皱。

（2）轻钢龙骨外形要平整、棱角清晰，切口不允许有毛刺和变形。镀锌层不许有起皮、起瘤、脱落等缺陷。轻钢龙骨规格、型号、理化性能等应符合设计要求，

（3）木龙骨骨架应进行防火、防腐、防蛀等处理。

4. 其他材料

锚固件、连接件的规格、型号应符合设计要求，并应镀锌或经防锈处理。连接件、连接件外观应平整不得有裂纹、毛刺、凹坑、变形等缺陷。固定用的各类螺钉应是镀锌或不锈钢材质的制品。

饰面板工程中使用的各类粘结胶（剂）的品种、规格、性能、掺合比例应符合国家有关规定和设计要求，并具备产品出厂证、产品合格证和质量检测报告。外墙用建筑密封胶和硅酮结构密封胶，应经国家认可的检测机构进行与其相接触的有机材料的相容性试验及与被粘结材料的剥离粘结性试验，并应对硅酮结构密封胶的邵氏硬度、标准状态拉伸粘结性能进行复验。

凡使用粘结胶（剂）新产品，在大面积施工前还应做小样试验，以确保其粘结质量，同时应预防粘结胶（剂）与饰面材料结合后产生化学反应而影响饰面材料的感官效果和质量。粘结胶（剂）应与饰面材料相容。

9.7.2　石板安装

1．石材粘贴（满粘法）

（1）薄型小规格块材，边长小于40cm，可采用粘贴方法。

（2）基层处理应平整但不应压光。

（3）胶粘剂的配合比应符合产品说明书的要求。

（4）胶液应均匀、饱满的刷抹在基层和石材背面，石材就位时应准确，并应立即挤紧、找平、找正，进行顶、卡固定。溢出胶液应随时清除。

2．石材湿挂（安装法）

（1）基层处理

1）对需挂贴石材的基层进行清理，基层必须牢固结实，无松动、孔洞、无垃圾。

2）新建建筑，先剔出墙柱内的预埋钢筋，然后焊接或绑扎直径为6～8mm的竖向钢筋，再点焊或绑扎直径6mm的横向钢筋，形成钢筋网（钢筋间距应视石材规格而定）。

3）旧房改造，采用M10～M16的膨胀螺栓来固定钢筋网，作为安装石材的联结。

（2）绑扎固定钢筋网

剔出墙上的预埋筋，先绑扎一道$\phi 6$竖向钢筋，绑好的竖筋用预埋筋弯压于墙面。横向钢筋绑扎石材所用。如板材高度为60cm时，第1道横筋在地面以上10cm处与主筋绑牢，第2道横筋绑在50cm水平线上7～8cm比石板上口低2～3cm处。再往上每60cm绑一道横筋即可。

（3）石材钻孔、剔槽、涂刷防护剂

饰面板在打眼时，应在每块板的上、下两个面打眼，孔根在距板宽的两端1/4处，每个面各打两个眼，孔径为5mm，深度为12mm。孔位距石板背面以8mm为宜。板材宽度较大时，应增加孔数。钻孔后剔一道深5mm的槽，埋卧铜丝。

对于石材面板较大，下端不好拴绑铜丝时，可在板高1/4上、下各开一槽，将铜丝卧入槽内。石板上、下端面应没有铜丝突出，以便相邻石板接缝严密。

检查石材防护剂应涂刷6个面，涂刷必须到位，两遍防护间隔24h以上。

（4）安装石材

1）按部位取石板就位后，检查钢丝绑扎在横筋上拴牢程度，石材与基层间的缝隙一般为30～50mm，用木楔子垫稳，用靠尺板检查调整木楔，再拴紧铜丝，依次向另一方进行。

2）第1层安装完毕后用靠尺板找垂直，水平尺找平整，方尺找阴阳角方正，石材之间缝隙均匀一致，并保持第1层石材上口的平直。用石膏贴在石材上下之间，使2层石材结成一整体，木楔处亦可粘贴石膏，再用靠尺检查有无变形，等石膏硬化后即可灌浆。

3）强度较低或较薄的石材应在背面粘贴玻璃纤维网布。

4）当采用湿作业法施工时，固定石材的钢筋网应与预埋件连接牢固。每块石材与钢筋网拉接点不得少于4个。拉接用金属丝应具有防锈性能。

（5）分层灌浆

分层灌浆时，检查不要碰石板，边灌边用橡皮锤轻轻敲击石材面使灌入砂浆排气。第1层灌浆高度15cm，不能超过石材高度的1/3，隔夜再浇灌第2层，每块板分3次灌浆。对湿挂面积较大的墙面，一般湿挂两层后待隔日或水泥砂浆初凝后方能继续安装。

湿挂环境温度应控制在5～35℃之间。冬季施工应根据实际情况在水泥砂浆中添加防冻剂，并落实施工后的保温措施；夏季施工时，应在灌浆前将墙面充分潮湿后进行，否则容易引起空鼓与脱落。

（6）擦缝

石材安装完毕后，清除石膏和余浆痕迹，用麻布擦洗干净，并应按石材板颜色调制色浆嵌缝，边嵌边擦干净，使缝隙密实、均匀、干净、颜色一致。

3. 干挂石材工序质量控制点

（1）石材选用

1）干挂石材应选用质地坚硬，无风化、无裂缝和隐伤、无明显色差和缺陷的花岗岩，石材吸水率小于0.8%，可通过外观检查和敲击声来挑选。

2）干挂花岗石板材的弯曲强度应经法定检测机构检测确定，干挂花岗石板材的厚度必须符合国家现行标准和设计要求。

3）石材的表面抗风化、防腐防污处理方法应根据环境和设计用途决定。

4）石材表面应采用机械加工，加工后的表面应用高压水冲洗或用水和刷子清理，严禁用溶剂型化学清洁剂清洗石材。

5）干挂石材连接部位应无崩坏、暗裂等缺陷；其他部位崩边不大于5mm×20mm或缺角不大于20mm时可修补后使用，但每层修补的石板数不应大于2%，且安装在立面不明显部位。

6）石材的长度、宽度、厚度、直角、异形角、半圆弧形状、异型材及花纹图案、造型，石板的外形尺寸均应符合设计要求进行加工。石材干挂的单块石板面积不宜大于$1.5m^2$。

7）干挂石材表面的色泽应符合设计要求，花纹图案应按样板检查。石板四周不得有明显的色差。火烧板材应均匀，不得有暗裂、崩裂。

（2）石材现场加工

1）干挂石材的加工应采用编号法，不同尺寸、规格的加工板材都应及时编号，不得因加工造成混乱。

2）编号应写在石材边缘，不应写在石材表面，以免擦洗不掉，沾污石材表面。

3）石材加工应在保证无明显色差、瑕疵的情况下，合理套裁切割。

4）干挂石材的加工应尽量采用先进的水切割或红外线切割，尺寸允许偏差应符合现行国家、行业标准。

5）加工好的石板应存放于通风良好的仓库内，其堆放角度不应小于85°。

（3）石板钻孔（钢销式安装）

1）钢销的孔位应根据石板的大小而定，孔位距离边缘不得小于石板厚度的3倍，也不得大于180mm；间距不宜大于600mm；边长不大于1.0m时每边应设两个钢销，边长大于1.0m时应增加钢销。

2）石板的钢销孔的深度宜为 22～33mm，孔的直径宜为 7mm 或 8mm，钢销直径宜为 5mm 或 6mm，钢销长度宜为 20～30mm。

3）钢销孔处不得有损坏或崩裂现象，孔径内应光滑、洁净。

（4）石板剔槽（通槽式安装）

1）石板的通槽宽度宜为 6mm 或 7mm 不锈钢支撑板厚度不宜小于 3.0mm，铝合金支撑板厚度不宜小于 4.0mm。

2）石板开槽后不得有损坏或崩裂现象，槽口应打磨成 45° 倒角；槽内应光滑、洁净。

（5）石板剔槽（短槽式安装）

1）每块石板上下边应各开两个短平槽，短平槽长度不应小于 100mm，在有效长度内槽深度不宜小于 15mm，开槽宽度宜为 6mm 或 7mm，不锈钢支撑板厚度不宜小于 3.0mm，铝合金支撑板厚度不宜小于 4.0mm。弧形槽的有效长度不应小于 80mm。

2）两短槽边距离石板两端部的距离不应小于石板厚度的 3 倍且不应小于 85mm，也不应大于 180mm。

3）石板开槽后不得有损坏或崩裂现象，槽口应打磨成 45° 倒角；槽内应光滑、洁净。

（6）构架安装

1）干挂石材构架是石材与建筑主体的连接基础，必须经设计计算。构架的立柱与横梁选用的钢型材必须符合国家有关标准。

2）构架立柱必须固定在建筑结构墙体、柱面及横梁上，用化学锚栓固定，锚栓必须经现场拉拔试验合格后方可使用。穿墙螺栓要充分拧紧，并有符合设计要求的钢板垫板。

3）构架立柱与横梁的焊接必须采用满焊，电焊应符合国家有关规定进行。电焊破坏的镀锌层或其他防锈层必须采用相同性能的防锈涂料覆盖。

4）钢框架结构应设温度变形缝。

5）主体建筑结构的抗震缝、伸缩缝、沉降缝等部位的幕墙构架设计应充分保证外墙面的功能性和完整性，以免引起变形与破损；并应考虑维修方便。

（7）石板干挂

1）安装前应对采用的构件、横竖连接件进行检查、测量与调整。

2）块材的表面应光洁、方正、平整、质地坚固，不得有缺楞、掉角、暗痕和裂纹等缺陷。

3）与主体结构连接的预埋件应在结构施工时按设计要求埋设。预埋件应牢固，位置准确。应根据设计图纸进行复查。当设计无明确要求时，预埋件标高差不应大于 10mm，位置差不应大于 20mm。

4）构件连接件必须拧紧，各类金属连接件与石材孔、槽间配合要到位，并用专用胶固定，不得留明显缝隙或松动。

5）石材安装自下而上进行，要用水平尺校对检查，保证横平竖直。对不符合要求的应及时撤换调整。

6）及时对缝槽进行封闭打胶，缝槽泡沫填充条应塞紧；应采用中性硅酮结构密封胶。

7）面层与基底应安装牢固；粘贴用料、干挂配件必须符合设计要求和国家现行有关标准的规定。

8）石材表面平整、洁净；拼花正确、纹理清晰通顺，颜色均匀一致；非整板部位安排适宜，阴阳角处的板压向正确。

9）缝格均匀，板缝通顺，接缝填嵌密实，宽窄一致，无错台错位。

9.7.3 木板安装

（1）制作安装前应检查基层的垂直度和平整度，有防潮要求的应进行防潮处理。

（2）按设计要求弹出标高、竖向控制线、分格线。打孔安装木砖或木模，深度应不小于40mm，木砖或木模应做防腐处理。

（3）龙骨尺寸、间距应符合设计要求。当设计无要求时：横向间距宜为300mm，竖向间距宜为400mm。龙骨与木砖或木模连接应牢固。龙骨、木质基层板应进行防火处理。

受力结点应装订严密、牢固、保证龙骨的整体刚度。龙骨安装完毕，应经检查合格后再安装饰面板。配件必须安装牢固，严禁松动变形。

（4）饰面板安装前应进行选配，颜色、木纹对接应自然谐调。

（5）饰面板固定应采用射钉或胶粘接，接缝应在龙骨上，接缝应平整。

（6）镶接式木装饰墙可用射钉从凹槽边倾斜射入。安装第一块时必须校对竖向控制线。

（7）安装封边收口线条时应用射钉固定，钉的位置应在线条的凹槽处或背视线的一侧。

9.7.4 陶瓷板安装

适用于室内地面、室内墙面以及粘贴高度不大于24m的室外墙面，粘贴厚度不大于6mm、面积不小于1.62m²、最小单边长度不小于900mm的陶瓷板。

1. 施工准备

（1）陶瓷薄板饰面工程施工前，应对粘结和填缝所用的材料进行试配，经检验合格后方可使用。

（2）室内外墙面饰面工程施工前应做出样板。

（3）陶瓷薄板饰面工程施工前应明确陶瓷薄板的排列方案并预先编号。

（4）建筑陶瓷薄板的包装箱应牢固并有可靠的减振措施，在运输过程中应避免雨淋、水泡和长期日晒，搬运时应稳拿轻放，严禁摔扔。

（5）在进行散装建筑陶瓷薄板的运输时必须侧立搬运，不得平抬。

（6）饰面工程施工前，有防水要求的工序应施工完毕，抹灰、水电设备管线、门窗洞、脚手眼、阳台等应处理完毕。

2. 水泥基胶粘剂粘贴陶瓷薄板

（1）胶粘剂应按生产企业的产品使用说明配制。

（2）基层应平整、坚实、洁净，不得有裂缝、明水、空鼓、起砂、麻面及油渍、污物等缺陷。

（3）基层和陶瓷薄板的粘贴面应干净无尘，无明水。

（4）墙面粘贴施工应按自下而上的顺序进行。

（5）基层上应涂抹胶粘剂，并应采用齿形镘刀均匀梳理，使之均匀分布成清晰、饱满的连续条纹。

（6）陶瓷薄板粘贴面上应涂抹胶粘剂，并采用齿形镘刀均匀梳理，条纹走向宜与基层胶粘剂的条纹走向垂直，厚度宜为基层胶粘剂厚度的一半。

（7）铺设陶瓷薄板宜借助玻璃吸盘、木杠，并用橡皮锤轻敲并摁压密实，应做到胶粘剂饱满、板面平整。

（8）陶瓷薄板表面及缝隙处的多余胶粘剂应及时清除。

（9）胶粘剂初凝后，严禁移动陶瓷薄板面层。墙面粘贴必须采取有效可靠的侧向支护，板缝应采用定位器固定。

3．填缝剂施工

（1）填缝剂施工前应清除缝隙间杂物，并应用清水润湿缝隙。

（2）胶粘剂终凝前，不得进行填缝剂施工。

（3）填缝剂应按生产企业的产品使用说明配制。

（4）缝隙间的杂物应清除，缝隙应润湿，且不得有水。

（5）填缝应密实饱满、无空穴或孔隙。

（6）多余的填缝剂应清理干净。

9.7.5　金属板安装

1．骨架安装

（1）安装现场应保持整洁，有足够的安装距离和光线。

（2）安装前应核对预埋件是否与设计图纸相符，或按技术方案设后置埋件。

（3）基层必须牢固、平整。预埋件、连接件的数量、规格、位置、连接方法必须符合设计要求。

（4）饰面板采用木骨架时，应选用干燥、不变形、不开裂的木材、木质多层板、细木工板、中密度纤维板等，应与基层安装牢固，拼接处应平直，尺寸、平整度符合设计要求。

（5）饰面板的骨架采用钢结构时，应选用符合设计要求的型钢，焊接牢固，经焊接验收合格后，做表面防锈处理；有防火要求时，应刷防火涂料。

（6）采用其他材料作为饰面板的骨架时，应满足牢固、平整和相应的设计要求。

（7）外墙金属板的防雷装置应与主体结构防雷装置可靠接通。

2．胶粘剂粘贴不锈钢饰面板

（1）面板的背面和基层板上涂刷快干型胶粘剂，涂刷应均匀、平整，无漏刷。

（2）掌握胶粘剂的使用干燥时间，然后进行粘贴，粘贴时用力要均匀，饰面板到位后，可用木块垫在饰面板上轻轻敲实粘牢，使板材下的空气排除。

（3）接缝处应将连接处保护膜撕起，对接应密实、平整、无错位、无叠缝；在胶水凝固前可做细微调整，并用胶带纸、绳等辅助材料帮助固定，但不能随意撕移与变动。

（4）对渗出多余的胶液应及时擦除，避免玷污饰面板表面。

（5）室内温度低于5℃时，不宜采用胶粘剂粘结的安装方法安装，严禁用明火灯具烘烤胶粘剂，以免引起火灾。

3．铆接、焊接和扣接不锈钢饰面板

（1）不锈钢饰面板边缘应平直、不留毛边，留缝应符合设计要求；焊接后的打磨抛光应

仔细，应保持表面平整无缺陷，接头应尽量安排在不明显的部位。

（2）铆接的连接件应完整，扣接的弧形、线条应扣到基层面，装饰面不宜留较大宽度的空隙；不锈钢饰面板局部受力后容易变形，安装时应整体受力。

（3）铆接、焊接和扣接必须牢固、平整、光泽一致。

4. 铝板安装

（1）按设计要求对铝板进行折板、冲孔和表面加工。

（2）进行预安装，成功后再卸下登记编号，然后按设计要求进行表面氟碳树脂或喷涂处理。

（3）应根据设计要求和规范要求，吊好主龙骨及专用龙骨，调整好水平，然后将铝板卡在专用龙骨上，安装可从中间向两侧展开，也可从主侧面向次侧面展开。铝板上钻孔应在安装前放在平整的木垫上进行

（4）在安装时应根据编号，按顺序用螺钉拧紧在原安装部位，施工人员应戴手套操作，避免上下搬动时与脚手架或其他坚硬物体碰撞，避免尖硬金属件刮伤饰面板表面，在安装前应保存饰面板上的保护膜。

（5）铝板安装应保持缝槽统一，缝槽应用泡沫条填实填平。

5. 塑铝复合板安装

（1）对折好的塑铝复合板要轻搬轻放，表面保护膜尽量不要破损撕毁。

（2）胶粘剂粘结法安装塑铝复合板时，在清理基层达到要求后，应在基层表面划线规划；将塑铝复合板内侧和基层表面均匀地刷上粘结剂，用自锯齿状刮板将胶液刮平并将多余的胶液去除；要根据胶粘剂说明书，达到待干程度后方能粘贴。

根据规划线，粘贴时应两手各持一角，先粘住一角，调整好角度后再粘另一角，确定无误后，逐步将整张板粘贴，粘贴时要注意空气的排尽，粘贴后可用木块衬垫后轻轻敲实。尺寸较大的塑铝复合板需两人或两人以上共同完成。室内温度低于5℃时，不宜采用胶粘剂粘结法施工。

（3）螺钉连接法安装塑铝复合板时，用电钻在复合板拧螺钉的位置钻孔，螺钉应打在不显眼及次要部位，孔径应根据螺钉的规格决定，再用自攻螺钉拧紧，并保持螺钉不外露；缝槽宽度应符合设计要求。

6. 打胶

（1）打胶前，应对缝槽两侧做封闭处理，可用美纹纸遮挡，缝槽深的应用泡沫嵌条塞紧，保持5mm深的勾缝。

（2）打胶时用力要均匀，行走要自然，接口要吻合，不得堆积、漏打。

（3）打完后用略宽于缝梢宽度的木工具将多余的胶液刮掉，也可用手指蘸水顺缝道轻轻抹实，使胶缝自然平直。

（4）胶水凝固后将遮挡的美纹纸轻轻撕掉，并进行一次检查，对漏打或缺陷的缝槽做细微的整理。

9.7.6 质量检查

应符合现行国家标准《建筑装饰装修工程质量验收标准》GB 50210 的规定。饰面板工

程应对下列隐蔽工程项目进行验收：

（1）预埋件（或后置埋件）。

（2）龙骨安装。

（3）连接节点。

（4）防水、保温、防火节点。

（5）外墙金属板防雷连接节点。

9.8 饰面砖工程

9.8.1 材料质量控制

1. 材料复验

饰面砖工程应对下列材料及其性能指标进行复验：

（1）室内用花岗石和瓷质饰面砖的放射性。

（2）水泥基粘结材料与所用外墙饰面砖的拉伸粘结强度。

（3）外墙陶瓷饰面砖的吸水率。

（4）严寒及寒冷地区外墙陶瓷饰面砖的抗冻性。

2. 饰面砖

（1）饰面砖工程施工前，应检查所用的各种材料检验报告及产品合格证，应检查进场材料的品种、规格和外观质量。

（2）内墙饰面砖、外墙饰面砖的品种、规格、图案、颜色和性能应符合设计要求及国家现行标准的有关规定。

（3）陶瓷面砖表面应平整光滑，几何尺寸规矩，圆边或平边应平顺整齐；不得缺棱掉角；质地坚固，色泽一致，不得有暗痕和裂纹。

（4）锦砖应表面光滑、色泽均匀、规格一致、质地坚硬，耐热耐冻性好，无受潮变色现象，在大气与酸碱环境中性能稳定，不龟裂。

3. 其他材料

（1）外墙饰面砖伸缩缝耐候密封胶应复验污染性，污染性应符合现行国家标准《石材用建筑密封胶》GB/T 23261 的规定。

（2）施工时所用胶结材料的品种、掺合比例应符合设计要求并具有产品合格证。

9.8.2 样板制作与找平层

1. 基层和基体验收

外墙饰面砖工程施工前，应对粘贴外墙饰面砖的基层和基体进行验收，并应对基层表面平整度和立面垂直度进行检验，基层表面平整度偏差不应大于 3mm，立面垂直度偏差不应大于 4mm。

2. 样板制作

外墙饰面砖工程大面积施工前，应采用设计要求的外墙饰面砖和粘结材料，在待施工的每种类型的基层上应各粘贴至少 $1m^2$ 饰面砖样板，按现行行业标准《建筑工程饰面砖粘结强度检验标准》JGJ/T 110 检验饰面砖粘结强度应合格，并应经建设、设计和监理等单位确认。

3. 基体水泥抹灰砂浆找平

（1）在基体处理完毕后，应进行挂线、贴灰饼、冲筋，其间距不宜大于 2m。

（2）抹找平层前应将基体表面润湿，需要时在基体表面涂刷结合层。

（3）找平层应分层施工，每层厚度不应大于 7mm，且应在前一层终凝后再抹后一层，不得空鼓；找平层厚度不应大于 20mm，超过 20mm 时应采取加强措施。

（4）找平层的表面应刮平搓毛，并应在终凝后浇水或保湿养护。

9.8.3　饰面砖粘贴

1. 排砖、分格、弹线

（1）基层上的粉尘和污染应处理干净，饰面砖粘贴前背面不得有粉状物，在找平层上宜刷结合层。

（2）应按设计要求和施工样板进行排砖、分格，排砖宜使用整砖，对必须使用非整砖的部位，非整砖宽度不宜小于整砖宽度的 1/3。

（3）应弹出控制线，做出标记。

2. 粘贴饰面砖

（1）现场粘贴外墙饰面砖所用材料和施工工艺必须与施工前粘结强度检验合格的饰面砖样板相同。

（2）在粘贴前应对饰面砖进行挑选。

（3）饰面砖宜自上而下粘贴，宜用齿形抹刀在找平基层上刮粘结材料并在饰面砖背面满刮粘结材料，粘结层总厚度宜为 3～8mm。

（4）在粘结层允许调整时间内，可调整饰面砖的位置和接缝宽度并敲实；在超过允许调整时间后，严禁振动或移动饰面砖。

3. 填缝

填缝材料和接缝深度应符合设计要求，填缝应连续、平直、光滑、无裂纹、无空鼓。

填缝宜按先水平后垂直的顺序进行。

9.8.4　联片饰面砖粘贴

1. 排砖、分格、弹线

（1）基层上的粉尘和污染应处理干净，联片饰面砖粘贴前背面不得有粉状物，在找平层或抹面基层上宜刷结合层。

（2）应按设计要求和施工样板并以联片饰面砖整片为单位进行排砖、分格、弹控制线。

（3）排砖宜使联片饰面砖中的砖为整砖，对必须用非整砖的部位，非整砖宽度不宜小于整砖宽度的 1/3。

2. 粘贴联片饰面砖

（1）在基层上应用齿形抹刀刮粘结材料，将联片饰面砖背面的缝隙用塑料模片封盖后，满刮粘结材料，然后揭掉缝隙封盖塑料模片，粘贴联片饰面砖，并应压实拍平，粘结层总厚度宜为 3～8mm。

（2）应从下口粘贴线向上粘贴联片饰面砖。

（3）应在粘结材料初凝前，将联片饰面砖表面的联片纸刷水润透，并应轻轻揭去联片纸，应及时修补表面缺陷，调整缝隙。

3. 填缝

（1）填缝材料和接缝深度应符合设计要求，填缝应连续、平直、光滑、无裂纹、无空鼓。

（2）填缝宜按先水平后垂直的顺序进行。

9.8.5 质量检查

应符合现行国家标准《建筑装饰装修工程质量验收标准》GB 50210 的规定。饰面砖工程应对下列隐蔽工程项目进行验收：

（1）基层和基体。

（2）防水层。

9.9 幕墙工程

9.9.1 材料质量控制

1. 材料复验

幕墙工程应对下列材料及其性能指标进行复验：

（1）铝塑复合板的剥离强度。

（2）石材、瓷板、陶板、微晶玻璃板、木纤维板、纤维水泥板和石材蜂窝板的抗弯强度；严寒、寒冷地区石材、瓷板、陶板、纤维水泥板和石材蜂窝板的抗冻性；室内用花岗石的放射性。

（3）幕墙用结构胶的邵氏硬度、标准条件拉伸粘结强度、相容性试验、剥离粘结性试验；石材用密封胶的污染性。

（4）中空玻璃的密封性能。

（5）防火、保温材料的燃烧性能。

（6）铝材、钢材主受力杆件的抗拉强度。

2. 面板材料

（1）幕墙材料应符合国家现行标准的规定及设计要求，并应有出厂合格证。

（2）玻璃应进行厚度、边长、外观质量、应力和边缘处理情况的检验。

（3）石材面板应对外形尺寸、面板孔加工尺寸、面板槽等允许偏差和正面外观缺陷进行检验。

（4）金属板材的品种、规格及色泽应符合设计要求，外观应整洁，涂层不得有漏涂，装饰表面不得有明显压痕、印痕和凹凸等缺陷。

（5）人造板应对外形尺寸、槽孔加工尺寸允许偏差以及正面外观缺陷、每平方米外露表面质量进行检验。

（6）玻璃纤维增强水泥板外观应边缘整齐，无缺棱损角，侧边防水缝部位不应有孔洞。

3. 龙骨成品

（1）铝合金龙骨应进行壁厚、膜厚、硬度和表面质量的检验。铝合金龙骨型材表面应清洁，色泽应均匀；型材表面不应有皱纹、起皮、腐蚀斑点、气泡、电灼伤、流痕、发黏以及膜（涂）层脱落等缺陷。

（2）钢龙骨应进行壁厚、膜厚和表面质量的检验。钢龙骨的表面不得有裂纹、气泡、结疤、泛锈、夹渣和褶皱。

4. 其他材料

（1）硅酮密封胶、硅酮结构胶应检查生产日期、规格型号、颜色等。玻璃幕墙采用中性硅酮结构密封胶时，其性能应符合现行国家标准《建筑用硅酮结构密封胶》GB 16776 的规定；硅酮结构密封胶应在其有效期内使用。

幕墙工程使用的硅酮结构密封胶，应选用具备规定资质的检测单位检测合格的产品，在使用前必须对幕墙工程选用的铝合金型材、玻璃、双面胶带、硅酮耐候密封胶、塑料泡沫棒等与硅酮结构密封胶接触的材料做相容性试验和粘结剥离性试验，试验合格后才能进行打胶。

（2）玻璃幕墙的隔热保温材料，宜采用岩棉、矿棉、玻璃棉、防火板等不燃或难燃材料。松散类的隔热保温材料应用铝箔等进行包封处理，以防水和防潮。幕墙采用的橡胶制品宜采用三元乙丙橡胶、氯丁橡胶；密封胶条应为挤出成型，橡胶块应为压模成型。

（3）除不锈钢外其他钢材应进行表面热浸镀锌或其他防腐处理；转接件、连接件外观应平整不得有裂纹、毛刺、凹坑、变形等缺陷。

（4）幕墙所用金属材料和金属配件除不锈钢和耐候钢外，均应根据使用需要，采取有效的表面防腐蚀处理措施。

9.9.2 玻璃幕墙（构件式）

1. 面板外观检查

（1）玻璃边缘应倒棱并细磨，外露玻璃的边缘应精磨。

（2）边缘倒角处不应出现崩边。

（3）玻璃上不允许有小气孔、斑点或条纹。

（4）划痕小于 35mm，不得超过一条。

2. 安装前的检查及清理

（1）检查钢附框的尺寸是否符合设计要求。

（2）检查吊夹的安装位置及数量是否符合设计要求。

（3）钢附框吊夹连接处是否牢固，焊接工作必须完毕。

（4）清理施工部位的施工垃圾。

3. 预埋件和锚固件

（1）预埋件和锚固件应检查位置、施工精度、固定状态、有无变形及生锈；防锈涂料是否完好。

（2）连接件应检查安装部位、加工精度、固定状态、防锈处理以及垫片是否安放完毕。

（3）预埋件锚筋必须与主体结构的接地钢筋绑扎或焊接在一起，满足防雷接地要求。

（4）后置埋件安装完成后，进行现场拉拔试验，拉拔值应满足设计要求。

4. 立柱与横梁安装

（1）立柱可采用铝合金型材或者钢型材。铝合金型材表面处理应满足膜厚要求；钢型材宜采用高耐候钢，碳素钢型材应采用热浸锌或采取其他有效防腐措施。处于腐蚀严重环境下的钢型材，应预留腐蚀厚度。

（2）多层或高层建筑中跨层通长布置立柱时，立柱与主体结构的连接支撑点不宜少于一个；在混凝土实体墙面上，连接支撑点宜加密。

（3）横梁可通过角码、螺钉或螺栓与立柱连接。角码应能承受横梁剪力，其厚度不应小于3mm；角码和立柱之间的连接螺钉或螺栓应满足抗剪和抗扭承载力要求。

（4）立柱与主体结构之间每个受力连接部位的连接螺栓不应少于2个，且连接螺栓的直径不宜小于10mm。

（5）角码与立柱之间采用不同材料金属材料时，应采用绝缘垫片分隔或采取其他有效措施防止双金属腐蚀。

（6）横梁受力部位截面厚度要求应满足设计要求。型材孔壁与螺钉之间直接采用螺纹受力连接时，其局部截面厚度不应小于螺钉的公称直径。采用钢型材的主要受力部位截面厚度不应小于2.5mm。

（7）横梁可采用铝合金型材和钢型材，其表面处理同（1）。

（8）横梁应安装牢固。设计中横梁和立柱间有空隙时，空隙宽度应符合设计要求。

（9）当完成一层高度时，应及时进行检查、校正和固定。

（10）幕墙立柱与横梁安装应严格控制水平、垂直度以及对角线长度，在安装过程中应反复检查，达到要求后方可进行玻璃的安装。

5. 幕墙防雷

（1）幕墙防雷节点做法应符合设计要求，一般在上下两根立柱之间采用$8mm^2$铜编制线连接，连接部位立柱表面应除去氧化层和保护层。为不阻碍立柱之间的自由伸缩，导电带做成折环状，易于适应变位要求。

（2）在建筑均压环设置的楼层，所有预埋件通过12mm圆钢连接导电，并与建筑防雷地线可靠导通，使幕墙自身形成防雷体系。

（3）玻璃幕墙金属框架与防雷装置采用焊接或机械连接，形成导电通路，连接点水平间距不大于防雷引下线的间距，垂直间距不大于均压环的间距。

6. 保温、防火封堵

（1）保温棉需根据设计要求截切后安装在防火板内，安装时应避免被雨水淋湿，安装完后应在表面用钢丝网或铝板封闭。

（2）保温层安装时，保温岩棉应饱满、平整、不留间隙；保温材料安装应牢固，应有防潮措施；保温棉与玻璃应保持30mm以上的距离。

（3）幕墙四周与主体结构之间的间隙，均应采用防火保温材料填塞，填装防火保温材料时一定要填实填平，并采用铝箔或塑料薄膜包扎。

（4）幕墙与楼板、墙、柱之间应按设计要求设置横向、竖向连续防火隔断；对高层建筑无窗间墙和窗槛墙的玻璃幕墙，应在每层楼板外沿设置耐火极限不低于 1.00h、高度不小于 800mm 的不燃烧实体裙墙。

（5）同一块玻璃不宜跨两个防火分区。

（6）防火材料应铺设平整且可靠固定，拼接处不应留缝隙。

（7）其他通气槽孔及雨水排出口等应按设计要求施工，不得遗漏。

（8）搁置防火材料的镀锌钢板厚度不宜小于 1.2mm。

（9）防火材料铺设应饱满均匀无遗漏，厚度不宜小于 70mm。

（10）防火材料不得与幕墙玻璃直接接触，防火材料朝向玻璃面处宜采用装饰材料覆盖。

7. 玻璃安装

（1）玻璃安装时，应拉线控制相邻玻璃面的水平度、垂直度及大面平整度；用木模板控制缝隙宽度，如有误差应均分在每一条缝隙中，防止误差积累。

（2）进行密封工作前应对密封面进行清扫，并在胶缝两侧的玻璃上粘贴保护胶带，防止注胶时污染周围的玻璃面；注胶应均匀、密实、饱满，胶缝表面应光滑；同时应注意注胶方法，防止产生气泡，避免浪费。

（3）安装前幕墙应进行气密性、水密性及风压性能试验，并达到设计及规范要求。

（4）玻璃幕墙的立柱、底部横梁及幕墙板块与主体结构之间有不小于 15mm 的伸缩空隙，排水构造中的排水管及附件与水平构件预留孔连接严密，与内衬板出水孔连接处应设橡胶密封圈。

8. 观感质量

（1）明框幕墙框料应横平竖直；单元式幕墙的单元接缝或隐框幕墙分格玻璃接缝应横平竖直，缝宽应均匀，并符合设计要求。

（2）玻璃的品种、规格与色彩应与设计相符，整幅幕墙玻璃的色泽应均匀；并不应有析碱、发霉和镀膜脱落等现象。

（3）装饰压板表面应平整，不应有肉眼可察觉的变形、波纹或局部压砸等缺陷。

（4）幕墙的上下边及侧边封口、沉降缝、伸缩缝、防震缝的处理及防雷体系应符合设计要求。

（5）幕墙隐蔽节点的遮封装修应整齐美观。

（6）淋水试验时，幕墙不应漏水。

9.9.3　金属幕墙

（1）安装前对构件加工精度进行检验，检验合格后方可进行安装。

（2）安装前做好施工准备工作，保证安装工作顺利进行。

（3）预埋件安装必须符合设计要求，安装牢固，严禁歪、斜、倾。安装位置偏差控制在允许范围以内。

（4）严格控制放线精度。

（5）幕墙立柱与横梁安装应严格控制水平、垂直度以及对角线长度，在安装过程中应反复检查，达到要求后方可进行玻璃的安装。

同一层横梁安装应由下向上进行。当安装完一层高度时，应进行检查、调整、校正、固定，使其符合质量要求。

（6）幕墙立柱安装就位、调整后应及时紧固。幕墙安装的临时螺栓等在构成件安装就位、调整、紧固后应及时拆除。

（7）有热工要求的幕墙，保温部分从内向外安装，当采用内衬板时，四周应套装弹性橡胶密封条，内衬板与构件接缝应严密；内衬板就位后，应进行密封处理。

（8）固定防火保温材料应锚钉牢固，防火保温层应平整，拼接处不应留缝隙。

（9）冷凝水排出管及附件应与水平构件预留孔连接严密，与内衬板出水孔连接处应设橡胶密封条。

（10）其他通气留槽孔及雨水排出口等应按设计施工，不得遗漏。

（11）现场焊接或高强螺栓紧固的构件固定后，应及时进行防锈处理。幕墙中与铝合金接触的螺栓及金属配件应采用不锈钢或轻金属制品。

（12）不同金属的接触面应采用垫片做隔离处理。

（13）金属板安装时，应拉线控制相邻板材面的水平度、垂直度及大面平整度；用木模板控制缝隙宽度，如有误差应均分在每一条缝隙中，防止误差积累。

（14）金属板空缝安装时，必须要防水措施，并有符合设计要求的排水出口。

（15）进行密封工作前应对密封面进行清扫，并在胶缝两侧的金属板上粘贴保护胶带，防止注胶时污染周围的板面；注胶应均匀、密实、饱满，胶缝表面应光滑；同时应注意注胶方法，防止气泡产生并避免浪费。

（16）幕墙四周与主体之间的间隙，应采用防火的保温材料填塞，内外表面应采用密封胶连续封闭，接缝应严密不漏水。

（17）幕墙的施工过程中应分层进行防水渗漏性能检查。

（18）幕墙安装过程中应进行接缝部位的雨水渗漏检验。

（19）填充硅酮耐候密封胶时，金属板缝的宽度、厚度应根据硅酮耐候胶的技术参数，经计算后确定。较深的密封槽口底部应采用聚乙烯发泡材料填塞。

（20）耐候硅酮密封胶在接缝内应形成相对两面粘结。

9.9.4　石材幕墙

（1）安装前对构件加工精度进行检验，达到设计及规范要求后方可进行安装。

（2）预埋件安装必须符合设计要求，安装牢固，不应出现歪、斜、倾。安装位置偏差控制在允许范围以内；严格控制放线精度。

（3）幕墙骨架中立柱与横梁安装应严格控制水平、垂直度以及对角线长度，在安装过程中应反复检查，达到设计要求后方可进行板材的安装；对横竖连接件进行检查、测量、调整。

（4）固定防火保温材料应锚钉牢固，防火保温层应平整，拼接处不应留缝隙。

（5）冷凝水排出管及附件应与水平构件预留孔连接严密，与内衬板出水孔连接处应设橡胶密封条。其他通气留槽孔及雨水排出口等应按设计施工，不得遗漏。

（6）现场焊接或高强螺栓紧固的构件固定后，应及时进行防锈处理。

（7）不同金属的接触面应采用垫片做隔离处理。

（8）石材板安装时，应拉线控制相邻板材面的水平度、垂直度及大面平整度；用木模板控制缝隙宽度，如有误差应均分在每一条缝隙中，防止误差积累。

（9）依据石材编号检查石材的色泽度，使同一幕墙的石材不要产生明显色差，最低限度要求，颜色逐渐过渡。

（10）对于有缺陷的石材，可用环氧树脂腻子修补缺棱掉角或麻点之处并磨平，破裂者用环氧树脂胶粘剂粘结。

（11）石板空缝安装时，必须要防水措施，并有符合设计要求的排水出口。

（12）填充硅酮耐候密封胶时，金属板、石板缝的宽度、厚度应根据硅酮耐候胶的技术参数，经计算后确定。

（13）幕墙钢构件施焊后，其表面应采取有效的防腐措施。

（14）进行密封工作前应对密封面进行清扫，并在胶缝两侧的石板上粘贴保护胶带，防止注胶时污染周围的板面；注胶应均匀、密实、饱满，胶缝表面应光滑；同时应注意注胶方法避免浪费。

（15）幕墙安装过程中应进行接缝部位的雨水渗漏检验。

（16）石材幕墙四周与主体之间的间隙，应采用防火的保温材料填塞，内外表面应采用密封胶连续封闭，接缝应严密不漏水。

9.9.5　人造板材幕墙

预埋件、锚固件、立柱、横梁安装、幕墙保温、防火封堵、幕墙防雷等施工质量控制，参见本书 10.9.2 节中相关内容。

1. 微晶玻璃板安装

（1）挂件的规格同石材挂件要求；短槽挂件外侧与面板边缘的距离不小于板厚的 3 倍，且不小于 100mm。

（2）微晶玻璃槽口中心线宜位于面板计算厚度的中心。

（3）短槽长度为挂件长度加 40mm，槽宽为挂件厚度加 3mm，槽口两侧板厚均不小于 8mm；微晶玻璃挂件插入槽口深度不小于 15mm，不大于 20mm。

（4）面板与连接件的间隙应填充胶粘剂，胶粘剂应具有高机械性抵抗能力。

（5）采用背栓连接时，应采用专用钻头和打孔工艺，孔底至面板的剩余厚度应不小于 6mm。

（6）背栓支承的铝合金型材连接件时，截面厚度应不小于 2.5mm，并满足强度和刚度要求，背栓孔与面板边缘净距离不小于板厚的 5 倍，且不大于支承边长的 0.2 倍，并有防脱落、防滑移措施。

2. 陶板安装

（1）安装陶板应使用配套的专用挂件，强度和刚度经计算确定，挂件长度不应小于 50mm。

（2）不锈钢挂件的厚度应不小于 2.0mm，铝合金型材挂件的厚度应不小于 2.5mm，铝合金型材表面应阳极氧化处理，挂件连接处宜设置弹性垫片。

（3）挂件与面板的连接，不应使面板局部产生附加挤压应力。

（4）陶板长度不宜大于 1.5m，采用侧面连接时，不宜大于 0.9m。

（5）挂件插入陶板槽口的深度应不小于 6mm，挂件中心线与面板边缘的距离宜为板长的 1/5，且应不小于 50mm。

（6）挂件与陶板的前后上下间隙应根据连接方式设置弹性垫片或填充胶粘剂，胶粘剂应具有高机械性抵抗能力。

（7）陶板的横向接缝处应留有 6～10mm 的安装缝隙，上方的陶板不得直接与下方的陶板相碰，竖向接缝处宜留有 4～8mm 的安装缝隙，内置胶条放置侧移。

（8）每块陶板的连接点不应少于 4 处，螺栓直径不小于 5mm，除侧面连接外，连接点距离不宜大于 600mm。

（9）采用背栓支承时，陶板实际厚度应不小于 15mm。

3. 玻璃纤维增强水泥板（GRC）安装

（1）根据受力要求设计锚固构造，锚固件应为圆钢或扁钢，制作时预埋，与板后钢架焊接，锚固件和板后钢架应做防腐处理。

（2）板后钢架可制成井格式，井格间距宜为 600～800mm。

（3）面板的大小、形状根据立面分格设计确定。

（4）面板与主体结构采用栓接或挂接，连接应满足构造和强度设计。

（5）面板间接缝宽度不宜小于 8mm。

（6）面板的强度设计应考虑运输过程中的受力状况，运输过程应保护板块；板的有效厚度不应小于 10mm。

4. 打胶清洁

人造板的板缝形式可为注胶式、嵌条式或开放式。若为开放式，应有防腐、防渗漏及防倒排水构造措施。

填充硅酮耐候密封胶时，幕墙板缝的宽度、厚度应根据硅酮耐候密封胶的技术参数，经计算后确定；幕墙施工中其表面的黏附物应及时清除。

9.9.6 质量检查

应分别符合现行行业标准《玻璃幕墙工程技术规范》JGJ 102、《金属与石材幕墙工程技术规范》JGJ 133 和《人造板材幕墙工程技术规范》JGJ 336 的规定。幕墙工程应对下列隐蔽工程项目进行验收：

（1）预埋件或后置埋件、锚栓及连接件。

（2）构件的连接节点。

（3）幕墙四周、幕墙内表面与主体结构之间的封堵。

（4）伸缩缝、沉降缝、防震缝及墙面转角节点。

（5）隐框玻璃板块的固定。

（6）幕墙防雷连接节点。

（7）幕墙防火、隔烟节点。

（8）单元式幕墙的封口节点。

9.10 涂饰工程

9.10.1 材料质量控制

1. 涂料

建筑涂饰工程中所用的材料，均应有产品名称、执行标准、技术要求、使用说明和产品合格证。水性涂料、溶剂型涂料、美术涂饰工程所用涂料的品种、型号和性能应符合设计要求及国家现行标准的有关规定。应有产品合格证书、性能检验报告、有害物质限量检验报告，其检验报告各项性能应符合相关标准的技术指标，如果适用有害物质限量标准，还应提供符合相关标准的检验报告。

2. 辅助材料

建筑涂饰工程中配套使用的腻子和封底材料的性能应与选用饰面涂料性能相适应。

3. 材料存放

应将涂饰材料存放在专用库房。溶剂型涂饰材料存放地点必须有防火设施，并应满足国家有关的消防要求。材料应存放于阴凉干燥且通风的环境内，其储存温度应控制为5～40℃。

工程所用涂饰材料应按品种、批号、颜色分别存放。

9.10.2 基层处理

应用建筑涂饰材料的基层主要有：墙体保温防护层、水泥砂浆抹灰基层、混合砂浆抹灰基层、混凝土基层、人造板基层、装饰砂浆基层、砌块基层、旧涂层基层和旧瓷砖基层等。

（1）新建筑物的混凝土或抹灰基层在用腻子找平或直接涂饰涂料前应涂刷抗碱封闭底漆。

（2）既有建筑墙面在用腻子找平或直接涂饰涂料前应清除疏松的旧装修层，并涂刷界面剂。

（3）混凝土或抹灰基层在用溶剂型腻子找平或直接涂刷溶剂型涂料时，含水率不得大于8%；在用乳液型腻子找平或直接涂刷乳液型涂料时，含水率不得大于10%，木材基层的含水率不得大于12%。

（4）找平层应平整、坚实、牢固，无粉化、起皮和裂缝；内墙找平层的粘结强度应符合现行行业标准《建筑室内用腻子》JG/T 298 的规定。

（5）厨房、卫生间墙面的找平层应使用耐水腻子。

9.10.3 水性涂料涂饰

适用于乳液型涂料、无机涂料、水溶性涂料等水性涂料涂饰工程的施工质量控制。

涂饰施工温度，对于水性产品，环境温度和基层温度应保证在5℃以上，施工时空气相对湿度宜小于85%，当遇大雾、大风、下雨时，应停止户外工程施工。

1．基层质量检查

（1）基层应牢固不开裂、不掉粉、不起砂、不空鼓、无剥离、无石灰爆裂点和无附着力不良的旧涂层等；是否牢固，可以通过敲打和刻划检查。

（2）基层应表面平整、立面垂直、阴阳角方正和无缺棱掉角，分格缝（线）应深浅一致且横平竖直；允许偏差应符合现行国家标准《建筑装饰装修工程质量验收标准》GB 50210的规定，且表面应平而不光。

1）表面平整度，可用2m靠尺和塞尺检查。

2）立面垂直度，可用垂直检查尺检查。

3）阴阳角方正，可用直角检测尺检查。

4）分格缝直线度，可拉5m线，不足5m拉通线，用钢直尺检查。

5）墙裙勒脚上口直线度，可拉5m线，不足5m拉通线，用钢直尺检查。

（3）基层应清洁：表面无灰尘、无浮浆、无油迹、无锈斑、无霉点、无盐类析出物等；是否清洁，可目测检查。

（4）基层应干燥：涂刷溶剂型涂料时，基层含水率不得大于8%；涂刷水性涂料时，基层含水率不得大于10%；含水率可用砂浆表面水分测定仪测定，也可用塑料薄膜覆盖法粗略判断。

（5）基层pH值不得大于10。酸碱度可用pH试纸或pH试笔通过湿棉测定，也可直接测定。

（6）建筑涂饰工程涂饰前，应对基层进行检验，合格后，方可进行涂饰施工。

2．涂饰工艺控制

（1）涂饰工程施工应按"基层处理—底涂层—中涂层—面涂层"的顺序进行，并应符合下列规定：

1）涂饰材料应干燥后方可进行下一道工序施工。

2）涂饰材料应涂饰均匀，各层涂饰材料应结合牢固。

3）旧墙面重新复涂时，应对不同基层进行不同处理。

（2）涂饰材料使用应满足下列规定：

1）涂饰材料的施工黏度应根据施工方法、施工季节、温度、湿度等条件严格控制，应有专人负责调配。

2）双组分涂饰材料的施工，应严格按产品使用要求配制，根据实际使用量分批混合，并在规定的使用时间内使用。

3）同一墙面或同一作业面同一颜色的涂饰应用相同批号的涂饰材料。

（3）辊涂和刷涂时，应充分盖底，不透虚影，表面均匀。喷涂时，应控制涂料黏度，喷枪的压力，保持涂层均匀，不露底、不流坠、色泽均匀。

（4）对于干燥较快的涂饰材料，大面积涂饰时，应由多人配合操作，处理好接茬部位。

（5）外墙涂饰施工应由建筑物自上而下、先细部后大面，材料的涂饰施工分段应以墙面分格缝（线），墙面阴阳角或落水管为分界线。

9.10.4 溶剂型涂料涂饰工程

适用于丙烯酸酯涂料、聚氨酯丙烯酸涂料、有机硅丙烯酸涂料等溶剂型涂料涂饰工程的施工质量控制。

涂饰施工温度，对于溶剂型产品，应遵照产品使用要求的温度范围；施工时空气相对湿度宜小于85%，当遇大雾、大风、下雨时，应停止户外工程施工。

1. 泛碱、析盐的基层处理

应先用3%的草酸溶液清洗，然后用清水冲刷干净或在基层上满刷一遍耐碱底漆，待其干后刮腻子，再涂刷面层涂料。

2. 木质基层涂刷清漆

木质基层上的节疤、松脂部位应用虫胶漆封闭，钉眼处应用油性腻子嵌补。

在刮腻子、上色前，应涂刷一遍封闭底漆，然后反复对局部进行拼色和修色，每修完一次，刷一遍中层漆，干后打磨，直至色调谐调统一，再做饰面漆。

3. 木质基层涂刷调和漆

先满刷清油一遍，待其干后用油腻子将钉孔、裂缝、残缺处嵌刮平整，干后打磨光滑，再刷中层和面层油漆。

9.10.5 美术涂饰

适用于套色涂饰、滚花涂饰、仿花纹涂饰等室内外美术涂饰工程的施工质量控制。

（1）砂壁状涂料、质感涂料和水性多彩建筑涂料工程可满足建筑外墙装饰多样化和仿古的要求，可具有天然花岗石、瓷面砖等装饰效果。

（2）涂料的施工中除常规工序外，墙面必须按设计分格，根据施工经验大面积喷涂宜按1.5m² 左右分格为佳，然后逐格喷涂。

（3）底层涂料可用辊涂，刷涂或喷涂工艺进行。喷涂主层材料时应按装饰设计要求，通过试喷确定涂料黏度、喷嘴口径、空气压力及喷涂管尺寸。

（4）主层涂料喷涂和套色喷涂时操作人员宜以两人一组，施工时一人操作喷涂，一人在相应位置指点，确保喷涂均匀。

（5）砂壁状涂料和质感涂料施工可按装饰质感或涂料性能的要求，采用辊涂、抹涂或喷涂。凡需喷涂的需事先做试喷，以便掌握涂料的稀稠度，确定喷嘴口径的规格、空气压力的大小。

（6）浮雕涂饰的中层涂料应颗粒均匀，用专用塑料辊蘸煤油或水均匀滚压，厚薄一致，待完全干燥固化后，才可进行面层涂饰。面层为水性涂料应采用喷涂，溶剂型涂料应采用刷涂。间隔时间宜在4h 以上。

9.10.6 质量检查

施工质量应符合现行国家标准《建筑装饰装修工程质量验收标准》GB 50210 的规定。

9.11 裱糊与软包工程

9.11.1 材料质量控制

1. 裱糊材料

壁纸中的有害物质限量值、胶粘剂中的有害物质限量值,应符合国家关于有害物质限量标准的要求。

壁纸、墙布的种类、规格、图案、颜色和燃烧性能等级应符合设计要求及国家现行标准的有关规定。

2. 软包材料

(1)软包工程应对木材的含水率及人造木板的甲醛释放量进行复验。

(2)软包边框所选木材的材质、花纹、颜色和燃烧性能等级应符合设计要求及国家现行标准的有关规定。

(3)软包衬板材质、品种、规格、含水率应符合设计要求。面料及内衬材料的品种、规格、颜色、图案及燃烧性能等级应符合国家现行标准的有关规定。

(4)木龙骨含水率不大于12%,厚度应符合设计要求,不得有腐朽、节疤、劈裂、扭曲等瑕疵,并预先经防腐处理。

9.11.2 裱糊

1. 基层处理

(1)新建筑物的混凝土抹灰基层墙面在刮腻子前应涂刷抗碱封闭底漆。

(2)粉化的旧墙面应先除去粉化层,并在刮涂腻子前涂刷一层界面处理剂。

(3)混凝土或抹灰基层含水率不得大于8%;木材基层的含水率不得大于12%。

(4)石膏板基层,接缝及裂缝处应贴加强网布后再刮腻子。

(5)基层腻子应平整、坚实、牢固,无粉化、起皮、空鼓、酥松、裂缝和泛碱;腻子的粘结强度不得小于0.3MPa。

(6)基层表面平整度、立面垂直度及阴阳角方正的允许偏差均为3mm,达到高级抹灰的要求。

(7)基层表面颜色应一致。

(8)裱糊前应用封闭底胶涂刷基层。

2. 壁纸裱糊

(1)基层表面应平整、不得有粉化、起皮、裂缝和突出物,色泽应一致。有防潮要求的应进行防潮处理。

(2)裱糊前应按壁纸、墙布的品种、花色、规格进行选配、拼花、裁切、编号,裱糊时应按编号顺序粘贴。

(3)不同材料的相接处,应用绵纸带或穿孔纸带粘贴封口,以防止裱糊后的壁纸面层被拉裂撕开。

（4）为了防止壁纸受潮脱胶，一般对要裱糊塑料壁纸、壁布、纸基塑料壁纸、金属壁纸的墙面涂刷防潮底漆。

（5）裱糊施工应先贴顶棚后贴墙面，墙面应采用整幅裱糊，先垂直面后水平面，先细部后大面，先保证垂直后对花拼缝，垂直面是先上后下，先长墙面后短墙面，水平面是先高后低。阴角处接缝应搭接，阳角处应包角不得有接缝。

（6）吊顶面裱糊壁纸，第一段要贴近主窗，与壁纸平行。长度过短时（小于2m），则可跟窗户成直角贴。

（7）墙面应采用整幅裱糊，并统一预排对花拼缝。不足一幅的应裱糊在较暗或不明显的部位。

（8）聚氯乙烯塑料壁纸裱糊前应先将壁纸用水润湿数分钟，墙面裱糊时应在基层表面涂刷胶粘剂，顶棚裱糊时，基层和壁纸背面均应涂刷胶粘剂。

（9）复合壁纸不得浸水，裱糊前应先在壁纸背面涂刷胶粘剂，放置数分钟，裱糊时，基层表面应涂刷胶粘剂。

（10）纺织纤维壁纸不宜在水中浸泡，裱糊前宜用湿布清洁背面。

（11）带背胶的壁纸裱糊前应在水中浸泡数分钟。裱糊顶棚时应涂刷一层稀释的胶粘剂。

（12）金属壁纸裱糊前应浸水1～2min，阴干5～8min后在其背面刷胶。刷胶应使用专用的壁纸粉胶，一边刷胶，一边将刷过胶的部分，向上卷在发泡壁纸卷上。

（13）玻璃纤维基材壁纸、无纺墙布无须进行浸润。应选用粘结强度较高的胶粘剂，裱糊前应在基层表面涂胶，墙布背面不涂胶。玻璃纤维墙布裱糊对花时不得横拉、斜扯，避免变形脱落。

（14）开关、插座等突出墙面的电气盒，裱糊前应先卸去盒盖。

（15）阴角处接缝应搭接，先贴压在里边的壁纸，并在阴角转过5mm左右，然后再贴外面顺光的一幅，接缝留在阴角交角处，要顺直粘贴紧密。阳角处应包角压实，不留接缝。

（16）对需要重叠对花的各类壁纸，应先裱糊对花，然后再用钢尺对齐用锋利壁纸刀一次裁切，不得重割。接着挑去余边，用刮板将接缝处压实手正。如系可直接对花的壁纸，则不必剪裁。

（17）擀压气泡时，对于压延壁纸可用塑料刮板刮平；对于发泡及复合壁纸则应用毛巾、海绵或毛刷擀平。

3．墙布裱糊

（1）裱糊墙布应先将墙布背面清理干净，裱糊时，胶粘剂只需刷在基层表面，墙布背面不需涂刷胶粘剂。

（2）裱糊绸缎等可增加色布夹层，也可不加色布夹层，用绸缎直接粘贴。

（3）墙布、绸缎粘贴位置正确后，应用胶质辊筒压实、压平。

（4）裱糊需要裁边的墙布，在基面涂刷胶粘剂时，应比墙布宽度缩进100mm。

裱糊时，后幅墙布往前幅墙布重叠30～50mm（以能裁去余边为准），把重叠部分叠服压裁整齐，然后翻开二边涂刷胶粘剂（应薄而匀）；再把二边合拢贴平，垫上牛皮纸，用干软毛巾轻擦压实。不裁边的墙布拼缝应对密贴实。

（5）挑选墙布品种时，不宜选其花纹、图案易变形的品种。

（6）凡受潮后产生收缩性的墙布，应预潮后粘贴。

（7）裱糊对花时，严禁横拉、斜扯，以防止整幅墙布歪斜变形。绸缎的粘贴均应按同一方向进行。

（8）墙布弹线应用浅色粉线。

9.11.3 软包

1. 基层处理

（1）在建筑墙体及柱体表面时的基层处理：在结构墙、柱上预埋木砖或木楔，并用 1：3 水泥砂浆做找平层，厚度 20mm 左右，然后做防潮处理。

（2）墙面防潮处理应均匀涂刷一层清油或满铺油纸，不得用沥青油毛毡做防潮层。

（3）在墙面细木上铺贴软包时的基层处理：在墙面细木装修基本完成，边框油漆达到实干时方可进行软包施工。

2. 直接铺贴法

（1）根据设计图纸要求对基层进行分格，并将软包的实际尺寸与造型落实到基层上。

（2）将软包底板拼缝并批刷腻子打磨平整。

（3）根据设计要求在底板上制作软包分格块。

（4）将制作好的分格块铺贴到基层上并固定好。

3. 墙筋木龙骨安装法

（1）在建筑墙（柱）面上安装墙筋木龙骨（一般采用截面 20～50mm 的木方条），用钉将墙筋木龙骨固定在墙、柱体的预埋木砖或木楔上。木砖或木楔的间距与墙筋的排布尺寸应一致，一般为 400～600mm。按设计图要求或软包平面造型形式进行划分，一般采用 450～450mm 见方。

（2）木龙骨宜采用凹槽榫工艺预制，可整体或分片安装，与墙体连接应紧密、牢固。

（3）在固定好的墙筋木龙骨上铺钉夹板作基面板。并保证夹板的接缝设置在墙筋上。

（4）面层采用整体铺装法时，用钉将填塞了软包材料的人造革（皮革）包固定在墙筋位置上，按分格尺寸用电化铝帽头钉固定，也可采用不锈钢、铜和木条进行压条分格固定。

（5）面层采用分块固定法时，织物面料裁剪时经纬应顺直。安装应紧贴墙面，接缝应严密，花纹应吻合，无波纹起伏、翘边和褶皱，表面应清洁。

将皮革或人造革与夹板按设计要求分格、划块后按划块的大小进行预裁，并固定在墙筋位置上。

安装时以五夹板压住皮革或人造革面层，压边 20～30mm，用圆钉钉在墙筋位置上，然后将皮革或人造革与夹板之间填入填充材料进行包覆固定。

4. 安装贴脸或装饰边

根据设计规定，加工好贴脸或装饰边线后便可进行装饰板的安装工作。首先试拼，达到设计效果后，便可与基层固定和安装贴脸或装饰边线，最后涂刷镶边、油漆。

软包布面与压线条、贴脸线、踢脚板、线盒、插座、开关等交接处应严密，顺直，无毛边。电气盒盖等开洞处，套割尺寸应准确。

9.11.4　质量检查

应符合现行国家标准《建筑装饰装修工程质量验收标准》GB 50210 的规定。应对基层封闭底漆、腻子、封闭底胶及软包内衬材料进行隐蔽工程验收。

9.12　细部工程

9.12.1　材料质量控制

（1）应对花岗石的放射性和人造木板、胶粘剂的甲醛释放量进行复验，其甲醛含量应符合国家现行标准的有关规定，应有产品合格证书。

（2）橱柜、窗帘盒、窗台板、门窗套制作所用材料应按设计要求进行防火、防腐和防虫处理，所采用的材料必须符合现行国家标准《民用建筑工程室内环境污染控制规范》GB 50325 的规定。

（3）木扶手树种、规格、尺寸、形状按设计要求确定。木材应纹理顺直，颜色一致，不得有腐朽、节疤、裂缝、扭曲等缺陷；含水率不大于 12%。

（4）混凝土花饰应选用强度等级不低于 32.5 级的水泥，采用中砂，宜选用粒径为 0.8～1.5mm 的卵石作骨料，石子粒径不宜过大。

（5）木制花饰木材的树种、材质、规格应符合设计要求，木材含水率应不大于 12%。

（6）竹花饰所采用的竹子应质地坚硬、直径均匀、竹身光洁，一般整枝使用。使用前应做防腐、防蛀处理。

9.12.2　橱柜制作与安装

（1）根据设计要求及地面及顶棚标高，确定橱柜的平面位置和标高。

（2）框架结构的固定柜橱应采用榫卯连接，板式结构的固定柜橱应用专用连接件连接。工厂化生产的整体橱柜的固定应用专用连接件连接。

（3）制作木框架时，整体立面应垂直、平面应水平，框架交接处应做榫卯连接，并应涂刷木工胶。

（4）侧板、底板、面板应用扁头钉与框架固定牢固，钉帽应做防腐处理。

（5）柜门和抽屉应开关灵活，回位正确，无倒翘、回弹现象。抽屉应采用燕尾榫连接，安装时应配置抽屉滑轨。

（6）潮湿部位的固定橱柜应做防潮处理。

（7）板面拼缝应严密，纹理通顺，表面平整。

（8）表面应平整、光滑、洁净、色泽一致，不露钉帽、无锤印，且不应存在弯曲变形、裂缝及损坏现象；分格线应均匀一致，线脚直顺；装饰线刻纹应清晰、直顺，棱线凹凸层次分明，出墙尺寸应一致；柜门与边框缝隙应均匀一致。

（9）五金件可先安装就位，油漆之前将其拆除，五金件安装应整齐、牢固。

（10）橱柜与顶棚、墙体等处的交接、嵌合应严密，交接线应顺直、清晰、美观。

9.12.3　窗帘盒、窗台板和散热器罩制作与安装

1. 木窗帘盒

（1）窗帘盒宽度应符合设计要求。当设计无要求时，窗帘盒宜伸出窗口两侧200～300mm，窗帘盒中线应对准窗口中线，并使两端伸出窗口长度相同。窗帘盒下沿与窗口上沿应平齐或略低。

（2）当采用木龙骨双包夹板工艺制作窗帘盒时，遮挡板外立面不得有明榫、露钉帽，底边应做封边处理。

（3）窗帘盒底板可采用后置埋木楔或膨胀螺栓固定，遮挡板与顶棚交接处宜用角线收口。窗帘盒靠墙部分应与墙面紧贴。

（4）窗帘盒表面应平整、光滑、洁净、色泽一致，不露钉帽，无锤印、弯曲变形、裂缝和损坏现象；装饰线刻纹应清晰、直顺、棱线凹凸层次分明。

（5）窗帘轨道安装应平直。窗帘轨固定点必须在底板的龙骨上，连接必须用木螺钉，严禁用圆钉固定。采用电动窗帘轨时，应按产品说明书进行安装调试。

2. 散热器罩制作与安装

（1）对于木龙骨要双面错开开槽，槽深为一半龙骨深度（为了不破坏木龙骨的纤维组织）。

（2）粘贴夹板时，白乳胶必须滚涂均匀，粘贴密实，粘好后即压。

（3）制作暖气罩骨架必须开榫连接，榫眼加胶液粘结对楔，粘结要严密，连接要牢固。

（4）保证罩面的散热面，防止无热气流通回路，造成使用中热量散发不足、饰面材料易变形等缺陷。

（5）根据散热器的制作标准调整、加工龙骨架、罩面板，散热器罩表面应平整、光滑、洁净、色泽一致，不露钉帽，无锤印、弯曲变形、裂缝和损坏现象；装饰线刻纹应清晰、直顺、棱线凹凸层次分明。

3. 窗台板安装

（1）窗台板的外形、规格、尺寸、安装位置和固定方法，应符合设计要求。

（2）按设计窗台板支架和按构造需要设窗台板支架的，安装前应核对支架的高度、位置，根据设计要求与支架构造进行支架安装。

（3）外窗窗台面应做散水坡度，一般为5%～10%的向外泛水，其伸入墙体内的部分应略高于外露板面。

（4）内侧窗台板安装时，应将窗台板顶住窗下框边缘5～10mm，以不影响窗扇的开启为宜，这样可以有效防止雨水向室内侧渗漏。

（5）木制窗台板安装时，在窗台墙顶上预先嵌（埋）入防腐木砖，窗台板与墙面接触处，需刷防腐剂，窗台板经刨光后，摆在墙顶上，两头伸出的长度应一致，用明钉钉牢于木砖上，钉帽砸扁冲入板内。

压条应预先刨光，按窗台长度两头刨成弧形线脚，钉在窗台板与墙面交角处。

（6）石材窗台板安装时，基层表面应平整清洁，光滑的基层表面要进行凿毛处理，以利于基层和饰面板的粘结，混凝土上表面的凸出部分要凿平，然后浇水湿润。

基面、石材窗台板背面抹上素水泥浆，并在水泥浆中加入适量的 801 胶，进行粘贴，贴上后用木锤轻轻敲击，使之固定，粘贴时应随时用靠尺找平找直，并采用支架稳定靠尺，随即将流出的砂浆擦掉，以免污染邻近的饰面。

（7）窗台板表面应平整、光滑、洁净、色泽一致，无锤印、线角直顺；无弯曲变形、裂缝及损坏现象；装饰线刻纹应清晰、直顺、棱线凹凸层次分明。

（8）窗台板与墙面、窗框的衔接应严密，密封胶缝应顺直、光滑。

9.12.4 门窗套制作与安装

（1）门窗洞口应方正垂直，预埋木砖应符合设计要求，并应进行防腐处理。

（2）根据洞口尺寸、门窗中心线和位置线，用方木制成搁栅骨架并应做防腐处理，横撑位置必须与预埋件位置重合。

（3）搁栅骨架应平整牢固，表面刨平。安装搁栅骨架应方正，除预留出板面厚度外，搁栅骨架与木砖间的间隙应垫以木垫，连接牢固。安装洞口搁栅骨架时，一般先上端后两侧，洞口上部骨架应与紧固件连接牢固。

（4）与墙体对应的基层板板面应进行防腐处理，基层板安装应牢固。

（5）潮湿部位的木门套应做防潮处理。

（6）安装门套线前，应先将套板槽口里面的异物清理干净，清理时槽口边角不能损坏，然后将门套线装入门套（框）开槽内。

在门套线与墙面接触部位应均匀涂防水胶，使门套线与墙体牢固结合，如防水胶溢出，应及时去除。固定在套板上的套线应尽量紧靠墙体；因墙体不垂直或厚度不均导致门套线与墙体有缝隙，缝隙需用密封胶收口。

（7）饰面板颜色、花纹应谐调。板面应略大于搁栅骨架，大面应净光，小面应刮直。木纹根部应向下，长度方向需要对接时，花纹应通顺，其接头位置应避开视线平视范围，宜在室内地面 2m 以上或 1.2m 以下，接头应留在横撑上。

（8）贴脸、线条的品种、颜色、花纹应与饰面板谐调；贴脸接头应成 45° 角，贴脸与门窗套板面结合应紧密、平整；贴脸或线条盖住抹灰墙面应不小于 10mm。

9.12.5 护栏和扶手制作与安装

（1）护栏、扶手应采用坚固、耐久材料，并能承受规范允许的水平荷载。

（2）扶手高度不应小于 0.90m，护栏高度不应小于 1.05m，栏杆间距不应大于 0.11m。

（3）木扶手与弯头的接头要在下部连接牢固。木扶手的宽度或厚度超过 70mm 时，其接头应粘结加强。

（4）扶手与垂直杆件连接牢固，紧固件不得外露。

（5）整体弯头制作前应做足尺样板，按样板划线。弯头粘结时，温度不宜低于 5℃。弯头下部应与栏杆扁钢结合紧密、牢固。

（6）木扶手弯头加工成型应刨光，弯曲应自然，表面应磨光。

（7）金属扶手、护栏垂直杆件与预埋件连接应牢固、垂直，如焊接，则表面应打磨抛光。

（8）玻璃栏板应使用夹层夹玻璃或安全玻璃。

（9）安装好的扶手、立柱及踢脚线应用泡沫塑料等柔软物包好、裹严，防止破坏、划伤表面。

（10）禁止以护栏及扶手作为支架，不允许攀登护栏及扶手。

9.12.6　花饰制作与安装

（1）湿度较大的房间，不得使用未经防水处理的石膏花饰、纸质花饰等。

（2）装饰线安装的基层必须平整、坚实，装饰线不得随基层起伏。

（3）装饰线、件的安装应根据不同基层，采用相应的连接方式。

（4）木（竹）质装饰线、件的接口应拼对花纹，拐弯接口应齐整无缝，同一种房间的颜色应一致，封口压边条与装饰线、件应连接紧密牢固。

（5）石膏装饰线（件）安装的基层应干燥，石膏线与基层连接的水平线和定位线的位置、距离应一致，接缝应 45°角拼接。

当使用螺钉固定花件时，应用电钻打孔，螺钉钉头应沉入孔内，螺钉应做防锈处理；当使用胶粘剂固定花件时，应选用短时间固化的胶粘材料。

（6）金属类装饰线（件）安装前应做防腐处理，基层应干燥、坚实。

铆接、焊接或紧固件连接时，紧固件位置应整齐，焊接点应在隐蔽处、焊接表面应无毛刺。刷漆前应去除氧化层。

9.12.7　质量检查

应符合现行国家标准《建筑装饰装修工程质量验收标准》GB 50210 的规定。细部工程应对下列部位进行隐蔽工程验收：

（1）预埋件（或后置埋件）。

（2）护栏与预埋件的连接节点。

第 10 章　建筑给水排水及采暖工程实体质量控制

10.1　基本规定

10.1.1　材料（设备）质量管理

（1）建筑给水排水及采暖工程所使用的主要材料、成品、半成品、配件、器具和设备必须具有中文质量合格证明文件，规格、型号及性能检测报告应符合国家技术标准或设计要求。进场时应进行检查验收，并经监理工程师核查确认。

（2）所有材料进场时应对品种、规格、外观等进行验收。包装应完好，表面无划痕及外力冲击破损。

（3）主要器具和设备必须有完整的安装使用说明书。在运输、保管和施工过程中，应采取有效措施防止损坏或腐蚀。

（4）阀门安装前，应做强度和严密性试验。试验应在每批（同牌号、同型号、同规格）数量中抽查 10%，且不少于一个。对于安装在主干管上起切断作用的闭路阀门，应逐个做强度和严密性试验。

（5）阀门的强度和严密性试验时，阀门的强度试验压力为公称压力的 1.5 倍；严密性试验压力为公称压力的 1.1 倍；试验压力在试验持续时间内应保持不变，且壳体填料及阀瓣密封面无渗漏。阀门试压的试验持续时间应不少于表 10-1 的规定。

阀门试验持续时间　　　　　　　　　　　　　　　　　表 10-1

公称直径 DN（mm）	最短试验持续时间（s）		
	严密性试验		强度试验
	金属密封	非金属密封	
≤ 50	15	15	15
65~200	30	15	60
250~450	60	30	180

（6）管道上使用冲压弯头时，所使用的冲压弯头外径应与管道外径相同。

10.1.2　质量管理与控制要求

（1）建筑给水、排水及采暖工程施工现场应具有必要的施工技术标准、健全的质量管理体系和工程质量检测制度，实现施工全过程质量控制。

（2）建筑给水、排水及采暖工程的施工应按照批准的工程设计文件和施工技术标准进行施工。修改设计应有设计单位出具的设计变更通知单。

（3）建筑给水、排水及采暖工程的施工应编制施工组织设计或施工方案，经批准后方可实施。

（4）建筑给水、排水及采暖工程的施工单位应具有相应的资质。工程质量验收人员应具备相应的专业技术资格。

（5）建筑给水、排水及采暖工程与相关各专业之间，应进行交接质量检验，并形成记录。

（6）隐蔽工程应在隐蔽前经验收各方检验合格后，才能隐蔽，并形成记录。

10.1.3 检验和检测项目

建筑给水、排水及采暖工程的检验和检测应包括下列主要内容：

（1）承压管道系统和设备及阀门水压试验。

（2）排水管道灌水、通球及通水试验。

（3）雨水管道灌水及通水试验。

（4）给水管道通水试验及冲洗、消毒检测。

（5）卫生器具通水试验，具有溢流功能的器具满水试验。

（6）地漏及地面清扫口排水试验。

（7）消火栓系统测试。

（8）采暖系统冲洗及测试等。

10.2 室内给水系统安装

10.2.1 材料（设备）质量控制

室内给水系统常用材料（设备）质量控制要点，见表10-2。

室内给水系统常用材料（设备）质量控制要点 表10-2

序号	项目	质量控制要点
1	一般要求	（1）室内给水管道必须采用与管材相适应的管件。生活给水系统所涉及的材料必须达到饮用水卫生标准。 （2）室内给水系统管材应采用给水铸铁管、镀锌钢管、给水塑料管、复合管、铜管。 （3）建筑给水工程所使用的主要材料、成品、半成品、配件、器具和设备必须具有中文质量合格证明文件、规格、型号及性能检测报告，应符合国家技术标准或设计要求。进场时应进行检查验收，并经监理工程师核查确认。 （4）所有材料进场时应对品种、规格、外观等进行验收。包装应完好，表面无划痕及外力冲击破损。 （5）主要器具和设备必须有完整的安装使用说明书。在运输、保管和施工过程中，应采取有效措施防止损坏或腐蚀

序号	项目		质量控制要点
2	给水管材、管件		（1）球磨铸铁管及管件的规格应符合设计压力要求，管壁厚薄均匀，内外光滑整洁，不得有砂眼、裂纹、毛刺和疙瘩；承插口的内外径及管件造型规矩；管壁内外表面的防腐涂层应整洁均匀，附着牢固。 （2）镀锌碳素钢管及管件规格种类应符合设计要求，管壁内外镀锌均匀，无锈蚀、飞刺。管件无偏扣、乱扣、丝扣不全或角度不准等现象。 （3）给水塑料管、复合管及管件应符合设计要求，管材和管件内外壁应光滑、平整，无裂纹、脱皮、气泡，无明显的痕迹、凹痕和严重的冷斑；管材轴向不得有扭曲或弯曲，其直线度偏差应小于1%，且色泽一致；管材端口必须垂直于轴线，并且平整；合模缝、浇口应平整，无开裂。管件应完整，无缺损、变形；管材的外径、壁厚及其公差应满足相应的技术要求。 （4）铜及铜合金管、管件内外表面应光滑、清洁，不得有裂缝、起层、凹凸不平、绿锈等现象
3	水表		水表规格应符合设计要求及供水公司确认，表壳铸造规矩，无砂眼、裂纹，表玻璃无损坏，铅封完整
4	阀门		阀门规格型号符合设计要求，阀体铸造规矩，表面光洁、无裂纹，开关灵活、关闭严密，填料密封完好无渗漏，手轮完整、无损坏
5	冲压弯头		管道上使用冲压弯头时，所使用的冲压弯头外径应与管道外径相同
6	管材、管件现场外观检查		（1）表面应无裂纹、缩孔、夹渣、折叠和重皮。 （2）螺纹密封面应完整、无损伤、无毛刺。 （3）镀锌钢管内外表面的镀锌层不得有脱落、锈蚀等现象。 （4）非金属密封垫片应质地柔韧，无老化变质或分层现象，表面应无折损、皱纹等缺陷。 （5）法兰密封面应完整光洁，不得有毛刺及径向沟槽；螺纹法兰的螺纹应完整、无损伤
7	水箱		（1）水箱的型号、参数、数量应符合设计文件要求。 （2）生活水箱必须有本地区卫生防疫部门的证明，水箱附件齐全、良好；保温材料有产品质量合格证及材质检验报告。 （3）产品外观良好，标志清楚，与报验产品相符
8	水泵		（1）水泵的型号、参数、数量应符合设计文件要求。 （2）整体出厂的泵应在防锈保证期内使用。当超过防锈保证期或有明显缺陷需拆卸时，其拆卸、清洗和检查应符合设备技术文件的规定。 （3）应按设备技术文件的规定，清点泵的零件和部件，并应无缺件、损坏和锈蚀等，管口保护物和堵盖应完好。 （4）水泵的主要零件、部件和附属设备、中分面和套装零件、部件的端面不得有擦伤和划痕；轴的表面不得有裂纹、压伤及其他缺陷。 （5）泵的主要安装尺寸应与工程设计相符。 （6）产品外观良好，标志清楚，与报验产品相符
9	自动喷水系统	现场检查	自动喷水灭火系统施工前应对采用的系统组件、管件及其他设备、材料进行现场检查，并应符合下列条件： （1）系统组件、管件及其他设备、材料，应符合设计要求和国家现行有关标准的规定，并应具备出厂合格证。 （2）喷头、报警阀、压力开关、水流指示器等主要系统组件应经国家消防产品质量监督检验中心检测合格

序号	项目		质量控制要点
10	自动喷水系统	喷头	（1）喷头的型号、规格应符合设计要求。 （2）喷头的标高、型号、公称动作温度、制造厂及生产年月日等标志应齐全。 （3）喷头外观应无加工缺陷和机械损伤。 （4）喷头螺纹密封面应无伤痕、毛刺、缺丝或断丝的现象。 （5）闭式喷头应进行密封性能试验，并以无渗漏、无损伤为合格。试验数量宜从每批中抽查1%，但不得少于5只，试验压力应为3.0MPa；试验时间不得小于3min。当有两只及以上不合格时，不得使用该批喷头。当仅有一只不合格时，应再抽查2%，但不得少于10只。重新进行密封性能试验，当仍有不合格时，亦不得使用该批喷头
11		阀门及其附件	（1）阀门的型号、规格应符合设计要求。 （2）阀门及其附件应配备齐全，不得有加工缺陷和机械损伤。 （3）报警阀除应有商标、型号、规格等标志外，尚应有水流方向的永久性标志。 （4）报警阀和控制阀的阀瓣及操作机构应动作灵活，无卡涩现象；阀体内应清洁、无异物堵塞。 （5）水力警铃的铃锤应转动灵活，无阻滞现象。 （6）报警阀应逐个进行渗漏试验。试验压力应为额定工作压力的2倍，试验时间应为5min。阀瓣外应无渗漏
12		自动监测装置	压力开关、水流指示器及水位、气压、阀门限位等自动监测装置应有清晰的铭牌、安全操作指示标志和产品说明书
13		水流指示器	水流指示器应有清晰的铭牌、安全操作指示标志和产品说明书，尚应有水流方向的永久性标志；安装前应逐个进行主要功能检查，不合格者不得使用
14	消防材料、配件	消防管材、管件	（1）消防管材有镀锌钢管或非镀锌钢管及管件、消火栓、水枪、水龙带、控制阀、信号阀和支吊架用型钢、连接用材料等，均应符合设计要求的品种、型号、规格，其质量、性能，必须符合国家规定的产品标准，并有产品质量出厂合格证及说明资料。 （2）管材管件有出厂质量证明文件，外观良好，壁厚均匀，尺寸符合标准。 （3）阀门外观检查良好，有合格证及测试报告，并应试压合格
15		消火栓箱、消火栓、水枪、水龙带、控制阀、信号阀	消火栓、水枪、消防水带、控制阀、信号阀等，均应符合设计要求的品种、型号、规格，其质量、性能，必须符合国家规定的产品标准，实行生产许可证或强制性认证（CCC认证）的产品，应有许可证编号或CCC认证标志，消防系统产品必须有当地省市消防部门的备案证明并有产品合格证，并有产品质量出厂合格证及说明资料。 消火栓箱的箱体、消火栓枪、栓口，必须有型式检验报告，并在有效期内；检查箱体表面平整、光洁，无锈蚀、划伤，箱门开启灵活，箱内配件良好齐全
16		其他材料	支吊架用型钢、连接用材料等，均应符合设计要求的品种、型号、规格，其质量、性能，必须符合国家规定的产品标准，并有产品质量出厂合格证及说明资料。 钢材（型材）外观整洁、平滑，不得有影响其使用功能的缺陷存在

10.2.2　给水管道及配件安装

1. 金属管道

（1）管道敷设

1）管道敷设应符合设计要求。

2）管道安装前应对管材、管件的适配性和公差进行检查。

3）管道安装间歇或完成后，敞口处应及时封堵。

4）在施工过程中，应防止管材、管件与酸、碱等有腐蚀性液体、污物接触。受污染的管材、管件，其内外污垢和杂物应清理干净。

5）管道明敷时，应在土建工程完毕后进行安装。安装前，应先复核预留孔洞的位置。

6）架空管道管顶上部的净空不宜小于200mm。

7）明装管道的外壁或管道保温层外表面与装饰墙面的净距离宜为10mm。

8）薄壁不锈钢管、铜管与阀门、水表、水嘴等的连接应采用转换接头。严禁在薄壁不锈钢水管、薄壁铜管上套丝。

9）进户管与水表的接口不得埋设，并应采用可拆卸的连接方式。

10）当管道系统与供水设备连接时，其接口处应采用可拆卸的连接方式。

11）安装管道时不得强制矫正。安装完毕的管线应横平竖直，不得有明显的起伏、弯曲等现象，管道外壁应无损伤。

12）当建筑给水金属管道与其他管道平行安装时，安全距离应符合设计的要求，当设计无规定时，其净距不宜小于100mm。

（2）管道支、吊、托架安装

1）管道支、吊、托架的位置应正确，埋设应平整牢固。

2）固定支架与管道的接触应紧密，固定应牢靠。

3）滑动支架应灵活，滑托与滑槽两侧间应留有3～5mm的间隙，位移量应符合设计的要求。

4）无热伸长管道的吊架、吊杆应垂直安装。

5）有热伸长管道的吊架、吊杆应向热膨胀的反方向偏移。

6）固定在建筑结构上的管道支、吊架不得影响结构的安全。

（3）管道穿墙壁、楼板及暗敷

当管道穿墙壁、楼板及嵌墙暗敷时，应配合土建工程预留孔、槽，预留孔洞的尺寸宜大于管道外径50～100mm。嵌墙暗管的墙槽深度宜为管道外径加20～50mm，宽度宜为管道外径加40～50mm。

管道暗敷时，管道应进行外防腐；管道应在试压合格和隐蔽工程验收后方可封埋。当管道敷设在垫层内时，应在找平层上设置明显的管道位置标志。

2. 塑料管道

（1）管道敷设

1）管道安装时应将印刷在管材、管件表面的产品标志面向外侧。

2）管道穿越水池、水箱壁的环形空隙应采用对水质不产生污染的防水胶泥嵌实，宽度不应小于壁厚的 1/3，两侧应采用 M15 水泥砂浆填实，填实后墙体或池壁内外表面应刮平。

3）横管应按设计要求敷设坡度，并坡向泄水点。

4）管道安装时不得扭曲、强行校直，与设备或管道附件连接时不得强行对接。

5）各种塑料管材在任何情况下，不得在管壁上车制螺纹、烘烤。

6）热水管道支架应支承在管道的本体上，不得支承在保温层表面。

7）管道与加热设备连接应设置自由臂管段，且按设计要求长度采用耐腐蚀金属管或金属波纹管与加热设备连接。

8）施工过程中不得有污物或异物进入管内，管道安装间歇或安装结束，应及时将管口进行临时封堵。

9）管道表面不得受污、受损，周围不得受热、烘烤，应注意对已安装的成品做好保护。

10）埋设在墙体及地坪内管道，宜在墙面粉刷及垫层完工后，在表面做出管路走向标记。

（2）冷水管穿越楼板施工

1）系统试压合格后，结合穿越部位的楼面防渗漏措施，对立管与楼板的环形空隙部位，应浇筑细石混凝土；浇筑时应采用 C20 细石混凝土分二次填实，第一次浇筑厚度宜为楼板厚度的 2/3，待强度达到 50% 后，再嵌实其余的 1/3，细石混凝土浇筑前楼板底应支模，混凝土浇筑后底部不得凸出板面。

2）冷水管穿越楼板处应设置硬聚氯乙烯护套管，护套管应高出地坪完成面 70mm，且应在地坪施工时窝嵌在找平层的面层内。

3）楼面面层施工时，护套管的周围应砌筑高度为 10～15mm、宽度为 20～30mm 的环形阻水圈。

4）高层建筑管窿或管道井，建筑设计未封堵的楼层，在楼板中间应设置固定支架。

（3）热水管道穿越楼层或屋面施工

1）热水管道穿越楼层或屋面处应设套管。

2）套管上口应高出最终完成面 70mm，套管底部应与楼板底齐平。

3）管道每层离地面 250～300mm 位置处应设置固定支架。

4）管道与套管间的环形空隙，应采用不燃柔性材料或纸筋石灰填实。

5）穿越屋面的管道与套管间的间隙，应采用防水胶泥填实，且在屋面防水层施工时，防水材料与套管周围应紧贴、牢固。

6）其他要求参见本书 10.2.2 节 "2. 塑料管道" 中 "（2）冷水管穿越楼板施工" 的相关内容。

3. 复合管道

（1）管道敷设

1）管道安装前，应对管材、管件的适配性和公差进行检查。

2）管道安装间歇或完成后，敞口处应及时封堵。

3）架空管道的管顶上部的净空不宜小于 200mm。

4）管道安装应横平竖直，不得有明显的起伏、弯曲等现象，管道外壁应无损伤。

5）成排明敷管道时，各条管道应互相平行，弯管部分的曲率半径应一致。

6）管道敷设时，不得有轴向弯曲和扭曲，穿过墙或楼板时不得强制校正。当与其他管道平行安装时，安全距离应符合设计的要求，当设计无规定时，其净距不宜小于100mm。

7）管道暗敷时应对管道外壁采取防腐措施。

（2）管道支、吊、托架安装

1）位置应正确，埋设应平整牢固。

2）固定支架与管道的接触应紧密，固定应牢靠。

3）滑动支架应灵活，滑托与滑槽两侧间应留有3～5mm的间隙，纵向位移量应符合设计要求。

4）无热伸长管道的吊架、吊杆应垂直安装。

5）有热伸长管道的吊架、吊杆应向热膨胀的反方向偏移。

6）固定在建筑结构上的管道支、吊架不得影响结构的安全。

（3）管道接口

1）当采用熔接时，管道的结合面应有均匀的熔接圈，不得出现局部熔瘤或熔接圈凸凹不匀现象。

2）当法兰连接时，衬垫不得凸入管内，其外边缘宜接近螺栓孔；不得采取放入双垫或偏垫的密封方式。法兰螺栓的直径和长度应符合相关标准，连接完成后，螺栓突出螺母的长度不应大于螺杆直径的1/2。

3）当螺纹连接时，管道连接后的管螺纹根部应有2～3扣的外露螺纹，多余的生料带应清理干净，并对接口处进行防腐处理。

4）当卡箍（套）式连接时，两接口端应匹配、无缝隙，沟槽应均匀，卡箍（套）安装方向应一致，卡紧螺栓后管道应平直。

（4）管道预留孔或开槽

1）穿墙壁、楼板及嵌墙暗敷管道，应配合土建工程预留孔、槽。

2）预留孔的直径宜大于管道的外径50～100mm。

3）嵌墙暗管的墙槽深度宜为管道外径加20～50mm，宽度宜为管道外径加40～50mm。

4）横管嵌墙暗敷时，预留的管槽应经结构计算；未经结构专业许可，严禁在墙体开凿长度大于300mm的横向管槽。

（5）套管设置

1）管道穿过墙壁和楼板，宜设置金属或塑料套管。

2）安装在卫生间及厨房内的套管，其顶部应高出装饰地面50mm，安装在其他楼板内的套管，其顶部应高出装饰地面20mm，套管底部应与楼板底面相平。套管与管道之间缝隙应采用阻燃密实材料和防水油膏填实，且端面应抹光滑。

3）安装在墙壁内的套管，其两端应与饰面相平。套管与管道之间缝隙宜采用阻燃密实材料填实，且端面应抹光滑。

4）管道的接口不得设在套管内。

（6）管道过缝保护措施

管道穿过结构伸缩缝、防震缝及沉降缝时，应采取下列保护措施：

1）在墙体两侧采取柔性连接。

2）在管道或保温层外皮的上、下部应留有不小于 150mm 的净空。

3）在穿墙处应水平安装成方形补偿器。

4. 管道试验、冲洗和消毒

（1）室内给水管道水压试验、热水供应系统水压试验、小区及厂区的室外给水管道水压试验应符合现行国家标准《建筑给水排水及采暖工程施工质量验收规范》GB 50242 的规定。

（2）当在温度低于 5℃ 的环境下进行水压试验和通水能力检验时，应采取可靠的防冻措施，试验结束后应将管道内的存水排尽。

（3）消防给水系统的金属管水压试验应符合国家现行消防标准的有关规定。

（4）对试压资料应进行评判，并应符合下列规定：

1）施工单位提供的水压试验资料应齐全。

2）水压试验的方法和参数应符合设计的要求。

3）隐蔽工程应有原始试压记录。

4）试压资料不全或不合规定，应重新试压。

（5）管道的通水能力试验应在管道接通水源和安装好配水器材后进行。

（6）通水能力试验时应对配水点做逐点放水试验，每个配水点的流量应稳定正常，然后应按设计要求开启足够数量的配水点，其流量应达到额定的配水量。

（7）生活饮用水管道在试压合格后，应按规定在竣工验收前进行冲洗消毒，并应符合现行国家标准《建筑给水排水及采暖工程施工质量验收规范》GB 50242 和《给水排水管道工程施工及验收规范》GB 50268 的有关规定。

10.2.3　给水设备安装

（1）水泵就位前的基础混凝土强度、坐标、标高、尺寸和螺栓孔位置必须符合设计规定。

（2）立式水泵的减振装置不应采用弹簧减振器。

（3）水泵试运转的轴承温升必须符合设备说明书的规定。

（4）敞口水箱的满水试验和密闭水箱（罐）的水压试验必须符合设计与规范的规定。

（5）水箱支架或底座安装，其尺寸及位置应符合设计规定，埋设平整牢固。

（6）水箱溢流管和泄放管应设置在排水地点附近但不得与排水管直接连接。

（7）室内给水设备安装的允许偏差、管道及设备保温层的厚度和平整度的允许偏差应符合现行国家标准《建筑给水排水及采暖工程施工质量验收规范》GB 50242 的规定。

10.2.4　室内消防系统安装

1. 系统管网安装

（1）系统管网采用钢管时，其材质应符合现行国家标准《输送流体用无缝钢管》GB/T 8163、《低压流体输送用焊接钢管》GB/T 3091 的要求。当使用铜管、不锈钢管等其他管材时，应符合相应技术标准的要求。

（2）管道连接后不应减小过水横断面面积。热镀锌钢管安装应采用螺纹、沟槽式管件或法兰连接。

（3）管网安装前应校直管道，并清除管道内部的杂物；在具有腐蚀性的场所，安装前应按设计要求对管道、管件等进行防腐处理；安装时应随时清除管道内部的杂物。

（4）管道的安装位置应符合设计要求。

（5）管道支架或吊架之间的距离应符合设计和规范的规定。

（6）管道穿过建筑物的变形缝时，应采取抗变形措施。穿过墙体或楼板时应加设套管，套管长度不得小于墙体厚度；穿过楼板的套管其顶部应高出装饰地面20mm；穿过卫生间或厨房楼板的套管，其顶部应高出装饰地面50mm，且套管底部应与楼板底面相平。套管与管道的间隙应采用不燃材料填塞密实。

（7）管道横向安装宜设2‰～5‰的坡度，且应坡向排水管；当局部区域难以利用排水管将水排净时，应采取相应的排水措施。当喷头数量小于或等于5只时，可在管道低凹处加设堵头；当喷头数量大于5只时，宜装设带阀门的排水管。

（8）配水干管、配水管应做红色或红色环圈标志。红色环圈标志，宽度不应小于20mm，间隔不宜大于4m，在一个独立的单元内环圈不宜少于2处。

（9）管网在安装中断时，应将管道的敞口封闭。

2．喷头安装

（1）喷头安装应在系统试压、冲洗合格后进行。

（2）安装前检查喷头的型号、规格、使用场所应符合设计要求。

（3）喷头安装时，不得对喷头进行拆装、改动，并严禁给喷头附加任何装饰性涂层。

（4）喷头安装应使用专用扳手，严禁利用喷头的框架施拧；喷头的框架、溅水盘产生变形或释放原件损伤时，应采用规格、型号相同的喷头更换。

（5）安装在易受机械损伤处的喷头，应加设喷头防护罩。

（6）喷头安装时，溅水盘与吊顶、门、窗、洞口或障碍物的距离应符合设计要求。

（7）当喷头的公称直径小于10mm时，应在配水干管或配水管上安装过滤器。

（8）当喷头溅水盘高于附近梁底或高于宽度小于1.2m的通风管道、排管、桥架腹面时，喷头溅水盘高于梁底、通风管道、排管、桥架腹面的最大垂直距离应符合设计和规范的规定。

（9）当梁、通风管道、排管、桥架宽度大于1.2m时，增设的喷头应安装在其腹面以下部位。

3．报警阀组安装

（1）报警阀组的安装

1）报警阀组的安装应在供水管网试压、冲洗合格后进行。

2）安装时应先安装水源控制阀、报警阀，然后进行报警阀辅助管道的连接。

3）水源控制阀、报警阀与配水干管的连接，应使水流方向一致。

4）报警阀组安装的位置应符合设计要求；当设计无要求时，报警阀组应安装在便于操作的明显位置，距室内地面高度宜为1.2m；两侧与墙的距离不应小于0.5m；正面与墙的距离不应小于1.2m；报警阀组凸出部位之间的距离不应小于0.5m。

5）安装报警阀组的室内地面应有排水设施。

（2）报警阀组附件的安装

1）压力表应安装在报警阀上便于观测的位置。

2）排水管和试验阀应安装在便于操作的位置。

3）水源控制阀安装应便于操作，且应有明显开闭标志和可靠的锁定设施。

4）在报警阀与管网之间的供水干管上，应安装系统流量压力检测装置（一般由控制阀、检测供水压力、流量用的仪表及排水管道组成），其过水能力应与系统过水能力一致。

5）干式报警阀组、雨淋报警阀组安装检测时水流不进入系统管网的信号控制阀门。

（3）雨淋阀组的安装

1）雨淋阀组的观测仪表和操作阀门的安装位置应符合设计要求，并应便于观测和操作。

2）雨淋阀组手动开启装置的安装位置应符合设计要求，且在发生火灾时应能安全开启和便于操作。

3）压力表应安装在雨淋阀的水源一侧。

4. 其他组件安装

（1）控制阀

1）控制阀的规格、型号和安装位置均应符合设计要求。

2）安装方向应正确，控制阀内应清洁、无堵塞、无渗漏。

3）主要控制阀应加设启闭标志。

4）隐蔽处的控制阀应在明显处设有指示其位置的标志。

（2）压力开关、水力警铃

压力开关应竖直安装在通往水力警铃的管道上，且不应在安装中拆装改动。管网上的压力控制装置的安装应符合设计要求。

水力警铃应安装在公共通道或值班室附近的外墙上，且应安装检修、测试用的阀门。水力警铃和报警阀的连接应采用热镀锌钢管，当镀锌钢管的公称直径为20mm时，其长度不宜大于20m；安装后的水力警铃启动时，警铃声强度应不小于70dB。

（3）排气阀

排气阀的安装应在系统管网试压和冲洗合格后进行；排气阀应安装在配水干管顶部、配水管的末端，且应确保无渗漏。

（4）末端试水装置和试水阀

末端试水装置和试水阀的安装位置应便于检查、试验，并应有相应排水能力的排水设施。

（5）水流指示器、信号阀安装

1）水流指示器的安装应在管道试压和冲洗合格后进行，水流指示器的规格、型号应符合设计要求。

2）水流指示器应使电器元件部位竖直安装在水平管道上侧，其动作方向应和水流方向一致；安装后的水流指示器浆片、膜片应动作灵活，不应与管壁发生碰擦。

3）信号阀应安装在水流指示器前的管道上，与水流指示器之间的距离不宜小于300mm。

（6）减压阀的安装

1）减压阀安装应在供水管网试压、冲洗合格后进行。

2）减压阀安装前检查其规格型号应与设计相符；阀外控制管路及导向阀各连接件不应有松动；外观应无机械损伤，并应清除阀内异物。

3）减压阀水流方向应与供水管网水流方向一致。

4）应在进水侧安装过滤器，并宜在其前后安装控制阀。

5）可调式减压阀宜水平安装，阀盖应向上。

6）比例式减压阀宜垂直安装；当水平安装时，单呼吸孔减压阀其孔口应向下，双呼吸孔减压阀其孔口应呈水平位置。

7）安装自身不带压力表的减压阀时，应在其前后相邻部位安装压力表。

（7）多功能水泵控制阀的安装

1）安装应在供水管网试压、冲洗合格后进行。

2）在安装前应检查：其规格型号应与设计相符；主阀各部件应完好；紧固件应齐全，无松动；各连接管路应完好，接头紧固；外观应无机械损伤，并应清除阀内异物。

3）水流方向应与供水管网水流方向一致。

4）出口安装其他控制阀时应保持一定间距，以便于维修和管理。

5）宜水平安装，且阀盖向上。

6）安装自身不带压力表的多功能水泵控制阀时，应在其前后相邻部位安装压力表。

7）进口端不宜安装柔性接头。

（8）倒流防止器的安装

1）应在管道冲洗合格以后进行。

2）不应在倒流防止器的进口前安装过滤器或者使用带过滤器的倒流防止器。

3）宜安装在水平位置，当竖直安装时，排水口应配备专用弯头。倒流防止器宜安装在便于调试和维护的位置。

4）倒流防止器两端应分别安装闸阀，而且至少有一端应安装挠性接头。

5）倒流防止器上的泄水阀不宜反向安装，泄水阀应采取间接排水方式，其排水管不应直接与排水管（沟）连接。

6）安装完毕后，首次启动使用时，应关闭出水闸阀，缓慢打开进水闸阀，待阀腔充满水后，缓慢打开出水闸阀。

5. 消火栓箱

（1）消火栓的启闭阀门设置位置应便于操作使用，阀门的中心距箱侧面应为140mm，距箱后内表面应为100mm，允许偏差±5mm。

（2）室内消火栓箱的安装应平正、牢固，暗装的消火栓箱不应破坏隔墙的耐火性能。

（3）箱体安装的垂直度允许偏差为±3mm。

（4）消火栓箱门的开启不应小于120°。

（5）安装消火栓水龙带，水龙带与消防水枪和快速接头绑扎好后，应根据箱内构造将水龙带放置。

（6）双向开门消火栓箱应有耐火等级应符合设计要求，当设计没有要求时应至少满足1h耐火极限的要求。

（7）消火栓箱门上应用红色字体注明"消火栓"字样。

6. 室内消火栓及消防软管卷盘

（1）室内消火栓及消防软管卷盘和轻便水龙的选型、规格应符合设计要求。

（2）同一建筑物内设置的消火栓、消防软管卷盘和轻便水龙应采用统一规格的栓口、消防水枪和水带及配件。

（3）试验用消火栓栓口处应设置压力表。

（4）当消火栓设置减压装置时，应检查减压装置符合设计要求，且安装时应有防止砂石等杂物进入栓口的措施。

（5）室内消火栓及消防软管卷盘和轻便水龙应设置明显的永久性固定标志，当室内消火栓因美观要求需要隐蔽安装时，应有明显的标志，并应便于开启使用。

（6）消火栓栓口出水方向宜向下或与设置消火栓的墙面成90°角，栓口不应安装在门轴侧。

（7）消火栓栓口中心距地面应为1.1m，特殊地点的高度可特殊对待，允许偏差±20mm。

7. 消防水泵

（1）消防水泵安装前应校核产品合格证，以及其规格、型号和性能与设计要求应一致，并应根据安装使用说明书安装。

（2）消防水泵安装前应复核水泵基础混凝土强度、隔振装置、坐标、标高、尺寸和螺栓孔位置。

（3）消防水泵的安装应符合现行国家标准《机械设备安装工程施工及验收通用规范》GB 50231和《风机、压缩机、泵安装工程施工及验收规范》GB 50275的有关规定。

（4）消防水泵安装前应复核消防水泵之间，以及消防水泵与墙或其他设备之间的间距，并应满足安装、运行和维护管理的要求。

（5）消防水泵吸水管上的控制阀应在消防水泵固定于基础上后再进行安装，其直径不应小于消防水泵吸水口直径，且不应采用没有可靠锁定装置的控制阀，控制阀应采用沟漕式或法兰式阀门。

（6）当消防水泵和消防水池位于独立的两个基础上且相互为刚性连接时，吸水管上应加设柔性连接管。

（7）吸水管水平管段上不应有气囊和漏气现象。变径连接时，应采用偏心异径管件并应采用管顶平接。

（8）消防水泵出水管上应安装消声止回阀、控制阀和压力表；系统的总出水管上还应安装压力表和压力开关；安装压力表时应加设缓冲装置。压力表和缓冲装置之间应安装旋塞；压力表量程在没有设计要求时，应为系统工作压力的2~2.5倍。

（9）消防水泵的隔振装置、进出水管柔性接头的安装应符合设计要求，并应有产品说明和安装使用说明。

8. 试压和冲洗

（1）管网安装完毕后，应对其进行强度试验、冲洗和严密性试验。

（2）强度试验和严密性试验宜用水进行。干式消火栓系统应做水压试验和气压试验。

（3）系统试压完成后，应及时拆除所有临时盲板及试验用的管道，并应与记录核对无误，且应填写记录。

（4）管网冲洗应在试压合格后分段进行。冲洗顺序应先室外，后室内；先地下，后地上；室内部分的冲洗应按供水干管、水平管和立管的顺序进行。

10.2.5　质量检查

应符合现行国家标准《建筑给水排水及采暖工程施工质量验收规范》GB 50242 的规定。

10.3　室内排水系统安装

10.3.1　材料（设备）质量控制

（1）铸铁排水管及管件应符合设计要求，有出厂合格证及检测报告。管壁薄厚均匀，管内外表层光滑整齐，无浮砂、包砂、粘砂，更不许有砂眼、裂纹、毛刺和疙瘩。

各种连接管件不得有砂眼、裂纹、偏扣、乱扣、丝扣不全或角度不准等缺陷。

（2）硬聚氯乙烯管道管材、管件有产品合格证，检测报告；管内外表层应光滑，无气泡、裂纹，管壁厚薄均匀，色泽一致。直管段挠度不大于1%。管件造型应规矩、光滑，无毛刺。承口应有坡度，并与插口配套。所用胶粘剂应定是同一厂家配套产品，有合格证，并在产品保质期内。

（3）镀锌钢管及管件管壁内外镀锌均匀，无锈蚀，内壁无飞刺，管件无偏扣、乱扣、方扣、丝扣不全等现象。

（4）接口材料：水泥、石棉、膨胀水泥、油麻、塑料胶粘剂、胶圈、塑料焊条、碳钢焊条等。接口材料应有相应的出厂合格证、材质证明书、复验单等资料，管道材质按设计采用。

（5）防腐材料：沥青、汽油、防锈漆、沥青漆等，应按设计要求选用。

10.3.2　排水管道及配件安装

1．建筑排水塑料管道

（1）管道敷设

1）横管坡度应符合设计要求。管道安装时应将管道产品的标记置于外侧醒目位置。

2）建筑排水塑料管道系统应按设计规定设置检查口或清扫口，检查口位置和朝向应便于管道检修和维护。立管的检查口中心应离地面1m，设置在管窿内的立管检查口宜设检修门；当横管检查口设置在吊顶内时，宜在吊顶位置设置检修门。

3）设置于室内的雨、污水立管离墙净距宜为 20~50mm。室外沿墙敷设的雨、污水管和空调凝结水管道离墙净距不宜大于 20mm。

4）当立管转为横管和排出管时，宜安装带底座 90° 的大弯管件或两个 45° 弯管；当采用无底座管件时，应设置支墩或支座。

5）建筑排水塑料管道系统应按设计规定设置伸缩节，横管应采用承压式伸缩节；室内雨水立管宜采用弹性密封圈连接；当以楼板为固定支承时，可不设伸缩节。

6）建筑排水塑料管道的伸缩节承口应迎水流方向，管道插入伸缩节后应预留管道的伸缩余量，其夏季为5～10mm，冬季为15～20mm。

7）当横管采用弹性密封圈连接时，在连接部位应设置固定支承。转弯管段在转弯后应设置防推脱设施。

8）高层建筑中的塑料排水管道系统，当管径大于等于110mm时，应根据设计要求在贯穿部位设置阻火圈。阻火圈的安装应符合产品要求，安装时应紧贴楼板底面或墙体，并应采用膨胀螺栓固定。

9）屋面雨水斗组合件的底部零件应根据雨水斗组合件的构造埋设在结构层内，且在屋面防水层施工的同时，应做好雨水斗周边的防渗漏水。

10）施工现场放置聚烯烃类管材、管件、胶粘剂、清洁剂的地方严禁使用明火，施工过程中严禁使用明火煨弯或加工塑料管道。

11）硬聚氯乙烯排水管道系统应按规定采用灌水试验，不得采用气压试验代替。

（2）预留孔洞与预埋套管

1）立管穿越楼板时应预留孔洞，其尺寸应大于管道外径60～100mm，层间预留孔洞应顺通。

2）横管穿越混凝土墙体时应预埋套管，套管内径应大于管道外径30～50mm，套管长度应与墙面的厚度相等，套管宜采用硬聚氯乙烯材料制作；当采用金属套管时，套管管口内侧不得有棱角、毛刺。

3）当建筑排水塑料管道穿越地下室外墙时，管道与套管间的环形缝隙应采用防水胶泥加无机填料嵌实，宽度不宜小于墙体厚度的1/3，墙体两侧及其余部位应采用M20水泥砂浆嵌实填平。

（3）管道穿越楼板施工

1）在穿越楼板处，应结合楼面防渗漏水施工形成固定支承。

2）填补环形缝隙时，应在底部支模板，模板的表面应紧贴楼板底部。

3）环形缝隙应采用不低于C20的细石混凝土分两次填实，第一次为楼板厚度的2/3，待混凝土强度达到50%后，再填实其余的1/3厚度。

4）地面面层施工时，管道周围宜砌筑厚度为15～20mm、宽度为30～35mm的环形阻水圈。

（4）管道穿越屋面部位施工

1）穿越位置应预埋硬聚氯乙烯材料套管，套管上口应高出屋面最终完成面200～250mm。

2）套管周围在屋面混凝土找平层施工时，用水泥砂浆筑成锥形阻水圈，高度不应小于套管上沿。

3）管道与套管间的环形缝隙应采用防水胶泥或无机填料嵌实。

4）屋面防水层施工时，防水层应高出锥形阻水圈且应与管材周边相粘贴。

2．建筑排水金属管道

（1）管道敷设

1）铸铁管材应采用机械方法切割，不得采用火焰切割；切割时，其切口端面应与管轴线相垂直，并将切口处打磨光滑。当切割直径不大于 300mm 的球墨铸铁管时，应使用直径 500mm 的无齿锯直接转动切割，严禁使用电焊烧割。

2）碳素钢管宜采用机械方法切割；当采用火焰切割时，应清除表面的氧化物；不锈钢管应采用机械方法或等离子方法切割。管材切割后，切口表面应平整，并应与管的中心线垂直。

3）当污水提升泵的出水管道穿越污水池混凝土顶板时，应设置钢套管。当建筑排水不锈钢管道穿越承重墙或楼板时，应设置套管。

4）建筑排水金属管道接口不得设置在楼板、屋面板或池壁、墙体等结构内，管道与土建结构的净距应符合设计或规范的规定。

5）当建筑排水金属管道沿墙或墙角敷设时，其卡箍、沟槽式卡套和法兰压盖的螺栓位置应调整至墙（角）的外侧。

6）当建筑排水金属管道的立管设置在管道井或管廊，横管设置在吊顶内时，在检查口或清扫口位置处应设检修门或检修口。检查口位置和朝向应便于检修。

7）建筑排水不锈钢管不得浇筑在混凝土内；当必需暗埋敷设时，应采取防腐措施。当不锈钢管与其他金属管材相连接时，应采取防止电化学腐蚀的措施。

（2）排水金属管道防腐

1）柔性接口排水铸铁管及管件内外应喷（刷）沥青漆或防腐漆。

2）K 型接口球墨铸铁管应内衬水泥砂浆，外喷（刷）沥青漆或防腐漆。

3）碳素钢管防腐应符合设计规定；当采用焊接或法兰连接时，防腐层被破坏部分，应二次热浸镀锌或用其他能确保防腐性能的方法做好防腐处理；当采用螺纹连接时，安装后应及时做好外露丝扣、切口断面和被破坏部位的防腐。埋地钢管的防腐应按设计要求进行。

4）管道的防腐层应附着良好，应无脱皮、起泡和漏涂，黏膜应厚度均匀、色泽一致、无流坠及污染现象。

5）管件、附件（如法兰压盖等）等应与直管做同样防腐处理。螺栓应采用热镀锌防腐，并应在安装完毕、拧紧螺栓后，对外露螺栓部分及时涂刷防腐漆。有条件时，可采用耐腐蚀性强的球墨铸铁螺栓。

3. 灌水及通水、通球试验

（1）灌水试验

1）隐蔽或埋地的排水管道在隐蔽前必须做灌水试验，其灌水高度应不低于底层卫生洁具的上边缘或底层地面高度。

2）灌水 15min 后，若液面下降；再灌满延续 5min，液面不降为合格。

3）高层建筑可根据管道布置，分层、分段做灌水试验。

4）室内雨水管灌水高度必须到每根立管上部的雨水斗。

5）灌水试验完毕后，应及时排清管路内的积水。

（2）通水、通球试验

1）排水立管及水平干管在安装完毕后做通水、通球试验。

2）通球球径应大于管径的 2/3。

3）通球率必须达到 100%。

10.3.3　雨水管道及配件安装

雨水管道的支吊架、立管、干管及支管施工质量控制参见本书 10.3.2 节"1. 建筑排水塑料管道"相关内容，但在安装虹吸雨水管水平悬吊管的悬吊支架时，安装必须牢固且应满足在产生虹吸时的管道的抖动。

灌水试验参见本书 10.3.2 节"3. 灌水及通水、通球试验"中相关要求。

虹吸雨水系统整体安装完成后，需要做的通水试验以检验系统的实际排量与设计排量的误差。试验结束后，应及时有序地排尽存水，及时拆除盲板、限位临时过渡段。

10.3.4　质量检查

应符合现行国家标准《建筑给水排水及采暖工程施工质量验收规范》GB 50242 的规定。

10.4　室内热水系统安装

10.4.1　材料（设备）质量控制

（1）镀锌钢管、铜管、不锈钢等金属管材管件的出厂质量证明文件。

（2）塑料管、复合管管材管件应出厂质量证明文件，国家或本地区检测单位对管材、管件的检测报告。热水作为饮用水时，应有当地卫生部门的卫生检验报告。

（3）管材和管件的规格种类应符合设计要求，内外壁应光滑平整，无气泡、裂口、裂纹、脱皮和明显的痕纹；螺纹丝口符合标准，应无毛刺、缺牙。

（4）阀门的规格型号应符合设计要求，阀体表面光洁无裂纹，开关灵活；填料密封完好无渗漏。热水系统的阀门应做强度和严密性试验。

（5）热水供应系统辅助设备的型号、规格、质量必须符合设计要求和规范规定，并具备中文质量合格证明文件。

（6）太阳能热水器型号、参数等符合设计要求，有出厂合格证及检测报告。

（7）水泵外观良好完整，型号、参数等符合设计要求，有出厂合格证、产品说明书。

（8）绝热材料符合设计要求，有产品质量合格证及材质检验报告。

（9）其他质量控制要求，参见本书 10.1.1 节和 10.2.1 节中相关内容。

10.4.2　管道及配件安装

（1）管道安装坡度应符合设计规定。

（2）热水供应管道应尽量利用自然弯补偿热伸缩，直线段过长则应设置补偿器。补偿器型式、规格、位置应符合设计要求，并按有关规定进行预拉伸。

（3）温度控制器及阀门应安装在便于观察和维护的位置。

（4）热水供应管道和阀门安装的允许偏差应符合现行国家标准《建筑给水排水及采暖工程施工质量验收规范》GB 50242 的规定。

（5）热水供应系统安装完毕，管道保温之前应进行水压试验。试验压力应符合设计要求。当设计未注明时，热水供应系统水压试验压力应为系统顶点的工作压力加 0.1MPa，同时在系统顶点的试验压力不小于 0.3MPa。

（6）热水供应系统竣工后必须进行冲洗。

（7）热水供应系统管道应保温（浴室内明装管道除外），保温材料、厚度、保护壳等应符合设计规定。保温层厚度和平整度的允许偏差应符合现行国家标准《建筑给水排水及采暖工程施工质量验收规范》GB 50242 的规定。

10.4.3　辅助设备安装

（1）在安装太阳能集热器玻璃前，应对集热排管和上、下集管做水压试验，试验压力为工作压力的 1.5 倍。

（2）太阳能热水器的最低处应安装泄水装置。

（3）安装固定式太阳能热水器，朝向应正南。如受条件限制时，其偏移角不得大于 15°。集热器的倾角，对于春、夏、秋三个季节使用的，应采用当地纬度为倾角；若以夏季为主，可比当地纬度减少 10°。

（4）热交换器应以工作压力的 1.5 倍做水压试验。蒸汽部分应不低于蒸汽供汽压力加 0.3MPa；热水部分应不低于 0.4MPa。

（5）水泵就位前的基础混凝土强度、坐标、标高、尺寸和螺栓孔位置必须符合设计要求。

（6）水泵试运转的轴承温升必须符合设备说明书的规定。

（7）敞口水箱的满水试验和密闭水箱（罐）的水压试验必须符合设计与现行国家标准《建筑给水排水及采暖工程施工质量验收规范》GB 50242 的规定。

（8）热水箱及上、下集管等循环管道均应保温。

（9）由集热器上、下集管接往热水箱的循环管道，应有不小于 5‰ 的坡度。

（10）自然循环的热水箱底部与集热器上集管之间的距离为 0.3～1.0m。

（11）制作吸热钢板凹槽时，其圆度应准确，间距应一致。安装集热排管时，应用卡箍和钢丝紧固在钢板凹槽内。

（12）凡以水作介质的太阳能热水器，在 0℃ 以下地区使用，应采取防冻措施。

（13）热水供应辅助设备安装的允许偏差应符合现行国家标准《建筑给水排水及采暖工程施工质量验收规范》GB 50242 的规定。

（14）太阳能热水系统安装完毕后，在设备和管道保温之前，应进行水压试验。

（15）各种承压管路系统和设备应做水压试验，试验压力应符合设计要求。非承压管路系统和设备应做灌水试验。当设计未注明时，水压试验和灌水试验，应按现行国家标准《建筑给水排水及采暖工程施工质量验收规范》GB 50242 的相关要求进行。

（16）当环境温度低于 0℃ 进行水压试验时，应采取可靠的防冻措施。

（17）系统水压试验合格后，应对系统进行冲洗直至排出的水不浑浊为止。

10.4.4　系统调试、试运行

系统安装完毕投入使用前，必须进行系统调试。具备使用条件时，系统调试应在竣工验收阶段进行；不具备使用条件时，经建设单位同意，可延期进行。系统调试应包括设备单机或部件调试和系统联动调试。

1. 设备单机或部件调试

设备单机或部件调试应包括水泵、阀门、电磁阀、电气及自动控制设备、监控显示设备、辅助能源加热设备等调试。调试应包括下列内容：

（1）检查水泵安装方向。在设计负荷下连续运转 2h，水泵应工作正常，无渗漏，无异常振动和声响，电机电流和功率不超过额定值，温度在正常范围内。

（2）检查电磁阀安装方向。手动通断电试验时，电磁阀应开启正常，动作灵活，密封严密。

（3）温度、温差、水位、光照控制、时钟控制等仪表应显示正常，动作准确。

（4）电气控制系统应达到设计要求的功能，控制动作准确可靠。

（5）剩余电流保护装置动作应准确可靠。

（6）防冻系统装置、超压保护装置、过热保护装置等应工作正常。

（7）各种阀门应开启灵活，密封严密。

（8）辅助能源加热设备应达到设计要求，工作正常。

2. 系统联动调试

设备单机或部件调试完成后，应进行系统联动调试。系统联动调试应包括下列主要内容：

（1）调整水泵控制阀门。

（2）调整电磁阀控制阀门，电磁阀的阀前阀后压力应处在设计要求的压力范围内。

（3）温度、温差、水位、光照、时间等控制仪的控制区间或控制点应符合设计要求。

（4）调整各个分支回路的调节阀门，各回路流量应平衡。

（5）调试辅助能源加热系统，应与太阳能加热系统相匹配。

3. 试运行

系统联动调试完成后，系统应连续运行 72h，设备及主要部件的联动必须协调，动作正确，无异常现象。

10.4.5　质量检查

应符合现行国家标准《建筑给水排水及采暖工程施工质量验收规范》GB 50242 的规定。

10.5　卫生器具安装

10.5.1　材料（设备）质量控制

（1）进入现场的卫生器具、给水配件必须具有中文质量合格证明文件、规格、型号及性能检测报告，应符合国家技术标准或设计要求。品种、型号、规格、数量等应符合设计文件要求。进场时做检查验收，并经监理工程师核查确认。

（2）所有卫生器具、配件进场时应对品种、规格、外观等进行验收。包装应完好，表面无划痕及外力冲击破损。

（3）卫生器具外观应表面光滑、无凹凸不平、色调一致，边缘无棱角毛刺、尺寸规矩，平整无扭歪，无碰撞裂纹。

（4）卫生器具材质不应含对人体有害成分，冲洗效果好，噪声低；便于安装维修。

（5）卫生器具配套零件应外表光滑、电镀均匀、螺纹完整清晰，阀门灵活，无砂眼、裂纹等缺陷。

（6）主要器具和设备必须有完整的安装使用说明书。

（7）卫生洁具有出厂合格证及环境检测报告，达到环保要求，国外产品有商检报告。洁具外观应规矩、造型周正，表面光滑美观，无裂纹，色调一致。

10.5.2　卫生器具安装

（1）卫生器具的支、托架必须防腐良好，安装平整、牢固，与器具接触紧密、平稳。

（2）有饰面的浴盆，应留有通向浴盆排水口的检修门。

（3）小便槽冲洗管，应采用镀锌钢管或硬质塑料管。冲洗孔应斜向下方安装，冲洗水流同墙面成45°角。镀锌钢管钻孔后应进行二次镀锌。

（4）排水栓和地漏的安装应平正、牢固，低于排水表面，周边无渗漏。地漏水封高度不得小于50mm。

（5）同一套洁具，各部分应对中；固定支架、管卡安装正确牢固、防腐，与卫生洁具接触紧密。同一排卫生洁具标高相同，间隔一致；与墙面、地面结合严密；操作部分灵活。

（6）卫生器具安装的允许偏差应符合现行国家标准《建筑给水排水及采暖工程施工质量验收规范》GB 50242 的规定。

（7）卫生器具交工前应做满水和通水试验，水流通畅，排泄正常，无溢水失灵，无渗漏。

10.5.3　卫生器具给水配件安装

（1）卫生器具给水配件应完好无损伤，接口严密，启闭部分灵活。

（2）卫生器具给水配件安装标高的允许偏差应符合现行国家标准《建筑给水排水及采暖工程施工质量验收规范》GB 50242 的规定。

（3）浴盆软管淋浴器挂钩的高度，如设计无要求，应距地面1.8m。

10.5.4　卫生器具排水管道安装

（1）与排水横管连接的各卫生器具的受水口和立管均应采取妥善可靠的固定措施；管道与楼板的接合部位应采取牢固可靠的防渗、防漏措施。

（2）连接卫生器具的排水管道接口应紧密不漏，其固定支架、管卡等支撑位置应正确、牢固，与管道的接触应平整。

（3）检查横管弯曲度、卫生器具的排水管口及横支管的纵横坐标、卫生器具的接口标高，其各项允许偏差应符合现行国家标准《建筑给水排水及采暖工程施工质量验收规范》GB 50242 的规定。

（4）检查连接卫生器具的排水管管径和最小坡度是否符合设计规定。

10.5.5　质量检查

应符合现行国家标准《建筑给水排水及采暖工程施工质量验收规范》GB 50242 的规定。

10.6　室内供暖系统安装

10.6.1　材料（设备）质量控制

室内供暖系统常用材料（设备）质量控制要点，见表 10-3。

室内供暖系统常用材料（设备）质量控制要点　　　　　表 10-3

序号	项　目		质量控制要点
1	一般要点		（1）建筑采暖工程所使用的主要材料、成品、半成品、配件、器具和设备必须具有中文质量合格证明文件，规格、型号及性能应符合国家技术标准或设计要求。进场时应进行检查验收，并经现场监理工程师核查确认。如对检测证明有怀疑时，可补做检测。 （2）所有材料进场时应对品种、规格、外观等进行验收。包装应完好，表面无划痕及外力冲击破损。 （3）主要器具和设备必须有完整的安装使用说明书。在运输、保管和施工过程中，应采取有效措施防止损坏或腐蚀
2	管材、管件	镀锌钢管及焊接钢管管材、管件	镀锌钢管及焊接钢管管材、管件有出厂质量证明文件，规格符合设计要求及国家标准，管壁内外均匀，无锈蚀、毛刺
3		塑料管及复合管管材和管件	（1）管材上必须有热水管的延续、醒目的标志。 （2）管材的端面应垂直于管材的轴线。 （3）管材和管件的内外壁应光滑平整，无气泡、裂口、裂纹、脱皮和明显的纹痕、凹陷，且色泽基本一致。无色泽不均匀及分解变色线。 （4）管件应完整，无缺损、无变形，合模缝浇口应平整、无开裂。嵌有金属管螺纹的管件，应镶嵌牢固无松动，螺纹应无毛刺、缺牙。 （5）管件无偏扣、方扣、乱扣、断丝和角度不准确现象
4		补偿器、蒸汽减压阀及安全阀	补偿器、蒸汽减压阀及设备上安全阀除有出厂质量证明文件外，应有检测报告，减压阀及安全阀应有调试报告。检查产品外观良好，无破损，设备上铭牌与所报产品相符
5		冲压弯头	管道上使用冲压弯头时，所使用的冲压弯头外径应与管道外径相匹配
6		保温材料	保温材料有产品质量证明文件及检测报告，外观良好，符合设计要求
7	阀门	进场核验	补偿器、平衡阀、调节阀、蒸汽减压阀和管道及设备上安全阀的型号、规格、公称压力应符合设计要求
8		外观	铸造规矩、无毛刺、无裂纹、开关灵活严密，丝扣无损伤、直度和角度正确，强度符合要求，手轮无损伤
9		阀门试验	阀门安装前进行强度、严密性试验。试验应在每批（同牌号、同型号、同规格）数量中抽查 10%，且不少于一个。对于安装在主干管上起切断作用的阀门，应逐个做强度和严密性试验

序号	项	目	质量控制要点
10		一般要求	散热器的型号、规格、使用压力必须符合设计要求，并有出厂合格证；散热器不得有砂眼、对口面凹凸不平、偏口、裂缝和上下口中心距不一致等现象
11		铸铁采暖散热器	（1）散热器外表面不应有裂纹、疏松、凹坑等缺陷和面积大于 4mm×4mm、深 1mm 的窝坑。 （2）散热器外表面所附着的型砂应清理干净，表面除浇口外不应有粘砂。 （3）散热器的飞刺、铸疤应清除干净，打磨光滑，其浇口残留纵向高度不应大于 3mm²。 （4）散热器表面应平整、光洁。 （5）无砂散热器内腔不应粘有芯砂、芯铁。 （6）螺纹应由凸缘端面向里保证 3.5 个丝扣完整，不应有缺陷。 （7）螺纹端面上不应有砂眼和气孔
12	散热器	灰铸铁柱翼型散热器	（1）散热器不得有裂纹、疏松等缺陷和面积大于（4×4）mm²、深 1mm 的窝坑。 （2）散热器所附着的型砂、芯砂应清理干净，表面不应有粘砂，浇口附近粘砂面积不得超过 7500mm²。 （3）散热器的飞刺、铸疤应清除干净，打磨光滑，其浇口残留纵向高度不得超过 3mm。 （4）散热器翼翅应完整。内翼掉翅数不得多于两处，每处长不超过 50mm，花翅的连续长度不得超过 100mm，深度不超过 5mm。 （5）散热器表面应平整、光洁。 （6）散热器经水压试验后，发现局部渗水、漏水的，可以修补。修补部位表面应平整、光洁，每片散热器修补不得超过两处，且两缺陷处边缘最小距离应大于 50mm。修补后散热器必须重做水压试验，稳压时间应大于 3min。 （7）螺纹应由凸缘端面向里保证 3.5 个丝扣完整，不得有缺陷。 （8）凸缘端面上，直径及深度均小于 3mm 的砂眼和气孔不得多于两个，相邻两个孔眼边缘的最小距离应大于 20mm，孔眼距螺纹边缘面大于 3.5mm。 （9）散热器机械加工部位应涂防锈油，其他表面应涂防锈底漆一遍
13		钢制翅片管对流散热器	（1）钢带钢管的焊接表面应无涂层、铁锈、凹坑等影响焊接质量的缺陷和杂质。 （2）对流器应喷涂防锈底漆和面漆。 （3）表面涂层应均匀光滑，附着牢固，不得有气泡、堆积、流淌和漏喷。 （4）对流器应采用瓦楞纸或其他能保证产品在搬运装卸时不变形、不损伤产品质量的包装措施。 （5）对流器出水口管螺纹应带保护套
14		钢制柱型散热器	（1）点焊的焊点应均匀，相邻焊点距为 30～40mm，点焊不得出现烧穿和未焊透等缺陷。 （2）焊缝应平直、均匀、整齐、美观，不得有裂纹、气孔、未焊透和烧穿等缺陷。 （3）散热器不得变形和碰伤，表面凹陷深度不得大于 0.3mm。 （4）散热器片与片连接应紧密，每组散热器必须由制造厂进行液压或气压试验。 （5）钢板厚度为 1.2～1.3mm 散热器，试验压力为 0.9MPa；钢板厚度为 1.4～1.5mm 散热器，试验压力为 1.2MPa。 （6）散热器表面应喷涂防锈底漆和面漆，并宜采用远红外烘干，不得自然干燥。 （7）表面漆层应均匀，平整光滑，附着牢固，不得有气泡堆积、流淌和漏喷

序号	项 目		质量控制要点
15	散热器	钢管散热器	（1）钢管两端无毛刺，钢管表面不允许有颗粒、凹痕、折皱、锈蚀、焊渣、灰尘。 （2）不允许有颗粒、凹痕、折皱、锈蚀、焊渣，表面无灰尘，纵切边无毛刺。 （3）散热器各焊接部位应平整光滑，不得有裂纹、气孔、焊渣及未焊透和烧穿等缺陷。 （4）散热器表面采用电泳底漆、喷塑面漆工艺。表面涂层应光滑，不得有气泡、堆积、流淌和漏喷。 （5）散热器表面应无凹痕
16		铝制柱翼型散热器	（1）焊接牢固，焊接部位表面光洁，无裂缝气孔。 （2）散热器整体应平整，外观光滑，无明显变形、扭曲和表面凹陷。 （3）散热器与系统螺纹连接时，须采用配套的专用非金属或双金属复合管件，不得使铝制螺纹直接与钢管连接。 （4）散热器外表面喷涂应均匀光滑，附着牢固，不得漏喷或起泡。 （5）散热器必须安装放气阀座，且应采用局部硬铝加厚处理
17		散热器的组对零件	对丝、丝堵、补心、丝圆翼法兰盘、弯头、弓形弯管、短丝、三通、弯头、活接头（也称油任）、螺栓、螺母应符合质量要求，无偏扣、方扣、乱丝、断扣。丝扣端正，松紧适宜，石棉橡胶垫以1mm厚为宜（不超过1.5mm厚），并符合使用压力要求
18	低温热水地板辐射系统	一般要求	（1）管材、管件和绝热材料，应有明显的标志，标明生产厂的名称、规格和主要技术特性，包装上应标有批号、数量、生产日期和检验代号。 （2）管材的内外表面应光滑、清洁，不允许有分层、针孔、裂纹、气泡、起皮、痕纹和夹杂，但允许有轻微的、局部的、不使外径和壁厚超出允许公差的划伤、凹坑、压入物和斑点等缺陷。此外，轻微的矫直和车削痕迹、细划痕、氧化色、发暗、水迹和油迹，可不作为报废处理。 （3）与其他供暖系统共用同一集中热源水系统，且其他供暖系统采用钢制散热器等易腐蚀构件时，聚丁烯（PB）管、交联聚乙烯（PE-X）管和无规共聚聚丙烯管（PP-R）管宜有阻氧层，以有效防止渗入氧对系统的氧化腐蚀
19		管件的质量	（1）管件与螺纹连接部分配件的本体材料，应为锻造黄铜。使用PP-R管作为加热管时，与PP-R管直接接触的连接件表面应镀镍。 （2）管件的外观应完整、无缺损、无变形、无开裂。 （3）管件的螺纹应完整，如有断丝和缺丝，不得大于螺纹全丝扣数的10%
20		运输和堆放	（1）管材和绝热板材在运输、装卸和搬运时，应小心轻放，不得受到剧烈碰撞和尖锐物体，不得抛、摔、滚、拖，应避免接触油污。若沾上油污铺设前应清洁干净。 （2）管材和绝热板材应堆码放在平整的场地上，垫层高度要大于100mm防止泥土和杂物进入管内。 （3）塑料类管材、铝塑复合管和绝热板材不得露天存放，应储于温度不超过40℃、通风良好和干净的仓库中，要防火、避光，距热源不应小于1m
21	辅助设备		泵、水箱等辅助设备的规格、型号必须符合设计要求，并有出厂合格证。外观检查无裂缝、损伤，油漆无脱落
22	其他材料		型钢、圆钢、拉条垫、管卡子、托钩、固定卡、螺栓、螺母、膨胀螺栓、钢管、冷风门、机油、铅油、麻丝、防锈漆及水泥的选用应符合设计要求

10.6.2 管道及配件安装

（1）管道安装坡度，当设计未注明时，应符合下列规定：

1）气、水同向流动的热水采暖管道和汽、水同向流动的蒸汽管道及凝结水管道，坡度应为3‰，不得小于2‰。

2）气、水逆向流动的热水采暖管道和汽、水逆向流动的蒸汽管道，坡度不应小于5‰。

3）散热器支管的坡度应为1%，坡向应利于排气和泄水。

（2）上供下回式系统的热水干管变径应顶平偏心连接，蒸汽干管变径应底平偏心连接。

（3）在管道干管上焊接垂直或水平分支管道时，干管开孔所产生的钢渣及管壁等废弃物不得残留管内，且分支管道在焊接时不得插入干管内。

（4）膨胀水箱的膨胀管及循环管上不得安装阀门。

（5）当采暖热媒为110～130℃的高温水时，管道可拆卸件应使用法兰，不得使用长丝和活接头。法兰垫料应使用耐热橡胶板。

（6）焊接钢管管径大于32mm的管道转弯，在作为自然补偿时应使用煨弯。塑料管及复合管除必须使用直角弯头的场合外应使用管道直接弯曲转弯。

（7）管道、金属支架和设备的防腐和涂漆应附着良好，无脱皮、起泡、流淌和漏涂缺陷。

（8）补偿器的型号、安装位置及预拉伸和固定支架的构造及安装位置应符合设计要求。

（9）平衡阀及调节阀型号、规格、公称压力及安装位置应符合设计要求。安装完后应根据系统平衡要求进行调试并做出标志。

（10）蒸汽减压阀和管道及设备上安全阀的型号、规格、公称压力及安装位置应符合设计要求。安装完毕后应根据系统工作压力进行调试，并做出标志。

（11）方形补偿器制作时，应用整根无缝钢管煨制，如需要接口，其接口应设在垂直臂的中间位置，且接口必须焊接。

（12）方形补偿器应水平安装，并与管道的坡度一致；如其臂长方向垂直安装必须设排气及泄水装置。

（13）热量表、疏水器、除污器、过滤器及阀门的型号、规格、公称压力及安装位置应符合设计要求。

（14）钢管管道焊口尺寸的允许偏差应符合现行国家标准《建筑给水排水及采暖工程施工质量验收规范》GB 50242的规定。

（15）采暖系统入口装置及分户热计量系统入户装置，应符合设计要求。安装位置应便于检修、维护和观察。

（16）散热器支管长度超过1.5m时，应在支管上安装管卡。

10.6.3 辅助设备及散热器安装

（1）散热器支架、托架安装，位置应准确，埋设牢固。散热器支架、托架数量，应符合设计或产品说明书要求。如设计未注明时，则应符合现行国家标准《建筑给水排水及采暖工程施工质量验收规范》GB 50242 的规定。

（2）散热器组对后，以及整组出厂的散热器在安装之前应做水压试验。试验压力如设计无要求时应为工作压力的 1.5 倍，但不小于 0.6MPa。

（3）散热器组对应平直紧密，组对后的平直度应符合现行国家标准《建筑给水排水及采暖工程施工质量验收规范》GB 502423 规定。

（4）组对散热器的垫片应符合下列规定：

1）组对散热器垫片应使用成品，组对后垫片外露不应大于 1mm。

2）散热器垫片材质当设计无要求时，应采用耐热橡胶。

（5）散热器背面与装饰后的墙内表面安装距离，应符合设计或产品说明书要求。如设计未注明，应为 30mm。

（6）铸铁或钢制散热器表面的防腐及面漆应附着良好，色泽均匀，无脱落、起泡、流淌和漏涂缺陷。

10.6.4　金属辐射板安装

（1）辐射板在安装前应做水压试验，如设计无要求时试验压力应为工作压力 1.5 倍，但不得小于 0.6MPa。

（2）水平安装的辐射板应有不小于 5‰ 的坡度坡向回水管。

（3）辐射板管道及带状辐射板之间的连接，应使用法兰连接。

10.6.5　低温热水地板辐射采暖系统安装

（1）防潮层、防水层、隔热层及伸缩缝应符合设计要求。

（2）填充层强度标号应符合设计要求。

（3）分、集水器型号、规格、公称压力及安装位置、高度等应符合设计要求。

（4）地面下敷设的盘管理地部分不应有接头。

（5）盘管隐蔽前必须进行水压试验，试验压力为工作压力的 1.5 倍，但不小于 0.6MPa。

（6）加热盘管弯曲部分不得出现硬折弯现象，曲率半径应符合下列规定：

1）塑料管：不应小于管道外径的 8 倍。

2）复合管：不应小于管道外径的 5 倍。

（7）加热盘管管径、间距和长度应符合设计要求。

10.6.6　质量检查

应符合现行国家标准《建筑给水排水及采暖工程施工质量验收规范》GB 50242 的规定。

10.7　室外给水管网敷设

10.7.1　材料（设备）质量控制

室内给水管网常用材料（设备）质量控制要点，见表 10-4。

序号	项目	质量控制要点
1	一般要点	（1）工程所使用的主要材料、成品、半成品、配件和设备必须具有中文质量合格证明文件。 （2）工程所使用的材料、设备的规格型号和性能检测报告应符合国家技术标准和设计要求。 （3）所有材料进入施工现场时应进行品种、规格、外观验收。包装应完好，表面无划痕及外力冲击破损。 （4）主要器具和设备必须有完整的安装使用说明书。 （5）管道使用的配件的压力等级、尺寸规格等应和管道配套
2	管材及配件	（1）给水铸铁管及管件的规格品种应符合设计要求，管壁薄厚均匀，内外光滑整洁，不得有砂眼、裂纹、飞刺和疙瘩。承插口的内外径及管件应造型规矩，尺寸合格。管材管件有出厂合格证，检测报告及当地卫生部门的卫生检测报告。 （2）碳素钢管、镀锌钢管的管壁厚度均匀，尺寸符合国标要求，管材应无弯曲、锈蚀、重皮等现象，有出厂合格证。镀锌管件应无偏扣、乱扣、断丝、角度不准等现象。 （3）钢管壁厚不大于3.5mm时，钢管表面不准有大于0.5mm深的伤痕；壁厚大于3.5mm时，伤痕深不准超过1mm。 （4）阀门、法兰及其他设备应具有质量合格证，且无裂纹、开关灵活严密、铸造规矩，手轮良好。 （5）捻口用水泥一般采用强度等级不小于42.5级的硅酸盐水泥，水泥应具有质量合格证。 （6）电焊条、型钢、圆钢、螺栓、螺母等应具有质量合格证。 （7）管卡、油、麻、垫、生胶带等应仔细验收合格
3	塑料管材及配件	（1）生活给水管道的管材、管件、接口密封材料不得影响水质，有害人体健康，应具备卫生检验部门的检验报告和认证文件。 （2）塑料管材、管件、接口密封材料，应有出厂合格证，并标明生产厂家、出厂日期、检验代号、有效使用期限。 （3）塑料和复合管材、管件、胶粘剂、橡胶圈及其他附件等应是同一厂家的配套产品。 （4）塑料管、复合管等新型管材、管件的规格、品种、公差、应符合国家产品质量的要求。 （5）管材及配件颜色应均匀一致，无色泽不均及分解变色线。 （6）管材及配件内壁光滑、平整，无气泡、裂口、脱皮、严重的冷斑及明显的裂纹、凹陷。 （7）管材轴向不得有异向弯曲，其直线度偏差应小于1%，端口必须平直其垂直于轴线。 （8）管件应完整无损，无变形，合模缝，浇口应平整无开裂。 （9）管材、管件的承插口工作面应平整、尺寸准确，以保证接口的密封性能。 （10）塑料管道的胶粘剂应有管材厂家提供并有使用说明书。胶粘剂应呈自有流动状态，不得呈凝胶体，在未搅拌情况下不得有团块、不溶颗粒和影响粘接的杂质。 （11）胶粘剂中不得含有毒和有利于微生物生长的物质，不得影响水质和对饮水产生异味、嗅的影响。 （12）每个橡胶圈上不得有多于两个搭接接头，橡胶圈的截面应均匀
4	消防水泵接合器及室外消火栓	（1）室外消火栓、消防接合器、阀门等产品型号的选用应遵守设计要求。 （2）严格检查消火栓、接合器等各处开关是否灵活、严密、吻合，检查附属设备配件是否齐全。 （3）产品要具有生产合格证/当地消防部门的备案证明、型式检验报告
5	井室材料	（1）水泥、砖块质量要符合标准图或设计要求，水泥具有质量合格证明。 （2）铸铁井盖应具有质量合格证明，并检查不得有裂纹

10.7.2　管道安装

1. 管道对口和调直稳固

（1）下至沟底的铸铁管在对口时，可将管子插口稍稍抬起，然后再将管子校正，使承插间隙均匀，并保持直线，管子两侧用土固定。

（2）遇到需要安装阀门处，应先将阀门与其配合的两侧短管安装好，而不能先将两侧短管与管子连接后再与阀门连接。

（3）管子铺设并调直后，除接口外应及时覆土，以稳固管子，防止位移；另一方面也可以防止在捻口时，将已捻管口振松。

（4）稳管时，每根管子必须仔细对准中心线，接口的转角应符合规范要求。

2. 管道安装

（1）给水管道不得直接穿越污水井、化粪池、公共厕所等污染源。

（2）管道和金属支架的涂漆应附着良好，无脱皮、起泡、流淌和漏涂等缺陷。

（3）管道连接应符合工艺要求，阀门、水表等安装位置应正确。塑料给水管管道上的水表、阀门等设施其重量或启闭装置的扭矩不得作用于管道上，当管径大于等于 50mm 时，必须设独立的支承装置。

（4）给水管道与污水管道在不同标高平行敷设，其垂直间距在 500mm 以内时，给水管管径小于或等于 200mm 时，管壁水平间距不得小于 1.5m；管径大于 200mm 的，不得小于 3m。

（5）管道接口法兰、卡扣、卡箍等应安装在检查井或地沟内，不应埋在土壤中。

（6）采用水泥捻口的给水铸铁管，在安装地点有侵蚀性的地下水时，应在接口处涂抹沥青防腐层。

（7）采用橡胶圈接口的埋地给水管道，在土壤或地下水对橡胶圈有腐蚀的地段，在回填土前应用沥青胶泥、沥青麻丝或沥青锯末等材料封闭橡胶圈接口。

（8）管道和金属支架的涂漆应附着良好，无脱皮、起泡、流淌和漏涂等缺陷。

（9）埋地管道防腐时，管材与卷材间应粘贴牢固，无空鼓、滑移、接口不严等问题。镀锌钢管、钢管的埋地必须符合设计要求。

（10）给水管道在竣工后，必须对管道进行冲洗，饮用水管道还要在冲洗后进行消毒，满足饮用水卫生要求。

10.7.3　消防水泵接合器及室外消火栓安装

（1）管沟、阀门井、消防设备的标高及位置符合设计图纸要求；管沟平直，深度、宽度符合要求，沟底夯实，有防塌方措施；设备专业已与土建专业填写了交接检查记录。

（2）管道及支座铺设时，沟底应夯实的沟底，无冻土；管道接口法兰卡扣、卡箍等不应埋在土壤中。

（3）消防水泵接合器、消火栓安装：消防水泵接合器及室外消火栓的安装位置、型式必须符合设计要求。

（4）消防水泵接合器和消火栓的位置标志应明显，栓口的位置应方便操作。消防水泵接合器和室外消火栓当采用墙壁式时，如设计未要求，进、出水栓口的中心安装高度距地面应为 1.10m，其上方应设有防坠落物打击的措施。

（5）地下式消防水泵接合器顶部进水口或地下式消火栓的顶部出水口与消防井盖底面的距离不得大于 400mm，井内应有足够的操作空间，并设爬梯。寒冷地区井内应做防冻保护。

（6）消防水泵接合器的安全阀及止回阀安装位置和方向应正确，阀门启闭应灵活。

10.7.4　管沟及井室施工

（1）管沟的基础处理和井室的地基必须符合设计要求。

（2）管沟的坐标、位置、沟底标高应符合设计要求。

（3）管沟的沟底层应是原土层或是夯实的回填土，沟底应平整，坡度应顺畅，不得有尖硬的物体、块石等。

（4）管沟回填土，管顶上部 200mm 以内应用砂或无块石及冻土块的土，并不得用机械回填；管顶上部 500mm 以内不得回填直径大于 100mm 的块石和冻土块；500mm 以上部分回填土中的块石或冻土块不得集中。上部用机械回填时，机械不得在管沟上行走。

（5）井室的砌筑应按设计或给定的标准图施工。井室的底标高在地下水位以上时，基层应为素土夯实；在地下水位以下时，基层应浇筑 100mm 厚的混凝土底板。砌筑应采用水泥砂浆，内表面抹灰后应严密不透水。

（6）管道穿过井壁处，应用水泥砂浆分二次填塞严密、抹平，不得渗漏。

（7）井室砌筑可靠，井盖符合设计要求，且文字标识清楚，各种井盖不得混用。

（8）设在通车路面下或小区道路下的各种井室，必须使用重型井圈和井盖，井盖上表面应与路面相平，允许偏差为 ±5mm。绿化带上和不通车的地方可采用轻型井圈和井盖，井盖的上表面应高出地坪 50mm，并在井口周围以 2% 的坡度向外做水泥砂浆护坡。

（9）重型铸铁或混凝土井圈，不得直接放在井室的砖墙上，砖墙上应做不少于 80mm 厚的细石混凝土垫层。

10.7.5　质量检查

应符合现行国家标准《建筑给水排水及采暖工程施工质量验收规范》GB 50242 的规定。

10.8　室外排水管网敷设

10.8.1　材料（设备）质量控制

室外排水管网常用材料（设备）质量控制要点，见表 10-5。

序号	项目	质量控制要点
1	一般要点	（1）排水管及管件规格品种应符合设计要求，应有产品合格证。管壁薄厚均匀，内外光滑整洁，不得有砂眼、裂缝、飞刺和疙瘩。要有出厂合格证、无偏扣、乱扣、方扣、断丝和角度不准等缺陷。 （2）塑料管的管材、管件的规格、品种、公差、应符合国家产品质量的要求，管材、管件、胶粘剂、橡胶圈及其他附件等应是同一厂家的配套产品。 （3）各类阀门有出厂合格证，规格、型号、强度和严密性试验符合设计要求。丝扣无损伤，铸造无毛刺、无裂纹，开关灵活严密，手轮无损伤。 （4）附属装置应符合设计要求，并有出厂合格证。 （5）捻口水泥一般采用强度等级不小于 32.5 级的硅酸盐水泥和膨胀水泥（采用石膏矾土膨胀水泥或硅酸盐膨胀水泥）。水泥必须有出厂合格证。 （6）胶粘剂应标有生产厂名称、生产日期和有效期，并应有出场合格证和说明书。 （7）型钢、圆钢、管卡、螺栓、螺母、油、麻、垫、电焊条等符合设计要求
2	铸铁管	（1）铸铁管应有制造厂的名称和商标、制造日期及工作压力符号等标记。 （2）铸铁管、管件应进行外观检查，每批抽 10% 检查其表面状况，涂漆质量及尺寸偏差。内外表面应整洁，不得有裂缝、冷隔、瘪陷和错位等缺陷，其要求如下： 1）承插部分不得有粘砂及凸起，其他部分不得有大于 2mm 厚的粘砂及 5mm 高的凸起。 2）承口的根部不得有凹陷，其他部分的局部凹陷不得大于 5mm。 3）机械加工部分的轻微孔穴不大于 1/3 厚度，且不大于 5mm。 4）间断沟陷、局部重皮及疤痕的深度不大于 5% 壁厚加 2mm，环状重皮及划伤的深度不大于 5% 壁厚加 1mm。 （3）铸铁管内外表面的漆层应完整光洁，附着牢固。 （4）法兰与管子或管件的中心线应垂直，两端法兰应平行。法兰面应有凸台及密封沟。 （5）铸铁管件，如无制造厂的水压试验资料时，使用前须每批抽 10% 做水压试验。如有不合格，则应逐根检查
3	混凝土和钢筋混凝土管	（1）管子内、外表面应光洁平整，无蜂窝、坍落、露筋、空鼓。 （2）混凝土管不允许有裂缝；钢筋混凝土管外表面不允许有裂缝，管内壁裂缝宽度不得超过 0.05mm。表面的龟裂和砂浆层的干缩裂缝不在此限。 （3）合缝处不应漏浆。 （4）有下列情况的管子，允许修补： 1）坍落面积不超过管内的表面积的 1/20，并没有露出环向钢筋。 2）外表面凹深不超过 5mm；粘皮深度不超过壁厚的 1/5，其最大值不超过 10mm；粘皮、蜂窝、麻面的总面积不超过外表面积的 1/20，每块面积不超过 100cm²。 3）合缝漏浆深度不超过管壁厚度的 1/3，长度不超过管长的 1/3。 4）端面碰伤纵向深度不超过 100mm，环向长度限值不得超过表 10-6 规定
4	塑料管材、管件	（1）颜色应均匀一致，无色泽不均及分解变色线。 （2）内壁光滑、平整、无气泡、裂口、脱皮，无严重的冷斑及明显的裂纹、凹陷。 （3）管材轴向不得有异向弯曲，其直线度偏差应小于 1%，端口必须平直，垂直于轴线。 （4）管件应完整无损，无变形，合模缝、浇口应平整无开裂。 （5）管材、管件的承插口工作面应平整、尺寸准确，以保证接口的密封性能。 （6）胶粘剂应呈自有流动状态，不得呈凝胶体，在未搅拌情况下不得有团块、不溶颗粒和影响粘结的杂质。 （7）胶粘剂中不得含有毒和有利于微生物生长的物质，不得影响水质和对饮水产生异味。 （8）每个橡胶圈上不得有多于两个搭接接头，橡胶圈的截面应均匀

序号	项目	质量控制要点
5	砌筑材料	（1）砌筑、勾缝和抹面均采用水泥砂浆，其水泥强度等级不低于32.5级。 （2）砂浆质量符合下列要求：砂浆配制严格按照设计配比拌制；砂浆应随拌随用，拌好后的砂浆应在初凝前用完；砂浆要搅拌均匀，使用中如出现泌水现象，应充分搅拌后使用
6	管道基础材料	（1）配制现浇混凝土的水泥应采用普通硅酸盐水泥、火山灰质硅酸盐水泥和矿渣硅酸盐水泥。 （2）配制混凝土所用骨料应符合国家现行有关标准的规定。 （3）浇筑混凝土管座时，应在浇筑地点制作混凝土抗压强度试块

端面碰伤长度（mm） 表10-6

公称内径	碰伤长度限值	公称内径	碰伤长度限值
100~200	40~45	1000~1500	85~105
300~500	50~60	1600~2400	110~120
600~900	65~80	—	—

10.8.2 管道安装

（1）管道的坐标和标高应符合设计要求。

（2）排水管道的坡度必须符合设计要求，严禁无坡或倒坡。

（3）管道埋设前必须做灌水试验和通水试验，排水应畅通，无堵塞，管接口无渗漏。

（4）排水铸铁管外壁在安装前应除锈，涂两遍石油沥青漆。

（5）排水铸铁管采用水泥捻口时，油麻填塞应密实，接口水泥应密实饱满，其接口面凹入承口边缘且深度不得大于2mm。

（6）承插接口的排水管道安装时，管道和管件的承口应与水流方向相反。

（7）混凝土管和钢筋混凝土管采用抹带接口时，抹带前应将管口的外壁凿毛，扫净，当管径小于或等于500mm时，抹带可一次完成；当管径大于500mm时，应分两次抹成，抹带不得有裂纹。

钢丝网应在管道就位前放入下方，抹压砂浆时，应将钢丝网抹压牢固，钢丝网不得外露。抹带厚度不得小于管壁的厚度，宽度宜为80~200mm。

10.8.3 管沟及井、池施工

（1）管道排水井，化粪池的标高及位置符合设计图纸要求，管沟平直，深度、宽度符合要求，沟底夯实或用混凝土打底。

（2）各种排水井、池应按设计给定的标准图施工，各种排水井和化粪池均应用混凝土浇筑底板（雨水井除外），厚度不小于100mm。

（3）排水检查井、化粪池的底板及进、出水管的标高，必须符合设计，其允许偏差为±15mm。

（4）井、池的规格、尺寸和位置应正确，砌筑和抹灰符合要求。

（5）排水管道的坡度必须符合设计要求，严禁无坡或倒坡。

（6）管道埋设前必须做灌水试验和通水试验，排水应畅通，无堵塞，管接口无渗漏。

10.8.4 质量检查

应符合现行国家标准《建筑给水排水及采暖工程施工质量验收规范》GB 50242 的规定。

10.9 室外供热管网敷设

10.9.1 材料（设备）质量控制

（1）主要材料、成品、半成品、配件和设备必须具有质量合格证明文件，规格、型号及性能监测报告应符合国家技术标准或设计要求，进场时应进行检查验收，并经监理工程师核查确认。

（2）材料进场时，应对其品种、规格、外观等进行验收，外包装应完好，表面无划痕及外力冲击破损。

（3）管材钢号应从耐压、耐温两方面满足工作条件的要求，耐压从管壁厚度上解决，耐温根据介质工作温度的不同选用不同的钢号。

（4）管道上使用冲压弯头时，所使用的冲压弯头外径应与管道外径相同。

（5）直埋热管道中等径直管段中不应采用不同厂家、不同规格、不同性能的预制保温管，当无法避免时，应征得设计部门的同意。

直埋热管道及管件应在工厂预制，保温壳应连续、完整和严密。保温层应饱满，不应有空洞。

（6）碳素钢管、无缝钢管、镀锌钢管应有产品合格证，管材无弯曲、无锈蚀、无飞刺、重皮及凹凸不平等缺陷。

（7）管件符合现行标准，有出厂合格证，无偏扣、乱扣、方扣、断丝和角度不准等缺陷。

（8）各类阀门有出厂合格证及测试报告，规格、型号、强度和严密性试验符合设计要求。丝扣无损伤，阀体铸造无毛刺、无裂纹，开关灵活严密，手轮无损伤。

（9）配件、平衡阀、调节阀、补偿器等的型号、规格及名称压力应符合设计要求。补偿器的拉伸量符合设计要求。热力管网工程所用的阀门，必须有制造厂的产品合格证和工程所在地阀门检验部门的检验合格证明，按要求做强度及严密性复验。

（10）型钢、圆钢、管卡、螺栓、螺母、油、麻、垫、电焊条等符合设计要求。

10.9.2 管道及配件安装

（1）安装直埋管道必须在沟底找平夯实，无杂物，沟宽及沟底标高尺寸复核无误后进行；安装地沟内干管，应在管沟砌筑完成后，盖沟盖板前，安装托吊卡架后进行。安装架空的干管，应先搭好脚手架，稳装好管道支架后进行。

（2）检查井室、用户入口处管道应便于操作及维修，支、吊（托）架稳固，并满足设计要求。

（3）管道支、吊（托）架稳固，符合设计与规范要求。

（4）管道水平敷设坡度应符合设计要求。

（5）直埋管道接口处现场发泡时，接头保护层必须与管道保护层贴合紧密，符合防潮防水要求。

（6）直埋无补偿供热管道预热伸长及三通加固应符合设计要求。回填前应注意检查预制保温层外壳及接口的完好性。回填应按设计要求进行。

（7）管道及管件焊接的焊缝外形尺寸应符合图纸和工艺文件的规定，焊缝高度不得低于母材表面，焊缝与母材应圆滑过渡；焊缝及热影响区表面应无裂纹、未熔合、未焊透、夹渣、弧坑和气孔等缺陷。

（8）补偿器安装位置必须符合设计要求，并应按设计要求或产品说明书进行预拉伸。管道固定支架的位置和构造必须符合设计要求。

（9）防锈漆的厚度应均匀，不得有脱皮、起泡、流淌和漏涂等缺陷。

（10）系统水压试验，试验时试验管道与非试验管道应切断连接。

10.9.3 质量检查

应符合现行国家标准《建筑给水排水及采暖工程施工质量验收规范》GB 50242 的规定。

10.10 建筑中水及游泳池水系统

10.10.1 材料（设备）质量控制

（1）中水设备的产品质量合格证及检验报告。

（2）铸铁管材管件有出厂合格证及检测报告，镀锌钢管的管材、管件有出厂证明文件。

（3）塑料管材、管件，阀门配件有出厂证明文件、检测报告。

（4）设备及管道附件试验记录。

（5）游泳池水系统设备的产品质量合格证及检验报告，检查游泳池的给水口、回水口、泄水口、溢流槽、格栅及毛发聚集器等均为耐腐蚀材料制造。

（6）铸铁管材、管件，塑料管材、管件以及阀门配件有出厂合格证及检测报告。

10.10.2 建筑中水系统管道及辅助设备安装

（1）中水与生活的高位水箱应分设在不同的房间内，如条件不允许只能设在同一房间时，与生活高位水箱的净距离应大于 2m。

（2）中水给水管道不得装设给水龙头。便器冲洗宜采用密闭型设备和器具。绿化、浇洒、汽车冲洗宜采用壁式或地下式的给水栓。

（3）中水供水管道严禁与生活饮用水给水管道连接，并应采取下列措施：

1）中水管道外壁应涂浅绿色标志。

2）中水池（箱）、阀门、水表及给水栓均应有"中水"标志。

（4）中水管道不宜暗装于墙体和楼板内。如必须暗装于墙槽内时，须在管道上设明显且不会脱落的标志。

（5）中水给水管道管材及配件应采用耐腐的给水管管材及管件。

（6）中水管道与生活饮用水管道、排水管道平行埋设时，其水平净距离不得小于0.5m；交叉埋设时，中水管道应位于生活饮用水管道下面，排水管道的上面，其净距离不应小于0.15m。

10.10.3　游泳池水系统安装

（1）游泳池的给水口、回水口、泄水口应采用耐腐蚀的铜、不锈钢、塑料等材料制造。溢流槽、格栅应为耐腐蚀材料制造，并为组装型。安装时其外表面应与池壁或池底面相平。

（2）游泳池的毛发聚集器应采用铜或不锈钢等耐腐蚀材料制造，过滤筒（网）的孔径应不大于3mm，其面积应为连接管截面积的1.5～2倍。

（3）游泳池循环水系统加药（混凝剂）的药品溶解池、溶液池及定量投加设备应采用耐腐蚀材料制作。输送溶液的管道应采用塑料管、胶管或铜管。

（4）游泳池地面，应采取有效措施防止冲洗排水流入池内。

（5）游泳池的浸脚、浸腰消毒池的给水管、投药管、溢流管、循环管和泄空管应采用耐腐蚀材料制成。

10.10.4　质量检查

应符合现行国家标准《建筑给水排水及采暖工程施工质量验收规范》GB 50242 的规定。

第 11 章　通风与空调工程实体质量控制

11.1　基本规定

11.1.1　材料（设备）基本要求

（1）通风与空调工程所使用的主要原材料、成品、半成品和设备的材质、规格及性能应符合设计文件和国家现行标准的规定，不得采用国家明令禁止使用或淘汰的材料与设备。

（2）通风与空调工程所使用的材料与设备应有中文质量证明文件，并齐全有效。质量证明文件应反映材料与设备的品种、规格、数量和性能指标，并与实际进场材料和设备相符。设备的型式检验报告应为该产品系列，并应在有效期内。

进口材料与设备应提供有效的商检合格证明、中文质量证明等文件。

（3）材料与设备进场时，施工单位应对其进行检查和试验，合格后报请监理工程师（建设单位代表）进行验收，进场质量验收应经监理工程师或建设单位相关责任人确认，并应形成相应的书面记录。

未经监理工程师（建设单位代表）验收合格的材料与设备，不应在工程中使用。

（4）通风与空调工程采用的新技术、新工艺、新材料与新设备，均应有通过专项技术鉴定验收合格的证明文件。

11.1.2　隐蔽工程的质量控制

（1）绝热的风管和水管：包括管道、部件、附件、阀门、控制装置等的材质与规格尺寸，安装位置，连接方式；管道防腐；水管道坡度；支吊架形式及安装位置，防腐处理；水管道强度及严密性试验，冲洗试验；风管严密性试验等。

（2）封闭竖井内、吊顶内及其他暗装部位的风管、水管和相关设备：风管及水管的检查内容同上；设备检查内容包括设备型号、安装位置、支吊架形式、设备与管道连接方式、附件的安装等。

（3）暗装的风管、水管和相关设备的绝热层及防潮层：包括绝热材料的材质、规格及厚度，绝热层与管道的粘贴，绝热层的接缝及表面平整度，防潮层与绝热层的粘贴，穿套管处绝热层的连续性等。

（4）出外墙的防水套管：包括套管形式、做法、尺寸及安装位置。

11.1.3　通风与舒适性空调系统观感质量

（1）风管的规格、尺寸必须符合设计要求；风管表面应平整、无损坏；风管接管合理，包括风管的连接以及风管与设备或消声装置的连接。

（2）风口表面应平整，颜色一致；风口安装位置应正确，使室内气流组织合理；风口可调节部位应能正常动作；风口处不应产生气流噪声。

（3）各类调节装置的制作和安装应正确牢固，调节灵活，操作方便；防火阀及排烟阀等关闭严密，动作可靠，安装方向正确，检查孔的位置必须设在便于操作的部位。

（4）制冷及空调水管系统的管道、阀门、仪表及工作压力、管道系统的工艺流向、坡度、标高、位置必须符合设计要求，安装位置应正确；系统无渗漏。

（5）风管、部件及管道的支、吊架形式，规格、位置、间距及固定必须符合设计和规范要求，严禁设在风口、阀门及检视门处。

（6）风管、管道的软性接管位置应符合设计要求，接管正确，牢固，自然无强扭；防排烟系统柔性短管的制作材料必须为不燃材料。

（7）通风机、制冷机、水泵、风机盘管机组的安装应正确牢固，底座应有隔振措施，地脚螺栓必须拧紧，垫铁不超过3块。

（8）组合式空调箱机组外表平整光滑，接缝严密，组装顺序正确，喷水室外表面无渗漏；与风口及回风室的连接必须严密；与进、出水管的连接严禁渗漏；凝结水管的坡度必须符合排水要求。

（9）除尘器的规格和尺寸必须符合设计要求；除尘器、积尘室安装应牢固，接口严密。

（10）消声器的型号、尺寸及制作所用的材质、规格必须符合设计要求，并标明气流方向。

（11）风管、部件、管道及支架的油漆应附着牢固，漆膜厚度均匀；油漆品种、漆层遍数、油漆颜色与标志符合设计要求。

（12）绝热层的材质、规格、厚度及防火性能应符合设计要求；表面平整，无断裂和脱落；室外防潮层或保护壳应顺水搭接，无渗漏；风管、水管与空调设备接头处以及产生凝结水部位必须保温良好，严密无缝隙。

11.1.4　净化空调系统的观感

（1）空调机组、风机、净化空调机组、风机过滤器单元和空气吹淋室等安装位置应正确，固定牢固，连接严密，其偏差应符合规范要求。

（2）风管、配件、部件和静压箱的所有接缝都必须严密不漏。

（3）高效过滤器与风管、风管与设备的连接处应有可靠密封。

（4）净化空调系统柔性短管所采用的材料必须不产尘，不漏气，内壁光滑；柔性短管与风管、设备的连接必须严密不漏。

（5）净化空调机组、静压箱、风管及送回风口清洁无积尘。

（6）装配式洁净室的内墙面、吊顶和地面应光滑，平整，色泽均匀，不起灰尘；地板静电值应低于设计规定。

（7）送（回）风口、各类末端装置以及各类管道等与洁净室内表面的连接处密封处理应可靠，严密。

11.2 风管与配件制作

11.2.1 材料（设备）质量控制

（1）风管制作所用的板材、型材以及其他主要材料进场时应进行验收，质量应符合设计要求及国家现行标准的有关规定，并应提供出厂检验合格证明。工程中所选用的成品风管，应提供产品合格证书或进行强度和严密性的现场复验。

（2）非金属风管的材料品种、规格、性能与厚度应符合设计和现行国家产品标准的规定。复合材料风管的覆面材料必须为不燃材料，内部的绝热材料应为不燃 A 级或难燃 B_1 级，且对人体无害的材料。

（3）普通薄钢板应表面平整、光滑，厚度均匀，允许有紧密的氧化铁薄膜，不得有裂纹，结疤等缺陷。

（4）镀锌钢板的表面要求光滑洁净，表面层应有热镀锌特有的镀锌层结晶花纹，钢板镀锌厚度不小于 0.02mm。

（5）不锈钢板应厚度均匀，表面光洁，板面不得有划痕、刮伤、锈蚀和凹穴等缺陷。

（6）铝板表面应光洁，无明显的磨损划伤。

（7）塑料复合钢板表面涂层不得有起皮、分层或者部分涂层脱落等现象。

（8）复合风管的制作材料表面层应为不燃性材料，内部的绝热材料应为不燃 A 级或难燃 B_1 级材料。

（9）硬聚氯乙烯板表面应平整，厚度均匀，无裂纹、分层、气泡。

（10）防火风管的本体、框架与固定材料、密封材料必须为不燃材料，其耐火等级应符合设计的规定。

（11）无机玻璃钢风管板材表面不得出现返卤或严重泛霜。

（12）用于高压风管系统的非金属风管厚度应按设计规定。

11.2.2 金属风管与配件制作

1. 板材拼接及接缝

（1）风管板材拼接及接缝时，风管板材拼接的咬口缝应错开，不应形成十字形交叉缝；洁净空调系统风管不应采用横向拼缝。

（2）镀锌钢板或彩色涂塑层钢板的拼接，应采用咬接或铆接，且不得有十字形拼接缝。彩色钢板的涂塑面应设在风管内侧，加工时应避免损坏涂塑层，已损坏的涂塑层应进行修补。风管板材拼接采用铆接连接时，应根据风管板材的材质选择铆钉。

（3）未经过防腐处理的钢板在加工咬口前，宜涂一道防锈漆。空气洁净度等级为 1～5 级的洁净风管不应采用按扣式咬口连接，铆接时不应采用抽芯铆钉。

（4）风管焊接连接时，板厚大于 1.5mm 的风管可采用电焊、氩弧焊等；风管焊接前应除锈、除油。焊缝应熔合良好、平整，表面不应有裂纹、焊瘤、穿透的夹渣和气孔等缺陷。

焊接时宜采用间断跨越焊形式，间距宜为 100～150mm，焊缝长度宜为 30～50mm，依次循环。焊材应与母材相匹配，焊缝应满焊、均匀。焊接完成后，应对焊缝除渣、防腐，板材校平。

（5）不锈钢板或铝板连接件防腐措施，应防腐良好，无锈蚀。

2. 风管的连接

（1）风管法兰的焊缝应熔合良好、饱满，无夹渣和孔洞；矩形法兰四角处应设螺栓孔，孔心应位于中心线上。同一批量加工的相同规格法兰，其螺栓孔排列方式、间距应统一，且应具有互换性。

（2）风管与法兰组合成型：圆风管与扁钢法兰连接时，应采用直接翻边，预留翻边量不应小于6mm，且不应影响螺栓紧固。

不锈钢风管与法兰铆接时，应采用不锈钢铆钉；法兰及连接螺栓为碳素钢时，其表面应采用镀铬或镀锌等防腐措施。

铝板风管与法兰连接时，宜采用铝铆钉；法兰为碳素钢时，其表面应按设计要求做防腐处理。

（3）矩形风管C形、S形插条制作和连接时，C形、S形插条与风管插口的宽度应匹配，C形插条的两端延长量宜大于或等于20mm。插条与风管插口连接处应平整、严密。水平插条长度与风管宽度应一致，垂直插条的两端各延长不应少于20mm，插接完成后应折角。

铝板矩形风管不宜采用C形、S形平插条连接。

（4）矩形风管采用立咬口或包边立咬口连接时，其立筋的高度应大于或等于角钢法兰的高度，同一规格风管的立咬口或包边立咬口的高度应一致，咬口采用铆钉紧固时，其间距不应大于150mm。

（5）风管采用芯管连接时，芯管板厚度应大于或等于风管壁厚度，芯管外径与风管内径偏差应小于3mm。

（6）薄钢板法兰风管的接口及连接件、附件固定，端面及缝隙。

（7）薄钢板法兰风管连接端面接口处应平整，接口四角处应有固定角件，其材质为镀锌钢板，板厚不应小于1.0mm。固定角件与法兰连接处应采用密封胶进行密封。

3. 风管加固

（1）薄钢板法兰风管宜轧制加强筋，加强筋的凸出部分应位于风管外表面，排列间隔应均匀，板面不应有明显的变形。

（2）风管的法兰强度低于规定强度时，可采用外加固框和管内支撑进行加固，加固件距风管连接法兰一端的距离不应大于250mm。

（3）外加固的型材高度应等于或小于风管法兰高度，且间隔应均匀对称，与风管的连接应牢固，螺栓或铆接点的间距不应大于220mm；外加固框的四角处，应连接为一体。

（4）中、高压风管的管段长度大于1250mm时，应采用加固框的形式加固。高压系统风管的单咬口缝应有防止咬口缝胀裂的加固措施。

（5）洁净空调系统的风管不应采用内加固措施或加固筋，风管内部的加固点或法兰铆接点周围应采用密封胶进行密封。

（6）风管加固应排列整齐，间隔应均匀对称，与风管的连接应牢固，铆接间距不应大于220mm。风管压筋加固间距不应大于300mm，靠近法兰端面的压筋与法兰间距不应大于

200mm；风管管壁压筋的凸出部分应在风管外表面。

（7）风管内支撑加固的排列应整齐、间距应均匀对称，应在支撑件两端的风管受力（压）面处设置专用垫圈。采用管套内支撑时，长度应与风管边长相等。

风管采用镀锌螺杆内支撑时，镀锌加固垫圈应置于管壁内外两侧。正压时密封圈置于风管外侧，负压时密封圈置于风管内侧，风管四个壁面均加固时，两根支撑杆交叉成十字状。采用钢管内支撑时，可在钢管两端设置内螺母。

（8）铝板矩形风管采用碳素钢材料进行内、外加固时，应按设计要求做防腐处理。

4. 风管弯头导流叶片设置

（1）边长大于或等于500mm，且内弧半径与弯头端口边长比小于或等于0.25时，应设置导流叶片，导流叶片宜采用单片式、月牙式两种类型。

（2）导流叶片内弧应与弯管同心，导流叶片应与风管内弧等弦长。

（3）导流叶片间距可采用等距或渐变设置的方式，最小叶片间距不宜小于200mm，导流叶片的数量可采用平面边长除以500的倍数来确定，最多不宜超过4片。

（4）导流叶片应与风管固定牢固，固定方式可采用螺栓或铆钉。

11.2.3 非金属与复合风管及配件制作

1. 无机玻璃钢风管

（1）风管表面应光洁、无裂纹、无玻璃纤维布裸露、无明显泛霜和分层现象。

（2）玻璃纤维网格布相邻层之间的纵、横搭接缝距离应大于300mm，同层搭接缝距离不得小于500mm。搭接长度应大于50mm。

（3）风管表层浆料厚度以压平玻璃纤维网格布为宜（可见布纹），表面不得有密集气孔和漏浆。

（4）组合型风管管板接合四角处应涂满无机胶凝浆料密封，并应采用角形金属型材加固四角边，其紧固件的间距应不大于200mm。法兰与管板紧固点的间距不大于120mm。

（5）整体型风管加固应采用与本体材料或防腐性能相同的材料，加固件应与风管成为整体。风管制作完毕后的加固，其内支撑横向加固点数及外加固框、内支撑加固点纵向间距应符合设计要求规定，并采用与风管本体相同的胶凝材料封堵。

（6）组合型风管的内支撑加固点数及外加固框、内支撑加固点纵向间距应符合设计要求。

2. 有机玻璃钢风管

（1）风管不应有明显扭曲，内表面应平整、光滑、无气泡，外表面应整齐、美观，厚度应均匀，且边缘处无毛刺及分层现象。

（2）玻璃纤维网格布之间的接缝应相互错开，搭缝宽度不应小于50mm。

（3）当矩形风管边长大于900mm，且管段长度大于1250mm时，应有加固措施。加固筋的分布应均匀、整齐，且应在铺层达到70%以上时再埋入。

（4）风管的加固应为本体材料或防腐性能相同的材料，并应与风管成为一体。

3. 硬聚氯乙烯、聚丙烯（PP）风管与配件制作

（1）板材放样下料应考虑收缩余量。

（2）矩形风管的四角宜采用加热折方成型。板材纵向焊缝距四角处宜大于 80 mm。

（3）风管板材间及与法兰连接应采用焊接，焊接前，应进行坡口加工，并应清理焊接部位的油污、灰尘等杂质。

（4）风管与法兰焊接连接时，法兰端面应垂直于风管轴线。直径或边长大于 500mm 的风管与法兰的连接处，宜均匀设置三角支撑加强板，加强板间距不应大于 450mm。风管两端面应平行，无明显扭曲，表面应平整，凸凹不应大于 5 mm；撅角圆弧应均匀。

（5）焊接的热风温度、焊条、焊枪喷嘴直径及焊缝形式应满足焊接要求。

（6）焊接时，焊条应垂直于焊缝平面，不应向后或向前倾斜，并应施加一定压力，使被加热的焊条与板材黏合紧密。焊枪喷嘴应沿焊缝方向均匀摆动，喷嘴距焊缝表面应保持 5～6mm 的距离。

（7）法兰与风管焊接后，凸出法兰平面的部分应刨平。

（8）风管直径大于 400 mm 或长边大于 500 mm 时，应采用加固措施，加固宜采用外加固框形式，加固框的设置应符合设计要求，加固框的规格宜与法兰相同，并应采用焊接将加固框与风管紧固。

（9）风管直管段连续长度大于 20m 时，应按设计要求设置伸缩节或软接头。

（10）外观质量：风管两端面应平行，无明显扭曲；撅角圆弧应均匀；焊缝应饱满，焊条排列应整齐，无焦黄、断裂现象。

11.2.4　复合板风管

1. 酚醛与聚氨酯板复合材料风管

（1）板材放样下料时，放样与下料应在平整、洁净的工作台上进行，并不应破坏覆面层。风管长边尺寸不大于 1160mm 时，风管宜按板材长度做成每节 4m。板材切割应平直，板材切断成单块风管板后，进行编号。

（2）风管黏合成型前需预组合，检查接缝准确、角线平直后，再涂胶粘剂。

粘结时，切口处应均匀涂满胶粘剂，接缝应平整，不应有歪扭、错位、局部开裂等缺陷。管段成型后，风管内角缝应采用密封材料封堵；外角缝铝箔断开处应采用铝箔胶带封贴，封贴宽度每边不应小于 20mm。

（3）中、高压风管的内角缝应采用密封材料封堵。风管外角缝的铝箔断开处，应采用铝箔胶带封贴，钢板面层用钢板角条封边并采用自攻螺钉（或铝制拉铆钉）固定。

（4）插接连接件与风管连接时，插接连接件的长度不应影响其正常安装，并应保证其在风管两个垂直方向安装时接触紧密。

边长大于 320mm 的矩形风管安装插接连接件时，应在风管四角粘贴厚度不小于 0.75mm 的镀锌直角垫片，直角垫片宽度应与风管板材厚度相等，边长不应小于 55mm。插接连接件与风管粘结应牢固。

（5）低压系统风管边长大于 2000mm、中压或高压系统风管边长大于 1500mm 时，风管法兰应采用铝合金等金属材料。

（6）风管加固时，宜采用直径不小于 8mm 的镀锌螺杆做内支撑加固，内支撑件穿管壁处应密封处理。

风管采用外套角钢法兰或 C 形插接法兰连接时，法兰处可作为一加固点；风管采用其他连接形式，其边长大于 1200mm 时，应在连接后的风管一侧距连接件 250mm 内设横向加固。

（7）矩形弯头导流叶片宜采用同材质的风管板材或镀锌钢板制作，并应安装牢固。

2. 玻璃纤维板复合风管与配件制作

（1）玻璃纤维复合板内、外表面层与玻璃纤维隔热材料应粘结牢固，复合板表面应能防止纤维脱落。风管内壁采用涂层材料时，其材料应符合对人体无害的卫生规定。

（2）板材放样下料时，应在平整、洁净的工作台上进行；风管板材封口处宜留有不小于板材厚度的外覆面层搭接边量。板材切割应选用专用刀具，切口平直、角度准确、无毛刺，且不应破坏覆面层。

（3）风管板材拼接时，应在结合口处涂满胶粘剂，并应紧密黏合。风管管间连接采用承插阶梯粘结时，承接口应在风管外侧，插接口应在风管内侧。承口、插口均应整齐，长度为风管板材厚度；插接口应预留宽度为板材厚度的覆面层材料。

（4）风管粘结成型时，应在洁净、平整的工作台上进行。风管粘结前，应清除管板表面的切割纤维、油渍、水渍，在槽口的切割面处均匀满涂胶粘剂。风管粘结成型时，应调整风管端面的平面度，槽口不应有间隙和错口。风管成型后，内角接缝处应采用密封胶勾缝。

（5）采用丙烯酸树脂涂覆内表面层时应均匀，不得有玻璃纤维外露。

（6）法兰或插接连接件与风管连接采用外套角钢法兰连接时，角钢法兰规格可比同尺寸金属风管法兰小一号；时，法兰与板材间及螺栓孔的周边应涂胶密封。

采用槽形、工形插接连接及 C 形插接法兰时，插接槽口应涂满胶粘剂，风管端部应插入到位。

（7）风管加固内支撑件和管外壁加固件应采用镀锌螺栓连接，螺栓穿过管壁处应进行密封处理。

（8）风管成型后，管端为阴、阳样的管段应水平放置，管端为法兰的管段可以立放。风管应待胶液干燥固化后方可挪动、叠放或安装。风管应存放在防潮、防雨和防风沙的场地。

（9）矩形弯头导流叶片可采用 PVC 定型产品或采用镀锌钢板弯压制成，并应安装牢固。

（10）外观质量：折角应平直，两端面平行，风管无明显扭曲；风管内角缝均采用密封胶密封，外角缝铝箔断开处采用铝胶带封贴；外覆面层没有破损。

3. 彩钢玻璃纤维板复合材料风管与配件制作

（1）板材放样下料时，板材切割线应平直，切割面和板面应垂直。

（2）边长大于 2260mm 的风管板对接粘结后，在对接缝的两面应分别粘贴（3～4）层宽度不小于 50mm 的玻璃纤维布增强。粘贴前应采用砂纸打磨粘贴面，并清除粉尘，粘贴牢固。

（3）胶粘剂应按产品技术文件的要求进行配置。应采用电动搅拌机搅拌，搅拌后的胶粘剂应保持流动性。配制后的胶粘剂应及时使用，胶粘剂变稠或硬化时，不应使用。

（4）风管组合粘结成型时，风管端口应制做成错位接口形式；板材粘结前，应清除粘结口处的油渍、水渍、灰尘及杂物等。胶粘剂应涂刷均匀、饱满。当用于高压系统时，在法兰与风管内板的接缝处、法兰之间的接缝处以及风管咬口缝处应粘贴密封胶带。

风管组装后法兰角与法兰连接处间隙应严密。风管组装完成后，应在组合好的风管两端扣上角钢制成的冂形箍临时固定，待胶粘剂固化后拆除，并再次修整粘结缝余胶，填充空隙，在平整的场地放置。

（5）风管加固时，矩形风管宜采用直径不小于 10mm 的镀锌螺杆做内支撑加固，内支撑件穿管壁处应密封处理。负压风管的内支撑高度大于 800mm 时，应采用镀锌钢管内支撑。

风管内支撑横向加固数量应符合设计要求，风管加固的纵向间距应小于或等于 1300mm。

（6）矩形弯头导流叶片宜采用镀锌钢板弯压制成，并应安装牢固。

（7）水平安装风管长度每隔 30m 时，应设置 1 个伸缩节。伸缩节长宜为 400mm，内边尺寸应比风管的外边尺寸大 3～5mm，伸缩节与风管中间应填塞 3～5mm 厚的软质绝热材料，且密封边长尺寸大于 1600mm 的伸缩节中间应增加内支撑加固，内支撑加固间距按 1000mm 布置，允许偏差 ±20mm。

（8）外观质量：玻镁复合板应无分层、裂纹、变形等现象；折角应平直；两端面平行，风管无明显扭曲；外覆面层无破损。

11.2.5　净化系统风管

（1）风管制作场地应相对封闭，制作场地宜铺设不易产生灰尘的软性材料。制作人员进入场地宜穿软底鞋。

（2）风管加工前应采用清洗液去除板材表面油污及积尘，清洗液应采用对板材表面无损害、干燥后不产生粉尘，且对人体无危害的中性清洁剂。

（3）风管应减少纵向接缝，且不得有横向接缝。

（4）风管的咬口缝、钢接缝以及法兰翻边四角缝隙处，应按设计及洁净等级要求，采用涂密封胶或其他密封措施堵严。风管板材连接缝的密封面应设在风管壁的正压侧；密封材料宜采用不易老化、不易产尘、不含有害物质的环保材料。

（5）彩色涂层钢板风管的内壁应光滑，加工时应避免损坏涂层，被损坏的部位应涂环氧树脂防护。

（6）净化系统风管法兰的铆钉间距应小于 100 mm，空气洁净等级为 1 级～5 级净化系统风管的法兰铆钉间距应小于 65 mm。

（7）风管采用的螺栓、螺母、垫圈和销钉应采用镀锌或其他防腐措施，不得使用抽芯铆钉。

（8）风管不得采用 S 形插条、直角形平插条及立联合角插条的连接方式。空气洁净等级为 1 级～5 级的风管不得采用按扣式咬口形式。

（9）风管内不得设置加固框或加固筋。

11.2.6　柔性风管

（1）柔性风管应选用防腐、不透气、不易霉变的材料制作。用于空调系统时，应采取防止结露的措施，外隔热风管应包在防潮层，隔热材料不得外露。

（2）柔性风管的壁厚应符合设计要求。

（3）风管材料、胶粘剂的燃烧性能应达到难燃 B1 级。胶粘剂的化学性能应与所粘结材料一致，且在 −30℃～ 70℃环境中不开裂、不融化、不水溶，并保持良好的粘结性。

（4）柔性风管应具有能使自身保持基本定型状态的支撑结构，不应塌陷与扭曲、影响有效截面积。

11.2.7　质量检查

应符合现行国家标准《通风与空调工程施工质量验收规范》GB 50243 的规定。

11.3　风管部件

11.3.1　材料质量控制

（1）制作风阀与部件的材料应符合设计及相关技术文件的要求。

（2）选用的成品风阀及部件应具有合格的质量证明文件。

（3）防排烟系统柔性短管的制作材料必须为不燃材料。

（4）空调系统的柔性短管应选用防腐、防潮、不透气、不易霉变的柔性材料，并有防止结露的措施；用于净化空调系统的还应采用内壁光滑，不易产生尘埃的材料。

（5）外购的风管部件、成品风阀及部件应具有合格的质量证明文件。

11.3.2　风阀制作

（1）成品风阀规格应符合产品技术标准的规定，并应满足设计和使用要求；风阀应启闭灵活，结构牢固，壳体严密，防腐良好，表面平整，无明显伤痕和变形，并不应有裂纹、锈蚀等质量缺陷；风阀内的转动部件应为耐磨、耐腐蚀材料，转动机构灵活，制动及定位装置可靠；风阀法兰与风管法兰应相匹配。

（2）手动调节阀应以顺时针方向转动为关闭，调节开度指示应与叶片开度相一致，叶片的搭接应贴合整齐，叶片与阀体的间隙应小于 2mm。

（3）电动、气动调节风阀的驱动装置应动作可靠，在最大设计工作压力下工作正常。

（4）防火阀和排烟阀（排烟口）的防火性能应符合有关消防产品技术标准的规定，并具有相应的产品质量证明文件。

（5）止回风阀应进行最大设计工作压力下的强度试验，在关闭状态下阀片不变形，严密不漏风；水平安装的止回风阀应有可靠的平衡调节机构。

（6）插板风阀的插板应平整，并应有可靠的定位固定装置；斜插板风阀的上下接管应成一直线。

（7）三通调节风阀手柄开关应标明调节的角度；阀板应调节方便，且不与风管相碰擦。

11.3.3　风罩与风帽

风罩与风帽制作时，应根据其形式和使用要求，按施工图对所选用材料放样后，进行下料加工，可采用咬口连接、焊接等连接方式。

1. 现场制作的风罩

（1）现场制作的风罩尺寸及构造应满足设计及相关产品技术文件要求。

（2）风罩应结构牢固，形状规则，内外表面平整、光滑，外壳无尖锐边角。

（3）厨房锅灶的排烟罩下部应设置集水槽；用于排出蒸汽或其他潮湿气体的伞形罩，在罩口内侧也应设置排出凝结液体的集水槽；集水槽应进行通水试验，排水畅通，不渗漏。

（4）槽边侧吸罩、条缝抽风罩的吸入口应平整，转角处应弧度均匀，罩口加强板的分隔间距应一致。

（5）厨房锅灶排烟罩的油烟过滤器应便于拆卸和清洗。

2. 现场制作的风帽

（1）现场制作的风帽尺寸及构造应满足设计及相关技术文件的要求，风帽应结构牢固。内、外形状规则，表面平整。

（2）伞形风帽的伞盖边缘应进行加固，支撑高度一致。

（3）锥形风帽锥体组合的连接缝应顺水，保证下部排水畅通。

（4）筒形风帽外筒体的上下沿口应加固，伞盖边缘与外筒体的距离应一致，挡风圈的位置应正确。

（5）三叉形风帽支管与主管的连接应严密，夹角一致。

11.3.4 风口

（1）成品风口应结构牢固，外表面平整，叶片分布均匀，颜色一致，无划痕和变形，符合产品技术标准的规定。表面应经过防腐处理，并应满足设计及使用要求。风口的转动调节部分应灵活、可靠，定位后应无松动现象。

（2）百叶风口叶片两端轴的中心应在同一直线上，叶片平直，与边框无碰擦。

（3）散流器的扩散环和调节环应同轴，轴向环片间距应分布均匀。

（4）孔板风口的孔口不应有毛刺，孔径一致，孔距均匀，并应符合设计要求。

（5）旋转式风口活动件应轻便灵活，与固定框接合严密，叶片角度调节范围应符合设计要求。

（6）球形风口内外球面间的配合应松紧适度、转动自如、定位后无松动。

11.3.5 消声部件

（1）消声器外形尺寸准确，框架与外壳连接牢固，内贴覆面固定牢固，外壳不应有锐边。

（2）内部构造：消声弯头的平面边长大于 800mm 时，应加设吸声导流叶片；消声器内直接迎风面布置的覆面层应有保护措施；洁净空调系统消声器内的覆面应为不易产尘的材料。

（3）消声材料应具备防腐、防潮功能，其卫生性能、密度、导热系数、燃烧等级应符合国家有关技术标准的规定。消声材料应按设计及相关技术文件要求的单位密度均匀敷设，需粘贴的部分应按规定的厚度粘贴牢固，拼缝密实，表面平整。

（4）消声材料填充后，应采用透气的覆面材料覆盖。覆面材料的拼接应顺气流方向、拼缝密实、表面平整、拉紧，不应有凹凸不平。

（5）消声器、消声风管、消声弯头及消声静压箱的内外金属构件表面应进行防腐处理，表面平整。

（6）消声器、消声风管、消声弯头及消声静压箱制作完成后，应进行规格、方向标识，并通过专业检测。

11.3.6 软接风管

（1）检查材质检测报告防腐、防潮、不透气、不易霉变，防火性能同该系统风管要求：用于洁净空调系统的材料应不易产尘、不透气、内壁光滑；用于空调系统时，应采取防止结露的措施。

（2）柔性风管的截面尺寸、壁厚、长度等应符合设计及相关技术文件的要求。柔性短管长度为150～300mm，无开裂、无扭曲、无变径。

（3）柔性材料搭接宽度20～30mm，缝制或粘结严密、牢固。

（4）与法兰的连接：压条材质为镀锌钢板，翻边尺寸符合要求，铆钉间距为60～80mm，与法兰连接处应严密、牢固可靠。

11.3.7 过滤器

（1）成品过滤器应根据使用功能要求选用。

（2）过滤器的规格及材质应符合设计要求。

（3）过滤器的过滤速度、过滤效率、阻力和容尘量等应符合设计及产品技术文件要求。

（4）框架与过滤材料应连接紧密、牢固，并应标注气流方向。

11.3.8 风管内加热器

（1）材质应符合设计及相关技术文件的要求。

（2）用电参数、加热量应符合设计要求。

（3）加热管与框架之间经测试绝缘良好，接线正确，符合有关电气安全标准的规定。

11.3.9 质量检查

应符合现行国家标准《通风与空调工程施工质量验收规范》GB 50243 的规定。

11.4 风管系统安装

11.4.1 材料（设备）质量控制

1. 支吊架

支、吊架的型钢材料应按风管或水管、部件、设备的规格和重量选用，并应符合设计要求。

2. 风管与部件

（1）一般通风、空调系统，其法兰厚度为3～5mm，法兰垫料应尽量减少接头，接头必须采用梯形或榫形连接。

（2）净化空调系统风管法兰垫料应为不产尘、不易老化和具有一定强度和弹性的材料，厚度为5～8mm，不得采用乳胶海绵；法兰垫片应尽量减少拼接，并不允许直缝对接连接，严禁在垫料表面涂涂料。

（3）输送温度低于70℃的空气时，可采用橡胶板、闭孔海绵橡胶板、密封胶带或其他闭孔弹性材料；输送温度高于70℃的空气时，应采用耐高温材料。

（4）防、排烟系统应采用不燃材料。

（5）输送含有腐蚀性介质的气体，应采用耐酸橡胶板或软聚乙烯板。

（6）法兰垫料厚度宜为3～5mm。

3. 净化系统风管材料

（1）净化空调工程要求风管材料不能产生尘埃和积聚尘埃，因此材料表面应化学性能稳定、不氧化、不脱落、光滑、无麻点、不起皮，如设计无特殊要求，通常应优先采用优质的镀锌钢板。

（2）核对型号、规格及附件数量。

（3）外形应规则、平直，圆弧形表面应平整无明显偏差，结构应完整，焊缝应饱满，无缺损和孔洞。

（4）金属设备的构件表面应做除锈和防腐处理，外表面的色调应一致，且无明显的划伤、锈斑、伤痕、气泡和剥落现象。

（5）非金属设备的构件材质应符合使用场所的环境要求，表面保护涂层应完整。

（6）设备的进出口应封闭良好，随机的零部件应齐全无缺损。

11.4.2 支吊架制作与安装

1. 支吊架制作

（1）支、吊架材质的选型、规格和强度：风管支、吊架的型钢材料应按风管、部件、设备的规格和重量选用，并应符合设计要求。

（2）支、吊架的焊接：应采用角焊缝满焊，焊缝高度应与较薄焊接件厚度相同，焊缝饱满、均匀，不应出现漏焊、夹渣、裂纹、咬肉等现象。采用圆钢吊杆时，与吊架根部焊接长度应大于6倍的吊杆直径。

（3）支、吊架的防腐：防锈漆涂刷均匀，无漏刷。

2. 预埋件与定位

（1）支、吊架的预埋件位置应正确、牢固可靠，埋入结构部分应除锈、除油污，并不应涂漆，外露部分应做防腐处理。预埋件形式、规格及位置应符合设计要求，并应与结构浇筑为一体。

（2）支、吊架定位放线时，应按施工图中管道、设备等的安装位置，弹出支、吊架的中心线，确定支、吊架的安装位置。严禁将管道穿墙套管作为管道支架。

（3）支、吊架设置间距应符合设计要求。

3. 固定件安装

（1）采用膨胀螺栓固定支、吊架时，应符合膨胀螺栓使用技术条件的规定，螺栓至混凝土构件边缘的距离不应小于8倍的螺栓直径；螺栓间距不小于10倍的螺栓直径。

（2）支、吊架与预埋件焊接时，焊接应牢固，不应出现漏焊、夹渣、裂纹、咬肉等现象。

（3）在钢结构上设置固定件时，钢梁下翼宜安装钢梁夹或钢吊夹，预留螺栓连接点、专用吊架型钢；吊架应与钢结构固定牢固，并应不影响钢结构安全。

4. 支、吊架安装

（1）风机、空调机组、风机盘管等设备的支、吊架应按设计要求设置隔振器，其品种、规格应符合设计及产品技术文件要求。

（2）支、吊架不应设置在风口、检查口处以及阀门、自控机构的操作部位，且距风口不应小于200mm。

（3）圆形风管U形管卡圆弧应均匀，且应与风管外径相一致。

（4）支、吊架距风管末端不应大于1000mm，距水平弯头的起弯点间距不应大于500mm，设在支管上的支吊架距干管不应大于1200mm。

（5）吊杆与吊架根部连接应牢固。吊杆采用螺纹连接时，拧入连接螺母的螺纹长度应大于吊杆直径，并应有防松动措施。吊杆应平直．螺纹完整、光洁。安装后，吊架的受力应均匀，无变形。

（6）边长（直径）大于或等于630mm的防火阀宜设独立的支、吊架；水平安装的边长（直径）大于200mm的风阀等部件与非金属风管连接时，应单独设置支、吊架。

（7）水平安装的复合风管与支、吊架接触面的两端，应设置厚度大于或等于1.0mm，宽度宜为60～80mm，长度宜为100～120mm的镀锌角形垫片。

（8）垂直安装的非金属与复合风管，可采用角钢或槽钢加工成"井"字形抱箍作为支架。支架安装时，风管内壁应衬镀锌金属内套，并应采用镀锌螺栓穿过管壁将抱箍与内套固定。螺孔间距不应大于120mm，螺母应位于风管外侧。螺栓穿过的管壁处应进行密封处理。

（9）消声弯头或边长（直径）大于1250mm的弯头、三通等应设置独立的支、吊架。

（10）长度超过20m的水平悬吊风管，应设置至少1个防晃支架。

（11）不锈钢板、铝板风管与碳素钢支、吊架的接触处，应采取防电化学腐蚀措施。

11.4.3 风管系统安装

1. 一般规定

（1）风管穿过需要密闭的防火、防爆的楼板或墙体时，应设壁厚不小于1.6mm的钢制预埋管或防护套管，风管与防护套管之间应采用不燃且对人体无害的柔性材料封堵。

（2）连接风管的阀部件安装位置及方向应符合设计要求，并便于操作。防火分区隔墙两侧安装的防火阀距墙不应大于200mm。

（3）风管穿出屋面处应设防雨装置，风管与屋面交接处应有防渗水措施。

2. 安装要求

（1）按设计要求确定风管的规格尺寸及安装位置。

（2）风管及部件连接接口距墙面、楼板的距离不应影响操作，连接阀部件的接口严禁安装在墙内或楼板内。

（3）风管采用法兰连接时，其螺母应在同一侧；法兰垫片不应凸入风管内壁，也不应凸出法兰外。

（4）风管与风道连接时，应采取风道预埋法兰或安装连接件的形式接口，结合缝应填耐火密封填料，风道接口应牢固。

（5）风管内严禁穿越和敷设各种管线。

（6）固定室外立管的拉索，严禁与避雷针或避雷网相连。

（7）输送含有易燃、易爆气体或安装在易燃、易爆环境的风管系统应有良好的接地措施，通过生活区或其他辅助生产房间时，不应设置接口，并应具有严密不漏风措施。

（8）输送产生凝结水或含蒸汽的潮湿空气风管，其底部不应设置拼接缝，并应在风管最低处设排液装置；

（9）风管测定孔应设置在不产生涡流区且便于测量和观察的部位；吊顶内的风管测定孔部位，应留有活动吊顶板或检查口。

3. 金属风管安装

（1）风管安装前，应检查风管有无变形、划痕等外观质量缺陷，风管规格应与安装部位对应。

（2）风管组合连接时，应先将风管管段临时固定在支、吊架上，然后调整高度，达到要求后再进行组合连接。

（3）风管安装位置及标高、坐标应符合设计要求。

（4）风管表面应平整、无坑瘪。

（5）风管连接的密封材料应根据输送介质温度选用，并应符合该风管系统功能的要求，其防火性能应符合设计要求，密封垫料应安装牢固，密封胶应涂抹平整、饱满，密封垫料的位置应正确，密封垫料不应凸入管内或脱落。

（6）绝热衬垫的厚度及防腐情况：绝热衬垫的厚度与保温层厚度一致，防腐良好，无遗漏。

（7）法兰连接各螺栓螺母应在同一侧。

（8）风管安装后应进行调整，风管应平正，支、吊架顺直。

（9）支、吊架安装，参见本书 11.4.3 节中相关内容。

4. 非金属风管安装

（1）风管安装前，应检查风管有无破损、开裂、变形、划痕等外观质量缺陷，风管规格应与安装部位对应，复合风管承插口和插接件接口表面应无损坏。

（2）风管安装位置及标高、坐标应符合设计要求。

（3）非金属风管采用法兰连接时，应以单节形式提升管段至安装位置，在支、吊架上临时定位，侧面插入密封垫料，套上带镀锌垫圈的螺栓，检查密封垫料无偏斜后，做两次以上对称旋紧螺母，并检查间隙均匀一致。在风管与支吊架横担间应设置宽于支撑面、厚1.2mm

的钢制垫板。

（4）采用插接连接时，应逐段顺序插接，在插口处涂专用胶，并应用自攻螺钉固定。

（5）复合风管连接宜采用承插阶梯粘结、插件连接或法兰连接。风管连接应牢固、严密。

（6）空调风管采用PVC及铝合金插件连接时，应采取防冷桥措施。

（7）法兰连接螺栓的螺母应在同一侧。

（8）风管安装后应进行调整，风管平正，支、吊架顺直。

（9）支、吊架安装，参见本书11.4.2节中相关内容。

（10）风管严密性应符合现行国家标准《通风与空调工程施工质量验收规范》GB 50243的规定。

5. 复合风管安装

（1）风管安装位置及标高、坐标应符合设计要求。

（2）玻镁复合风管水平安装时，风管长度每隔30m应设置1个伸缩节。

（3）其他控制要求，参见本节"4.非金属风管安装"中相关内容。

6. 净化系统风管安装

（1）风管系统安装前，建筑结构、门窗和地面施工应已完成，具备相对封闭条件。

（2）风管安装场地及所用机具应保持清洁。安装人员应穿戴清洁工作服、头套和工作鞋等。

（3）风管支吊架应在风管安装前定位固定好，减少大量产尘作业。经清洗干净端口密封的风管及其部件在安装前不得拆卸。安装时拆开端口封膜后应随即连接，安装中途停顿，应将端口重新封好。

（4）法兰密封垫料厚度应为5～8 mm，不得使用厚纸板、石棉橡胶板、铅油麻丝及油毡纸等。垫料应减少接头，可采用梯形或楔形连接，并应涂抹胶粘剂粘牢。法兰均匀压紧后的垫料不应凸出风管内壁。

（5）风管与洁净室吊顶、隔墙等围护结构的接缝处应严密，并采用弹性密封胶进行密封。

（6）风管所用的螺栓、螺母、垫圈和销钉均应采用与管材性能相适应、不产生电化学腐蚀的材料。

7. 柔性风管安装

（1）可伸缩的柔性风管安装后，应能充分伸展，伸展度宜大于或等于60 %。风管转弯处其截面不得缩小。

（2）金属圆形柔性风管宜采用抱箍将风管与法兰紧固，当直接采用螺钉紧固时，紧固螺钉距离风管端部应大于12mm，螺钉间距应小于150 mm。

（3）用于支管安装的铝箔聚酯膜复合柔性风管长度宜小于2m，超过2m的可在中间位置加装不大于600 mm金属直管段，总长度不应大于5m。

（4）圆形风管连接直来用卡箍紧固，插接长度应大于50mm。当连接套管直径大于320mm时，应在套管端面10～15mm处压制环形凸槽，安装时卡箍应放置在套管的环形凸槽后面。

11.4.4 部件安装

1. 风口安装

（1）风管与风口连接宜采用法兰连接，也可采用槽形或工形插接连接。

（2）风口不应直接安装在主风管上，风口与主风管间应通过短管连接。

（3）风口安装位置应正确，调节装置定位后应无明显自由松动。室内安装的同类型风口应规整，与装饰面应贴合严密。

（4）吊顶风口可直接固定在装饰龙骨上，当有特殊要求或风口较重时，应设置独立的支、吊架。

2. 风阀安装

（1）带法兰的风阀与非金属风管或复合风管插接连接时，应采用"h"形金属短管作为连接件；短管一端为法兰，应与金属风管法兰或设备法兰相连接；另一端为深度不小于100mm的"h"形承口，非金属风管或复合风管应插入"h"形承口内，并应采用铆钉固定牢固、密封严密。

（2）阀门安装方向应正确、便于操作，启闭灵活。斜插板风阀的阀板向上为拉启，水平安装时，阀板应顺气流方向插入。手动密闭阀安装时，阀门上标志的箭头方向应与受冲击波方向一致。

（3）风阀支、吊架安装，参见本书11.4.2节中相关内容。

（4）电动、气动调节阀的安装应保证执行机构动作的空间。

3. 消声器、静压箱安装

（1）消声器、静压箱安装时，应单独设置支、吊架，固定应牢固。

（2）消声器、静压箱等设备与金属风管连接时，法兰应匹配。

（3）消声器、静压箱等部件与非金属或复合风管连接时，参见本节"2.风阀安装"中相关内容。

（4）回风箱作为静压箱时，回风口应设置过滤网。

4. 过滤器安装

（1）过滤器的种类、规格及安装位置应满足设计要求。

（2）过滤器的安装应便于拆卸和更换。

（3）过滤器与框架及框架与风管或机组壳体之间应严密。

（4）静电空气过滤器的安装应能保证金属外壳接地良好。

5. 风管内加热器安装

（1）电加热器接线柱外露时，应加装安全防护罩。

（2）电加热器外壳应接地良好。

（3）连接电加热器的风管法兰垫料应采用耐热、不燃材料。

6. 高效过滤器

（1）高效过滤器应在洁净室及净化空调系统进行全面清扫和系统连续试车12h以上后，在现场拆开包装并进行安装。

（2）安装前需进行外观检查和仪器检漏。目测不得有变形、脱落、断裂等破损现象，仪器抽检检漏应符合产品质量文件的规定。

（3）安装方向必须正确，安装后的高效过滤器四周及接口，应严密不漏，在调试前应进行扫描检漏。

（4）高效过滤器采用机械密封时，须采用密封垫料，其厚度为6~8mm，并定位贴在过滤器边框上，安装后垫料的压缩应均匀，压缩率为25%~50%。

（5）高效过滤器采用液槽密封时，槽架安装应水平，不得有渗漏现象，槽内无污物和水分，槽内密封液高度宜为2/3槽深，密封液的熔点宜高于50℃。

（6）安装过滤器的静压箱必须严密，内表面应清洁无尘。框架平整、吊杆螺栓及固定板应镀锌，螺栓应均匀拧紧，保持垫料压缩率一致。静压箱应设单独支架固定，与吊架接触处应垫以密封垫料，边缘涂抹密封膏。孔板风口应在过滤器检漏合格后安装。

11.4.5 质量检查

应符合现行国家标准《通风与空调工程施工质量验收规范》GB 50243 的规定。

11.5 风机与空气处理设备安装

11.5.1 材料（设备）质量控制

风机与空气处理设备安装常用材料（设备）质量控制要点，见表11-1。

风机与空气处理设备安装常用材料（设备）质量控制要点 表11-1

序号	项目	质量控制要点
1	一般要求	（1）风机与空气处理设备应附带装箱清单、设备说明书、产品质量合格证书和性能检测报告等随机文件，进口设备还应具有商检合格的证明文件。 （2）设备安装前，应进行开箱检查验收，并应形成书面的验收记录
2	风机	（1）风机运抵现场应进行开箱检查，必须有装箱清单、设备说明书、产品质量合格证书和产品性能检测报告等随机文件，进口设备还应具备商检合格的证明文件。 　　通风机的型号、规格应符合设计规定和要求，根据装箱清单核对叶轮、机壳和其他部位的主要尺寸，进出风口位置方向应与设计相符合。 （2）橡胶减振垫：使用前，应做外观检查，厚度必须一致，圆柱形的凸台间距应均匀，形状规则，表面无损伤。 （3）橡胶减振器：安装前应检查橡胶与金属部件组合的部位是否有脱胶，将减振器放在平板上检查底座是否平整。 （4）弹簧减振器：安装前应打开外壳检查弹簧是否有严重的锈蚀，上下壳体是否变形碰擦。 （5）垫铁：铸铁垫铁厚度在20mm以上，钢垫铁厚度为0.3~20mm。垫铁的形式有平垫铁和斜垫铁。 （6）地脚螺栓：通常应随机配套带来，地脚螺栓的规格应符合施工图纸或设备技术文件的规定。若没有相关文件，地脚螺栓的长度为埋入基础的深度（一般为其直径的12~25倍）再加上外露部分的长度。 （7）机械油：通风机的轴承经清洗后，轴承箱内应注入清洁的机械油

序号	项目	质量控制要点
3	风机盘管	（1）开箱前检查外包装有无损坏和受潮。开箱后认真核对设备及各段的名称、规格、型号、技术条件是否符合设计要求。产品说明书、合格证、随机清单和设备技术文件应齐全。逐一检查主机附件、专用工具、设备配件等是否齐全，设备表面无缺陷、缺损、损坏、锈蚀、受潮的现象。 （2）用手盘动风机叶轮，检查有无与机壳相碰、风机减振部分是否符合要求。 （3）检查表冷器的凝结水部分是否畅通、有无渗漏，加热器及旁通阀是否严密、可靠，过滤器零部件是否齐全，滤料及过滤形式是否符合设计要求。 （4）每台风机盘管上应有耐久性铭牌固定在明显位置，内容包括型号、名称、制造厂名、主要技术参数（风量、供冷量、电压、频率、功率和重量等）、出厂编号及制造日期。 （5）应有标明工作情况的标志，如速度控制开关等运动方向的标志，电气接地标志及电气原理图接线图。
4	组合式空调机组	（1）机组各功能段是按各自要求包装的，应有标牌，并固定在正面明显部位，内容包括名称、型号、主要技术参数、外形尺寸、重量、出厂编号、日期、制造厂名称等。 （2）认真检查设备名称、规格、型号是否符合设计图纸要求，产品说明书、合格证是否齐全。 （3）将检验结果做好记录，参与开箱检查责任人员签字盖章，作为交接资料和设备技术档案依据
5	除尘器	（1）除尘器所使用的主要材料、设备、成品或半成品应有出厂合格证或质量保证书。 （2）材料、设备的型号、规格、方向及技术参数应符合设计要求

11.5.2　风机安装

（1）风机安装前应检查电机接线正确无误；通电试验，叶片转动灵活、方向正确，机械部分无摩擦、松脱，无漏电及异常声响。

（2）风机落地安装的基础标高、位置及主要尺寸、预留洞的位置和深度应符合设计要求；基础表面应无蜂窝、裂纹、麻面、露筋；基础表面应水平。

（3）风机安装位置应正确，底座应水平。

（4）落地安装时，应固定在隔振底座上，底座尺寸应与基础大小匹配，中心线一致；隔振底座与基础之间应按设计要求设置减振装置。

（5）风机吊装时，吊架及减振装置应符合设计及产品技术文件的要求。

（6）风机与风管连接时，应采用柔性短管连接，风机的进出风管、阀件应设置独立的支、吊架。

11.5.3　空气处理设备安装

1. 空气处理设备安装的成品保护措施

（1）设备应按照产品技术要求进行搬运、拆卸包装、就位。严禁手执叶轮或蜗壳搬动设备，严禁敲打、碰撞设备外表、连接件及焊接处。

（2）设备运至现场后，应采取防雨、防雪、防潮措施，妥善保管。

（3）设备安装就位后，应采取防止设备损坏、污染、丢失等措施。

（4）设备接口、仪表、操作盘等应采取封闭、包扎等保护措施。

（5）安装后的设备不应作为脚手架等受力的支点。

（6）传动装置的外露部分应有防护罩；进风口或进风管道直通大气时，应采取加保护网或其他安全措施。

（7）过滤器的过滤网、过滤纸等过滤材料应单独储存，系统除尘清理后，调试时安装。

2. 空调末端装置安装

（1）风机盘管、变风量空调末端装置的叶轮应转动灵活、方向正确，机械部分无摩擦、松脱，电机接线无误；应通电进行三速试运转，电气部分不漏电，声音正常。

（2）风机盘管、空调末端装置安装时，应设置独立的支、吊架，参见本书 11.4.2 节中相关内容。

（3）风机盘管、变风量空调末端装置安装位置、配管应符合设计要求，固定牢靠，且平正；与进、出风管连接时，均应设置柔性短管；与冷热水管道的连接，宜采用金属软管，软管连接应牢固，无扭曲和瘪管现象；冷凝水管与风机盘管连接时，宜设置透明胶管，长度不宜大于 150mm，接口应连接牢固、严密，坡向正确，无扭曲和瘪管现象。

冷热水管道上的阀门及过滤器应靠近风机盘管、变风量空调末端装置安装；调节阀安装位置应正确，放气阀应无堵塞现象；金属软管及阀门均应保温。

（4）诱导器安装时，方向应正确，喷嘴不应脱落和堵塞，静压箱封头的密封材料应无裂痕、脱落现象。一次风调节阀应灵活可靠。

（5）变风量空调末端装置的安装尚应符合设计及产品技术文件的要求。

（6）直接蒸发冷却式室内机可采用吊顶式、嵌入式、壁挂式等安装方式；制冷剂管道应采用铜管，以锥形锁母连接；冷凝水管道敷设应有坡度，保证排放畅通。

3. 空气处理机组

（1）空气处理机组安装前，应检查各功能段的设置符合设计要求，外表及内部清洁干净，内部结构无损坏。手盘叶轮叶片应转动灵活、叶轮与机壳无摩擦。检查门应关闭严密。

（2）基础表面应无蜂窝、裂纹、麻面、露筋；基础位置及尺寸应符合设计要求；当设计无要求时，基础高度不应小于 150mm，并应满足产品技术文件的要求，且能满足凝结水排放坡度要求；基础旁应留有不小于机组宽度的空间。

（3）设备吊装安装时，其吊架及减振装置应符合设计及产品技术文件的要求。

（4）空气处理机组的过滤网应在单机试运转完成后安装。

（5）机组的配管时，水管道与机组连接宜采用橡胶柔性接头，管道应设置独立的支、吊架；机组接管最低点应设泄水阀，最高点应设放气阀；凝结水的水封应按产品技术文件的要求进行设置。

（6）阀门、仪表应安装齐全，规格、位置应正确，风阀开启方向应顺气流方向。

（7）在冬季使用时，应有防止盘管、管路冻结的措施。

（8）机组与风管采用柔性短管连接时，柔性短管的绝热性能应符合风管系统的要求。

4. 空气热回收装置

（1）可按空气处理机组进行配管安装。接管方向应正确，连接可靠、严密。

（2）管路接口的密封应结合严密、无缝隙。

（3）压力保护、并联时设置的止回阀、排污阀、放气阀等齐全。

（4）安装位置、管道坡度应符合设计要求。

（5）换热器应无损坏。

11.5.4　除尘器安装

（1）型号、规格、进出口方向必须符合设计要求。

（2）布袋除尘器、静电除尘器的壳体及辅助设备接地应可靠。

（3）除尘器的安装位置应正确、牢固平稳，允许误差应符合设计或相关标准的规定。

（4）除尘器的活动或转动部件的动作应灵活、可靠，并应符合设计要求。

（5）除尘器的排灰阀、卸料阀、排泥阀的安装应严密，并便于操作与维护修理。

11.5.5　质量检查

应符合现行国家标准《通风与空调工程施工质量验收规范》GB 50243 的规定。

11.6　空调用冷（热）源与辅助设备安装

11.6.1　材料（设备）质量控制

1. 设备

（1）根据设备装箱清单说明书、合格证、检验记录和必要的装配图和其他技术文件，核对型号、规格、包装箱号、箱数并检查包装情况。

（2）检查随机技术资料、全部零部件、附属材料和专用工具是否齐全。

（3）制冷设备、制冷附属设备、管道、管件及阀门的型号、规格、性能及技术参数等必须符合设计要求。设备机组的外表应无损伤、密封应良好，随机文件和配件应齐全。

（4）检查主体和零、部件等表面有无缺损和锈蚀等现象。

（5）设备充填的保护气体应无泄漏，油封应完好。

（6）与制冷机组配套的蒸汽、燃油、燃气供应系统和蓄冷系统的安装，还应符合设计文件、有关消防规范与产品技术文件的规定。

（7）辅助设备应进行外观检查，无卡碰、损坏，附件齐全。各接口应堵严，规格、型号应符合设计。

（8）阀门、仪表应做一般的外观检查，应无损坏现象，应为专用产品；安全阀应有出厂合格证和铅封；仪表的型号、规格应符合设计要求。

（9）设备的搬运和吊装必须符合产品说明书的有关规定，并应做好设备的保护工作，防止因搬运和吊装而造成设备损伤。

2. 制冷系统管道及附件

（1）管子、管件、阀门必须具有出厂合格证明书，其各项指标应符合现行国家或部颁技术标准。

（2）氨系统制冷剂管道及管件应用无缝钢管。氟利昂制冷剂系统当管道直径大于或等于25mm时，可采用无缝钢管；当直径小于25mm时，应采用紫铜管。

（3）管子、管件在使用前应进行外观检查：无裂纹、缩孔、夹渣、折叠、重皮等缺陷，无超过壁厚允许偏差的锈蚀或凹陷，螺纹密封面良好，精度及光洁度应达到设计要求或制造标准。

（4）铜管内外表面应光滑、清洁，不应有针孔、裂纹、起皮、气泡、夹杂物和绿锈，管材不应有分层，管子的端部应平整无毛刺。铜管在加工、运输、储存过程中应无划伤、压入物、碰伤等缺陷。

（5）管道法兰密封面应光洁，不得有毛刺及径向沟槽，带有凹凸面的法兰应能自然嵌合，凸面的高度不得小于凹槽的深度。

（6）螺栓及螺母的螺纹应完整，无伤痕、毛刺、残断丝等缺陷。螺栓螺母配合良好，无松动或卡涩现象。

（7）非金属垫片应质地柔韧，无老化变质或分层现象，表面不应有折损、皱纹等缺陷。

11.6.2 蒸汽压缩式制冷（热泵）机组安装

1. 机组基础

（1）蒸汽压缩式制冷（热泵）机组的基础应满足设计要求。

（2）型钢或混凝土基础的规格和尺寸应与机组匹配。

（3）基础表面应平整，无蜂窝、裂纹、麻面和露筋。

（4）基础应坚固，强度经测试满足机组运行时的荷载要求。

（5）混凝土基础预留螺栓孔的位置、深度、垂直度应满足螺栓安装要求；基础预埋件应无损坏，表面光滑平整。

（6）基础四周应有排水设施。

（7）基础位置应满足操作及检修的空间要求。

2. 蒸汽压缩式制冷机组就位安装

（1）机组安装位置应符合设计要求，同规格设备成排就位时，尺寸应一致。

（2）减振装置的种类、规格、数量及安装位置应符合产品技术文件的要求；采用弹簧隔振器时，应设有防止机组运行时水平位移的定位装置。

（3）机组应水平，当采用垫铁调整机组水平度时，垫铁放置位置应正确、接触紧密，每组不超过3块。

3. 蒸汽压缩式制冷机组配管

（1）机组与管道连接应在管道冲（吹）洗合格后进行。

（2）与机组连接的管路上应按设计及产品技术文件的要求安装过滤器、阀门、部件、仪表等，位置应正确、排列应规整。

（3）机组与管道连接时，应设置软接头，管道应设独立的支吊架。

（4）压力表距阀门位置不宜小于200mm。

4. **空气源热泵机组安装**

（1）机组安装在屋面或室外平台上时，机组与基础间的隔振装置应符合设计要求，并应采取防雷措施和可靠的接地措施。

（2）机组配管与室内机安装应同步进行。

（3）其他安装要求，参见上述1～3中相关内容。

5. **成品保护措施**

（1）设备应按照产品技术要求进行搬运、拆卸包装、就位。严禁敲打、碰撞机组外表、连接件及焊接处。

（2）设备运至现场后，应采取防雨、防雪、防潮措施，妥善保管。

（3）设备安装就位后，应采取防止设备损坏、污染、丢失等措施。

（4）设备接口、仪表、操作盘等应采取封闭、包扎等保护措施。

（5）安装后的设备不应作为其他受力的支点。

（6）管道与设备连接后，不宜再进行焊接和气割，必须进行焊接和气割时，应拆下管道或采取必要的措施，防止焊渣进入管道系统内或损坏设备。

11.6.3 吸收式制冷机组安装

1. **机组基础**

参见本书11.6.2节中相关内容。

2. **就位安装**

（1）分体机组运至施工现场后，应及时运入机房进行组装，并抽真空。

（2）吸收式制冷机组的真空泵就位后，应找正、找平。抽气连接管宜采用直径与真空泵进口直径相同的金属管，采用橡胶管时，宜采用真空胶管，并对管接头处采取密封措施。

（3）吸收式制冷机组的屏蔽泵就位后，应找正、找平，其电线接头处应采取防水密封。

（4）吸收式机组安装后，应对设备内部进行清洗。

（5）其他施工质量控制要求，参见本书11.6.2节中相关内容。

3. **机组的水管配管**

参见本书11.6.2节中相关内容。

4. **燃油吸收式制冷机组安装**

（1）燃油系统管道及附件安装位置及连接方法应符合设计与消防的要求。

（2）油箱上不应采用玻璃管式油位计。

（3）油管道系统应设置可靠的防静电接地装置，其管道法兰应采用镀锌螺栓连接或在法兰处用铜导线进行跨接，且接合良好。油管道与机组的连接不应采用非金属软管。

（4）燃烧重油的吸收式制冷机组就位安装时，轻、重油油箱的相对位置应符合设计要求。

（5）其他施工质量控制要求，参见本书11.6.2节中相关内容。

5. 成品保护措施

参见本书 11.6.2 节中相关内容。

11.6.4 换热设备安装

1. 换热设备基础

参见本书 11.6.2 节中相关内容。

2. 换热设备安装

（1）安装前应清理干净设备上的油污、灰尘等杂物，设备所有的孔塞或盖，在安装前不应拆除。

（2）应按施工图核对设备的管口方位、中心线和重心位置，确认无误后再就位。

（3）换热设备的两端应留有足够的清洗、维修空间。

（4）换热设备与管道冷热介质进出口的接管应符合设计及产品技术文件的要求，并应在管道上安装阀门、压力表、温度计、过滤器等。流量控制阀应安装在换热设备的进口处。

3. 成品保护措施

（1）在系统管道冲洗阶段，应采取措施进行隔离保护。

（2）不锈钢换热设备的壳体、管束及板片等，不应与碳钢设备及碳钢材料接触、混放。

（3）采用氮气密封或其他惰性气体密封的换热设备应保持气封压力。

（4）其他施工质量控制要求，参见本书 11.6.2 节中相关内容。

11.6.5 冰蓄冷、水蓄热蓄冷设备安装

1. 设备基础

参见本书 11.6.2 节中相关内容。

2. 蓄冰槽、蓄冰盘管吊装就位

（1）临时放置设备时，不应拆卸冰槽下的垫木，防止设备变形。

（2）吊装前，应清除蓄冰槽内或封板上的水、冰及其他残渣。

（3）蓄冰槽就位前，应画出安装基准线，确定设备找正、调平的定位基准线。

（4）应将蓄冰盘管吊装至预定位置，找正、找平。

（5）蓄冰盘管布置应紧凑，蓄冰槽上方应预留不小于 1.2m 的净高作为检修空间。

3. 蓄冰设备的接管

（1）蓄冰设备的接管应满足设计要求。

（2）温度和压力传感器的安装位置处应预留检修空间。

（3）盘管上方不应有主干管道、电缆、桥架、风管等。

4. 乙二醇溶液的填充

（1）添加乙二醇溶液前，管道应试压合格，且冲洗干净。

（2）乙二醇溶液的成分及比例应符合设计要求。

（3）乙二醇溶液添加完毕后，在开始蓄冰模式运转前，系统应运转不少于 6h，系统内的空气应完全排出，乙二醇溶液应混合均匀，再次测试乙二醇溶液的密度，浓度应符合

要求。

5. 成品保护措施

参见本书 11.6.2 节中相关内容。

11.6.6 软化水装置安装

1. 装置基础

软化水装置的安装场地应平整，其他要求参见本书 11.6.2 节中相关内容。

2. 软化水装置安装

（1）软化水装置的电控器上方或沿电控器开启方向应预留不小于 600mm 的检修空间。

（2）盐罐安装位置应靠近树脂罐，并应尽量缩短吸盐管的长度。

（3）过滤型的软化水装置应按设备上的水流方向标识安装，不应装反；非过滤型的软化水装置安装时可根据实际情况选择进出口。

3. 软化水装置配管

（1）软化水装置配管应符合设计要求。

（2）进、出水管道上应装有压力表和手动阀门，进、出水管道之间应安装旁通阀，出水管道阀门前应安装取样阀，进水管道宜安装 Y 形过滤器。

（3）排水管道上不应安装阀门，排水管道不应直接与污水管道连接。

（4）与软化水装置连接的管道应设独立支架。

4. 成品保护措施

参见本书 11.6.2 节中相关内容。

11.6.7 制冷、制热附属设备安装

1. 设备基础

参见本书 11.6.2 节中相关内容。

2. 就位安装

（1）制冷、制热附属设备就位安装应符合设计及产品技术文件的要求。

（2）附属设备支架、底座应与基础紧密接触，安装平正、牢固，地脚螺栓应垂直拧紧。

（3）定压稳压装置的罐顶至建筑物结构最低点的距离不应小于 1.0m，罐与罐之间及罐壁与墙面的净距不宜小于 0.7m。

（4）电子净化装置、过滤装置安装应位置正确，便于维修和清理。

3. 成品保护措施

参见本书 11.6.2 节中相关内容。

11.6.8 空调制冷剂管道与附件安装

1. 制冷剂管道与附件安装

（1）制冷剂管道穿墙或楼板处应设置套管。

（2）制冷剂管道弯曲半径不应小于管道直径的 4 倍。铜管煨弯可采用热弯或冷弯，椭圆率不应大于 8%。

（3）管道、管件的内外壁应清洁干燥，连接制冷机的吸、排气管道应设独立支架；管径小于或等于 40mm 的铜管道，在与阀门连接处应设置支架。水平管道支架的间距不应大于 1.5m，垂直管道不应大于 2.0m；管道上、下平行敷设时，吸气管应在下方。

（4）制冷剂管道弯管的弯曲半径不应小于 3.5 倍管道直径，最大外径与最小外径之差不应大于 8‰ 的管道直径，且不应使用焊接弯管及皱褶弯管。

（5）管道安装位置、坡度及坡向应符合设计要求。

（6）铜管切口应平整，不得有毛刺、凹凸等缺陷，切口允许倾斜偏差应为管径的 1%；管扩口应保持同心，不得有开裂及皱褶，并应有良好的密封面。

（7）制冷剂系统的液体管道不应有局部上凸现象；气体管道不应有局部下凹现象。

（8）液体干管引出支管时，应从干管底部或侧面接出；气体干管引出支管时，应从干管上部或侧面接出。有两根以上的支管从干管引出时，连接部位应错开，间距不应小于支管管径的 2 倍，且不应小于 200mm。

（9）管道三通连接时，应将支管按制冷剂流向弯成弧形再进行焊接，当支管与干管直径相同且管道内径小于 50mm 时，应在干管的连接部位换上大一号管径的管段，再进行焊接。

（10）不同管径的管道直接焊接时，应同心。

（11）成品保护措施：不锈钢管道搬运和存放时，不应与其他金属直接接触；制冷剂管道安装完成后，应刷漆标识。其他施工质量控制要求，参见本书 11.6.2 节中相关内容。

2. 分体式空调制冷剂管道安装

（1）分体式空调制冷剂管道安装应符合设计要求及产品技术文件的规定。

（2）连接前，应清洗制冷剂管道及盘管。

（3）制冷剂配管安装时，应尽量减少钎焊接头和转弯。

（4）分歧管应依据室内机负荷大小进行选用。

（5）分歧管应水平或竖直安装，安装时不应改变其定型尺寸和装配角度。

（6）有两根以上的支管从干管引出时，连接部位应错开，分歧管间距不应小于 200mm。

（7）制冷剂管道安装应顺直、固定牢固，不应出现管道扁曲、褶皱现象。

（8）成品保护措施：参见本书 11.6.2 节中相关内容。

3. 阀门与附件安装

（1）制冷系统阀门安装前应进行水压试验，试验合格后，应保持阀体内干燥。

（2）阀门安装位置、方向应符合设计要求。

（3）安装带手柄的手动截止阀，手柄不应向下；电磁阀、调节阀、热力膨胀阀、升降式止回阀等的阀头均应向上竖直安装。

（4）热力膨胀阀的感温包应安装在蒸发器末端的回气管上，接触良好，绑扎紧密，并用绝热材料密封包扎、其厚度与管道绝热层相同。

（5）其他施工质量控制要求，参见本书 11.7.3 节中相关内容。

11.6.9　质量检查

应符合现行国家标准《通风与空调工程施工质量验收规范》GB 50243 的规定。

11.7　空调水系统管道与设备安装

11.7.1　材料（设备）质量控制

1. 调水系统的设备

（1）空调水系统的设备必须具有中文质量合格证明文件，以及设备说明书等，规格、型号、性能检测报告应符合国家技术标准或设计要求，进场时应进行检查验收，经监理工程师核查确认，并应形成相应的质量记录。

（2）所有设备进场时，应对品种、规格、外观等进行验收，包装应完好，表面无划痕及外力冲击破损。

（3）设备运到安装现场后，应进行开箱检查，主要是检查外表，初步了解设备的完整程度，零部件、备品是否齐全；而对设备的性能、参数、运转质量标准的全面检测，则应根据设备类型的不同进行专项检查和测试。

（4）对于水泵，应确保不应有缺件，损坏和锈蚀等情况，管口保护物和堵盖应完好。盘车应灵活，无阻滞，卡住现象，无异常声音。

2. 空调水系统的管道

（1）空调水系统管道所使用的原材料、成品、半成品等必须具有中文质量合格证明文件，其规格、型号、性能、检测报告应符合国家技术标准或设计要求。进场时，必须对其验收。经监理工程师确认，并形成相应的质量记录。

（2）所有原材料、成品等进场时，应对其品种、规格、外观等进行验收；包装应完好，表面无划痕及外力冲击破坏。

（3）为了保证管道的防腐效果，镀锌钢管表面的镀锌层以及铜塑复合管内的涂塑层应保持完好，不能破坏。

（4）管材在使用前应进行外观检查，要求其表面无裂纹、缩孔、夹渣、折叠等缺陷，锈蚀凹陷不超过壁厚负偏差。

（5）空调水系统用阀门必须具有出厂合格证明书，其各项指标应符合相关标准的规定。

11.7.2　空调水系统管道安装

1. 套管设置

（1）管道穿过地下室或地下构筑物外墙时，应采取防水措施，并应符合设计要求。对有严格防水要求的建筑物，必须采用柔性防水套管。

（2）管道穿楼板和墙体处应设置套管，管道应设置在套管中心，套管不应作为管道支撑；管道接口不应设置在套管内，钢制套管应与墙体饰面或楼板底部平齐，上部应高出楼层地面20～50mm，且不得将套管作为管道支撑。

当穿越防火分区时，应采用不燃材料进行防火封堵；保温管道与套管四周的缝隙应使用不燃绝热材料填塞紧密。

管道的绝热层应连续不间断穿过套管，绝热层与套管之间应采用不燃材料填实，不应有空隙。

设置在墙体内的套管应与墙体两侧饰面相平，设置在楼板内的套管，其顶部应高出装饰地面20mm，设置在卫生间或厨房内的穿楼板套管，其顶部应高出装饰地面50mm，底部应与楼板相平。

（3）管道穿越结构变形缝处应设置金属柔性短管，金属柔性短管长度宜为150～300mm，并应满足结构变形的要求，其保温性能应符合管道系统功能要求。

2. 管道弯曲半径

（1）热弯时不应小于管道直径的3.5倍，冷弯时不应小于管道直径的4倍。

（2）焊接弯头的弯曲半径不应小于管道直径的1.5倍。

（3）采用冲压弯头进行焊接时，其弯曲半径不应小于管道外径，并且冲压弯头外径应与管道外径相同。

3. 管道安装

（1）管道安装位置、敷设方式、坡度及坡向应符合设计要求。

（2）支吊架位置、间距及每个支路防晃支架的设置情况，防腐情况应符合设计要求。

（3）管道与设备连接应在设备安装完毕，外观检查合格，且冲洗干净后进行；与水泵、空调机组、制冷机组的接管应采用可挠曲软接头连接，软接头宜为橡胶软接头，且公称压力应符合系统工作压力的要求。

（4）管道和管件在安装前，应对其内、外壁进行清洁。管道安装间断时，应及时封闭敞开的管口。

（5）管道变径应满足气体排放及泄水要求。

（6）管道开三通时，应保证支路管道伸缩不影响主干管。

4. 冷凝水管道安装

（1）冷凝水管道的坡度应满足设计要求，当设计无要求时，干管坡度不宜小于0.8%，支管坡度不宜小于1%。

（2）冷凝水管道与机组连接应按设计要求安装存水弯。采用的软管应牢固可靠、顺直，无扭曲，软管连接长度不宜大于150mm。

（3）冷凝水管道严禁直接接入生活污水管道，且不应接入雨水管道。

5. 成品保护措施

（1）管道安装间断时，应及时将各管口封闭。

（2）管道不应作为吊装或支撑的受力点。

（3）安装完成后的管道、附件、仪表等应有防止损坏的措施。

（4）管道调直时，严禁在阀门处加力，以免损坏阀体。

11.7.3　管道附件安装

1. 阀门安装

（1）阀门安装前，应清理干净与阀门连接的管道。

（2）阀门安装进、出口方向应正确；直埋地下或地沟内管道上的阀门，应设检查井（室）。

（3）安装螺纹阀门时，严禁填料进入阀门内。

（4）安装法兰阀门时，应将阀门关闭，对称均匀地拧紧螺母。阀门法兰与管道法兰应平行。

（5）与管道焊接的阀门应先点焊，再将关闭件全开，然后施焊。

（6）阀门前后应有直管段，严禁阀门直接与管件相连。水平管道上安装阀门时，不应将阀门手轮朝下安装。

（7）阀门连接应牢固、紧密，启闭灵活，朝向合理；并排水平管道设计间距过小时，阀门应错开安装；并排垂直管道上的阀门应安装于同一高度上，手轮之间的净距不应小于100mm。

2. 电动阀门安装

（1）电动阀安装前，应进行模拟动作和压力试验。执行机构行程、开关动作及最大关紧力应符合设计和产品技术文件的要求。

（2）阀门的供电电压、控制信号及接线方式应符合系统功能和产品技术文件的要求。

（3）电动阀门安装时，应将执行机构与阀体一体安装，执行机构和控制装置应灵敏可靠，无松动或卡涩现象。

（4）有阀位指示装置的电磁阀，其阀位指示装置应面向便于观察的方向。

3. 安全阀安装

（1）安全阀应由专业检测机构校验，外观应无损伤，铅封应完好。

（2）安全阀应安装在便于检修的地方，并垂直安装；管道、压力容器与安全阀之间应保持通畅。

（3）与安全阀连接的管道直径不应小于阀的接口直径。

（4）螺纹连接的安全阀，其连接短管长度不宜超过100mm；法兰连接的安全阀，其连接短管长度不宜超过120mm。

（5）安全阀排放管应引向室外或安全地带，并应固定牢固。

（6）设备运行前，应对安全阀进行调整校正，开启和回座压力应符合设计要求。调整校正时，每个安全阀启闭试验不应少于3次。安全阀经调整后，在设计工作压力下不应有泄漏。

4. 补偿器安装

（1）补偿器的补偿量和安装位置应满足设计及产品技术文件的要求。

（2）应根据安装时施工现场的环境温度计算出该管段的实时补偿量，进行补偿器的预拉伸或预压缩。

（3）设有补偿器的管道应设置固定支架和导向支架，其结构形式和固定位置应符合设计要求。

（4）管道系统水压试验后，应及时松开波纹补偿器调整螺杆上的螺母，使补偿器处于自由状态。

（5）"门"形补偿器水平安装时，垂直臂应呈水平，平行臂应与管道坡向一致；垂直安装时，应有排气和泄水阀。

5. 其他管道附件安装

（1）过滤器应安装在设备的进水管道上，方向应正确且便于滤网的拆装和清洗；过滤器与管道连接应牢固、严密。

（2）制冷机组的冷冻水及冷却水管道上的水流开关应安装在水平直管段上。

（3）仪表安装前应校验合格，仪表应安装在便于观察、不妨碍操作和检修的地方；压力表与管道连接时，应安装放气旋塞以防止冲击压力表。

11.7.4 空调水系统设备安装

1. 水泵安装

（1）水泵基础

参见本书 11.6.2 节中相关内容。

（2）减振装置安装

1）水泵减振装置安装应满足设计及产品技术文件的要求。

2）水泵减振板可采用型钢制作或采用钢筋混凝土浇筑。多台水泵成排安装时，应排列整齐。

3）水泵减振装置应安装在水泵减振板下面。

4）减振装置应成对放置。

5）弹簧减振器安装时，应有限制位移措施。

（3）水泵就位安装

1）水泵就位时，水泵纵向中心轴线应与基础中心线重合对齐，并找平找正。

2）水泵与减振板固定应牢靠，地脚螺栓应有防松动措施。

（4）水泵吸入管安装

1）吸入管水平段应有沿水流方向连续上升的不小于 0.5% 坡度。

2）水泵吸入口处应有不小于 2 倍管径的直管段，吸入口不应直接安装弯头。

3）吸入管水平段上严禁因避让其他管道安装向上或向下的弯管。

4）水泵吸入管变径时，应做偏心变径管，管顶上平。

5）水泵吸入管应按设计要求安装阀门、过滤器。水泵吸入管与泵体连接处，应设置可挠曲软接头，不宜采用金属软管。

6）吸入管应设置独立的管道支、吊架。

（5）水泵出水管安装

1）出水管安装应满足设计要求。

2）出水管段安装顺序应依次为变径管、可挠曲软接头、短管、止回阀、闸阀（蝶阀）。

3）出水管变径应采用同心变径。

4）出水管应设置独立的管道支、吊架。

（6）成品保护措施

参见本书 11.6.2 节中相关内容。

2．冷却塔安装

（1）冷却塔基础

参见本书 11.6.2 节中相关内容。

（2）冷却塔安装

1）冷却塔的安装位置应符合设计要求，进风侧距建筑物应大于 1000mm。

2）冷却塔与基础预埋件应连接牢固，连接件应采用热镀锌或不锈钢螺栓，其紧固力应一致，均匀。

3）冷却塔安装应水平，单台冷却塔安装的水平度和垂直度允许偏差均为 2/1000。同一冷却水系统的多台冷却塔安装时，各台冷却塔的水面高度应一致，高差不应大于 30mm。

4）冷却塔的积水盘应无渗漏，布水器应布水均匀。

5）冷却塔的风机叶片端部与塔体四周的径向间隙应均匀。对于可调整角度的叶片，角度应一致。

6）组装的冷却塔，其填料的安装应在所有电、气焊接作业完成后进行。

（3）冷却塔配管

参见本书 11.6.2 节中相关内容。

（4）成品保护措施

参见本书 11.6.2 节中相关内容。

11.7.5 质量检查

应符合现行国家标准《通风与空调工程施工质量验收规范》GB 50243 的规定。

11.8 防腐、绝热工程

11.8.1 材料（设备）质量控制

（1）油漆、涂料应在有效期内，不得使用过期、不合格的伪劣产品。油漆、涂料应具备产品合格证及性能检测报告或厂家的质量证明书。

（2）管道与设备绝热用绝热材料，应按设计要求选用。必须是有效保质期限内的合格产品。当绝热材料及其制品的产品质量证明书或出厂合格证中所列的指标不全或对产品质量（包括现场自制品）有怀疑时，应按要求进行复检。

所用材料材质、密度、规格及厚度应符合设计要求和消防防火规范的要求，运输及存放过程中应避免保温材料受潮、变霉和损坏。

（3）涂料在同一部位的底漆和面漆的化学性能要相同，否则涂刷前应做溶性试验。

（4）绝热层材料的材质、厚度、密度、含水率、导热系数等性能参数应符合设计要求。

（5）玻璃丝布的径向和纬向密度应满足设计要求，玻璃丝布的宽度应符合实际施工的需要。

（6）保温钉、胶黏剂等附属材料均应符合防火及环保的相关要求。胶黏剂必须是有效保质期限内的合格产品。

（7）保温材料在贮存、运输、现场保管过程中应不受潮湿及机械损伤。

11.8.2 管道与设备防腐

1. 除锈、清洁

（1）防腐施工前应对金属表面进行除锈、清洁处理，可选用人工除锈或喷砂除锈的方法。喷砂除锈宜在具备除灰降尘条件的车间进行。

（2）管道与设备表面除锈后不应有残留锈斑、焊渣和积尘，除锈等级应符合设计及防腐涂料产品技术文件的要求。

（3）管道与设备的油污宜采用碱性溶剂清除，清洗后擦净晾干。

2. 涂刷防腐涂料

（1）涂刷防腐涂料时，应控制涂刷厚度，保持均匀，不应出现漏涂、起泡等现象。

（2）手工涂刷涂料时，应根据涂刷部位选用相应的刷子，宜采用纵、横交叉涂抹的作业方法。快干涂料不宜采用手工涂刷。

（3）底层涂料与金属表面结合应紧密。其他层涂料涂刷应精细，不宜过厚。面层涂料为调和漆或瓷漆时，涂刷应薄而均匀。每一层漆干燥后再涂下一层。

（4）机械喷涂时，涂料射流应垂直喷漆面。漆面为平面时，喷嘴与漆面距离宜为250～350mm；漆面为曲面时，喷嘴与漆面的距离宜为400mm。喷嘴的移动应均匀，速度宜保持在13～18m/min。喷漆使用的压缩空气压力宜为0.3～0.4MPa。

（5）多道涂层的数量应满足设计要求，不应加厚涂层或减少涂刷次数。

3. 涂刷质量要求

（1）管道与设备表面除锈后不应有残留锈斑和焊渣。

（2）管道与设备表面去污后应无积尘、水或油污。

（3）管道与支吊架的防腐完整无遗漏，不露底，不皱皮，明装部分应刷面漆。

（4）涂料类型、性能、涂层数量（厚度）应符合设计要求；面漆完整无遗漏，不露底、色泽一致；表面平整无起泡、皱褶。

11.8.3 空调水系统管道与设备绝热

1. 绝热层施工

（1）绝热材料性能：其技术性能（材质、导热率、密度、规格及厚度）参数符合设计要求。

（2）绝热材料粘结时，固定宜一次完成，并应按胶粘剂的种类，保持相应的稳定时间。

（3）绝热材料厚度大于80mm时，应采用分层施工，同层的拼缝应错开，且层间的拼缝应相压，搭接间距不应小于130mm。

（4）绝热管壳的粘贴应牢固，铺设应平整；每节硬质或半硬质的绝热管壳应用防腐金属丝捆扎或专用胶带粘贴不少于2道，其间距宜为300～350mm，捆扎或粘贴应紧密，无滑动、松弛与断裂现象。

（5）保温钉的长度应满足压紧绝热层固定压片的要求，保温钉与管道和设备的粘结应牢固可靠，其数量应满足绝热层固定要求。在设备上粘结固定保温钉时，底面每平方米不应少于16个，侧面每平方米不应少于10个，顶面每平方米不应少于8个；首行保温钉距绝热材料边沿应小于120mm。

（6）硬质或半硬质绝热管壳用于热水管道时拼接缝隙不应大于5mm，用于冷水管道时不应大于2mm，并用粘结材料勾缝填满；纵缝应错开，外层的水平接缝应设在侧下方。

（7）松散或软质保温材料应按规定的密度压缩其体积，疏密应均匀；毡类材料在管道上包扎时，搭接处不应有空隙。

（8）管道阀门、过滤器及法兰部位的绝热结构应能单独拆卸，且不应影响其操作功能。

（9）补偿器绝热施工时，应分层施工，内层紧贴补偿器，外层需沿补偿方向预留相应的补偿距离。

（10）空调冷热水管道穿楼板或穿墙处的绝热层应连续不间断。

（11）绝热层应固定牢固无位移，表面平整，无十字形拼缝，搭接缝口顺水，封闭良好。

2. 防潮层施工

（1）防潮层与绝热层应结合紧密，封闭良好，不应有虚粘、气泡、褶皱、裂缝等缺陷。

（2）防潮层（包括绝热层的端部）应完整，且封闭良好。水平管道防潮层施工时，纵向搭接缝应位于管道的侧下方，并顺水；立管的防潮层施工时，应自下而上施工，环向搭接缝应朝下。

（3）采用卷材防潮材料螺旋形缠绕施工时，卷材的搭接宽度宜为30～50mm。

（4）采用玻璃钢防潮层时，与绝热层应结合紧密，封闭良好，不应有虚粘、气泡、褶皱、裂缝等缺陷。

（5）带有防潮层、隔汽层绝热材料的拼缝处，应用胶带密封，胶带的宽度不应小于50mm。

（6）防潮层应与绝热层固定无位移；搭接缝口顺水，封闭良好。

3. 保护层施工

（1）采用玻璃纤维布缠裹时，端头应采用卡子卡牢或用胶粘剂粘牢。立管应自下而上，水平管道应从最低点向最高点进行缠裹。玻璃纤维布缠裹应严密，搭接宽度应均匀，宜为1/2布宽或30～50mm，表面应平整，无松脱、翻边、皱褶或鼓包。

（2）采用玻璃纤维布外刷涂料进行防水与密封保护时，施工前应清除表面的尘土、油污，涂层应将玻璃纤维布的网孔堵密。

（3）采用金属材料作保护壳时，保护壳应平整，紧贴防潮层，不应有脱壳、皱褶、强行接口现象，保护壳端头应封闭；采用平搭接时，搭接宽度宜为30～40mm；采用凸筋加强搭接时，搭接宽度宜为20～25mm；采用自攻螺钉固定时，螺钉间距应匀称，不应刺破防潮层。

（4）立管的金属保护壳应自下而上进行施工，环向搭接缝应朝下；水平管道的金属保护壳应从管道低处向高处进行施工，环向搭接缝口应朝向低端，纵向搭接缝应位于管道的侧下方，并顺水。

（5）保护层搭接缝顺水，宽度一致；接口平整，外观无明显缺陷；封闭良好。

11.8.4 空调风管系统与设备绝热

1. 风管去油、除锈与清洁

镀锌钢板风管绝热施工前应进行表面去油、清洁处理；冷轧板金属风管绝热施工前应进行表面除锈、清洁处理，并涂防腐层。

2. 风管绝热层施工

（1）绝热材料下料、排布

风管绝热材料应按长边加 2 个绝热层厚度，短边为净尺寸的方法下料。绝热材料应尽量减少拼接缝，风管的底面不应有纵向拼缝，小块绝热材料可铺覆在风管上平面。

（2）绝热层施工

1）风管绝热层施工应满足设计要求。

2）绝热层与风管、部件及设备应紧密贴合，无裂缝、空隙等缺陷，且纵、横向的接缝应错开。绝热层材料厚度大于 80mm 时，应采用分层施工，同层的拼缝应错开，层间的拼缝应相压，搭接间距不应小于 130mm。

3）阀门、三通、弯头等部位的绝热层宜采用绝热板材切割预组合后，再进行施工。

4）风管部件的绝热不应影响其操作功能。调节阀绝热要留出调节转轴或调节手柄的位置，并标明启闭位置，保证操作灵活方便。风管系统上经常拆卸的法兰、阀门、过滤器及检测点等应采用能单独拆卸的绝热结构，其绝热层的厚度不应小于风管绝热层的厚度，与固定绝热层结构之间的连接应严密。

5）带有防潮层的绝热材料接缝处，宜用宽度不小于 50mm 的粘胶带粘贴，不应有胀裂、皱褶和脱落现象。

6）软接风管宜采用软性的绝热材料，绝热层应留有变形伸缩的余量。

7）空调风管穿楼板和穿墙处套管内的绝热层应连续不间断，且空隙处应用不燃材料进行密封封堵。

（3）绝热材料保温钉固定

1）风管绝热层采用保温钉固定时，应符合下列规定：

2）保温钉与风管、部件及设备表面的连接宜采用粘结，结合应牢固，不应脱落。

3）固定保温钉的胶粘剂宜为不燃材料，其粘结力应大于 25N/cm^2。

4）矩形风管与设备的保温钉分布应均匀，保温钉的长度和数量，参见本书 11.8.3 节中相关内容。

5）保温钉粘结后应保证相应的固化时间，宜为 12~24h，然后再铺覆绝热材料。

6）风管的圆弧转角段或几何形状急剧变化的部位，保温钉的布置应适当加密。

7）绝热材料使用保温钉固定后，表面应平整。

（4）绝热材料粘结固定

1）胶粘剂应与绝热材料相匹配，并应符合其使用温度的要求。

2）涂刷胶粘剂前应清洁风管与设备表面，采用横、竖两方向的涂刷方法将胶粘剂均匀地涂在风管、部件、设备和绝热材料的表面上。

3）涂刷完毕，应根据气温条件按产品技术文件的要求静放一定时间后，再进行绝热材料的粘结。

（5）粘结宜一次到位，并加压，粘结应牢固，不应有气泡。

3．风管防潮层施工

风管防潮层施工，参见本书 11.8.2 节中相关内容。

4．风管金属保护壳的施工

风管金属保护壳的施工，参见本书 11.8.2 节中相关内容，外形应规整，板面宜有凸筋加强，边长大于 800mm 的金属保护壳应采用相应的加固措施。

11.8.5 质量检查

应符合现行国家标准《通风与空调工程施工质量验收规范》GB 50243 的规定。

第 12 章　建筑电气工程实体质量控制

12.1　基本规定

12.1.1　材料（设备）采购、订货

（1）凡由承包单位负责采购的原材料、半成品或构配件、设备等，在采购订货前，应检查建筑材料报验单，对于重要的材料，还应提交样品，供试验或鉴定，有些材料则要求供货单位提交理化试验单，经监理工程师审查认可，发出建筑材料核查认可书后，方可进行订货采购。

（2）对于永久性设备、器材或构配件，应按经过审批认可的设计文件和图纸，检查其质量是否满足有关标准和设计的要求，交货期应满足施工及进度的需要。

（3）对于设备、器材和构配件的采购、订货，可通过判定质量保证计划，详细提出对厂方应达到的质量保证要求。

质量保证计划的主要内容包括：采购的基本原则及所依据的技术规范或标准，设备或器材所用材料性能及所依据的标准或规范，应进行的质量检验项目及要求达到的标准，技术协议应包括一般技术规范、技术参数、特性及保证值，以及有关技术说明、检查、试验和验收等，对设备制造过程中所用的器材的标记、识别和追踪的要求。质量信息传递的途径、方法及要求，对于合格证或产品说明书等质量保证文件的要求，以及是否需要权威性的质量认证等。

（4）审查供货方应向需方提供的质量保证文件。质量保证文件包括的主要内容：供货总说明、产品合格证及技术说明书、质量检验证明、检测试验者的资格证明、关键工艺操作人员资格证明及操作记录、不合格品或质量问题处理的说明、有关图纸及技术资料，必要时还应附有权威性认证资料。

（5）对某些材料应要求承包方订货时最好一次备齐，以免由于分批而出现花色差异、质量不一等问题。

12.1.2　材料（设备）进场

（1）主要设备、材料、成品和半成品应进场验收合格，并应做好验收记录和验收资料归档。当设计有技术参数要求时，应核对其技术参数，并应符合设计要求。

（2）实行生产许可证或强制性认证（CCC 认证）的产品，应有许可证编号或 CCC 认证标志，并应抽查生产许可证或 CCC 认证证书的认证范围、有效性及真实性。

（3）新型电气设备、器具和材料进场验收时应提供安装、使用、维修和试验要求等技术文件。

（4）进口电气设备、器具和材料进场验收时应提供质量合格证明文件，性能检测报告以

及安装、使用、维修、试验要求和说明等技术文件；对有商检规定要求的进口电气设备，尚应提供商检证明。

凡运到施工现场的原材料、半成品及构配件，应先检查其产品合格证、出厂检验报告及技术说明书，然后按规定要求进行复试、检验，并向监理工程师提供检验或试验报告，经监理工程师审查并确认其质量合格后，方准进场。

工地交货的机械设备或器材到场，应有产品出厂合格证及技术说明书，应在供货合同规定的索赔期内开箱检验，检验合格后，方可验收，若检验发现设备质量不符合要求时，不予验收。由于供方质量不合格而造成的损失，应及时向供方索赔。

进口的材料、设备的检查、验收，应会同国家商检部门进行。

（5）当主要设备、材料、成品和半成品的进场验收需进行现场抽样检测或因有异议送有资质试验室抽样检测时，应符合下列规定：

1）现场抽样检测：对于母线槽、导管、绝缘导线、电缆等，同厂家、同批次、同型号、同规格的，每批至少应抽取1个样本；对于灯具、插座、开关等电器设备，同厂家、同材质、同类型的，应各抽检3%，自带蓄电池的灯具应按5%抽检，且均不应少于1个（套）。

2）因有异议送有资质的试验室而抽样检测：对于母线槽、绝缘导线、电缆、梯架、托盘、槽盒、导管、型钢、镀锌制品等，同厂家、同批次、不同种规格的，应抽检10%，且不应少于2个规格；对于灯具、插座、开关等电器设备，同厂家、同材质、同类型的，数量500个（套）及以下时应抽检2个（套），但应各不少于1个（套），500个（套）以上时应抽检3个（套）。

3）对于由同一施工单位施工的同一建设项目的多个单位工程，当使用同一生产厂家、同材质、同批次、同类型的主要设备、材料、成品和半成品时，其抽检比例宜合并计算。

4）当抽样检测结果出现不合格，可加倍抽样检测，仍不合格时，则该批设备、材料、成品或半成品应判定为不合格品，不得使用。

5）应有检测报告。

12.1.3 材料（设备）存放

对材料、半成品、构配件及永久性设备、器材等的存放、保管条件及时间，应进行检查。根据其各自特点、特性以及对防潮、防晒、防锈、防腐蚀、通风、隔热以及温度等方面的不同要求，进行检查、监控。

对于按要求存放的材料、设备，存入后每隔一定时间，应检查一次，随时掌握它们的存放质量情况。

在材料、设备、器材等使用前，对其质量再次检查，确认合格后，方可允许使用，对检查不合格者，不准使用或降低等级使用。

12.1.4 新材料（设备）

对于新材料、新型设备或装置的应用，应事先提交可靠的技术鉴定及有关试验和实际应用的报告，经监理工程师审查确认和批准后，方可在工程中应用。

12.2 变配电设备安装

12.2.1 材料（设备）质量控制

变配电设备安装常用材料（设备）质量控制要点，见表 12-1。

变配电设备安装常用材料（设备）质量控制要点　　　表 12-1

序号	项目	质量控制要点
1	变压器、箱式变电所、高压电器及电瓷制品的进场验收	（1）查验合格证和随带技术文件，变压器应有出厂试验记录。 （2）外观检查：设备应有铭牌，表面涂层应完整，附件应齐全，绝缘件应无缺损、裂纹，充油部分不应渗漏，充气高压设备气压指示应正常
2	变压器、箱式变电所	（1）变压器、箱式变电所的容量、规格及型号必须符合设计要求。查验合格证和随带技术文件，变压器有出厂试验记录。 （2）外观检查：有铭牌，附件齐全，绝缘件无缺损、裂纹，充油部分不渗漏，充气高压设备气压指示正常，涂层完整、无损伤，有通风口的风口防护网完好 （3）附件、备件齐全，油浸变压器油位正常，无渗油现象。干式变压器温度计及温控仪表安装正确，指示值正常，整定值符合要求。油式变压器的气体继电器安装方向应正确，打气试验接点动作要正确。 （4）高压套管及硬母线相色漆应正确，套管瓷件应完好、清洁，接地小套管应接地。变压器接地应良好，接地电阻应合格。避雷器、跌落开关等附属设备安装应正确。高低压熔断器的位置安装应正确，熔丝符合要求。 （5）变压器控制系统二次回路的接线应正确，经试操作情况良好。保护按整定值整定。变压器引出线连接应良好，相位，相序符合要求。 （6）变压器基础的轨道应水平，轨距与轮距应配合，装有气体继电器的变压器顶盖，沿气体继电器的气流方向有 1.0%～1.5% 的升高坡度。 （7）变压器线圈对低压线圈之间的绝缘电阻和高压线对地的绝缘电阻均不得小于 100MΩ（用 2500V 摇表测）。低压线圈对地绝缘电阻和穿心螺杆对地绝缘电阻均不得小于 500MΩ（用 1000V 摇表测）。 （8）用交流变频耐压仪对变压器进行工频耐压试验；施加工频电压按现行国家标准《电气装置安装工程电气设备交接试验标准》GB 50150 的规定；耐压试验应合格，且变压器没有遗留任何异物。 （9）变压器室、网门和遮拦，以及可攀登接近带电设备的设施，标有符合规定的设备名称和安全警告标志
3	高压成套配电柜、低压成套配电柜（箱）、控制柜（台、箱）的进场验收	（1）查验合格证和随带技术文件，高压和低压成套配电柜等成套柜应有出厂试验报告。 （2）核对产品型号、产品技术参数，应符合设计要求。 （3）外观检查：设备应有铭牌，表面涂层应完整、无明显碰撞凹陷，设备内元器件应完好无损、接线无脱落脱焊，绝缘导线的材质、规格应符合设计要求
4	其他材料	（1）安装用各种型钢规格应符合设计要求，并无明显锈蚀。 （2）除地脚螺栓及防震装置螺栓外，均应采用镀锌螺栓，并配相应的平垫圈和弹簧垫圈。 （3）接地镀锌扁钢、圆钢、蛇皮管、耐油塑料管、电焊条、防锈漆、调和漆及绝缘材料，应符合相应的产品质量标准，并有产品合格证

12.2.2 变压器、箱式变电所安装

1. 工序交接确认

变压器、箱式变电所安装应按以下程序进行：

（1）变压器、箱式变电所安装前，室内顶棚、墙体的装饰面应完成施工，无渗漏水，地面的找平层应完成施工，基础应验收合格，埋入基础的导管和变压器进线、出线预留孔及相关预埋件等经检查应合格。

（2）变压器、箱式变电所通电前，变压器及系统接地的交接试验应合格。

2. 交接试验

变压器及高压电气设备必须按现行国家标准《电气装置安装工程电气设备交接试验标准》GB 50150 的规定交接试验合格。

箱式变电所的交接试验，必须符合下列规定：

（1）由高压成套开关柜、低压成套开关柜和变压器三个独立单元组合成的箱式变电所高压电气设备部分，按现行国家标准《电气装置安装工程电气设备交接试验标准》GB 50150 的规定交接试验合格。

（2）高压开关、熔断器等与变压器组合在同一个密闭油箱内的箱式变电所，交接试验按产品提供的技术文件要求执行。

（3）低压成套配电柜和馈电线路的每路配电开关及保护装置的相间和相对地间的绝缘电阻值应不小于 $0.5M\Omega$；电气装置的交流工频耐压试验电压 1kV，当绝缘电阻值大于 $10M\Omega$ 时，可采用 2500V 兆欧表摇测替代，试验持续时间 1min，无击穿闪络现象。

3. 变压器安装

（1）变压器安装应位置正确，附件齐全，油浸变压器油位正常，无渗油现象。

（2）变压器中性点的接地连接形式及接地电阻值必须符合设计要求。

（3）变压器箱体、干式变压器的支架、基础型钢及外壳应分别单独与保护导体（PE）干线可靠连接，紧固件及防松零件齐全。

（4）装有气体继电器的变压器顶盖，沿气体继电器的气流方向有 1.0%～1.5% 的升高坡度。当与母线槽连接时，其套管中心线应与母线槽中心线在同轴线上。

（5）变压器的低压导线不得在高压线圈和外壳之间通过。

（6）对有防护等级要求的变压器，在高压或低压及其他用途的绝缘盖板上开孔时，应验证符合其防护保护的要求。

（7）有载调压开关的传动部分润滑应良好，动作灵活，点动给定位置与开关实际位置一致，自动调节符合产品的技术文件要求。

（8）绝缘件应无裂纹、缺损和瓷件瓷釉损坏等缺陷，外表清洁，测温仪表指示准确。

（9）装有滚轮的变压器就位后，应将滚轮用能拆卸的制动部件固定。

4. 箱式变电所

（1）箱式变电所及其落地式配电箱的基础应高于室外地坪，周围排水通畅。用地脚螺栓固定的螺帽齐全，拧紧牢固；自由安放的应垫平放正。金属箱式变电所及落地式配电箱，箱体应与保护导体（PE）干线可靠连接，且有标识。

（2）箱式变电所内外涂层完整、无损伤，有通风口的风口防护网完好。

（3）箱式变电所的高低压柜内部接线完整、低压每个输出回路标记清晰，回路名称准确。

（4）其他安装要求，参见上述"3.变压器安装"中相关内容。

12.2.3 成套配电柜、控制柜（屏、台）和动力、照明配电箱（盘）安装

1. 工序交接确认

成套配电柜、控制柜（屏、台）和动力、照明配电箱（盘）安装应按以下程序进行：

（1）成套配电柜（台）、控制柜安装前，室内顶棚、墙体的装饰工程应完成施工，无渗漏水，室内地面的找平层应完成施工，基础型钢和柜、台、箱下的电缆沟等经检查应合格，落地式柜、台、箱的基础及埋入基础的导管应验收合格。

（2）墙上明装的配电箱（盘）安装前，室内顶棚、墙体、装饰面应完成施工，暗装的控制（配电）箱的预留孔和动力、照明配线的线盒及导管等经检查应合格。

（3）电源线连接前，应确认电涌保护器（SPD）型号、性能参数符合设计要求，接地线与 PE 排连接可靠。

（4）试运行前，柜、台、箱、盘内 PE 排应完成连接，柜、台、箱、盘内的元件规格、型号应符合设计要求，接线应正确且交接试验合格。

2. 成套配电柜、控制柜（屏、台）和动力、照明配电箱（盘）安装

（1）基础型钢、支架安装必须控制在允许偏差内。

（2）对于一般有高低压开关柜、直流屏、UPS 柜各种电机控制柜及引进设备，应分别按其产品说明书的要求及设计要求安装。注意检查各部分设备的配套和分头设计的吻合。

（3）箱（盘）内配线整齐，无铰接现象。导线连接紧密，不伤芯线，不断股。垫圈下螺母两侧不应压不同截面导线，同一端子上导线连接不应超过两根，防松垫圈等配件齐全。

（4）箱（盘）内开关动作应灵活可靠，带有漏电保护的回路，漏电保护装置动作电流和动作时间应分别不大于 30mA 和 0.1s。

（5）位置正确，部件齐全、箱体开孔与线管管径相适配，暗式配电箱箱盖紧贴墙面，箱（盘）涂层完整。

（6）箱（盘）内接线整齐，回路编号齐全，标识正确。

（7）照明配电箱（盘）不应采用可燃材料制作。

（8）箱（盘）应安装牢固，垂直度允许偏差为 1.5%，底边距地面为 1.5m，照明配电板底边距地面不小于 1.8m。

（9）照明箱（盘）内，分别设置零线（N）和保护地线（PE 线）汇流排，零线和保护地线经汇流排配出。

（10）箱、盘的金属框架及基础型钢必须接地（PE）或接零（PEN）可靠；装有电器的可开启门，门和框架的接地端子间应用裸编织铜线连接，且有标识。

（11）绝缘测试：配电箱（盘）全部电器安装完毕后，用 500V 兆欧表对线路进行绝缘摇测。摇测项目包括相线与相线之间，相线与中性线之间，相线与保护地线之间，中性线与保护地线之间。两人进行摇测，同时做好记录，作为技术资料存档。

12.2.4 质量检查

应符合现行国家标准《建筑电气工程施工质量验收规范》GB 50303 的规定。

12.3 供电干线

12.3.1 材料质量控制

供电干线常用材料（设备）质量控制要点，见表 12-2。

供电干线常用材料（设备）质量控制要点　　　　　　表 12-2

序号	项目	质量控制要点
1	母线槽	（1）母线槽的型号、规格、电压等级等必须符合设计要求。 （2）查验合格证和随带安装技术文件，并应符合下列规定： 1）CCC 型式试验报告中的技术参数应符合设计要求，导体规格及相应温升值应与 CCC 型式试验报告中的导体规格一致，当对导体的载流能力有异议时，应送有资质的试验室做极限温升试验，额定电流的温升应符合国家现行有关产品标准的规定。 2）耐火母线槽除应通过 CCC 认证外，还应提供由国家认可的检测机构出具的型式检验报告，其耐火时间应符合设计要求。 3）保护接地导体（PE）应与外壳有可靠的连接，其截面积应符合产品技术文件规定；当外壳兼作保护接地导体（PE）时，CCC 型式试验报告和产品结构应符合国家现行有关产品标准的规定。 （3）外观检查：防潮密封应良好，各段编号应标志清晰，附件应齐全、无缺损，外壳应无明显变形，母线螺栓搭接面应平整、镀层覆盖应完整、无起皮和麻面；插接母线槽上的静触头应无缺损、表面光滑、镀层完整；对有防护等级要求的母线槽尚应检查产品及附件的防护等级与设计的符合性，其标识应完整
2	梯架、托盘和槽盒	（1）梯架、托盘和槽盒规格及型号必须符合设计要求。 （2）查验合格证及出厂检验报告：内容填写应齐全、完整。 （3）外观检查：配件应齐全，表面应光滑、不变形；钢制梯架、托盘和槽盒涂层应完整、无锈蚀；塑料槽盒应无破损、色泽均匀，对阻燃性能有异议时，应按批抽样送有资质的试验室检测；铝合金梯架、托盘和槽盒涂层应完整，不应有扭曲变形、压扁或表面划伤等现象。 （4）各种金属型钢不应有明显锈蚀，所有紧固螺栓应采用镀锌件或不锈钢件
3	电缆头部件、导线连接器及接线端子	（1）查验合格证及相关技术文件，并应符合下列规定： 1）铝及铝合金电缆附件应具有与电缆导体匹配的检测报告。 2）矿物绝缘电缆的中间连接附件的耐火等级不应低于电缆本体的耐火等级。 3）导线连接器和接线端子的额定电压、连接容量及防护等级应满足设计要求。 （2）外观检查：部件应齐全，包装标识和产品标志应清晰，表面应无裂纹和气孔，随带的袋装涂料或填料不应泄漏；铝及铝合金电缆用接线端子和接头附件的压接圆筒内表面应有抗氧化剂；矿物绝缘电缆专用终端接线端子规格应与电缆相适配；导线连接器的产品标识应清晰明了、经久耐用
4	其他材料	（1）绝缘材料的型号、规格、电压等级应符合设计要求，外观无损伤及裂纹，绝缘良好。 （2）所用各种规格的型钢应无明显锈蚀，金属紧固件、卡件、各种螺栓、垫圈应符合设计要求，并且应采用热镀锌件。 （3）各种油漆、电焊条等均有合格证。 （4）电缆绝缘胶和环氧树脂胶应为定型产品，必须符合电压等级和设计要求，绝缘胶应有理化和电气性能的试验报告

12.3.2 母线槽及母线安装

1. 母线槽安装工序交接确认

母线槽安装应按以下程序进行：

（1）变压器和高低压成套配电柜上的母线槽安装前，变压器、高低压成套配电柜、穿墙套管等应安装就位，并应经检查合格。

（2）母线槽支架的设置应在结构封顶、室内底层地面完成施工或确定地面标高、清理场地、复核层间距离后进行。

（3）母线槽安装前，与母线槽安装位置有关的管道、空调及建筑装修工程应完成施工。

（4）母线槽组对前，每段母线的绝缘电阻应经测试合格，且绝缘电阻值不应小于 20MΩ。

（5）通电前，母线槽的金属外壳应与外部保护导体完成连接，且母线绝缘电阻测试和交流工频耐压试验应合格。

2. 母线槽安装

（1）悬挂式母线槽的吊钩应有调整螺栓，固定点间距离不得大于 3m。

（2）母线槽的端头应装封闭罩，引出线孔的盖子应完整。

（3）各段母线槽的外壳的连接应是可拆的，外壳间应有跨接线，并应接地可靠。

（4）母线槽水平平卧安装用水平压板及螺栓、螺母、平垫片、弹簧垫圈将母线（平卧）固定于角钢吊支架上。

（5）母线槽水平侧卧安装用侧装压板及螺栓、螺母、平垫片、弹簧垫圈将母线（侧卧）固定于角钢支架上。水平安装母线时要保证母线的水平度，在终端加终端盖并用螺栓紧固。

3. 封闭母线安装

（1）支座必须安装牢固，母线按分段图、相序、编号、方向和标志正确放置，每相外壳的纵向间隙应分配均匀。

（2）母线与外壳应同心，其误差不得超过 5mm，段与段连接时，两相邻段母线及外壳应对准，连接后不应使母线及外壳受到机械应力。

（3）封闭母线不得用裸钢丝绳起吊和绑扎，以免损伤母线；母线不得任意堆放和在地面上拖拉，外壳上不得进行其他作业，外壳内和绝缘子必须擦拭干净，外壳内不得有遗留物。

（4）橡胶伸缩套的连接头、穿墙处的连接法兰、外壳与底座之间、外壳各连接部位的螺栓应采用力矩扳手紧固，各接合面应密封良好。

（5）外壳的相间短路板应位置正确，连接良好，相间支撑板应安装牢固，分段绝缘的外壳应做好绝缘措施。

（6）母线焊接应在封闭母线各段全部就位并调整误差合格，绝缘子、盘形绝缘子和电流互感器经试验合格后进行。

（7）插接箱安装必须固定可靠，垂直安装时，标高应以插接箱底口为准。

（8）封闭母线在穿防火分区时必须对母线与建筑物之间的缝隙做防火处理，用防火堵料将母线与建筑物间的缝隙填满，防火堵料厚度不低于结构厚度，防火堵料必须符合设计及国家有关规定。

4. 母线接地

绝缘子的底座、套管的法兰、保护网（罩）、封闭、插接式母线的外壳及母线支架等可接近裸露导体应接地（PE）或接零（PEN）可靠，其接地电阻值应符合设计要求和规范的规定。不应作为接地（PE）或接零（PEN）的接续导体。

12.3.3　梯架、支架、托盘和槽盒安装

1. 工序交接确认

梯架、托盘和槽盒安装应按以下程序进行：

（1）支架安装前，应先测量定位。

（2）梯架、托盘和槽盒安装前，应完成支架安装，且顶棚和墙面的喷浆、油漆或壁纸等应基本完成。

2. 梯架、支架、托盘和槽盒安装

（1）直线段钢制或塑料梯架、托盘和槽盒长度超过30m、铝合金或玻璃钢制梯架、托盘和槽盒长度超过15m设有伸缩节；梯架、托盘和槽盒跨越建筑物变形缝处，应设置补偿装置。

（2）当设计无要求时，梯架、托盘、槽盒及支架安装尚应符合下列规定：

1）敷设在竖井内穿楼板处和穿越不同防火区的梯架、托盘和槽盒，有防火隔堵措施。

2）除设计要求外，承力建筑钢结构构件上不得熔焊支架，且不得热加工开孔。

3）支架应安装牢固、无明显扭曲；与预埋件焊接固定时，焊缝饱满；膨胀螺栓固定时，选用螺栓适配，螺栓紧固，防松零件齐全。

（3）桥架、线槽的连接应连续无间断，在转角、分支处和端部均应有固定点，并应紧贴墙面固定，接口应平直、严密，盖板应齐全、平整、无翘角。

（4）桥架、线槽的盖板在直线段上和90°转角处，应成45°斜口相接，分支处应成三角叉接，盖板应无翘角，接口应严密整齐。

（5）电缆梯架、托盘和槽盒转弯处的弯曲半径，不小于梯架、托盘和槽盒内电缆最小允许弯曲半径。

（6）梯架、托盘和槽盒与支架间及与连接板的固定螺栓应紧固无遗漏，螺母位于梯架、托盘和槽盒外侧；当铝合金梯架、托盘和槽盒与钢支架固定时，有相互间绝缘的防电化腐蚀措施。

3. 接地要求

（1）金属梯架、托盘或槽盒必须与保护导体（PE）可靠连接。

（2）金属梯架、托盘和槽盒全长不大于30m时，不应少于2处与保护导体（PE）可靠连接，全长大于30m时，应每隔20～30m增加连接点，起始端和终点端均应可靠接地。

（3）金属槽盒不应作为保护导体（PE）的接续导体。

（4）非镀锌梯架、托盘和槽盒本体间连接板的两端跨接铜接地线，接地线的截面积应符合设计要求，其截面积不小于4mm^2。

（5）镀锌梯架、托盘和槽盒本体间连接板的两端不跨接接地线，但连接板两端不少于2

个有防松螺帽或防松垫圈的连接固定螺栓。

12.3.4 电缆敷设

1. 工序交接确认

电缆敷设应按以下程序进行：

（1）支架安装前，应先清除电缆沟、电气竖井内的施工临时设施、模板及建筑废料等，并应对支架进行测量定位。

（2）电缆敷设前，电缆支架、电缆导管、梯架、托盘和槽盒应完成安装，并已与保护导体完成连接，且经检查应合格。

（3）电缆敷设前，绝缘测试应合格。

（4）通电前，电缆交接试验应合格，检查并确认线路去向、相位和防火隔堵措施等应符合设计要求。

2. 电缆敷设要求

（1）电力电缆、控制电缆等在敷设前，应认真核对其型号、规格、电压等级等是否符合设计要求，当有变更时应取得原设计单位的书面变更通知书，有防火要求的电气回路电缆敷设不得违反设计施工图要求和规范要求。

（2）电缆外观不应受损，不得有铠装压扁、电缆绞拧、护层折裂等机械损伤，电缆应绝缘良好、电缆封端应严密；电缆终端头应是定型产品，附件齐全，套管应完好，并应有合格证和试验数据记录。

（3）电缆敷设前应对整盘电缆进行绝缘电阻测试，电缆敷设后还应对每根电缆进行绝缘电阻测试。

（4）电缆额定电压为500V及以下的，应采用500V摇表，绝缘电阻值应大于0.5MΩ。

（5）电缆敷设完毕应及时将电缆端部密封，盘内剩余电缆端部也应及时密封，以免潮气进入降低绝缘性能。

（6）梯形桥架转弯处的弯曲半径，不小于桥架内电缆最小允许弯曲半径，电缆最小允许弯曲半径应符合现行国家标准《建筑电气工程施工质量验收规范》GB 50303 的规定。

（7）电缆敷设应尽量减少中间接头，必须有接头时，并列敷设的电缆，其接头位置应错开；明敷电缆的接头，应用托板托住固定；埋地敷设电缆的接头应装设保护盒，以防意外机械损伤。

（8）电缆在进入配电柜内应及时做好电缆头，电缆头应绑扎固定，整齐统一，并挂上电缆标志牌；电缆芯线应排列整齐，绑扎间距一致并应留有适当余量。

（9）电缆保护管内径不应小于电缆外径的1.5倍；保护管的弯曲半径一般为管外径的10倍，但不应小于所穿电缆的允许最小弯曲半径。

（10）电缆芯线应有明显相色标志或编号，且与系统相位一致。

3. 埋地电缆敷设

（1）埋地敷设的电缆，表面至地面的深度不应小于700mm；电缆应埋设于冻土层以下，当受条件限制时，应采取防止电缆受到损坏的措施。

（2）埋地电缆的上、下部应铺设不少于100mm厚的软土或砂层，上部并加以电缆盖板保护，保护盖板的宽度应大于电缆两侧各 50mm。

（3）埋地电缆在直线段每隔 50～100m 处、中间接头处、转角处、进入建筑物处，应设置明显的电缆标志桩。

（4）埋地电缆进入建筑物应有钢导管保护，管口宜做成喇叭形，保护管室内部分应高于室外埋地部位，电缆敷设完毕，保护管口应采用密封措施。

（5）埋地电缆在回填土前，应进行隐蔽工程验收，验收通过后方可覆土。

4. 电缆沟内电缆敷设

（1）电缆沟内支架应排列整齐、高低一致、安装牢固。

（2）电缆在电缆沟内敷设时应排列整齐，不宜交叉，电缆在直线段每 5～10m 及转角处、电缆接头两端处应绑扎牢固。

（3）电力电缆和控制电缆不应敷设在同一层支架上。

（4）电缆敷设完毕后，应及时清除杂物，盖好盖板。电缆沟内严禁有积水现象。

（5）交流单芯电力电缆、矿物绝缘电缆在桥架内敷设相位排列应避免交流电阻、感生电压、电缆涡流等影响。

5. 桥架内电缆敷设

（1）桥架安装

1）梯形桥架的固定支、吊架安装应牢固，其固定间距应符合设计要求，当设计无要求时应不大于 2m，梯形桥架的起、终端和转角两侧、分支处三侧应有支、吊架固定，固定点宜为 300～500mm。

2）梯形桥架连接板处螺栓应紧固，螺栓应由里向外穿，螺母位于桥架（托盘）的外侧。

3）支架与预埋件焊接固定时，焊缝饱满；膨胀螺栓固定时，选用螺栓适配，连接紧固，防松零件齐全。钢支架与吊架应焊接牢固，无显著变形，焊缝均匀平整，焊缝长度应符合要求，不得出现裂纹、咬边、气孔、凹陷、漏焊等缺陷。

4）支架与吊架应安装牢固，保证横平竖直，在有坡度的建筑物上安装支架与吊架应与建筑物有相同坡度。

5）严禁用木砖固定支架与吊架。

6）梯形桥架转角和三通处的最小转弯半径应大于敷设电缆最大者的最小弯曲半径。

7）梯形桥架跨越变形缝（沉降缝、伸缩缝）处或梯形桥架直线长度超过 30m 应有补偿装置，并保证补偿装置伸缩节处接地跨接线的贯通。

（2）电缆敷设

1）电缆在梯形桥架内宜单层敷设，排列整齐，不宜交叉。电缆在每一直线段 5～10m、转角、电缆中间接头的两端处应绑扎固定。

2）不同电压等级的电缆在桥架（托盘）内敷设时，中间应用隔板分开。

（3）梯架及电缆接地

1）电力电缆当有铠装钢带护层时，在终端处应可靠接地。接地线应采用铜绞线或镀锡铜编织线，电缆截面在 120mm^2 及以下的不应小于 16mm^2；截面在 150mm^2 及以上的不应小于 25mm^2。

2）梯架连接处应可靠接地，镀锌金属线槽连接处可不做跨接线接地，但连接两端应不少于 2 处的固定螺栓上应有防松件。

3）梯架的全长和起、终端应与接地干线进行多处可靠连接，或在桥架（托盘）内全长敷设接地线。接地线可采用绿黄绝缘导线、裸铜线和镀锌扁钢，其截面当设计无规定时不宜小于 100mm²。

4）电缆梯架、支架、托架应与接地干线可靠连接。一般可采用黄绿双色导线与梯形桥架同行敷设的 25mm×4mm 镀锌扁钢用螺栓进行连接。

6. 电缆穿保护管敷设

（1）电缆导管敷设

1）电缆管弯制后，不应有裂缝和显著的凹瘪现象，其弯扁程度不宜大于管子外径的 10%。

2）电缆管的内径与电缆外径之比不得小于 1.5。

3）每根电缆管的弯头不应超过 3 个，直角弯不应超过 2 个。

4）金属电缆管严禁对口熔焊连接，宜采用套管焊接的方式，连接时应两管口对准、连接牢固，密封良好；套接的短套管或带螺纹的管接头的长度，不应小于电缆管外径的 2.2 倍；镀锌和壁厚小于 2mm 的钢导管不得套管熔焊连接。

5）地下埋管距地面深度不宜小于 0.5m；与铁路交叉处距路基不宜小于 1.0m；距排水沟底不宜小于 0.3m；并列管间宜有不小于 20mm 的间隙。

（2）电缆穿管

1）穿入管中电缆的数量应符合设计要求，交流单芯电缆不得单独穿入钢管内。

2）敷设在混凝土管、陶土管、石棉水泥管内的电缆，宜穿塑料护套电缆。

3）拐弯、分支处以及直线段每隔 50m 应设人孔检查井，井盖应高于地面，井内有集水坑且可排水。

4）电缆管内径与电缆外径之比不得小于 1.5；混凝土管、陶土管、石棉水泥管除应满足本条要求外，其内径尚不宜小于 100mm。

5）电缆穿保护管前，应先清理保护管，电缆保护管内部应无积水，且无杂物堵塞。

6）穿电缆时，可采用无腐蚀性的润滑剂（粉），如滑石粉或黄油等润滑物，以防损伤电缆护层。

7）直埋电缆进入建筑物内的保护管必须符合防水要求，并有适当的防水坡度，保护管伸出建筑物散水坡的长度不应小于 250mm，除注明外，保护管应伸出墙外 1m。管口应无毛刺和尖锐棱角，宜做成喇叭形；非镀锌钢管外壁应刷两道沥青漆防腐。

8）电缆直埋引入建筑物时，应穿钢管保护，并做好防水处理，保护钢管内径不应小于电缆外径的 1.5 倍。穿墙钢管与钢板须事先焊好，并应配合土建墙体施工预埋。

9）在电缆穿过竖井、墙壁、楼板或进入电气盘、柜的孔洞处，用防火堵料密实封堵。

12.3.5 电缆头制作和接线

1. 工序交接确认

电缆头制作和接线应按以下程序进行：

（1）电缆头制作前，电缆绝缘电阻测试应合格，检查并确认电缆头的连接位置、连接长度应满足要求。

（2）控制电缆接线前，应确认绝缘电阻测试合格，校线正确。

（3）电力电缆或绝缘导线接线前，电缆交接试验或绝缘电阻测试应合格，相位核对应正确。

2. 电缆头制作

（1）制作电缆终端与接头，从剥切电缆开始应连续操作直至完成，缩短绝缘暴露时间。剥切电缆时不应损伤线芯和保留的绝缘层。附加绝缘的包绕、装配、热缩等应清洁。

（2）电缆终端和接头应采取加强绝缘、密封防潮、机械保护等措施。6kV 及以上电力电缆的终端和接头，尚应有改善电缆屏蔽断部电场集中的有效措施，并应确保外绝缘相间和对地绝缘。

（3）在制作塑料绝缘电缆终端头和接头时，应彻底清除半导电屏蔽层。对包带石墨屏蔽层，应使用溶剂擦去碳迹；对挤出屏蔽层，剥除时不得损伤绝缘表面，屏蔽端部应平整。

（4）电缆芯线连接时应除去线芯和连接管内壁油污及氧化层。压接模具与金具应配合适当。压缩比应符合要求。压接后应将端子或连接管上的凸痕修理光滑，不得残留毛刺。采用锡焊连接铜芯，应使用中性焊锡膏，不得烧伤绝缘。

（5）三芯电力电缆接头两侧电缆的金属屏蔽层（或金属套）、铠装层应分别连接良好，不得中断。直埋电缆接头的金属外壳及电缆的金属护层应做防腐处理。

三芯电力电缆终端处的金属护层必须接地良好；塑料电缆每相铜屏蔽和钢铠应用焊锡焊接接地线。电缆通过零序电流互感器时，电缆金属护层和接地线应对地绝缘，电缆接地点在互感器以下时，接地线应直接接地；接地点在互感器以上时，接地线应穿过互感器接地。

（6）装配、组合电缆终端和接头时，各部件的配合和搭接处必须采取堵漏、防潮和密封措施。塑料电缆宜采用自粘带、粘胶带、胶粘剂（热溶胶）等方式密封；塑料护套表面应打毛，粘结表面应用溶剂除去油污，粘结应良好。

（7）电缆终端上应有明显的终端标志，且应与系统的相位一致。

（8）控制电缆终端可采用一般包扎，接头应有防潮措施。

3. 导线连接

（1）导线连接熔焊的焊缝外形尺寸应符合焊接工艺标准的规定，焊接后应清除残余焊药和焊渣。焊缝严禁有凹陷、夹渣、断股、裂缝及根部未焊合等缺陷。

（2）锡焊连接的焊缝应饱满、表面光滑。焊剂应无腐蚀性，焊接后应清除焊区的残余焊剂。

（3）在配电配线的分支线连接处，干线不应受到支线的横向拉力。

4. 线路检查与绝缘测试

导线接、焊、包全部完成后，要进行自检和互检；检查导线接、焊、包是否符合设计要求及有关施工验收规范及质量验评标准的规定。不符合规定时要立即纠正，检查无误后再进行绝缘摇测。

12.3.6 质量检查

相关的质量检查应符合现行国家标准《建筑电气工程施工质量验收规范》GB 50303 的规定。

12.4 配电线路

12.4.1 材料质量控制

配电线路常用材料（设备）质量控制要点，见表 12-3。

配电线路常用材料（设备）质量控制要点　　　　　　表 12-3

序号	项目	质量控制要点
1	导管	（1）查验合格证：钢导管应有产品质量证明书，塑料导管应有合格证及相应检测报告。 （2）外观检查：钢导管应无压扁，内壁应光滑；非镀锌钢导管不应有锈蚀，油漆应完整；镀锌钢导管镀层覆盖应完整、表面无锈斑；塑料导管及配件不应碎裂、表面应有阻燃标记和制造厂标。 （3）应按批抽样检测导管的管径、壁厚及均匀度，并应符合国家现行有关产品标准的规定。 （4）对机械连接的钢导管及其配件的电气连续性有异议时，应按现行国家标准《电缆管理用导管系统》GB/T 20041 的有关规定进行检验。 （5）对塑料导管及配件的阻燃性能有异议时，应按批抽样送有资质的试验室检测
2	绝缘导线、电缆	（1）查验合格证：合格证内容填写应齐全、完整。 （2）外观检查：包装完好，电缆端头应密封良好，标识应齐全。抽检的绝缘导线或电缆绝缘层应完整无损，厚度均匀。电缆无压扁、扭曲，铠装不应松卷。绝缘导线、电缆外护层应有明显标识和制造厂标。 （3）检测绝缘性能：电线、电缆的绝缘性能应符合产品技术标准或产品技术文件规定。 （4）检查标称截面积和电阻值：绝缘导线、电缆的标称截面积应符合设计要求，其导体电阻值应符合现行国家标准《电缆的导体》GB/T 3956 的有关规定。当对绝缘导线和电缆的导电性能、绝缘性能、绝缘厚度、机械性能和阻燃耐火性能有异议时，应按批抽样送有资质的试验室检测。检测项目和内容应符合国家现行有关产品标准的规定
3	线盒、配电箱	线盒、配电箱的大小尺寸及壁厚应符合设计及规范要求，无变形，敲落孔完整无损，面板的安装孔应齐全，丝扣清晰，面板、盖板应与盒、箱配套，外形完整无损且颜色均一，无锈蚀等现象
4	其他材料	（1）型钢、电缆安装附属材料应符合设计要求，并有产品合格证。 （2）橡胶（或自黏性塑料）绝缘带、黑胶布、防锈漆、滑石粉、布条等均符合要求并有产品合格证。 （3）钢索截面积应根据实际跨距、荷重及机械强度选择，最小截面不小于 10mm²，且不得有背扣、松股、抽筋等现象。当镀锌圆钢作为钢索时，其直径不应小于 10mm。 （4）镀锌圆钢吊钩、圆钢耳环的规格应符合设计要求；镀锌圆钢耳环接口处应焊死，尾端应弯成燕尾。 （5）镀锌铁丝应顺直无背扣、扭接等现象，并具有规定的机械拉力。 （6）扁钢吊架采用的镀锌扁钢，其镀锌层无脱落现象

12.4.2　导管敷设

1. 工序交接确认

导管敷设应按以下程序进行：

（1）配管前，除埋入混凝土中的非镀锌钢导管的外壁外，应确认其他场所的非镀锌钢导管内、外壁均已做防腐处理。

（2）埋设导管前，应检查确认室外直埋导管的路径、沟槽深度、宽度及垫层处理等符合设计要求。

（3）现浇混凝土板内的配管，应在底层钢筋绑扎完成，上层钢筋未绑扎前进行，且配管完成后应经检查确认后，再绑扎上层钢筋和浇捣混凝土。

（4）墙体内配管前，现浇混凝土墙体内的钢筋绑扎及门、窗等位置的放线应已完成。

（5）接线盒和导管在隐蔽前，经检查应合格。

（6）穿梁、板、柱等部位的明配导管敷设前，应检查其套管、埋件、支架等设置是否符合设计或技术文件要求。

（7）吊顶内配管前，吊顶上的灯位及电气器具位置应先进行放样，并应与土建及各专业施工协调配合。

2. 电气导管敷设

（1）电气导管遇下列情况之一时，中间应增设接线盒或拉线盒，且接线盒或拉线盒的位置应便于穿线和检修：

1）管长度每超过 30m，无弯曲。

2）管长度每超过 20m，有一个弯曲。

3）管长度每超过 15m，有两个弯曲。

4）管长度每超过 8m，有三个弯曲。

（2）电气导管工程中所采用的管卡、支吊架、配件和箱盒等金属附件，都应采取镀锌或涂防锈漆等防腐措施。

（3）进入箱、盒、柜的导管应排列整齐，固定点间距均匀，安装牢固；进入落地式柜、台、箱、盘内的电气导管，应高出柜、台、箱、盘的基础面 50～80mm。所有管口在穿入电线、电缆后应做密封处理。

（4）电气导管敷设完成后应对施工中造成建筑物、构筑物的孔、洞、沟、槽等进行修补。

（5）电气导管及线槽经过建筑物的沉降缝或伸缩缝处，必须设置补偿装置。

（6）金属导管严禁对口熔焊连接；镀锌和壁厚小于等于 2mm 的钢导管不得套管熔焊连接。

（7）镀锌钢导管不得熔焊跨接接地线。

（8）导管在砌体上剔槽埋设时，保护层厚度应大于 15mm，做保护的抹面水泥砂浆强度等级不小于 M10。

3. 电气导管混凝土或砖砌墙暗敷

（1）埋入墙体中可采用薄壁钢导管、复合型可挠金属导管或绝缘导管。

（2）暗配的电气导管，埋设深度与建筑物、构筑物表面的距离不应小于15mm。当电气导管在砌体上剔槽埋设时，应采用强度等级不小于M10的水泥砂浆抹面保护，保护层厚度大于15mm。

（3）金属导管内外壁应防腐处理；埋设于混凝土内的导管内壁应防腐处理，外壁可不防腐处理。

（4）埋入混凝土中的电气导管应在底层钢筋绑扎完成后方可进行，导管与模板之间距离不得小于15mm，导管不得直接敷设在底层钢筋下面模板上面，以免产生"电管露底"现象。并列敷设的导管之间间距不应小于25mm，管间用混凝土浇捣密实。

（5）电气导管在墙体（实心砖、空心砖、砌块砖等）内暗敷，走向应合理，不得有明显破坏墙体结构现象。剔槽时不得留置水平槽和斜形槽（斜形槽对结构破坏较大，尤其是空心砖等）。

（6）剔槽宜采用机械方式。以保证槽的宽度和深度基本一致。

（7）预埋在墙体中的箱盒应固定牢固，位置或高度应正确、统一，箱盒宜和混凝土墙体表面平。

4. 电气导管沿墙明敷或在吊顶内敷设

（1）导管宜按照明敷管线的要求，基本做到"横平竖直"，不应有斜走、交叉等现象。

（2）吊支架的距离宜采用明导管的要求，在箱盒和转角等处应对称、统一。

（3）吊支架宜采用膨胀螺栓镀锌螺纹吊杆和镀锌弹性管卡固定电线保护导管。刚性绝缘导管宜用同样材质的管卡固定。

（4）从接线盒引至灯位的导管应采用软管，其长度不宜大于1.2m。接线盒的盖板面设置宜朝下便于检修。

（5）电气导管敷设在石膏板轻钢龙骨墙体内，应在龙骨上采用管卡或绑扎方法固定。

（6）电气导管在吊平顶内敷设应有单独的吊支架，不得利用龙骨的吊架，也不得将电气导管直接固定在轻钢龙骨上。

5. 电气导管进箱盒、线槽

（1）电气导管进箱盒或线槽，必须用机械方法开孔，严禁用电焊或气焊开孔；箱盒有敲落孔的，敲落孔径应与电气导管相匹配。

（2）电气导管进箱盒及线槽，管径在$\phi 50$及以下的应采用螺纹丝扣连接，并用锁紧螺母固定，螺纹露出锁紧螺母2～3扣；管径在$\phi 65$及以上的可采用电焊"点焊"固定，管口露出箱盒或线槽3～5mm，点焊处应刷防腐漆及面漆。

（3）刚性绝缘导管进箱盒或线槽应采用专用护口配件，并涂以专用胶粘剂。

6. 电气导管在室外、埋地及特殊场地的敷设

（1）直接敷设于室内和室外地坪部位的焊接钢管的内外壁、镀锌钢管的外壁必须经过防腐处理，才能进行埋地敷设。

（2）薄壁电线管不得直接在室外埋地敷设。

（3）室外和屋面用于电气动力系统的保护导管应使用经过防腐处理的焊接钢管和厚壁镀

锌钢管，电管进入设备处应有防雨弯头。

（4）临空墙、密闭墙及出入人防工程防护区域预埋的电气套管及导管必须使用厚壁镀锌钢管。

7. 柔性导管配管

（1）导管经柔性导管与电气设备、器具连接，柔性导管的长度在动力工程中不大于0.8m，在照明工程中不大于1.2m。

（2）柔性导管与电气设备、器具的连接必须采用配套的专用接头，不应将柔性导管直接插入电气导管或设备、器具中。

（3）柔性导管不宜暗敷于墙中。

（4）除过变形缝外，柔性导管不可做电气导管的中间接驳体。

8. 导管的接地保护

（1）当非镀锌钢导管在采用螺纹连接时，连接处的两端应采用不小于6mm圆钢焊跨接接地线。当镀锌钢导管采用螺纹连接时，连接处的两端采用专用接地卡固定跨接接地线。

（2）镀锌的钢导管、可挠性导管和金属线槽不得熔焊跨接接地线，以专用接地卡跨接的两卡间连线为铜芯软导线，截面积不小于4mm²。

（3）金属线槽不作设备的接地导体，当设计无要求时，金属线槽全长不少于2处与接地（PE）或接零（PEN）干线连接。

（4）非镀锌金属线槽间连接板的两端跨接铜芯接地线，镀锌线槽间连接板的两端不跨接接地线，但连接板两端不少于2个有防松螺帽或防松垫圈的连接固定螺栓。

（5）钢导管与金属箱盒、金属线槽连接时，应做可靠的跨接接地连接，其方法如下：

1）镀锌钢导管进入金属箱盒应将专用接地线卡上的连接导线接入箱内专用接地螺栓或PE排上，不应直接与箱盒外壳连接。

2）非镀锌钢导管应焊接接地螺栓，用黄绿双色导线接入箱盒内专用接地螺栓或PE排上，不应直接与箱盒外壳连接，焊接处及时做好防腐处理。

（6）镀锌钢导管或非镀锌钢导管在进入金属线槽时，线槽和钢导管上的跨接接地必须符合以下规定：

1）金属线槽和导管为镀锌件时，导管和线槽间可用导线跨接接地。

2）非镀锌钢导管和镀锌线槽连接时，钢导管上应焊接接地螺栓用黄绿双色导线连接接地跨接。

3）成排镀锌钢导管进入箱盒或线槽，应在成排钢导管上用专用接地线卡将接地跨接接地线并联连接后和线槽箱盒可靠连接。非镀锌钢导管应焊接圆钢跨接线将成排钢导管连成一整体，其中一钢导管上焊接接地螺栓后用导线把钢导管和线槽及箱盒可靠连接。

4）跨接接地线采用导线的，其颜色应为黄绿双色；采用的螺栓应为镀锌件，且平垫片、弹簧垫片齐全。

12.4.3　管内穿线和槽盒内敷线

1. 工序交接确认

绝缘导线、电缆穿管及槽盒内敷线应按以下程序进行：

（1）焊接施工作业应已完成，检查导管、槽盒安装质量应合格。

（2）导管或槽盒与柜、台、箱已完成连接，导管内积水及杂物应已清理干净。

（3）绝缘导线、电缆的绝缘电阻应经测试合格。

（4）通电前，绝缘导线、电缆交接试验应合格，检查并确认接线去向和相位等应符合设计要求。

2. 管内穿线

（1）同一交流回路的导线必须穿于同一管内。

（2）不同回路、不同电压和交流与直流的导线，不得穿入同一管内，但以下几种情况除外：额定电压为 50V 以下的回路；同一设备或同一流水作业线设备的电力回路和无特殊防干扰要求的控制回路；同一花灯的几个回路；同类照明的几个回路，但管内的导线总数不应多于 8 根。

（3）导线在变形缝处，补偿装置应活动自如；导线应留有一定的余度。

（4）敷设于垂直管路中的导线，当超过下列长度时，应在管口处和接线盒中加以固定：截面积为 50mm^2 及以下的导线为 30m；截面积为 70~95mm^2 的导线为 20m；截面积在 180~240mm^2 之间的导线为 18m。

3. 槽盒内敷线

（1）电线在线槽内有一定余量，不得有接头。电线按回路编号分段绑扎，绑扎点间距不应大于 2m。

（2）同一回路的相线和零线，敷设于同一金属线槽内。

（3）同一电源的不同回路无抗干扰要求的线路可敷设于同一线槽内；敷设于同一线槽内有抗干扰要求的线路用隔板隔离，或采用屏蔽电线且屏蔽护套一端接地。

12.4.4 塑料护套线直敷布线

1. 工序交接确认

塑料护套线直敷布线应按以下程序进行：

（1）弹线定位前，应完成墙面、顶面装饰工程施工。

（2）布线前，应确认穿梁、墙、楼板等建筑结构上的套管已安装到位，且塑料护套线经绝缘电阻测试合格。

2. 塑料护套线敷设

（1）导线的规格型号必须符合设计和国家现行技术标准规范的要求，并具备产品质量合格证、备案证。

（2）使用的塑料护套线必须保证最小芯线截面为 2.5mm^2。塑料护套线采用明敷设时，导线截面积一般不宜大于 10mm^2。

（3）放线要确保布线时导线顺直，不能拉乱，或者导线产生扭曲现象。

（4）导线直敷设时必须横平竖直。竖向垂直布线时，应自上而下作业。

（5）布线必须转弯布线时，可在转弯处装设接线盒，以求得整齐、美观、装饰性强。如布线采取导线本身自然转弯时，必须保持相互垂直，弯曲角要均匀，弯曲半径不得小于塑料护套线宽度的 3~6 倍。

（6）布线的导线接头应甩入接线盒、开关盒、灯头盒和插座盒内。

（7）暗敷布线时，如导线穿越墙壁和楼板要加保护管；在空心楼板板孔内暗配敷设时，不得损伤护套线，并应便于更换导线。

（8）在板孔内不得有接头，板孔应洁净，无积水和无杂物。

12.4.5 钢索配线

1. 工序交接确认

钢索配线的钢索吊装及线路敷设前，除地面外的装修工程应已结束，钢索配线所需的预埋件及预留孔应已预埋、预留完成。

2. 钢索吊装金属管

（1）根据设计要求选择金属管、三通及五通专用明配接线盒，相应规格的吊卡。

（2）在吊装管路时，应按照先干线后支线的顺序进行，把加工好的管子从始端到终端按顺序连接起来，与接线盒连接的丝扣应该拧牢固，进盒的丝扣不得超过2扣。吊卡的间距应符合施工及验收规范要求。每个灯头盒均应用2个吊卡固定在钢索上。

（3）双管并行吊装时，可将两个吊卡对接起来的方式进行吊装，管与钢索应在同一平面内。

（4）吊装完毕后应做整体的接地保护，接线盒的两端应有跨接地线。

3. 钢索吊装塑料管

（1）根据设计要求选择塑料管、专用明配接线盒及灯头盒、管子接头及吊卡。

（2）管路的吊装方法同于金属管的吊装，塑料管进入接线盒及灯头盒时，可以用管接头进行连接；两管对接可用管箍粘结法。

（3）吊卡应固定平整，吊卡间距应均匀。

4. 钢索吊护套线

（1）根据设计图，在钢索上量出灯位及固定的位置。将护套线按段剪断，调直后放在放线架上。

（2）敷设时应从钢索的一端开始，放线时应先将导线理顺，同时用铝卡子在标出固定点的位置上将护套线固定在钢索上，直至终端。

（3）在接线盒两端100～150mm处应加卡子固定，盒内导线应留有适当余量。

（4）灯具为吊装灯时，从接线盒至灯头的导线应依次编叉在吊链内，导线不应受力。吊链为"瓜子链"时，可用塑料线将导线垂直绑在吊链上。

12.4.6 质量检查

接线盒和导管在隐蔽前，经检查应合格；隐蔽接地装置前，应先检查验收合格后，再覆土回填；金属导管应与保护导体可靠连接；塑料导管在砌体上剔槽埋设时，应检查保护层厚度；导管穿越密闭或防护密闭隔墙时，应检查预埋套管质量；导管埋设于混凝土内或直埋地下时，应检查其弯曲半径；直埋地下或楼板内的刚性塑料导管的保护措施等质量检查应符合现行国家标准《建筑电气工程施工质量验收规范》GB 50303的规定。

12.5 自备电源安装

12.5.1 材料（设备）质量控制

自备电源安装常用材料（设备）质量控制要点，见表 12-4。

自备电源安装常用材料（设备）质量控制要点　　　　表 12-4

序号	项目	质量控制要点
1	柴油发电机组	（1）柴油发电机组容量及参数必须符合设计要求。 （2）核对主机、附件、专用工具、备品备件和随机技术文件：合格证和出厂试运行记录应齐全、完整，发电机及其控制柜应有出厂试验记录。 （3）外观检查：设备应有铭牌，涂层应完整，机身应无缺件
2	低压开关设备	（1）查验合格证和随机技术文件：内容应填写齐全、完整。 （2）外观检查：设备应有铭牌，涂层应完整，设备器件或附件应齐全、完好、无缺损
3	蓄电池柜、UPS柜、EPS柜、低压成套配电柜（箱）、控制柜（台、箱）	（1）查验合格证和随带技术文件：低压成套配电柜、蓄电池柜、UPS柜、EPS柜等成套柜应有出厂试验报告。 （2）核对产品型号、产品技术参数：应符合设计要求。 （3）外观检查：设备应有铭牌，表面涂层应完整、无明显碰撞凹陷，设备内元器件应完好无损、接线无脱落脱焊，绝缘导线的材质、规格应符合设计要求，蓄电池柜内电池壳体应无碎裂、漏液，充油、充气设备应无泄漏
4	其他材料	（1）UPS、EPS、整流、逆变、静态开关、储能电池或蓄电池组符合施工图纸设计要求。 （2）绝缘子、绝缘垫无碎裂和缺损；型钢无明显锈蚀。 （3）安装用各种型钢规格应符合设计要求，并无明显锈蚀。 （4）其他辅材：例如防锈漆、耐酸漆、电力复合酯、镀锌螺栓或螺钉、塑料带、沥青漆、酒精、铅板等均应有合格证

12.5.2 柴油发电机组安装

1. 工序交接确认

柴油发电机组的安装应按以下程序进行：

（1）机组安装前，基础应验收合格。

（2）机组安放后，采取地脚螺栓固定的机组应初平、螺栓孔灌浆、精平、紧固地脚螺栓、二次灌浆等安装合格；安放式的机组底部应垫平、垫实。

（3）空载试运行前，油、气、水冷、风冷、烟气排放等系统和隔振防噪声设施应完成安装，消防器材应配置齐全、到位且符合设计要求，发电机应进行静态试验，随机配电盘、柜接线经检查应合格，柴油发电机组接地经检查应符合设计要求。

（4）负荷试运行前，空载试运行和试验调整应合格。

（5）投入备用状态前，应在规定时间内，连续无故障负荷试运行合格。

2. 基础验收

（1）基础标高、几何尺寸、强度等级必须符合设计要求，基础强度达到设计强度的 70% 以上。

（2）预埋螺栓孔（或预埋件）中心线定位尺寸符合设计要求。

（3）设备基础平整度符合设计及设备手册要求。

3. 机组安装

（1）柴油发电机组就位之前，应对机组进行复查、调整。

（2）移动、吊装机组时，要保持其水平，不得倾斜。吊装时应将钢丝绳索套在机组的起吊部位，按照机组吊装和安装技术规程将设备吊起，对准基础基准线和减震器将机组就位。

（3）机组与基础中心线对正后，将地脚螺栓与设备做无负荷连接，地脚螺栓上端露出螺母 2～3 丝扣，下端离孔底不小于 15mm。

（4）灌浆时必须保证地脚螺栓垂直，在操作中应把适量的浆料灌入孔中，多次灌捣，严禁一次性满料灌捣。

（5）待灌浆料强度达到 70% 以上后，才能进行设备精平，并进行基础抹面。

（6）利用垫铁将基础调至水平，每组垫铁不应超过 3 块。

4. 燃油、排烟、冷却系统安装

（1）燃油系统管路应采用无缝钢管。

（2）排烟管保温应采用耐高温不燃材料。

（3）通风系统的安装，先将预埋铁框，预理至墙壁内，用水泥砂浆护牢，待强度满足要求后装配，进风口百叶或风阀用螺栓固定。

（4）排烟管、消声器、保温、燃油管道、冷却管道安装，参见本书 11.5 节、11.7 节中相关内容。

5. 发电机控制箱（屏）安装

参见本书 12.2 节中相关内容。

6. 安装接地线

（1）发电机中性线（工作零线）应与接地母线引出线直接连接，螺栓防松装置齐全，有接地标识。

（2）发电机本体和机械部分的可接近导体均应保护接地（PE）或接地线（PEN），且有标识。

（3）柴油管道，法兰连接处必须采用铜片进行静电接地跨接，在每只法兰上焊接不小于 M8 螺栓作为接地连接端子，采用螺母将铜片压接跨接与每对法兰两侧，静电跨接完毕应测试跨接电阻，电阻值必须符合设计要求。

7. 机组接线

（1）发电机及控制箱接线应正确可靠。

（2）馈电出线两端的相序必须与电源原供电系统的相序一致。

（3）发电机随机的配电柜和控制柜接线应正确无误，所有紧固件应紧固牢固，无遗漏脱落。开关、保护装置的型号、规格必须符合设计要求。

8. 机组检测、试运行

应符合现行国家标准《建筑电气工程施工质量验收规范》GB 50303 的规定。

12.5.3 EPS/UPS 安装

1. 工序交接确认

UPS 或 EPS 接至馈电线路前，应按产品技术要求进行试验调整，并应经检查确认。

2. 母线、电缆安装

（1）母线、电缆安装，应符合设计要求。

（2）蓄电池室内的母线支架应符合设计要求，支架（吊架）以及绝缘子铁脚应做防腐处理涂刷耐酸涂料。

（3）引出电缆敷设应符合设计要求。宜采用塑料护套电缆带标明正、负极性。正极为赭色、负极为蓝色。

（4）所采用的套管和预留洞处，均应用耐酸、碱材料密封。

（5）母线安装除应符合相关规定外，沿应在连接处涂电力复合酯和防腐处理。

3. 机架、金属底座安装

（1）机架的型号、规格和材质应符合设计要求。其数量间距应符合设计要求。

（2）高压蓄电池架，应用绝缘子或绝缘垫与地面绝缘。

（3）安放不间断电源的机架组装、金属底座应平整、不得歪斜，水平度、垂直度允许偏差不应大于 1.5‰，紧固件齐全。

（4）机架安装应做好接地线的连接。

（5）机架有单层架和双层架，每层上安装又有单列、双列之分，在施工过程中可根据不间断电源的容量及外形尺寸进行调整。

（6）不间断电源采用铅酸蓄电池时，其角钢与电源接触部分衬垫 2mm 厚耐酸软橡皮，钢材必须刷防酸漆；埋在机架内的桩柱定位后用沥青浇灌预留孔。

（7）不间断电源采用镉镍蓄电池和全密封铅酸电池时，机架不需做防酸处理。

4. UPS 及 EPS 装置安装

（1）不间断电源装置（UPS）、应急电源装置（EPS）安装应按设计图纸及有关技术文件进行施工。

（2）UPS 及 EPS 装置安装应平稳，间距均匀，同一排列的不间断电源应高低一致、排列整齐。

（3）引入或引出 UPS 及 EPS 的主回路绝缘导线、电缆和控制绝缘导线、电缆应分别穿钢导管保护，当在电缆支架上或在梯架、托盘和线槽内平行敷设时，其分隔间距应符合设计要求；绝缘导线、电缆的屏蔽护套接地应连接可靠、紧固件齐全，与接地干线应就近连接。

（4）UPS 及 EPS 装置接线时严禁将金属线短接，极性正确，以免不慎将电池短路，造成因大电流放电报废。

（5）引入或引出不间断电源的主回路绝缘导线、电缆和控制绝缘导线、电缆应分别穿钢导管保护，当在电缆支架上或在梯架、托盘和线槽内平行敷设时，其分隔间距应符合设计要求。

（6）应有防震技术措施，并应牢固可靠。

（7）温度计、液面线应放在易于检查一侧。

（8）由于 UPS 及 EPS 装置运行时，其输入输出线路的中线电流约为相线电流的 1.8 倍以上，安装时应检查中线截面，如发现中线截面小于相线截面时，应并联一条中线，防止因中线大电流引起事故。

（9）UPS 及 EPS 装置本机电源应采用专用插座，插座必须使用说明书中指定的保险丝。

5. 蓄电池组的安装

（1）采用架装的蓄电池。

（2）新旧蓄电池不得混用；存放超过三个月的蓄电池必须进行补充充电。

（3）安装时必须避免短路，并使用绝缘工具、戴绝缘手套，严防电击。

（4）按规定的串并联线路连接列间、层间、面板端子的电池连线，应非常注意正负极性，在满足截面要求的前提下，引出线应尽量短；并联的电池组各组到负载的电缆应等长，以利于电池充放电时各组电池的电流均衡。

（5）电池的连接螺栓必须紧固，但应防止拧紧力过大损坏极柱。

（6）再次检查系统电压和电池的正负极方向，确保安装正确；并用肥皂水和软布清洁蓄电池表面和接线。

（7）UPS 与蓄电池之间应设手动开关。

6. 调试和检测

（1）对 UPS 及 EPS 装置的各功能单元进行试验测试，全部合格后方可进行 UPS 及 EPS 装置的试验和检测。

（2）UPS 及 EPS 装置的输入输出连线的线间、线对地间的绝缘电阻值应大于 $0.5M\Omega$；接地电阻符合要求。

（3）按要求正确设定蓄电池的浮充电压和均充电压，对 UPS 进行通电带负载测试。

（4）UPS 及 EPS 的极性应正确，输入、输出各级保护系统的动作和输出的电压稳定性、波形畸变系数及频率、相位、静态开关的动作等各项技术性能指标试验调整应符合产品技术文件要求，当以现场的最终试验替代出厂试验时，应根据产品技术文件进行试验调整，且应符合设计文件要求。

12.5.4 质量检查

应符合现行国家标准《建筑电气工程施工质量验收规范》GB 50303 的规定。

12.6 低压电气动力设备

12.6.1 材料（设备）质量控制

（1）电动机、电加热器、电动执行机构和低压开关设备等的进场验收时，应查验合格证和随机技术文件：内容应填写齐全、完整；外观检查时，要求设备应有铭牌，涂层应完整，设备器件或附件应齐全、完好、无缺损。

（2）电动机、电加热器及电动执行机构容量、规格、型号及参数必须符合设计要求。

（3）绝缘带、电焊条、防锈漆、调和漆、变压器油、润滑脂等均应有产品合格证；设备安装的紧固件均应采用镀锌制品。

12.6.2 电动机、电加热器及电动执行机构检查接线

1. 工序交接确认

电动机、电加热器及电动执行机构接线前，应与机械设备完成连接，且经手动操作检验符合工艺要求，绝缘电阻应测试合格。

2. 检查接线

（1）穿导线的钢管应在浇混凝土前预埋好，钢管管口离地不低于100mm，应靠近电动机的接线盒，用金属或塑料软管与电动机接线盒连接。

（2）电动机及电动执行机构的可接近导体应严格做好接地（或接零），接地线应连接固定在电动机的接地螺栓上。

（3）电动机、控制设备和开关等不带电的金属外壳，应做良好的保护接地或接零，接地（或接零）严禁串联。

（4）电动机电缆金属保护管与软管连接时应做好跨接。

（5）电气设备安装应牢固，螺栓及防松零件齐全，不松动。

（6）防水防潮电气设备的接线入口及接线盒盖等应做密封处理。

（7）在电动机接线盒内裸露的不同相导线间和导线对地间最小距离应大于8mm，否则应采用绝缘防护措施。

12.6.3 低压电气设备试验和试运行

1. 工序交接确认

低压电气动力设备试验和试运行应按以下程序进行：

（1）电气动力设备试验前，其外露可导电部分应与保护导体完成连接，并经检查合格。

（2）通电前，动力成套配电（控制）柜、台、箱的交流工频耐压试验和保护装置的动作试验应合格。

（3）空载试运行前，控制回路模拟动作试验应合格，盘车或手动操作检查电气部分与机械部分的转动或动作应协调一致。

2. 试验和试运行

（1）电动机的铭牌所示电压、频率与使用的电源是否一致，接法是否正确，电源容量与电动机的容量及启动方法是否合适。

（2）使用的电线规格是否合适，电动机引出线与线路连接是否牢固，接线有无错误，端子有无松脱。

（3）开关和接触器的容量是否合适，触点的接触是否良好。

（4）熔断器和热继电器的额定电流与电动机容量是否匹配，热继电器是否复位。

（5）用手盘车应均匀、平稳、灵活，窜动不应超过规定值。

（6）传动带不得过紧或过松，连接要可靠，无裂伤迹象。联轴器螺钉及销子应完整、紧固，不得松动、少缺。

（7）电动机外壳有无裂纹，接地要可靠，地脚螺栓、端盖螺母不得松动。

（8）对不可逆运转的电动机，应检查电动机的旋转方向与电动机所标出的箭头运动方向是否一致。

（9）电动机绕组相间和绕组对地绝缘是否良好，测量绝缘电阻应符合规定要求。

（10）电动机内部有无杂物，可用干燥、清洁的压缩空气或"皮老虎"吹净。保持电动机周围的清洁，不准堆放煤灰，不得有水汽、油污、金属导线、棉纱头等无关的物品，以免被卷入电动机内。

（11）一般要求电动机的定子绕组、绕线转子异步电动机的转子绕组的三相直流电阻偏差应小于 2%。

12.6.4 质量检查

应符合现行国家标准《建筑电气工程施工质量验收规范》GB 50303 的规定。

12.7 电气照明装置安装

12.7.1 材料（设备）质量控制

电气照明装置安装常用材料（设备）质量控制要点，见表 12-5。

电气照明装置安装常用材料（设备）质量控制要点　　　表 12-5

序号	项目	质量控制要点
1	照明灯具及附件	（1）查验合格证：合格证内容应填写齐全、完整，灯具材质应符合设计要求和产品标准要求；新型气体放电灯应随带技术文件；太阳能灯具的内部短路保护、过载保护、反向放电保护、极性反接保护等功能性试验资料应齐全，并应符合设计要求。 （2）外观检查： 1）灯具涂层应完整、无损伤，附件应齐全，Ⅰ类灯具的外露可导电部分应具有专用的 PE 端子。 2）固定灯具带电部件及提供防触电保护的部位应为绝缘材料，且应耐燃烧和防引燃。 3）消防应急灯具应获得消防产品型式试验合格评定，且具有认证标志。 4）疏散指示标志灯具的保护罩应完整、无裂纹。 5）游泳池和类似场所灯具（水下灯及防水灯具）的防护等级应符合设计要求，当对其密闭和绝缘性能有异议时，应按批抽样送有资质的试验室检测。 6）内部接线应为铜芯绝缘导线，其截面积应与灯具功率相匹配，且不应小于 0.5mm²。 （3）自带蓄电池的供电时间检测：对于自带蓄电池的应急灯具，应现场检测蓄电池最少持续供电时间，且应符合设计要求。 （4）绝缘性能检测：对灯具的绝缘性能进行现场抽样检测，灯具的绝缘电阻值不应小于 2MΩ，灯具内绝缘导线的绝缘层厚度不应小于 0.6mm

序号	项目	质量控制要点
2	开关、插座、接线盒和风扇及附件	（1）查验合格证：合格证内容填写应齐全、完整。 （2）外观检查：开关、插座的面板及接线盒盒体应完整、无碎裂、零件齐全，风扇应无损坏、涂层完整，调速器等附件应适配。 （3）电气和机械性能检测：对开关、插座的电气和机械性能应进行现场抽样检测，并应符合下列规定： 1）不同极性带电部件间的电气间隙不应小于 3mm，爬电距离不应小于 3mm。 2）绝缘电阻值不应小于 5MΩ。 3）用自攻锁紧螺钉或自切螺钉安装的，螺钉与软塑固定件旋合长度不应小于 8mm，绝缘材料固定件在经受 10 次拧紧退出试验后，应无松动或掉渣，螺钉及螺纹应无损坏现象。 4）对于金属间相旋合的螺钉螺母，拧紧后完全退出，反复 5 次后，应仍然能正常使用。 （4）对开关、插座、接线盒及面板等绝缘材料的耐非正常热、耐燃和耐漏电起痕性能有异议时，应按批抽样送有资质的试验室检测
3	金属灯柱	（1）查验合格证：合格证应齐全、完整。 （2）外观检查：涂层应完整，根部接线盒盖紧固件和内置熔断器、开关等器件应齐全，盒盖密封垫片应完整。金属灯柱内应设有专用接地螺栓，地脚螺孔位置应与提供的附图尺寸一致，允许偏差应为 ±2mm
4	其他材料	（1）吊扇的各种零配件应齐全，扇叶无变形和受损，吊杆上的悬挂销钉必须装设防震橡皮垫及防松装置。 （2）塑料（台）板应具有足够的强度，台板无弯翘、变形。 （3）膨胀螺栓、木螺钉等均应采用镀锌标准件

12.7.2 普通灯具安装

1. 工序交接确认

照明灯具安装应按以下程序进行：

（1）灯具安装前，应确认安装灯具的预埋螺栓及吊杆、吊顶上安装嵌入式灯具用的专用支架等已完成，对需做承载试验的预埋件或吊杆经试验应合格。

（2）影响灯具安装的模板、脚手架应已拆除，顶棚和墙面喷浆、油漆或壁纸等及地面清理工作应已完成。

（3）灯具接线前，导线的绝缘电阻测试应合格。

（4）高空安装的灯具，应先在地面进行通断电试验合格。

2. 灯具的固定

（1）质量大于 10kg 的灯具，固定装置及悬吊装置应按灯具重量的 5 倍恒定均布载荷做强度试验，且持续时间不得少于 15min。

灯具重量大于 3kg 时，固定在螺栓预埋吊钩上；软线吊灯，灯具重量在 0.5kg 及以下时，采用软电线自身吊装；大于 0.5kg 的灯具采用吊链，且软电线编叉在吊链内，使电线不受力。

（2）灯具固定应牢固可靠，在砌体和混凝土结构上严禁使用木楔、尼龙塞或塑料塞固定。每个灯具固定用的螺栓或螺钉不少于2个；当绝缘台直径在75mm及以下时，采用1个螺钉或螺栓固定。

（3）吸顶或墙面上安装的灯具，其固定用的螺栓或螺钉不应少于2个，灯具应紧贴饰面。

（4）灯具带电部件的绝缘材料以及提供防触电保护的绝缘材料，应耐燃烧和防明火。

（5）灯具表面及其附件的高温部位靠近可燃物时，应采取隔热、散热等防火保护措施。

（6）高低压配电设备、裸母线及电梯曳引机的正上方不应安装灯具。

（7）投光灯的底座及支架应牢固，枢轴应沿需要的光轴方向拧紧固定。

（8）聚光灯和类似灯具出光口面与被照物体的最短距离应符合产品技术文件要求。

（9）安装于槽盒底部的荧光灯具应紧贴槽盒底部，并应固定牢固。

3. 灯具的安装高度和使用电压等级

当设计无要求时，灯具的安装高度和使用电压等级应符合下列规定：

（1）一般敞开式灯具，灯头对地面距离不小于下列数值（采用安全电压时除外）：室外为2.5m（室外墙上安装），厂房为2.5m，室内为2m，软吊线带升降器的灯具在吊线展开后为0.8m。

（2）危险性较大及特殊危险场所，当灯具距地面高度小于2.4m时：使用额定电压为36V及以下的照明灯具，或有专用保护措施。

（3）灯具的可接近裸露导体必须与保护接地导体（PE）或保护中性导体（PEN）可靠连接，并应有专用接地螺栓，且有标识。

（4）装有白炽灯泡的吸顶灯具，灯泡不应紧贴灯罩。

（5）当灯泡与绝缘台间距离小于5mm时，灯泡与绝缘台间应采取隔热措施。

4. 灯具接线及防护

（1）灯具及其配件应齐全，不应有机械损伤、变形、涂层剥落和灯罩破裂等缺陷。

（2）软线吊灯的软线两端应做保护扣，两端线芯应搪锡；当装升降器时，应采用安全灯头。

（3）除敞开式灯具外，其他各类容量在100W及以上的灯具，引入线应采用瓷管、矿棉等不燃材料做隔热保护。

（4）连接灯具的软线应盘扣、搪锡压线，当采用螺口灯头时，相线应接于螺口灯头中间的端子上。

（5）灯座的绝缘外壳不应破损和漏电；带有开关的灯座，开关手柄应无裸露的金属部分。

（6）由接线盒引至嵌入式灯具或槽灯的绝缘导线应采用柔性导管保护，不得裸露，且不应在灯槽内明敷；柔性导管与灯具壳体应采用专用接头连接。

（7）普通灯具的Ⅰ类灯具外露可导电部分必须采用铜芯软导线与保护导体可靠连接，连接处应设置接地标识，铜芯软导线的截面积应与进入灯具的电源线截面积相同。

（8）引向单个灯具的绝缘导线截面积应与灯具功率相匹配，绝缘铜芯导线的线芯截面积不应小于$1mm^2$。

（9）露天安装的灯具应有泄水孔，且泄水孔应设置在灯具腔体的底部。灯具及其附件、紧固件、底座和与其相连的导管、接线盒等应有防腐蚀和防水措施。

5．悬吊式灯具安装

（1）带升降器的软线吊灯在吊线展开后，灯具下沿应高于工作台面 0.3m。

（2）质量大于 0.5kg 的软线吊灯，灯具的电源线不应受力。

（3）质量大于 3kg 的悬吊灯具，固定在螺栓或预埋吊钩上，螺栓或预埋吊钩的直径不应小于灯具挂销直径，且不应小于 6mm。

（4）当采用钢管作灯具吊杆时，其内径不应小于 10mm，壁厚不应小于 1.5mm。

（5）灯具与固定装置及灯具连接件之间采用螺纹连接的，螺纹啮合丝扣数不应少于 5 扣。

6．埋地灯安装

（1）埋地灯的防护等级应符合设计要求。

（2）埋地灯的接线盒应采用防护等级为 IPX7 的防水接线盒，盒内绝缘导线接头应做防水绝缘处理。

7．庭院灯、建筑物附属路灯安装

（1）由架空线引入路灯的导线，在灯具入口处应做防水弯。

（2）灯具与基础固定应可靠，地脚螺栓备帽应齐全；灯具接线盒应采用防护等级不小于 IPX5 的防水接线盒，盒盖防水密封垫应齐全、完整。

（3）灯具的自动通、断电源控制装置应动作准确。

（4）灯具应固定可靠、灯位正确，紧固件应齐全、拧紧。

（5）灯具的电器保护装置应齐全，规格应与灯具适配；一般应在相线上装设熔断器，熔断器盒内熔丝齐全，规格与灯具适配。

（6）灯具的导线部分对地绝缘电阻值必须大于 $2M\Omega$，金属结构支托架及立柱、灯具，均应做可靠保护接地线，连接牢固可靠，接地点应有标识。

（7）灯杆的检修门应采取防水措施，且闭锁防盗装置完好。

8．LED 灯具安装

（1）灯具安装应牢固可靠，饰面不应使用胶类粘贴。

（2）灯具安装位置应有较好的散热条件，且不宜安装在潮湿场所。

（3）灯具用的金属防水接头密封圈应齐全、完好。

（4）灯具的驱动电源、电子控制装置室外安装时，应置于金属箱（盒）内；金属箱（盒）的 IP 防护等级和散热应符合设计要求，驱动电源的极性标记应清晰、完整。

（5）室外灯具配线管路应按明配管敷设，且应具备防雨功能，IP 防护等级应符合设计要求。

12.7.3 专用灯具安装

1．工序交接确认

参见本书 12.7.2 节中相关内容。同时，但要注意以下几点：

（1）专用灯具的 I 类灯具外露可导电部分必须用铜芯软导线与保护导体可靠连接，连接处应设置接地标识，铜芯软导线的截面积应与进入灯具的电源线截面积相同。配电线路导线绝缘检验合格，才能与灯具连接。

（2）导线相位与灯具相位必须相符，灯具内预留余量应符合规范的规定。

（3）灯具线不许有接头，绝缘良好，严禁有漏电现象，灯具配线不得外露。

（4）穿入灯具的导线不得承受压力和磨损，导线与灯具的端子螺栓拧牢固。

2. 手术台无影灯

（1）固定灯座的螺栓数量不少于灯具法兰底座上的固定孔数，且螺栓直径与底座孔径相适配；螺栓采用双螺母锁固；底座紧贴顶板，四周无缝隙。

（2）在混凝土结构上，螺栓与主筋相焊接或将螺栓末端弯曲与主筋绑扎锚固。

（3）无影灯的固定装置除应进行均布载荷试验外，尚应符合产品技术文件的要求。

（4）配电箱内装有专用总开关及分路开关，电源分别接在两条专用的回路上，开关至灯具的电线采用额定电压不低于 750V 的铜芯多股绝缘电线。

（5）灯具表面保持整洁、无污染，灯具镀、涂层完整无划伤。

3. 应急照明灯具

（1）疏散照明采用荧光灯或白炽灯；安全照明采用卤钨灯或采用瞬时可靠点燃的荧光灯。安全出口标志灯和疏散标志灯装有玻璃或非燃材料的保护罩，面板亮度均匀度为 1：10（最低：最高），保护罩应完整、无裂纹。

（2）消防应急照明回路的设置除应符合设计要求外，尚应符合防火分区设置的要求，穿越不同防火分区时应采取防火隔堵措施。

（3）应急照明灯的电源除正常电源外，另有一路电源供电；或者是独立于正常电源的柴油发电机组供电；或由蓄电池柜供电或选用自带电源型应急灯具。

（4）当应急电源或镇流器与灯具分离安装时，应固定可靠，应急电源或镇流器与灯具本体之间的连接绝缘导线应用金属柔性导管保护，导线不得外露。

（5）EPS 供电的应急灯具安装完毕后，应检验 EPS 供电运行的最少持续供电时间，并应符合设计要求。

（6）全出口指示标志灯设置应符合设计要求；安全出口标志灯距地高度不低于 2m，且安装在疏散出口和楼梯口里侧的上方。

（7）疏散指示标志灯安装高度及设置部位应符合设计要求；疏散标志灯安装在安全出口的顶部，楼梯间、疏散走道及其转角处应安装在 1m 以下的墙面上。不易安装的部位可安装在上部。疏散通道上的标志灯间距不大于 20m（人防工程不大于 10m）；不影响正常通行，且不在其周围设置容易混同疏散标志灯的其他标志牌等。

（8）应急照明灯具、运行中温度大于 60℃的灯具，当靠近可燃物时，采取隔热、散热等防火措施。当采用白炽灯，卤钨灯等光源时，不直接安装在可燃装修材料或可燃物件上；应急照明线路在每个防火分区有独立的应急照明回路，穿越不同防火分区的线路有防火隔堵措施。

（9）疏散照明线路采用耐火电线、电缆，穿管明敷或在非燃烧体内穿钢性导管暗敷，暗敷保护层厚度不小于 30mm。电线采用额定电压不低于 750V 的铜芯绝缘电线。

4. 霓虹灯安装

（1）霓虹灯管应完好、无破裂。

（2）明装的霓虹灯变压器安装高度低于 3.5m 时应采取防护措施；室外安装距离晒台、窗口、架空线等不应小于 1m，并应有防雨措施。

（3）灯管应采用专用的绝缘支架固定，且牢固可靠；灯管固定后，与建（构）筑物表面的距离不宜小于20mm。

（4）霓虹灯专用变压器应为双绕组式，所供灯管长度不应大于允许负载长度，露天安装的应采取防雨措施。

（5）霓虹灯变压器应固定可靠，安装位置宜方便检修，且应隐蔽在不易被非检修人触及的场所。

（6）当橱窗内装有霓虹灯时，橱窗门与霓虹灯变压器一次侧开关应有连锁装置，开门时不得接通霓虹灯变压器的电源。

（7）霓虹灯专用变压器的二次侧和灯管间的连接线应采用额定电压大于15kV的高压绝缘导线，导线连接应牢固，防护措施应完好；高压绝缘导线与附着物表面的距离不应小于20mm。

（8）霓虹灯变压器二次侧的绝缘导线应采用高绝缘材料的支持物固定，对于支持点的距离，水平线段不应大于0.5m，垂直线段不应大于0.75m。

（9）霓虹灯管附着基面及其托架应采用金属或不燃材料制作，并应固定可靠，室外安装应耐风压。

5. 防爆灯具

（1）灯具开关的外壳完整，无损伤、无凹陷或沟槽，灯罩无裂纹，金属护网无扭曲变形，防爆标志清晰；防爆标志、外壳防护等级和温度组别与爆炸危险环境相适配。

（2）灯具配套齐全，不得用非防爆零件替代灯具配件（金属护网、灯罩、接线盒等）；灯具及开关的紧固螺栓无松动、锈蚀，密封垫圈完好；安装位置离开释放源，且不在各种管道的泄压口及排放口上下方安装灯具。

（3）灯具开关安装高度1.3m，牢固可靠，位置便于操作；灯具吊管及开关与接线盒螺纹啮合扣数不少于5扣，螺纹加工光滑、完整、无锈蚀，并在螺纹上涂以电力复合脂或导电性防锈脂。

（4）行灯变压器的固定支架牢固，油漆完整；携带式局部照明灯电线采用橡套软线。

6. 建筑物彩灯安装

彩灯安装一般位于建筑物的外部和顶部，彩灯灯具必须是具有防雨性能的专用灯具，安装时应将灯罩拧紧；配线管路应按明配管敷设，并具有防雨功能；垂直彩灯悬挂挑臂安装。挑臂的槽钢型号、规格及结构形式应符合设计要求，并应做好防腐处理，挑臂槽钢如是镀锌件应采用螺栓固定连接，严禁焊接。

吊挂钢索。常规应采用直径不小于10mm的开口吊钩螺栓。地锚应为架空外线用拉线盘，埋置深度应大于1500mm。底把采用φ16圆钢或者采用镀锌花篮螺栓。垂直彩灯采用防水吊线灯头，下端灯头距离地面高于3000mm。

7. 景观照明灯具安装

（1）灯具落地式的基座的几何尺寸必须与灯箱匹配，其结构形式和材质必须符合设计要求。每套灯具安装的位置，应根据设计图纸而确定。

（2）投光的角度和照度应与景观协调一致。其导电部分对地绝缘电阻值必须大于2MΩ。

（3）在人行道等人员来往密集场所安装的落地式灯具，当无围栏防护时，灯具距地面高度应大于 2.5m。

（4）建筑物景观照明灯具构架应固定可靠、地脚螺栓拧紧、备帽齐全；灯具的螺栓应紧固、无遗漏。灯具外露的绝缘导线或电缆应有金属柔性导管保护。

（5）金属构架及金属保护管应分别与保护导体采用焊接或螺栓连接，连接处应设置接地标识。

8. 水下照明灯具安装

（1）水下照明灯具及配件的型号、规格和防水性能，必须符合设计要求。

（2）水下照明设备安装。必须采用防水电缆或导线。压力泵的型号、规格符合设计要求。

（3）根据设计图纸的灯位，放线定位必须准确。确保投光的准确性。

（4）位于灯光喷水池或音乐灯光喷水池中的各种喷头的型号、规格，必须符合设计要求，并应有产品质量合格证。

（5）水下导线敷设应采用配管布线，严禁在水中有接头，导线必须甩在接线盒中。各灯具的引线应由水下接线盒引出，用软电缆相连。

（6）灯头应固定在设计指定的位置（是指已经完成管线及灯头盒安装的位置），灯头线不得有接头，在引入处不受机械力。安装时应将专用防水灯罩拧紧，灯罩应完好，无碎裂。

（7）喷头安装按设计要求，控制各个位置上喷头的型号和规格。安装时，必须采用与喷头相适应的管材，连接应严密，不得有渗漏现象。

（8）压力泵安装牢固，螺栓及防松动装置齐全。防水防潮电气设备的导线入口及接线盒盖等应做防水密闭处理。

9. 水下灯及防水灯具

（1）当引入灯具的电源采用导管保护时，应采用塑料导管。

（2）固定在水池构筑物上的所有金属部件应与保护联结导体可靠连接，并应设置标识。

（3）电源的专用漏电保护装置全部检测合格。

10. 太阳能灯具

（1）灯具表面应平整光洁、色泽均匀，不应有明显的裂纹、划痕、缺损、锈蚀及变形等缺陷。

（2）太阳能灯具与基础固定应可靠，地脚螺栓有防松措施，灯具接线盒盖的防水密封垫应齐全、完整。

（3）太阳能灯具的电池板朝向和仰角调整应符合地区纬度，迎光面上应无遮挡物，电池板上方应无直射光源。电池组件与支架连接应牢固可靠，组件的输出线不应裸露，并应用扎带绑扎固定。

12.7.4 开关、插座、风扇安装

1. 工序交接确认

照明开关、插座、风扇安装前，应检查吊扇的吊钩已预埋完成、导线绝缘电阻测试应合格，顶棚和墙面的喷浆、油漆或壁纸等已完工。

2. 照明开关安装

（1）同一建（构）筑物的开关宜采用同一系列的产品，单控开关的通断位置应一致，且应操作灵活、接触可靠。

（2）照明开关安装高度应符合设计要求。

（3）开关安装位置应便于操作，开关边缘距门框边缘的距离宜为 0.15～0.20m。

（4）相同型号并列安装高度宜一致，并列安装的拉线开关的相邻间距不宜小于 20mm。

（5）相线应经开关控制；接线时应仔细，识别导线的相线与零线，严格做到开关控制电源相线，应使开关断开后灯具上不带电。

（6）紫外线杀菌灯的开关应有明显标识，并应与普通照明开关的位置分开。

（7）暗装的开关应采用专用盒。专用盒的四周不应有空隙，盖板应端正，并应紧贴墙面。

3. 插座安装

（1）当交流、直流或不同电压等级的插座安装在同一场所时，应有明显的区别，插座不得互换；配套的插头应按交流、直流或不同电压等级区别使用。

（2）不间断电源插座及应急电源插座应设置标识。

（3）单相双孔插座接线时，应根据插座的类别和安装方式而确定接线方法。对于单相两孔插座，面对插座的右孔或上孔应与相线连接，左孔或下孔应与中性导体（N）连接；对于单相三孔插座，面对插座的右孔应与相线连接，左孔应与中性导体（N）连接。

（4）单相三孔、三相四孔及三相五孔插座的保护接地导体（PE）应接在上孔；插座的保护接地导体端子不得与中性导体端子连接；同一场所的三相插座，其接线的相序应一致。

（5）保护接地导体（PE）在插座之间不得串联连接。

（6）相线与中性导体（N）不应利用插座本体的接线端子转接供电。

（7）插座安装高度应符合设计要求，同一室内相同规格并列安装的插座高度宜一致。

（8）地面插座应紧贴饰面，盖板应固定牢固、密封良好。

（9）暗装的插座盒或开关盒应与饰面平齐，盒内干净整洁，无锈蚀，绝缘导线不得裸露在装饰层内；面板应紧贴饰面、四周无缝隙、安装牢固，表面光滑、无碎裂、划伤，装饰帽（板）齐全。

（10）插座箱是由多个插座组成，众多插座导线连接时，应采用 LC 型压接帽压接总头后，然后再做分支线连接。

4. 吊扇安装

（1）吊扇挂钩安装应牢固，吊扇挂钩的直径不应小于吊扇挂销直径，且不应小于 8mm；挂钩销钉应有防振橡胶垫；挂销的防松零件应齐全、可靠。

（2）吊扇扇叶距地高度不应小于 2.5m。

（3）吊扇组装不应改变扇叶角度，扇叶的固定螺栓防松零件应齐全。

（4）吊杆间、吊杆与吊扇电机间螺纹连接，其啮合长度不应小于 20mm，且防松零件应齐全紧固。

（5）吊扇应接线正确，运转时扇叶应无明显颤动和异常声响。

（6）吊扇开关安装标高应符合设计要求。

（7）吊扇涂层应完整、表面无划痕、无污染，吊杆上、下扣碗安装应牢固到位。

（8）同一室内并列安装的吊扇开关高度宜一致，并应控制有序、不错位。

5．壁扇安装

（1）壁扇安装高度应符合设计要求。

（2）壁扇底座应采用膨胀螺栓或焊接固定，固定应牢固可靠；膨胀螺栓的数量不应少于3个，且直径不应小于8mm。

（3）防护罩应扣紧、固定可靠，当运转时扇叶和防护罩应无明显颤动和异常声响。

（4）涂层应完整、表面无划痕、无污染，防护罩应无变形。

12.7.5 建筑物照明通电试运行

1．工序交接确认

照明系统的测试和通电试运行应按以下程序进行：

（1）导线绝缘电阻测试应在导线接续前完成。

（2）照明箱（盘）、灯具、开关、插座的绝缘电阻测试应在器具就位前或接线前完成。

（3）通电试验前，电气器具及线路绝缘电阻应测试合格，当照明回路装有剩余电流动作保护器时，剩余电流动作保护器应检测合格。

（4）备用照明电源或应急照明电源做空载自动投切试验前，应卸除负荷，有载自动投切试验应在空载自动投切试验合格后进行。

（5）照明全负荷试验前，应确认上述工作应已完成。

2．灯具试验

每一回路的线路绝缘电阻不小于0.5MΩ，关闭该回路上的全部开关，测量调试电压值是否符合要求，符合要求后，选用经试验合格的5～6mA漏电保护器接电逐一测试，通电后应仔细检查和巡视，检查灯具的控制是否灵活，准确；开关与灯具控制顺序相对应，电扇的转向及调速开关是否正常，如果发现问题必须先断电，然后查找原因进行修复，合格后，再接通正式电路试亮。

3．通电试运行

全部回路灯具试验合格后开始照明系统通电试运行。照明系统通电试运行检验方法：

（1）灯具、导线、电缆和继电保护系统的调整试验结果，查阅试验记录或试验时现场巡视。

（2）空载试运行和负荷试运行结果，查阅试运行记录或试运行时现场巡视。

（3）绝缘电阻和接地电阻的测试结果，查阅测试记录或测试时现场巡视或用适配仪表进行抽测。

（4）漏电保护器动作数据值和插座接线位置准确性测定，查阅测试记录或用适配仪表进行抽测。

（5）螺栓紧固程度用适配工具做拧动试验。有最终拧紧力矩要求的螺栓用扭力扳手抽测。

12.7.6 质量检查

应符合现行国家标准《建筑电气工程施工质量验收规范》GB 50303 的规定。

12.8 防雷及接地

12.8.1 材料（设备）质量控制

防雷及接地常用材料（设备）质量控制要点，见表 12-6。

防雷及接地常用材料（设备）质量控制要点 表 12-6

序号	项目	质量控制要点
1	型钢和电焊条	（1）查验合格证和材质证明书：有异议时，应按批抽样送有资质的试验室检测。 （2）外观检查：型钢表面应无严重锈蚀、过度扭曲和弯折变形；电焊条包装应完整，拆包检查焊条尾部应无锈斑
2	金属镀锌制品	（1）查验产品质量证明书：应按设计要求查验其符合性。 （2）外观检查：镀锌层应覆盖完整、表面无锈斑，金具配件应齐全，无砂眼。 （3）埋入土壤中的热浸镀锌钢材应检测其镀锌层厚度不应小于 63μm。 （4）对镀锌质量有异议时，应按批抽样送有资质的试验室检测
3	其他材料	（1）使用的降阻剂材料应符合设计及国家现行有关标准的规定，并应提供经国家相应检测机构检验检测合格的证明。 （2）接地干线、防雷引下线及接闪器所用材料的规格型号应符合设计要求。 （3）等电位联结所用材料的规格型号应符合设计要求。 （4）等电位接地端子箱的规格应符合设计要求

12.8.2 接地装置安装

1. 工序交接确认

接地装置安装应按以下程序进行：

（1）对于利用建筑物基础接地的接地体，应先完成底板钢筋敷设，然后按设计要求进行接地装置施工，经检查确认后，再支模或浇捣混凝土。

（2）对于人工接地的接地体，应按设计要求利用基础沟槽或开挖沟槽，然后经检查确认，再埋入或打入接地极和敷设地下接地干线。

（3）降低接地电阻的施工应符合下列规定：

1）采用接地模块降低接地电阻的施工，应先按设计位置开挖模块坑，并将地下接地干线引到模块上，经检查确认，再相互焊接。

2）采用添加降阻剂降低接地电阻的施工，应先按设计要求开挖沟槽或钻孔垂直埋管，再将沟槽清理干净，检查接地体埋入位置后，再灌注降阻剂。

3）采用换土降低接地电阻的施工，应先按设计要求开挖沟槽，并将沟槽清理干净，再在沟槽底部铺设经确认合格的低电阻率土壤，经检查铺设厚度达到设计要求后，再安装接地装置；接地装置连接完好，并完成防腐处理后，再覆盖上一层低电阻率土壤。

（4）隐蔽装置前，应先检查验收合格后，再覆土回填。

2. 人工接地体制作

制作接地体的材料应符合设计要求，当设计无具体要求时，应符合下列规定：

（1）垂直接地体的加工制作：一般采用镀锌钢管 $DN50$、镀锌角钢∟$50 \times 50 \times 5$ 或镀锌圆钢 $\phi 20$，长度不应小于 2.5m，端部锯成斜口或锻造成锥形，角钢的一端应加工成尖头形状，尖点应保持在角钢的角脊线上并使斜边对称制成接地体。

（2）水平接地体的加工制作：一般使用 40mm×4mm 的镀锌扁钢。

（3）接地装置的焊接应采用搭接焊，除埋设在混凝土中的焊接接头外，应采取防腐措施，焊接搭接长度应符合下列规定：

1）扁钢与扁钢搭接不应小于扁钢宽度的 2 倍，且应至少三面施焊。

2）圆钢与圆钢搭接不应小于圆钢直径的 6 倍，且应双面施焊。

3）圆钢与扁钢搭接不应小于圆钢直径的 6 倍，且应双面施焊。

4）扁钢与钢管，扁钢与角钢焊接，应紧贴角钢外侧两面，或紧贴 3/4 钢管表面，上下两侧施焊。

（4）铜接地体常用 900mm×900mm×1.5mm 的铜板制作，铜质接地装置应采用焊接或热熔焊，钢质和铜质接地装置之间连接应采用热熔焊，连接部位应做防腐处理，接头应无贯穿性的气孔且表面平滑。

3. 人工接地体安装

（1）人工接地体宜在建筑物四周散水坡外大于 1m 处埋设，在土壤中的埋设深度不应小于 0.5m。冻土地带人工接地体应埋设在冻土层以下。

水平接地体应挖沟埋设，钢质垂直接地体宜直接打入地沟内，其间距不宜小于其长度的 2 倍并均匀布置。

铜质材料、石墨或其他非金属导电材料接地体宜挖坑埋设或参照生产厂家的安装要求埋设。

（2）当设计无要求时，接地装置顶面埋设深度不应小于 0.6m，且应在冻土层以下。圆钢、角钢、钢管、铜棒、铜管等接地极应垂直埋入地下。间距不应小于 5m；人工接地体与建筑物的外墙或基础之间的水平距离不宜小于 1m。

（3）垂直接地体坑内、水平接地体沟内宜用低电阻率土壤回填并分层夯实。

（4）采取降阻措施的接地装置应被降阻剂或低电阻率土壤所包覆；接地模块应集中引线，并应采用干线将接地模块并联焊接成一个环路，干线的材质应与接地模块焊接点的材质相同，钢制的采用热浸镀锌材料的引出线不应少于 2 处。

4. 自然接地体安装

自然接地体的安装应按设计要求实施，当设计无具体要求时，宜采用以下做法：

（1）利用钢筋混凝土桩基基础作接地体

在作为防雷引下线的柱子（或者剪力墙内钢筋做引下线）位置处，将桩基础的抛头钢筋与承台梁主筋焊接，再与上面作为引下线的柱（或剪力墙）中钢筋焊接。当每一组桩基多于

4 根时，应连接四角桩基的钢筋作为防雷接地体。

（2）利用钢筋混凝土板式基础作接地体

1）利用无防水层底板的钢筋混凝土板式基础做接地时，将可作为防雷引下线柱主筋与底板的钢筋焊接连接。

2）利用有防水层板式基础的钢筋作接地体时，将可用来做防雷引下线的柱内钢筋，在室外自然地面以下的适当位置处，利用预埋连接板与外引的 $\phi 12$ 镀锌圆钢或 -40×4 的镀锌扁钢相焊接做连接线，并与有防水层的钢筋混凝土板式基础的接地装置连接。

（3）利用独立柱基础、箱形基础作接地体

1）利用钢筋混凝土独立柱基础及箱形基础做接地体，将可用作防雷引下线的现浇混凝土柱主筋，与基础底层钢筋网做焊接连接。

2）钢筋混凝土独立柱基础有防水层时，应跨越防水层将柱内的引下线钢筋、垫层内的钢筋与接地线相焊接。

（4）利用钢柱钢筋混凝土基础作为接地体

1）仅有水平钢筋网的钢柱钢筋混凝土基础做接地时，每个钢筋混凝土基础中应有一个地脚螺栓通过连接导体（$\geqslant \phi 12$ 圆钢）与水平钢筋网进行焊接连接。地脚螺栓与连接导体和水平钢筋网的搭接焊接长度不应小于 6 倍圆钢直径，并在钢桩就位后，将地脚螺栓及螺母和钢柱焊为一体。

2）有垂直和水平钢筋网的基础，垂直和水平钢筋网的连接，应将与地脚螺栓相连接一根垂直钢筋焊接到水平钢筋网上，当不能焊接时，采用圆钢跨接焊接。当四根垂直主筋能接触到水平钢筋网时，将垂直的四根钢筋与水平钢筋网进行绑扎连接。

3）当钢柱钢筋混凝土基础底部有柱基时，宜将每一桩基的一根主筋同承台钢筋焊接。

5. 降低跨步电压措施

防雷接地装置的位置与道路或建筑物的出入口等的距离不宜小于 3m；若小于 3m，为降低跨步电压应采取以下措施：

（1）水平接地体局部埋置深度不小于 1m，并在局部上部覆盖一层绝缘物（50～80mm 厚的沥青层）。

（2）采用沥青碎石地面或在接地装置上面敷设 50～80mm 厚的沥青层，其宽度应超过接地装置边 2m，敷设沥青层时，其基底须用碎石，夯实。

（3）接地体上部装设用圆钢或扁钢焊成的 500mm×500mm 的"栅格"，其边缘距接地体不得小于 2.5m。

（4）埋设接地体前，应先根据设计标高挖沟，挖沟时如附近有建筑物或构筑物，沟的中心线与建筑物或构筑物的基础距离不宜小于 2m。

6. 断接卡（测试点）

（1）接地装置在地面以上的部分，应按设计要求设置测试点，测试点不应被外墙饰面遮蔽，且应有明显标识。

（2）接地装置由多个接地部分组成时，应按设计要求设置便于分开的断接卡，自然接地体与人工接地连接处应有便于分开的断接卡。断接卡设置高度一般为 1.5～1.8m。

（3）建筑物上的防雷设施采用多根引下线时，宜在各引下线处设断接卡并安装断接卡箱。在一个单位工程或一个小区内须统一高度。

（4）断接卡有明装和暗装，断接卡可利用不小于—40×4或—25×4的镀锌扁钢制作。

断接卡的接地线至地下0.3m处须有钢管或角钢保护。保护管上下两端须有固定管卡，地面上保护管长度宜为1.5m，地下不应小于0.3m。

高层建筑断接卡暗装时可按设计要求，从引下线上引出接地干线至接地电阻测试箱。

（5）测试点面板上标明接地测试点、接地符号、施工单位、编号，标高尺寸及位置应符合设计要求。

7．接地电阻测试与降低

接地装置施工完成后，应使用接地电阻测试仪进行接地电阻测试。接地电阻应符合设计要求。

当接地电阻达不到设计要求需采取措施降低接地电阻时，应符合下列规定：

（1）采用降阻剂时，降阻剂应为同一品牌的产品，调制降阻剂的水应无污染和杂物；降阻剂应均匀灌注于垂直接地体周围。

（2）采取换土或将人工接地体外延至土壤电阻率较低处时，应掌握有关的地质结构资料和地下土壤电阻率的分布，并应做好记录。

（3）采用接地模块时，接地模块的顶面埋深不应小于0.6m，接地模块间距不应小于模块长度的3～5倍。接地模块埋设基坑宜为模块外形尺寸的1.2～1.4倍，且应详细记录开挖深度内的地层情况；接地模块应垂直或水平就位，并应保持与原土层接触良好。

12.8.3　防雷引下线

1．工序交接确认

防雷引下线安装应按以下程序进行：

（1）当利用建筑物柱内主筋作引下线时，应在柱内主筋绑扎或连接后，按设计要求进行施工，经检查确认，再支模。

（2）对于直接从基础接地体或人工接地体暗敷埋入粉刷层内的引下线，应先检查确认不外露后，再贴面砖或刷涂料等。

（3）对于直接从基础接地体或人工接地体引出明敷的引下线，应先埋设或安装支架，并经检查确认后，再敷设引下线。

2．防雷引下线明敷

（1）引下线沿外墙面明敷时，首先将引下线调直，然后根据设计的位置定位，在墙表面进行弹线或吊铅垂线测量，根据测量的长度，上端为250～300mm，均分支架间距，并确保其垂直度。

安装支持件（固定卡子），支持件（固定卡子）应随土建主体施工预埋。一般在距室外护坡2m高处，预埋第一个支持卡子，卡子间距1.5～2m，但必须均匀。卡子应突出墙装饰面15mm。将调直的引下线由上到下安装。

引下线固定到支持卡子上，其上部与避雷带焊接，下部与接地体焊接，依次安装完毕。引下线的路径尽量短而直，不能直线引下时，应做成弯曲半径为圆钢直径10倍的圆弧。

（2）引下线的连接应采用搭接焊接，其搭接长度须符合规范要求。引下线应沿最短路线引至接地体，拐弯处应制成大于 90° 的弧状。

（3）固定引下线，一般采用扁钢支架，支持件用膨胀螺栓固定在墙面上，支架与引下线之间可采用焊接或套箍固定。引下线与墙面距离宜为 15mm。

（4）直接从基础接地体或人工接地体引出明敷的引下线，先埋设或安装支架，然后敷设引下线。

3. 防雷引下线暗敷

（1）引下线暗敷，一般利用混凝土柱内主钢筋作引下线或在引下线位置向上引两根至女儿墙上，钢筋在屋面与女儿墙上避雷带连接。利用建筑物主筋作暗敷引下线：当钢筋直径为 16mm 及以上时，应利用两根钢筋（绑扎或焊接）作为一组引下线，当钢筋直径为 10mm 及以上时，应利用四根钢筋（绑扎或焊接）作为一组引下线。引下线的上部与接闪器焊接，下部与接地体焊接。

（2）利用建筑物柱内主筋作引下线，柱内主筋绑扎后，按设计要求施工，经检查确认，才能支模。

（3）引下线沿墙或混凝土构造柱暗敷设：应使用不小于 ϕ 12 镀锌圆钢或不小于 —25× 4 的镀锌扁钢。施工时配合土建主体外墙（或构造柱）施工。将钢筋（或扁钢）调直后与接地体（或断接卡）连接好，由下到上展放钢筋（或扁钢）并加以固定，敷设路径要尽量短而直，可直接通过挑檐或女儿墙与避雷带焊接。

（4）直接从基础接地体或人工接地体暗敷埋入粉刷层内的引下线，经检查确认不外露，才能贴面砖或刷涂料等。

（5）引下线的根数及断接卡（测试点）的位置、数量按设计要求安装。

4. 重复接地引下线

（1）在低压 TN 系统中，架空线路干线和分支线的终端，其保护中性导体（PEN）或保护接地导体（PE）应做重复接地。电缆线路和架空线路在每个建筑物的进线外均需做重复接地（如无特殊要求，对小型单层建筑，距接地点不超过 50m 可除外）。

（2）低压架空线路进户线重复接地可在建筑物的进线处做引下线。引下线处可不设断接卡，N 线与 PE 线的连接可在重复接地节点处连接。需测试接地电阻时，打开节点处的连接板。架空线路除在建筑物外做重复接地外，还可利用总配电屏、箱的接地装置做保护中性导体（PEN）或保护接地导体（PE）的重复接地。

（3）电缆进户时，利用总配电箱进行中性导体（N）与保护接地导体（PE）的连接，重复接地线再与箱体连接。中间可不设断接卡，需测试接地电阻时，卸下端子，把仪表专用导线连接到仪表的端钮上，另一端连到与箱体焊接为一体的接地端子板上测试。

（4）引下线各部位的连接：当引下线长度不足时，需要在中间做接头搭接焊。扁钢搭接长度不小于宽度的 2 倍，三个棱边都要焊接。圆钢引下线搭接长度不小于圆钢直径的 6 倍，两面焊接。

12.8.4　接地干线安装

接地干线（即接地母线），连接多个设备、器件与引下线、接地体与接地体之间、避雷针与引下线之间和连接垂直接地体之间的连接线。接地干线一般使用镀锌扁钢制作。接地干线分为室内和室外连接两种。

1. 室外接地干线敷设

（1）根据设计图纸要求进行定位放线，挖土。

（2）将接地干线进行调直、测位、煨弯，并将断接卡及接线端子装好。然后将扁钢放入地沟内，扁钢应保持侧放，依次将扁钢在距接地体顶端大于50mm处与接地体用电焊焊接。焊接时应将扁钢拉直，将扁钢弯成弧形与接地钢管（或角钢）进行焊接。

（3）敷设完毕经隐蔽验收后，进行回填并夯实。

2. 室内接地干线敷设

（1）室内接地线是供室内的电气设备接地使用，多数是明敷设，但也可以埋设在混凝土内。明敷设的接地线大多数敷设在墙壁上，或敷设在母线架和电缆的构架上。

（2）保护套管埋设：在配合土建墙体及地面施工时，在设计要求的位置上，预埋保护套管或预留出接地干线保护套管孔。保护套管孔为方形，其规格应能保证接地干线顺利穿入。

（3）接地支持件固定：按照设计要求的位置进行定位放线，固定支持件无设计要求时，明敷的室内接地干线支持件应固定可靠，支持件间距应均匀，扁形导体支持件固定间距宜为500mm；圆形导体支持件固定间距宜为1000mm；弯曲部分宜为0.3～0.5m。

固定支持件的方法有预埋固定钩或托板法、预留支架洞口后安装支架法、膨胀螺栓及射钉直接固定接地线法等。

（4）接地线的敷设：将接地扁钢事先调直、煨弯加工后，将扁钢沿墙吊起，在支持件一端将扁钢固定，接地线距墙面间隙应为10～20mm；过墙时穿保护套管，钢制套管必须与接地线做电气连通。

对于接地干线的焊接接头，除埋入混凝土内的接头外，其余均应做防腐处理，且无遗漏。

（5）接地干线经过建筑物的伸缩（沉降）缝时，如采用焊接固定，应将接地干线在过伸缩（沉降）缝的一段做成弧形，或用ϕ12圆钢弯出弧形与扁钢焊接，也可以在接地线断开处用横截面积50mm²裸铜软绞线连接。

（6）临时接地线柱的安装，应根据接地干线的敷设形式不同采用不同的安装形式。

（7）配电室接地干线等明敷接地线的表面应涂以用15～100mm宽度相等的绿色和黄色相间的条纹。在每个接地导体的全部长度上或只在每个区间或每个可接触到的部位上宜做出标识。中性线宜涂淡蓝色标识，在接地线引向建筑物的入口处和在检修用临时接地点处，均应刷白色底漆并标以黑色接地标识。

（8）变压器室、高压配电室、发电机房的接地于线上应设置不少于2个供临时接地用的接线柱或接地螺栓。

（9）室内接地干线与室外接地干线的连接应使用螺栓连接以便检测，接地干线穿过套管或洞口应用沥青丝麻或建筑密封膏封堵。

3. 应接地或接零的部位

电气装置的下列部位（金属），均应接地或接零：

（1）屋内外配电装置的金属以及靠近带电部分的金属遮栏和金属门窗。

（2）配电、控制、保护用的屏（柜、箱）及操作台、电机及其电器等的金属框架和底座。

（3）电缆的接线盒、终端头和电缆的金属保护层、可触及的电缆金属保护管和穿线钢管。

（4）电缆桥架、支架；封闭母线的外壳及其他裸露的金属部分。

（5）电力线路杆塔；装在配电线路杆上的电力设备。

（6）电热设备的金属外壳；封闭式组合电器和箱式变电站的金属箱体。

（7）卫生间各个金属部件及金属管道等。

4. 接地线与电气设备的连接

电气设备的外壳上一般都有专用接地螺栓。将接地线与接地螺栓的接触面擦净至发出金属光泽，接地线端部应搪锡，并涂上中性凡士林油，然后穿入螺栓并将螺帽拧紧。

在有振动的地方，所有接地螺栓都必须加垫弹簧垫圈。接地线如为扁钢，其孔眼必须用机械钻孔。

5. 接地体连接母线敷设

（1）接地体连接母线（接地母线即连接垂直接地体之间的热镀锌扁钢），一般采用—40×4 热镀锌扁钢，最小截面积不宜小于100mm²、厚度不宜小于4mm。

（2）热镀锌扁钢敷设前，先调直，然后将扁钢垂直放置于地沟内，依次将扁钢在距接地体顶端大于50mm处，与接地体焊接牢固。

（3）为使接地扁钢与接地体接触连接严密，先按接地体外形制成弧形，用卡具将连接扁钢与接地体相互接触部位固定后，再焊接。

（4）焊接的焊缝应饱满并有足够的机械强度，不得有夹渣、咬肉、裂纹、虚焊和气孔等缺陷。

12.8.5　接闪器安装

1. 工序交接确认

接闪器安装前，应先完成接地装置和引下线的施工，接闪器安装后应及时与引下线连接。

2. 避雷网安装

（1）扁钢与扁钢的焊接搭接长度不小于扁钢宽度的两倍，且焊接不少于三面。

（2）圆钢与圆钢的搭接长度不小于圆钢直径的6倍，且双面焊接。

（3）扁钢与支持件（扁钢）的焊接，扁钢宜高出支持件约5mm，这样焊接后上端可以平整。

（4）焊接处焊缝应平整，发现有夹渣、咬边、焊瘤现象，应返工重焊。焊接后应及时清除焊渣，并在焊接处刷防锈漆一遍，饰面漆两遍。

（5）高层建筑小屋面机房、设备房等墙面与女儿墙相连时，女儿墙上避雷网应与墙面明敷引下线连成一体；当引下线为主筋暗敷时，应从墙内主筋引下线焊接热镀锌钢筋引出与女儿墙扁钢（圆钢）搭接连成一体。

（6）避雷网的搭接焊焊缝应有加强高度。

（7）避雷网沿屋脊、屋檐、女儿墙应平直敷设，在转角处弯曲弧度宜统一。

（8）避雷网在女儿墙敷设时，一般宜敷设在女儿墙的中间，并且离女儿墙的外侧距离不小于避雷网的高度为宜；避雷网在经过沉降（伸缩）缝时须弯成较大弧状。

（9）对于镀锌层被破坏的部分，如焊口处须涂樟丹涂料一遍和银粉两遍。

3．避雷网格的敷设

屋面网格应按照设计要求敷设，若设计未明确时，应检查接闪导线（避雷网）的网格尺寸是否符合以下要求：

大于第一类防雷建筑物为 5m×5m 或 4m×6m。

第二类防雷建筑物为 10m×10m 或 8m×12m。

第三类防雷建筑物为 20m×20m 或 16m×24m。

4．避雷针

（1）避雷针针体按设计采用热镀锌圆钢或钢管制作。避雷针体顶端按设计或标准图制成尖状。采用钢管时管壁的厚度不得小于 3mm，避雷针尖除锈后涂锡，涂锡长度不得小于 200mm。

（2）避雷针安装必须垂直、牢固，其倾斜度不得大于 5‰。

5．系统测试

防雷接地系统测试前，接地装置应完成施工且测试合格；防雷接闪器应完成安装，整个防雷接地系统应连成回路。

12.8.6　建筑物等电位联结

1．工序交接确认

等电位联结应按以下程序进行：

（1）对于总等电位联结，应先检查确认总等电位联结端子的接地导体位置，再安装总等电位联结端子板，然后按设计要求做总等电位联结。

（2）对于局部等电位联结，应先检查确认连接端子位置及连接端子板的截面积，再安装局部等电位联结端子板，然后按设计要求做局部等电位联结。

（3）对特殊要求的建筑金属屏蔽网箱，应先完成网箱施工，经检查确认后，再与保护接地导体（PE）连接。

2．联结导体间的连接

等电位联结内各联结导体间的连接可采用焊接、螺栓连接或熔接；当等电位联结采用钢材焊接时，应采用搭接焊，焊接处不应有夹渣、咬边、气孔及未焊透情况，并满足如下要求：

（1）扁钢的搭接长度应不小于其宽度的 2 倍（当扁钢宽度不同时，搭接长度以宽的为准），三面施焊。

（2）圆钢的搭接长度应不小于其直径的 6 倍（当直径不同时，搭接长度以直径大的为准），双面施焊。

（3）圆钢与扁钢连接时，其连接长度应不小于圆钢直径的 6 倍。

（4）扁钢与钢管（或角钢）焊接时，除应在其接触部位两侧进行焊接外，并用扁钢弯成的弧形面（或直角形）与钢管（或角钢）焊接。

（5）等电位联结线采用不同材质的导体连接时，可采用熔接法进行连接，也可采用压接法，压接时压接处应进行热搪锡处理，接触面应光洁，并有足够的接触压力和面积。

（6）在腐蚀性场所应采取防腐措施，如热镀锌或加大导线截面等；等电位联结端子板应采取螺栓连接，以便拆卸进行定期检测。

（7）建筑物等电位联结干线应从与接地装置有不少于2处直接连接的接地干线或总等电位箱引出，等电位联结干线或局部等电位箱间的连接线构成环形网络，环形网路应就近与等电位联结干线或局部等电位箱连接。支线间不应串联连接。

3. 等电位联结要求

（1）等电位联结线与金属管道的连接。应采用抱箍，与抱箍接触的管道表面须刮拭干净，安装完毕后刷防护涂料，抱箍内径略小于管道外径，其大小依管径大小而定。金属部件或零件，应有专用接线螺栓与等电位联结支线连接，连接处螺帽紧固、防松件齐全。

（2）等电位联结的可接近裸露导体或其他金属部件、构件与支线连接应可靠，熔焊、钎焊或机械紧固应导通正常。

（3）等电位联结经测试导电的连续性，导电不良的连接处需做跨接线。

（4）等电位联结端子板与插座保护线端子的连接线的电阻包括连接点的电阻不大于0.2Ω。

（5）等电位联结线应有黄绿相间的色标，在等电位联结端子板上刷或喷黄色底漆，并做接地标识。

4. 等电位联结的导通性测试

等电位联结安装完毕后应进行导通性测试，测试用电源可采用空载电压为4～24V直流或交流电源，测试电流不应小于0.2A，当测得等电位联结端子板与等电位联结范围内的金属管道等金属体末端之间的电阻不超过3Ω时，可认为等电位联结是有效的。如发现导通不良的管道连接处，应做跨接线，在投入使用后应定期做导通性测试。

等电位联结进行导通性测试，即是对等电位用的管夹、端子板、联结线、有关接头、截面和整个路径上的色标进行检验，等电位联结的有效性必须通过测定来证实。测量等电位联结端子板与等电位联结范围内的金属管道末端之间的电阻，若距离较远，可分段测量，然后电阻值相加。

12.8.7 质量检查

应符合现行国家标准《建筑电气工程施工质量验收规范》GB 50303 的规定。

第 13 章　智能建筑工程实体质量控制

13.1　基本规定

13.1.1　材料（设备）的质量控制

智能建筑工程常用材料（设备）质量控制要点，见表 13-1。

智能建筑工程常用材料（设备）质量控制要点　　　　表 13-1

序号	项目	质量控制要点
1	材料、设备	（1）按照合同文件和工程设计文件进行的进场验收，应有书面记录和参加人签字，并应经监理工程师或建设单位验收人员确认。 （2）应对材料、设备的外观、规格、型号、数量及产地等进行检查复核；材料、设备应附有产品合格证、质检报告，设备应有产品合格证、质检报告、说明书等；进口产品应提供原产地证明和商检证明、质量合格证明、检测报告及安装、使用、维护说明书的中文文本。 （3）材料、设备的质量检查应包括安全性、可靠性及电磁兼容性等项目，并应由生产厂家出具相应检测报告。 （4）检查线缆、设备的品牌、产地、型号、规格、数量及外观，主要技术参数及性能等均应符合设计要求，外表无损伤，填写进场检验记录，并封存线缆、器件样品。 （5）有源设备应通电检查，确认设备正常
2	软件产品	（1）软件产品的质量控制，还应检查文档资料和技术指标。 （2）商业软件的使用许可证和使用范围应符合合同要求。 （3）针对工程项目编制的应用软件，测试报告中的功能和性能测试结果应符合工程项目的合同要求
3	接口	（1）接口技术文件应符合合同要求；接口技术文件应包括接口概述、接口框图、接口位置、接口类型与数量、接口通信协议、数据流向和接口责任边界等内容。 （2）根据工程项目实际情况修订的接口技术文件应经过建设单位、设计单位、接口提供单位和施工单位签字确认。 （3）接口测试文件应符合设计要求；接口测试文件应包括测试链路搭建、测试用仪器仪表、测试方法、测试内容和测试结果评判等内容。 （4）接口测试应符合接口测试文件要求，测试结果记录应由接口提供单位、施工单位、建设单位和项目监理机构签字确认

13.1.2　质量保证

1. 智能建筑工程的检测

（1）各子系统接口的质量应按下列要求检查：

1）所有接口由接口供应商提交接口规范和接口测试大纲。

2）接口规范和接口测试大纲宜在合同签订时由智能建筑工程施工单位参与审定。

3）施工单位应根据测试大纲予以实施，并应保证系统接口的安装质量。

（2）施工单位应组织有关人员依据合同技术文件、设计文件和本规范的相应规定，制订系统检测方案。

2. 软件产品质量检查

（1）应核查使用许可证及使用范围。

（2）用户应用软件，设计的软件组态及接口软件等，应进行功能测试和系统测试，并应提供包括程序结构说明、安装调试说明、使用和维护说明书等完整文档。

13.1.3 成品保护

（1）针对不同子系统设备的特点，应制订成品保护措施。

（2）对现场安装完成的设备，应采取包裹、遮盖、隔离等必要的防护措施，并应避免碰撞及损坏。

（3）在施工现场存放的设备，应采取防尘、防潮、防碰、防砸、防压及防盗等措施。

（4）施工过程中，遇有雷电、阴雨、潮湿天气时或者长时间停用设备时，应关闭设备电源总闸。

（5）软件和系统配置的保护应符合下列规定：

1）更改软件和系统的配置应做好记录。

2）在调试过程中应每天对软件进行备份，备份内容应包括系统软件、数据库、配置参数、系统镜像。

3）备份文件应保存在独立的存储设备上。

4）系统设备的登录密码应有专人管理，不得泄露。

5）计算机无人操作时应锁定。

13.2 综合布线系统

13.2.1 材料（设备）质量控制

1. 器材检验

（1）工程所用缆线和器材的品牌、型号、规格、数量、质量应在施工前进行检查，应符合设计文件要求，并应具备相应的质量文件或证书，无出厂检验证明材料、质量文件或与设计不符者不得在工程中使用。

（2）进口设备和材料应具有产地证明和商检证明。

（3）经检验的器材应做好记录，对不合格的器件应单独存放，以备核查与处理。

（4）工程中使用的缆线、器材应与订货合同或封存的产品样品在规格、型号、等级上相符。

（5）备品、备件及各类文件资料应齐全。

2. 型材、管材与铁件的检查

（1）地下通信管道和人（手）孔所使用器材的检查及室外管道的检验，应符合现行国家标准《通信管道工程施工及验收标准》GB/T 50374 的有关规定。

（2）各种型材的材质、规格、型号应符合设计文件的要求，表面应光滑、平整，不得变形、断裂。

（3）金属导管、桥架及过线盒、接线盒等表面涂覆或镀层应均匀、完整，不得变形、损坏。

（4）室内管材采用金属导管或塑料导管时，其管身应光滑、无伤痕，管孔无变形，孔径、壁厚应符合设计文件要求。

（5）金属管槽应根据工程环境要求做镀锌或其他防腐处理。塑料管槽应采用阻燃型管槽，外壁应具有阻燃标记。

（6）各种金属件的材质、规格均应符合质量要求，不得有歪斜、扭曲、飞刺、断裂或破损。

（7）金属件的表面处理和镀层应均匀、完整，表面光洁，无脱落、气泡等缺陷。

3. 缆线的检验

（1）工程使用的电缆和光缆的型式、规格及缆线的阻燃等级应符合设计文件要求。

（2）缆线的出厂质量检验报告、合格证、出厂测试记录等各种随盘资料应齐全，所附标志、标签内容应齐全、清晰，外包装应注明型号和规格。

（3）电缆外包装和外护套需完整无损，当该盘、箱外包装损坏严重时，应按电缆产品要求进行检验，测试合格后再在工程中使用。

（4）电缆应附有本批的电气性能检验报告，施工前对盘、箱的电缆长度、指标参数应按电缆产品标准进行抽验，提供的设备电缆及跳线也应抽验，并做测试记录。

（5）光缆开盘后应先检查光缆端头封装是否良好。光缆外包装或光缆护套当有损伤时，应对该盘光缆进行光纤性能指标测试，并应符合下列规定：

1）当有断纤时，应进行处理，并应检查合格后使用。

2）光缆 A、B 端标识应正确、明显。

3）光纤检测完毕后，端头应密封固定，并应恢复外包装。

（6）单盘光缆应对每根光纤进行长度测试。

（7）光纤接插软线或光跳线检验应符合下列规定：

1）两端的光纤连接器件端面应装配合适的保护盖帽。

2）光纤应有明显的类型标记，并应符合设计文件要求。

3）使用光纤端面测试仪应对该批量光连接器件端面进行抽验，比例不宜大于5%～10%。

4. 连接器件的检验

（1）配线模块、信息插座模块及其他连接器件的部件应完整，电气和机械性能等指标应符合相应产品的质量标准。塑料材质应具有阻燃性能，并应满足设计要求。

（2）光纤连接器件及适配器的型式、数量、端口位置应与设计相符。

（3）光纤连接器件应外观平滑、洁净，并不应有油污、毛刺、伤痕及裂纹等缺陷，各零部件组合应严密、平整。

5. 配线设备

（1）光、电缆配线设备的型式、规格应符合设计文件要求。

（2）光、电缆配线设备的编排及标志名称应与设计相符。

（3）各类标志名称应统一，标志位置正确、清晰。

6. 其他要求

（1）现场尚无检测手段取得屏蔽布线系统所需的相关技术参数时，可将认证检测机构或生产厂家附有的技术报告作为检查依据。

（2）对绞电缆电气性能与机械特性、光缆传输性能以及连接器件的具体技术指标应符合设计文件要求，性能指标不符合设计文件要求的设备和材料不得在工程中使用。

13.2.2 设备安装

1. 机柜、配线箱等设备安装

（1）机柜、配线箱等设备的规格、容量、位置应符合设计文件要求。

（2）垂直偏差度不应大于 3mm。

（3）机柜上的各种零件不得脱落或碰坏，漆面不应有脱落及划痕，各种标志应完整、清晰。

（4）在公共场所安装配线箱时，壁嵌式箱体底边距地不宜小于 1.5m，墙挂式箱体底面距地不宜小于 1.8m。

（5）门锁的启闭应灵活、可靠。

（6）机柜、配线箱及桥架等设备的安装应牢固，当有抗震要求时，应按抗震设计进行加固。

2. 各类配线部件的安装

（1）各部件应完整，安装就位，标志齐全、清晰。

（2）安装螺栓或螺钉应拧紧，面板应保持在一个平面上。

3. 信息插座模块安装

（1）信息插座底盒、多用户信息插座及集合点配线箱、用户单元信息配线箱安装位置和高度应符合设计文件要求。

（2）安装在活动地板内或地面上时，应固定在接线盒内，插座面板采用直立和水平等形式；接线盒盖可开启，并应具有防水、防尘、抗压功能。接线盒盖面应与地面齐平。

（3）信息插座底盒同时安装信息插座模块和电源插座时，间距及采取的防护措施应符合设计文件要求。

（4）信息插座底盒明装的固定方法应根据施工现场条件而定。

（5）固定螺钉应拧紧，不应产生松动现象。

（6）各种插座面板应有标识，以颜色、图形、文字表示所接终端设备业务类型。

（7）工作区内终接光缆的光纤连接器件及适配器安装底盒应具有空间，并应符合设计文件要求。

4．缆线桥架的安装

（1）安装位置应符合施工图要求，左右偏差不应超过 50mm。

（2）安装水平度每米偏差不应超过 2mm。

（3）垂直安装应与地面保持垂直，垂直度偏差不应超过 3mm。

（4）桥架截断处及拼接处应平滑、无毛刺。

（5）吊架和支架安装应保持垂直，整齐牢固，无歪斜现象。

（6）金属桥架及金属导管各段之间应保持连接良好，安装牢固。

（7）采用垂直槽盒布放缆线时，支撑点宜避开地面沟槽和槽盒位置，支撑应牢固。

13.2.3 管路安装

1．桥架安装

（1）桥架切割和钻孔断面处，应采取防腐措施。

（2）桥架应平整，无扭曲变形，内壁无毛刺，各种附件应安装齐备，紧固件的螺母应在桥架外侧，桥架接口应平直、严密，盖板应齐全、平整。

（3）桥架经过建筑物的变形缝（包括沉降缝、伸缩缝、抗震缝等）处应设置补偿装置，保护地线和桥架内线缆应留补偿余量。

（4）桥架与盒、箱、柜等连接处应采用抱脚或翻边连接，并应用螺栓固定，末端应封堵。

（5）水平桥架底部与地面距离不宜小于 2.2m，顶部距楼板不宜小于 0.3m，与梁的距离不宜小于 0.05m，桥架与电力电缆间距宜小于 0.5m。

（6）桥架与各种管道平行或交叉时，其最小净距应符合现行国家标准《建筑电气工程施工质量验收规范》GB 50303 的规定。

（7）敷设在竖井内和穿越不同防火分区的桥架及管路孔洞，应有防火封堵。

（8）弯头、三通等配件，宜采用桥架生产厂家制作的成品，不宜在现场加工制作。

2．支吊架安装

（1）支吊架安装直线段间距宜为 1.5～2.0m，同一直线段的支吊架间距应均匀。

（2）在桥架端口、分支、转弯处不大于 0.5m 内，应安装支吊架。

（3）支吊架应平直且无明显扭曲，焊接应牢固且无显著变形、焊缝应均匀平整，切口处应无卷边、毛刺。

（4）支吊架采用膨胀螺栓连接固定应紧固，且应配装弹簧垫圈。

（5）支吊架应做防腐处理。

（6）采用圆钢作为吊架时，桥架转弯处及直线段每隔 30m 应安装防晃支架。

3．线管安装

（1）导管敷设应保持管内清洁干燥，管口应有保护措施和进行封堵处理。

（2）明配线管应横平竖直、排列整齐。

（3）明配线管应设管卡固定，管卡应安装牢固；管卡设置应符合下列规定：

1）在终端、弯头中点处的 150～500mm 范围内应设管卡。

2）在距离盒、箱、柜等边缘的 150～500mm 范围内应设管卡。

3）在中间直线段应均匀设置管卡。管卡间的最大距离应符合表 13-2 的规定。

管卡间的最大距离 表 13-2

敷设方式	导管种类	导管直径（mm）			
		15～20	25～32	40～50	65 以上
		管卡间最大距离（m）			
支架或沿墙明敷	壁厚＞2mm 刚性钢导管	1.5	2.0	2.5	3.5
	壁厚≤2mm 刚性钢导管	1.0	1.5	2.0	—
	刚性塑料导管	1.0	1.5	2.0	2.0

（4）线管转弯的弯曲半径不应小于所穿入线缆的最小允许弯曲半径，且不应小于该管外径的 6 倍；当暗管外径大于 50mm 时，弯曲半径不应小于该管外径的 10 倍。

（5）砌体内暗敷线管埋深不应小于 15mm，现浇混凝土楼板内暗敷线管埋深不应小于 25mm，并列敷设的线管间距不应小于 25mm。

（6）线管与控制箱、接线箱、接线盒等连接时，应采用锁母将管口固定牢固。

（7）线管穿过墙壁或楼板时应加装保护套管，穿墙套管应与墙面平齐，穿楼板套管上口宜高出楼面 10～30mm，套管下口应与楼面平齐。

（8）与设备连接的线管引出地面时，管口距地面不宜小于 200mm；当从地下引入落地式箱、柜时，宜高出箱、柜内底面 50mm。

（9）线管两端应设有标志，管内不应有阻碍，并应穿带线。

（10）吊顶内配管，宜使用单独的支吊架固定，支吊架不得架设在龙骨或其他管道上。

（11）配管通过建筑物的变形缝时，应设置补偿装置。

（12）镀锌钢管宜采用螺纹连接，镀锌钢管的连接处应采用专用接地线卡固定跨接线，跨接线截面不应小于 4mm²。

（13）非镀锌钢管应采用套管焊接，套管长度应为管径的 1.5～3.0 倍。

（14）焊接钢管不得在焊接处弯曲，弯曲处不得有弯曲，折皱等现象，镀锌钢管不得加热弯曲。

4. 套接紧定式钢管连接

（1）钢管外壁镀层应完好，管口应平整、光滑、无变形。

（2）套接紧定式钢管连接处应采取密封措施。

（3）当套接紧定式钢管管径大于或等于 32mm 时，连接套管每端的紧定螺钉不应少于 2 个。

5. 室外线管敷设

（1）室外埋地敷设的线管，埋深不宜小于 0.7m，壁厚应大于等于 2mm；埋设于硬质路面下时，应加钢套管，人、手孔井应有排水措施。

（2）进出建筑物线管应做防水坡度，坡度不宜大于 15‰。

（3）同一段线管短距离不宜有 S 弯。

（4）线管进入地下建筑物，应采用防水套管，并应做密封防水处理。

6. 线盒安装

钢导管进入盒（箱）时应一孔一管，管与盒（箱）的连接应采用爪型螺纹接头管连接，且应锁紧，内壁应光洁便于穿线；线管路有下列情况之一者，中间应增设拉线盒或接线盒，其位置应便于穿线：

（1）管路长度每超过 30m 且无弯曲。

（2）管路长度每超过 20m 且仅有 1 个弯曲。

（3）管路长度每超过 15m 且仅有 2 个弯曲。

（4）管路长度每超过 8m 且仅有 3 个弯曲。

（5）线缆管路垂直敷设时管内绝缘线缆截面宜小于 150mm²，当长度超过 30m 时，应增设固定用拉线盒。

（6）信息点预埋盒不宜同时兼作过线盒。

13.2.4 缆线敷设

1. 缆线的敷设

（1）缆线的型式、规格应与设计规定相符。

（2）缆线在各种环境中的敷设方式、布放间距均应符合设计要求。

（3）缆线的布放应自然平直，不得产生扭绞、打圈等现象，不应受外力的挤压和损伤。

（4）缆线的布放路由中不得出现缆线接头。

（5）缆线两端应贴有标签，应标明编号，标签书写应清晰、端正和正确。标签应选用不易损坏的材料。

（6）缆线应有余量以适应成端、终接、检测和变更，有特殊要求的应按设计要求预留长度。

（7）缆线的弯曲半径应符合设计文件要求，并应符合下列规定：

1）非屏蔽和屏蔽 4 对对绞电缆的弯曲半径不应小于电缆外径的 4 倍。

2）主干对绞电缆的弯曲半径不应小于电缆外径的 10 倍。

3）2 芯或 4 芯水平光缆的弯曲半径应大于 25mm；其他芯数的水平光缆、主干光缆和室外光缆的弯曲半径不应小于光缆外径的 10 倍。

4）G.657、G.652 用户光缆弯曲半径应符合设计文件要求。

（8）综合布线系统缆线与其他管线的间距应符合设计文件要求。

（9）屏蔽电缆的屏蔽层端到端应保持完好的导通性，屏蔽层不应承载拉力。

2. 预埋槽盒和暗管敷设缆线

（1）槽盒和暗管的两端宜用标志表示出编号等内容。

（2）预埋槽盒宜采用金属槽盒，截面利用率应为 30%～50%。

（3）暗管宜采用钢管或阻燃聚氯乙烯导管。布放大对数主干电缆及 4 芯以上光缆时，直线管道的管径利用率应为 50%～60%，弯导管应为 40%～50%。布放 4 对对绞电缆或 4 芯及以下光缆时，管道的截面利用率应为 25%～30%。

（4）对金属材质有严重腐蚀的场所，不宜采用金属的导管、桥架布线。

（5）在建筑物吊顶内应采用金属导管、槽盒布线。

（6）导管、桥架跨越建筑物变形缝处，应设补偿装置。

3. 缆线桥架敷设缆线

（1）密封槽盒内缆线布放应顺直，不宜交叉，在缆线进出槽盒部位、转弯处应绑扎固定。

（2）梯架或托盘内垂直敷设缆线时，在缆线的上端和每间隔1.5m处应固定在梯架或托盘的支架上；水平敷设时，在缆线的首、尾、转弯及每间隔5～10m处应进行固定。

（3）在水平、垂直梯架或托盘中敷设缆线时，应对缆线进行绑扎。对绞电缆、光缆及其他信号电缆应根据缆线的类别、数量、缆径、缆线芯数分束绑扎。绑扎间距不宜大于1.5m，间距应均匀，不宜绑扎过紧或使缆线受到挤压。

（4）室内光缆在梯架或托盘中敞开敷设时应在绑扎固定段加装垫套。

4. 顶棚内敷设缆线

采用吊顶支撑柱（垂直槽盒）在顶棚内敷设缆线时，每根支撑柱所辖范围内的缆线可不设置密封槽盒进行布放，但应分束绑扎，缆线应阻燃，缆线选用应符合设计文件要求。

13.2.5 敷设保护

1. 金属导管、槽盒明敷设

（1）槽盒明敷设时，与横梁或侧墙或其他障碍物的间距不宜小于100mm。

（2）槽盒的连接部位不应设置在穿越楼板处和实体墙的孔洞处。

（3）竖向导管、电缆槽盒的墙面固定间距不宜大于1500mm。

（4）在距接线盒300mm处、弯头处两边、每隔3m处均应采用管卡固定。

2. 预埋金属槽盒保护

（1）在建筑物中预埋槽盒，宜按单层设置，每一路由进出同一过线盒的预埋槽盒均不应超过3根，槽盒截面高度不宜超过25mm，总宽度不宜超过300mm。槽盒路由中当包括过线盒和出线盒时，截面高度宜在70～100mm范围内。

（2）槽盒直埋长度超过30m或在槽盒路由交叉、转弯时，宜设置过线盒。

（3）过线盒盖应能开启，并应与地面齐平，盒盖处应具有防灰与防水功能。

（4）过线盒和接线盒盒盖应能抗压。

（5）从金属槽盒至信息插座模块接线盒、86型接线底盒间或金属槽盒与金属钢管之间相连接时的缆线宜采用金属软管敷设。

3. 预埋暗管保护

（1）金属管敷设在钢筋混凝土现浇楼板内时，导管的最大外径不宜大于楼板厚度的1/3；导管在墙体、楼板内敷设时，其保护层厚度不应小于30mm。

（2）导管不应穿越机电设备基础。

（3）预埋在墙体中间暗管的最大管外径不宜超过50mm，楼板中暗管的最大管外径不宜超过25mm，室外管道进入建筑物的最大管外径不宜超过100mm。

（4）直线布管每30m处、有1个转弯的管段长度超过20m时、有2个转弯长度不超过15m时、路由中反向（U型）弯曲的位置应设置过线盒。

（5）暗管的转弯角度应大于90°。在布线路由上每根暗管的转弯角不得多于2个，并不应有 S 弯出现。

（6）暗管管口应光滑，并应加有护口保护，管口伸出部位宜为 25～50mm。

（7）至楼层电信间暗管的管口应排列有序，应便于识别与布放缆线。

（8）暗管内应安置牵引线或拉线。

（9）管路转弯的曲率半径不应小于所穿入缆线的最小允许弯曲半径，并且不应小于该管外径的 6 倍，当暗管外径大于 50mm 时，不应小于 10 倍。

4. 设置桥架保护

（1）桥架底部应高于地面并不应小于 2.2m，顶部距建筑物楼板不宜小于 300mm，与梁及其他障碍物交叉处间的距离不宜小于 50mm。

（2）梯架、托盘水平敷设时，支撑间距宜为 1.5～3.0m。垂直敷设时固定在建筑物构体上的间距宜小于 2m，距地 1.8m 以下部分应加金属盖板保护，或采用金属走线柜包封，但门应可开启。

（3）直线段梯架、托盘每超过 15～30m 或跨越建筑物变形缝时，应设置伸缩补偿装置。

（4）金属槽盒明装敷设时，在槽盒接头处、每间距 3m 处、离开槽盒两端出口 0.5m 处和转弯处均应设置支架或吊架。

（5）塑料槽盒槽底固定点间距宜为 1m。

（6）缆线桥架转弯半径不应小于槽内缆线的最小允许弯曲半径，直角弯处最小弯曲半径不应小于槽内最粗缆线外径的 10 倍。

（7）桥架穿过防火墙体或楼板时，缆线布放完成后应采取防火封堵措施。

5. 网络地板缆线敷设保护

（1）槽盒之间应沟通。

（2）槽盒盖板应可以开启。

（3）主槽盒的宽度宜为 200～400mm，支槽盒宽度不宜小于 70mm。

（4）可开启的槽盒盖板与明装插座底盒间应采用金属软管连接。

（5）地板块与槽盒盖板应抗压、抗冲击和阻燃。

（6）具有防静电功能的网络地板应整体接地。

（7）网络地板板块间的金属槽盒段与段之间应保持良好导通并接地。

6. 架空活动地板下敷设缆线

在架空活动地板下敷设缆线时，地板内净空应为 150～300mm。当空调采用下送风方式时，地板内净高应为 300～500mm。

13.2.6 缆线终接

1. 缆线终接

（1）缆线在终接前，应核对缆线标识内容是否正确。

（2）缆线终接处应牢固、接触良好。

（3）对绞电缆与连接器件连接应认准线号、线位色标，不得颠倒和错接。

2. 对绞电缆终接

（1）终接时，每对对绞线应保持扭绞状态，扭绞松开长度对于 3 类电缆不应大于

75mm；对于 5 类电缆不应大于 13mm；对于 6 类及以上类别的电缆不应大于 6.4mm。

（2）对绞线与 8 位模块式通用插座相连时，应按色标和线对顺序进行卡接。两种连接方式均可采用，但在同一布线工程中两种连接方式不应混合使用。

（3）4 对对绞电缆与非 RJ45 模块终接时，应按线序号和组成的线对进行卡接。

（4）屏蔽对绞电缆的屏蔽层与连接器件终接处屏蔽罩应通过紧固器件可靠接触，缆线屏蔽层应与连接器件屏蔽罩 360° 圆周接触，接触长度不宜小于 10mm。

（5）对不同的屏蔽对绞线或屏蔽电缆，屏蔽层应采用不同的端接方法。应使编织层或金属箔与汇流导线进行有效的端接。

（6）信息插座底盒不宜兼做过线盒使用。

3．光纤终接与接续

（1）光纤与连接器件连接可采用尾纤熔接和机械连接方式。

（2）光纤与光纤接续可采用熔接和光连接子连接方式。

（3）光纤熔接处应加以保护和固定。

4．各类跳线的终接

（1）各类跳线缆线和连接器件间接触应良好，接线无误，标志齐全。跳线选用类型应符合系统设计要求。

（2）各类跳线长度及性能参数指标应符合设计文件要求。

13.2.7　防雷与接地

1．综合管线的防雷与接地

（1）金属桥架与接地干线连接应不少于 2 处。

（2）非镀锌桥架间连接板的两端跨接钢芯接地线，截面积不应小于 4mm^2。

（3）镀锌钢管应以专用接地卡件跨接，跨接线应采用截面积不小于 4mm^2 的铜芯软线。非镀锌钢管采用螺纹连接时，连接处的两端应焊接跨接地线。

（4）铠装电缆的屏蔽层在入户处应与等电位端子排连接。

2．综合布线系统的防雷与接地

（1）进入建筑物的电缆，应在入口处安装浪涌保护器。

（2）线缆进入建筑物，电缆和光缆的金属护套或金属件应在入口处就近与等电位端子板连接。

（3）配线柜（架、箱）应采用绝缘铜导线与就近的等电位装置连接。

（4）设备的金属外壳、机柜、金属管、槽、屏蔽线缆外层、设备防静电接地、安全保护接地、浪涌保护器接地端等均应与就近的等电位联结网络的接地端子连接。

（5）安装机柜、配线箱、配线设备屏蔽层及金属导管、桥架使用的接地体应符合设计文件要求，就近接地，并应保持良好的电气连接。

13.2.8　质量检查

相关质量检查应符合现行国家标准《综合布线系统工程验收规范》GB/T 50312 和《智能建筑工程质量验收规范》GB 50339 的规定。

13.3 公共广播系统

13.3.1 材料（设备）质量控制

1. 传输线路、线槽、广播设备

（1）火灾隐患地区使用的广播传输线路及其线槽（或线管）应采用阻燃材料。

（2）应按施工设备、材料表对材料进行清点、分类。

（3）规格、型号、数量以及 CCC 认证等应符合设计文件及本规范要求。

（4）有源部件均应通电检查。广播功率放大器和广播扬声器性能应符合国家现行有关标准的规定，其实际功能和技术指标应与产品标称相符。

（5）进口产品应提供进口商检证明、配套提供的质量合格证明及安装、使用、维护说明书等文件资料。

（6）对不具备现场检测条件的产品，可要求工厂出具检测报告。

2. 软件产品质量

（1）商业化软件，应进行使用许可证及使用范围的检查。

（2）由系统承包商编制的用户应用软件，除进行功能测试外，还应进行容量、可靠性、安全性、可恢复性、兼容性、自诊断等多项功能测试，以及软件的可维护性检查。

（3）所有自编的、在通用计算机上运行的应用软件应提供完整的文档。

13.3.2 广播传输线路敷设

（1）传输线缆应经检测合格后再敷设。

（2）室外广播传输线缆应穿管埋地或在电缆沟内敷设；室内广播传输线缆应穿管或用线槽敷设。

（3）公共广播的功率传输线路不应与通信线缆或数据线缆共管或共槽。

（4）除用电力载波方式传输的公共广播线路外，其他公共广播线路均严禁与电力线路共管或共槽。

（5）公共广播功率传输线路的绝缘电压等级必须与其额定传输电压相容；线路接头不应裸露；电位不等的接头必须分别进行绝缘处理。

（6）公共广播传输线缆宜减少接驳；需要接驳时，接头应妥善包扎并安置在检查盒内。

（7）扬声器、控制器以及插座板等安装应牢固可靠，导线连接应排列整齐，线号应正确清晰。

（8）各设备导线连接应正确、可靠、牢固；箱内电缆（线）应排列整齐，线路编号应正确清晰。线路较多时应绑扎成束，并应在箱（盒）内留有适当空间。

（9）公共广播传输线缆敷设，还应符合现行国家标准《有线电视网络工程设计标准》GB/T 50200 的有关规定。

13.3.3 广播扬声器安装架设

（1）广播扬声器安装架设地点应符合本工程布点设计的规定。

（2）广播扬声器的安装架设高度及其水平指向和垂直指向，应根据声场设计及现场情况确定，广播扬声器的声辐射应指向广播服务区；当周围有高大建筑物和高大地形地物时，应避免产生回声。

（3）广播扬声器与广播传输线路之间的接头必须接触良好，不同电位的接头应分别绝缘；接驳宜用压接套管和压接工具进行施工。冷热端有区别的接头应正确予以区分。

（4）广播扬声器的安装固定应安全可靠。安装广播扬声器的路杆、桁架、墙体、棚顶和紧固件应具有足够的承载能力。

（5）住宅建筑内设置的应急广播应能接受联动控制或由手动火灾报警按钮信号直接控制进行广播。

（6）每台扬声器覆盖的楼层不应超过3层。

（7）广播功率放大器应具有消防电话插孔，消防电话插入后应能直接讲话。

（8）广播功率放大器应配有备用电池，电池持续工作不能达到1h时，应能向消防控制室或物业值班室发送报警信息。

（9）广播功率放大器应设置在首层内走道侧面墙上，箱体面板应有防止非专业人员打开的措施。

（10）同一室内的吸顶扬声器应排列均匀。扬声器箱、控制器、插座等标高应一致、平整牢固；扬声器周围不应有破口现象，装饰罩不应有损伤，且应平整。

（11）当广播系统具有紧急广播功能时，其紧急广播应由消防分机控制，并应具有最高优先权；在火灾和突发事故发生时，应能强制切换为紧急广播并以最大音量播出。系统应能在手动或警报信号触发的10s内，向相关广播区播放警示信号（含警笛）、警报语音文件或实时指挥语音。以现场环境噪声为基准，紧急广播的信噪比不应小于15dB。

（12）广播扬声器安装完毕后，应对扬声器表面进行清洁，并应逐个广播分区进行检测和试听。室外广播扬声器应采取防雨、雪措施。

13.3.4 其他设备安装

（1）除广播扬声器和传输线路外，公共广播系统的其他设备，有监控室（或机房）时，应安装在其控制台、机柜或机架上；无监控室（或机房）时，应安装在安全和便于操控的场所。除广播扬声器和传输线路外，公共广播系统的其他设备的安装，尚应符合现行国家标准《民用闭路监视电视系统工程技术规范》GB 50198 的有关规定。

（2）一级和二级公共广播系统的监控室（或机房）的电源而设专用的空气开关（或断路器），且宜由独立回路供电，不宜与动力或照明共用同一供电回路。

（3）控制台或机柜、机架应有良好的接地，接地线不应与供电系统的零线直接相接。

13.3.5 质量检查

相关质量检查应符合现行国家标准《智能建筑工程质量验收规范》GB 50339、《公共广播系统工程技术规范》GB 50526、《民用闭路监视电视系统工程技术规范》GB 50198，以及《有线电视网络工程设计标准》GB/T 50200 的有关规定。

13.4 火灾自动报警系统

13.4.1 材料（设备）质量控制

（1）火灾自动报警系统施工前，应对设备、材料及配件进行现场检查，检查不合格者不得使用。

（2）设备、材料及配件进入施工现场应有清单、使用说明书、质量合格证明文件、国家法定质检机构的检验报告等文件。火灾自动报警系统中的强制认证（认可）产品还应有认证（认可）证书和认证（认可）标识。

（3）火灾自动报警系统的主要设备应是通过国家认证（认可）的产品。产品名称、型号、规格应与检验报告一致。

（4）火灾自动报警系统中非国家强制认证（认可）的产品名称、型号、规格应与检验报告一致。

（5）火灾自动报警系统设备及配件表面应无明显划痕、毛刺等机械损伤，紧固部位应无松动。

（6）火灾自动报警系统设备及配件的规格、型号应符合设计要求。

13.4.2 系统布线

（1）火灾自动报警系统的传输线路应采用金属管、可挠（金属）电气导管、B_1 级以上的刚性塑料管或封闭式线槽保护。

（2）火灾自动报警系统的传输线路和 50V 以下供电的控制线路，应采用电压等级不低于交流 300V/500V 的铜芯绝缘导线或铜芯电缆。采用交流 220V/380V 的供电和控制线路，应采用电压等级不低于交流 450V/750V 的铜芯绝缘导线或铜芯电缆。

火灾自动报警系统的供电线路、消防联动控制线路应采用耐火铜芯电线电缆，报警总线、消防应急广播和消防专用电话等传输线路应采用阻燃或阻燃耐火电线电缆。

（3）火灾自动报警系统的线缆应使用桥架和专用线管敷设；桥架、金属线管应做保护接地。

（4）线路暗敷设时，应采用金属管、可挠（金属）电气导管或 B_1 级以上的刚性塑料管保护，并应敷设在不燃烧体的结构层内，且保护层厚度不宜小于 30mm；线路明敷设时，应采用金属管、可挠（金属）电气导管或金属封闭线槽保护。矿物绝缘类不燃性电缆可直接明敷。

（5）在管内或线槽内的布线，应在建筑抹灰及地面工程结束后进行，管内或线槽内不应有积水及杂物。

（6）火灾自动报警系统应单独布线，系统内不同电压等级、不同电流类别的线路，不应布在同一管内或线槽的同一槽孔内。

（7）从接线盒、线槽等处引到探测器底座盒、控制设备盒、扬声器箱的线路，均应加金属保护管保护。

从接线盒、线槽等处引到探测器底座、控制设备、扬声器的线路，当采用金属软管保护时，其长度不应大于2m。

（8）报警线缆连接应在端子箱或分支盒内进行，导线连接应采用可靠压接或焊接。

（9）敷设在多尘或潮湿场所管路的管口和管子连接处，均应做密封处理。

（10）管路超过下列长度时，应在便于接线处装设接线盒：

1）管子长度每超过30m，无弯曲时。

2）管子长度每超过20m，有1个弯曲时。

3）管子长度每超过10m，有2个弯曲时。

4）管子长度每超过8m，有3个弯曲时。

（11）金属管子入盒，盒外侧应套锁母，内侧应装护口；在吊顶内敷设时，盒的内、外侧均应套锁母。塑料管入盒应采取相应固定措施。

（12）明敷设各类管路和线槽时，应采用单独的卡具吊装或支撑物固定。吊装线槽或管路的吊杆直径不应小于6mm。

（13）线槽敷设时，应在下列部位设置吊点或支点：

1）线槽始端、终端及接头处。

2）距接线盒0.2m处。

3）线槽转角或分支处。

4）直线段不大于3m处。

（14）线槽接口应平直、严密，槽盖应齐全、平整、无翘角。并列安装时，槽盖应便于开启。

（15）管线经过建筑物的变形缝（包括沉降缝、伸缩缝、抗震缝等）处，应采取补偿措施，导线跨越变形缝的两侧应固定，并留有适当余量。

（16）火灾自动报警系统导线敷设后，应用500V兆欧表测量每个回路导线对地的绝缘电阻，且绝缘电阻值不应小于20MΩ。

（17）同一工程中的导线，应根据不同用途选不同颜色加以区分，相同用途的导线颜色应一致。电源线正极应为红色，负极应为蓝色或黑色。

13.4.3 系统设备安装

1. 控制器类设备安装

（1）安装要求

1）火灾报警控制器、可燃气体报警控制器、区域显示器、消防联动控制器等控制器类设备（以下称控制器）在墙上安装时，其底边距地（楼）面高度宜为1.3～1.5m，其靠近门轴的侧面距墙不应小于0.5m，正面操作距离不应小于1.2m；落地安装时，其底边宜高出地（楼）面0.1～0.2m。

2）控制器应安装牢固，不应倾斜；安装在轻质墙上时，应采取加固措施。

3）控制器的主电源应有明显的永久性标志，并应直接与消防电源连接，严禁使用电源插头。控制器与其外接备用电源之间应直接连接。

4）控制器的接地应牢固，并有明显的永久性标志。

（2）控制器接线

1）配线应整齐，不宜交叉，并应固定牢靠。

2）电缆芯线和所配导线的端部，均应标明编号，并与图纸一致，字迹应清晰且不易褪色。

3）端子板的每个接线端，接线不得超过2根。

4）电缆芯和导线，应留有不小于200mm的余量。

5）导线应绑扎成束。

6）导线穿管、线槽后，应将管口、槽口封堵。

（3）控制线路绑扎成束

消防控制室引出的干线和火灾报警器及其他的控制线路应分别绑扎成束，汇集在端子板两侧，左侧应为干线，右侧应为控制线路。

2. 火灾探测器安装

（1）探测器安装要求

1）探测器的底座应安装牢固，与导线连接必须可靠压接或焊接。当采用焊接时，不应使用带腐蚀性的助焊剂。

2）探测器底座的连接导线应留有不小于150mm的余量，且在其端部应有明显标志。

3）探测器底座的穿线孔宜封堵，安装完毕的探测器底座应采取保护措施。

4）探测器报警确认灯应朝向便于人员观察的主要入口方向。

5）探测器在即将调试时方可安装，在调试前应妥善保管并应采取防尘、防潮、防腐蚀措施。

（2）点型感烟、感温火灾探测器的安装

1）探测器至墙壁、梁边的水平距离，不应小于0.5m。

2）探测器周围水平距离0.5m内，不应有遮挡物。

3）探测器至空调送风口最近边的水平距离，不应小于1.5m；至多孔送风顶棚孔口的水平距离，不应小于0.5m。

4）在宽度小于3m的内走道顶棚上安装探测器时，宜居中安装。点型感温火灾探测器的安装间距，不应超过10m；点型感烟火灾探测器的安装间距，不应超过15m。探测器至端墙的距离，不应大于安装间距的一半。

5）探测器宜水平安装，当确需倾斜安装时，倾斜角不应大于45°。

（3）线型红外光束感烟火灾探测器的安装

1）当探测区域的高度不大于20m时，光束轴线至顶棚的垂直距离宜为0.3～1.0m；当探测区域的高度大于20m时，光束轴线距探测区域的地（楼）面高度不宜超过20m。

2）发射器和接收器之间的探测区域长度不宜超过100m。

3）相邻两组探测器光束轴线的水平距离不应大于14m。探测器光束轴线至侧墙水平距离不应大于7m，且不应小于0.5m。

4）发射器和接收器之间的光路上应无遮挡物或干扰源。

5）发射器和接收器应安装牢固，并不应产生位移。

（4）缆式线型感温火灾探测器

缆式线型感温火灾探测器在电缆桥架、变压器等设备上安装时，宜采用接触式布置。

在各种皮带输送装置上敷设时，宜敷设在装置的过热点附近。

（5）线型差温火灾探测器

敷设在顶棚下方的线型差温火灾探测器，至顶棚距离宜为 0.1m，相邻探测器之间水平距离不宜大于 5m；探测器至墙壁距离宜为 1～1.5m。

（6）可燃气体探测器的安装

1）安装位置应根据探测气体密度确定。若其密度小于空气密度，探测器应位于可能出现泄漏点的上方或探测气体的最高可能聚集点上方；若其密度大于或等于空气密度，探测器应位于可能出现泄漏点的下方。

2）在探测器周围应适当留出更换和标定的空间。

3）在有防爆要求的场所，应按防爆要求施工。

4）线型可燃气体探测器在安装时，应使发射器和接收器的窗口避免日光直射，且在发射器与接收器之间不应有遮挡物，两组探测器之间的距离不应大于 14m。

（7）吸气式感烟火灾探测器的安装

1）通过管路的采样管应固定牢固。

2）采样管（含支管）的长度和采样孔应符合产品说明书的要求。

3）非高灵敏度的吸气式感烟火灾探测器不宜安装在天棚高度大于 16m 的场所。

4）高灵敏度吸气式感烟火灾探测器在设为高灵敏度时可安装在天棚高度大于 16m 的场所，并保证至少有 2 个采样孔低于 16m。

5）安装在大空间时，每个采样孔的保护面积应符合点型感烟火灾探测器的保护面积要求。

（8）点型火焰探测器和图像型火灾探测器的安装

1）安装位置应保证其视场角覆盖探测区域。

2）与保护目标之间不应有遮挡物。

3）安装在室外时应有防尘、防雨措施。

3. 手动火灾报警按钮安装

（1）手动火灾报警按钮应安装在明显和便于操作的部位。当安装在墙上时，其底边距地（楼）面高度宜为 1.3～1.5m。

（2）手动火灾报警按钮应安装牢固，不应倾斜。

（3）手动火灾报警按钮的连接导线应留有不小于 150mm 的余量，且在其端部应有明显标志。

4. 消防电气控制装置安装

（1）消防电气控制装置在安装前，应进行功能检查，检查结果不合格的装置严禁安装。

（2）消防电气控制装置外接导线的端部应有明显的永久性标志。

（3）消防电气控制装置箱体内不同电压等级、不同电流类别的端子应分开布置，并应有明显的永久性标志。

（4）消防电气控制装置应安装牢固，不应倾斜；安装在轻质墙上时，应采取可靠的加固措施。

消防电气控制装置在消防控制室内墙上安装时，其底边距地（楼）面高度宜为1.3～1.5m，其靠近门轴的侧面距墙不应小于0.5m，正面操作距离不应小于1.2m。

室内落地安装时，其底边宜高出地（楼）面0.1～0.2m。

5．模块安装

（1）同一报警区域内的模块宜集中安装在金属箱内。

（2）端子箱和模块箱宜设置在弱电间内，应根据设计高度固定在墙壁上，安装时应端正牢固。

（3）模块（或金属箱）应独立支撑或固定，安装牢固，并应采取防潮、防腐蚀等措施。

（4）模块的连接导线应留有不小于150mm的余量，其端部应有明显标志。

（5）隐蔽安装时，在安装处应有明显的部位显示和检修孔。

6．火灾应急广播扬声器和火灾警报装置安装

（1）火灾应急广播扬声器和火灾警报装置安装应牢固可靠，表面不应有破损。

（2）火灾光警报装置应安装在安全出口附近明显处，距地面1.8m以上。光警报器与消防应急疏散指示标志不宜在同一面墙上，安装在同一面墙上时，距离应大于1m。

（3）扬声器和火灾声警报装置宜在报警区域内均匀安装。

7．消防电话安装

（1）消防电话、电话插孔、带电话插孔的手动报警按钮宜安装在明显、便于操作的位置；当在墙面上安装时，其底边距地（楼）面高度宜为1.3～1.5m。

（2）消防电话和电话插孔应有明显的永久性标志。

8．消防设备应急电源安装

（1）消防设备应急电源的电池应安装在通风良好地方，当安装在密封环境中时应有通风措施。

（2）酸性电池不得安装在带有碱性介质的场所，碱性电池不得安装在带酸性介质的场所。

（3）消防设备应急电源不应安装在靠近带有可燃气体的管道、仓库、操作间等场所。

（4）单相供电额定功率大于30kW、三相供电额定功率大于120kW的消防设备应安装独立的消防应急电源。

13.4.4 系统接地

（1）交流供电和36V以上直流供电的消防用电设备的金属外壳应有接地保护，其接地线应与电气保护接地干线（PE）相连接。

（2）工作接地线应采用铜芯绝缘导线或电缆，不得利用镀锌扁铁或金属软管。

（3）消防控制设备的外壳及基础应可靠接地，接地线应引入接地端子箱。

（4）消防控制室应根据设计要求设置专用接地箱作为工作接地。接地电阻值除另有规定外，电子设备接地电阻值不应大于4Ω，接地系统共用接地电阻不应大于1Ω。当电子设备接地与防雷接地系统分开时，两接地装置的距离不应小于10m。

（5）保护接地线与工作接地线应分开，不得利用金属软管做保护接地导体。

（6）接地装置施工完毕后，应按规定测量接地电阻，并做记录。

13.4.5　质量检查

火灾自动报警系统施工过程结束后，施工方应对系统的安装质量进行全数检查。相关质量检查应符合现行国家标准《火灾自动报警系统施工及验收规范》GB 50166、《建筑节能工程施工质量验收规范》GB 50411 及《建筑电气工程施工质量验收规范》GB 50303 的相关规定。

13.5　安全技术防范系统

13.5.1　材料（设备）质量控制

（1）矩阵切换控制器、数字矩阵、网络交换机、摄像机、控制器、报警探头、存储设备、显示设备等设备应有强制性产品认证证书和"CCC"标志，或入网许可证、合格证、检测报告等文件资料。产品名称、型号、规格应与检验报告一致。

（2）进口设备应有国家商检部门的有关检验证明。一切随机的原始资料，自制设备的设计计算资料、图纸、测试记录、验收鉴定结论等应全部清点、整理归档。

13.5.2　线缆敷设

（1）工程施工应按正式设计文件和施工图纸进行，不得随意更改。若确需局部调整和变更的，须填写"更改审核单"，或监理单位提供的更改单，经批准后方可施工。

（2）施工中应做好隐蔽工程的随工验收。管线敷设时，建设单位或监理单位应会同设计、施工单位对管线敷设质量进行随工验收，并填写"隐蔽工程随工验收单"或监理单位提供的隐蔽工程随工验收单。

（3）综合布线系统的线缆敷设，参见本书 13.2 节中相关内容。

（4）非综合布线系统室内线缆的敷设，应符合下列要求：

1）无机械损伤的电（光）缆，或改、扩建工程使用的电（光）缆，可采用沿墙明敷方式。

2）在新建的建筑物内或要求管线隐蔽的电（光）缆应采用暗管敷设方式。

3）下列情况可采用明管配线：

①易受外部损伤。

②在线路路由上，其他管线和障碍物较多，不宜明敷的线路。

③在易受电磁干扰或易燃易爆等危险场所。

4）电缆和电力线平行或交叉敷设时，其间距不得小于 0.3m；电力线与信号线交叉敷设时，宜成直角。

（5）室外线缆的敷设，应符合现行国家标准《民用闭路监视电视系统工程技术规范》GB 50198 中的相关要求。

（6）敷设电缆时，多芯电缆的最小弯曲半径，应大于其外径的 6 倍；同轴电缆的最小弯曲半径应大于其外径的 15 倍。

（7）线缆槽敷设截面利用率不应大于 60%；线缆穿管敷设截面利用率不应大于 40%。

（8）电缆沿支架或在线槽内敷设时应在下列各处牢固固定：

1）电缆垂直排列或倾斜坡度超过 45°时的每一个支架上。

2）电缆水平排列或倾斜坡度不超过 45°时，在每隔 1～2 个支架上。

3）在引入接线盒及分线箱前 150～300mm 处。

（9）明敷设的信号线路与具有强磁场、强电场的电气设备之间的净距离，宜大于 1.5m，当采用屏蔽线缆或穿金属保护管或在金属封闭线槽内敷设时，宜大于 0.8m。

（10）线缆在沟道内敷设时，应敷设在支架上或线槽内。当线缆进入建筑物后，线缆沟道与建筑物间应隔离密封。

（11）线缆穿管前应检查保护管是否畅通，管口应加护圈，防止穿管时损伤导线。

（12）导线在管内或线槽内不应有接头和扭结。导线的接头应在接线盒内焊接或用端子连接。

（13）同轴电缆应一线到位，中间无接头。

13.5.3　光缆敷设

（1）敷设光缆前，应对光纤进行检查。光纤应无断点，其衰耗值应符合设计要求。核对光缆长度，并应根据施工图的敷设长度来选配光缆。配盘时应使接头避开河沟、交通要道和其他障碍物。架空光缆的接头应设在杆旁 1m 以内。

（2）敷设光缆时，其最小弯曲半径应大于光缆外经的 20 倍。光缆的牵引端头应做好技术处理，可采用自动控制牵引力的牵引机进行牵引。牵引力应加在加强芯上，其牵引力不应超过 150kg；牵引速度宜为 10m/min；一次牵引的直线长度不宜超过 1km，光纤接头的预留长度不应小于 8m。

（3）光缆敷设后，应检查光纤有无损伤，并对光缆敷设损耗进行抽测。确认没有损伤后，再进行接续。

（4）光缆接续应由受过专门训练的人员操作，接续时应采用光功率计或其他仪器进行监视，使接续损耗达到最小。接续后应做好保护，并安装好光缆接头护套。

（5）在光缆的接续点和终端应做永久性标志。

（6）管道敷设光缆时，无接头的光缆在直道上敷设时应有人工逐个入孔同步牵引；预先做好接头的光缆，其接头部分不得在管道内穿行。光缆端头应用塑料胶带包扎好，并盘圈放置在托架高处。

（7）光缆敷设完毕后，宜测量通道的总损耗，并用光时域反射计观察光纤通道全程波导衰减特性曲线。

13.5.4　工程设备的安装

1. 探测器安装

（1）各类探测器的安装，应根据所选产品的特性、警戒范围要求和环境影响等，确定设备的安装点（位置和高度）。

（2）周界入侵探测器的安装，应能保证防区交叉，避免盲区，并应考虑使用环境的影响。

（3）探测器底座和支架应固定牢固。

（4）导线连接应牢固可靠，外接部分不得外露，并留有适当余量。

2. 紧急按钮安装

紧急按钮的安装位置应隐蔽，便于操作。

3. 摄像机安装

（1）在满足监视目标视场范围要求的条件下，其安装高度：室内离地不宜低于2.5m；室外离地不宜低于3.5m。

（2）摄像机及其配套装置，如镜头、防护罩、支架、雨刷等应安装应牢固，运转应灵活，应注意防破坏，并与周边环境相协调。

（3）在强电磁干扰环境下，摄像机安装应与地绝缘隔离。

（4）信号线和电源线应分别引入，外露部分用软管保护，并不影响云台的转动。

（5）电梯厢内的摄像机应安装在厢门上方的左或右侧，并能有效监视电梯厢内乘员面部特征。

4. 云台、解码器安装

（1）云台的安装应牢固，转动时无晃动。

（2）应根据产品技术条件和系统设计要求，检查云台的转动角度范围是否满足要求。

（3）解码器应安装在云台附近或吊顶内（但须留有检修孔）。

5. 出入口控制设备安装

（1）各类识读装置的安装高度离地不宜高于1.5m，安装应牢固。

（2）感应式读卡机在安装时应注意可感应范围，不得靠近高频、强磁场。

（3）锁具安装应符合产品技术要求，安装应牢固，启闭应灵活。

6. 访客（可视）对讲设备安装

（1）（可视）对讲主机（门口机）可安装在单元防护门上或墙体主机预埋盒内，（可视）对讲主机操作面板的安装高度离地不宜高于1.5m，操作面板应面向访客，便于操作。

（2）调整可视对讲主机内置摄像机的方位和视角于最佳位置，对不具备逆光补偿的摄像机，宜做环境亮度处理。

（3）（可视）对讲分机（用户机）安装位置宜选择在住户室内的内墙上，安装应牢固，其高度离地1.4～1.6m。

（4）联网型（可视）对讲系统的管理机宜安装在监控中心内，或小区出入口的值班室内，安装应牢固、稳定。

7. 电子巡查设备安装

（1）在线巡查或离线巡查的信息采集点（巡查点）的数目应符合设计与使用要求，其安装高度离地1.3～1.5m。

（2）安装应牢固，注意防破坏。

8. 停车库（场）管理设备安装

（1）读卡机（IC卡机、磁卡机、出票读卡机、验卡票机）与挡车器安装

1）安装应平整、牢固，保持与水平面垂直、不得倾斜。

2）读卡机与挡车器的中心间距应符合设计要求或产品使用要求。

3）宜安装在室内，当安装在室外时，应考虑防水及防撞措施。

（2）感应线圈安装

1）感应线圈埋设位置与埋设深度应符合设计要求或产品使用要求。

2）感应线圈至机箱处的线缆应采用金属管保护，并固定牢固。

（3）信号指示器安装

1）车位状况信号指示器应安装在车道出入口的明显位置。

2）车位状况信号指示器宜安装在室内；安装在室外时，应考虑防水措施。

3）车位引导显示器应安装在车道中央上方，便于识别与引导。

9. 控制设备安装

（1）控制台、机柜（架）安装位置应符合设计要求，安装应平稳牢固、便于操作维护。机柜（架）背面、侧面离墙净距离不应小于0.8m。

（2）所有控制、显示、记录等终端设备的安装应平稳，便于操作。其中监视器（屏幕）应避免外来光直射，当不可避免时，应采取避光措施。在控制台、机柜（架）内安装的设备。

（3）控制室内所有线缆应根据设备安装位置设置电缆槽和进线孔，排列、捆扎整齐，编号，并有永久性标志。

10. 供电、防雷与接地施工

（1）供电

1）摄像机等设备宜采用集中供电，当供电线（低压供电）与控制线合用多芯线时，多芯线与视频线可一起敷设。

2）室外的交流供电线路、控制信号线路应有金属屏蔽层并穿钢管埋地敷设，钢管两端应可靠接地。

（2）防雷与接地

1）室外设备应有防雷保护接地，并应设置线路浪涌保护器。

2）系统防雷与接地设施的施工，参见"13.7 防雷与接地"中相关内容。

3）当接地电阻达不到要求时，应在接地极回填土中加入无腐蚀性长效降阻剂；当仍达不到要求时，应经过设计单位的同意，采取更换接地装置的措施。

4）监控中心内接地汇集环或汇集排宜采用裸铜线，其截面积应不小于35mm²，安装应平整。

5）安全防范系统的接地母线应采用铜质线，并用螺栓固定。接地端子应有地线符号标记。接地电阻不得大于4Ω；建造在野外的安全防范系统，其接地电阻不得大于10Ω；在高山岩石的土壤电阻率大于2000Ω·m时，其接地电阻不得大于20Ω。

6）对各子系统的室外设备，应按设计文件要求进行防雷与接地施工。

7）室外摄像机应置于避雷针或其他接闪导体有效保护范围之内。摄像机立杆接地极防雷接地电阻应小于10Ω。

8）设备的金属外壳、机柜、控制台、外露的金属管、槽、屏蔽线缆外层及浪涌保护器接地端等均应最短距离与等电位联结网络的接地端子连接。

9）不得在建筑物屋顶上敷设电缆，必须敷设时，应穿金属管进行屏蔽并接地。

10）架空电缆吊线的两端和架空电缆线路中的金属管道应接地。

11）光缆传输系统中，各光端机外壳应接地。光端加强芯、架空光缆接续护套应接地。

13.5.5　质量检查

应符合现行国家标准《安全防范工程技术标准》GB 50348 和《智能建筑工程质量验收规范》GB 50339 的相关规定。安全防范工程中所使用的产品、材料应符合国家相应法律、法规和现行标准的要求，并与正式设计文件、工程合同的内容相符合。

13.6　建筑设备监控系统工程

13.6.1　材料（设备）质量控制

（1）材料、设备应附有产品合格证、质检报告，设备应有产品合格证、质检报告、说明书等；进口产品应提供原产地证明和商检证明、质量合格证明、检测报告及安装、使用、维护说明书的中文文本。

（2）检查线缆、设备的品牌、产地、型号、规格、数量及外观，主要技术参数及性能等均应符合设计要求，外表无损伤，填写进场检验记录，并封存线缆、器件样品。

（3）有源设备应通电检查，确认设备正常。

（4）电动阀的型号、材质应符合设计要求，经抽样试验阀体强度、阀芯泄漏应满足产品说明书的规定。

（5）电动阀的驱动器输入电压、输出信号和接线方式应符合设计要求和产品说明书的规定。

（6）电动阀门的驱动器行程、压力和最大关闭力应符合设计要求和产品说明书的规定，必要时宜由第三方检测机构进行检测。

（7）温度、压力、流量、电量等计量器具（仪表）应按相关规定进行校验，必要时宜由第三方检测机构进行检测。

13.6.2　监控系统接线

（1）接线前应根据线缆所连接的设备电气特性，检查线缆敷设及设备安装的正确性。

（2）应按施工图及产品的要求进行端子连接，并应保证信号极性的正确性。

（3）接线应整齐，不宜交叉，并应固定牢靠，端部均应标明编号，字迹应清晰牢固，宜采用与设备标识一致的派生编号对各接线端点进行标识。

（4）控制器箱内线缆应分类绑扎成束，交流 220V 及以上的线路应有明显的标记和颜色区分。

13.6.3　监控系统的设备安装

1. 设备检查

（1）设备的型号、规格、主要尺寸、数量、性能参数等应符合设计要求。

（2）设备外形应完整，不得有变形、脱漆、破损、裂痕及撞击等缺陷。

（3）设备柜内的配线不得有缺损、短线现象，配线标记应完善，内外接线应紧密，不得有松动现象和裸露导电部分。

（4）设备内部印制电路板不得变形、受潮，接插件应接触可靠，焊点应光滑发亮、无腐蚀和外接线现象。

（5）设备的接地应连接牢靠，且接触良好。

2. 传感器和执行器

（1）管道外贴式温度和流量传感器安装前，应先将管道外壁打磨光滑，测温探头与管壁贴紧后再加保温层和外敷层。

（2）在非室温管道上安装的设备，应做好防结露措施。

（3）安装位置不应破坏建筑物外观及室内装饰布局的完整性。

（4）四管制风机盘管的冷热水管电动阀共用线应为零线。

3. 电磁流量计

（1）电磁流量计不应安装在有较强的交直流磁场或有剧烈振动的位置。

（2）电磁流量计外壳、被测流体及管道连接法兰之间应做等电位联结，并应接地。

（3）在垂直的管道上安装时，流体流向应自下而上；在水平的管道上安装时，两个测量电极不应在管道的正上方和正下方位置。

4. 超声波流量计

（1）应安装在直管段上，并宜安装在管道的中部。

（2）被测管道内壁不应有影响测量精度的结垢层和涂层。

5. 电量传感器

（1）电压互感器输入端不得短路。

（2）电流互感器输入端不得开路。

6. 防冻开关

（1）防冻开关的探测导线应安装在热交换盘管出风侧。

（2）探测导线应缠绕在盘管上，并应接触良好；探测导线展开后，不得打结，表面不得有断裂或破损，折返点宜采用专用附件固定。

7. 温控器

（1）温控器的安装位置与门、窗和出风口的距离宜大于2m，不应安装在阳光直射的地方，不应安装在空气流动死区。

（2）温控器应安装在对应空调设备温度调节区域范围内，不同区域的温控器不应安装在同一位置。

（3）当温控器与其他开关并列安装时，高度差应小于1mm；在同一室内非并列安装时，高度差应小于5mm。

8. 变频器

（1）安装前应检查安装环境、电源电压、输入和输出信号以及接线方式等，并应符合设计和产品的要求。

（2）变频器宜安装在电气控制箱（柜）内，且电气控制箱（柜）宜与被监控电机就近安装。

（3）变频器与周围阻挡物的距离不应小于150mm；采用柜式安装的，应有通风散热措施。

（4）控制回路接线应符合下列规定：

1）控制回路与主回路应分开走线。

2）控制回路应采用屏蔽线。

9. 监控计算机

（1）规格型号应符合设计要求。

（2）应安装与监控系统运行相关的软件，且操作系统、防病毒软件应设置为自动更新方式。

（3）软件安装后，监控计算机应能正常启动、运行和退出。

（4）在网络安全检验后，监控计算机可在网络安全系统的保护下与互联网相连，并应对操作系统、防病毒软件升级及更新相应的补丁程序。

10. 设备标识

（1）应对包括控制器箱、执行器、传感器在内的所有设备进行标识。

（2）设备标识应包括设备的名称和编号。

（3）标识物材质及形式应符合建筑物的统一要求，标识物应清晰、牢固。

（4）对于有交流220V及以上线缆接入的设备应另设标识。

13.6.4 质量检查

相关质量检查内容应符合现行国家标准《智能建筑工程质量验收规范》GB 50339的规定。

13.7 防雷与接地

13.7.1 材料（设备）质量控制

（1）接闪器、引下线、接地装置、浪涌保护器、防雷器等的产品资料（包括硬件及其软件）应完整，质保资料齐全，主要设备应提供主管部门规定的相关证明文件、质量合格证、检测报告及安装、使用、维护说明书等文件资料，进口产品还应提供原产地证明和商检证明，所有设备及附件产品均应符合设计要求。

（2）进场设备及附件的外观应完好，型号规格、数量、产地应符合设计（或合同）要求。

（3）紧固件、接线端子应完好无损，且无污物和锈蚀。

（4）设备的附件齐全，性能符合安装使用说明书的规定。

13.7.2 接地装置

（1）人工接地体宜在建筑物四周散水坡外大于1m处埋设，在土壤中的埋设深度不应小于0.5m。冻土地带人工接地体应埋设在冻土层以下。

水平接地体应挖沟埋设，钢质垂直接地体宜直接打入地沟内，其间距不宜小于其长度的2倍并均匀布置。铜质材料、石墨或其他非金属导电材料接地体宜挖坑埋设或参照生产厂家的安装要求埋设。

（2）接地体垂直长度不应小于2.5m，间距不宜小于5m。

（3）垂直接地体坑内、水平接地体沟内宜用低电阻率土壤回填并分层夯实。

（4）接地装置宜采用热镀锌钢质材料。在高土壤电阻率地区，宜采用换土法、长效降阻剂法或其他新技术、新材料降低接地装置的接地电阻。

（5）钢质接地体应采用焊接连接。其搭接长度应符合下列规定：

1）扁钢与扁钢（角钢）搭接长度为扁钢宽度的2倍，不少于三面施焊。

2）圆钢与圆钢搭接长度为圆钢直径的6倍，双面施焊。

3）圆钢与扁钢搭接长度为圆钢直径的6倍，双面施焊。

4）扁钢和圆钢与钢管、角钢互相焊接时，除应在接触部位双面施焊外，还应增加圆钢搭接件；圆钢搭接件在水平、垂直方向的焊接长度各为圆钢直径的6倍，双面施焊。

5）焊接部位应除去焊渣后做防腐处理。

（6）铜质接地装置应采用焊接或热熔焊，钢质和铜质接地装置之间连接应采用热熔焊，连接部位应做防腐处理。

（7）接地装置连接应可靠，连接处不应松动、脱焊、接触不良。

（8）接地装置施工结束后，接地电阻值必须符合设计要求，隐蔽工程部分应有随工检查验收合格的文字记录档案。

13.7.3　接地线

（1）接地装置应在不同位置至少引出两根连接导体与室内总等电位接地端子板相连接。接地引出线与接地装置连接处应焊接或热熔焊。连接点应有防腐措施。

（2）接地装置与室内总等电位接地端子板的连接导体截面积，铜质接地线横截面积不应小于50mm²，当采用扁铜时，厚度不应小于2mm；钢质接地线不应小于100mm²，当采用扁钢时，厚度不小于4mm。

（3）利用建筑物结构主筋作接地线时，与基础内主筋焊接，根据主筋直径大小确定焊接根数，但不得少于2根。

（4）引至接地端子的接地线应采用截面积不小于4mm²的多股铜线。等电位接地端子板之间应采用截面积符合设计要求的多股铜芯导线连接，等电位接地端子板与连接导线之间宜采用螺栓连接或压接。当有抗电磁干扰要求时，连接导线宜穿钢管敷设。

（5）接地线采用螺栓连接时，应连接可靠，连接处应有防松动和防腐蚀措施。接地线穿过有机械应力的地方时，应采取防机械损伤措施。

（6）接地线与金属管道等自然接地体的连接应根据其工艺特点采用可靠的电气连接方法。

13.7.4　等电位接地端子板（等电位联结带）

（1）在雷电防护区的界面处应安装等电位接地端子板，材料规格应符合设计要求，并应与接地装置连接。

（2）钢筋混凝土建筑物宜在电子信息系统机房内预埋与房屋内墙结构柱主钢筋相连的等电位接地端子板，并宜符合下列规定：

（3）机房采用 S 型等电位联结时，宜使用不小于 25mm×3mm 的铜排作为单点连接的等电位接地基准点。

（4）机房采用 M 型等电位联结时，宜使用截面积不小于 25mm^2 的铜箔或多股铜芯导体在防静电活动地板下做成等电位接地网格。

（5）砖木结构建筑物宜在其四周埋设环形接地装置。电子信息设备机房宜采用截面积不小于 50mm^2 铜带安装局部等电位联结带，并采用截面积不小于 25mm^2 的绝缘铜芯导线穿管与环形接地装置相连。

（6）建筑物总等电位联结端子板接地线应从接地装置直接引入，各区域的总等电位联结装置应相互连通。

（7）应在接地装置两处引连接导体与室内总等电位接地端子板相连接，接地装置与室内总等电位联结带的连接导体截面积，铜质接地线不应小于 50mm^2，钢质接地线不应小于 80mm^2。

（8）等电位接地端子板之间应采用螺栓连接，连接处应进行热搪锡处理。铜质接地线的连接应焊接或压接，钢质地线连接应采用焊接。

（9）每个电气设备的接地应用单独的接地线与接地干线相连。

（10）不得利用蛇皮管，管道保温层的金属外皮或金属网及电缆金属护层作接地线；不得将桥架、金属线管作接地线。

（11）等电位联结导线应使用具有黄绿相间色标的铜质绝缘导线。

（12）对于暗敷的等电位联结线及其连接处，应做隐蔽工程记录，并在竣工图上注明其实际部位、走向。

（13）等电位联结带表面应无毛刺、明显伤痕、残余焊渣，安装平整、连接牢固，绝缘导线的绝缘层无老化龟裂现象。

13.7.5 浪涌保护器

1. 电源线路浪涌保护器的安装

（1）电源线路的各级浪涌保护器应分别安装在线路进入建筑物的入口、防雷区的界面和靠近被保护设备处。室外安装时应有防水措施；浪涌保护器安装位置应靠近被保护设备。

各级浪涌保护器连接导线应短直，其长度不宜超过 0.5m，并固定牢靠。浪涌保护器各接线端应在本级开关、熔断器的下桩头分别与配电箱内线路的同名端相线连接，浪涌保护器的接地端应以最短距离与所处防雷区的等电位接地端子板连接。

配电箱的保护接地线（PE）应与等电位接地端子板直接连接。

（2）带有接线端子的电源线路浪涌保护器应采用压接；带有接线柱的浪涌保护器宜采用接线端子与接线柱连接。

（3）浪涌保护器的连接导线最小截面积宜符合设计要求或规范的规定。

2. 天馈线路浪涌保护器的安装

（1）天馈线路浪涌保护器应安装在天馈线与被保护设备之间，宜安装在机房内设备附近或机架上，也可以直接安装在设备射频端口上。

（2）天馈线路浪涌保护器的接地端应采用截面积不小于 $6mm^2$ 的铜芯导线就近连接到 $LPZ0_A$ 或 $LPZ0_B$ 与 LPZ1 交界处的等电位接地端子板上，接地线应短直。

3. 信号线路浪涌保护器的安装

（1）信号线路浪涌保护器应连接在被保护设备的信号端口上。浪涌保护器可以安装在机柜内，也可以固定在设备机架或附近的支撑物上。

（2）信号线路浪涌保护器接地端宜采用截面积不小于 $1.5mm^2$ 的铜芯导线与设备机房等电位联结网络连接，接地线应短直。

13.7.6　线缆敷设

（1）接地线在穿越墙壁、楼板和地坪处宜套钢管或其他非金属的保护套管，钢管应与接地线做电气连通。

（2）线槽或线架上的线缆绑扎间距应均匀合理，绑扎线扣应整齐，松紧适宜；绑扎线头宜隐藏不外露。

（3）接地线、浪涌保护器连接线的敷设宜短直、整齐。

（4）接地线、浪涌保护器连接线转弯时弯角应大于 90°，弯曲半径应大于导线直径的 10 倍。

13.7.7　质量检查

接地装置、接地线、等电位接地端子板（等电位联结带）、屏蔽设施、浪涌保护器、线缆敷设等相关质量检查内容应符合现行国家标准《智能建筑工程质量验收规范》GB 50339 的规定。

第14章 房屋建筑工程施工质量资料管理

14.1 建筑与结构工程质量控制资料

14.1.1 材料、构配件及设备进场检验资料

建筑与结构工程材料、构配件及设备进场检验资料检查，见表14-1。

建筑与结构工程材料、构配件及设备进场检验资料检查　　　表14-1

序号	资料名称	检查要点	备注
1	水泥出厂合格证书及进场检验报告	（1）水泥出厂合格证书或检验报告的水泥品种、各项技术性能、编号、出厂日期等项目应填写齐全，检验项目应完整，数据指标应符合要求。 （2）水泥出厂合格证书与进场检验报告、混凝土配合比试配报告的水泥品种、强度等级、厂别、编号应一致；核对出厂日期和实际使用的日期应超期而未做抽样检验；各批量水泥之和应与单位工程的需用量基本一致。 （3）核查应见证检验的水泥是否实施见证取样送检。 （4）凡属下列情况之一者，必须进行水泥物理力学性能复验，并应提供水泥检验报告单： 1）水泥出厂时间超过3个月（快硬硅酸盐水泥超过1个月）。 2）在使用中对水泥质量有怀疑。 3）水泥因运输或存放条件不良，有受潮结块等异常现象。 4）使用进口水泥。 5）设计中有特殊要求的水泥	普通硅酸盐水泥，白色硅酸盐水泥、低热水泥、膨胀水泥
2	钢材出厂合格证书及进场检验报告	（1）按照单位工程结构设计、变更设计文件，查验钢材出厂合格证书（商检证）与进场检验报告应一致，是否按批取样，取样所代表的批量之和应与实际用量相符。 （2）预应力筋用锚具、夹具和连接器应按批取样检验，检验结果应符合标准的规定。 （3）查验合格证、检验报告中各项技术数据、信息量应符合标准规定，检验方法及计算结论应正确，检验项目应齐全，应符合先检验后使用，先鉴定后隐蔽的原则。 （4）钢筋代换使用应有设计变更文件	热轧带肋钢筋、热轧光圆钢筋、冷轧带肋钢筋、成型钢筋、余热处理钢筋。 碳素结构钢、低合金高强度结构钢。 钢绞线、碳素钢丝、冷拔钢丝、无粘结预应力筋。 预应力筋用锚具、夹具和连接器，金属波纹管
3	砖、砌块出厂合格证书及进场检验报告	（1）查验砖和砌块出厂合格证书或检验报告的检验结果应符合要求；砖、砌块的强度等级（有密度要求的产品应增加密度等级）应满足设计要求，检验项目应齐全，检验结论应正确。 （2）查验合格证或检验报告是否按批提供，批量总数应和实际用量基本一致。 （3）按规定进行见证取样送检。	烧结普通砖、烧结多孔砖、烧结空心砖和空心砌块、蒸压灰砂空心砖、粉煤灰砖、混凝土多孔砖、蒸压灰砂砖。 粉煤灰砌块、普通混凝土小型空心砌块、轻集料混凝土小型空心砌块、蒸压加气混凝土砌块、粉煤灰混凝土小型空心砌块、混凝土普通砖和装饰砖

序号	资料名称	检 查 要 点	备 注
4	砂、石进场检验报告	（1）查验砂、石进场检验报告，其检验结果应符合要求，检验项目应齐全，检验结果应正确。 （2）砂、石进场检验报告应按批提供，批量总数应和实际用量基本一致。 （3）核查是否按规定进行见证取样送检	普通混凝土用砂、石，人工砂及混合砂
5	外加剂出厂合格证书及进场检验报告	（1）查验外加剂出厂合格证书和检验报告是否符合要求，外加剂的品种性能指标应与设计或技术文件要求一致。 （2）外加剂应按进场的批次和产品的抽样检验方案进行取样检验，并提供检验报告单。 （3）对照单位工程材料用料汇总表，核查合格证或检验报告是否按批提供，批量总数应和实际用量一致	普通减水剂高效减水剂、早强减水剂、缓凝减水剂缓凝高效减水剂、引气减水剂、早强剂、缓凝剂、泵送剂、防冻剂、膨胀剂、引气剂、防水剂、速凝剂
6	掺合料出厂合格证书及进场检验报告	（1）查验粉煤灰、高炉矿渣粉出厂合格证书或检验报告，其检验结果应符合要求，粉煤灰和高炉矿渣粉等级应和设计要求或技术文件要求一致，检验项目应齐全，检验结果应正确。 （2）合格证书或检验报告应按批提供，批量总数应和实际用量基本一致	混凝土及砂浆用粉煤灰、矿渣粉
7	预拌混凝土出厂合格证及进场检验报告	（1）对照图纸，核验供需订货单或合同，与发货单内容应相符。 （2）预拌混凝土出厂合格证应与施工记录相符。 （3）查验出厂合格证，其内容填写应完整，质量控制资料应齐全，原材料试验方法、计算数据应正确，试验结论应明确	交货时，预拌混凝土生产厂家必须在交货点现场制作混凝土抗压强度试件，有抗渗要求的还应做抗渗试件，并应做好试件样品标识，送有资质的检测机构进行抗压强度、抗渗性能试验
8	防水材料合格证书及检验报告	（1）防水材料检验报告的检验项目应齐全，结论应正确。 （2）核验出厂合格证书、检验报告，其各项物理性能指标应符合相关标准的要求，如单项检验项目不合格，应有复检及处理资料等。 （3）防水材料应按批取样，取样批量之和应与实际用量相符。 （4）所选用的防水材料应符合设计要求及相关标准的规定	沥青防水卷材、高聚物改性沥青防水卷材、合成高分子防水卷材、石油沥青、沥青玛蹄脂。 高聚物改性沥青防水涂料、合成高分子防水涂料。 胎体增强材料、改性石油沥青密封材料、合成高分子密封材料。 平瓦、油毡瓦、金属板材。 高分子防水材料止水带、高分子防水材料遇水膨胀橡胶
9	保温材料出厂合格证书及进场检验报告	（1）查验保温材料检验报告，其检验项目应齐全，结论应正确；密度、抗压强度或压缩强度、导热系数等节能关键指标应体现在同一份报告中。 （2）查验出厂合格证书、检验报告，其各项物理性能指标应符合相关标准的规定；如单项检验项目不合格，应有复检及处理资料等。 （3）保温材料应按批取样，取样批量之和应与实际用量相符	严禁使用国家明令淘汰的材料

序号	资料名称	检查要点	备注
10	建筑外墙涂料出厂合格证书及进场检验报告	（1）查验外墙涂料检验报告，其检验项目应齐全，结论应正确。 （2）查验出厂合格证书、检验报告，其各项物理性能指标应符合相关标准的规定，如单项检验项目不合格，应有复检及处理资料等。 （3）建筑外墙涂料应按批取样，取样批量之和应与实际用量相符	建筑外墙涂料进场检测项目：对比率、耐水性、耐碱性、耐洗刷性、耐污性
11	外墙腻子出厂合格证书及进场检验报告	（1）核验外墙腻子检验报告，其检验项目应齐全，结论应正确。 （2）核验外墙腻子出厂合格证书、检验报告，其各项物理性能指标应符合相关标准的规定，如单项检验项目不合格，应有复检及处理资料等。 （3）外墙腻子应按批取样，取样批量之和应与实际用量相符	外墙腻子进场检测项目：打磨性、粘结强度、动态抗开裂性、初期干燥抗裂性、腻子膜柔韧性、耐水性及耐碱性
12	混凝土预制构件出厂合格证及进场检验报告	（1）对照图纸，核验构件合格证中的品种、规格、型号、数量应满足设计要求。 （2）结构性能试验应满足要求，必要时检查构件厂构件结构性能检验台账。 （3）对照混凝土预制构件安装隐蔽记录，核对构件出厂（或生产）日期，检查是否存在先安装，后提供合格证或试验报告的现象	预制钢筋混凝土桩构件、预应力钢筋混凝土管桩构件、隔墙板。 建筑结构承重预制构件及预制桩应按规定提供出厂合格证及有关结构性能检验报告，现场预制的承重构件应提供原材料质量证明书、检验批、分项质量评定及有关试验报告。 隔墙板应有产品合格证、使用说明书
13	钢结构预制构件出厂合格证及进场检验报告	（1）对照图纸，核验构件合格证中的品种、规格、型号、数量应满足设计要求。 （2）结构性能试验应满足要求，必要时检查构件厂构件结构性能检验台账。 （3）对照钢结构构件安装隐蔽记录，核对构件出厂（或生产）日期，检查是否存在先安装，后提供合格证或试验报告的现象	钢结构构件、网架结构构件。 焊接钢构件应有焊缝质量（内部缺陷，外观缺陷，焊缝尺寸）检验报告
14	门窗、建筑幕墙预制构件出厂合格证及进场检验报告	（1）对照图纸，核查构件合格证中的品种、规格、型号、数量应满足要求。 （2）结构性能试验应满足要求，必要时检查构件厂构件结构性能检验台账。 （3）建筑幕墙构件组成的相关材料的合格证及性能检、试验报告有： 1）每批硅酮结构胶的质量保证书和产品出厂合格证，进口胶的商检证。 2）五金配件的质量保证书和产品合格证，对钢爪（吸玻器）、铆钉等配件还应提供力学性能检验报告。 3）铝型材、钢型材、玻璃、金属板（含复合板）、石材及其饰面板的产品出厂合格证及性能检验报告。 4）防火材料的质量保证书和产品合格证，主要防火材料耐火等收性能检验报告。	设计要求做"三性"试验的铝合金门窗、塑钢门窗应提供"三性"试验报告。 玻璃幕墙构件出厂时应有质量检验证书

序号	资料名称	检 查 要 点	备 注
14	门窗、建筑幕墙预制构件出厂合格证及进场检验报告	5）幕墙的抗风压性能、空气渗透性能、雨水渗漏性能及平面变形性能检测报告 （4）对照构件安装隐蔽记录，核对门窗、建筑幕墙预制构件出厂（或生产）日期，检查是否存在先安装，后提供合格证或试验报告的现象	设计要求做"三性"试验的铝合金门窗、塑钢门窗应提供"三性"试验报告。 玻璃幕墙构件出厂时应有质量检验证书

14.1.2 施工试验检测资料

1. 施工试验报告及见证检测报告

建筑与结构工程施工试验报告及见证检测报告检查，见表 14-2。

建筑与结构工程施工试验报告及见证检测报告检查   表 14-2

序号	资料名称	检 查 要 点	备 注
1	地基压实系数试验报告	（1）核验设计图纸、施工记录、试验报告，回填应按层取样，检验的数量、部位、范围和试验结果应符合设计要求及相关标准的规定；干密度（压实系数）低于质量标准时，应有补夯措施和重新进行测定，或其他技术鉴定和设计签证确认。 （2）核验试验报告，其内容应完整，计算数据应正确，签章应齐全，应按要求实施见证。 （3）设计未提出控制干密度指标的工程，应通过试验确定施工控制干密度，并有相应的试验资料	包括密度及含水率试验、灌水、灌砂法密度试验、击实试验、砂的相对密度试验及压实度试验报告，且压实度试验报告应附分层取样平面示意图
2	砂浆配合比设计报告	（1）核验设计图纸、施工记录和配合比设计报告，砂浆配合比应按不同品种、强度等级提供，当砂浆的组成材料变更时，其配合比应重新确定。 （2）核验砂浆配合比设计报告，其内容应完整，签章应齐全，应符合相关标准的规定。 （3）核验砂浆各组成材料的出厂合格证和进场检验报告，原材料检验结果应符合设计要求或相关标准的规定	当砂浆的组成材料有变更时，其配合比应重新确定
3	砂浆试件抗压强度试验报告	（1）核验设计图纸、施工记录、砂浆试件强度试验报告，砂浆试件的取样组数、制作日期、品种应与规定相符，留置数量应满足要求。 （2）核验试验报告，其内容应填写完整，养护方法、龄期应符合要求，计算数据应正确，应按有关要求实施见证。 （3）按照设计图纸和施工组织设计，砂浆强度评定应按不同品种、强度等级及验收批进行，评定方法应正确。当评定不合格时，应按规定进行鉴定并由设计单位同意签认	砂浆强度应以标准养护、龄期为 28d 的试件抗压试验结果为准

序号	资料名称	检 查 要 点	备　　注
4	混凝土配合比设计报告	（1）核验设计图纸、施工记录和配合比试验报告，混凝土配合比应按设计的混凝土特性和不同强度等级提供，当混凝土的组成材料变化时，其配合比应重新确定。 （2）核验混凝土配合比试验报告，其内容应完整，签章应齐全，应符合设计要求或相关标准的规定。 （3）核验混凝土各组成材料的出厂合格证和进场检验报告，原材料检验结果应符合有关标准的规定	当混凝土的组成材料有变更时，其配合比应重新确定
5	混凝土试件抗压强度试验报告	（1）核对设计图纸、施工记录、混凝土强度试块抗压强度试验报告，试块的取样组数、制作日期、取样部位等应与规定相符，留置数量应满足要求。 （2）核验试验报告，其内容应填写完整，养护龄期应符合要求，计算应正确，应按要求实施见证。 （3）结构构件混凝土强度评定应按验收批进行，评定方法应正确，当评定不合格时，应按规定进行鉴定并由设计单位同意签认。 （4）各施工阶段的同条件养护试块强度应符合设计要求及相关标准的规定	结构构件拆模、出池、出厂、吊装、张拉、放张及施工期间临时负荷时的混凝土强度，应根据同条件养护的标准尺寸试件的混凝土强度按设计要求和规范确定
6	混凝土抗水渗透试验报告	（1）核对设计图纸，施工记录、混凝土配合比设计报告、混凝土抗水渗透试验报告，试件的取样组数、制作日期、取样部件等应与规定相符，留置数量应满足要求。 （2）混凝土抗水渗透试验报告中的内容应填写完整，养护方法、龄期应符合要求，应按要求实施见证	试验时的龄期宜为28d，最长龄期应符合设计规定，一般不得超过90d
7	钢筋焊接及机械连接出厂合格证及进场检验报告	（1）每份检验报告中检验项目、内容应按规定填写完整，试件取样数量应符合要求，检验结果及结论应正确。 （2）对照钢筋隐蔽验收记录，钢材焊接应按规定逐批抽样检验，批量总和应和用量一致。 （3）采用电弧焊和埋弧焊、电渣压力焊、机械连接的接头，其焊条、焊剂、连接件等的出厂合格证或检验报告应符合要求。 （4）进口钢材应提供的资料应齐全，化学成分检验及可焊性检验应符合有关规定。 （5）对照施工技术资料，核查接头是否按规定先提供检验报告，后隐蔽。 （6）核查焊接操作人员操作人姓名及焊工证编号	施焊用的各种钢筋及型钢均应有质量证明书，焊条、焊剂应有产品合格证，焊条的规格、型号必须与设计要求一致。当设计未作规定时，焊条、焊剂应符合现行有关标准的规定
8	饰面砖粘结强度检测报告	（1）核查施工日记，外墙饰面砖应在粘贴前和施工过程中在相同基层上做样板件。 （2）粘结强度试验方法和结果应符合现行行业标准《建筑工程饰面砖粘结强度检验标准》JGJ/T 110的规定	外墙饰面砖粘贴前和施工过程中，均应在相同基层上做样板件，并对样板件的饰面砖粘结强度进行检验

序号	资料名称	检查要点	备注
9	砂浆粘结强度检测报告	（1）核查施工日记，外墙及顶棚的抹灰砂浆拉伸粘结强度试验应工程实体上进行。 （2）不同砂浆品种、强度等级、施工工艺应进行检测，检测数量、方法、结果应符合现行行业标准《抹灰砂浆技术规程》JGJ/T 220的规定	抹灰砂浆施工配合比确定后，在进行外墙及顶棚抹灰施工前，宜在实地制作样板，并应在规定龄期进行拉伸粘结强度试验，但检验外墙及顶棚抹灰工程质量的砂浆拉伸粘结强度，应在工程实体上取样检测
10	见证检测报告	（1）核对设计图纸、进场材料汇总表、施工记录、见证记录、见证检测报告，检查是否按规定的范围和比例实施见证取样送检。 （2）下列试件和材料应实施见证取样和送检： 1）用于承重结构的混凝土试块。 2）用于承重墙体的砌筑砂浆试块。 3）用于承重结构的钢筋及连接接头试件。 4）用于承重墙的砖和混凝土小型砌块。 5）用于拌制混凝土和砌筑砂浆的水泥。 6）用于承重结构的混凝土中使用的掺加剂。 7）地下、屋面、厕浴间使用的防水材料。 8）建筑节能材料的施工现场抽样复验。 9）国家规定必须实行见证取样和送检的其他试块、试件和材料。 （3）见证人员应持证上岗，签章与证件应相符。 （4）核查见证检测报告应注明检验性质，应注明见证人姓名	涉及结构安全的试件和材料应在建设单位或工程监理单位人员的见证下，由施工单位的现场试验人员在现场取样，并送经过省级以上建设行政主管部门资质认可的对外检测单位进行检测。 见证人员应按照见证取样和送检计划，对施工现场的取样和送检进行见证，取样人员应在试样或其包装上做出标识、封志；标识和封志应标明工程名称、取样部位、取样日期、样品名称和样品数量，并由见证人员和取样人员签字

2. 地基基础、主体结构检验及抽样检测资料

地基基础、主体结构检验及抽样检测资料检查，见表14-3。

地基基础、主体结构检验及抽样检测资料检查　　　　　　　　表14-3

序号	资料名称	检查要点	备注
1	地基承载力检验及抽样检测资料	（1）对照设计文件及检测报告，检测数量应符合要求。 （2）检测报告格式、内容应完整、符合相关规定，结论应明确。 （3）检测终止条件应符合相关标准的规定。 （4）地基承载力特征值应满足设计要求	设计有要求或协议有约定的，地基应进行承载力检验，且地基承载力特征值应满足设计要求。 灰土地基、砂和砂石地基、土工合成材料地基、粉煤灰地基、强夯地基、注浆地基、预压地基其地基处理后的地基承载力特征值应通过现场载荷试验确定。 复合地基承载力特征值应通过现场载荷试验确定
2	静力触探检（试）验及抽样检测资料	（1）对照设计文件，核验检测报告，其检测数量应符合要求。 （2）试验仪器应标定合格，并在有效期内。 （3）静力触探试验报告内容应完整、符合相关规定，结论应明确，应符合设计要求	设计有要求或协议有约定的，地基处理工程应进行静力触探试验，且地基处理的质量应达到设计要求的标准

序号	资料名称	检查要点	备注
3	标准贯入检（试）验及抽样检测资料	（1）对照设计文件，核验检测报告，其检测数量应符合要求。 （2）试验仪器应符合有关标准的规定。 （3）标准贯入试验报告内容应完整、符合相关规定，结论应明确，应符合设计要求	设计有要求或协议有约定的，地基处理工程应进行标准贯入试验，且验证地基承载力的特征值应满足设计要求
4	原位十字板剪切检（试）验及抽样检测资料	（1）对照设计文件，核验检测报告，其检测数量应符合要求。 （2）试验仪器应标定合格，并在有效期内。 （3）原位十字板试验报告内容应完整、符合相关规定，结论应明确，应符合设计要求	预压法加固软土地基处理前后，以及设计有要求或协议有约定的，地基处理工程应进行原位十字板剪切试验，且验证地基处理的质量应达到设计要求的标准
5	单桩竖向抗压静载检（试）验及抽样检测资料	（1）单桩竖向抗压承载力特征值应满足设计要求。 （2）检测报告内容应完整，符合相关规定，结论应明确。 （3）基桩检测报告应有各受检桩的原始检测数据和曲线，以及相关的计算分析数据和曲线	单桩竖向抗压静载试验的仪器设备、安装、现场检测、检测数据分析与判定应按现行行业标准《建筑基桩检测技术规范》JGJ 106 的有关规定
6	单桩竖向抗拔静载检（试）验及抽样检测资料	（1）单桩竖向抗拔承载力特征值应满足设计要求。 （2）检测报告内容应完整，符合相关规定，结论应明确。 （3）基桩检测报告应有各受检桩的原始检测数据和曲线，以及相关的计算分析数据和曲线	单桩竖向抗拔静载试验的仪器设备、安装、现场检测、检测数据分析与判定应按现行行业标准《建筑基桩检测技术规范》JGJ 106 中单桩竖向抗拔静载试验的有关规定执行
7	单桩水平静载检（试）验及抽样检测资料	（1）单桩水平承载力特征值应满足设计要求。 （2）检测报告的内容应完整，符合相关规定，结论应明确。 （3）基桩检测报告应有各受检桩的原始检测数据和曲线，以及相关的计算分析数据和曲线	单桩水平静载试验的仪器设备、安装、现场检测、检测数据分析与判定应按现行行业标准《建筑基桩检测技术规范》JGJ 106 单桩水平静载试验的有关规定执行
8	钻芯法检（试）验及抽样检测资料	（1）检测报告内容应完整，符合相关规定。 （2）成桩质量评价结果应符合设计要求。 （3）应有芯样彩色照片	钻芯法所用仪器设备、安装、现场操作、芯样试件截取加工、芯样试件抗压强度试验、检测数据分析与判定是否按现行行业标准《建筑基桩检测技术规范》JGJ 106 的有关规定执行
9	低应变法检（试）验及抽样检测资料	（1）试验应由具有相应检测资质的单位承担。 （2）检测报告内容应完整，符合相关规定。 （3）检测报告应附有桩身完整性检测的实测信号曲线。 （4）检测报告应有桩身波速取值、桩身完整性描述、缺陷位置及桩身完整性类别、无时域信号时段所对应的桩身长度标尺、指数或线性放大的范围及倍数或幅频信号曲线分析的频率范围、桩底或桩身缺陷对应的相邻谐振峰间的频差等基本信息。 （5）基桩检测报告应有各受检桩的原始检测数据和曲线，以及相关的计算分析数据和曲线	施工后，宜先进行工程桩完整性检测，后进行承载力检测，当基础埋深较大时，桩身完整性检测应在基坑开挖至基底标高后进行，检测桩身完整性，判定桩身缺陷的程度及位置可采用低应变法

序号	资料名称	检 查 要 点	备　注
10	高应变法检（试）验及抽样检测资料	（1）试验应由具有相应检测资质的单位承担。 （2）单桩竖向抗压承载力特征值应满足设计要求。 （3）检测报告内容应完整，应符合相关规定； （4）基桩检测报告应有各受检桩的原始检测数据和曲线，以及相关的计算分析数据和曲线	高应变法的仪器设备、现场检测、检测数据分析与判定应按现行行业标准《建筑基桩检测技术规范》JGJ 106 的有关规定执行
11	声波透射法检（试）验及抽样检测资料	（1）试验应由具有相应检测资质的单位承担。 （2）检测结果应符合设计要求。 （3）检测报告内容应完整，应符合相关规定。 （4）基桩检测报告应有各受检桩的原始检测数据和曲线，以及相关的计算分析数据和曲线	声波透射法检测的仪器设备、现场检测、检测数据分析与判定应按现行行业标准《建筑基桩检测技术规范》JGJ 106 的有关规定执行
12	桩基验证与扩大检测资料	（1）试验应由具有相应检测资质的单位承担。 （2）桩基验证与扩大检测数量、方法应符合设计要求、协议约定或验证与扩大检测方案（须经设计单位认可）。 （3）检测结果应符合设计要求。 （4）检测报告内容应完整，符合相关规定	采用非破损或局部破损的检测方法时，检测部位由监理（建设）、施工等各方共同选定
13	同条件养护试件检验资料	（1）同条件养护试件所对应的结构构件或结构部位，应由监理（建设）、施工等各方共同选定。 （2）由监理（建设）、施工等各方共同选定须留置同条件养护试件的结构构件或结构部位，应全部留置试件。 （3）各混凝土强度等级应均留置同条件养护试件，其留置组数应满足要求。 （4）混凝土强度试验报告中的内容填写应完整，计算数据应正确，签章应齐全，应按要求实施见证。 （5）试件的等效养护龄期计算应符合相关标准的规定。 （6）检测结果应符合设计要求。 （7）检测报告内容应符合相关规定	混凝土结构工程中的各混凝土强度等级均应留置同条件养护试件。 同条件养护试件所对应的结构构件或结构部位，应由监理（建设）、施工等各方共同选定
14	钢筋保护层厚度检验资料	（1）检验的结构部件应由监理（建设）、施工等各方共同选定，实测部位应与选定的一致。 （2）检验的构件数量和构件类型应满足要求。 （3）当采用非破损方法检验时，核验其仪器说明书的精度及校准记录的校准有效期。 （4）检验报告中的内容填写应完整、明确，签章应齐全，应按规定实施见证。 （5）评定方法应符合相关标准的规定。 （6）评定结论是否符合标准要求	钢筋保护层厚度检验的结构部位，应由监理（建设）、施工等各方根据结构构件的重要性共同选定

序号	资料名称	检 查 要 点	备 注
15	钢结构原材料及成品进场质量检验记录	（1）按照单位工程结构设计、变更设计文件和原材料配料汇总表，核验原材料与产品出厂合格证（商检证）及试验报告中的原材料品种、规格应一致，应按批取样，取样所代表的批量之和应与实际用量相符。 （2）原材料或成品试验（复验）结果应符合设计要求或相关标准的规定。 （3）核验合格证、试验（复验）报告中的工程名称应与实际工程一致，各项技术数据应符合标准规定，试验方法及计算结论应正确，试验项目应齐全，应符合先试验后使用，先验收后隐蔽的原则。 （4）原材料或成品代换使用，应有计算书及设计签证，计算结果应符合相关标准的规定	钢材、钢铸件，焊接材料，连接用紧固标准件，焊接球、螺栓球及其原材料，网架杆件，封板、锥头和套筒及其制造原材料，金属压型板，钢结构防腐涂料、稀释剂和固化剂等涂装材料，橡胶垫等
16	钢结构焊接工程质量检验记录	（1）焊接材料质量证明书及焊接材料品种、规格与单位工程结构设计、变更设计文件应一致。 （2）焊工合格证及其认可范围、有效期应符合要求。 （3）钢构件焊接工程的焊接工艺试验、焊缝无损检测、焊脚尺寸、焊缝表面质量应符合设计要求或相关标准的规定。 （4）焊钉和钢材焊接工艺试验及弯曲试验应符合设计要求或相关标准的规定。 （5）检验报告中的抽检批量之和应与实际数量一致	焊缝焊脚尺寸及表面质量。 设计要求全焊透的一、二级焊缝应采用超声波探伤。 焊接球节点网架焊缝、螺栓球节点网架焊缝及圆管 T、K、Y 形节点相贯焊缝应采用超声波探伤。 焊钉焊接后应进行弯曲试验检查及表面质量检查
17	钢结构紧固件连接工程质量检验记录	（1）按照单位工程结构设计、变更设计文件和原材料配料汇总表，核验产品出厂合格证及试验报告中的产品品种、规格应一致，应按批取样，取样所代表的批量之和应与实际用量相符。 （2）普通螺栓应按设计要求进行螺栓实物最小拉力载荷复验，复验结果应符合设计要求。 （3）高强度大六角头螺栓连接副、扭剪型高强度螺栓连接副的连接摩擦面抗滑移系数复验报告，内容应完整，应符合相关要求，复验结论应符合设计要求。 （4）高强度大六角头螺栓连接副、扭剪型高强度螺栓连接副施工扭矩检验报告，内容应完整，应符合相关要求，结论应符合设计要求	当普通螺栓作为永久性连接螺栓且设计有要求或对其质量有疑义时，应进行螺栓实物最小拉力载荷复验。 高强度螺栓连接摩擦面的抗滑移系数试验和复验。 高强度大六角头螺栓连接副终拧完成1h后、48h内应进行终拧扭矩检查。 扭剪型高强度螺栓连接副终拧后未拧掉梅花头应采用扭矩法或转角法进行终拧扭矩检查
18	钢结构安装工程质量检验记录	（1）钢结构主体结构的整体垂直度和整体平面弯曲度或挠度值应符合相关标准的规定。 （2）空间钢结构工程挠度值应在总拼完成后及屋面工程完成后分别进行测量，实测值应符合设计要求或相关标准的规定。 （3）记录中的内容应完整，结论应明确	多层及高层钢结构主体结构的整体垂直度检验及整体平面弯曲检验。 钢网架结构总拼完成及其屋面工程完成后应分别测量其挠度值。 钢桁架等大跨度空间结构工程应按设计要求测量挠度值。 空间钢结构工程挠度测量

序号	资料名称	检 查 要 点	备 注
19	钢结构涂装工程质量检验记录	（1）按照设计文件、试验报告，防腐涂料的涂层干漆膜厚度应符合要求。 （2）检查数量应符合设计要求或相关标准的规定。 （3）按照设计文件、试验报告，防火涂料的粘结强度、厚度应符合设计要求或相关标准的规定。 （4）防火涂料涂层表面裂纹宽度应符合设计要求或相关标准的规定	防腐涂料涂装遍数、涂层厚度检验。薄涂型防火涂料的粘结强度、涂层厚度检验

14.1.3 施工记录

建筑与结构工程施工记录检查，见表 14-4。

建筑与结构工程施工记录检查　　　　　　　　　　　　　表 14-4

序号	资料名称	检 查 要 点	备 注
1	工程定位测量检查记录	（1）应有城建规划部门提供的水准点及红线图。 （2）应有工程定位测量记录。 （3）工程定位测量记录应与施工规划红线图及现场相符	施工单位应根据城建规划部门提供的水准点、坐标点以及施工红线图等，确定建筑位置线、现场标准水准点、坐标点（包括标准轴线桩、示意图）等，并填写工程定位测量检查记录，报监理单位（建设）单位确认
2	地基钎探记录	（1）对照基础平面设计的钎探点平面图，钎探布孔和孔深孔距应满足设计要求。 （2）钎探记录的锤重、落距、钎径应符合相关标准的规定。 （3）钎探完毕后应有打钎记录分析，需处理的钎探点应有处理意见	地质复杂的或重要的工程，或地基变形有特殊要求以及地基开挖后对地基土有疑义时，应根据设计要求或验槽磋商的意见进行钎探试验
3	地基处理记录	（1）地基处理方案应经勘察、设计单位确认后进行施工。 （2）各种地基处理应先做相应的试验段施工，并经设计单位确定了有关施工参数后再全面施工。 （3）各种地基处理应按基本要求做好综合描述记录、试桩试验记录与过程施工记录	一般包括地基处理综合描述记录、试桩试夯试验记录、地基处理施工过程记录
4	试桩记录	（1）试桩记录应齐全，打桩标准及施工参数应明确，签证手续应完整。 （2）试桩过程记录应描述试桩位的选择、该试桩位及其与地质报告中描述的地质情况应相符等情况。 （3）设计要求的试桩参数标准应记录齐全	工程桩正式施工前，应根据地质勘察资料和设计要求在施工现场进行试桩，并应明确打桩标准及施工参数，原始的参数记录均应按各类桩基施工记录表进行记录

序号	资料名称	检 查 要 点	备 注
5	桩基施工记录	（1）桩基施工记录以及试桩记录等的子目应齐全，计算数据应准确，结论应明确，签证应完整。 （2）打（压）桩贯入度控制值的确定应符合设计要求或相关标准的规定。 （3）灌注桩的孔底沉渣厚度和混凝土充盈系数、锚杆桩的压力值、桩位平面位置偏差等技术指标应符合设计要求或相关标准的规定。 （4）钢管桩、预应力管桩应有出厂合格证和材质检验报告及进场验收记录；打（压）桩接头应有节点隐蔽验收记录。 （5）单桩承载力和桩身完整性应满足设计要求或相关标准的规定。若达不到质量标准时，所采取的技术措施应记录	桩基工程施工前应在现场做试打桩（压桩）或成孔试验，并填写试桩记录。 打桩的标高或贯入度必须符合设计要求和施工规范的规定，控制值应通过打（压）桩试验，由设计单位确定
6	结构吊装记录	（1）按照设计施工图，核对结构吊装的施工记录应真实、齐全，构件的型号、部位、搁置长度、固定方法、节点处理应符合设计要求和有关标准的规定。 （2）核查结构吊装工程是否存在质量问题，对存在的隐患应进行鉴定处理，处理后应复验，复验结论应明确，设计单位有签证确认	预制混凝土框架结构、钢结构、网架结构及大型结构构件的吊装，应有逐层、逐段的构件型号、安装位置、安装标高、搭接长度、固定方法、连接和接缝处理以及构件外观与吊装节点处理的质量情况等的检查记录，并附有分层段的吊装平面图
7	预应力筋张拉记录	（1）预应力筋张拉和放张时混凝土强度报告，应符合设计要求或相关标准的规定。 （2）应有张拉设备、仪表的检定报告和配套标定记录。 （3）应力筋张拉记录应齐全，计算数据应准确，结论应明确，签证手续应完整	预应力筋张拉记录一般包括预应力施工部位、预应力筋规格、平面示意图、张拉顺序、张拉力、压力表读数、张拉伸长值、异常现象等，应做详细记录。 每根预应力筋的张拉实测值应进行记录
8	有粘结预应力结构灌浆记录	（1）标准尺寸水泥浆试件强度报告，应符合设计要求或相关标准的规定。 （2）灌浆设备和仪表的检定报告和配套标定记录，应符合相关标准的规定。 （3）粘结预应力结构灌浆记录应齐全，计算数据应准确，结论应明确，签证手续应完整	预应力结构灌浆记录一般包括灌浆日期、灌浆孔状况、水泥品种、强度等级、水泥浆的配比状况、灌浆压力、灌浆量、水泥浆试块强度等项目，并应做详细记录
9	大体积混凝土测温记录	（1）核验大体积混凝土专项施工方案，其温度应力、收缩应力、表面保温层厚度等应经过计算。 （2）核验大体积混凝土养护测温孔平面图、大体积混凝土测温记录，应填写完整、签字应齐全。 （3）大体积混凝土养护测温记录数据应满足温控指标的要求、应按专项施工方案的要求调整保温养护措施	大体积混凝土浇筑和养护过程中均应进行混凝土浇筑体温度及环境温度等监测，并填写大体积混凝土养护测温孔平面图和大体积混凝土测温记录
10	混凝土开盘鉴定	（1）应有开盘鉴定，其填写内容应完整，鉴定结果应符合要求，参加鉴定单位签字手续应齐全；开盘鉴定时，一般应提供下列资料：	对首次使用或使用间隔时间超过三个月的现场搅拌混凝土或预拌混凝土配合比，应实行混凝土开盘鉴定，并记录

続表

序号	资料名称	检 查 要 点	备　　注
10	混凝土开盘鉴定	1）混凝土配合比申请单或供货申请单。 2）混凝土配合比设计单。 3）水泥出厂质量证明书。 4）水泥3天龄期复试报告（28d龄期复试报告后补）。 5）砂试验报告。 6）石子试验报告。 7）混凝土掺合料合格证。 8）混凝土掺合料出厂检验报告。 9）混凝土掺合料试验报告。 10）外加剂使用及性能说明书。 11）外加剂出厂合格证或检验报告。 12）外加剂型式检验报告。 13）外加剂复检报告。 14）试配混凝土抗压试验报告。 15）混凝土试块28d抗压强度试验报告（后补） （2）按照标准养护试件的强度试验报告，核验配合比。 （3）开盘鉴定的方法应正确。 （4）砂、石子含水率应按有关规定实测，应按规定对配合比进行调整。 （5）原材料质保资料应齐全，原材料规格、质量应符合设计要求或相关标准的规定	对首次使用或使用间隔时间超过三个月的现场搅拌混凝土或预拌混凝土配合比，应实行混凝土开盘鉴定，并记录
11	混凝土施工记录	（1）混凝土工程施工记录应齐全、内容填写应完整、签证应符合要求。 （2）配合比控制应符合要求，施工配合比应根据砂石实际含水率及时调整。 （3）混凝土拌和物的坍落度应按规定检测、结果应符合要求。 （4）混凝土试块留置应符合要求。 （5）核查混凝土养护应符合要求。 （6）核查施工缝留设应设计要求或相关标准的规定。 （7）异常情况应按规定的程序处理	在混凝土施工过程中若出现下列情况应做异常情况记录： （1）施工环境发生突然降温、降雨等较大变化。 （2）混凝土搅拌设备，输送设备等机械发生故障或停电，且混凝土浇捣间断1h以上（含1h）时。 （3）混凝土拌合物超差，经技术处理后仍用于工程上。 （4）模板安装不牢靠，发生较大漏浆或坍塌。 （5）施工缝留设不符合规范或设计要求。 （6）混凝土浇筑后发现超长终凝、起砂、裂缝等异常情况。 （7）模板拆除后混凝土构件出现露筋、蜂窝、孔洞等严重缺陷。 （8）混凝土试块留置不符合要求。 （9）构件养护不符合要求。 （10）施工过程出现其他对混凝土质量有影响的异常情况。 （11）施工过程出现异常情况应及时按规定的程序处理并记录采用的技术措施及处理结果

序号	资料名称	检 查 要 点	备 注
12	烟（风）道、垃圾道施工记录	（1）烟（风）道、垃圾道的实物质量检查应包括以下内容： 1）内壁断面尺寸应符合设计要求。 2）孔道垂直度：楼层偏差≤5mm，楼层累计偏差≤10mm。 3）上下楼层处孔道应垂直对中，接缝应严密。 4）道壁应无破损与裂缝，应粉刷，砖砌道壁内粉刷砂浆配合比应符合设计要求。 5）孔道内垃圾应清理干净。 6）基础应同单体建筑共同沉降。 （2）烟（风）道、垃圾道的功能检查应包括以下内容： 1）烟（风）道应做到通（抽）风，并无漏风与串风现象。 2）垃圾道应畅通。 （3）核查砖道内壁是否粉刷。 （4）烟（风）道的功能检查应在烟（风）道口处观察火苗的朝向和烟的去向，判别通风情况。 （5）烟（风）道、垃圾道的检查应在施工过程中进行。 （6）烟（风）道、垃圾道均应按部位进行100%检查，主烟（风）道与垃圾道的检查部位按轴线记录，副烟（风）道按户门编号记录。 （7）核查第一次检查不合格后，应经过整改与复检	烟（风）道、垃圾道应进行实物质量检查与功能检查，应由检查人或复检人填写检查记录
13	建筑地面坡度检查记录	（1）对照设计图纸，核查施工记录、检查记录、检查点数、检查结果应符合设计要求或相关标准的规定。 （2）当检查结果不合格时，应返工及重新检查。 （3）检查记录中的内容应完整，评定结论应明确	建筑地面基层的坡度应符合设计要求。 整体面层、砖面层、大理石和花岗石面层表面的坡度应符合设计要求，不得有倒泛水和积水现象
14	屋面坡度检查记录	（1）对照设计图纸，核查施工记录、检查记录、检查点数、检查结果应符合设计要求及规范规定。 （2）当检查结果不合格时，应返工及重新检查。 （3）检查记录中的内容应完整，评定结论应明确	屋面找平层（含天沟、檐沟）的排水坡度，必须符合设计要求
15	施工日志	（1）对照工程质量控制资料，核查施工日志应真实记录现场实际状况。 施工活动记载应包括：主要分部、分项工程的起止日期；施工阶段特殊情况（停电、停水、停工、窝工等）的记录；质量、安全、设备事故发生的原因，处理意见和处理方法的记录；设计单	施工日志应记载下列主要内容： （1）日期、天气、气温（最高温度、最低温度）。 （2）工程部位、施工班组、工程管理等人员。 （3）施工活动记载

序号	资料名称	检 查 要 点	备 注
15	施工日志	位在现场解决问题的记录（若变更设计应由设计单位出变更设计联系单）；变更施工方法或在紧急情况下采取的特殊措施和施工方法的记录；进行技术交底、技术复核和隐蔽工程验收的摘要记载；有关领导或部门对该项工程所做的决定或建议；砂浆试块编号、混凝土试块编号、同条件养护试块的存放、见证取样等事项。 （2）施工日志应连续记载。 （3）相关人员签字应完整	施工日志应记载下列主要内容： （1）日期、天气、气温（最高温度、最低温度）。 （2）工程部位、施工班组、工程管理等人员。 （3）施工活动记载

14.1.4 质量验收记录

1. 隐蔽工程验收记录

建筑与结构工程隐蔽工程验收记录检查，见表 14-5。

建筑与结构工程隐蔽工程验收记录检查　　　　　　　　　表 14-5

检查	资料名称	检 查 要 点	备 注
1	地基验槽记录	（1）验槽记录应反映验槽的主要程序，填写内容应齐全，其主要质量特征（包括基底持力层、地基匀质性、基槽尺寸、标高、基土类别等）应符合设计要求和有关标准的规定。 （2）验槽时，现场应具备岩土工程勘察报告、轻型动力触探记录（可不进行轻型动力触探的情况除外）、地基基础设计文件、地基处理或深基础施工质量检测报告等。 （3）地基出现异常或与地质勘察资料不符时，应有处理方案或所采取的技术处理措施应有设计单位认可，应按设计要求进行相应的试验，应有复验意见，结论应明确，参加单位的签证应齐全	验槽时应由勘察、设计、监理、施工、建设等各方相关技术人员应共同参加。 验槽应在基坑或基槽开挖至设计标高后进行，对留置保护土层时其厚度不应超过 100mm；槽底应为无扰动的原状土。 验槽完毕填写验槽记录或检验报告，对存在的问题或异常情况提出处理意见，并附有轴线位置平、立面图、标注其尺寸。经过处理的地基，应有标注处理部位、方法、深度、宽、高等内容的处理记录和附有轴线位置的平、立面图，应标注其尺寸，并有复验意见
2	现场预制桩钢筋安装隐蔽记录	（1）钢筋合格证、性能检验报告和复验报告应符合设计要求。 （2）核验钢筋连接方式和试验报告。 （3）核查钢筋的品种、规格、数量、位置等应符合设计要求。 （4）核查主筋距桩顶距离、多节桩锚固钢筋位置等应符合设计要求或相关标准的规定。 （5）核查主筋间距、桩中心线、箍筋间距、桩顶钢筋网片、多节桩锚固钢筋长度应符合设计要求或相关标准的规定。 （6）验收意见应明确，签证手续应齐全	主筋距桩顶距离、锚固钢筋位置、预埋铁件、主筋保护层厚度、桩尖安装质量等必须符合设计和规范要求。 主筋规格、间距、桩尖中心线、箍筋间距、桩顶钢筋网片、锚固钢筋长度以及主筋的连接方式等必须符合设计和规范要求

检查	资料名称	检查要点	备注
3	预制桩的接头隐蔽记录	（1）核验隐蔽工程的焊接材料、硫黄胶泥材料等相关产品的质量证明文件、中文说明及检验报告等。 （2）核查电焊接桩结束后的停歇时间、硫黄胶泥接桩的胶泥浇筑时间以及浇筑后的停歇时间应符合设计要求或相关标准的规定。 （3）硫黄胶泥接桩的上节桩的外露锚筋应予以除锈，下节桩的预留孔应无杂物堵塞。 （4）核查电焊接桩的上下节桩节间的缝隙应用铁片垫密焊牢并符合设计要求或相关标准的规定。 （5）验收意见应明确，签证手续应齐全	电焊接桩的焊缝、接桩结束后的停歇时间及接桩上下节桩节间的缝隙垫铁，硫黄胶泥接桩的上节桩的外露锚筋和下节桩的预留孔及接桩的胶泥浇筑时间和浇筑后的停歇时间，应进行隐蔽工程验收
4	预应力管桩机械（螺纹）接头隐蔽记录	（1）核验管桩螺纹机械接头、益胶泥等材料的质量保证书和检验报告等。 （2）接头应无裂缝，螺母上端与螺纹盘间的间隙应符合规定要求。 （3）桩端处益胶泥涂抹厚度应符合要求。 （4）桩接头的各螺栓应有防松嵌块，并用螺母拧紧。 （5）抗拔管桩应采用机械连接。 （6）核查验收意见应明确，签证手续应齐全	预应力管桩两端面连接构件完好情况、桩端处益胶泥涂抹厚度进行隐蔽工程验收
5	混凝土灌注桩钢筋笼隐蔽记录	（1）核验钢筋合格证、性能检验报告和复验报告，应符合设计要求或相关标准的规定。 （2）钢筋连接方式和焊接试验报告应符合设计要求。 （3）钢筋的品种、规格、数量、位置等应符合设计要求。 （4）主筋间距、长度、箍筋间距应符合设计要求或相关标准的规定。 （5）钢筋笼安装位置、钢筋笼直径和主筋保护层厚度应符合设计要求或相关标准的规定。 （6）验收意见应明确，签证手续应齐全	放置钢筋笼前，应对钢筋原材料、钢筋连接件、钢筋、主筋保护层厚度等进行隐蔽工程验收
6	钢筋混凝土工程隐蔽记录	（1）核验钢筋的产品合格证、出厂检验报告和进场复验报告应合格，并与实际钢筋相符。 （2）核对纵向受力钢筋的牌号、规格、数量、位置等应符合设计要求。 （3）核对钢筋的连接方式、接头位置、接头质量、接头面积百分率、搭接长度、锚固方式及锚固长度等应符合设计要求或相关标准的规定。 （4）钢筋连接件试验报告，连接试件应合格。 （5）核对箍筋、横向钢筋的牌号、规格、数量、间距、位置、箍筋弯钩的弯折角度及平直段长度等应符合设计要求。 （6）核对预埋件的规格、数量、位置、焊缝质量等级、锚固长度等应符合设计要求。 （7）装配式结构的后浇混凝土各构件结合面应清洁干净，叠合梁等搁置长度应符合要求。 （8）验收意见应明确，签证手续应齐全	必须在钢筋检验批质量验收合格，模板安装完毕前或浇捣混凝土前进行隐蔽工程验收。 装配式混凝土结构工程钢筋套筒灌浆连接应进行隐蔽验收，其中首层、转换层和最后一层的钢筋混凝土楼板宜留有影像资料

检查	资料名称	检 查 要 点	备　注
7	预应力分项工程隐蔽记录	（1）核验预应力筋的产品合格证、出厂检验报告和进场复验报告应合格，并与实际使用的预应力筋相符。 （2）核对预留孔道的规格、数量、位置、形状，以及灌浆孔、排气泌水管等应符合设计要求或相关标准的规定。 （3）核对预应力筋的品种、规格、数量、位置等应符合设计要求或相关标准的规定。 （4）核对局部加强钢筋的牌号、规格、数量、位置等应符合设计要求或相关标准的规定。 （5）核对预应力筋锚具和连接器的品种、规格、数量、位置等应符合设计要求或相关标准的规定。 （6）核对锚固区局部加强构造等应符合设计要求。 （7）核对无粘结预应力筋的护套质量应符合设计要求或相关标准的规定。 （8）核查验收意见应明确，签证手续应齐全	在预应力工程检验批质量验收合格，在浇捣混凝土之前进行隐蔽工程验收。 预应力筋用锚具、夹具和连接器的性能应符合设计要求和现行国家标准《预应力筋用锚具、夹具和连接器》GB/T 14370 的规定。 预留孔道用的金属螺旋管质量应符合设计要求和现行行业标准《预应力混凝土用金属波纹管》JG 225 的规定
8	砌体工程隐蔽记录	（1）核验钢筋合格证书和性能试验报告应符合设计要求。 （2）根据设计图纸，检查配筋砌体工程钢筋的品种、规格、数量和设置部位应符合设计要求。 （3）核查填写砌体留置的拉结钢筋或网片的位置应与砌体皮数相符合，拉结钢筋、规格、数量、竖向间距和长度应符合设计要求。 （4）核对拉结筋的埋置方式、埋入长度应符合设计要求。 （5）验收意见应明确，签证手续应齐全	配筋砌体工程钢筋安装、填充墙拉结钢筋安装应进行隐蔽工程验收。 填充墙拉结钢筋采用后锚固时，应符合设计要求及现行行业标准《混凝土结构后锚固技术规程》JGJ 145 的规定，在施工前进行不少于 3 根的非破损拉拔工艺检验，检验结果应符合设计及规范要求
9	钢结构工程隐蔽记录	（1）核验隐蔽工程的钢材、焊接材料、紧固件等相关产品的质量证明文件和复验报告等。 （2）涂料品种、涂装遍数、涂层厚度均应符合设计要求或相关标准的规定。 （3）支承垫块的种类、规格、摆放位置和朝向等应符合设计要求或相关标准的规定。 （4）螺栓球节点应将所有接缝用油腻子填嵌严密并将多余螺栓孔封口。 （5）地脚螺栓（锚栓）、预埋件的规格、位置、标高及固定方式应符合设计要求或相关标准的规定。 （6）验收意见应明确，签证手续应齐全	钢结构焊缝，涂装前及处理后的钢材表面、紧固件、螺栓等被覆盖零部件，每遍涂层，网架结构的支承垫块、螺栓球节点接缝、多余螺孔封口、锚栓、预埋件等，应进行隐蔽工程验收
10	型钢混凝土组合结构隐蔽记录	（1）核验隐蔽工程的钢材、焊接材料、紧固件等相关产品的质量证明文件及复验报告等。 （2）型钢混凝土柱与型钢混凝土梁的连接，型钢混凝土柱与钢筋混凝土梁的连接，型钢混凝土柱与钢梁的连接，柱与柱连接，梁与梁连接，梁与墙连接等节点做法应符合设计要求或相关标准的规定。 （3）核查型钢混凝土柱脚节点应符合设计要求或相关标准的规定。 （4）核查验收意见应明确，签证手续应齐全	型钢混凝土组合结构焊缝，型钢梁、柱连接节点，型钢混凝土柱脚节点等应进行隐蔽工程验收

检查	资料名称	检 查 要 点	备 注
11	地面工程隐蔽记录	（1）核验所用材料的质量合格证明文件，重要材料的复验报告应齐全。 （2）各构造层、各构造节点位置、施工情况、所用材料等应符合设计要求或相关标准的规定。 （3）验收意见应明确，签证手续应齐全	地面各构造层（含基层），建筑物地面下的沟槽、暗管，建筑物地面的变形缝（沉降缝、伸缩缝和防震缝）节点构造做法，有特殊要求的立管、套管、地漏与地面、楼板节点之间的密封处理，有防水要求的建筑地面防水隔离层等项目，应进行隐蔽工程验收
12	门窗工程隐蔽记录	（1）隐蔽工程验收记录应反映预埋件和锚固件、固定玻璃的钉子或钢丝卡与特种门的防腐处理情况。 （2）塑料门窗内衬增强型钢的规格、厚度及镀锌防腐处理应符合设计要求或相关标准的规定。 （3）窗与墙体间缝隙的填嵌材料的填嵌应符合设计要求或相关标准的规定。 （4）金属门窗防雷装置的设置、做法应符合设计要求或相关标准的规定。 （5）特种门的防腐处理应符合设计要求。 （6）附框材料的规格、安装位置、安装固定点间距及门窗框与附框的连接固定方式应符合设计要求或相关标准的规定。 （7）验收意见应明确，签证手续应齐全	木门窗安装、金属门窗安装、塑料门窗安装、特种门安装及门窗玻璃安装等。预埋件和锚固件的埋设，隐蔽部位的防腐、填嵌处理，固定玻璃的钉子或钢丝卡的数量、规格、位置及玻璃垫块的设置，金属附框、门窗框固定片或膨胀螺栓的规格、数量、位置及固定方式，门窗内衬增强型钢的规格、厚度及镀锌防腐处理等项目应进行隐蔽工程验收
13	幕墙工程隐蔽记录	（1）隐蔽验收记录应反映预埋件（或后置设计件）的埋设。 （2）防腐、防雷、防火、防潮、保温的施工应符合设计要求或相关标准的规定。 （3）构件的连接节点，变形缝及墙面转角处的构造节点的处理应符合设计要求或相关标准的规定。 （4）隐框幕墙玻璃板块组件必须安装牢固，固定点距离应符合设计要求且不宜大于 300mm，不得采用自攻螺钉固定玻璃板块。 （5）验收意见应明确，签证手续应齐全	建筑幕墙预埋件（或后置埋件）的埋设，构件的连接节点、构件与主体结构的连接节点处理，变形缝及墙面转角处的构造节点处理，幕墙防雷装置施工，幕墙防火构造处理，幕墙保温层及防潮层的设置，板块的安装，单元式幕墙与主体结构的连接节点、封口节点、起底节点、与构件式幕墙交接节点、顶收口节点等项目，应进行隐蔽工程验收
14	墙面工程隐蔽记录	（1）隐蔽验收记录应反映饰面板的连接情况（连接件与墙体、连接件与饰面板、连接件之间连接的数量、规格、位置、防腐处理）。 （2）饰面板工程安装方式、所用的材料、尺寸、规格、配件等应符合设计要求或相关标准的规定。 （3）室内、外墙防水层施工情况，饰面工程基层处理情况，软包饰面工程使用内衬材料情况等应符合设计要求或相关标准的规定。 （4）验收意见应明确，签证手续应齐全	饰面板（砖）的连接、连接件之间的连接，内、外墙面的防水层的施工；裱糊、涂饰工程用的腻子、基底封闭底漆，软包饰面工程的封闭底胶、内衬材料，饰面工程的基层（或基体）质量，抹灰工程厚度大于或等于 35mm 及不同材料基体交接处的加强措施等项目，应进行隐蔽工程验收
15	轻质隔墙工程隐蔽记录	（1）核查以下主要项目应符合设计要求或相关标准的规定。 1）隔墙安装所需的预埋件、连接件的位置及数量以及连接方法。 2）骨架隔墙边框龙骨安装与基体结构连接、中龙骨间距及构造连接、门窗洞口部位加强龙骨	轻质隔墙木龙骨防火、防腐处理，预埋件或拉结筋埋设，龙骨安装，填充材料的铺置，设备管线的安装及水管试压等项目，应进行隐蔽工程验收

检查	资料名称	检 查 要 点	备 注
15	轻质隔墙工程隐蔽记录	安装情况。 3）木龙骨及木饰面板的防火、防腐处理使用涂料的品种、涂刷遍数或厚度等。 4）填充材料施工使用材料、填充情况。 （2）验收意见应明确，签证手续应齐全	轻质隔墙木龙骨防火、防腐处理，预埋件或拉结筋埋设，龙骨安装，填充材料的铺置，设备管线的安装及水管试压等项目，应进行隐蔽工程验收
16	吊顶工程隐蔽记录	（1）核查以下主要项目应符合设计要求或相关标准的规定。 1）房间净高、基层结构情况及缺陷处理情况。 2）洞口标高以及吊顶内管道、设备及其支架的安装标高。 3）预埋件、拉结筋、填充料的材料、位置、数量的设置情况及填充料铺设厚度等。 4）木龙骨、木吊杆防火、防腐使用材料、涂刷遍数或厚度，龙骨及吊杆的规格、间距、长度、搭接长度。 5）吊顶内管道、设备的安装使用材料、安装位置，接头处理，调试时间及吊杆长度大于1.5m时的处理情况。 6）花栅的防火、防潮、防锈及石膏板板缝防裂处理等。 （2）验收意见应明确，签证手续应齐全	吊顶工程房间净高和基底处理，预埋件或拉结筋的设置，龙骨及吊杆（架）的安装，木龙骨、木吊杆防火、防腐处理，填充材料的设置，吊顶内管道、设备的安装及调试，石膏板板缝防裂处理等项目，应进行隐蔽工程验收
17	细部工程隐蔽记录	（1）核查以下主要项目应符合设计要求或相关标准的规定。 1）预埋件的数量、规格、位置。 2）护栏与预埋件的连接情况。 3）木制品的防潮、防火、防腐处理。 （2）验收意见应明确，签证手续应齐全	木制品的防潮、防腐、防火处理，细部工程的预埋件埋设及节点的连接等项目，应进行隐蔽工程验收
18	地下防水工程隐蔽记录	（1）相关的出厂合格证和性能检验报告、现场抽样复验报告、试块强度报告以及相关的资料应齐全。 （2）防水混凝土的变形缝、施工缝、后浇带、穿墙管道、埋设件、加强部位等设置和构造做法应符合设计要求或相关标准的规定。 （3）建筑防水工程（除防水混凝土外）设置和构造做法应符合设计要求或相关标准的规定。 （4）验收意见应明确，签证手续应齐全	地下防水工程基层质量及细部节点（包括变形缝、施工缝、后浇带、穿墙管道、埋设件、加强部位等）的设置和构造，水泥砂浆防水层的平均厚度，基层阴阳角处水泥砂浆圆弧形处理；顶板、底板、外墙防水层的保护层，涂料防水层厚度及胎体增强材料、卷材、涂膜防水层的搭接宽度、卷材防水层的施工方法，涂膜、卷材防水层阴阳角处的附加防水层节点构造，涂料防水及卷材防水在转角处、变形缝、施工缝、穿墙管等部位的应增设加强层，塑料板防水层缓冲衬垫的固定、两幅塑料板的搭接焊缝，金属板防水层中金属板的拼缝及金属板与建筑结构的锚固件连接等，膨润土防水层基层、搭接宽度及在转角处、变形缝、施工缝、穿墙管等部位的加强措施等项目，应进行隐蔽工程验收

检查	资料名称	检 查 要 点	备 注
19	屋面防水工程隐蔽记录	（1）核验相关的出厂合格证和性能检验报告、现场抽样复验报告、试件强度报告。 （2）核查各构造层、各构造节点位置、做法及细节处理、所用材料、施工方法等应符合设计要求或相关标准的规定。 （3）验收意见应明确，签证手续应齐全	屋面基层及各构造层验收，水落口、泛水、变形缝、伸出屋面管道、天沟、檐沟、檐口、立面防水层端部等节点防水构造做法或收头处理，分格缝及密封材料，卷材、涂膜防水屋面阴阳角处找平层圆弧处理，刚性防水屋面细石混凝土防水层与立墙及突出屋面结构等交接处柔性处理，卷材、涂膜防水层的搭接宽度和附加层等项目，应进行隐蔽工程验收
20	保温与隔热工程隐蔽记录	（1）核验屋面保温隔热所用材料的质量合格证明文件和性能检验报告、进场验收记录、复验报告，应齐全。 （2）屋面保温隔热各构造层、各构造节点位置，施工情况、所用材料等应符合设计要求或相关标准的规定。 （3）蓄水屋面、架空屋面、种植屋面的各孔、管、口等应符合设计要求或相关标准的规定；应有防渗漏蓄水试验隐蔽验收。 （4）验收意见应明确，签证手续应齐全	屋面保温隔热工程的基层、保温层的敷设方式、厚度、板材缝隙填充质量、屋面热桥部位、隔汽层等各构造层，应进行隐蔽工程验收。 种植、架空、蓄水隔热层施工前，其防水层均应进行隐蔽工程验收

2. 检验批、分项、分部（子分部）工程质量验收记录

建筑与结构工程检验批、分项、分部（子分部）工程质量验收记录检查，见表 14-6。

建筑与结构工程检验批、分项、分部（子分部）工程质量验收记录检查　表 14-6

序号	资料名称	检 查 要 点	备 注
1	检验批质量验收记录	（1）核验图纸、施工组织设计，检验批划分应正确。 （2）检验批验收记录应符合规定。 （3）检验批验收记录应符合设计要求和现行工程质量验收标准规定。 （4）检验批验收记录中相关人员应签证完整，签证人员资格应符合有关规定	检验批的划分、验收组织应符合现行国家标准《建筑工程施工质量验收统一标准》GB 50300 的规定。 检验批质量的验收应在施工单位自行检查评定的基础上，由监理工程师（建设单位项目技术负责人）组织施工单位项目专业质量检查员、专业工长等进行
2	分项工程质量验收记录	（1）核验图纸、施工组织设计，分项工程划分应正确。 （3）分项工程应包含的检验批验收记录应无缺漏。 （4）分项工程应包含的检验批验收记录应均符合合格质量的规定。 （5）分项工程质量验收记录应符合规定。 （6）分项工程质量验收记录应符合设计要求和现行相关标准的规定。 （7）分项工程质量验收记录中相关人员应签证完整，签证人员资格应符合有关规定	分项工程的划分、验收组织应符合现行国家标准《建筑工程施工质量验收统一标准》GB 50300 的规定。 项工程质量的验收应在施工单位自行检查评定的基础上，由监理工程师（建设单位项目技术负责人）组织施工单位项目专业技术负责人等进行，必要时可邀请设计单位相关专业的人员参加

序号	资料名称	检查要点	备注
3	分部（子分部）工程质量验收记录	（1）核验图纸、施工组织设计，分部（子分部）工程划分应正确。 （2）分部（子分部）工程质量验收记录应符合规定。 （3）分部（子分部）工程质量验收记录应符合设计要求和相关标准的规定。 （4）分部（子分部）工程质量验收记录中相关人员应签证完整，签证人员资格应符合有关规定	分部（子分部）工程的划分、验收组织应符合现行国家标准《建筑工程施工质量验收统一标准》GB 50300 及专业验收规范的规定。 分部工程应由总监理工程师组织施工单位项目负责人、项目技术负责和工程总承包单位项目负责人等进行验收。 子分部工程验收，应由总监理工程师组织施工单位项目负责人、项目技术负责人和工程总承包单位项目负责人等进行验收

14.1.5 安全和功能检验资料

建筑与结构工程安全和功能检验资料检查，见表 14-7。

建筑与结构工程安全和功能检验资料检查　　　　表 14-7

序号	资料名称	检查要点	备注
1	地基承载力检验报告	见本书 14.1.2 节中相关内容	见本书 14.1.2 节中相关内容
2	桩基承载力检验报告	见本书 14.1.2 节中相关内容	见本书 14.1.2 节中相关内容
3	混凝土强度试验报告	见本书 14.1.2 节中相关内容	见本书 14.1.2 节中相关内容
4	砂浆强度试验报告	见本书 14.1.2 节中相关内容	见本书 14.1.2 节中相关内容
5	主体结构尺寸、位置抽查记录	（1）应有主体结构尺寸、位置抽查记录。 （2）检验的构件数量和构件类型应满足要求。 （3）当采用非破损方法检验时，核查其仪器说明书的精度及校准记录的校准有效期。 （4）主体结构尺寸、位置抽查记录内容应齐全。 （5）签证手续应完整。 （6）评定方法应符合标准的规定。 （7）评定结论应符合标准的规定	涉及混凝土结构安全的重要部位应进行主体结构尺寸、位置偏差抽查，抽查应由监理单位组织施工单位实施，并见证实施过程，且应在混凝土结构子分部工程验收前进行。 主体结构尺寸、位置检测项目一般应包括：柱截面尺寸、柱垂直度、墙厚、梁高、板厚、层高等
6	建筑物垂直度测量记录	（1）应有建筑物垂直度测量记录。 （2）建筑物垂直度测量记录内容应齐全。 （3）垂直度测量布点控制图上的布点应符合要求。 （4）测量仪器应有有效的检定合格证明或报告。 （5）签证手续应完整	建筑物垂直度允许偏差应符合设计及现行国家标准《混凝土结构工程施工质量验收规范》GB 50204 及《砌体工程施工质量验收规范》GB 50203 及相应标准规范规定

序号	资料名称	检 查 要 点	备 注
7	建筑物标高测量记录	（1）应有建筑物标高测量记录。 （2）建筑物标高测量记录内容应齐全。 （3）测量仪器应有有效的检定合格证明或报告。 （4）签证手续应完整。 （5）测量结果应符合要求	建筑物标高结构标高允许偏差应符合设计及现行国家标准《混凝土结构工程施工质量验收规范》GB 50204 及《砌体工程施工质量验收规范》GB 50203 及相应标准规范规定
8	建筑物全高测量记录	（1）应有建筑物全高测量记录。 （2）建筑物全高测量记录内容应齐全。 （3）测量仪器应有有效的检定合格证明或报告。 （4）签证手续应完整。 （5）测量结果应符合要求	建筑物的全高应符合设计要求，当设计没有具体要求时，砌体结构、装配结构允许偏差不应大于15mm，现浇钢筋混凝土结构允许偏差不应大于 ±30mm
9	屋面淋（蓄）水试验记录	（1）应有淋（蓄）水试验记录。 （2）淋（蓄）水试验记录内容应齐全。 （3）淋（蓄）水时间应符合要求。 （4）签证手续应完整。 （5）蓄水屋面蓄水深度应符合设计要求，蓄水区的划分应符合规定。 （6）验收结论应明确	屋面淋（蓄）水试验应符合设计要求及现行国家标准《屋面工程质量验收规范》GB 50207 规定。 　淋（蓄）水试验应重点控制屋面泛水、变形缝、出屋面管道根部、过水孔以及易出现渗漏水的薄弱部位
10	地下室渗漏水检测记录	（1）应有地下室渗漏水检测记录。 （2）地下室渗漏水检测记录内容应齐全。 （3）地下室防水工程渗漏水量应符合相关标准或设计防水等级的标准。 （4）所用防水材料和防水工程的细部构造应符合设计要求。 （5）签证手续应完整。 （6）验收结论应明确	地下室渗漏水检测记录应符合设计要求及现行国家标准《地下防水工程质量验收规范》GB 50208 规定。 　地下防水工程子分部工程验收时，应同时检查防水效果，并应按填写检查情况，渗漏水部位应附楼层、区间、部位和渗漏水情况示意图。 　地下室渗漏水检测记录应由项目专业质量员签明检查评定结果，并经项目技术负责人签字确认，监理工程师（或建设单位项目专业技术负责人）应签明验收结论，签证应完整，手续应齐全
11	有防水要求的地面蓄水试验记录	（1）有防水要求的地面蓄水试验记录。 （2）有防水要求的地面蓄水试验记录内容应齐全。 （3）地面防水工程的施工图与蓄水记录的部位应相符。 （4）地面蓄水试验方法应符合相关标准的规定或设计要求。 （5）签证手续应完整。 （6）验收结论应明确	有防水要求的地面基层（结构层）、防水隔离层应采用蓄水方法检查，蓄水深度最浅处不得小于10mm，蓄水时间不得少于24h。地面工程验收前，必须进行蓄水试验，蓄水试验记录应符合设计要求及现行国家标准《建筑地面工程施工质量验收规范》GB 50209 规定

序号	资料名称	检 查 要 点	备 注
12	有防水要求的外墙面淋水试验记录	（1）应有防水要求的外墙面淋水检验记录。 （2）对照设计文件，进行淋水检验的外墙面应与设计文件要求相一致。 （3）有防水要求的外墙面的细部构造必须符合设计要求。 （4）有防水要求的外墙面应全数进行淋水检验检查。 （5）有防水要求的外墙面淋水检验记录内容应齐全。 （6）签证手续应完整。 （7）验收结论应明确	有防水要求的外墙面防水层或面层完成后，应采取淋水方法进行检查；外墙面装饰装修工程验收前，必须进行淋水检验，淋水检验记录应符合设计要求及现行行业标准《建筑外墙防水工程技术规程》JGJ/T235规定。 淋水检查的重点应为外墙面窗台、窗楣、挑板、凸出墙面腰线和阳台压顶交会处以及外窗洞口四周容易发生渗漏水的部位
13	抽气（风）道检查记录	（1）应有抽气（风）道检查记录。 （2）抽气（风）道检查记录内容应齐全。 （3）对预制的抽气（风）道检查时对各楼层的各节接头接缝处均应检查，并做到好记录。 （4）对照施工平面图，核查抽气（风）道的位置、编号及数量。 （5）抽气（风）道检查记录内容应齐全。 （6）签证手续应完整。 （7）检查结果应符合要求；对抽气（风）道不通畅、串气、串风、应有处理记录，应有经复验合格记录	抽气（风）道检查记录须附施工平面图，注明编号，并与记录表中编号相对应，每层每个烟道、抽气（风）道均应做好记录
14	外窗气密性、水密性、抗风压检测报告	（1）工程应用的每种类型的外窗，应均有"三性"检测报告。 （2）送检试件的数量应符合抽样规定。 （3）各项性能的检测结果应满足设计要求。 （4）检测报告中的检测单位应有相应的检测资质。 （5）检测报告内容应完整。 （6）核验现场气密性能合格检测报告	建筑外墙金属、塑窗的"三性"检测报告应包括气密性能、水密性能、抗风压性能，应符合设计要求及现行国家标准《铝合金门窗》GB/T 8478和《建筑用塑料窗》GB/T 28887中的规定
15	幕墙气密性、水密性、抗风压、平面内变形检测报告	（1）工程应用的每种类型的幕墙应均有"四性"检测报告。 （2）检测报告中试件单元的选取应符合规定。 （3）各项性能的检测结果应满足工程设计要求。 （4）检测报告中的检测单位应有相应的检测资质。 （5）检测报告内容应完整	建筑幕墙"四性"检测报告应包括：气密性能、水密性能、抗风压性能、平面内变形性能，其检测应符合设计要求及现行国家标准《建筑幕墙》GB/T 21086的规定
16	幕墙后置埋件的现场拉拔试验报告	（1）应有幕墙后置埋件的现场拉拔试验报告。 （2）检测报告中的检测单位应有相应的检测资质。 （3）检测报告内容应完整。 （4）试验分批应符合规定。 （5）取样数量应按规定进行。 （6）试验结果应符合设计要求	幕墙后置埋件应提供现场拉拔试验报告，后置埋件的抗拔承载力应符合设计要求。 后置埋件拉拔力检验批划分和检验数量应符合现行行业标准《混凝土结构后锚固技术规程》JGJ 145的规定
17	建筑物沉降观测测量记录	（1）水准点的数量、位置与埋设应符合要求。 （2）根据建筑物形式、基础构造、荷重分布以及工程地质情况，核查观测点的布置应合理，位置、数量应能反映建筑物变形特征。 （3）观测时间、次数应符合要求。	现行国家标准《建筑地基基础设计规范》GB 50007规定应进行变形观测的建筑物，以及设计有要求的建筑物，均应进行沉降观测，并应按单位工程提供沉降观测记录

序号	资料名称	检 查 要 点	备 注
17	建筑物沉降观测测量记录	（4）记录内容应齐全。 （5）应附资料应齐全。 （6）水准测量仪器应检定、校验，精度应符合规定。 （7）测量工具和人员应固定，记录签证应完整	现行国家标准《建筑地基基础设计规范》GB 5007 规定应进行变形观测的建筑物，以及设计有要求的建筑物，均应进行沉降观测，并应按单位工程提供沉降观测记录
18	建筑节能围护结构现场实体检验记录	（1）应按规定进行现场实体检测。 （2）检验方法应符合规定。 （3）抽样数量、检测部位和合格判定标准应符合合同约定、设计要求或相关标准的规定。 （4）委托有资质的检测机构实施的，核查检测机构资质应符合要求，检测报告内容应齐全，结论应明确。 （5）外墙节能构造的现场检验由施工单位实施的，核查检测报告内容应齐全，数据应准确，依据应正确，签证应完整，结论应明确，所使用的检测仪器应在检定有效期内，仪器仪表的性能应符合相关标准的规定	外墙节能构造、外窗气密性的现场实体检验方法应按现行国家标准《建筑节能工程施工质量验收规范》GB 50411 的规定执行。 夏热冬冷地区的外窗现场实体检测应按照国家现行有关标准的规定执行
19	建筑节能系统节能性能检测记录	（1）建筑节能系统节能性能应按规定进行检测。 （2）检验方法应符合规定。 （3）抽样数量、检测部位和合格判定标准应符合合同约定、设计要求和相关标准的规定。 （4）检测机构资质应符合要求，检测报告内容应齐全，结论应明确。 （5）受季节影响未能在验收时进行的节能性能检测项目的，核查应在保修期内补做，施工单位与建设单位应事先在工程（保修）合同中对该检测项目做出延期补做试运转及调试的约定	采暖、通风与空调、配电与照明系统节能性能检测的主要项目及要求应符合现行国家标准《建筑节能工程施工质量验收规范》GB 50411 的规定
20	室内环境检测报告	（1）室内环境检测报告结论应符合规定。 （2）建筑材料和装饰装修材料的出厂检测报告结论应符合要求，试验项目应齐全。 （3）民用建筑工程及其室内装饰装修工程验收时，应检查下列资料： 1）涉及室内新风量的设计、施工文件，以及新风量的检测报告。 2）涉及室内环境污染控制的施工图设计文件及工程设计变更文件。 3）建筑材料和装饰装修材料的污染物含量检测报告、材料进场检验记录、复验报告。 4）与室内环境污染控制有关的隐蔽工程验收记录、施工记录。 5）样板间室内环境污染物浓度检测记录（不做样板间的除外）。 6）对于新建、扩建的民用建筑工程应有工程地质勘察报告、工程地点土壤天然放射性核素镭 -226、钍 -232、钾 -40 含量检测报告 （4）室内环境污染物检测报告应符合相关标准的规定，试验项目应齐全	室内环境污染物浓度检测应符合现行国家标准《民用建筑工程室内环境污染控制规范》GB 50325 的规定

序号	资料名称	检查要点	备注
21	土壤氡气浓度检测报告	（1）土壤氡浓度检测报告结论应符合规定。 （2）数量应符合要求	民用建筑工程场地土壤中氡气浓度应符合现行国家标准《民用建筑工程室内环境污染控制规范》GB 50325 规范的规定

14.2　建筑给水排水及采暖工程质量控制资料

14.2.1　材料、配件、设备进场检验资料

建筑给水排水及采暖工程材料、配件、设备进场检验资料检查，见表14-8。

建筑给水排水及采暖工程材料、配件、设备进场检验资料检查　　表14-8

序号	资料名称	检查要点	备注
1	材料、配件、设备出厂合格证	（1）对照设计施工图及有关设计变更签证，核验其合格证的品种、规格是否齐全，合格证与实际使用的材料品种、规格应相符。 （2）主要设备的合格证应逐件归档，逐一编号，应无遗漏，应无复印件或抄件代替	材料、设备出厂合格证应包括给水（含生活给水和消防给水）、排水、采暖、热水供应及燃气管道的管材、管件，及其附件、附属设备等。 所有合格证应编号，设备或材料的名称、型号、规格、数量、生产厂名、出厂日期及批号、进场日期、安装部位等
2	材料、配件、设备进场检（试）验报告	（1）核查开箱检查记录中，主要设备的型号、规格及各项技术性能指标应符合设计要求或相关标准的规定，附件应齐全，应进行外观检查。 设备开箱检查应按照设备清单、施工图纸及设备技术资料，核对设备本体及附件、备件的规格、型号应符合设计图纸要求；附件、备件、产品合格证件、技术文件资料、说明书应齐全；设备本体外观检查应无损伤及变形，油漆完整无损；设备内部电器装置及元件、绝缘瓷件应齐全，无损伤、裂纹等缺陷。 （2）主要管材及管件的抽样检查记录的各项技术质量指标符合设计要求或相关标准的规定。 （3）保温材料和散热器应见证取样送检，送检次数应符合要求，检测单位应具备资质，各项技术性能指标应符合设计要求或相关标准的规定	材料、设备进入施工现场时应进行验收和开箱检查，核验其型号、规格和质量，不合格产品严禁用于工程，主要设备开箱检验情况应做检查记录。 对设计或规范有要求检验的附件，或对质量有怀疑的材料和设备，应按规定进行检查及抽样试验，检查、试验结果应有详细记录。 进入施工现场的主要管材和管件必须进行抽样检查，每次进场都应抽查，抽检情况应有详细记录。 热水及采暖系统采用的保温材料和散热器等进场时，应对保温材料的导热系数、密度、吸水率，散热器的单位散热量、金属热强度等技术性能参数进行复验，复验采取见证取样送检的方式，应有检测报告

14.2.2 施工试验检测资料

建筑给水排水及采暖工程施工试验检测资料检查，见表14-9。

建筑给水排水及采暖工程施工试验检测资料检查　　　　　表14-9

序号	资料名称	检查要点	备注
1	管道、设备的强度试验记录	（1）对照设计施工图、施工日志、隐蔽工程验收记录，隐蔽管道的强度试验应在隐蔽前进行。 （2）对照设计施工图、施工日志，核查强度试验记录，其项目内容应齐全，结论应正确，其试验程序（升压情况和降压情况等）应符合相关标准的规定，试验设备装置情况应有说明或图示，有关人员签证应齐全。 （3）焊口检验数据应符合设计要求或相关标准的规定，检验报告记录应详尽、准确，签章应齐全，不符合要求者应有修整情况记录。 （4）强度试验不符合设计要求或相关标准的规定时，应采取措施返修处理，应有复试记录与鉴定，结论应明确，签章应齐全	强度试验记录应包括单项试验和系统试压。 设备及附件等应按规范规定进行单体试压的单项试验。 阀门安装前，应做强度和严密性试验。 太阳能集热器安装前，其集热排管和上、下集管做水压试验。 散热器组对后，以及整组出厂的散热器在安装之前应做水压试验。 辐射板在安装前应做水压试验。 低温热水地板辐射采暖系统盘管隐蔽前必须进行水压试验。 敞口箱、罐安装前，应做满水试验和水压试验。 锅炉本体应进行水压试验。 热交换器应进行水压试验
2	管道系统试压记录	同上	给水管道、采暖管道、热水供应管道等系统试压应在管道安装完毕后进行，系统试压一般可根据实际情况分为隐蔽前（埋地、管道井、吊顶、墙体内等）和明露管道试压两个阶段进行
3	管道、设备的严密性试验记录	（1）对照设计施工图、施工日志、隐蔽工程验收记录，核验隐蔽管道的严密性试验应在隐蔽前进行。 （2）对照设计施工图、施工日志，核验严密性试验记录，其项目内容应齐全，结论应正确，其试验程序（升压情况和降压情况等）应符合相关标准的规定，试验设备装置情况应有说明或图示，有关人员签证应齐全。 （3）焊口检验数据应符合设计要求或相关标准的规定，检验报告记录应详尽、准确，签章应齐全，不符合要求者应有修整情况记录。 （4）严密性试验不符合设计要求或相关标准的规定时，应采取措施返修处理，应有复试记录与鉴定，结论应明确，签章应齐全	严密性试验应包括给水系统及在其主干管上起切断作用的闭路阀门，采暖和热水供应管道、设备、附件以及设计有要求的项目，并应按设计要求及规范规定进行系统试验和逐件试验。 阀门应进行严密性试验。 给水、采暖及热水供应管道在强度试验合格后，应将试验压力降至工作压力进行严密性试验。 给水聚丙烯管道严密性试验应在强度试验合格后立即进行
4	排水管灌水、通水、通球试验记录	（1）对照设计施工图、施工日志、隐蔽工程验收记录，核验灌水试验应在隐蔽前进行。 （2）试验数量和范围应齐全，无漏试，试验方法（如灌水高度、灌水次数和时间等）及结果应符合设计要求或相关标准的规定，试验结果不符合要求时，应有返修复试，复试结果应符合要求。 （3）有关人员签证应齐全	排水管道灌水试验记录应包括隐蔽或覆埋（地下、结构内、沟井、管道井、吊顶内、夹皮墙内或包箱内）的排水管道和室内及地下的雨水管道，在隐蔽前必须按系统或分区（段）做灌水试验。 埋地管道、室内雨水管道应进行灌水试验；

序号	资料名称	检查要点	备注
5	排水管、通水、通球试验记录	（1）对照设计施工图、施工日志，核验通水、通球试验记录应真实。 （2）试验结果应符合设计要求或相关标准的规定，出现问题应及时处理，应有返修复试，复试结果应符合要求。 （3）有关人员签证应齐全	室内排水系统竣工后，必须进行通水能力试验。 所有排水管和落水口都应进行通水试验。 排水主立管及水平干管管道均应做通球试验

14.2.3 施工记录

建筑给水排水及采暖工程施工记录检查，见表14-10。

建筑给水排水及采暖工程施工记录检查　　　　表14-10

序号	资料名称	检查要点	备注
1	系统清洗记录	（1）核验系统清洗记录，其内容应齐全。 （2）对照设计施工图，核验记录内容应完整，应无缺漏项，有关人员签证应齐全。 （3）出现问题应有返修处理，处理后应有复检，处理结论应明确	主要包括管道和设备安装前，清除内部污垢和杂物；管道和设备安装完毕，进行清洗除污；饮用水管道在使用前进行消毒并取样送检等。 管道和设备安装前应清除内部污垢和杂物，清除的方法及过程应记录施工日志。 管道、设备以及水箱、水池安装完毕，应进行冲洗除污。 忌油的管道，必须按设计要求进行脱脂处理，并进行记录。 生活给水系统在交付使用前必须冲洗和消毒，并经有关部门取样检验，符合国家现行标准的规定
2	水泵试运转记录	（1）水泵应逐台进行试运转。 （2）水泵试运转试验数据应真实，控制参数应准确。 （3）记录内容应完整，无缺漏项，应重点检查下列记录项目： 1）润滑油的压力、温度和各部分供油情况。 2）吸入和排出介质的温度、压力。 3）冷却水的供水情况。 4）各轴承的温度、振动。 5）电动机的电流、电压、温度、绝缘电阻值、接地电阻值等。 （4）核查结论应正确，应能满足设计要求，有关人员签证应齐全	生活给水泵、消防给水泵、稳压泵等在投入使用前应进行试运行
3	施工日志	见本书14.1.3节中相关内容	见本书14.1.3节中相关内容

14.2.4 质量验收记录

建筑给水排水及采暖工程质量验收记录检查，见表 14-11。

建筑给水排水及采暖工程质量验收记录检查　　　　　表 14-11

序号	资料名称	检查要点	备注
1	隐蔽工程验收记录	（1）对照设计施工图、施工日志，核验隐蔽项目是否进行隐蔽验收，隐蔽部位应无缺漏项。 （2）保温的管道应在管道保温前进行隐蔽验收；保温层完成后，应对保温层进行隐蔽验收。 （3）隐蔽验收记录内容应完整，无缺漏项，表中应详细填写下列内容： 1）被验收的分部、分项、检验批工程名称。 2）验收部位、位置（标高、坐标及层次）。 3）材料名称、型号、规格、数量。 4）水平度或坡度要求。 5）连接处质量情况。 6）防腐措施。 7）测试、试验情况。 8）支（吊）架、支墩制作和安装。 9）管槽土质处理及覆土土质情况。 10）必要的简图及说明。 （4）有关人员签证应齐全	给排水工程的各种暗装、覆埋（地下、结构内、沟井、管道井、吊顶内、夹皮墙内或包厢内）和保温的管道、阀门、设备以及地下室或地下构筑物外墙、水箱壁的防水套管等项目，应进行隐蔽工程验收。 有保温的管道，应在管道保温前先对管道安装和防腐项目进行隐蔽验收；保温层完成后，应再对保温层项目进行隐蔽验收
2	检验批质量验收记录	（1）检验批、分项工程质量验收记录、分部（子分部）工程质量验收记录应符合现行国家标准《建筑工程施工质量验收统一标准》GB 50300、《建筑给水排水及采暖工程施工质量验收规范》GB 50242 的有关规定。 （2）检验批、分项、分部（子分部）工程质量验收记录，签证的人员应签证完整、签证人员资格应符合现行国家标准《建筑工程施工质量验收统一标准》GB 50300、《建筑给水排水及采暖工程施工质量验收规范》GB 50242 的有关规定	见本书14.1.4 节中相关内容
3	分项工程质量验收记录		见本书14.1.4 节中相关内容
4	分部（子分部）工程质量验收记录		见本书14.1.4 节中相关内容

14.2.5 安全和功能检验资料

建筑给水排水及采暖工程安全和功能检验资料检查，见表 14-12。

建筑给水排水及采暖工程安全和功能检验资料检查　　　　　表 14-12

序号	资料名称	检查要点	备注
1	给水管道通水试验记录	（1）对照设计施工图，核验记录内容应完整，无缺漏项，建设（监理）单位代表、质量员、施工员的签证应齐全。	给水系统交付使用前必须进行通水试验，并填写试验记录

序号	资料名称	检 查 要 点	备 注
1	给水管道通水试验记录	（2）出现问题时，应有返修处理，处理后应有复检，处理结论应明确	给水系统交付使用前必须进行通水试验，并填写试验记录
2	暖气管道、散热器压力试验记录	（1）对照设计施工图、施工日志、隐蔽工程验收记录，核验隐蔽管道的强度及严密性试验，应在隐蔽前进行。 （2）对照设计施工图、施工日志，核验试验项目应齐全，结论应正确，试验程序（升压情况和降压情况等）应符合规范规定，试验设备装置情况应有说明或图示。 （3）建设（监理）单位代表、质量员、施工员的签证应齐全。 （4）强度及严密性试验不符合设计要求或相关标准的规定时，应采取措施返修处理，应有复试记录与鉴定，结论应明确，签章应齐全	采暖系统安装完毕，管道保温之前应进行水压试验。 散热器组对后，以及整组出厂的散热器在安装之前应做水压试验
3	卫生器具满水试验记录	（1）对照设计施工图，核验记录内容应完整，无缺漏项。 （2）建设（监理）单位代表、质量员、施工员的签证应齐全。 （3）出现问题时，应有返修处理，处理后应有复检，处理结论应明确	卫生器具交工前应做满水和通水试验。 洗脸盆、浴盆等卫生器具应做满水试验。 所有卫生器具均应做通水试验
4	消防管道压力试验记录	（1）对照设计施工图、施工日志、隐蔽工程验收记录，核验隐蔽管道的强度及严密性试验应在隐蔽前进行。 （2）对照设计施工图、施工日志，核验试验项目内容应齐全，结论应正确，试验程序（升压情况和降压情况等）应符合相关标准的规定，试验设备装置情况应有说明或图示，有关人员签证应齐全。 （3）强度及严密性试验不符合设计要求或相关标准的规定时，应采取措施返修处理，应有复试记录与鉴定，结论应明确，签章应齐全	消防给水及消火栓系统管道的水压试验必须符合设计要求。 室内消火栓系统安装完成后应取屋顶层（水箱间内）试验消火栓和首层取二处消火栓做试射试验，达到设计要求为合格。 自动喷水灭火系统应进行水压强度试验；水压严密性试验应在水压强度试验和管网冲洗合格后进行
5	燃气管道压力试验记录	（1）对照设计施工图、施工日志、隐蔽工程验收记录，核验隐蔽管道的强度及严密性试验应在隐蔽前进行。 （2）对照设计施工图、施工日志，复查试验项目内容应齐全，结论应正确，试验程序（升压情况和降压情况等）应符合相关标准的规定，试验设备装置情况应有说明或图示，有关人员签证应齐全。 （3）复查强度及严密性试验不符合设计要求或相关标准的规定时，应采取措施返修处理，应有复试记录与鉴定，结论应明确，签章应齐全	室内燃气管道、调压器两端的附属设备及管道应进行强度试验；其气密性试验应在强度试验合格后进行

序号	资料名称	检查要点	备注
6	排水干管通球试验记录	（1）对照设计施工图、施工日志，复查通球试验记录应真实。 （2）试验结果应符合设计要求或相关标准的规定，出现问题时应及时处理，应有复验记录，结论应明确，签章应齐全	排水主立管及水平干管管道均应做通球试验

14.3 通风与空调工程质量控制资料

14.3.1 材料、配件、设备进场检验资料

通风与空调工程材料、配件、设备进场检验资料检查，见表14-13。

通风与空调工程材料、配件、设备进场检验资料检查 表14-13

序号	资料名称	检查要点	备注
1	材料、设备出厂合格证书	（1）主要设备、材料、成品与半成品应有出厂合格证，进口设备及材料应有商检证明。 （2）核对合格证中各项技术性能应符合设计要求或相关标准的规定。 （3）对照设计施工图和设计变更签证，核对合格证应齐全；实际使用的设备、材料、成品与半成品的型号、规格与合格证上的型号、规格应相一致，且应符合设计要求。 （4）复查合格证或其抄件（复印件）应真实，签证手续齐全	主要原材料、成品、半成品和设备必须具有出厂合格证，设备还必须有铭牌和产品说明书等完整的设备技术文件
2	材料、设备进场检（试）验报告	（1）复查设备有无开箱检查记录，材料、成品与半成品进场应有检验记录或检测报告。 （2）记录应完整，其型号、规格、质量应符合设计要求或相关标准的规定。 （3）有质量缺陷时，应有处理意见，结论应明确	主要原材料、成品、半成品和设备进场时均应进行验收或开箱检查。 主要设备开箱检查情况应填写开箱检查记录。 主要材料进场抽样检查情况，应按见证取样执行，并取得检测报告

14.3.2 施工试验检测资料

通风与空调工程施工试验检测资料检查，见表14-14。

序号	资料名称	检 查 要 点	备 注
1	风管强度及严密性试验记录	（1）风管强度及严密性试验应符合设计要求或相关标准的规定，否则，应进行返修处理，处理结果应符合规定。 （2）复查测定所使用的仪器仪表应有检定证书，其精度应符合要求，各项记录的测定日期应在其检定有效期内。 （3）对照施工图纸，核对试验项目应齐全，试验数据应准确、真实。 （4）相关人员签证应齐全	风管批量制作前，对风管的制作工艺应进行强度验证试验。 风管系统安装完毕后，应进行严密性检验。 风管严密性检验数量应符合现行国家标准《通风与空调工程施工质量验收规范》GB 50243 的规定
2	制冷系统试验记录	（1）制冷系统试验项目、内容应齐全。 （2）复查制冷系统气密性试验压力及试验真空度，应符合设计要求或设备技术文件的规定。 （3）核查试验所使用的仪器仪表应有检定证书，其精度应符合要求，各项记录的测定日期应在其检定有效期内。 （4）对照设计图纸及设备技术文件，核对试验数据应准确、真实。 （5）相关人员签证应齐全	制冷系统试验记录一般包括：制冷系统吹污记录、制冷系统气密性试验记录和制冷系统抽真空试验记录。 制冷设备应进行严密性试验。 对组装式的制冷机组和现场充注制冷剂的机组，必须进行吹污、气密性试验、真空试验。 制冷剂阀门安装前应逐个进行强度和严密性试验。 制冷管道安装完毕，应进行吹扫、气密性试验。 制冷系统应进行抽真空试验
3	水系统管道强度及严密性试验记录	（1）系统清洗过程应正确，应在与设备贯通之前清洗，系统冲洗无漏项。 （2）复查系统强度及严密性试验压力，应符合设计要求或相关标准的规定，试验过程应符合要求。 （3）复查冷凝水管道充水试验方法及结果，应符合设计要求或相关标准的规定，试验结果不符合要求时，应进行返修处理，处理结果应符合规定。 （4）复查测定所使用的仪器仪表应有检定证书，其精度应符合要求，各项记录的测定日期应在其检定有效期内。 （5）对照设计施工图纸，复查各项试验项目，应齐全，试验数据应准确、真实。 （6）相关人员签证应齐全	一般包括：冷（热）水、冷却水和阀门的强度及严密性试验，以及管道系统冲洗记录和冷凝水管道系统充水记录。 水系统管道安装前，应清除内部污垢和杂物，系统安装完毕后，应进行系统冲洗。 水系统阀门安装前应进行强度试验及严密性试验。 管道系统安装完毕，且外观检查合格后，应按设计要求进行水压试验。 冷凝水管道安装完毕后应进行充水试验

14.3.3　施工记录

通风与空调工程施工记录检查，见表 14-15。

序号	资料名称	检查要点	备注
1	通风、空调系统设备单机试运转记录	（1）对照设计施工图纸，核对各项设备应都有单机试运转记录，试运转记录的项目、内容应齐全。 （2）风管系统风量及风口风量应有经过测定和调整达到平衡，其实测值与设计值应符合相关标准的规定。 （3）试运转记录中数据应真实，签证应齐全。 （4）测试仪器应有检定证书，检定、使用日期应在其检定有效期内	通风机、空气处理机组中的风机以及冷却塔中的风机应进行试运转。 水泵、冷却塔、多联式空调（热泵）机组系统、变风量末端装置应进行单机试运转。 风机盘管机组安装前，应进行风机三速试运转及盘管水压试验。 现场组装的组合式空调机组应做漏风量检测
2	通风、空调系统试运转及调试记录	（1）对照设计施工图纸，核查系统调试的项目、内容应齐全，各项调试的方法与结果应符合设计要求或相关标准的规定。 （2）风管系统风量及风口风量应有经过测定和调整达到平衡，其实测值与设计值应符合相关标准的规定。 （3）空调房间的温度、相对湿度、噪声应符合设计要求。 （4）冷热水、冷却水系统总流量与设计流量的偏差以及各空调机组的水流量与设计流量的偏差应符合设计要求或相关标准的规定。 （5）净化空调系统测试结果应符合设计要求或相关标准的规定。 （6）测试记录中数据应真实，签证应齐全。 （7）测试仪器应具有检定证书，检定、使用日期应在其检定有效期内	通风、空调系统非设计满负荷条件下应进行联合试运转及调试。 防排烟系统、地源（水源）热泵换热系统、蓄能空调系统应进行联合试运行与调试。 净化空调系统应进行调试
3	制冷设备运行调试记录	（1）应按设备技术文件要求和现行相关标准的规定进行调试。 （2）调试的项目、内容应齐全，连续试运转时间应符合设计要求或相关标准的规定。 （3）对照设计施工图纸，所有的制冷设备均应进行调试，调试数据应准确、真实。 （4）调试所使用的仪器仪表应有检定证书，其精度应符合要求，检定、使用日期应在其检定有效期内。 （5）相关人员签证应齐全	一般包括整体式、组装式及单元式制冷设备（包括热泵）的运行调试记录。 制冷设备安装完毕后必须进行调试，调试后各项技术参数必须符合设备技术文件和现行国家标准《制冷设备、空气分离设备安装工程施工及验收规范》GB 50274 的有关规定
4	施工日志	见本书 14.1.3 节中相关内容	见本书 14.1.3 节中相关内容

14.3.4　质量验收记录

通风与空调工程质量验收记录检查，见表 14-16。

序号	资料名称	检 查 要 点	备 注
1	隐蔽工程验收记录	（1）对照设计施工图纸、施工日志等，隐蔽项目应进行隐蔽验收，隐蔽部位无缺漏项。 （2）绝热的风管或管道，应在绝热工程施工前进行隐蔽验收。 （3）核查隐蔽验收记录内容应完整，无缺漏项，隐蔽工程记录应包括下列内容： 1）品种、规格、数量。 2）部位、位置、标高。 3）设计图纸或现行相关标准的规定。 4）隐蔽工程的质量状况。 （4）有关人员签证应齐全	通风与空调工程系统中的风管或管道，被安装于封闭的部位（如吊顶内、管道井中）或埋设与结构内或直接埋地时，该部分将被隐蔽的风管或管道必须进行隐蔽工程验收。 当风管或管道按设计要求需要进行绝热工程施工时，在绝热工程施工前应对风管或管道进行绝热工程验收
2	检验批质量验收记录	（1）检验批、分项、子分部工程的划分、验收应符合现行国家标准《建筑工程施工质量验收统一标准》GB 50300、《通风与空调工程施工质量验收规范》GB 50243 的规定。	见本书 14.1.4 节中相关内容
3	分项工程质量验收记录	（2）检验批、分项工程质量验收记录应齐全，验收检查的部位、检验批无缺漏，检验批的验收检查项目应符合要求，验收意见和结论应明确，有关人员签证应齐全。	见本书 14.1.4 节中相关内容
4	分部（子分部）工程质量验收记录	（3）子分部工程、分部工程质量验收记录应齐全，验收意见和结论应明确，有关人员签证应齐全	见本书 14.1.4 节中相关内容

14.3.5　安全和功能检验资料

通风与空调工程安全和功能检验资料检查，见表 14-17。

序号	资料名称	检 查 要 点	备 注
1	通风、空调系统试运行记录	（1）核对施工图纸，每个系统均应有记录，每个系统试运行的项目、内容应齐全，试运行结论应符合设计及施工质量验收规范的要求。 （2）试运行记录签证人员应齐全	通风、空调系统试运行记录内容应包括风机的运行状况、系统风量及风口风量情况、系统水流量及各空调机组水流量情况等
2	风量、温度测试记录	（1）风口风量测试及房间温度测试结果应符合设计要求，测试方法应正确。 （2）测试记录中数据应真实，签证应齐全。 （3）测试仪器应具有检定证书，检定、使用日期应在其检定有效期内	空调系统的风口风量及房间的温度，应进行测试并记录
3	空气能量回收装置测试记录	（1）测试结果应符合现行国家标准《空气－空气能量回收装置》GB/T 21087 的规定。 （2）测试报告的内容应符合相关标准的规定，内容应齐全	空气能量回收装置测试应在装置名义风量对应状态下测试其热交换效率，且其热交换效率测试值不应低于现行国家标准《空气－空气能量回收装置》GB/T 21087 的规定

序号	资料名称	检查要点	备注
4	洁净室洁净度测试记录	（1）测试方法应符合相关标准的规定，测试结果应符合设计要求。 （2）测试报告的内容应符合相关标准的规定，内容应齐全	空气洁净度等级的检测应在设计指定的占用状态（空态、静态、动态）下进行
5	制冷机组试运行调试记录	（1）应按设备技术文件要求和相关标准的规定进行调试。 （2）调试的项目、内容应齐全，连续试运转时间应符合设计要求或相关标准的规定。 （3）对照设计施工图纸，所有的制冷设备均应进行调试，调试数据应准确、真实，签证应齐全。 （4）调试所使用的仪器仪表应有检定证书，其精度应符合要求，检定、使用日期应在其检定有效期内	制冷设备安装完毕后必须进行调试，调试后各项技术参数必须符合设备技术文件和现行国家标准《制冷设备、空气分离设备安装工程施工及验收规范》GB 50274 的有关规定

14.4 建筑电气工程质量控制资料

14.4.1 材料、配件、设备进场检验资料

建筑电气工程材料、配件、设备进场检验资料检查，见表 14-18。

建筑电气工程材料、配件、设备进场检验资料检查　　　　表 14-18

序号	资料名称	检查要点	备注
1	主要设备、器具、材料的合格证	（1）主要设备、器具、材料应有产品出厂合格证书，提供的合格证书或其复印件应真实。 （2）产品出厂合格证书应分类收集和汇总，逐一编号；分类宜按设备、器具、材料的顺序进行，并以同类型的型号、规格进行排序； （3）实行生产许可证或强制性认证（CCC 认证）的产品，其许可证编号或 CCC 认证标志应齐全，有效性、真实性应符合要求	主要设备、器具和材料应有符合现行国家标准《建筑电气工程施工质量验收规范》GB 50303 规定的产品出厂合格证书，电气设备尚应有铭牌和安装使用说明书等完整的技术文件。 产品出厂合格证书可包括产品质量合格证、型式检验报告、性能检测报告、生产许可证、质量保证书、强制性认证（CCC 认证）证书、商检证明等
2	主要设备、器具、材料的进场验收记录及进场抽样检查验收记录或检测报告	（1）主要设备、器具和材料均应进场验收，现场抽检比例应符合相关标准的规定，验收记录应完整，结论应合格，有关人员签证应齐全。 （2）主要设备、器具和材料的型号、规格、电气、机械、阻燃性能等技术参数应符合设计要求和国家现行有关产品技术标准规定。 （3）进场验收发现有质量缺陷的设备、器具和材料时，应有处理意见，处理结果应符合要求，不合格的设备、器具和材料不得用于工程	主要设备进场时应根据施工图纸、订货合同、设备装箱清单以及现行国家标准《建筑电气工程施工质量验收规范》GB 50303 规定进行进场开箱检查验收。 主要器具、材料进场时应根据施工图纸以及现行国家标准《建筑电气工程施工质量验收规范》GB 50303 规定的现场抽检比例进行抽样检查验收

14.4.2　施工试验检测资料

建筑电气工程施工试验检测资料检查，见表14-19。

建筑电气工程施工试验检测资料检查　　　　　　　表14-19

序号	资料名称	检查要点	备注
1	电气设备交接试验检验记录	（1）交接试验的项目、标准、方法和结果应符合设计要求或相关标准的规定。 （2）交接试验过程中发现有安装质量问题、设备缺陷时，应有处理记录，处理结果应符合要求。 （3）高压电气设备、布线系统以及继电保护系统应由有资质的试验室进行电气交接试验。 （4）记录应真实，有关人员签证应齐全。 （5）按规定应经法定计量认证机构检定的交接试验仪器应检定合格，检定、使用日期应在其有效期内	现行国家标准《电气装置安装工程　电气设备交接试验标准》GB 50150规定的高压电气设备、布线系统以及继电保护系统等应进行交接试验检验。 现行国家标准《建筑电气工程施工质量验收规范》GB 50303规定的变压器、箱式变电所通电前，变压器及系统接地应进行交接试验；成套配电柜、控制柜（台、箱）和配电箱（盘）内元件接线应进行交接试验；绝缘导线、电缆应进行交接试验
2	接地电阻测试记录	（1）接地电阻测试值应符合设计要求，接地电阻测试值大于设计值时，应有处理措施，并重新测试。 （2）接地电阻测试记录中的接地类型、测试点部位应符合设计要求，接地电阻测试项目（按接地类型）应完整，测试方法应符合相关标准的规定。 （3）经处理重新测试的项目，应在记录中说明重新测试项目原因、处理情况和处理结果，应附电气设计人员提出的处理方案。 （4）记录附件应包括平面示意图、文字说明和接地电阻测试仪检定合格证书复印件；接地电阻测试仪应有检定合格证书，检定、使用日期应在其有效期内。 （5）记录应真实，有关人员签证应齐全	一般包括：防雷接地、保护接地、屏蔽体接地、防静电接地等的接地电阻测试
3	绝缘电阻测试记录	（1）绝缘电阻测试值应符合现行国家标准和电气产品技术文件的规定，绝缘电阻测试值小于规定值时，应有处理措施，并重新测试。 （2）绝缘电阻测试记录中的电气线路（设备、装置）名称、编号（位号）应符合设计要求。 （3）绝缘电阻测试项目应完整，测试方法应符合相关标准的规定。 （4）经处理重新测试的项目，应在记录中说明原因、处理情况和处理结果。 （5）兆欧表电压等级选用应符合相关国家标准规定，兆欧表应有检定合格证书，检定、使用日期应在其有效期内。 （6）记录应真实，有关人员签证应齐全	一般包括：包括各类电气线路、电气设备、电器器件、照明器具等绝缘电阻的测试。 绝缘电阻的测试项目、测试方法及其测试值应符合现行国家标准《建筑电气工程施工质量验收规范》GB 50303、《电气装置安装工程　电缆线路施工及验收规范》GB 50168、《电气装置安装工程　电气设备交接试验标准》GB 50150和电气产品技术文件规定

14.4.3 施工记录

建筑电气工程施工记录检查，见表14-20。

建筑电气工程施工记录检查

表14-20

序号	资料名称	检查要点	备注
1	电动机抽芯检查记录	（1）抽芯检查应符合产品技术文件要求和相关标准的规定。 （2）检查部位和要求应符合现行国家标准《建筑电气工程施工质量验收规范》GB 50303的规定。 （3）如有安装质量问题、设备缺陷时，应有处理记录，处理结果应符合要求。 （4）记录应真实，有关人员签证应齐全	电动机出现出厂时间已超过制造厂保证期限以及外观检查、电气试验、手动盘转和试运转有异常情况时（除电动机随机技术文件不允许在施工现场抽芯检查外）应按现行国家标准《建筑电气工程施工质量验收规范》GB 50303规定进行抽芯检查
2	金属梯架、托盘和槽盒与保护导体连接检查记录	（1）应有梯架、托盘和槽盒与保护导体连接检查记录。 （2）梯架、托盘和槽盒与保护导体的连接应可靠，其连接处数量应符合设计要求或相关标准的规定。 （3）非镀锌金属梯架、托盘或槽盒本体之间、本体与金属导管之间的保护导体跨接应紧密、可靠，应无漏接现象；保护导体的材质、截面积应符合设计要求或相关标准的规定。 （4）镀锌梯架、托盘或槽盒本体之间未跨接保护导体时，其连接板每端应有不少于2个有防松螺帽或防松垫圈的连接固定螺栓，且连接紧密、可靠。 （5）如有连接不紧密可靠、遗漏以及保护导体的材质、截面积不符合要求等安装质量问题时，应有处理记录，处理结果应符合要求。 （6）记录应真实，有关人员签证应齐全	金属梯架、托盘和槽盒安装完成后应对其本体之间、本体与金属导管之间与保护导体的连接和保护导体跨接情况进行检查，并做好检查记录
3	Ⅰ类灯具外露可导电部分与保护导体连接检查记录	（1）应有Ⅰ类灯具外露可导电部分与保护导体连接检查记录。 （2）Ⅰ类灯具外露可导电部分与保护导体连接应紧密、可靠，应无遗漏。 （3）铜芯软导线与保护导体应可靠连接，保护导体的截面积应符合设计要求，铜芯软导线的截面积应与进入灯具的电源线截面积相同。 （4）如有连接不紧密可靠、遗漏等安装质量问题时，应有处理记录，处理结果应符合要求。 （5）记录应真实，有关人员签证应齐全	Ⅰ类灯具安装完成后应对其外露可导电部分与保护导体连接的情况进行检查，并做好检查记录
4	照明系统插座回路保护接地导体（PE线）连接检查记录	（1）应有照明系统插座回路保护接地导体（PE）连接检查记录。 （2）保护接地导体（PE）应经汇流排配出，其截面积应符合设计要求。 （3）保护接地导体（PE）应存在串联连接、错接漏接现象，分支处连接、插座PE接线端子处连接应紧密、可靠。 （4）如有串联连接、错接漏接、连接不紧密可靠等安装质量问题时，应有处理记录，处理结果应符合要求。 （5）记录应真实，有关人员签证应齐全	插座回路接线安装完成后应对其保护接地导体（PE线）连接的情况进行检查，并做好检查记录

序号	资料名称	检 查 要 点	备 注
5	接闪器固定支架的垂直拉力测试记录	（1）固定支架垂直拉力测试的拉力值应符合相关标准的规定。 （2）如有固定支架有松动、拔起等固定不牢固的安装质量问题时应有处理记录，处理结果应符合要求。 （3）记录应真实，有关人员签证应齐全。 （4）记录附件中应有测试具体部位示意图，测力计应有检定合格证书，检定、使用日期应在其有效期内	一般包括：建筑物（构筑物）明敷设的防雷接闪器、引下线等固定支架的垂直拉力测试
6	施工日志	见本书15.1.3节中相关内容	见本书14.1.3节中相关内容

14.4.4 质量验收记录

建筑电气工程质量验收记录检查，见表14-21。

建筑电气工程质量验收记录检查 表14-21

序号	资料名称	检 查 要 点	备 注
1	隐蔽工程验收记录	（1）隐蔽项目应进行隐蔽验收，隐蔽部位应无缺漏项；建筑电气安装主要隐蔽工程内容： 1）利用建筑物基础的接地体、人工接地体、接地模块以及降低接地电阻的施工。 2）利用建筑物柱内主筋的引下线和暗装的引下线。 3）暗装的接地线、均压环、接闪器、等电位联结等。 4）幕墙、金属门窗的避雷装置。 5）地下、混凝土结构内、砌体内、楼板垫层内等暗装的各种电气导管、接线盒（箱）及其接地等。 6）不能进入检修的吊顶、地沟、暗井道内等的电气设备和电气导管、线槽、电缆桥架、电线电缆及其接地等。 7）直埋电缆。 8）预埋件。 9）电气设备的解体检查、吊（抽）芯检查。 10）其他需要隐蔽验收的施工工序。 （2）隐蔽检查内容应完整，隐蔽验收意见应明确。 （3）发现的问题应有处理记录，并经复查验合格后隐蔽，复查验收意见应明确。 （4）记录应真实，有关人员签证应齐全	建筑电气工程的隐蔽工程项目应符合现行国家标准《建筑电气工程施工质量验收规范》GB 50303的规定

序号	资料名称	检查要点	备 注
2	检验批质量验收记录	（1）检验批、分项工程、子分部工程的划分应符合现行国家标准《建筑工程施工质量验收统一标准》GB 50300、《建筑电气工程施工质量验收规范》GB 50303 的规定。	见本书14.1.4节中相关内容
3	分项工程质量验收记录	（2）检验批质量验收时，主控项目的验收项目应完整并符合工程实际，有关的测试、试验等应合格，抽样数量应符合现行国家标准的规定。	见本书14.1.4节中相关内容
4	分部（子分部）工程质量验收记录	（3）检验批、分项工程质量验收记录应齐全，检验批容量、部位（区段）应明确且有无缺漏，检查结果和验收结论应明确，有关人员签证应齐全。 （4）子分部工程、分部工程质量验收记录应齐全，检查结果、验收结论以及（综合）验收意见应明确，有关人员签证应齐全	见本书14.1.4节中相关内容

14.4.5 安全和功能检验资料

建筑电气工程安全和功能检验资料检查，见表14-22。

建筑电气工程安全和功能检验资料检查   表14-22

序号	资料名称	检查要点	备 注
1	电气设备（系统）空载试运行和负荷试运行记录	（1）可空载试运行的电气设备（系统）应进行空载试运行，应有试运行记录。 （2）连续试运行时间应符合相关标准的规定和设备技术文件要求。 （3）各项运行数据及运行情况应正常，试运行过程中发现有安装质量问题、设备缺陷或出现运行故障时，应有处理记录，处理结果应符合要求。 （4）记录应真实，有关人员签证应齐全。 （5）测试仪器应有检定合格证书，检定、使用日期应在其有效期内	一般应包括高、低压变配电设备（系统）以及发电机组、备用和不间断电源设备、电气动力设备等电气设备（系统）空载试运行记录
2	电气设备（系统）负荷试运行记录	（1）电气设备（系统）应进行负荷试运行，应有试运行记录。 （2）连续试运行时间应符合相关标准的规定和设备技术文件要求。 （3）～（5）同上	一般应包括高、低压变配电设备（系统）以及发电机组、备用和不间断电源设备、电气动力设备等电气设备（系统）负荷试运行记录
3	建筑照明通电试运行记录	（1）应有建筑照明通电检查记录或建筑照明系统通电试运行记录。 （2）建筑照明通电检查项目应齐全。 （3）建筑照明系统通电连续试运行时间应符合要求。 （4）各项运行数据及运行情况应正常；通电检查或试运行过程中发现有安装质量问题、器具	一般应包括建筑照明通电检查记录和建筑照明系统通电试运行记录

序号	资料名称	检 查 要 点	备 注
3	建筑照明通电试运行记录	(设备)缺陷或出现运行故障时,应有处理记录,处理结果应符合要求。 (5)记录应真实,有关人员签证应齐全	一般应包括建筑照明通电检查记录和建筑照明系统通电试运行记录
4	灯具固定装置及悬吊装置载荷强度试验记录	(1)质量大于10kg的灯具,应有灯具固定装置及悬吊装置的载荷强度试验记录。 (2)按灯具重量的5倍恒定均布载荷进行载荷强度试验且持续时间不少于15mm,载荷强度试验应合格。 (3)固定装置及悬吊装置出现松动、明显变形等现象时,应有处理记录,并重新进行载荷强度试验且合格。 (4)记录应真实,有关人员签证应齐全	质量大于10kg的灯具,其固定装置及悬吊装置应进行载荷强度试验
5	绝缘电阻测试记录	(1)绝缘电阻测试值应符合相关标准的规定和电气产品技术文件的要求;绝缘电阻测试值小于规定值时,应有处理并重新测试。 (2)绝缘电阻测试记录中的电气线路(设备、装置)名称、编号(位号)应符合设计要求。 (3)绝缘电阻测试项目应完整,测试方法应符合相关标准的规定。 (4)记录应真实,有关人员签证应齐全。 (5)兆欧表电压等级选用应符合相关标准的规定,兆欧表应有检定合格证书,检定、使用日期应在其有效期内	一般包括:各类电气线路、电气设备、电器器件、照明器具等绝缘电阻的测试记录
6	剩余电流动作保护器(RCD)测试记录	(1)应有剩余电流动作保护器测试记录。 (2)剩余电流动作保护器(RCD)动作时间实测值应符合设计要求。 (3)如有剩余电流动作保护器(RCD)动作时间实测值不符合设计要求时,应有更换剩余电流动作保护器(RCD)记录,且对更换的剩余电流动作保护器(RCD)动作时间进行测试,并做好记录。 (4)记录应真实,有关人员签证应齐全。 (5)测试仪器应有检定合格证书,检定、使用日期应在其有效期内	配电箱(盘)内的剩余电流动作保护器(RCD)应在通电前进行测试
7	EPS应急持续供电时间检验记录	(1)应有EPS应急持续供电时间检验记录。 (2)EPS供电运行的持续供电时间检验结果应符合设计要求或相关标准的规定。 (3)EPS供电运行的持续供电时间检验结果不符合设计要求或相关标准的规定时,应有处理记录,处理结果应符合要求。 (4)记录应真实,有关人员签证应齐全	EPS供电的应急灯具安装完毕后,应检验EPS供电运行的持续供电时间,并应符合设计要求
8	等电位联结导通性测试记录	(1)应有等电位联结导通性测试记录。 (2)等电位联结的形式、方法以及联结导体的材质、截面积应符合设计要求。	一般包括:总等电位联结(MEB)、辅助等电位联结(SEB)、局部等电位联结(LEB)导通性的测试记录

序号	资料名称	检查要点	备注
8	等电位联结导通性测试记录	（3）等电位联结导通性测试的范围、部位（区、段）应齐全，测试结果应有效导通，发现导通不良的连接处应有跨接线连接。 （4）记录应真实，有关人员签证应齐全。 （5）测试仪器应有检定合格证书，检定、使用日期应在其有效期内	一般包括：总等电位联结（MEB）、辅助等电位联结（SEB）、局部等电位联结（LEB）导通性的测试记录
9	接地故障回路阻抗测试记录	（1）应有接地故障回路阻抗测试记录。 （2）接地故障回路阻抗实测值 Z_s 应符合设计要求或相关标准的规定。 （3）接地故障回路阻抗实测值 Z_s 不符合设计要求或相关标准的规定时，应有处理记录，并重新测试且符合要求。 （4）记录应真实，有关人员签证应齐全。 （5）测试仪器应有检定合格证书，检定、使用日期应在其有效期内	低压成套配电柜和配电箱（盘）内末端用电回路设过电流保护电器兼作故障防护时，应进行接地故障回路阻抗测试，并做好测试记录

14.5 智能建筑工程质量控制资料

14.5.1 材料、配件、设备进场检验资料

智能建筑工程材料、配件、设备进场检验资料检查，见表14-23。

智能建筑工程材料、配件、设备进场检验资料检查　　　表14-23

资料名称	检查要点	备注
主要设备、器具、材料的合格证	（1）主要设备、器具、材料应有产品出厂合格证书，合格证书或其复印件应真实。 （2）实行生产许可证或强制性认证（CCC认证）的产品，其许可证编号或CCC认证标志应齐全，有效性、真实性应符合要求。 （3）进口的设备、材料的产品合格证（或质量证明文件）、法定的产品商检证明或报关单应齐全。 （4）设备、主要材料合格证应分类整理汇总，逐一编号	主要设备、器具和材料应有产品出厂合格证书，电气设备尚应有铭牌和安装使用说明书等完整的技术文件
主要设备、器具、材料的进场验收记录	（1）主要设备、器具和材料的型号规格及技术参数应符合设计要求和相关标准的规定。 （2）主要设备、器具和材料应进行进场验收，验收记录应完整，结论明确，有关人员签证应齐全。 （3）有质量缺陷时，应有处理意见和结论，检查验收不合格的设备、器具和材料，不得用于工程	主要设备、器具、材料进场应根据施工图纸、订货合同、设备装箱清单以及国家现行有关标准的规定进行进场开箱检查验收

14.5.2 系统检测、施工记录

智能建筑工程系统检测、施工记录检查，见表14-24。

智能建筑工程系统检测、施工记录检查　　　　　表14-24

序号	资料名称	检查要点	备注
1	智能化集成系统工程检测记录	（1）应有检测记录。 （2）检测记录应无缺漏的项目和部位，各项功能检测的项目、内容、结果应符合设计要求和相关标准的规定。 （3）如发现问题，应有处理记录，处理结果应符合要求。 （4）记录应真实，签证应齐全	智能化集成系统的设备、软件和接口等的检测和验收范围应根据设计要求确定。 智能化集成系统检测应在被集成系统检测完成后进行
2	信息接入系统检测记录	同上	一般包括：铜缆接入网系统、光缆接入网系统和无线接入网系统等信息接入系统设备安装场地的检查，其检测和验收范围应根据设计要求确定
3	用户电话交换系统检测记录	同上	一般包括：电话交换系统、调度系统、会议电话系统和呼叫中心，其检测和验收范围应根据设计要求确定
4	信息网络系统检测记录	同上	一般包括：计算机网络系统和网络安全系统，其检测和验收范围应根据设计要求确定
5	综合布线系统检测记录	同上	包括电缆系统和光缆系统的性能测试。 电缆系统测试项目应根据布线信道或链路的设计等级和布线系统的类别要求确定
6	移动通信室内信号覆盖系统检测记录	同上	一般包括：移动通信室内信号覆盖系统、设备安装场地的检查
7	卫星通信系统检测记录	同上	一般包括：卫星通信系统、设备安装场地的检查
8	有线电视及卫星电视接收系统检测记录	同上	包括：主观评价和客观测试。 客观测试应包括有线电视系统的终端输出电平，卫星电视接收系统的接收频段、视频系统指标及音频系统指标。 模拟信号的有线电视主观评价应包括模拟电视主要技术指标和图像质量。 数字信号的有线电视主观评价应包括图像质量、声音质量、唇音同步、节目频道切换、字幕等

续表

序号	资料名称	检 查 要 点	备 注
9	公共广播系统检测记录	同上	一般包括：业务广播、背景广播和紧急广播，检测和验收的范围应根据设计要求确定
10	会议系统检测记录	同上	一般包括：会议扩声系统、会议视频显示系统、会议灯光系统、会议同声传译系统、会议讨论系统、会议电视系统、会议表决系统、会议集中控制系统、会议摄像系统、会议录播系统和会议签到管理系统等，检测和验收的范围应根据设计要求确定
11	信息引导及发布系统检测记录	同上	信息引导及发布系统检测范围应根据设计要求确定
12	时钟系统检测记录	同上	一般包括：母钟与时标信号接收器同步功能、母钟对子钟同步校时的功能、授时校准功能、母钟和子钟以及时间服务器等运行状况的检测，时钟系统断电后再次恢复供电时的自动恢复功能、有日历显示的时钟换历功能、时钟系统对其他系统主机的校时和授时功能等；检测范围应根据设计要求确定
13	信息化应用系统检测记录	同上	一般包括：专业业务系统、信息设施运行管理系统、物业管理系统、通用业务系统、公众信息系统、智能卡应用系统和信息安全管理系统等，检测范围应根据设计要求确定
14	建筑设备监控系统检测记录	同上	一般包括：暖通空调监控系统、变配电监测系统、公共照明监控系统、给排水监控系统、电梯和自动扶梯监测系统、能耗监测系统、中央管理工作站与操作分站等；系统检测范围应根据设计要求确定
15	火灾自动报警系统检测记录	同上	检测应符合现行国家标准《火灾自动报警系统施工及验收规范》GB 50166 的规定
16	安全技术防范系统检测记录	同上	一般包括：安全防范综合管理系统、入侵报警系统、视频安防监控系统、出入口控制系统、电子巡查系统和停车库（场）管理系统等，检测范围应根据设计要求确定

序号	资料名称	检 查 要 点	备 注
17	应急响应系统检测记录	同上	应急响应系统检测应按设计要求逐项进行功能检测，检测结果应符合设计要求
18	机房工程检测记录	同上	一般包括：供配电系统、防雷与接地系统、空气调节系统、给水排水系统、综合布线系统、监控与安全防范系统、消防系统、室内装修和电磁屏蔽等，检测范围应根据设计要求确定
19	防雷与接地检测记录	同上	一般包括：智能化系统的接地装置、接地线、等电位联结、屏蔽设施和电涌保护器；检测范围应根据设计要求确定
20	系统检测报告	（1）智能建筑系统应有系统检测报告。 （2）智能建筑系统检测报告项目应齐全，检测结果应符合设计要求或相关标准的规定。 （3）智能建筑系统检测报告中不合格项应有处理记录，处理结果应符合要求	依据工程技术文件和现行国家标准《智能建筑工程质量验收规范》GB 50339 规定的检测项目、检测数量和检测方法进行
21	施工日志	见本书 14.1.3 节中相关内容	见本书 14.1.3 节中相关内容

14.5.3 质量验收记录

智能建筑工程质量验收记录检查，见表 14-25。

智能建筑工程质量验收记录检查　　　　　　表 14-25

序号	资料名称	检 查 要 点	备 注
1	隐蔽工程验收记录	（1）隐蔽项目应进行隐蔽验收，隐蔽部位应无缺漏项；智能建筑的隐蔽工程主要项目： 1）地下、混凝土结构内、砌体内、楼板垫层内等暗装的各种智能建筑导管、接线盒（箱）等。 2）不能进入检修的吊顶、地沟、暗井道内及装修（饰）面板内等的智能建筑设备和电气导管、线槽、电缆桥架、电线电缆等。 3）接地装置、等电位联结等 （2）检查内容应完整，隐蔽验收意见应明确。 （3）如有问题应有处理记录，并经复查验收合格后隐蔽，复查验收意见应明确。 （4）记录应真实，有关人员签证应齐全	智能建筑的隐蔽项目，按照现行国家标准《建筑电气工程施工质量验收规范》GB 50303 及《智能建筑工程质量验收规范》GB 50339 的规定，应做好隐蔽前的验收检查

序号	资料名称	检 查 要 点	备　　注
2	检验批质量验收记录	（1）检验批、分项、子分部工程的划分、验收应符合现行国家标准《建筑工程施工质量验收统一标准》GB 50300 及《智能建筑工程质量验收规范》GB 50339 的规定。	见本书 14.1.4 节中相关内容
3	分项工程质量验收记录	（2）检验批、分项工程质量验收记录应齐全，验收检查的部位、检验批无缺漏，检验批的验收检查项目应符合要求，验收意见和结论应明确，有关人员签证应齐全。	见本书 14.1.4 节中相关内容
4	分部（子分部）工程质量验收记录	（3）子分部工程、分部工程质量验收记录应齐全，验收意见和结论应明确，有关人员签证应齐全	见本书 14.1.4 节中相关内容

14.5.4　安全和功能检验资料

智能建筑工程安全和功能检验资料检查，见表 14-26。

智能建筑工程安全和功能检验资料检查　　　　　表 14-26

序号	资料名称	检 查 要 点	备　　注
1	系统试运行记录	（1）智能建筑工程各子系统应进行试运行，应有试运行记录，试运行数据应正常。 （2）如有安装质量问题、设备缺陷和运行故障时，应有处理记录，处理结果应符合要求。 （3）记录应真实，有关人员签证应齐全	智能建筑工程各子系统应进行系统试运行，试运行情况及结果应符合设计要求和现行国家标准《智能建筑工程质量验收规范》GB 50339 的规定
2	系统电源检测报告	（1）应有系统电源的检测报告。 （2）如有问题应有处理记录，处理结果应符合要求。 （3）检测报告应真实，签证应齐全	见本书 14.4.5 节中相关内容
3	系统接地检测报告	（1）应有系统接地的检测报告。 （2）如有问题应有处理记录，处理结果应符合要求。 （3）检测报告应真实，签证应齐全	见本书 14.4.5 节中相关内容

附录　主要引用标准

[1]　中华人民共和国住房和城乡建设部.建筑工程施工质量验收统一标准：GB 50300—2013 [S].北京：中国建筑工业出版社，2014.

[2]　中华人民共和国住房和城乡建设部.建筑地基基础工程施工质量验收标准：GB 50202—2013 [S].北京：中国建筑工业出版社，2014.

[3]　中华人民共和国住房和城乡建设部.砌体结构工程施工质量验收规范：GB 50203—2011 [S].北京：中国建筑工业出版社，2012.

[4]　中华人民共和国住房和城乡建设部.混凝土结构工程施工质量验收规范：GB 50204—2015 [S].北京：中国建筑工业出版社，2015.

[5]　中华人民共和国建设部.钢结构工程施工质量验收规范：GB 50205—2001 [S].北京：中国计划出版社，2002

[6]　中华人民共和国住房和城乡建设部.屋面工程质量验收规范：GB 50207—2012 [S].北京：中国建筑工业出版社，2012.

[7]　中华人民共和国住房和城乡建设部.地下防水工程质量验收规范：GB 50208—2011 [S].北京：中国建筑工业出版社，2012.

[8]　中华人民共和国住房和城乡建设部.建筑地面工程施工质量验收规范：GB 50209—2010 [S].北京：中国计划出版社，2010.

[9]　中华人民共和国住房和城乡建设部.建筑装饰装修工程质量验收标准：GB 50210—2018 [S].北京：中国建筑工业出版社，2018.

[10]　中华人民共和国建设部.建筑给水排水及采暖工程施工质量验收规范：GB 50242—2002 [S].北京：中国标准出版社，2004

[11]　中华人民共和国住房和城乡建设部.通风与空调工程施工质量验收规范：GB 50243—2016 [S].北京：中国计划出版社，2017

[12]　中华人民共和国住房和城乡建设部.建筑电气工程施工质量验收规范：GB 50303—2015 [S].北京：中国建筑工业出版社，2016.

[13]　中华人民共和国住房和城乡建设部.综合布线系统工程验收规范：GB/T 50312—2016 [S].北京：中国计划出版社，2017.

[14]　中华人民共和国住房和城乡建设部.智能建筑工程质量验收规范：GB 50339—2013 [S].北京：中国建筑工业出版社，2014

[15]　中华人民共和国住房和城乡建设部.通信管道工程施工及验收标准：GB/T 50374—2018 [S].北京：中国计划出版社，2019.

[16]　中华人民共和国住房和城乡建设部.建筑节能工程施工质量验收规范：GB 50411—2007 [S].北京：

中国建筑工业出版社，2007

[17] 中华人民共和国住房和城乡建设部 . 墙体材料应用统一技术规范：GB 50574—2010 [S]. 北京：中国建筑工业出版社，2011.

[18] 中华人民共和国住房和城乡建设部 . 混凝土结构工程施工规范：GB 50666—2011 [S]. 北京：中国建筑工业出版社，2012.

[19] 中华人民共和国住房和城乡建设部 . 钢结构工程施工规范：GB 50755—2012 [S]. 北京：中国建筑工业出版社，2012.

[20] 中华人民共和国住房和城乡建设部 . 装配式混凝土建筑技术标准：GB/T 51231—2016 [S]. 北京：中国建筑工业出版社，2017.

[21] 中华人民共和国住房和城乡建设部 . 装配式混凝土结构技术规程：JGJ 1—2014 [S]. 北京：中国建筑工业出版社，2014.

[22] 中华人民共和国住房和城乡建设部 . 外墙饰面砖工程施工及验收规程：JGJ 126—2015 [S]. 北京：中国建筑工业出版社，2015.

[23] 中华人民共和国住房和城乡建设部 . 种植屋面工程技术规程：JGJ 155—2013 [S]. 北京：中国建筑工业出版社，2013.

[24] 中华人民共和国住房和城乡建设部 . 抹灰砂浆技术规程：JGJ/T 220—2010 [S]. 北京：中国建筑工业出版社，2011.

[25] 中华人民共和国住房和城乡建设部 . 建筑外墙防水工程技术规程：JGJ/T 235—2011 [S]. 北京：中国建筑工业出版社，2011.

[26] 中华人民共和国住房和城乡建设部 . 人造板材幕墙工程技术规范：JGJ 336—2016 [S]. 北京：中国建筑工业出版社，2016